国家科学技术学术著作出版基金资助出版

系统与控制理论中的线性代数

（下册）

（第二版）

黄　琳　编著

科学出版社

北　京

内 容 简 介

　　本书为《系统与控制理论中的线性代数》的第二版,保留了原书的基本理论,删除了不必要的内容,增加了近三十年来出现的新的重要理论。书中一些内容是作者长期研究的结果。本书分上下两册,共十三章。上册为基础理论,前四章概述与深化了线性代数的基本理论,后四章为几个重要的特殊理论。下册为应用部分,分别是数值代数的基础,关于稳定性和系统描述与设计涉及的内容,以及一些特殊的矩阵类、S 过程和线性矩阵不等式。各章均附有习题。

　　本书可供从事应用数学、系统工程与系统理论、控制理论与控制工程、力学和其他应用学科的教学与科研人员参考,亦可作为研究生教材。

图书在版编目(CIP)数据

系统与控制理论中的线性代数.下册/黄琳编著. —2 版. —北京:科学出版社,2018.2

ISBN 978-7-03-056399-6

Ⅰ.①系…　Ⅱ.①黄…　Ⅲ.①控制论-线性代数计算法　Ⅳ.①O241.6

中国版本图书馆 CIP 数据核字(2018) 第 013475 号

责任编辑:魏英杰 / 责任校对:桂伟利
责任印制:师艳茹 / 封面设计:陈　敬

科 学 出 版 社 出版
北京东黄城根北街 16 号
邮政编码:100717
http://www.sciencep.com

北京凌奇印刷有限责任公司 印刷
科学出版社发行　各地新华书店经销
*

1984 年 1 月第 一 版　开本:720 × 1000 1/16
2018 年 2 月第 二 版　印张:26
2018 年 2 月第四次印刷　字数:525 000

POD定价:　180.00元
(如有印装质量问题,我社负责调换)

第 二 版 序

三十多年前, 科学出版社出版了《系统与控制理论中的线性代数》. 该书自出版以后, 便得到业界的肯定与抬爱, 还有一些成名学者说是这本书帮助他们进入了现代控制理论的大门, 因此问我 "你当初怎么会想到要出这样一本书的?" 对这个问题简单地回答就是: "这是那个时代需求决定的." 具体来说, 决定写这本书的动机主要来自以下几点:

(1) 在我国从 20 世纪 50 年代后期至 "文化大革命" 结束的这段时期, 恰好是国际上控制理论、系统工程和计算力学大发展的时期. 三方面的代表性事件分别是: R.E. Kalman 在 1960 年 IFAC 首次会议上提出的关于系统可控可观测的基本概念和随后发展起来的以较多数学为主要研究手段的现代控制理论, 特别是线性系统的状态空间理论; H.W. Kuhn 和 A.W. Tucker 1951 年在 UC Berkeley 举行的 Symposium 上提交的报告 "Nonlinear programming" 中提出的 Kuhn-Tucker 条件为标志和随后开展起来的凸优化研究; 最早由 R. Courant 在 1943 年提出的求解偏微分方程的有限元思想, 后来我国冯康在 60 年代结合水利工程发展出有限元方法, 到了这一时期由于计算机技术的巨大进步而发展成为一门新型的学科——计算力学. 这些典型事件有些是在此前发生的, 但经过近 20 年的发酵与演进, 到了 80 年代初都发展到了相当的规模, 而这段时间刚好是我们痛失发展良机的时候, 使得我们原本并不先进的科技与国际水平的差距进一步拉大了.

(2) 就以上三方面的发展来说, 线性情形总是发展的基础, 将大量的工程和物理系统的问题在相当广的范围里看作是线性问题是合理的. 因此, 在以上三方面要能赶上世界发展的节奏, 当务之急是首先解决在线性情形下的差距, 没有这个好的基础其他一切都很难谈起. 如果说 60 年代以前的控制或力学范畴的书和论文, 出现线性代数的描述或用矩阵工具还并不多见, 而到了 70 年代后期情况已发生了根本的变化. 可以想见, 要想用数学工具解决上述三方面, 特别是控制与系统的理论或实际问题, 线性代数当是首选工具。

(3) 所有非线性问题的解决, 实际上都离不开线性情形的方法与理论, 这不仅是由于用线性情形的累积在很多情况下可以去逼近非线性情形, 而且有些非线性理论实际是按线性理论的框架建立的. 例如, 20 世纪 80 年代前后发展起来的以微分几何为主要研究方法的非线性控制理论实际上是微分几何与线性控制的结合. 有人建议如果把微分几何和线性代数从概念上作一比较并建立起对应关系, 则有线性系统知识的人抓住这种对应就能很自然地理解了这种非线性控制理论, 这也解释了为什么这种非线性理论会吸引那么多人研究, 得到那么多结果却基本上不适合解决系统中本质非线性, 如自振、混沌等问题. 即使对系统本质非线性问题的研究, 无论是理论推演与论证, 还是实际计算, 离开了线性的工具也必然一筹莫展.

(4) 计算机的快速发展使其计算能力日新月异, 50 年代前那种认为 10 阶以上矩阵特征值的计算几乎是无法进行下去的断言已一去不复返. 计算方法与线性代数的结合出现了一个新的数值线性代数的学科. 由于航空航天的迅速发展和工业过程控制的进步都使得面临的系统与控制问题日益复杂, 其研究已不能仅靠由频率特性派生出的简单列线图加以解决. 控制科学、优化技术和计算力学本质上当然都是技术科学, 衡量其是否有价值首先应该是有用和好用, 而其理论能否健康发展在很大程度上要看是否能有效地得到计算机的支持, 即是否有优秀的计算机算法和优质的软件来支撑. 线性系统状态空间理论在应用上有强的生命力正是可借助成套的线性代数算法和软件包来保证其可计算性, 否则也只能达到表述完美, 但并不好用的窘境.

(5) 以往的代数和线性代数往往过分追求一般化, 甚至泛化, 因此缺乏相对清爽的借助几何的叙述方式. 从有用和好用的角度考虑, 矩阵是将有限维线性空间向有限维线性空间映射的线性算子. 作为线性算子, 它的特性就与由它决定的两个子空间紧密相关, 一个是列空间, 另一个是零空间. 从 70 年代开始陆续有人用这两个子空间提供的几何为主要手段来参与论述线性代数的理论收到了很好的效果. 这使我明确了写作本书的主要方法, 特别是对其基础理论的部分.

这些认识在我开始写这本书时并不很清晰, 只是模糊地认识到控制与系统科学在过去十多年里已经发生了质的巨大变化, 我们和国际同行的差距更大了, 要能迎头赶上缩小差距. 考虑到国内业界的实际水平, 必须为其提供一本反映这些变化的基础性著作, 而且在叙述方式上也应有新的特点. 可能是对这些稍显模糊信念的坚持, 在 1979 年初由汉中回迁北京前我完成了写作的框架、主要章节的构想和写作方法, 并在大家忙于搬迁的不安定环境下完成了它的雏形《应用线性代数讲义》. 回到北京以后, 我用这个讲义在国防科技大学、西北工业大学、西安交通大学、南京理工大学和成都科技大学等高校和研究所讲授并听取意见和建议, 然后利用北京更好的条件和教学与研究的实际进行充实、补充和修改, 最后在科学出版社于 1984 年春天以《系统与控制理论中的线性代数》正式出版. 清华大学自动化系对此书的问世十分重视, 在这一年的秋天我应邀到他们那里为研究生开设了这一学位课程.

结束在清华大学讲授这一课程时, 我刻意听取了一下这些青年学子的意见和建议, 他们普遍的反应是: "该课程起点高, 相当难, 一开始不适应, 后来就好了. 以前国外杂志上的文章很难看懂, 经过这半年学习, 现在有了根本性的变化. " 这恰好符合我写这本书的初衷. 随后国内的一些知名院校相继以此为研究生教材或主要参考书; 一些留学生出国时将其携带身边, 以供不时之需; 甚至有些华裔教授从留学生处见到此书后, 借回国访问时也询问或来索要此书. 起初我还能满足这些朋友的需要, 后来由于该书出版时还是用铅字排印, 没有电子版, 经过多年, 且其中出版社又曾搬迁, 致使铅字纸型已不存在, 自 1990 年第三次印刷后即成绝版, 我也只能爱莫能助了.

多年来, 国内一些高校一直采用此书作为研究生教材, 迫于无处可买只能自行复印或胶印以满足需求. 国内外不少学者建议该书能修改补充再版, 或至少能再次重印, 我皆因工作量大望而却步, 并寄厚望于常用此书教学的青年才俊, 但久久未能如愿. 最近李忠奎博士勇于担当组织博士生将此书重新录入形成电子版, 获科学出版社鼎力支持打算再版, 并希望我做适当修改以符合近 30 年发展之需要. 30 年前, 改革开放迎来百废俱新的时期, 当时年富力强精力充沛之人现已步入耄耋之年, 再看原书, 有些连自己都颇费思索感到吃力. 大改动必然力不从心, 也只能在原有内容上按章节做模块式修改, 即按节补充或删去整节的内容, 必要时做一些补充或说明, 对于这 30 年来涌现出的新的理论方法或在原书撰写时尚未认识到的有价值的内容则以独立成节的方式增补在相应章内, 删补的原则以原书出版后学科发展状况为准.

过去的 30 年中, 系统与控制理论有了巨大的发展, 但从与线性代数有关的核心问题归纳起来主要有:

鲁棒控制的出现应该是 80 年代控制理论发生的极为重要的事件. 它主要有两个学派: 一个是 Zames 提出的 H 无穷控制, 在 Doyle 等的研究下将问题的解归结为两个 Riccati 矩阵方程的解, 而其求解又与一类 Hamilton 矩阵的性质有关; 另一个则是由俄国人 Kharitonov 的工作推动起来的参数不确定性的鲁棒分析, 可归结为多项式集合的根分布问题.

如何用规划的方法研究控制一直是受人关注的问题, 这方面的工作在 90 年代由于大量控制问题可以归结为线性矩阵不等式 (LMI) 的求解而得到很大发展, 但是作为优化方法中将约束条件合并到指标中作统一考虑而引入的乘子方法在由不等式描述的规划问题中是否会引起增解或亏解的问题也引起了研究, 另外作为一个基本优化工具的最小二乘问题也在考虑存在不确定性下取得了新进展.

早年的大系统和现在的网络的共同特点是规模大, 但关注的问题和系统的结构却不同. 在对它们进行研究时, 碰到两类特殊的矩阵——非负矩阵与 M 矩阵, 对它们性质的讨论成了解决问题的核心, 而研究这两类矩阵性质的方法又有着独到的特色, 并且这两类矩阵对于研究经济系统来说确实十分重要.

对线性系统的描述常用频域与时域两种方式, 两种方式之间的沟通和争论对于控制理论的发展起到了很好的促进作用. 频域语言常带有明确的物理或工程意义, 而反映系统这类特性在用时域模式表述时总用矩阵、矩阵等式或不等式的性质来进行刻画, 这样就引发出利用矩阵关系讨论系统性质的兴趣, 而由此得到的结论常常是可以有线性代数算法支持的.

这 30 年科技界的重大变化之一是计算机的普及, 大量基础的线性代数算法已十分丰富且自成系统, 同时发展出了相当完善的软件包. 如果说 30 年前将一些基础的算法写在书中还是必要的话, 时至今日, 在本书中继续保留相关内容就显得多余, 对于有关数值线性代数的内容, 本次修改只保留其基本原理的部分.

30 年来, 系统与控制理论的变化是巨大的, 发表的论文数量也是惊人的, 由于线性代数已在业界十分普及因此用它来研究问题的文章也一定很多, 上述只是笔者的认识, 决定修改和增补的出发点是基于以下的考虑:

① 在系统与控制理论的发展中是重要的, 并且线性代数在其中起核心作用并有新意.

② 对于最基本的常系数线性系统来说, 系统的性质与控制器的设计大都与线性代数的理论与方法有关, 其中一些也具相当难度, 而在有关控制著作中却刻意回避, 这里作了论述以利读者.

③ 考虑到当今使用计算机进行计算在业界的普及, 所有关于算法与对应的算法与程序编写的框架均删除.

30 年系统与控制理论的发展同样告诉人们: 在线性代数中有些原以为会对控制与系统学科很有用的内容可能并未显示其重要性或本身并不重要; 有些内容过于数学化与控制关系虽有但不紧; 有些内容由于学科的发展已为后来更具活力的内容所代替, 即这些只是发展进程中的不完善的中间产物等. 对于原书中这类叙述, 我将进行模块式删除.

有了这些原则, 我就可以顺当地进行模块式的修改与增补, 具体来说这一版与原书的区别在于:

第二章增加了关于多项式和多项式族根分布的一些基本结果, 这对系统的稳定性和鲁棒稳定性十分重要.

第七章增加了线性矩阵方程的基本理论.

第八章作为奇异值分解的应用, 增加了关于系统模型方面的两项内容, 模型降阶和按不同置信度分层建模.

改动最大的是第九章~第十二章, 保留了这里的基础理论, 删除了全部算法与程序的框架, 重新组合内容写成两章, 即最小二乘与优化和消元方法与特征值计算.

原书的第十三章稳定性分析现已改为第十一章.

原书的第十四章已改为第十二章, 且重新定名为有理函数矩阵与系统描述, 并增加了如下内容: H 无穷范数、全通与内稳定; 谱分解; 系统的正实性与正实引理; 小增益定理; H 无穷上的互质分解和系统镇定. 这基本上概括了常系数线性系统近 30 多年在基本描述和理论上最重要的线性代数内容.

最后增加了第十三章, 主要阐述由于系统与控制理论的发展而带动起来的一些特殊矩阵问题. 包括: 非负矩阵; M 矩阵; 与非负矩阵相联系的一些矩阵; Hamilton 矩阵; 规划求解 (S 过程) 的无亏问题; 线性矩阵不等式及其可解性和应用: 二次稳定与 KYP 引理. 这大体上概括了近半个世纪以来在系统与控制理论发展过程中一些最具影响的方面.

考虑到运筹与控制关系密切, 近 20 年来利用规划与优化的方法解决一些控制与系统中的理论与计算的问题日益显示其优越性, 但规划与优化本身已经形成一个大的学科, 结合我们的基本需求, 写了一个 "凸性, 锥优化与对偶" 放在附录中以便于查用.

本书还对原书的保留部分作了校正, 对少数失误作了修改.

对于参考文献的选取, 我将设法按照 "必须" 和 "可追源" 两个原则, 前者是为读者理解本书提供帮助与佐证, 而后者则主要指出其出处, 这里要说明的是对于一些文献, 我只能用经过其他学者所著的有很好影响的书与综述文章来代替一批原始的文章, 这样做不仅可以让读者能由此找出源头, 也可避免大量文献的堆砌, 而且其中一些文献可能已难以查找. 对于上册, 将在每章的最后列出最基本的参考文献的索引标记, 而对下册则列在每节的后面. 书的最后是参考文献的汇总, 这里为有兴趣的读者留下较大的参考空间.

控制科学是技术科学中运用数学工具最多的学科之一, 其中的线性代数问题常不单纯地以传统线性代数理论框架中问题的形式表述. 由于系统与控制的需求而具有新的特色, 此时就不能指望仅靠基本的线性代数工具能加以解决而必须借助其他数学工具, 如分析数学、凸分析、复变函数与积分变换、线性泛函等, 这既是不可避免的, 也是符合客观发展规律的. 多种数学工具结合来解决控制与系统科学中的矩阵问题几乎已成为一种规律. 这样在本书的叙述中就必然要用其他数学而不可能也无必要保持代数的纯粹, 这可能也是学科互相渗透的必然.

本书这次出版改为分上下两册出版, 两册篇幅大致相当. 上册共八章基本上为基础理论, 不同于线性代数通常内容: 前四章基础理论涵盖了线性代数的基础理论, 但更为系统深入, 特别结合现代科学, 尤其是近数十年控制与系统理论发展的需求而成为带基础性的内容; 后四章阐述了线性代数与其他数学结合或由于其理论本身发展深化而形成的特殊理论问题, 例如矩阵范数及其应用、矩阵的广义逆及投影算子、矩阵函数, 以及在应用层面上十分奏效的奇异值分解与应用. 这两部分内容大致各占一半. 下册共五章为应用部分, 大致分三个方面: 前两章是数值代数的基础, 这是计算方法的根基之一, 而现代计算机的威力强大根本在于算法的优势. 随后的两章是现代系统与控制理论中具基础意义的部分涉及的线性代数扩展出的内容, 无论是稳定性分析, 还是有理函数矩阵的理论都是现代控制理论所必需的. 最后一章是一些特殊的矩阵类和线性矩阵不等式, 这些内容有些源于经济系统和系统工程, 有些则为用运筹与规划的理论与方法解决控制问题所必须, 而运筹与控制的结合正是现代控制系统理论发展的必然.

  年近八旬改写书稿, 当然会有困难. 一开始我并不敢为之, 但我有一个长期与我合作相对年轻的圈子, 王金枝、段志生、杨莹和李忠奎这几位教授, 他们与我相处长的 20 多年, 短的也有 10 年, 在资料汇集、组织录入, 以及最后校订等方面给我支持. 特别要提到的是李忠奎, 由于他正用此书进行教学, 就首先承担了组织博士生将此书录入成电子版的工作, 进而建议我在电子版上作适当修改, 这自然要方便得多. 由于他一方面对电子排版技术很熟悉, 同时对内容也相对清楚, 这样他就自觉地担负起在我认真校改后的在电子版上的修改工作, 从而起到了保证质量的作用. 王金枝是数学专业出身, 我在写书过程中有时会碰到一些数学上是否严谨的问题, 常会听取她的意见. 我的家庭和我的很多挚友也给我极大支持与鼓励, 在此一并表示诚挚的谢意. 相信经过努力此书的完成将无愧于业界的支持与厚望.

  本书虽然经过一再努力, 但不妥之处仍在所难免, 敬请批评指正.

第 一 版 序

现代系统与控制理论产生于 20 世纪 50 年代末期, Pontryagin 和 Bellman 关于最优控制理论方面的贡献, Kalman 关于控制系统一般理论的工作, 都是这方面的杰出代表. 从此开始的现代系统与控制理论, 一方面由于对其研究必须引进更多更深入的数学; 另一方面为了将理论应用于实际而必然与计算和计算机相结合, 这两点都使矩阵或线性代数的理论和方法在这一领域内的作用日益显著. 在五十年代的控制理论中, 一般只在少数场合才用线性代数的理论处理问题, 今天, 这种状况已经完全改观了. 现在当人们打开任何一本多变量线性系统理论的著作 (即使是一本教科书) 时, 都会发现在系统的描述, 系统理论中一些命题的提出、论述、解决的方法乃至结论, 都与线性代数中的概念、方法和结论紧密相联. 这种巨大的变化有其内在的深刻原因.

在系统理论模型的建立上, 线性有限维的模式总是基本的, 不仅由于这一模式便于从数学上进行处理, 而且在相当广泛的范围内这一模式可以反映系统的实质. 研究有限维线性系统最基本的工具乃是矩阵或线性代数. 即使是非线性系统的研究, 除了需要引入适应非线性特征的一些概念与方法外, 在描述与推理过程中矩阵仍然是不可缺少的手段. 就分布参数系统来说, 虽然其本质上应归于无穷维模型, 但在实际应用中常可借助一些特定的手段 (差分格式或有限元), 将其近似地转化成有限维系统来进行讨论. 这种转化不仅便于使用计算机而且能较好地在实际上反映系统的性能. 这种对分布参数系统近似模型的研究手段仍然以线性代数为主.

从对 Kalman 所提出的系统可控性与可观测性的研究上, 容易发现这两个刻画系统性能的基本概念深刻地反映在关于线性变换的循环不变子空间及其生成元的论述中. 无论是系统中的各种解耦问题还是观测器理论, 也总是同矩阵方程、矩阵或线性映射所形成的各种子空间的相互关系联系在一起. 系统稳定性及二次性能指标最优的讨论, 往往归结为线性或二次矩阵代数方程或矩阵微分方程的讨论. 有时候在线性代数的领域内, 长期并未得到很好应用的结果, 在近年来控制与系统理论的推动下也获得了新的动力. 例如关于奇异值和奇异值分解的研究在今天关于系统的灵敏性分析、优化计算乃至图像识别中都有了很好的应用.

由于计算方法和计算机的发展与普及, 不仅为系统与控制理论的实际应用开辟了广阔的前景, 而且也使系统理论的研究发生着变化. 控制系统的计算机辅助设计就是适应这种变化而形成的一个分支. 由于系统与控制理论目前的发展状况, 数值线性代数中的各种理论和方法, 在相当一段时间内都会在控制与系统理论的计算机辅助设计上起着重要作用.

用线性代数的基本理论来处理系统与控制理论中的问题, 往往描述简洁而且便于抓住实质. 这一点已为近二十年来的事实所证实. 例如当采用线性变换的几何理论来讨论状态空间型系统时, 就易于把握住问题的核心而得到理论上深刻的结论, 甚至像商空间这样抽象的概念也能在系统与控制理论上发挥重要作用. 在用算子的多项式矩阵或有理函数矩阵描述的系统的研究中, 多项式矩阵环及其上的理想的理论起着重要的作用. 这方面的工作不仅已经通过 Laurent 多项式矩阵环的理论推广至更为一般的线性系统, 而且它还可以与经典的控制理论相联系起到独特的作用. 为了寻求对线性系统更普遍的描述方式与研究工具, 一些人从代数中较抽象的一个分支模论出发进行研究, 也已经显示出一种新的图景.

从上面的分析可以断言: 线性代数的理论与方法是研究现代系统与控制理论的重要数学基础. 本书正是基于这一要求而撰写的.

本书共四个部分:

第一部分是线性代数的基本理论. 它包括线性空间与线性映射; 多项式与多项式矩阵; 线性变换的代数理论与几何理论, 酉空间与正规矩阵等. 叙述采用空间的概念与矩阵形式相结合的方法, 以求简洁与概括. 阅读这部分内容不仅可以达到整理与加深理解常规线性代数理论的目的, 而且也为今后的展开创造一个良好的条件. 此外, 在结合系统与控制理论的需要上也作了必要的展开, 例如关于多项式矩阵的理想、线性变换的结构特别关于循环不变子空间及其生成元的论述都是为此目的而写出的.

第二部分是线性代数的几个特殊理论问题, 它包括矩阵范数和它的应用; 矩阵的摄动理论; 矩阵函数; 广义逆与投影算子理论; 矩阵的奇异值分解以及极小化理论等. 这部分内容的选取不仅考虑到当前系统与控制理论发展的状况, 而且也为今后发展的需要做了一定准备.

第三部分是数值线性代数中与系统和控制理论关系密切的部分, 它包括线性方程组的直接法; 无约束与有约束的线性最小二乘解以及矩阵的特征值计算. 这一部分的叙述在给出严谨的理论论证的同时还给出了一种粗线条的原则性的算法, 以期为应用计算机进行计算创造一定条件. 对于基于差分法解偏微分方程的需要而发展起来的各种矩阵迭代方法, 限于篇幅将不作任何论述.

第四部分讲了两个专门问题: 其中一个是与稳定性及二次型最优相联系的矩阵代数方程问题, 由于引进了矩阵的 Kronecker 乘积而带来了方便, 对于 Lyapunov 方程、代数 Riccati 方程以及 Hurwitz 问题均作了讨论. 另一个是关于系统矩阵及有理函数矩阵的内容, 这一部分对于多变量系统的讨论是很必要的.

本书每章均留有一些练习, 一些比较简单的命题 (包括引理、定理与推论) 未给出证明, 这些均提供读者以练习的机会. 附录给出了书中符号的统一规定和代数的必备的基本知识, 以便读者查阅. 书后列有必要的参考文献, 由于文献浩瀚, 不可能周全, 一些已见诸于书的成果就不再求源引原文献而只引有关书籍, 以保证读者能有线索可寻.

本书的前身是我写的一本《线性代数应用理论讲义》, 该讲义的部分内容先后在近十个高等院校及研究所讲过, 本书是在这些讲学基础上联系到系统和控制理论的需要改写而成的. 在撰写本书的过程中, 我得到了很多单位及同志们的支持和帮助, 其中特别应该提到的有关肇直、宋健、高为炳、张志方、秦化淑、贺建勋、于景元、郑应平和王恩平等同志, 他们或给予作者以热情支持或在内容与写法等方面提供了宝贵意见.

北京大学力学系特别是一般力学教研室的同志给予作者以热情的鼓励和支持, 北京大学计算数学教研室王颖坚同志阅读了有关数值线性代数的章节并提供了不少有益的意见.

对于在撰写本书过程中曾给予作者以支持和帮助的所有同志和单位, 在此一并表示深切的感谢.

限于水平, 书中不当乃至错误之处难免, 热忱欢迎批评指正, 以期今后改进.

目　　录

第九章 最小二乘问题

最小化问题是规划理论也是系统理论中的一个基本问题, 这里讨论的是可以用线性代数手段来进行讨论的最小化问题的理论部分. 这里主要讨论无约束最小二乘解问题, 具一次或凸二次约束的最小二乘解问题, 以及当系数矩阵出现不确定性时的最小二乘问题.

由于最小化问题的解决总与广义逆矩阵的讨论有关, 因而这里将充分使用广义逆, 投影算子作为基本工具.

9.1 最小二乘解问题及其基本理论结果

在线性代数中一个基本问题是求解方程组

$$Ax = b, \tag{9.1.1}$$

其中 $A \in \mathbf{C}^{m \times n}, b \in \mathbf{C}^m$. 对于式 (9.1.1) 其可解性条件归结为是否有

$$b \in \mathbf{R}(A). \tag{9.1.2}$$

在相当一类实际问题中, 条件 (9.1.2) 常常不能满足而要求研究:

最小二乘解问题 (LS 问题): 给定 $A \in \mathbf{C}^{m \times n}, b \in \mathbf{C}^m$, 要求求解 x 使

$$\|Ax - b\|_2 = \min. \tag{9.1.3}$$

一般称上述问题为无约束最小二乘解问题, 如果在 $\mathbf{C}^n$ 中给定一个描述约束的集合 $\mathbf{S}$, 则称问题

$$\|Ax - b\|_2 = \min, \quad x \in \mathbf{S} \tag{9.1.4}$$

为具约束 $\mathbf{S}$ 的 LS 问题.

定理 9.1.1 $A \in \mathbf{C}^{m \times n}, b \in \mathbf{C}^m$ 则问题 (9.1.3) 当 $x = A^{[1,3]}b$ 时达到极小, 其中 $A^{[1,3]} \in \mathbf{A}\{1,3\}$. 反之, 若 $X \in \mathbf{C}^{n \times m}$ 能对一切 b 有 $\|Ax - b\|_2$ 在 $x = Xb$ 时达到极小, 则 $X \in \mathbf{A}\{1,3\}$.

证明 令 $b = b_1 + b_2$, 其中 $b_1 = P_{\mathbf{R}(A)}b, b_2 = (I - P_{\mathbf{R}(A)})b$, 则有

$$\|Ax - b\|_2^2 = \|Ax - b_1\|_2^2 + \|b_2\|_2^2 \geqslant \|b_2\|_2^2. \tag{9.1.5}$$

利用式 (9.1.5) 可知 x 是式 (9.1.3) 的解当且仅当

$$Ax = b_1 = P_{\mathbf{R}(A)}b = AA^{[1,3]}b. \tag{9.1.6}$$

由此可知任何 $X \in \mathbf{A}\{1,3\}$, 都有 $x = Xb$ 是式 (9.1.6) 从而是式 (9.1.3) 的解.

反之若 X 对任何 $b \in \mathbf{C}^m$ 均使 $x = Xb$ 实现 $\|Ax - b\|_2 = \min$, 则特别依次选 $b = e_1, e_2, \cdots, e_n$, 对应 Xe_i 应满足

$$AXe_i = AA^{[1,3]}e_i, \quad i \in \underline{n},$$

而这相当于 X 满足

$$AX = AA^{[1,3]},$$

显然必有 $X \in \mathbf{A}\{1,3\}$. ∎

容易证明有下述推论.

推论 9.1.1 LS 问题 (9.1.3) 的通解是

$$x = A^{[1,3]}b + \mathbf{N}(A). \tag{9.1.7}$$

因而, LS 问题 (9.1.3) 的解唯一当且仅当

$$\mathbf{N}(A) = \{0\}. \tag{9.1.8}$$

∎

定理 9.1.2 x 是式 (9.1.3) 的解当且仅当满足

$$A^H Ax = A^H b, \tag{9.1.9}$$

并且式 (9.1.3) 的解对应的余量 $r = Ax - b \in \mathbf{N}(A^H)$.

证明 x 是式 (9.1.3) 的解 $\Longleftrightarrow Ax = P_{\mathbf{R}(A)}b \Longleftrightarrow Ax - b = -(I - P_{\mathbf{R}(A)})b \in \mathbf{N}(A^H) \Longleftrightarrow A^H(Ax - b) = 0 \Longleftrightarrow x$ 有式 (9.1.9).

x 是式 (9.1.3) 的解则余量 $Ax - b \in \mathbf{N}(A^H)$ 为显然. ∎

一般称式 (9.1.9) 为问题 (9.1.3) 的正规方程.

显然, 对任何 $A \in \mathbf{C}^{m \times n}$, $b \in \mathbf{C}^m$ 来说正规方程 (9.1.9) 总有解.

推论 9.1.2 若 $A = FG$ 分解中 G 具满行秩, 则方程 (9.1.9) 等价于方程

$$F^H Ax = F^H b. \tag{9.1.10}$$

∎

推论 9.1.3 x 是式 (9.1.9) 的解当且仅当有 r 使

$$\begin{bmatrix} -I & A \\ A^H & 0 \end{bmatrix} \begin{bmatrix} r \\ x \end{bmatrix} = \begin{bmatrix} b \\ 0 \end{bmatrix}. \tag{9.1.11}$$

∎

如果要求几个方程组按方差和实现极小, 则有

定理 9.1.3　$A_i \in \mathbf{C}^{m_i \times n}$, $b_i \in \mathbf{C}^{m_i}$ 则 x 是使

$$\sum_{i=1}^{l} \|A_i x - b_i\|_2^2 = \min \tag{9.1.12}$$

的解当且仅当 x 满足

$$\left(\sum_{i=1}^{l} A_i^H A_i \right) x = \sum_{i=1}^{l} A_i^H b_i. \tag{9.1.13}$$

证明　若引进

$$A^H = \begin{bmatrix} A_1^H & A_2^H & \cdots & A_l^H \end{bmatrix}, \quad b^H = \begin{bmatrix} b_1^H & b_2^H & \cdots & b_l^H \end{bmatrix},$$

则式 (9.1.12) 归结为式 (9.1.3), 而

$$A^H A = \sum_{i=1}^{l} A_i^H A_i, \quad A^H b = \sum_{i=1}^{l} A_i^H b_i.$$

由此式 (9.1.9) 归结为式 (9.1.13). ■

特别当 $A_i = A_0$ 而 b_i 不相同时, 则问题

$$\sum_{i=1}^{l} \|A_0 x - b_i\|_2^2 = \min \tag{9.1.14}$$

归结为求解方程

$$A_0^H A_0 x = \frac{1}{l} A_0^H \sum_{i=1}^{l} b_i. \tag{9.1.15}$$

最后可以指出:

定理 9.1.4　$A \in \mathbf{C}^{m \times n}$, 则 $X \in \mathbf{A}\{1,3\}$ 当且仅当

$$\|AX - I_m\|_F = \min. \tag{9.1.16}$$

证明　X 满足式 (9.1.16) 当且仅当 X 有

$$AX = P_{\mathbf{R}(A)}(I_m) = P_{\mathbf{R}(A)} = AA^{[1,3]}$$

当且仅当 $X \in \mathbf{A}\{1,3\}$. ■

参考文献: [Hua1984], [Ste1976], [LH1974], [Gol1965].

9.2　最小范数解

无论是 9.1 节讨论的 LS 问题还是一般的线性方程组 (9.1.1), 如果对应的解不唯一而是 $\mathbf{C}^n$ 中一个流形, 有时就需要在这个流形上寻求某种要求下的最佳解, 例如范数最小的解等.

定义 9.2.1　若方程组

$$Ax = b, \ A \in \mathbf{C}^{m \times n}, \ b \in \mathbf{C}^m \tag{9.2.1}$$

相容, 则其解中范数最小的称为最小范数解或 LN 解. 而问题

$$\|Ax - b\|_2 = \min \tag{9.2.2}$$

的解中范数最小的解称为式 (9.2.2) 的最小范数的最小二乘解或简记为 LNLS 解.

定理 9.2.1　若方程 (9.2.1) 有解, 则其 LN 解存在唯一, 若 x_0 是式 (9.2.1) 的 LN 解, 则

$$Ax_0 = b, \ x_0 \in \mathbf{R}(A^H). \tag{9.2.3}$$

证明　由于 $A \in \mathbf{C}^{m \times n}$ 是将 $\mathbf{R}(A^H)$ 同构映射至 $\mathbf{R}(A)$, 因此由式 (9.2.1) 有解则 $b \in \mathbf{R}(A)$, 从而有唯一的 x_0 使有式 (9.2.3).

任何式 (9.2.1) 的解 x_1 均有 $x_1 - x_0 \in \mathbf{N}(A)$, 但 $x_0 \in \mathbf{N}(A)_\perp$, 于是有

$$\|x_1\|_2^2 = \|x_1 - x_0\|_2^2 + \|x_0\|_2^2 \geqslant \|x_0\|_2^2.$$

从而 x_0 是唯一的式 (9.2.1) 的 LN 解.　　　　　　　　　　　　　　　　■

定理 9.2.2　若式 (9.2.1) 有解, 则其唯一的 LN 解为 $x = Zb, Z \in \mathbf{A}\{1,4\}$. 反之若 Z 可使一切 $b \in \mathbf{R}(A)$ 所构成的 $x = Zb$ 都是对应方程 $Ax = b$ 的 LN 解, 则 $Z \in \mathbf{A}\{1,4\}$.

证明　首先若 $Z \in \mathbf{A}\{1,4\}$, 则由于 $b \in \mathbf{R}(A)$ 就有 c 使 $b = Ac$, 从而

$$AZb = AZAc = Ac = b,$$

另一方面 $Zb = ZAc = P_{\mathbf{N}(A)\perp}c = P_{\mathbf{R}(A^H)}c \in \mathbf{R}(A^H)$. 因而 $Zb = x_0$ 满足式 (9.2.3), 即为式 (9.2.1) 的 LN 解.

反之令 $A = [a_1, a_2, \cdots, a_n]$, 则 $a_i \in \mathbf{R}(A)$. 由于 Za_i 与 $A^{[1,4]}a_i$ 同为方程

$$Ax = a_i$$

的 LN 解, 则由 LN 解的唯一性有

$$Za_i = A^{[1,4]}a_i, \ i \in \underline{n},$$

或 Z 满足

$$ZA = A^{[1,4]}A.$$

由此 $Z \in \mathbf{A}\{1,4\}$.

以上 $A^{[1,4]}$ 系 $\mathbf{A}\{1,4\}$ 中任一元. ∎

推论 9.2.1 $Z \in \mathbf{A}\{1,4\}$ 当且仅当 Z 满足

$$\|ZA - I_n\|_F = \min. \tag{9.2.4}$$

证明 Z 满足式 (9.2.4)

$$\Longleftrightarrow Z^H \text{ 满足} \|A^H Z^H - I_n\|_F = \min$$
$$\Longleftrightarrow Z^H \in \mathbf{A}^H\{1,3\} \Longleftrightarrow Z \in \mathbf{A}\{1,4\}. \tag{9.2.5}$$

∎

定理 9.2.3 $A \in \mathbf{C}^{m \times n}, b \in \mathbf{C}^m$, 则对应问题 (9.2.2) 的 LNLS 解是 A^+b. 反之若 $X \in \mathbf{C}^{n \times m}$ 使对任何 $b \in \mathbf{C}^m$, Xb 都是对应问题 (9.2.2) 的 LNLS 解, 则 $X = A^+$.

证明 x 是式 (9.2.2) 的 LNLS 解当且仅当 x 是

$$Ax = AA^{[1,3]}b$$

的 LN 解, 因而 $x = A^{[1,4]}AA^{[1,3]}b = A^+b$.

反之由于式 (9.2.2) 对任何 b 来说其 LNLS 解唯一, 而 A^+b 是式 (9.2.2) 对应 b 的 LNLS 解. 因此若 Xb 也是式 (9.2.2) 对应 b 的 LNLS 解, 则

$$Xb = A^+b, \ b \in \mathbf{C}^m,$$

这表明 $X = A^+$. ∎

定理 9.2.4 $A \in \mathbf{C}^{m \times n}$, 则问题

$$\|X\|_F = \min, \ \text{当} \|AX - I_n\|_F = \min \tag{9.2.6}$$

的解为 $X = A^+$.

证明 问题 (9.2.6) 的解等价于

$$\|X\|_F = \min, \ \text{当} AX = AA^{[1,3]}. \tag{9.2.7}$$

而式 (9.2.7) 的解刚好是 $X = A^{[1,4]}AA^{[1,3]} = A^+$. ∎

一般称 $X = A^+$ 是问题 (9.2.6) 的最佳逼近矩阵. 而将 $x = A^+b$ 称为问题 (9.2.2) 的最佳逼近解.

参考文献: [Hua1984], [Ste1976], [LH1974], [Gol1965].

9.3 具线性等式约束的 LS 问题 (LSE)

首先讨论约束在直流形上的 LS 问题.

研究流形

$$\mathbf{T} = a + \mathbf{S}, \tag{9.3.1}$$

其中 $\mathbf{S}$ 是 $\mathbf{C}^n$ 的一个子空间. 若 $B \in \mathbf{C}^{n \times m}$ 有 $\mathbf{S}_\perp = \mathbf{R}(B)$, 则引入 $E = B^H$ 就有

$$\mathbf{N}(E) = \mathbf{N}(B^H) = \mathbf{R}(B)_\perp = \mathbf{S}.$$

再令 $f = Ea$, 则直流形 $\mathbf{T}$ 也可以用一个线性方程组来表达, 即

$$\mathbf{T} = \{x | Ex - f = 0\}. \tag{9.3.2}$$

问题 LSE: 给定 $A \in \mathbf{C}^{m \times n}$, $E \in \mathbf{C}^{l \times n}$, $b \in \mathbf{C}^m$, $f \in \mathbf{R}(E)$, 则问题

$$\|Ax - b\|_2 = \min, \quad x \in \mathbf{T} \tag{9.3.3}$$

称为具线性等式约束 $\mathbf{T}$ 的最小二乘解问题, 或简记为一个 LSE 问题, 其中 $\mathbf{T}$ 是由式 (9.3.2) 限定的直流形.

定理 9.3.1   若由式 (9.3.2) 表述的 $\mathbf{T}$ 不空, 则问题 (9.3.3) 有解, 其解为

$$x = E^{[1]}f + (I - E^{[1]}E)y, \tag{9.3.4}$$

而 y 满足

$$\left\| A(I - E^{[1]}E)y - (b - AE^{[1]}f) \right\|_2 = \min. \tag{9.3.5}$$

证明   考虑 $Ex = f$ 的通解是

$$\begin{aligned}
x &= E^{[1]}f + \mathbf{N}(E) \\
&= E^{[1]}f + \mathbf{R}(I - E^{[1]}E) \\
&= E^{[1]}f + (I - E^{[1]}E)y, \quad y \in \mathbf{C}^n.
\end{aligned} \tag{9.3.6}$$

于是问题 (9.3.3) 就转化为 y 满足式 (9.3.5). ∎

定理 9.3.2 $x \in \mathbf{C}^n$ 是式 (9.3.3) 的解当且仅当存在 z 使

$$\begin{bmatrix} A^H A & E^H \\ E & 0 \end{bmatrix} \begin{bmatrix} x \\ z \end{bmatrix} = \begin{bmatrix} A^H b \\ f \end{bmatrix}. \tag{9.3.7}$$

证明 当: 由式 (9.3.7) 有

$$A^H(Ax - b) = -E^H z \in \mathbf{R}(E^H),$$

于是 x 满足

$$(I - E^{[1]}E)^H A^H(Ax - b) = 0,$$

但考虑到 $Ex = f$, 则 x 可表成式 (9.3.6), 于是 y 应满足

$$(I - E^{[1]}E)^H A^H[A(I - E^{[1]}E)y + AE^{[1]}f - b] = 0, \tag{9.3.8}$$

而这刚好是式 (9.3.5) 所对应的正规方程. 由此式 (9.3.7) 的解 x 确为式 (9.3.3) 的解.

仅当: 设 x 是式 (9.3.3) 的解, 则 $x \in \mathbf{T}$ 从而式 (9.3.7) 的第二个方程已满足. 而 x 可以写成式 (9.3.6), 其中 y 满足式 (9.3.8) 或式 (9.3.8) 可改写成

$$(I - E^{[1]}E)^H A^H(Ax - b) = 0.$$

由此 $A^H(Ax - b) \in \mathbf{N}[(I - E^{[1]}E)^H] = \mathbf{R}(E^H)$ 即存在 x 使式 (9.3.7) 的第一个方程成立. ∎

虽然上面的分析已将约束在 $\mathbf{T}$ 上的 LSE 问题化成了 LS 问题 (9.3.5) 或求解方程组 (9.3.7), 但由于上述办法并未能充分利用约束条件来降低求解 LS 问题的阶次, 因而在实际求解问题时带来了局限性.

如果设法对 E 求得一种分解形式

$$E = U \begin{bmatrix} D & 0 \\ 0 & 0 \end{bmatrix} V^H, \tag{9.3.9}$$

其中 $U \in \mathbf{U}^{l \times l}, V \in \mathbf{U}^{n \times n}, \operatorname{rank}(D) = \operatorname{rank}(E)$. 显然奇异值分解以及将在本章后面介绍的正交三角化过程均是这种分解的特例. 令 $\operatorname{rank}(D) = r$, 则可记 $V = [V_1, V_2]$, 其中 $V_1 \in \mathbf{U}^{n \times r}, V_2 \in \mathbf{U}^{n \times (n-r)}$. 由此就有

$$E^+ = V \begin{bmatrix} D^{-1} & 0 \\ 0 & 0 \end{bmatrix} U^H,$$

$$\mathbf{N}(E) = \mathbf{R}(V_2).$$

$\mathbf{T}$ 的表达式可以改为

$$\mathbf{T} = \{x \,|\, x = E^+ f + V_2 y\},$$

这样就有:

定理 9.3.3   问题 (9.3.3) 可以归结为 LS 问题

$$\left\| AV_2 y - (b - AE^+ f) \right\|_2 = \min, \tag{9.3.10}$$

其中 $y \in \mathbf{C}^{n-r}, r = \mathrm{rank}(E)$. ■

显然对问题 (9.3.10), 由于 $y \in \mathbf{C}^{n-r}$ 而 $r = \mathrm{rank}(E)$, 因此式 (9.3.10) 已经是一个充分利用了约束条件进行了降阶的形式. 不仅如此, 由于 V_2 是满列秩的, 因而通过 $x = V_2 y + E^+ f$ 建立的式 (9.3.10) 的解 y 与式 (9.3.3) 的解 x 之间的联系是一一对应的, 由此可知式 (9.3.3) 的解唯一当且仅当 LS 问题 (9.3.10) 的解唯一. 利用此有:

定理 9.3.4   问题 (9.3.3) 解唯一当且仅当

$$\mathbf{N}(A) \cap \mathbf{N}(E) = \{0\}. \tag{9.3.11}$$

证明   LSE 问题 (9.3.3) 的解唯一 $\Longleftrightarrow$ LS 问题 (9.3.10) 的解唯一 $\Longleftrightarrow \mathbf{N}(AV_2) = \{0\} \Longleftrightarrow \mathbf{N}(A) \cap \mathbf{R}(V_2) = \{0\} \Longleftrightarrow$ (9.3.11). ■

在问题 (9.3.3) 中若 $A = I_n, b = a$, 则问题归结为

$$\left\| V_2 y - (a - E^+ f) \right\|_2 = \min, \quad x = V_2 y + E^+ f.$$

由 y 所满足的正规方程知

$$y = V_2^H V_2 y = V_2^H (a - E^+ f),$$

于是就有

$$\begin{aligned}
x &= V_2 V_2^H (a - E^+ f) + E^+ f \\
&= P_{\mathbf{R}(V_2)}(a - E^+ f) + E^+ f \\
&= P_{\mathbf{N}(E)}(a - E^+ f) + E^+ f \\
&= P_{\mathbf{N}(E)} a + E^+ f.
\end{aligned}$$

又由于 $f \in \mathbf{R}(E)$, 则 $E^+ f$ 可用 $E^{[1,4]} f$ 代替. 于是就有:

定理 9.3.5   任给 $a \in \mathbf{C}^n$, 问题

$$\| x - a \|_2 = \min, \quad x \in \mathbf{T}$$

的解唯一是

$$x = P_{\mathbf{N}(E)} a + E^{[1,4]} f,$$

其中 $\mathbf{T} = \{y \mid Ey - f = 0\}$. ■

参考文献: [Hua1984], [Ste1976], [LH1974], [Gol1965].

9.4 加权最小化问题

作为 LS 问题与 LN 问题的一个推广, 研究下述问题. 约定: $A \in \mathbf{C}^{m \times n}, b \in \mathbf{C}^m$, $W = W^H \in \mathbf{C}^{m \times m}$ 正定, $U = U^H \in \mathbf{C}^{n \times n}$ 正定.

问题 I:

$$\|Ax - b\|_W^2 = (Ax - b)^H W (Ax - b) = \min . \qquad (9.4.1)$$

问题 II:

$$\|x\|_U^2 = x^H U x = \min, \quad x \in \mathbf{T}, \qquad (9.4.2)$$

$$\mathbf{T} = \{x | Ex - f = 0\}. \qquad (9.4.3)$$

问题 III:

$$\|Ax - b\|_W^2 = \min, \quad x \in \mathbf{T}. \qquad (9.4.4)$$

问题 IV:

$$\|x\|_U^2 = \min, \ x \in \mathbf{S}, \qquad (9.4.5)$$

$$\mathbf{S} = \{x | \ \|Ax - b\|_W^2 = \min\}. \qquad (9.4.6)$$

由于 $W = W^H, U = U^H$ 均正定, 因此有 R_1, R_2 存在可逆, 使 U, W 具下述分解形式

$$U = R_1^H R_1, \quad W = R_2^H R_2, \qquad (9.4.7)$$

对于式 (9.4.7) 这种分解形式, 显然 R_1 可以是 U 的正定平方根, 也可以是第十章中介绍的 Cholesky 分解或其他分解形式.

在作了分解式 (9.4.7) 后引入

$$\tilde{A} = R_2 A R_1^{-1}, \quad \tilde{b} = R_2 b, \quad \tilde{E} = E R_1^{-1}, \quad \tilde{x} = R_1 x. \qquad (9.4.8)$$

则可以有

$$\|Ax - b\|_W^2 = \|\tilde{A}\tilde{x} - \tilde{b}\|_2^2,$$

$$Ex - f = \tilde{E}\tilde{x} - f,$$

$$\|x\|_U^2 = \|\tilde{x}\|_2^2.$$

于是问题 I-IV 可以转化成:

问题 I':

$$\|\tilde{A}\tilde{x} - \tilde{b}\|_2^2 = \min .$$

问题 II':
$$\|\tilde{x}\|_2^2 = \min, \quad \tilde{x} \in \mathbf{T}',$$
$$\mathbf{T}' = \{\tilde{x} | \tilde{E}\tilde{x} - f = 0\}.$$

问题 III':
$$\|\tilde{A}x - \tilde{b}\|_2^2 = \min, \quad x \in \mathbf{T}.$$

问题 IV':
$$\|\tilde{x}\|_2^2 = \min, \quad \tilde{x} \in \tilde{\mathbf{S}},$$
$$\tilde{\mathbf{S}} = \{\tilde{x} | \|\tilde{A}\tilde{x} - \tilde{b}\|_2^2 = \min\}.$$

由于问题 I'–IV' 已经分别是前面讨论过的 LS, LN, LSE 与 LNLS 问题. 这些问题的解决已经不存在原则的困难, 在对它们求得解以后仅需利用变量替换 $x = R_1^{-1}\tilde{x}$ 就可以得到对应问题 I–IV 的解.

对于前述的加权 W, U 的极小化问题也可以通过引入加权广义逆矩阵来进行解决.

定理 9.4.1　设 $A \in \mathbf{C}^{m \times n}$, $b \in \mathbf{C}^m$, $W = W^H \in \mathbf{C}^{m \times m}$ 正定, 则 $\|Ax - b\|_W$ 当 $x = Xb$ 时达到极小, 其中 X 满足

$$AXA = A, \quad (WAX)^H = WAX. \tag{9.4.9}$$

反之若 $X \in \mathbf{C}^{n \times m}$ 对一切 $b \in \mathbf{C}^m$ 都能使 $\|AXb - b\|_W \leqslant \|Ax - b\|_W$, $\forall x \in \mathbf{C}^n$, 则 X 满足式 (9.4.9).

证明　利用式 (9.4.8), 此时对应有 $U = I$, $R_1 = I$, 研究 $\|\tilde{A}x - \tilde{b}\|_2 = \min$, 设其解为 $x = Y\tilde{b}$, 则 Y 应满足

$$\tilde{A}Y\tilde{A} = \tilde{A}, \quad (\tilde{A}Y)^H = \tilde{A}Y, \tag{9.4.10}$$

并且任何 $Y \in \mathbf{C}^{n \times m}$ 具对一切 $\tilde{b}$, 均有 $\|\tilde{A}Y\tilde{b} - \tilde{b}\|_2 \leqslant \|\tilde{A}x - \tilde{b}\|_2$, $\forall x \in \mathbf{C}^n$, 则 Y 必满足式 (9.4.10).

现令

$$X = YR_2, \quad Y = XR_2^{-1}, \tag{9.4.11}$$

则利用式 (9.4.8)(对应 $U = R_1 = I$) 与式 (9.4.11) 有下述对应关系:

$$x = Y\tilde{b} \Longleftrightarrow x = Xb,$$
$$\tilde{A}Y\tilde{A} = \tilde{A} \Longleftrightarrow AXA = A, \tag{9.4.12}$$
$$(\tilde{A}Y)^H = \tilde{A}Y \Longleftrightarrow (WAX)^H = WAX.$$

利用这些对应关系, 则 Y 满足式 (9.4.10), 对应的 X 必满足式 (9.4.9). 从而完成定理的证明.　∎

定理 9.4.2 设 $E \in \mathbf{C}^{l \times n}$, $f \in \mathbf{C}^l$, 集合 $\mathbf{T} = \{x | Ex = f\}$ 不空, $U = U^H \in \mathbf{C}^{n \times n}$ 正定, 则问题

$$\|x\|_U = \min, \quad x \in \mathbf{T} \tag{9.4.13}$$

之解由 $x = Xf$ 给出, 其中 X 满足

$$EXE = E, (UXE)^H = UXE. \tag{9.4.14}$$

反之若 $X \in \mathbf{C}^{n \times m}$ 对一切 $f \in \mathbf{R}(E)$ 来说 $x = Xf$ 是式 (9.4.13) 的解, 则 X 满足式 (9.4.14).

证明 利用式 (9.4.7) 与 (9.4.8), 研究问题

$$\|\tilde{x}\|_2 = \min, \quad \tilde{E}\tilde{x} = f. \tag{9.4.15}$$

则一切满足

$$\tilde{E}Y\tilde{E} = \tilde{E}, \quad (Y\tilde{E})^H = Y\tilde{E} \tag{9.4.16}$$

的 $Y \in \tilde{\mathbf{E}}\{1,4\}$ 总使 $\tilde{x} = Yf$ 是式 (9.4.15) 的解, 并且反之若 Y 对一切 $f \in \mathbf{R}(\tilde{E}) = \mathbf{R}(E)$ 总使 $\tilde{x} = Yf$ 是对应 f 的式 (9.4.15) 的解, 则 $Y \in \tilde{\mathbf{E}}\{1,4\}$. 考虑到 $x = Xf = R_1^{-1}\tilde{x} = R_1^{-1}Yf$, 则 $X = R_1^{-1}Y$. 由此式 (9.4.16) 等价于式 (9.4.14). ∎

利用定理 9.4.1 与定理 9.4.2, 可以有:

定理 9.4.3 $A \in \mathbf{C}^{m \times n}, b \in \mathbf{C}^m, W = W^H \in \mathbf{C}^{m \times m}$ 与 $U = U^H \in \mathbf{C}^{n \times n}$ 均正定矩阵, 则存在唯一的 $X \in \mathbf{C}^{n \times m}$ 具性质

$$X \in \mathbf{A}\{1,2\}, \tag{9.4.17}$$

$$(WAX)^H = WAX, \quad (UXA)^H = UXA, \tag{9.4.18}$$

使 $x = Xb$ 是问题

$$\|x\|_U = \min, \quad x \in \mathbf{S}, \\ \mathbf{S} = \{x | \|Ax - b\|_W = \min\} \tag{9.4.19}$$

的解. 又若 $X \in \mathbf{C}^{n \times m}$ 对一切 $b, x = Xb$ 均为式 (9.4.19) 的解, 则 X 满足式 (9.4.17) 与式 (9.4.18).

证明 利用问题 (9.4.19) 等价于问题

$$\|\tilde{x}\|_2 = \min, \quad \tilde{x} \in \tilde{\mathbf{S}}, \\ \tilde{\mathbf{S}} = \{\tilde{x} | \|\tilde{A}\tilde{x} - \tilde{b}\|_2 = \min\}, \tag{9.4.20}$$

而当 Y 满足

$$\tilde{A}Y\tilde{A} = \tilde{A}, \ Y\tilde{A}Y = Y, \\ (\tilde{A}Y)^H = \tilde{A}Y, \ (Y\tilde{A})^H = Y\tilde{A} \tag{9.4.21}$$

时 $\tilde{x} = Y\tilde{b}$ 就是式 (9.4.20) 的解, 并且 Y 若对一切 $\tilde{b}$ 总使 $\tilde{x} = Y\tilde{b}$ 是式 (9.4.20) 的解则 Y 满足式 (9.4.21).

考虑到定理要求的 X 与 Y 间具联系 $X = R_1^{-1}YR_2$, 则式 (9.4.21) 将等价于式 (9.4.17) 与式 (9.4.18).

这样就证明了本定理. ■

以后称具性质 (9.4.17) 与 (9.4.18) 的 X 为加权广义逆, 并记为 $X = A_{(W,U)}^{[1,2]}$.

推论 9.4.1 $A \in \mathbf{C}^{m \times n}$, $b \in \mathbf{C}^m$, $W = W^H \in \mathbf{C}^{m \times m}$ 正定, 则 x 是问题 I(即有 (9.4.1)) 的解当且仅当

$$A^H W A x = A^H W b. \tag{9.4.22}$$

证明 x 是问题 I 的解 $\Longleftrightarrow x$ 满足

$$\| \tilde{A}x - \tilde{b} \| = \min, \quad \tilde{A} = RA, \quad \tilde{b} = Rb, \tag{9.4.23}$$

其中 $R^H R = W$. 显然 x 满足式 (9.4.23) 当且仅当有

$$\tilde{A}^H \tilde{A} x - \tilde{A}^H \tilde{b} = A^H W A x - A^H W b = 0. \qquad ■$$

推论 9.4.2 对问题 III, x 是其解当且仅当存在 y 使有

$$\begin{bmatrix} A^H W A & E^H \\ E & 0 \end{bmatrix} \begin{bmatrix} x \\ y \end{bmatrix} = \begin{bmatrix} A^H W b \\ f \end{bmatrix}. \tag{9.4.24}$$

■

定理 9.4.4 设 $E \in \mathbf{C}^{l \times n}$, $f \in \mathbf{R}(E)$, $U = U^H \in \mathbf{C}^{n \times n}$ 正定, 则问题 II 具有唯一解

$$x = U^{-1} E^H (EU^{-1}E^H)^{[1]} f, \tag{9.4.25}$$

其对应极小值为

$$\|x\|_U^2 = f^H (EU^{-1}E^H)^{[1]} f. \tag{9.4.26}$$

证明 设 $U = R^H R$, $\tilde{x} = Rx$, $\tilde{E} = ER^{-1}$, 则问题 II 等价于问题 II', 即

$$\|\tilde{x}\|_2 = \min, \quad \tilde{E}\tilde{x} = f. \tag{9.4.27}$$

由于式 (9.4.27) 具唯一解 $\tilde{x} = \tilde{E}^{[1,4]}f$, 若选择 $\tilde{E}^{[1,4]} = \tilde{E}^H[\tilde{E}\tilde{E}^H]^{[1]}$, 则有

$$x = R^{-1}\tilde{E}^{[1,4]}f = U^{-1}E^H(EU^{-1}E^H)^{[1]}f.$$

而对应

$$\|x\|_U^2 = x^H U x = f^H (EU^{-1}E^H)^{[1]} EU^{-1}E^H (EU^{-1}E^H)^{[1]} f.$$

但由于 $\mathbf{R}(EU^{-1}E^H) \subset \mathbf{R}(E)$, 而 $\mathrm{rank}(EU^{-1}E^H) = \mathrm{rank}(ER^{-1}) = \mathrm{rank}(E)$, 因而

$$f \in \mathbf{R}(E) = \mathbf{R}(EU^{-1}E^H).$$

由此就有式 (9.4.26). ∎

参考文献: [B-IG1974], [Hua1984].

9.5 加权广义逆及其特性

在定理 9.4.3 中利用式 (9.4.17) 与式 (9.4.18) 而引入的加权广义逆 $A_{(W,U)}^{[1,2]}$ 在加权极小化问题上有基本的作用, 由于 $A_{(W,U)}^{[1,2]}$ 首先是 $\mathbf{A}\{1,2\}$ 中的元, 因而需要求得它的列空间与零空间, 其次也希望能给出其较简单的表述方式.

定理 9.5.1 $A \in \mathbf{C}^{m \times n}$, $R_1 \in \mathbf{C}^{n \times n}$, $R_2 \in \mathbf{C}^{m \times m}$, $W = R_2^H R_2$, $U = R_1^H R_1$ 则

$$A_{(W,U)}^{[1,2]} = R_1^{-1}(R_2 A R_1^{-1})^+ R_2, \tag{9.5.1}$$

$$A_{(W,U)}^{[1,2]} = U^{-1} A^H W A[A^H W A U^{-1} A^H W A]^{[1]} A^H W. \tag{9.5.2}$$

证明 令 $X = A_{(W,U)}^{[1,2]}$, 则 $x = Xb$ 是式 (9.4.19) 的解, 而式 (9.4.19) 等价于式 (9.4.20), 其中 $\tilde{A} = R_2 A R_1^{-1}$, $\tilde{x} = R_1 x$, $\tilde{b} = R_2 b$, 前面分析已知对任何 $\tilde{b}$ 式 (9.4.20) 之解为 $\tilde{x} = \tilde{A}^+ \tilde{b}$, 因而式 (9.4.19) 对任何 b 来说, 其解为 $x = R_1^{-1} \tilde{A}^+ R_2 b = R_1^{-1}(R_2 A R_1^{-1})^+ R_2 b$, 由此有式 (9.5.1).

考虑到 $x = Xb$ 首先是 $\|Ax - b\|_W = \min$ 的解, 因而它应满足

$$A^H W A x = A^H W b.$$

若令 $E = A^H W A$, $f = A^H W b$, 则 x 转化为问题

$$\|x\|_U = \min, \quad Ex = f$$

的解, 于是由定理 9.4.4, 则

$$\begin{aligned}
x &= U^{-1} E^H [EU^{-1}E^H]^{[1]} f \\
&= U^{-1} A^H W A (A^H W A U^{-1} A^H W A)^{[1]} A^H W b = A_{(W,U)}^{[1,2]} b,
\end{aligned}$$

而此式对应一切 b 成立, 于是有式 (9.5.2). ∎

由于当 $A \in \mathbf{C}^{m \times n}$ 与两个正定矩阵 $W = W^H \in \mathbf{C}^{m \times m}$ 和 $U = U^H \in \mathbf{C}^{n \times n}$ 给定后, 则有唯一的 $X \in \mathbf{A}\{1,2\}$ 作为加权广义逆, 现在的问题是对任一 $X \in \mathbf{A}\{1,2\}$, 是否恒有正定矩阵 W 与 U 使 $X = A_{(W,U)}^{[1,2]}$.

引理 9.5.1   任给一幂等矩阵 E, 则存在 V 正定使 $(VE)^H = VE$, 且 VE 为半正定.

证明   任给两正定矩阵 H 与 K, 作

$$V = E^H HE + (I-E)^H K(I-E),\tag{9.5.3}$$

显然它是两半正定 Hermite 矩阵之和, 但由于 $\mathbf{N}(E) \cap \mathbf{N}(I-E) = \{0\}$, 则 $V = V^H$ 正定.

又 $VE = E^H HE$ 显然是半正定 Hermite 矩阵. 由此引理成立. ∎

推论 9.5.1 E 幂等, 若 V 正定使 $(VE)^H = VE$, 则存在 H, K 正定使 V 有 (9.5.3).

证明   令 $H = E^H VE + (I-E)^H(I-E)$, $K = (I-E)^H V(I-E) + E^H E$. 显然 H, K 均正定, 且 $E^H HE + (I-E)^H K(I-E) = E^H VE + (I-E)^H V(I-E) = VE^2 + V(I-E)^2 = V$, 其中用到 $VE, V(I-E)$ 均为 Hermite 矩阵. ∎

定理 9.5.2   设 $X \in \mathbf{A}\{1,2\}$, 则必有 W, U 使

$$A^{[1,2]}_{(W,U)} = X.\tag{9.5.4}$$

证明   考虑 $E_1 = AX$ 是幂等矩阵, 则有 W 正定使 $WE_1 = (WE_1)^H$ 或 $(WAX)^H = WAX$.

考虑 $E_2 = XA$ 亦幂等矩阵同理有 U 正定使 $(UXA)^H = UXA$.

考虑到对上述 W 与 U 仅有唯一的 $A^{[1,2]}_{(W,U)}$ 具性质 (9.4.17) 与 (9.4.18). 由此上述 X 确为 $A^{[1,2]}_{(W,U)}$, 即定理成立. ∎

对于给定的 $X \in \mathbf{A}\{1,2\}$, 上述 W, U 存在使 $X = A^{[1,2]}_{(W,U)}$ 是无问题的, 而唯一性一般将不存在但可以找到满足上述要求的 W, U 的一般形式.

定理 9.5.3 $A \in \mathbf{C}^{m \times n}$, $X \in \mathbf{A}\{1,2\}$, 若记

$$\mathbf{T} = \mathbf{R}(X) = \mathbf{R}(XA), \mathbf{S} = \mathbf{N}(X) = \mathbf{N}(AX)$$

且 $X = A^{[1,2]}_{(W,U)} = A^{[1,2]}_{\mathbf{T},\mathbf{S}}$, 则有:

$1°$ $\mathbf{T} = U^{-1}\mathbf{N}(A)_\perp$, $\mathbf{S} = W^{-1}\mathbf{R}(A)_\perp$.

$2°$

$$U = P^H_{\mathbf{N}(A),\mathbf{T}} U_1 P_{\mathbf{N}(A),\mathbf{T}} + P^H_{\mathbf{T},\mathbf{N}(A)} U_2 P_{\mathbf{T},\mathbf{N}(A)},\tag{9.5.5}$$

$$W = P^H_{\mathbf{R}(A),\mathbf{S}} W_1 P_{\mathbf{R}(A),\mathbf{S}} + P^H_{\mathbf{S},\mathbf{R}(A)} W_2 P_{\mathbf{S},\mathbf{R}(A)},\tag{9.5.6}$$

其中 $U_i, W_i, i \in \underline{2}$ 是符合矩阵乘法规定的任意正定矩阵, $P_{\mathbf{N}(A),\mathbf{T}}$ 是 6.6 节所述的有子空间要求的投影算子.

证明 由 $X = A^{[1,2]}_{(W,U)}$，则有

$$(UXA)^H = UXA \rightarrow XA = U^{-1}A^H X^H U,$$

$$(WAX)^H = WAX \rightarrow AX = W^{-1}X^H A^H W.$$

由此有

$$T = \mathbf{R}(X) = \mathbf{R}(XA) = U^{-1}\mathbf{R}(A^H X^H U)$$

$$= U^{-1}\mathbf{R}(A^H X^H) = U^{-1}\mathbf{R}(A^H) = U^{-1}\mathbf{N}(A)_\perp,$$

$$S = \mathbf{N}(X) = \mathbf{N}(AX) = \mathbf{N}(W^{-1}X^H A^H W)$$

$$= \mathbf{R}(WAX)_\perp = W^{-1}\mathbf{R}(AX)_\perp = W^{-1}\mathbf{R}(A)_\perp.$$

由此 $1°$ 成立.

由 $U(\mathbf{T}) = \mathbf{N}(A)_\perp$, 就有 $U[\mathbf{R}(XA)] = \mathbf{N}(XA)_\perp$. XA 是幂等矩阵且 $XA = P_{\mathbf{T}.\mathbf{N}(A)}$, U 正定而又有 UXA 为 Hermite 矩阵, 于是 U 具式 (9.5.3) 这种形式, 其中 $E = XA$, 若记 $H = U_1$, $K = U_2$, 则式 (9.5.3) 变为式 (9.5.5).

反之 U 具形式 (9.5.5), 又 U_1, U_2 正定, $XA = P_{\mathbf{T}.\mathbf{N}(A)}$ 是幂等矩阵. 这样 UXA 显然为 Hermite 矩阵.

相仿可知 W 具形式 (9.5.6), 而当 W 具形式 (9.5.6) 又 W_1, W_2 正定, $AX = P_{\mathbf{R}(A),\mathbf{S}}$ 是幂等矩阵, 则 WAX 显然为 Hermite 矩阵.

由上分析可知 $1°$ 与 $2°$ 实际上等价. ■

至此我们完成了在 $A^{[1,2]}_{\mathbf{T}.\mathbf{S}} = A^{[1,2]}_{(W,U)}$ 后, 空间 $\mathbf{T}, \mathbf{S}$ 与给定正定矩阵 U, W 之间的联系.

参考文献: [B-IG1974], [Hua1984].

9.6 凸约束下的 LS 问题

对于具一般不等式约束下的 LS 问题, 其理论与实际求解都比无约束 LS 问题及 LSE 问题要复杂. 但当约束具有凸性, 则比起一般非凸性约束仍要方便得多, 而具本质区别. 对于其中一次或二次不等式约束的各种 LS 问题, 都可以通过线性代数的理论与方法解决. 这是本书讨论范围内的问题.

以下约定在实空间的范围内讨论这些问题.

设在 $\mathbf{R}^n$ 中给定一集合

$$\mathbf{T} = \{x|G^T x \geqslant f\}, \tag{9.6.1}$$

其中 $G \in \mathbf{R}^{n \times l}$, $f \in \mathbf{R}^l$. 不难验证 $\mathbf{T}$ 是 $\mathbf{R}^n$ 中的一个凸闭集合, 并且不难看出在 $\mathbf{R}^n$ 中给出的任何一次不等式约束均归结为 $x \in \mathbf{T}$, 而 $\mathbf{T}$ 由式 (9.6.1) 给定, 今后约

定不等式

$$G^T x \geqslant f \tag{9.6.2}$$

代表 l 个不等式

$$g_i^T x \geqslant \varphi_i, \ i \in \underline{l}, \tag{9.6.3}$$

其中 $G = [g_1, g_2, \cdots, g_l], f = (\varphi_1, \varphi_2, \cdots, \varphi_l)^T$.

如果记 $\mathbf{T}$ 的边界为 $\partial \mathbf{T}$, 则 $x_0 \in \partial \mathbf{T}$ 表明在式 (9.6.3) 这 l 个不等式中至少有一个实现等式, 即有某个 $i \in \underline{l}$ 使 $g_j^T x_0 = \varphi_j$. 研究平面

$$\mathbf{P}_j : g_j^T x = \varphi_j,$$

则 $\mathbf{P}_j$ 将 $\mathbf{R}^n$ 分为两部分

$$\mathbf{R}_1 : g_j^T x \geqslant \varphi_j,$$
$$\overset{\circ}{\mathbf{R}}_2 : g_j^T x < \varphi_j,$$

其中 $\mathbf{T} \subset \mathbf{R}_1$, $\mathbf{R}_1 \cap \overset{\circ}{\mathbf{R}}_2 = \emptyset$, 因而 $\mathbf{T} \cap \overset{\circ}{\mathbf{R}}_2 = \emptyset$.

如果进而研究二次约束的集合

$$\mathbf{S}(\tau) = \{x | \, \|Ax - b\|_2 \leqslant \tau\}, \tag{9.6.4}$$

其中 $A \in \mathbf{R}^{m \times n}$, $b \in \mathbf{R}^m$. 为了讨论问题的合理性, 可以引入:

定义 9.6.1　由式 (9.6.4) 确定的集合 $\mathbf{S}(\tau)$ 称为是非退化的, 系指

$$\tau > \min_x \|Ax - b\|_2 = \tau_{\min}, \tag{9.6.5}$$

其中 $\tau_{\min}$ 是 LS 问题 $\|Ax - b\|_2 = \min$ 的极小值.

定理 9.6.1　集合 $\mathbf{S}(\tau)$ 在非退化的情形下, 其边界面

$$\partial \mathbf{S}(\tau) = \{x | \, \|Ax - b\|_2 = \tau\}$$

是光滑的, 任给点 $x^0 \in \partial \mathbf{S}(\tau)$, 则过 x^0 有唯一的切平面 $\mathbf{P}$ 将空间 $\mathbf{R}^n$ 分为两部分 $\mathbf{R}_1$ 与 $\overset{\circ}{\mathbf{R}}_2$, 使

$$\mathbf{S}(\tau) \subset \mathbf{R}_1, \quad \overset{\circ}{\mathbf{R}}_2 \cap \mathbf{S}(\tau) = \emptyset. \tag{9.6.6}$$

证明　由于

$$\partial \mathbf{S}(\tau) = \{x | \, \|Ax - b\|_2 = \tau\}$$
$$= \{x | (Ax - b)^T (Ax - b) - \tau^2 = 0\},$$

又因为讨论的是非退化情形, 则 $x^0 \in \partial \mathbf{S}(\tau)$ 必不是 $\|Ax - b\|_2 = \min$ 的解, 从而 $A^T(Ax^0 - b) \neq 0$. 考虑到

$$\varphi(x) = (Ax - b)^T(Ax - b) - \tau^2, \tag{9.6.7}$$

$$\mathrm{grad}\varphi(x) = 2A^T(Ax - b). \tag{9.6.8}$$

因此梯度向量 $\mathrm{grad}\varphi(x)$ 在 $\partial \mathbf{S}(\tau)$ 上处处有定义且不为零, 从而 $\partial \mathbf{S}(\tau)$ 上处处有外法向量与切平面, 于是 $\partial \mathbf{S}(\tau)$ 处处光滑.

设记 $(\mathrm{grad}\varphi)_0^T = (\mathrm{grad}\varphi)_{x=x^0}^T$, 又

$$\mathbf{R}_1 : \{x | (\mathrm{grad}\varphi)_0^T(x - x^0) \leqslant 0\},$$

$$\overset{\circ}{\mathbf{R}}_2 : \{x | (\mathrm{grad}\varphi)_0^T(x - x^0) > 0\}.$$

任何点 $x_1 \in \mathbf{S}$, 则对应 $\varphi(x_1) \leqslant 0$, 而 $\varphi(x^0) = 0$ 于是就有

$$\begin{aligned}
0 \geqslant{}& \varphi(x_1) - \varphi(x^0) \\
={}& (Ax_1 - b)^T(Ax_1 - b) - (Ax^0 - b)^T(Ax^0 - b) \\
={}& [A(x_1 - x^0)]^T[A(x_1 - x^0)] + 2[A(x_1 - x^0)]^T(Ax^0 - b),
\end{aligned}$$

由此可知

$$[\mathrm{grad}\varphi]_0^T(x_1 - x^0) \leqslant 0. \tag{9.6.9}$$

而当 $x_1 - x^0 \bar{\in} \mathbf{N}(A)$ 时式 (9.6.9) 变为

$$[\mathrm{grad}\varphi]_0^T(x_1 - x^0) < 0.$$

总之 $x_1 \in \mathbf{R}_1$, 由此 $\mathbf{S}(\tau) \subset \mathbf{R}_1$, 且 $\mathbf{S}(\tau) \cap \overset{\circ}{\mathbf{R}}_2 = \emptyset$.

现令 $\mathbf{P} = \partial \mathbf{R}_1 = \{x | [\mathrm{grad}\varphi]_0^T(x - x^0) = 0\}$, 则 $\mathbf{P}$ 是 x^0 这一点 $\partial \mathbf{S}(\tau)$ 的切平面, 由于过 x^0 的任何其他平面均与 $\overset{\circ}{\mathbf{S}}(\tau)$ 相交, 因而具上述将 $\mathbf{R}^n$ 分为 $\mathbf{R}_1$ 与 $\overset{\circ}{\mathbf{R}}_2$ 而使式 (9.6.6) 成立的平面只能是上述 $\mathbf{P}$, 即具这种性质的平面是唯一的. ■

在 5.3 节, 曾经给出过一般凸集合的分离定理, 以上实际给出当这样的凸集合是一次或二次不等式约束时, 这种用来分离空间 $\mathbf{R}^n$ 的平面 $\mathbf{P}$ 是容易求得的.

如果用 $\mathbf{S}$ 表示一个具有内点的闭凸集合, 考虑受约束的极小化问题

$$\|Ax - b\|_2 = \min, \quad x \in \mathbf{S}. \tag{9.6.10}$$

定义 9.6.2 问题 (9.6.10) 称为是正则的, 系指无约束 LS 问题

$$\|Ax - b\|_2 = \min \tag{9.6.11}$$

的解 x 均不在 $\mathbf{S}$ 中, 即若令 $\tau_0 = \min\{\|Ax - b\|_2 ; x \in \mathbf{R}^n\}$, 则总有

$$\|Ax - b\|_2 > \tau_0, \quad \forall x \in \mathbf{S}. \tag{9.6.12}$$

如果问题 (9.6.10) 不是正则的, 于是问题仅需研究无约束 LS 问题的解中是否有自动满足约束条件的, 虽然这个问题的回答并不那么容易, 但从研究极小化问题来看困难是已经克服了的. 例如对问题 (9.6.10), 由于无约束 LS 问题的解由集合 $(\mathbf{Q} = \{x|A^T(Ax - b) = 0\} = A^{[1,3]}b + \mathbf{N}(A))$ 加以描述, 因此只要

$$\mathbf{S} \cap \{A^{[1,3]}b + \mathbf{N}(A)\}$$

不是空集问题就得以解决.

如果问题 (9.6.10) 是正则的, 则它的解将具有一些特殊的性质, 依据这些性质来求解对应的问题是有益的.

定理 9.6.2　设 $\mathbf{S}$ 是 $\mathbf{R}^n$ 中任一含有内点的闭凸集合, 问题

$$\|Ax - b\|_2 = \min, \quad x \in \mathbf{S} \tag{9.6.13}$$

在正则情形下的解 x_0 一定不在 $\overset{\circ}{\mathbf{S}}$ 中发生, 其中 $\overset{\circ}{\mathbf{S}}$ 是 $\mathbf{S}$ 的开核.

证明　设有 $x_0 \in \overset{\circ}{\mathbf{S}}$ 且使

$$\|Ax_0 - b\|_2 = \min_x\{\|Ax - b\|_2 | x \in \mathbf{S}\},$$

由于 x_0 是 $\mathbf{S}$ 的内点, 则有 $\epsilon > 0$ 使下式成立

$$\{x| \|x - x_0\|_2 \leqslant \eta\} \subset \mathbf{S}, \quad \forall \eta \leqslant \epsilon.$$

研究函数 $\varphi(x) = (Ax - b)^T(Ax - b)$, 由于正则情形, 从而 $\varphi(x_0) > \tau_0^2$, $\tau_0 = \min_x\{\|Ax - b\|_2 ; x \in \mathbf{R}^n\}$, 这表明 $[\mathrm{grad}\varphi(x)]_{x=x_0} = a \neq 0$. 令

$$c = a/ \|a\|_2.$$

于是 $\|c\|_2 = 1$, 研究 $x_1 = x_0 - \eta c$ 则只要 η 充分小就有 $x_1 \in \mathbf{S}$. 考虑到

$$\varphi(x_1) = [A(x_0 - \eta c) - b]^T[A(x_0 - \eta c) - b]$$

$$= \left\|\left(I_n - \frac{2\eta}{\rho}AA^T\right)(Ax_0 - b)\right\|_2^2,$$

其中 $\rho = \|a\|_2$. 由于当 η 充分小时 $I_n - \dfrac{2\eta}{\rho}AA^T$ 总是正定的, 其特征值 $\leqslant 1$, 而 $I_n - \dfrac{2\eta}{\rho}AA^T$ 对应特征值为 1 的特征子空间刚好是 $\mathbf{N}(AA^T) = \mathbf{N}(A^T)$, 但由于

$Ax_0 - b \in \mathbf{N}(A^T)$(否则 $A^T(Ax_0 - b) = 0$ 导致非正则情形). 因而 $\varphi(x_1) < \varphi(x_0) = \|Ax_0 - b\|_2^2$, 从而 x_0 不是式 (9.6.10) 的解. 这个矛盾表明 $x_0 \in \overset{\circ}{\mathbf{S}}$ 即 $x_0 \in \partial\mathbf{S}$. ■

定理 9.6.2 是讨论受约束 LS 问题的基础.

参考文献: [LH1974], [Hua1984].

9.7　受一次不等式约束的 LS 问题 (LSI)

具一次不等式约束的 LS 问题的提法如下.

问题 LSI: 给定 $A \in \mathbf{R}^{m \times n}$, $b \in \mathbf{R}^m$, $G^T \in \mathbf{R}^{l \times n}$, $f \in \mathbf{R}^l$, 求 x 满足

$$\|Ax - b\|_2 = \min, \quad x \in \mathbf{T}, \tag{9.7.1}$$

$$\mathbf{T} = \{x | G^T x \geqslant f\}. \tag{9.7.2}$$

定理 9.7.1　由式 (9.7.1), (9.7.2) 表述的问题 LSI 的解唯一仅当

$$\mathbf{N}(A) \cap \mathbf{N}(G^T) = \{0\}. \tag{9.7.3}$$

证明　若 x_0 是解, 又设式 (9.7.3) 不成立, 容易验证流形 $x_0 + \mathbf{N}(A) \cap \mathbf{N}(G^T)$ 上一切向量全是解, 因而解唯一仅当式 (9.7.3). ■

定理 9.7.2　若 A 具线性无关列, 则对应上述问题 LSI 在正则情形下解唯一.

证明　设对应上述问题 LSI 的解有 $x_1 \neq x_2$. 令 $\tau = \|Ax_1 - b\|_2 = \|Ax_2 - b\|_2$. 由于集合 $\mathbf{S}(\tau) = \{x | \|Ax - b\|_2 \leqslant \tau\}$ 在正则情形下对应 $\tau > \min\limits_{x}\{\|Ax - b\|_2\}$, 于是由 $\mathbf{S}(\tau)$ 有内点再考虑到 A 具线性无关列, 则 $\mathbf{S}(\tau)$ 是 e.s.c 集合 (严格凸集). 令 $x_0 = \frac{1}{2}(x_1 + x_2)$, 则 $x_0 \in \mathbf{T} \cap \overset{\circ}{\mathbf{S}}(\tau)$, 从而 x_1 与 x_2 均不是问题 LSI 的解 ($\|Ax_0 - b\|_2 < \tau$).

由此 x_1 和 x_2 是 LSI 的解, 则 $x_1 = x_2$. ■

在约束集合 $\mathbf{T}$ 是非空凸闭集的情况下, 由于 $\|Ax - b\|_2$ 是一个凸范数, 因而问题 LSI 的解的存在性是无疑问的, 下面将设法给出是该问题的解的充要条件, 从而利用这个充要条件给出求解的方法.

定理 9.7.3　x_0 是 LSI 问题 (9.7.1), (9.7.2) 的解当且仅当存在 $a \in \mathbf{R}^l$ 与自然数集合 $\mathbf{M}_1, \mathbf{M}_2$ 有

$$\mathbf{M}_1 \cap \mathbf{M}_2 = \emptyset, \mathbf{M}_1 \cup \mathbf{M}_2 = \underline{l} = \{1, 2, \cdots, l\}, \tag{9.7.4}$$

使 $r = G^T x_0 - f = (\rho_1, \rho_2, \cdots, \rho_l)^T$ 与 a, x_0 满足

$$\rho_i = 0, \quad \alpha_i \geqslant 0, \quad i \in \mathbf{M}_1, \tag{9.7.5}$$

$$\rho_j > 0, \quad \alpha_j = 0, \quad j \in \mathbf{M}_2, \tag{9.7.6}$$

$$Ga = A^T(Ax_0 - b), \tag{9.7.7}$$

其中 $a = (\alpha_1, \alpha_2, \cdots, \alpha_l)^T$.

证明   当: 设任给满足约束 (9.7.2) 的点 $x \in \mathbf{T}$, 则对应由 $G^T x \geqslant f$ 及 $a \geqslant 0$ 而有 $a^T G^T x \geqslant a^T f$. 又由于对 x_0 满足式 (9.7.5), (9.7.6), 因而有

$$a^T (G^T x_0 - f) = a^T r = 0,$$

由此可以利用式 (9.7.7) 推得

$$(x - x_0)^T A^T (A x_0 - b) \geqslant 0. \tag{9.7.8}$$

考虑到问题是在正则情形下进行讨论, 因而集合 $\mathbf{S} = \{x \mid \|Ax - b\|_2 \leqslant \|Ax_0 - b\|_2\}$ 是非退化的, 从而在 $x_0 \in \partial \mathbf{S}$ 存在切平面 $\mathbf{P}$, 其外法向为 $A^T(Ax_0 - b)$, 联系到式 (9.7.8) 则可断定满足约束的点 $x \in \mathbf{T}$ 与 $\mathbf{S}$ 将分居在 $\mathbf{P}$ 的两侧, 于是就有

$$\|Ax - b\|_2 \geqslant \|Ax_0 - b\|_2, \ \forall x \in \mathbf{T},$$

这表明 x_0 是 LSI 问题 (9.7.1), (9.7.2) 的解.

仅当: 设 $x = x_0$ 是 LSI 问题 (9.7.1), (9.7.2) 的解, 则由定理 9.6.2, $x_0 \in \partial \mathbf{T}$, 知必有一个自然数集 $\mathbf{M}_1 \subset \{1, 2, \cdots, l\}$, 使

$$g_i^T x_0 = \varphi_i, \ i \in \mathbf{M}_1, \tag{9.7.9}$$

其中 g_i 是 G 的列, φ_i 是 f 的分量.

令 $\mathbf{M}_2$ 是 $\mathbf{M}_1$ 在 $\{1, 2, \cdots, l\}$ 的补集, 即 $\mathbf{M}_1, \mathbf{M}_2$ 满足式 (9.7.4) 而且有 $g_j^T x_0 > \varphi_j, \ \forall j \in \mathbf{M}_2$. 由于 x_0 必满足式 (9.7.9), 因而它也是条件极值问题

$$\begin{cases} \|Ax - b\|_2 = \min, \\ g_i^T x = \varphi_i, \quad i \in \mathbf{M}_1, \end{cases}$$

的解. 从而由条件极值的 Lagrange 乘子方法有 x_0 是上述条件极值问题解的必要条件是存在 $\alpha_i, i \in \mathbf{M}_1$ 有

$$A^T (Ax_0 - b) = \sum_{i \in M_1} g_i \alpha_i. \tag{9.7.10}$$

如果能证明 $\alpha_i \geqslant 0, i \in \mathbf{M}_1$, 则只要设 $\alpha_j = 0, j \in \mathbf{M}_2$ 就可以完成必要性的证明.

设有 $\alpha_j < 0, j \in \mathbf{M}_1$, 取 $x_1 \in \mathbf{T}$ 但有

$$g_j^T x_1 > \varphi_j,$$
$$g_i^T x_1 = \varphi_i, \ i \neq j, \ i \in \mathbf{M}_1,$$
$$g_k^T x_1 > \varphi_k, \ k \in \mathbf{M}_2.$$

显然由于 $\mathbf{T}$ 是一个凸的具有内点的集合, 这样的点 x_1 是存在的 (实际上即用一个不等式 $g_j^T x_1 > \varphi_j$ 来代替 $g_j^T x_1 = \varphi_j$). 由于 $x_1 \in \mathbf{T}$, 而 $\alpha_k = 0, k \in \mathbf{M}_2$, 则若令 $a = (\alpha_1, \alpha_2, \cdots, \alpha_l)^T$ 就有

$$a^T(G^T x_1 - f) = \sum_{i \in \mathbf{M}_1} [g_i^T x_1 - \varphi_i]\alpha_j = (g_j^T x_1 - \varphi_j)\alpha_j < 0,$$

考虑到 $a^T[G^T x_0 - f] = 0$ 于是有

$$a^T G^T (x_1 - x_0) < 0,$$

再利用式 (9.7.10) 则有

$$0 > (x_1 - x_0)^T Ga = (x_1 - x_0)^T A^T(Ax_0 - b). \tag{9.7.11}$$

由于 $\mathbf{S} = \{x | \|Ax - b\|_2 \leqslant \|Ax_0 - b\|_2\}$ 的边界光滑, $A^T(Ax_0 - b)$ 是 $\mathbf{S}$ 在 x_0 的外法向. 若 $\mathbf{S}$ 在 x_0 的切平面 $\mathbf{P}$ 将 $\mathbf{R}^n$ 分为 $\mathbf{R}_1$ 与 $\overset{\circ}{\mathbf{R}}_2$, 而 $\mathbf{S} \subset \mathbf{R}_1$ 则由式 (9.7.11) 可知 $x_1 \in \overset{\circ}{\mathbf{R}}_1$, 于是 x_1 和 $\mathbf{S}$ 在切平面 $\mathbf{P}$ 的同一侧. x_0 是 $\mathbf{P}$ 与 $\mathbf{S}$ 的切点, 因而 x_1 与 x_0 的连线与 $\overset{\circ}{\mathbf{S}}$ 有交点设为 x_2. 由 $\mathbf{T}$ 的凸性, 则 $x_2 \in \mathbf{T}$, 但 $\|Ax_2 - b\|_2 < \|Ax_0 - b\|_2$, 从而 x_0 不是 LSI 问题的解. 矛盾表明 Lagrange 乘子 α_i 有

$$\alpha_i \geqslant 0, \ \ i \in \mathbf{M}_1, \tag{9.7.12}$$

若再令 $\alpha_i = 0, i \in \mathbf{M}_2, a = (\alpha_1, \alpha_2, \cdots, \alpha_l)^T$, 则 a 与 x_0 必有式 (9.7.5), 式 (9.7.6) 与式 (9.7.7).

以上表明定理 9.7.3 是成立的. ∎

定理 9.7.3 常称 Kuhn-Tucker 定理, 原来它是在一般凸规划中的结果, 但那里的证明比较复杂, 这里由于问题只是一次不等式约束下的 LS 问题, 属于较简单的情况, 因而可以利用比较简单的处理方法.

在 LSI 问题中有两个重要的特殊情形, 它们是:

问题 NNLS(非负最小二乘解问题):

$$\|Ax - b\|_2 = \min, \quad x \geqslant 0.$$

问题 LDP (最小距离规划):

$$\|x\|_2 = \min, \quad G^T x \geqslant f.$$

对于这两个问题, 定理 9.7.3 提供了求解问题算法和编制程序的依据.

参考文献: [LH1974], [Hua1984].

9.8   具二次约束的最小二乘解问题 (LSQ)

具二次约束的最小二乘解问题的提法如下.

问题 LSQ: 给定 $A \in \mathbf{R}^{m \times n}, b \in \mathbf{R}^m, C \in \mathbf{R}^{l \times n}, d \in \mathbf{R}^l, \tau > 0$, 寻求 $x \in \mathbf{R}^n$ 使有

$$\|Ax - b\|_2 = \min, \quad x \in \mathbf{S}(\tau), \tag{9.8.1}$$

$$\mathbf{S}(\tau) = \{x | \|Cx - d\|_2 \leqslant \tau\}. \tag{9.8.2}$$

以后记集合

$$\mathbf{T}(\rho) = \{x | \|Ax - b\|_2 \leqslant \rho\}. \tag{9.8.3}$$

为使指标函数 $\|Ax - b\|_2 \leqslant \rho$ 的点 x 组成的集合, 相应 $\mathbf{S}(\tau)$, $\mathbf{T}(\rho)$ 的边界与开核分别记为

$$\partial\mathbf{S}(\tau) = \{x | \|Cx - d\|_2 = \tau\}, \quad \overset{\circ}{\mathbf{S}}(\tau) = \{x | \|Cx - d\|_2 < \tau\},$$

$$\partial\mathbf{T}(\rho) = \{x | \|Ax - b\|_2 = \rho\}, \quad \overset{\circ}{\mathbf{T}}(\rho) = \{x | \|Ax - b\|_2 < \rho\}.$$

定理 9.8.1   由式 (9.8.1), 式 (9.8.2) 所表述的问题 LSQ 若有

$$\left\|(I - CC^+)d\right\|_2 > \tau, \tag{9.8.4}$$

则对应问题无解.

证明   由于 $I - CC^+ = P_{\mathbf{R}(C)^\perp}$, 因而

$$\tau_{\inf} = \min_x \|Cx - d\|_2 = \left\|(I - CC^+)d\right\|_2.$$

不等式 (9.8.4) 表明

$$\mathbf{S}(\tau) = \{x | \|Cx - d\|_2 \leqslant \tau\}$$

是一空集, 因而对应 LSQ 问题无解.   ■

推论 9.8.1   若 $d = d_1 + d_2, d_1 \in \mathbf{R}(C), d_2 \in \mathbf{R}(C)^\perp$, 则当 $\|d_2\|_2 > \tau$ 时 $\mathbf{S}(\tau) = \emptyset$, 从而对应 LSQ 问题无解.   ■

作为 LSQ 问题的讨论前提, 今后将约定有 $\mathbf{S}(\tau) \neq \emptyset$, 或等价地有

$$\tau \geqslant \tau_{\inf} = \min_x \{\|Cx - d\|_2\} = \left\|(I - CC^+)d\right\|_2. \tag{9.8.5}$$

定理 9.8.2   在由 (9.8.1), (9.8.2) 表述的 LSQ 问题中, 若 $\tau = \tau_{\inf} = \|(I - CC^+)d\|_2$, 则对应问题的求解可归结为解一个 r 阶的线性方程组, 和一个具 $n - r$ 个变量的无约束 LS 问题.

证明 在 $\tau = \tau_{\inf}$ 的条件下式 (9.8.1) 和式 (9.8.2) 等价于

$$\|Ax - b\|_2 = \min, \quad \text{当} \|Cx - d\|_2 = \min. \tag{9.8.6}$$

现设 $C \in \mathbf{R}^{l \times n}$, 则有 $Q \in \mathbf{E}^{l \times l}$, $K \in \mathbf{E}^{n \times n}$ 使

$$QCK = \begin{bmatrix} R & 0 \\ 0 & 0 \end{bmatrix}, \quad R \in \mathbf{R}_r^{r \times r}. \tag{9.8.7}$$

若令

$$x = Ky, \quad y = \begin{bmatrix} y_1 \\ y_2 \end{bmatrix}, \quad y_1 \in \mathbf{R}^r, \quad y_2 \in \mathbf{R}^{n-r}, \tag{9.8.8}$$

考虑到 $\mathbf{R}^n$ 中范数 $\|\cdot\|_2$ 是正交变换不变的, 则

$$\|Cx - d\|_2^2 = \|Ry_1 - g_1\|_2^2 + \|g_2\|_2^2,$$

其中

$$g = Qd = \begin{bmatrix} g_1 \\ g_2 \end{bmatrix}, \quad g_1 \in \mathbf{R}^r, \quad g_2 \in \mathbf{R}^{m-r}.$$

由于 $\|g_2\|_2 = \tau_{\inf}$, 因而 y_1 必须满足

$$Ry_1 - g_1 = 0, \tag{9.8.9}$$

或 $y_1 = R^{-1} g_1$. 若记

$A' = AK = [A_1', A_2']$, $A_1' \in \mathbf{R}^{m \times r}$, $A_2' \in R^{m \times (n-r)}$, 则问题 (9.8.6) 等价于解式 (9.8.9) 与

$$\|A_2' y_2 - f\|_2 = \min, \tag{9.8.10}$$

其中 $f = b - A_1' R^{-1} \cdot g_1$.

在分别求得式 (9.8.9) 与式 (9.8.10) 的解后, 利用 $y = \begin{bmatrix} y_1 \\ y_2 \end{bmatrix}$, $x = Ky$ 就求得了问题 (9.8.6) 的解. ■

由于定理 9.8.2 已完全将 LSQ 问题当 $\tau = \tau_{\inf}$ 的这一特殊情形化成了无约束 LS 问题 (9.8.10) 与普通线性方程组 (9.8.9). 因此以后将设约束条件为

$$\|Cx - d\|_2 \leqslant \tau, \quad \tau > \tau_{\inf} = \min_x \{\|Cx - d\|_2\}. \tag{9.8.11}$$

定义 9.8.1 若问题

$$\|Ax - b\|_2 = \min \tag{9.8.12}$$

的解 $x = x_0$ 有 $x_0 \in \mathbf{S}(\tau)$, 则称 x_0 为 LSQ 问题 (9.8.1), (9.8.2) 的显然解.

定理 9.8.3   由式 (9.8.1) 和式 (9.8.2) 表述的 LSQ 问题存在显然解当且仅当有 $z \in \mathbf{R}^n$ 使

$$\left\| C[A^+b + (I - A^+A)z] - d \right\|_2 \leqslant \tau \tag{9.8.13}$$

成立, 且此时对应 LSQ 问题的显然解就是

$$x = A^+b + (I - A^+A)z. \tag{9.8.14}$$

证明   由于问题 (9.8.12) 的通解为

$$x = A^+b + \mathbf{N}(A) = A^+b + \mathbf{R}(I - A^+A), \tag{9.8.15}$$

于是有 $z \in \mathbf{R}^n$ 使式 (9.8.13) 成立就表示在式 (9.8.12) 中有解自动满足约束, 或对应 LSQ 问题有显然解. 反之若 LSQ 问题 (9.8.1), (9.8.2) 有显然解, 则此解必为式 (9.8.12) 的解从而具式 (9.8.14) 的形式, 而该解满足约束即表明有 $z \in \mathbf{R}^n$ 使式 (9.8.13) 成立. 式 (9.8.14) 是显然解则系不证自明的. ∎

推论 9.8.2   若 $A \in \mathbf{R}_n^{m \times n}$, 则式 (9.8.1), (9.8.2) 确定的 LSQ 问题有显然解当且仅当

$$\left\| CA^+b - d \right\|_2 \leqslant \tau. \tag{9.8.16}$$

证明   由于 $A \in \mathbf{R}_n^{m \times n}$ 当且仅当 $I - A^+A = 0$, 而此时式 (9.8.13) 归结为式 (9.8.16). ∎

推论 9.8.3   由式 (9.8.1), (9.8.2) 确定的 LSQ 问题, 若 $b = 0$, 则其存在显然解当且仅当存在 y 满足

$$\left\| Cy - d \right\|_2 \leqslant \tau, \quad y \in \mathbf{N}(A). \tag{9.8.17}$$

∎

推论 9.8.4 $A \in \mathbf{R}_m^{m \times n}$, 则式 (9.8.1), (9.8.2) 确定的 LSQ 问题有显然解当且仅当存在 $y_2 \in \mathbf{R}^{n-m}$ 使

$$\left\| C_2 y_2 - (d - C_1 L^{-1}b) \right\|_2 \leqslant \tau, \tag{9.8.18}$$

其中 $(C_1, C_2) = CQ$, Q 是使 $AQ = (L, 0)$ 的正交矩阵, L 为可逆矩阵, $C_1 \in \mathbf{R}^{n \times m}, C_2 \in \mathbf{R}^{n \times (n-m)}$, 式 (9.8.18) 还可等效地归结为

$$\left\| (I - C_2 C_2^+)(C_1 L^{-1}b - d) \right\|_2 \leqslant \tau. \tag{9.8.19}$$

证明   首先指出 $A \in \mathbf{R}_m^{m \times n}$ 时有 $Q \in \mathbf{E}^{n \times n}$ 使 $AQ = (L, 0)$. 研究 $\mathbf{R}(A^T)$ 的任一组标准正交基 X_1, 有 $\mathbf{R}(A^T) = \mathbf{R}(X_1)$, $X_1 \in \mathbf{E}^{n \times m}$. 于是有 B^T 使 $A^T = X_1 B^T$, 并且 $B \in \mathbf{R}_m^{m \times m}$ 或可写成

$$A = BX_1^T.$$

若令 $[X_1, X_2] \in \mathbf{E}^{n \times n}$, 则有

$$A = \begin{bmatrix} B & 0 \end{bmatrix} \begin{bmatrix} X_1^T \\ X_2^T \end{bmatrix},$$

或令 $Q = [X_1, X_2]$, $B = L$ 就有 $AQ = [L, 0]$. 以后在 9.12 节将给出由 A 建立 $AQ = [L, 0]$ 的方法, 那里 L 可以取到可逆的下三角矩阵.

现设

$$x = Qy, \quad y = \begin{bmatrix} y_1 \\ y_2 \end{bmatrix}, \quad y_1 \in \mathbf{R}^m, \quad y_2 \in \mathbf{R}^{n-m},$$

则式 (9.8.1), (9.8.2) 等价于

$$\|CQy - d\|_2 = \|C_2 y_2 - (d - C_1 y_1)\|_2 \leqslant \tau, \tag{9.8.20}$$

$$\|Ly_1 - b\|_2 = \min. \tag{9.8.21}$$

而式 (9.8.21) 的解在无约束时是 $y_1 = L^{-1}b$, 由此式 (9.8.20), (9.8.21) 具显然解当且仅当存在 y_2 使式 (9.8.18) 成立, 或等价地有式 (9.8.19). ■

最后考虑 $A \in \mathbf{R}_r^{m \times n}$ 的情形.

对于 $A \in \mathbf{R}_r^{m \times n}$, 无论是用奇异值分解或后面介绍的办法, 都能求得两正交矩阵 $Q \in \mathbf{E}^{m \times m}$, $K \in \mathbf{E}^{n \times n}$ 使

$$QAK = \begin{bmatrix} R & 0 \\ 0 & 0 \end{bmatrix},$$

其中 $R \in \mathbf{R}_r^{r \times r}$. 若令

$$x = Ky, \quad y = \begin{bmatrix} y_1 \\ y_2 \end{bmatrix}, \quad y_1 \in \mathbf{R}^r, \quad y_2 \in \mathbf{R}^{n-r},$$

$$Qb = f = \begin{bmatrix} f_1 \\ f_2 \end{bmatrix}, \quad f_1 \in \mathbf{R}^r, \quad f_2 \in \mathbf{R}^{m-r},$$

并记

$$CK = (C_1, C_2), \quad C_1 \in \mathbf{R}^{l \times r}, \quad C_2 \in \mathbf{R}^{l \times (n-r)},$$

则式 (9.8.1), (9.8.2) 等价于

$$\|C_2 y_2 - (b - C_1 y_1)\|_2 \leqslant \tau, \tag{9.8.22}$$

$$\|Ry_1 - f_1\|_2 = \min. \tag{9.8.23}$$

由此相仿以前的做法有:

推论 9.8.5 若 $A \in \mathbf{R}_r^{m \times n}$, 则式 (9.8.1), (9.8.2) 所确定的 LSQ 问题有显然解当且仅当存在 y_2 使

$$\left\|C_2 y_2 - (d - C_1 R^{-1} f_1)\right\|_2 \leqslant \tau, \tag{9.8.24}$$

或存在下述不等式

$$\left\|(I - C_2 C_2^+)(d - C_1 R^{-1} f_1)\right\|_2 \leqslant \tau. \tag{9.8.25}$$

今后的讨论将排除 LSQ 问题存在显然解这一特殊情况.

参考文献: [Hua1982], [Hua1984], [GM1991].

9.9 LSQ 问题的唯一性条件与解的结构

本节在讨论由式 (9.8.1), 式 (9.8.2) 表述的 LSQ 问题时将约定一方面约束集合 $\mathbf{S}(\tau)$ 是非退化的, 即

$$\mathbf{S}(\tau) = \{x | \|Cx - d\|_2 \leqslant \tau\}, \quad \tau > \tau_{\inf} = \min_x \|Cx - d\|_2.$$

而这意味着

$$C^T(Cx - d) \neq 0, \quad x \in \partial \mathbf{S}(\tau). \tag{9.9.1}$$

另一方面约定式 (9.8.1), 式 (9.8.2) 应无显然解. 设 x_0 是它的解, 则应有

$$\rho_0 = \|Ax_0 - b\|_2 > \min_x \{\|Ax - b\|_2\} \tag{9.9.2}$$

以后记 $\mathbf{T}(\rho_0) = \{x | \|Ax - b\|_2 \leqslant \rho_0\}$. 显然有

$$A^T(Ax_0 - b) \neq 0. \tag{9.9.3}$$

考虑到 x_0 是式 (9.8.1), 式 (9.8.2) 的解, 则必有

$$x_0 \in \partial \mathbf{T}(\rho_0) \cap \partial \mathbf{S}(\tau).$$

由于条件 (9.9.1) 与 (9.9.3), 则两集合的边界 $\partial \mathbf{T}(\rho_0)$ 与 $\partial \mathbf{S}(\tau)$ 均在 $x = x_0$ 这一点光滑, 它们各自在 $x = x_0$ 都有外法向量. 以后在寻求式 (9.8.1), (9.8.2) 解所应具有的充要条件的讨论中将充分利用这一重要的几何事实.

首先建立解的唯一性条件.

引理 9.9.1 $A \in \mathbf{R}^{m \times n}, b \in \mathbf{R}^m, x \in \mathbf{R}^n$, 若

$$x = y + z, \quad y \in \mathbf{N}(A), \quad z \in \mathbf{N}(A)_\perp = \mathbf{R}(A^T),$$

则 $\|Ax - b\|_2 = \|Az - b\|_2$.

引理 9.9.2 $A \in \mathbf{R}^{m \times n}, b \in \mathbf{R}^m, z_1, z_2 \in \mathbf{N}(A)_\perp$ 且 $z_1 \neq z_2$, 若有 $\|Az_1 - b\|_2 = \|Az_2 - b\|_2 = \tau$, 则对任何 $0 < \alpha < 1$ 总有

$$\|Az - b\|_2 < \tau, \quad z = \alpha z_1 + (1 - \alpha)z_2.$$

证明 设矩阵 F 的列组成 $\mathbf{N}(A)_\perp$ 的基, 则 $\mathbf{R}(F) \cap \mathbf{N}(A) = \{0\}$, 于是

$$y \neq 0 \rightarrow Fy \bar{\in} \mathbf{N}(A),$$

从而 $AFy \neq 0$ 对一切 $y \neq 0$ 成立, 或 AF 具线性无关列, 于是在 $\mathbf{R}^r$ 中集合

$$\mathbf{Q}(\tau) = \{u | \|AFu - b\|_2 \leqslant \tau\}$$

是 e.s.c 集, 其中 $r = \dim[\mathbf{R}(F)]$.

现在 $z_i \in \mathbf{N}(A)_\perp$, 则有 $y_i \in \mathbf{R}^r$ 使 $z_i = Fy_i$, $i \in \underline{2}$. 由此有

$$\begin{aligned}
&\|Az - b\|_2 \\
=&\|A(\alpha z_1 + (1-\alpha)z_2) - b\|_2 \\
=&\|AF(\alpha y_1 + (1-\alpha)y_2) - b\|_2 \\
<&\alpha\|AFy_1 - b\|_2 + (1-\alpha)\|AFy_2 - b\|_2 = \tau,
\end{aligned}$$

即引理成立. ∎

引理 9.9.3 $A \in \mathbf{R}^{m \times n}, b \in \mathbf{R}^m$, $\mathbf{Q}(\tau) = \{x | \|Ax - b\|_2 \leqslant \tau\}$. 又 $x_1, x_2 \in \partial\mathbf{Q}(\tau)$, 则对任何 $0 < \alpha < 1$, $x = \alpha x_1 + (1-\alpha)x_2 \in \partial\mathbf{Q}(\tau)$ 当且仅当 $x_1 - x_2 \in \mathbf{N}(A)$.

证明 当: 若 $x_1 - x_2 = y \in \mathbf{N}(A)$, 则

$$\begin{aligned}
&\|A(\alpha x_1 + (1-\alpha)x_2) - b\|_2 \\
=&\|Ax_2 - b + \alpha Ay\|_2 \\
=&\|Ax_2 - b\|_2 = \tau.
\end{aligned}$$

于是 $[\alpha x_1 + (1-\alpha)x_2] \in \partial\mathbf{Q}(\tau)$ 对一切 $0 < \alpha < 1$ 都成立.

仅当: 设 $x_1, x_2 \in \partial\mathbf{Q}(\tau)$, 又 $x_1 - x_2 \bar{\in} \mathbf{N}(A)$, 令 $x_i = y_i + z_i$, $y_i \in \mathbf{N}(A)$, $z_i \in \mathbf{N}(A)_\perp$, $i \in \underline{2}$, 于是 $z_1 \neq z_2$, 而由引理 9.9.2 可有

$$\|A[\alpha x_1 + (1-\alpha)x_2] - b\|_2 = \|A[\alpha z_1 + (1-\alpha)z_2] - b\|_2 < \tau.$$

这表明对任何 $0 < \alpha < 1$ 有 $\alpha x_1 + (1-\alpha)x_2 \in \overset{\circ}{\mathbf{Q}}(\tau)$, 由此可知若 $x = \alpha x_1 + (1-\alpha)x_2 \in \partial\mathbf{Q}(\tau)$, 则必有 $x_1 - x_2 \in \mathbf{N}(A)$, 其中 $0 < \alpha < 1$. ∎

定理 9.9.1 (唯一性定理) LSQ 问题

$$\text{(I)} \quad \begin{cases}
\|Ax - b\|_2 = \min, \quad x \in \mathbf{S}(\tau) \\
\mathbf{S}(\tau) = \{x | \|Cx - d\|_2 \leqslant \tau\} \\
\tau > \tau_{\inf} = \min\limits_x \{\|Cx - d\|_2\} \\
A^T(Ax - b) \neq 0, \quad x \in \mathbf{S}(\tau)
\end{cases}$$

的解唯一当且仅当

$$\mathbf{N}(A) \cap \mathbf{N}(C) = \{0\}. \tag{9.9.4}$$

证明   当: 用反证法. 设问题 (I) 有两个解 x_1, x_2 且 $x_1 \neq x_2$. 显然 $x_i \in \partial \mathbf{S}(\tau)$, $i \in \underline{2}$. 令

$$\rho_0 = \|Ax_1 - b\|_2 = \|Ax_2 - b\|_2 = \min_x \{\|Ax - b\|_2 | x \in \mathbf{S}(\tau)\}. \tag{9.9.5}$$

由此 $x_i \in \partial \mathbf{T}(\rho_0)$, 其中 $\mathbf{S}(\tau)$ 与 $\mathbf{T}(\rho_0)$ 系由本节开始给出的集合记号.

由于 $\mathbf{T}(\rho_0)$ 与 $\mathbf{S}(\tau)$ 均凸集, 而 ρ_0 是问题 (I) 的最优指标, 由此有

$$\begin{aligned}
&\alpha x_1 + (1 - \alpha)x_2 \in \mathbf{T}(\rho_0) \Longrightarrow \alpha x_1 + (1 - \alpha)x_2 \in \partial \mathbf{T}(\rho_0), \\
&x_1, x_2 \in \partial \mathbf{S}(\tau) \Longrightarrow \alpha x_1 + (1 - \alpha)x_2 \in \mathbf{S}(\tau) \\
&\Longrightarrow \alpha x_1 + (1 - \alpha)x_2 \in \partial \mathbf{S}(\tau). \quad (\text{引理 } 9.9.2)
\end{aligned} \tag{9.9.6}$$

或直接写成

$$\alpha x_1 + (1 - \alpha)x_2 \in \partial \mathbf{T}(\rho_0) \cap \partial \mathbf{S}(\tau), \quad \forall 0 < \alpha < 1. \tag{9.9.7}$$

而由引理 9.9.3 可知 $x_1 - x_2 \in \mathbf{N}(A) \cap \mathbf{N}(C)$.

由此可知只要 $\mathbf{N}(A) \cap \mathbf{N}(C) = \{0\}$, 则 (I) 的解唯一.

仅当: 由于若 x_0 是 (I) 的解, 则 $x_0 + \mathbf{N}(A) \cap \mathbf{N}(C)$ 这个直流形上的向量全是 (I) 的解, 因而仅当部分证明为显然.   ∎

推论 9.9.1   对问题 (I), 若 A 与 C 中有一个满列秩, 则 (I) 有解必唯一.

定理 9.9.2   对问题 (I), 若记 $\mathbf{R}(G) = \mathbf{N}(A) \cap \mathbf{N}(C)$, $G \in \mathbf{R}^{n \times r}$, $r = \dim[\mathbf{N}(A) \cap \mathbf{N}(C)]$, 则:

$1°$ x_1, x_2 是 (I) 的解, 则 $x_1 - x_2 \in \mathbf{R}(G)$.

$2°$ (I) 的通解是 $x = x_0 + Gp, p \in \mathbf{R}^r$ 为任意向量, x_0 是 (I) 的一个特解.

证明 $1°$ 显然.

$2°$ 由 $1°$ 可直接得到.   ∎

若选 $F_1 \in \mathbf{U}^{n \times r}$, $\mathbf{R}(F_1) = \mathbf{R}(G)$; $F_2 \in \mathbf{U}^{n \times (n-r)}$, $\mathbf{R}(F_2) = \mathbf{R}(G)_\perp$, 则 $F = (F_1, F_2) \in \mathbf{U}^{n \times n}$. 令

$$x = Fy,$$

则有

$$Ax = A[F_1 \quad F_2] \begin{bmatrix} y_1 \\ y_2 \end{bmatrix} = AF_2 y_2 = A'y_2, \tag{9.9.8}$$

$$Cx = C[F_1 \quad F_2] \begin{bmatrix} y_1 \\ y_2 \end{bmatrix} = CF_2 y_2 = C'y_2, \tag{9.9.9}$$

其中 $y_1 \in \mathbf{R}^r, y_2 \in \mathbf{R}^{n-r}$, 由此问题 (I) 等价地化为

(II)
$$\begin{cases} \|A'y_2 - b\|_2 = \min, \ y_2 \in \tilde{\mathbf{S}}(\tau), \\ \tilde{\mathbf{S}}(\tau) = \{y_2 | \|C'y_2 - d\|_2 \leqslant \tau\}, \\ \tau > \tau_{\inf} = \min_{y_2}\{\|C'y_2 - d\|_2\}, \\ (A')^T(A'y_2 - b) \neq 0, \ y_2 \in \tilde{\mathbf{S}}(\tau). \end{cases}$$

并且 (I) 是正则情形当且仅当 (II) 是正则情形.

定理 9.9.3　由式 (9.9.8), (9.9.9) 引进的 $A' = AF_2, C' = CF_2$ 有

$$\mathbf{N}(A') \cap \mathbf{N}(C') = \{0\}, \tag{9.9.10}$$

从而问题 (II) 有解必唯一.

证明　设 $q \in \mathbf{N}(A') \cap \mathbf{N}(C')$, 于是 $AF_2q = CF_2q = 0$ 或有 $F_2q \in \mathbf{N}(A) \cap \mathbf{N}(C) = \mathbf{R}(F_1)$, 于是 $q \in F_2^T\mathbf{R}(F_1) = \{0\}$. 由于 q 是 $\mathbf{N}(A') \cap \mathbf{N}(C')$ 中任选的, 于是式 (9.9.10) 成立. 由定理 9.9.2 可知问题 (II) 若有解则唯一. ∎

如果对问题 (II) 求得其唯一解为 y_2^0, 则 (I) 的通解为

$$x = F_2y_2^0 + F_1y_1, \ y_1 \in \mathbf{R}^r, \ r = \text{rank}(F_1).$$

参考文献: [Hua1982], [GM1991], [Hua1984].

9.10　LSQ 问题解的存在性与方法解

基于 9.9 节关于 LSQ 问题唯一性的分析, 以下设讨论的问题是

(III)
$$\begin{cases} \|Ax - b\|_2 = \min, \ x \in \mathbf{S}(\tau), & (1) \\ \mathbf{S}(\tau) = \{x | \|Cx - d\|_2 \leqslant \tau\}, & (2) \\ \tau > \tau_{\inf} = \min_x\{\|Cx - d\|_2\}, & (3) \\ A^T(Ax - b) \neq 0, \ x \in \mathbf{S}(\tau), & (4) \\ \mathbf{N}(A) \cap \mathbf{N}(C) = \{0\}. & (5) \end{cases}$$

为了研究 (III) 的解的存在性并设法求得该解, 引入两个二次函数

$$\varphi(x) = (Cx - d)^T(Cx - d) - \tau^2,$$
$$\psi(x) = (Ax - b)^T(Ax - b).$$

设 x_0 是问题 (III) 的解, 并记 $\rho_0 = \|Ax_0 - b\|_2$.

考虑到 (III) 中条件 (3) 与 (4), 则 $\text{grad}\varphi$ 与 $\text{grad}\psi$ 分别在 $\partial\mathbf{S}(\tau)$ 和 $\partial\mathbf{T}(\rho_0)$ 上处处非零, 或集合 $\mathbf{S}(\tau)$ 与 $\mathbf{T}(\rho_0)$ 的边界处处是光滑的.

定理 9.10.1　若有 $x_0 \in \partial \mathbf{S}(\tau)$, 则 $x = x_0$ 是问题 (III) 的解当且仅当存在 $\lambda > 0$ 有

$$\mathrm{grad}\psi|_{x=x_0} = -\lambda \mathrm{grad}\varphi|_{x=x_0}. \tag{9.10.1}$$

证明　当: 过 $x = x_0$ 作 $\partial \mathbf{S}(\tau)$ 的切平面 $\mathbf{P}$, 由 (9.10.1) 可知 $\mathbf{P}$ 也是 $\partial \mathbf{T}(\rho_0)$ 的切平面, $\rho_0 = \|Ax_0 - b\|_2$. 由于 $\mathbf{S}(\tau)$ 与 $\mathbf{T}(\rho_0)$ 均为凸集且边界光滑, 则由 $\lambda > 0$ 可知 $\mathbf{P}$ 将 $\mathbf{R}^n$ 剖分为两个半空间 $\mathbf{R}_1$ 与 $\mathbf{R}_2$, 其中 $\mathbf{S}(\tau) \subset \mathbf{R}_1$, $\mathbf{T}(\rho_0) \subset \mathbf{R}_2$ 而 $\mathring{\mathbf{R}}_1 \cap \mathring{\mathbf{R}}_2 = \emptyset$, 由此可断言

$$x_1 \bar{\in} \mathring{\mathbf{T}}(\rho_0), \quad x_1 \in \mathbf{S}(\tau).$$

这刚好可得到

$$\|Ax_1 - b\|_2 \geqslant \|Ax_0 - b\|_2, \quad x_1 \in \mathbf{S}(\tau).$$

即 $x = x_0$ 是问题 (III) 的解.

仅当: 显然.　∎

由于问题 (III) 的解的存在性问题已转化成是否有 $\lambda > 0$ 与 $x_0 \in \partial \mathbf{S}(\tau)$ 满足式 (9.10.1). 将式 (9.10.1) 与 $x \in \partial \mathbf{S}(\tau)$ 具体写出就是下述方程组:

$$\lambda C^T(Cx - d) = -A^T(Ax - b), \tag{9.10.2}$$

$$\varphi = (Cx - d)^T(Cx - d) - \tau^2 = 0, \tag{9.10.3}$$

由于 $\mathbf{N}(A) \cap \mathbf{N}(C) = \{0\}$, 因此 $\lambda C^T C + A^T A$ 对 $\lambda > 0$ 来说 $\mathbf{N}[\lambda C^T C + A^T A] = \{0\}$, 从而 $\lambda C^T C + A^T A$ 在 $\lambda > 0$ 时总正定, 这样式 (9.10.2) 可以将 x 解成 λ 的在 $(0, +\infty)$ 定义的有理函数, 由于 $\det[\lambda C^T C + A^T A] = 0$ 的根均不在 $(0, +\infty)$ 内, 因而解出的函数 $x = x(\lambda)$ 在 $0 < \lambda < +\infty$ 连续, 以此代入式 (9.10.3), 则 φ 是 $0 < \lambda < +\infty$ 的连续函数. 记为 $\Phi(\lambda) = \varphi(x(\lambda)) = (Cx(\lambda) - d)^T(Cx(\lambda) - d) - \tau^2$.

为了说明 $\Phi(\lambda)$ 在 $0 < \lambda < +\infty$ 确有零点, 只需证明 $\lim\limits_{\lambda \to 0} \Phi(\lambda)$ 与 $\lim\limits_{\lambda \to +\infty} \Phi(\lambda)$ 是异号就可以.

如果直接令 $\lambda = 0$, 则式 (9.10.2) 退化为

$$A^T(Ax - b) = 0. \tag{9.10.4}$$

显然满足式 (9.10.4) 的 x 均不在 $\mathbf{S}(\tau)$ 内, 否则与 (III) 中 (4) 矛盾, 由此就有式 (9.10.4) 的解对应的 $(Cx - d)^T(Cx - d) - \tau^2 > 0$, 或简单地记作 $\Phi(0) > 0$. 但是方程 (9.10.4) 的系数矩阵未必是满秩的. 因而含参数 λ 的满秩方程 (9.10.2) 当 $\lambda \to 0$ 时的性能不能由式 (9.10.4) 决定. 这样也就不能简单地用 $\Phi(0)$ 的符号代替 $\lim\limits_{\lambda \to 0} \Phi(\lambda)$ 的符号. 为了克服这一困难, 引入下述结果.

定理 9.10.2 含有小参数 λ 的方程

$$\lambda C^T(Cx - d) = -A^T(Ax - b), \tag{9.10.5}$$

若 $\mathbf{N}(A) \cap \mathbf{N}(C) = \{0\}$, 则式 (9.10.2) 的解 $x = x(\lambda)$ 当 $\lambda \to 0$ 时有极限, 其极限为退化方程

$$A^T(Ax - b) = 0 \tag{9.10.6}$$

的一个特解. 或有式 (9.10.6) 的特解 $\tilde{x}$ 使

$$\lim_{\lambda \to 0} \|x(\lambda) - \tilde{x}\|_2 = 0. \tag{9.10.7}$$

证明 设 A 之正奇异值为 $\delta_1, \delta_2, \cdots, \delta_p$, $\Delta = \mathrm{diag}(\delta_1, \delta_2, \cdots, \delta_p)$, 又

$$A = U^T D V, \quad D = \begin{bmatrix} \Delta & 0 \\ 0 & 0 \end{bmatrix}$$

为 A 的奇异值分解, 其中 $U \in \mathbf{E}^{m \times m}$, $V \in \mathbf{E}^{n \times n}$.

令 $x = V^T y$, 则在 y 这组变量下式 (9.10.5) 与 (9.10.6) 变为

$$\lambda P^T(Py - d) = -D^T(Dy - f), \tag{9.10.8}$$

$$D^T(Dy - f) = 0, \tag{9.10.9}$$

其中 $P = CV^T$, $f = Ub$.

考虑到 $D^T D = \begin{bmatrix} \Delta^2 & 0 \\ 0 & 0 \end{bmatrix}$ 是对角方阵, 则式 (9.10.8) 可以写成

$$\begin{bmatrix} \Delta^2 + \lambda P_{11} & \lambda P_{12} \\ \lambda P_{12}^T & \lambda P_{22} \end{bmatrix} \begin{bmatrix} y_1 \\ y_2 \end{bmatrix} = \begin{bmatrix} \lambda c_1 + \Delta f_1 \\ \lambda c_2 \end{bmatrix}, \tag{9.10.10}$$

其中

$$P^T P = \begin{bmatrix} P_{11} & P_{12} \\ P_{12}^T & P_{22} \end{bmatrix}, \quad f = \begin{bmatrix} f_1 \\ f_2 \end{bmatrix}, \quad P^T d = \begin{bmatrix} c_1 \\ c_2 \end{bmatrix},$$

$$y_1 \in \mathbf{R}^p, \quad y_2 \in \mathbf{R}^{n-p}, \quad f_1, c_1 \in \mathbf{R}^p, \quad f_2 \in \mathbf{R}^{m-p}, \quad c_2 \in \mathbf{R}^{n-p},$$

而式 (9.10.9) 变为

$$\Delta^2 y_1 = \Delta f_1 \text{或} \Delta y_1 = f_1. \tag{9.10.11}$$

当然式 (9.10.11) 是式 (9.10.10) 在 $\lambda = 0$ 时的退化方程, 但作为式 (9.10.10) 的退化方程时其解中 y_1 满足式 (9.10.11) 而 y_2 可任意.

考虑一个辅助方程

$$\Delta y_1 = f_1,$$
$$P_{12}^T y_1 + P_{22} y_2 = c_2. \tag{9.10.12}$$

由于式 (9.10.10) 的系数矩阵对任何 $\lambda > 0$ 均正定, 则 P_{22} 正定, 因而式 (9.10.12) 的系数矩阵可逆. 注意到式 (9.10.12) 的唯一解 $\begin{bmatrix} \tilde{y}_1 \\ \tilde{y}_2 \end{bmatrix}$ 自动满足退化方程 (9.10.11), 因而它是式 (9.10.11) 的一个特解.

研究具小参数 λ 的方程

$$\begin{bmatrix} \Delta^2 + \lambda P_{11} & \lambda P_{12} \\ P_{12}^T & P_{22} \end{bmatrix} \begin{bmatrix} y_1 \\ y_2 \end{bmatrix} = \begin{bmatrix} \lambda c_1 + \Delta f_1 \\ c_2 \end{bmatrix}, \tag{9.10.13}$$

显然式 (9.10.10), (9.10.13) 对任何 $\lambda > 0$ 有同解. 而式 (9.10.13) 在 $\lambda \to 0$ 时其退化方程即式 (9.10.12), 但这里的式 (9.10.12) 的系数矩阵与式 (9.10.13) 的系数矩阵同秩, 因而对式 (9.10.13) 即式 (9.10.10) 的解 $y(\lambda)$ 有

$$\lim_{\lambda \to 0} y(\lambda) = \tilde{y}, \quad \tilde{y} = \begin{bmatrix} \tilde{y}_1 \\ \tilde{y}_2 \end{bmatrix}.$$

考虑到 $V \in \mathbf{E}^{n \times n}$, 令 $\tilde{x} = V^T \tilde{y}$, 则它是式 (9.10.6) 的一个特解. 而 $x(\lambda) = V^T y(\lambda)$ 是式 (9.10.2) 的唯一解. 于是由

$$\lim_{\lambda \to 0} \|x(\lambda) - \tilde{x}\|_2 = \lim_{\lambda \to 0} \|y(\lambda) - \tilde{y}\|_2 = 0.$$

就有式 (9.10.7).

至此定理得证. ∎

推论 9.10.1 对函数 $\Phi(\lambda)$ 有

$$\lim_{\lambda \to 0} \Phi(\lambda) > 0. \tag{9.10.14}$$

证明 设 $x(\lambda)$ 是式 (9.10.2) 的解, $\Phi(\lambda) = (Cx(\lambda) - d)^T (Cx(\lambda) - d) - \tau^2$, 而 $\lim_{\lambda \to 0} x(\lambda) = \tilde{x}$,, $\tilde{x}$ 有 $A^T(A\tilde{x} - b) = 0$, 考虑到问题是正则的, 则 $\tilde{x}$ 不能自动满足约束, 即 $[C\tilde{x} - d]^T[C\tilde{x} - d] = (\tau')^2 > \tau^2$, 由此就有

$$\lim_{\lambda \to 0} \Phi(\lambda) = \lim_{\lambda \to 0} \|Cx(\lambda) - d\|_2^2 - \tau^2 = \tau'^2 - \tau^2 > 0.$$

∎

推论 9.10.2 方程 (9.10.2) 的解 $x(\lambda)$ 有

$$\lim_{\lambda \to +\infty} \|x(\lambda) - \tilde{x}'\|_2 = 0, \tag{9.10.15}$$

其中 $\tilde{x}'$ 是方程

$$C^T(Cx - d) = 0 \tag{9.10.16}$$

的解. 而函数 $\Phi(\lambda)$ 则有

$$\lim_{\lambda \to +\infty} \Phi(\lambda) = \tau_{\inf}^2 - \tau^2 < 0. \tag{9.10.17}$$

证明 利用 $\mu = \dfrac{1}{\lambda}$, 将方程 (9.10.2) 改写成

$$C^T[Cx - d] = -\mu A^T(Ax - b),$$

其 $\mu \to 0$ 的退化方程为 (9.10.16).

然后完全仿照定理 9.10.2 与推论 9.10.1 就可得到. ■

定理 9.10.3 对问题 (III), 在 $\partial \mathbf{S}(\tau)$ 上满足定理 9.10.1 要求的 λ_0 与 x_0 是存在唯一的.

证明 考虑到 $\Phi(\lambda)$ 在 $(0, +\infty)$ 连续又有式 (9.10.14) 与 (9.10.17), 因此 $\Phi(\lambda)$ 在 $(0, +\infty)$ 有零点. 设 λ_0 是其零点, $\lambda_0 > 0$, 方程

$$\lambda_0 C^T(Cx - d) = -A^T(Ax - b)$$

可以解得唯一的 x_0, 显然

$$\|Cx_0 - d\|_2^2 = \tau^2.$$

由此 λ_0, x_0 满足定理 9.10.1 的要求, 从而 x_0 是问题 (III) 的唯一解, 并且 λ_0 唯一. ■

问题 LSQ 有两个互相对偶的特殊情形, 它们是:

问题 LSS (球内最小平方解)

$$\|Ax - b\|_2 = \min,$$

$$\|x\|_2 \leqslant \tau.$$

问题 LDPQ (二次约束的最小距离规划)

$$\|x\|_2 = \min,$$

$$\|Cx - d\|_2 \leqslant \tau.$$

无论是 LSQ 还是它的两个特殊情形 LSS 与 LDPQ, 其算法均可利用后面几节提供的方法建立.

参考文献: [Hua1982], [GM1991], [Hua1984].

9.11 Givens 转动与 Householder 变换

由于求解 LS 问题 $\|Ax - b\|_2 = \min$ 的关键在于寻求 $U \in \mathbf{U}^{m \times m}$ 使 $UA = R$ 能有较简单的形式, 例如上三角矩阵等. 这里限制 $A \in \mathbf{R}^{m \times n}, b \in \mathbf{R}^m$ 的情形, 下面将给出两种典型的正交变换——Givens 转动与 Householder 变换, 它们构造方便同时又便于应用. 在近代大量的复杂计算问题中由于这两种变换是正交变换其传递误差的影响可降至最小而广受欢迎.

定理 9.11.1 (Givens)　任给 $a = \begin{bmatrix} \alpha_1 \\ \alpha_2 \end{bmatrix} \in \mathbf{R}^2, a \neq 0$, 则有 $\mathbf{R}^{2 \times 2}$ 中正交矩阵

$$G = \begin{bmatrix} \kappa & \sigma \\ -\sigma & \kappa \end{bmatrix}, \quad \kappa^2 + \sigma^2 = 1 \tag{9.11.1}$$

使

$$Ga = \begin{bmatrix} \|a\|_2 \\ 0 \end{bmatrix}. \tag{9.11.2}$$

证明　令 $\kappa = \alpha_1/\|a\|_2$, $\sigma = \alpha_2/\|a\|_2$, 考虑到 $\|a\|_2^2 = \alpha_1^2 + \alpha_2^2$, 则对应 G 有 $G^T G = I_2$, 并使式 (9.11.2) 成立. ∎

定理 9.11.2 (Householder)　任给 $a \in \mathbf{R}^n$, 则存在 $Q \in \mathbf{E}^{n \times n}$, 使

$$Qa = -\sigma e_1, \tag{9.11.3}$$

其中

$$\sigma = \begin{cases} \|a\|_2, & \alpha_1 \geqslant 0, \\ -\|a\|_2, & \alpha_1 < 0. \end{cases} \tag{9.11.4}$$

而 α_1 是 a 的第一个分量, $e_1 = (1, 0, \cdots, 0)^T$.

证明　令 $u = a + \sigma e_1$, 然后作

$$Q = I_n - \frac{uu^T}{\pi}, \quad \pi = \frac{1}{2}u^T u, \tag{9.11.5}$$

由此代入 Qa 并利用 $\pi = \sigma^2 + \sigma\alpha_1$ 则有

$$Qa = a - (a + \sigma e_1) = -\sigma e_1.$$

由于 $Q = Q^T$, 则

$$\begin{aligned} Q^T Q = Q^2 &= \left(I_n - \frac{uu^T}{\pi}\right)\left(I_n - \frac{uu^T}{\pi}\right) \\ &= I_n - \frac{2uu^T}{\pi} + \frac{uu^T uu^T}{\pi^2} = I_n. \end{aligned}$$

这表明 $Q \in \mathbf{E}^{n \times n}$. ∎

由式 (9.11.5) 确定的正交变换常称为 Householder 变换或初等反射.

若令 $v = u/\|u\|_2$, 则

$$Q = I_n - 2vv^T, \quad \|v\|_2 = 1.$$

无论是 Givens 转动, 还是 Householder 变换, 它们都是一种特殊的正交变换. 它们的构成是希望对某个特定向量的作用具有特殊的形式, 例如 $Qa = -\sigma e_1$, 即作

用后形成的像的一些特定的分量均为零. 当然希望这些可以成为零的分量具某种事先要求的选择性.

首先将 Givens 转动推广至 n 维的情形.

设给定 $a \in \mathbf{R}^n$, 若对 $1 \leqslant k, l \leqslant n$, 要求确定 G_{kl} 使 $f = G_{kl}a$ 有性质:

$$\begin{cases} \varphi_l = 0, & \varphi_k = (\alpha_l^2 + \alpha_k^2)^{\frac{1}{2}} = r, \\ \varphi_i = \alpha_i, & i \neq k, l. \end{cases} \tag{9.11.6}$$

若记 $G_{kl} = (\gamma_{ij})$, 则定义

$$\begin{cases} \gamma_{ii} = 1, & i \neq k, l, \\ -\gamma_{lk} = \gamma_{kl} = \alpha_l/r, & r = (\alpha_l^2 + \alpha_k^2)^{\frac{1}{2}}, \\ \gamma_{kk} = \gamma_{ll} = \alpha_k/r, & \\ \gamma_{ij} = 0, & \text{其他} i \neq j. \end{cases} \tag{9.11.7}$$

容易验证 $f = G_{kl}a$ 之分量有

$$\varphi_k = \gamma_{kl}\alpha_l + \gamma_{kk}\alpha_k = \frac{1}{r}(\alpha_l^2 + \alpha_k^2) = r,$$

$$\varphi_l = \gamma_{ll}\alpha_l + \gamma_{lk}\alpha_k = \frac{1}{r}(\alpha_k\alpha_l - \alpha_l\alpha_k) = 0,$$

$$\varphi_i = \alpha_i, \quad i \neq k, l.$$

由此可知对给定的 k, l 按式 (9.11.7) 构成的 G_{kl} 是一个简单的转动, 它具性质 (9.11.6).

对于 Householder 变换, 也可以做到使其对特定向量作用后的像的一些特殊分量变为零. 为简单起见, 设给定 $1 \leqslant p \leqslant l \leqslant n$, 要求对 $a \in \mathbf{R}^n$ 建立一个 Householder 变换 Q, 使

$$Qa = \begin{bmatrix} \alpha_1 \\ \vdots \\ \alpha_{p-1} \\ -\lambda \left(\alpha_p^2 + \sum_{i=l+1}^{n} \alpha_i^2 \right)^{\frac{1}{2}} \\ \alpha_{p+1} \\ \vdots \\ \alpha_l \\ 0 \\ \vdots \\ 0 \end{bmatrix}, \tag{9.11.8}$$

其中

$$\lambda = \begin{cases} 1, & \alpha_p \geqslant 0, \\ -1, & \alpha_p < 0. \end{cases} \tag{9.11.9}$$

设针对 a 构造的 $Q = I_n - \dfrac{1}{\pi}uu^T$ 具有性质 (9.11.8), 问题在于如何求解 u 与 π.

令 $c = K_{pl}a$, K_{pl} 是 1.10 节引进的互换矩阵, 则 $c = (\gamma_1, \cdots, \gamma_{l-1}, \gamma_l, \cdots, \gamma_n)^T$ 有

$$\begin{cases} \gamma_l = \alpha_p, & \gamma_p = \alpha_l, \\ \gamma_i = \alpha_i, & i \neq p, l. \end{cases} \tag{9.11.10}$$

记 $c = \begin{bmatrix} c_1 \\ c_2 \end{bmatrix}$, $c_2 = (\gamma_l, \cdots, \gamma_n)^T \in \mathbf{R}^{n-l+1}$.

取 $V = I_{n-l+1} - \dfrac{1}{\pi}vv^T$, 使 $Vc_2 = (-\sigma, 0, \cdots, 0)^T \in \mathbf{R}^{n-l+1}$, 其中

$$\begin{aligned} \sigma &= (\gamma_l^2 + \cdots + \gamma_n^2)^{\frac{1}{2}}\operatorname{sign}(\gamma_l) \\ &= (\alpha_p^2 + \alpha_{l+1}^2 + \cdots + \alpha_n^2)^{\frac{1}{2}}\operatorname{sign}(\alpha_p) \end{aligned} \tag{9.11.11}$$

再取 $\widetilde{u} = \begin{bmatrix} 0 \\ v \end{bmatrix}$ 与 $u = K_{pl}\widetilde{u}$. 于是有

$$\begin{aligned} U &= I_n - \frac{1}{\pi}uu^T = K_{pl}\left(I_n - \frac{1}{\pi}\widetilde{u}\widetilde{u}^T\right)K_{pl}, \\ Ua &= K_{pl}\left(I_n - \frac{1}{\pi}\widetilde{u}\widetilde{u}^T\right)K_{pl}a \\ &= K_{pl}\begin{bmatrix} I_{l-1} & 0 \\ 0 & I_{n-l+1} - \frac{1}{\pi}vv^T \end{bmatrix}\begin{bmatrix} c_1 \\ c_2 \end{bmatrix} \\ &= K_{pl}\begin{bmatrix} c_1 \\ -\sigma e_1' \end{bmatrix} \\ &= K_{pl}[\gamma_1 \ \cdots \ \gamma_{p-1} \ \gamma_p \ \gamma_{p+1} \ \cdots \ -\sigma \ 0 \ \cdots \ 0]^T \\ &= [\alpha_1 \ \cdots \ \alpha_{p-1} \ -\sigma \ \alpha_{p+1} \ \cdots \ \alpha_l \ 0 \ \cdots \ 0]^T, \end{aligned}$$

其中 $e_1' = [1, 0, \cdots, 0]^T \in \mathbf{R}^{n-l+1}$.

如果令 $\lambda = \operatorname{sign}\alpha_p$, 则上述过程实际上给出按 a 求 u 使对应 $Q = I_n - \dfrac{1}{\pi}uu^T$ 满足式 (9.11.8) 的办法.

在可以利用换列矩阵的前提下性质 (9.11.8) 中取 0 的位置可以任意配置, 即采用 Householder 变换可以使变换后的像的分量按事先指定的位置取 0.

参考文献: [Ste1976], [Wil1965], [Hua1984], [Hou1964].

9.12 矩阵的正交三角化

本节主要研究如何利用 Householder 变换对矩阵进行 QR 分解或三角化, 以便为求解 LS 问题创造一个较好的前提, 在这里给出的算法将更具有原则性, 它是在前面一些算法基础上建立的大的框架, 为避免算法的冗繁, 对以前的算法采用指出其中特征量后进行调用的手法, 而且算法也只略谈其中具代表性的.

定理 9.12.1 $A \in \mathbf{R}_n^{m \times n}$, 则存在 n 个 Householder 变换 $U_1, U_2, \cdots, U_n$ 使

$$U_n \cdots U_1 A = \begin{bmatrix} R \\ 0 \end{bmatrix}, \tag{9.12.1}$$

其中 $R \in \mathbf{R}_n^{n \times n}$ 系上三角矩阵. 若 $m = n$, 取 $U_n = I_n$.

证明 对 n 用数学归纳法.

$n = 1$ 定理显然成立. 设 $n = l - 1$ 时定理已真, 讨论 $n = l$.

令 $A = [a_1, a_2, \cdots, a_l] \in \mathbf{R}_l^{m \times l}$, 对 a_1 显然有 Householder 变换 U_1 使

$$U_1 a_1 = -\|a_1\|_2 e_1,$$

由此可令

$$U_1 A = \begin{bmatrix} -\|a_1\|_2 & \beta_{12} & \cdots & \beta_{1l} \\ 0 & & & \\ \vdots & & \widetilde{A} & \\ 0 & & & \end{bmatrix},$$

其中 $\widetilde{A} \in \mathbf{R}_{l-1}^{(m-1) \times (l-1)}$, 于是按归纳法假定, 存在 $l-1$ 个 Householder 变换 $\tilde{U}_2, \cdots, \tilde{U}_l$ 使

$$\tilde{U}_l, \cdots, \tilde{U}_2 \widetilde{A} = \begin{bmatrix} \tilde{R} \\ 0 \end{bmatrix},$$

其中 $\tilde{R} \in \mathbf{R}_{l-1}^{(m-1) \times (l-1)}$ 系上三角矩阵. 令

$$U_i = \begin{bmatrix} 1 & 0 \\ 0 & \tilde{U}_i \end{bmatrix}, \quad i = 2, 3, \cdots, l.$$

显然 U_i 均为 Householder 变换, 且有

$$U_l \cdots U_2 U_1 A = \begin{bmatrix} -\|a\|_2 & \beta_{12} & \cdots & \beta_{1l} \\ 0 & & & \\ \vdots & & \tilde{U}_n \cdots \tilde{U}_2 \widetilde{A} & \\ 0 & & & \end{bmatrix} = \begin{bmatrix} -\|a\|_2 & \beta_{12} & \cdots & \beta_{1l} \\ 0 & & & \\ \vdots & & \begin{bmatrix} \tilde{R} \\ 0 \end{bmatrix} & \\ 0 & & & \end{bmatrix} = \begin{bmatrix} R \\ 0 \end{bmatrix}.$$

此时 $R \in \mathbf{R}_l^{l \times l}$ 是上三角矩阵. ∎

推论 9.12.1　$A \in \mathbf{R}_m^{m \times n}$, 则可有 m 个 Householder 变换 $U_1, \cdots, U_m$ 使

$$AU_1 \cdots U_m = [L, 0], \tag{9.12.2}$$

其中 $L \in \mathbf{R}_m^{m \times m}$ 系下三角矩阵.

证明　对 A^T 引用定理 9.12.1 即可得证.　　　　　　　　　　　　■

由于 Householder 变换可以选来使其作用在已知向量上可使其作用后的像在特定位置取零, 于是在式 (9.12.1) 中 R 的位置也可以是下三角矩阵, 而式 (9.12.2) 的 L 的位置也可以是上三角矩阵. 再考虑到一系列 Householder 变换的乘积依然是正交矩阵, 于是就有:

定理 9.12.2　$A \in \mathbf{R}_n^{n \times n}$, 则存在上三角矩阵 R_1, R_2, 下三角矩阵 L_1, L_2, 正交矩阵 Q_1, Q_2, Q_3, Q_4 使

$$A = Q_1 R_1 = Q_2 L_1 = R_2 Q_3 = L_2 Q_4. \tag{9.12.3}$$

■

给定 $\mathbf{R}^n$ 中的一个子空间的一组基, 寻找利用此基建立一标准正交基的过程常称为 Gram-Schmidt 正交化过程或 G-S 过程. 用矩阵表示就是给定 $A \in \mathbf{R}_n^{m \times n}$, 寻找 $Q \in \mathbf{E}^{m \times n}$ 和 $\tilde{A} \in \mathbf{R}^{n \times n}$ 使 $A = Q\tilde{A}$. 而这一过程可以借助于 Householder 变换来完成, 其中 $\tilde{A}$ 按定理 9.12.2 可以选成上或下三角矩阵.

在不少实际问题中, 对于 $A \in \mathbf{R}^{m \times n}$ 来说, 一方面 $\mathrm{rank}(A) = r$ 是未知的, 另一方面也无从得知 A 的哪些列线性无关. 因而需要寻求一个办法, 它在进行矩阵的正交三角化的同时给出 $\mathrm{rank}(A)$ 这些重要的信息. 下面通过 Householder 变换并配合以换列的互换矩阵来达到目的.

定理 9.12.3　$A \in \mathbf{R}_r^{m \times n}$, 则有 r 个 Householder 变换 $U_1, U_2, \cdots, U_r$ 与 r 个互换矩阵 $P_1, P_2, \cdots, P_r$ 使

$$U_r U_{r-1} \cdots U_1 A P_1 P_2 \cdots P_r = \begin{bmatrix} R_1 & R_2 \\ 0 & 0 \end{bmatrix}, \tag{9.12.4}$$

其中 $R_1 \in \mathbf{R}_r^{r \times r}$ 系上三角矩阵, 且其对角线元有

$$|\rho_{11}| \geqslant |\rho_{22}| \geqslant \cdots \geqslant |\rho_{rr}| > 0. \tag{9.12.5}$$

证明　对 A 之列数 n 用归纳法.

$n = 1$ 显然正确, 此时 $P_1 = 1$.

设定理对 $n = l - 1$ 成立, 讨论 $n = l$.

令 $A = [a_1, a_2, \cdots, a_l]$, 选 i_1 使有

$$\|a_{i_1}\|_2 = \max_j \{\|a_j\|_2, j \in \underline{l}\}. \tag{9.12.6}$$

若取 $P_1 = K_{1i_1}$, 则

$$AP_1 = [a_{i_1} a_2 \cdots a_{i_1-l} a_1 \cdots a_n].$$

对 a_{i_1} 建立 Householder 变换 U_1, 使 $U_1 a_{i_1} = -\sigma_1 e_1$, 其中 $\sigma_1 = \|a_{i_1}\|_2 \text{sign}(a_{i_1})$, 由此有

$$U_1 A P_1 = \begin{bmatrix} -\sigma_1 & \beta_{12} \cdots \beta_{1n} \\ 0 & \\ \vdots & \widetilde{A} \\ 0 & \end{bmatrix}. \tag{9.12.7}$$

记 $\widetilde{A} = [\tilde{a}_1, \tilde{a}_2, \cdots, \tilde{a}_{l-1}] \in \mathbf{R}_{r-1}^{(m-1)\times(l-1)}$. 由式 (9.12.6) 可知

$$|\sigma_1|^2 = \|a_{i_1}\|_2^2 \geqslant \beta_{1i}^2 + \|\tilde{a}_{i-1}\|_2^2 \geqslant \|\tilde{a}_{i-1}\|_2^2, \quad i = 2, 3, \cdots, l. \tag{9.12.8}$$

按归纳法由于 $\widetilde{A}$ 之列数为 $l-1$, 则定理对 $\widetilde{A}$ 成立, 即有 $r-1$ 个 Householder 变换 $\tilde{U}_2, \cdots, \tilde{U}_r$ 与 $r-1$ 个互换矩阵 $\tilde{P}_2, \tilde{P}_3, \cdots, \tilde{P}_r$ 使

$$\tilde{U}_r \cdots \tilde{U}_2 \widetilde{A} \tilde{P}_2 \cdots \tilde{P}_r = \begin{bmatrix} \tilde{R}_1 & \tilde{R}_2 \\ 0 & 0 \end{bmatrix},$$

其中 $\tilde{R}_1 \in R_{r-1}^{(r-1)\times(r-1)}$ 为上三角矩阵, 且其对角线元 $\tilde{\rho}_{ii}$ 有

$$|\tilde{\rho}_{11}| \geqslant |\tilde{\rho}_{22}| \geqslant \cdots \geqslant |\tilde{\rho}_{r-1\ r-1}| > 0. \tag{9.12.9}$$

令

$$U_i = \begin{bmatrix} 1 & 0 \\ 0 & \tilde{U}_i \end{bmatrix}, \quad P_i = \begin{bmatrix} 1 & 0 \\ 0 & \tilde{P}_i \end{bmatrix}, \quad i = 2, 3, \cdots, r,$$

它们分别为 Householder 变换域互换矩阵, 则有

$$U_r \cdots U_2 U_1 A P_1 \cdots P_r = U_r \cdots U_2 \begin{bmatrix} -\sigma_1 & ** \\ 0 & \Lambda \end{bmatrix} P_1 \cdots P_r = \begin{bmatrix} R_1 & R_2 \\ 0 & 0 \end{bmatrix},$$

其中 R_1 已满足定理要求, ** 是无必要写明的项.

至此定理全部得证. ■

综合前述定理 9.12.1–9.12.3, 不难证明有:

定理 9.12.4 给定 $A \in \mathbf{R}_r^{m\times n}$, 则存在 r 个 Householder 变换之积 U 与 V, 以及互换矩阵之积 P, 使有

$$UAPV = UAK = \begin{bmatrix} R & 0 \\ 0 & 0 \end{bmatrix}, \tag{9.12.10}$$

其中 $R \in \mathbf{R}_r^{r \times r}$ 系上三角矩阵, $V, P, K \in \mathbf{E}^{n \times n}, U \in \mathbf{E}^{m \times m}$.

若任给 $A \in \mathbf{R}_r^{m \times n}$, 定理 9.12.3 可以产生 $\mathbf{R}(A)$ 的一组标准正交基. 由于式 (9.12.4) 可改写成

$$UAP = \begin{bmatrix} R_1 & R_2 \\ 0 & 0 \end{bmatrix},$$

若记 $U^T = \begin{bmatrix} V_1 & V_2 \end{bmatrix}$, 其中 $V_1 \in \mathbf{E}^{m \times r}$, 则由

$$AP = U^T \begin{bmatrix} R_1 & R_2 \\ 0 & 0 \end{bmatrix}$$

可知有

$$\mathbf{R}(A) = \mathbf{R}(AP) = \mathbf{R}(V_1 R_1) + \mathbf{R}(V_1 R_2) = \mathbf{R}(V_1).$$

利用定理 9.12.4, 由式 (9.12.10), 可知 A 的广义逆 $A^+ = P \begin{bmatrix} R_1^{-1} & 0 \\ 0 & 0 \end{bmatrix} U$. 并且若记 $P = \begin{bmatrix} P_1 & P_2 \end{bmatrix}, P_1 \in \mathbf{E}^{n \times r}, U = \begin{bmatrix} V_1^T \\ V_2^T \end{bmatrix}$, 则

$$A^+ = P_1 R^{-1} V_1^T. \tag{9.12.11}$$

参考文献: [Ste1976], [Wil1965], [Hua1984].

9.13   求解 LS 问题的主要方法

§9.12 讨论了如何利用 Householder 变换对各种矩阵进行正交三角化, 在这个基础上研究 LS 问题的解法将是很方便的.

这里限于讨论无约束 LS 问题.

定义 9.13.1   LS 问题:

$$\|Ax - b\|_2 = \min. \tag{9.13.1}$$

1° 若 $A \in \mathbf{R}_n^{m \times n}, m \geqslant n$ 则称为超定情形.

2° 若 $A \in \mathbf{R}_m^{m \times n}, m < n$ 则称为亚定情形.

3° 若 $A \in \mathbf{R}_r^{m \times n}, r < \min(m, n)$ 则称为隐秩情形.

下面只讨论隐秩情形.

定理 9.13.1   对问题 (9.13.1), 若 $A \in \mathbf{R}_r^{m \times n}$ 有正交分解

$$A = HBK^T, \tag{9.13.2}$$

其中 $B = \begin{bmatrix} B_{11} & 0 \\ 0 & 0 \end{bmatrix}$, $B_{11} \in \mathbf{R}_r^{r \times r}, H \in \mathbf{E}^{m \times m}, K \in \mathbf{E}^{n \times n}$, 又记

$$g = H^T b = \begin{bmatrix} g_1 \\ g_2 \end{bmatrix}, \quad y = K^T x = \begin{bmatrix} y_1 \\ y_2 \end{bmatrix}, \tag{9.13.3}$$

式中 $g_1, y_1 \in \mathbf{R}^r, g_2 \in \mathbf{R}^{m-r}, y_2 \in \mathbf{R}^{n-r}$. 方程

$$B_{11} y_1 = g_1 \tag{9.13.4}$$

的唯一解为 $y_1 = B_{11}^{-1} g_1 = \widetilde{y_1}$, 则有:

1° 式 (9.13.1) 的通解为 $\hat{x} = K_1 \tilde{y}_1 + \mathbf{R}(K_2)$, 其中 $\begin{bmatrix} K_1 & K_2 \end{bmatrix} = K, K_1 \in \mathbf{E}^{n \times r}, K_2 \in \mathbf{E}^{n \times (n-r)}$. 或

$$\hat{x} = K\tilde{y} = K_1 \tilde{y}_1 + K_2 \tilde{y}_2, \quad \forall \tilde{y}_2 \in \mathbf{R}^{n-r}. \tag{9.13.5}$$

2° 对应于 1° 任何一特解, 均有

$$r = b - A\hat{x} = H \begin{bmatrix} 0 \\ g_2 \end{bmatrix}. \tag{9.13.6}$$

由此误差余量有

$$\|r\|_2 = \|g_2\|_2. \tag{9.13.7}$$

3° 在 1° 的通解中最小范数解即式 (9.13.1) 的 LNLS 解为

$$x_0 = K_1 \widetilde{y_1}, \tag{9.13.8}$$

由此问题 (9.13.1) 的解中长度的最小值可达到, 它是

$$\|x_0\|_2 = \|\tilde{y}_1\|_2 = \|B_{11}^{-1} g_1\|_2. \tag{9.13.9}$$

证明 在 $\mathbf{R}^n$ 中 $\|\cdot\|_2$ 是正交不变的, 因此

$$\|Ax - b\|_2^2 = \|HBK^T x - b\|_2^2 = \|By - g\|_2^2$$
$$= \|B_{11} y_1 - g_1\|_2^2 + \|g_2\|_2^2 \geqslant \|g_2\|_2^2.$$

由此 $\hat{x}$ 是式 (9.13.1) 的通解当且仅当 $B_{11}\tilde{y}_1 - g_1 = 0$, $\tilde{y}_2$ 任意且 $\hat{x} = K_1 \tilde{y}_1 + K_2 \tilde{y}_2$ 即式 (9.13.5). 这也表明式 (9.13.1) 的通解是 $K_1 \tilde{y}_1 + \mathbf{R}(K_2)$. 即有 1°.

又由于

$$b - A\hat{x} = b - HBK^T \hat{x} = H(g - By) = H \begin{bmatrix} 0 \\ g_2 \end{bmatrix},$$

因此有 2°.

由式 (9.13.2), 则 $A^T = K \begin{bmatrix} B_{11}^T & 0 \\ 0 & 0 \end{bmatrix} H^T$, 因而 $\mathbf{R}(A^T) = \mathbf{R}(K_1)$. 于是解 $K_1 \tilde{y}_1 \in$ $\mathbf{R}(K_1) = \mathbf{R}(A^T)$, 因而它是式 (9.13.1) 的 LNLS 解. 而式 (9.13.9) 为显然. 即 3° 成立. ∎

解 LS 问题, 比较有效的方法是前面所讨论的利用 Householder 变换进行正交三角化的方法, 此外还可以有:

1° 利用 LS 问题对应的正规方程的解法.

2° 利用 G-S 过程的方法.

3° 利用奇异值分解的方法.

以上除 3° 将在第十章讨论 QR 迭代以后再讨论外, 其余两个方法在本节作扼要介绍.

I 正规方程方法.

考虑 LS 问题

$$\|Ax - b\|_2 = \min, \quad A \in \mathbf{R}_n^{m \times n}, \tag{9.13.10}$$

显然 x 是 (9.13.10) 的解当且仅当它满足

$$A^T A x - A^T b = 0. \tag{9.13.11}$$

由于 $A^T A \geqslant 0$ 为半正定矩阵, 因可以用下一章关于求对称矩阵特征值的方法求得 $Q \in \mathbf{E}^{n \times n}$, 使

$$Q^T A^T A Q = \operatorname{diag}(\lambda_1, \cdots, \lambda_r, 0, \cdots, 0), \tag{9.13.12}$$

其中 $\lambda_1 \geqslant \lambda_2 \geqslant \cdots \geqslant \lambda_r \geqslant 0$. 这里 $r = \operatorname{rank}(A)$. 由此令

$$x = Qy, \quad y = Q^T x = \begin{bmatrix} y_1 \\ y_2 \end{bmatrix}, \quad c = Q^T A^T b = \begin{bmatrix} c_1 \\ c_2 \end{bmatrix}.$$

记 $\operatorname{diag}(\lambda_1, \cdots, \lambda_r, 0, \cdots, 0) = \begin{bmatrix} \Lambda & 0 \\ 0 & 0 \end{bmatrix}, \Lambda = \operatorname{diag}(\lambda_1, \lambda_2, \cdots, \lambda_r)$, 则有

$$\left\| \begin{bmatrix} \Lambda & 0 \\ 0 & 0 \end{bmatrix} \begin{bmatrix} y_1 \\ y_2 \end{bmatrix} - \begin{bmatrix} c_1 \\ c_2 \end{bmatrix} \right\|^2 = \|\Lambda y_1 - c_1\|^2 + \|c_2\|^2.$$

于是 $x = Q \begin{bmatrix} \Lambda^{-1} c_1 \\ y_2 \end{bmatrix}$, 其中 y_2 是待定参数向量, 而

$$\min_x \|Ax - B\|_2 = \|c_2\|^2.$$

若令 $y_2 = 0$, 则对应的解 $x = Q \begin{bmatrix} \Lambda^{-1} c_1 \\ 0 \end{bmatrix}$ 是最小二乘解中的最小范数解.

II Gram-Schmidt 过程方法.

不妨设 $A \in \mathbf{R}_n^{m \times n}$. 对问题 (9.13.10) 引入增广矩阵 $\widetilde{A} = [A \quad b]$. 用 QR 分解的方法, 则可以有

$$\widetilde{A} = Q \widetilde{D} \widetilde{R},$$

其中 $\widetilde{R}$ 为对角元为 1 的上三角矩阵, $Q \in \mathbf{E}^{m \times (n+1)}$, $\widetilde{D} = \mathrm{diag}(\delta_1, \cdots, \delta_{n+1})$. 记

$$\widetilde{D} = \begin{bmatrix} D & 0 \\ 0 & \delta_{n+1} \end{bmatrix}, \quad \widetilde{R} = \begin{bmatrix} R & c \\ 0 & 1 \end{bmatrix},$$

则有

$$\|Ax - b\|_2^2 = \|D(Rx - c)\|_2^2 + \delta_{n+1}^2.$$

由此立即可知 $x = R^{-1}c$ 是式 (9.13.10) 的解, $|\delta_{n+1}|$ 即为误差余量.

由于具线性等式约束的 LS 问题或 LSE 问题本质上均归结为无约束 LS 问题, 因而本章前面所阐述的内容对 LSE 问题也依然可以发挥作用. 需要补充的只是说明如何把 LSE 问题化成上述 LS 问题, 例如求 LSE 问题

$$\|Ax - b\|_2 = \min, \quad Ex = f, \tag{9.13.13}$$

首先对 E 进行正交分解有

$$E = U \begin{bmatrix} R & 0 \\ 0 & 0 \end{bmatrix} V^T,$$

其中 R 为上三角, $U \in \mathbf{E}^{l \times l}, V \in \mathbf{E}^{n \times n}$ 则由 9.3 节分析有

$$\mathbf{T} = \{x \mid Ex = f\} = \{x \mid x = E^+ f + V_2 y, y \in \mathbf{R}^{n-r}\},$$

其中 $V = [V_1, V_2], V_2 \in \mathbf{E}^{n \times (n-r)}$, 而

$$E^+ = V \begin{bmatrix} R^{-1} & 0 \\ 0 & 0 \end{bmatrix} U^T.$$

于是式 (9.13.13) 就归结为求下述 LS 问题的解, 即

$$\|AV_2 y - (b - AE^+ f)\|_2 = \min.$$

这当然可以引用本章的任何办法来求解, 设其解是 y_0, 则

$$x = E^+ f + V_2 y_0$$

就是式 (9.13.13) 的解. 并且解唯一当且仅当 AV_2 具满列秩当且仅当 $\mathbf{N}(A) \bigcap \mathbf{R}(V_2) = \{0\}$ 当且仅当 $\mathbf{N}(A) \bigcap \mathbf{N}(E) = \{0\}$.

参考文献: [GR1970], [Sha1995], [Hua1984].

9.14　总体最小二乘问题 (TLS)

最小二乘问题的提出本是来自数据处理, 特别是当对应方程不存在精确解而需要求近似解的情况. 但这一方法同样可以刻画一类 n 维空间中点到子空间或仿射集的连接问题. 这种问题的一种扩展情形在历史上常被称为总体最小二乘问题. 以后总用 TLS 代表总体最小二乘问题.

为了以后叙述方便. 我们从加权最小二乘问题开始. 关于与这一问题相关的加权广义逆, 在 9.4 节与 9.5 节中进行了较详细的叙述. 设给定

$$\begin{cases} A \in \mathbf{R}^{m \times n}, \quad b \in \mathbf{R}^m, \\ D = \text{diag}\{\delta_1, \cdots, \delta_m\}, \quad \delta_i > 0, i \in \underline{m}. \end{cases} \tag{9.14.1}$$

则可以有加权 LS 问题

$$\|D(Ax - b)\|_2 = \min, \tag{9.14.2}$$

其中权矩阵刻画近似方程 $Ax - b \approx 0$ 的各个分量近似方程具有不同的置信度. 如果令 $W = D^2$, 对照 9.4 节则可知式 (9.14.2) 对应的正规方程为

$$A^T D^2 A x = A^T D^2 b. \tag{9.14.3}$$

以下不妨设 $\text{rank}(A) = n$, 则对应问题的解为

$$x_0 = (DA)^+ Db. \tag{9.14.4}$$

下面对加权 LS 问题, 给出另一个提法. 令

$$r = Ax - b,$$

则式 (9.14.2) 相当于

$$\|Dr\|_2 = \min, \quad b + r \in \mathbf{R}(A). \tag{9.14.5}$$

于是加权 LS 问题具有一个新的提法.

加权 LS 问题: 给定式 (9.14.1), 求 r 使有式 (9.14.5). 而对应的方程 $Ax = b + r$ 的解 x 是加权 LS 问题的解.

由于式 (9.14.5) 本身是在给定 b 与 $\mathbf{R}(A)$ 后, 设法求得向量 r. 具有最小加权范数且可以连接 b 与 $\mathbf{R}(A)$. 另一方面式 (9.14.5) 也可以理解为在约束条件 $b + r \in \mathbf{R}(A)$ 下求解 $\|Dr\|_2 = \min$ 的优化问题. 考虑集合

$$\mathbf{S} = \{r | \|Dr\|_2 \leqslant \|Db\|_2, \ b + r \in \mathbf{R}(A)\}. \tag{9.14.6}$$

显然 **S** 是一非空有界闭集. 在其上 $\|Dr\|_2$ 有下界, 于是必有下确界 $\|Dr_0\|_2$ 且 $r_0 \in$ **S**. 这就表明任何加权 LS 问题均存在解.

下面从问题 (9.14.5) 出发进行扩展. 设在 A 上有附加项 E, 用 $(E|r)$ 表示由 E 与 r 组成的 $m \times (n+1)$ 矩阵, 并引入加权矩阵, 它们均为正定对角方阵.

$$D = \operatorname{diag}\{\delta_1, \delta_2, \cdots, \delta_m\}, \quad T = \operatorname{diag}\{\tau_1, \tau_2, \cdots, \tau_{n+1}\}. \tag{9.14.7}$$

仿照前面对 LS 问题的提法. 则有下述 TLS 问题的提法.

TLS 问题: 对上述给定的 A, b, D, T, 寻求

$$\begin{cases} \|D(E|r)T\|_F = \min, \\ b + r \in \mathbf{R}(A + E). \end{cases} \tag{9.14.8}$$

以后 $[E|r]$ 这种表示均表示由 E 与 r 并列写成 $m \times (n+1)$ 的矩阵, 中间用 $|$ 隔开只表明在 E 与 r 之间并无乘法运算. 类似有 $[A|b]$.

设上述问题已求得解 $\tilde{E}, \tilde{r}$, 则任何 x 满足

$$(A + \tilde{E})x = b + \tilde{r}, \tag{9.14.9}$$

就是对应 TLS 问题的解.

对于加权矩阵 T, 它实际上表述对解向量 x 的各个分量与 b 具有不同的置信度. 这一点, 可以通过对 x 及 b 的适当变换同样可以达到目的. 为了以后的讨论简单而又无实质影响, 以下均假设 $T = I_{n+1}$.

由此而有

TLS 问题: 对给定的 A, b, D 寻求

$$\begin{cases} \|D(E|r)\|_F = \min, \\ b + r \in \mathbf{R}(A + E). \end{cases} \tag{9.14.10}$$

下面用奇异值分解方法来研究这一问题的求解. 设有 E 与 r 使 $b+r \in \mathbf{R}(A+E)$, 则一定存在 $x \in \mathbf{R}^n$ 使有

$$(A + E)x = b + r.$$

此式可改写成

$$0 = Ax - b + Ex - r = \{D[A|b] + D(E|r)\} \begin{bmatrix} x \\ -1 \end{bmatrix}. \tag{9.14.11}$$

由于 $[A|b]$ 已给定, 而 $[E|r]$ 是待求的. 若令 $C = D[A|b]$, 记 $\Delta = D[E|r]$. 则问题转化为求具 $\|\Delta\| = \min$ 使

$$\operatorname{rank}(C + \Delta) < \operatorname{rank}(C). \tag{9.14.12}$$

这是由于 $m > n$ 且 $b \in \mathbf{R}(A)$, 因而一般 $\mathrm{rank}(C) = n+1$, 只有 $\mathrm{rank}(C + \Delta) < n+1$, (9.14.11) 才可能有非零解 $\begin{bmatrix} x \\ -1 \end{bmatrix}$.

对于如何求得 Δ 使有式 (9.14.12) 成立, 有效的办法是对 C 进行奇异值分解.

设对 C 进行奇异值分解. 考虑到 D 可逆, $\mathrm{rank}(A) = n$ 且 $b \notin \mathbf{R}(A)$. 由此存在 $U \in \mathbf{E}^{m \times m}, V \in \mathbf{E}^{(n+1) \times (n+1)}$, 对应有

$$U^T C V = \mathrm{diag}\{\sigma_1, \sigma_2, \cdots, \sigma_{n+1}\}, \tag{9.14.13}$$

其中

$$\sigma_1 \geqslant \sigma_2 \geqslant \cdots > \sigma_k = \cdots = \sigma_{n+1} > 0. \tag{9.14.14}$$

由奇异值分解的理论不难证明有

$$\sigma_{n+1} = \min_{\mathrm{rank}(C+\Delta) < n+1} \|\Delta\|_F. \tag{9.14.15}$$

现设将 V 进行分块 $V = [V_1 \quad V_2]$, 其中 $V_1 \in \mathbf{R}^{(n+1) \times k}$, $V_2 \in \mathbf{R}^{(n+1) \times (n-k+1)}$. 则取任何向量 $v \in \mathbf{R}(V_2)$, 对应构造

$$\Delta = -Cvv^T,$$

则它是问题 (9.14.12) 的解.

由于 D 可逆, 则对 $v \in \mathbf{R}(V_2)$ 可以确定 $[\tilde{E}|\tilde{r}]$ 满足

$$D[\tilde{E}|\tilde{r}] = Cvv^T.$$

于是在确定 $[\tilde{E}|\tilde{r}]$ 后, TLS 问题满足的方程就成为

$$(C - Cvv^T) \begin{bmatrix} x \\ -1 \end{bmatrix} = C(I - vv^T) \begin{bmatrix} x \\ -1 \end{bmatrix} = 0. \tag{9.14.16}$$

由于 C 对应奇异值 σ_{n+1} 的奇异向量就是 $C^T C$ 对应特征值 σ_{n+1}^2 的特征向量. 于是 $\mathbf{R}(V_2)$ 实际就是 $C^T C$ 对应特征值 σ_{n+1}^2 的子空间. 作为 TLS 问题的解 x, 它满足 (9.14.16). 考虑 $x \in \mathbf{R}^n$, 若其满足

$$C^T C \begin{bmatrix} x \\ -1 \end{bmatrix} = \sigma_{n+1}^2 \begin{bmatrix} x \\ -1 \end{bmatrix}, \tag{9.14.17}$$

则 $\begin{bmatrix} x \\ -1 \end{bmatrix}$ 就是 $\mathbf{R}(V_2)$ 中的向量. 于是 TLS 问题的解 x 对应的向量 $\begin{bmatrix} x \\ -1 \end{bmatrix}$ 将一定在 $\mathbf{R}(V_2)$ 中出现. 这表明 TLS 问题有解当且仅当 $\mathbf{R}(V_2)$ 中必存在向量其最后一个分量不为零. 或 $e_{n+1} = (0, \cdots, 0, 1)^T \in \mathbf{R}(V_2)_\perp$.

现选 $\mathbf{R}(V_2)$ 中向量 $v = \begin{bmatrix} y \\ \alpha \end{bmatrix}$，$\alpha \neq 0$，然后令 $x = \dfrac{-1}{\alpha} y$，则不难验证 x 是对应 TLS 问题的解. 由 $C = D[A|b]$ 进行的奇异值分解可知有

$$\frac{\|D[A|b]v\|_2}{\|v\|_2} \geqslant \sigma_{n+1}, \quad \forall v \in \mathbf{R}^{n+1}, \ v \neq 0, \tag{9.14.18}$$

且等式成立当且仅当 $v \in \mathbf{R}(V_2)$

综上所述，若 x 是 TLS 问题的解，就有

$$\frac{\left\| D[A|b] \begin{bmatrix} x \\ -1 \end{bmatrix} \right\|_2}{\left\| \begin{bmatrix} x \\ -1 \end{bmatrix} \right\|_2} = \sigma_{n+1}. \tag{9.14.19}$$

进而为了弄清 TLS 问题与对应 LS 问题的关系和 TLS 问题的灵敏性. 下面用特征值的分析来进行讨论. 首先引进

$$\hat{A} = DA, \quad \hat{b} = Db,$$

由此特征值问题 (9.14.17) 可以改写成

$$\begin{bmatrix} \hat{A}^T \hat{A} & \hat{A}^T \hat{b} \\ \hat{b}^T \hat{A} & \hat{b}^T \hat{b} \end{bmatrix} \begin{bmatrix} x \\ -1 \end{bmatrix} = \sigma_{n+1}^2 \begin{bmatrix} x \\ -1 \end{bmatrix}. \tag{9.14.20}$$

若对 $\hat{A}$ 进行奇异值分解有

$$\begin{cases} \hat{U}^T \hat{A} \hat{V} = \hat{\Sigma} = \mathrm{diag}\{\hat{\sigma}_1, \hat{\sigma}_2, \cdots, \hat{\sigma}_n\}, \quad \hat{U}^T \hat{U} = I_m, \hat{V}^T \hat{V} = I_n, \\ \hat{\sigma}_1 \geqslant \hat{\sigma}_2 \geqslant \cdots \geqslant \hat{\sigma}_n \geqslant 0. \end{cases} \tag{9.14.21}$$

进而定义

$$\begin{aligned} K &= \hat{\Sigma}^T \hat{\Sigma} = \mathrm{diag}\{\hat{\sigma}_1^2, \cdots, \hat{\sigma}_n^2\}, \quad g = \hat{\Sigma} \hat{U}^T b, \\ \pi^2 &= \hat{b}^T \hat{b}, \quad z = \hat{V}^T x. \end{aligned} \tag{9.14.22}$$

于是式 (9.14.20) 即可改写成

$$\begin{bmatrix} K & g \\ g^T & \pi^2 \end{bmatrix} \begin{bmatrix} z \\ -1 \end{bmatrix} = \sigma_{n+1}^2 \begin{bmatrix} z \\ -1 \end{bmatrix}. \tag{9.14.23}$$

由此就有两个等式

$$(K - \sigma_{n+1}^2 I)z = g, \tag{9.14.24}$$

$$\sigma_{n+1}^2 + g^T z = \pi^2. \tag{9.14.25}$$

在作了这些准备以后，可以有

定理 9.14.1   若 $\hat{\sigma}_n > \sigma_{n+1}$，则 TLS 问题存在唯一解 x_{tls}，即

$$x_{tls} = (\hat{A}^T \hat{A} - \sigma_{n+1}^2 I)^{-1} \hat{A}^T \hat{b}, \tag{9.14.26}$$

且

$$\sigma_{n+1}^2 \left(1 + \sum_{i=1}^{n} \frac{\gamma_i^2}{\sigma_i^2 - \sigma_{n+1}^2} \right) = \rho_{ls}^2, \tag{9.14.27}$$

其中

$$c = [\gamma_1, \gamma_2, \cdots, \gamma_n]^T = \hat{U}^T \hat{b}, \tag{9.14.28}$$

$$\rho_{ls}^2 = \min \|D(b - Ax)\|_2^2 = \|D(b - Ax_{ls})\|_2^2. \tag{9.14.29}$$

证明   利用定理 4.14.1 关于广义特征值问题的不等式. 易证有

$$\sigma_1 \geqslant \hat{\sigma} \geqslant \sigma_2 \geqslant \hat{\sigma}_2 \geqslant \cdots \geqslant \sigma_n \geqslant \hat{\sigma}_n \geqslant \sigma_{n+1}. \tag{9.14.30}$$

进而假定 $\hat{\sigma}_n > \sigma_{n+1}$，则可知 $\sigma_n > \sigma_{n+1}$ 或 σ_{n+1} 是 C 的简单奇异值. 如果 $C^T C$ 对应特征值 σ_{n+1}^2 的特征向量具形式 $\begin{bmatrix} y \\ 0 \end{bmatrix}$，其中 $y \neq 0$，则可以有 $\hat{A}^T \hat{A} y = \sigma_{n+1}^2 y$，但 $\hat{\sigma}_n > \sigma_{n+1}$. 于是矛盾表明 $C^T C$ 对应特征值 σ_{n+1}^2 是简单特征值且对应的特征向量的第 $n+1$ 个分量不为零. 由此可知 TLS 问题存在唯一的解.

式 (9.14.26) 可以由式 (9.14.20) 的上面一个等式导出. 为建立式 (9.14.27)，考虑 (9.14.24) 与式 (9.14.25)，则有

$$\sigma_{n+1}^2 + g^T (K - \sigma_{n+1}^2 I)^{-1} g = \pi^2.$$

进而引用式 (9.14.22) 和式 (9.14.28)，则上式可改写为

$$\sigma_{n+1}^2 + \sum_{i=1}^{n} \frac{\hat{\sigma}_i^2 \gamma_i^2}{\hat{\sigma}_i^2 - \sigma_{n+1}^2} = \sum_{i=1}^{m} \gamma_i^2,$$

或

$$\sigma_{n+1}^2 \left[1 + \sum_{i=1}^{n} \frac{\gamma_i^2}{\hat{\sigma}_i^2 - \sigma_{n+1}^2} \right] = \sum_{i=n+1}^{m} \gamma_i^2.$$

由于

$$\min_x \|D(b - Ax)\|_2^2 = \min_y \|\hat{b} - \hat{A}y\|_2^2 = \min_w \|c - \hat{\Sigma}w\|_2^2 = \sum_{i=n+1}^{m} \gamma_i^2.$$

于是等式 (9.14.27) 成立.   ■

推论 9.14.1 设 $\hat{\sigma}_n > \sigma_{n+1}$, 则

$$\|x_{tls} - x_{ls}\|_2 \leqslant \frac{\|\hat{b}\|_2 \rho_{ls}}{\hat{\sigma}_n^2 - \sigma_{n+1}^2} \tag{9.14.31}$$

和

$$\|D(b - x_{tls})\|_2 \leqslant \rho_{ls}\left[1 + \frac{\|\hat{b}\|_2}{\hat{\sigma}_n - \sigma_{n+1}}\right]. \tag{9.14.32}$$

证明 利用 x_{ls} 满足的正规方程. 可以得到 $x_{ls} = (\hat{A}^T\hat{A})^{-1}\hat{A}^T\hat{b}$, 然后由式 (9.14.26) 有

$$\begin{aligned}
x_{tls} - x_{ls} &= [(\hat{A}^T\hat{A} - \sigma_{n+1}^2 I)^{-1} - (\hat{A}^T\hat{A})^{-1}]\hat{A}^T\hat{b} \\
&= \sigma_{n+1}^2(\hat{A}^T\hat{A} - \sigma_{n+1}^2 I)^{-1}x_{ls}.
\end{aligned} \tag{9.14.33}$$

由此对两边求范数, 则有

$$\|x_{tls} - x_{ls}\|_2 \leqslant \frac{\sigma_{n+1}^2\|x_{ls}\|_2}{\hat{\sigma}_n^2 - \sigma_{n+1}^2}.$$

将此结果结合不等式

$$\rho_{ls} = \|D(Ax_{ls} - b)\|_2 = \left\|D[A|b]\begin{bmatrix}x_{ls} \\ -1\end{bmatrix}\right\|_2 \geqslant \sigma_{n+1}\|x_{ls}\|_2, \tag{9.14.34}$$

$$\|\hat{b}\|_2 = \|D[A|b]e_{n+1}\| \geqslant \sigma_{n+1}, \quad e_{n+1}^T = (0, \cdots, 0, 1), \tag{9.14.35}$$

则可以有式 (9.14.31). 为了证明式 (9.14.32), 首先有

$$\|D(b - Ax_{tls})\|_2 \leqslant \rho_{ls} + \|DA(x_{tls} - x_{ls})\|_2. \tag{9.14.36}$$

由此利用式 (9.14.33), 则有

$$DA(x_{tls} - x_{ls}) = \sigma_{n+1}^2\hat{A}(\hat{A}^T\hat{A} - \sigma_{n+1}^2 I)^{-1}x_{ls}.$$

再利用式 (9.14.34) 与式 (9.14.35), 则可以有

$$\begin{aligned}
\|DA(x_{tls} - x_{ls})\|_2 &\leqslant \rho_{ls}\|\hat{b}\|_2\|\hat{A}(\hat{A}^T\hat{A} - \sigma_{n+1}^2 I)^{-1}\|_2 \\
&= \rho_{ls}\|\hat{b}\|_2 \max_{1 \leqslant k \leqslant n} \frac{\sigma_k}{\hat{\sigma}_k + \sigma_{n+1}} \frac{1}{\hat{\sigma}_k - \sigma_{n+1}} \\
&\leqslant \frac{\rho_{ls}\|\hat{b}\|_2}{\hat{\sigma}_n - \sigma_{n+1}}.
\end{aligned}$$

然后将此代入式 (9.14.36) 则有式 (9.14.32). ■

由于在估计式 (9.14.31) 与式 (9.14.32) 中, 当奇异值 σ_{n+1} 出现接近重根时, 对应 $\hat{\sigma}_n$ 与 σ_{n+1} 之差很小, 此时上述估计式的界将很大.

引理 9.14.1   设式 (9.14.21) 定义的奇异值分解中矩阵 $\hat{U} = (\hat{u}_1, \hat{u}_2, \cdots, \hat{u}_m)$, 又 $\hat{\sigma}_n > \sigma_{n+1}$, 则有

$$\frac{\hat{u}_n^T \hat{b}}{2(\hat{\sigma}_n - \sigma_{n+1})} \leqslant \|x_{tls}\|_2 \leqslant \frac{\|\hat{b}\|_2}{\hat{\sigma}_n - \sigma_{n+1}}.$$

证明   将式 (9.14.21) 代入式 (9.14.26), 然后取范数, 其中用到不等式 $\frac{1}{2} \leqslant \frac{\hat{\sigma}_i}{\hat{\sigma}_i + \sigma_{n+1}} \leqslant 1$, $\forall i \in \underline{n}$. ■

定理 9.14.2   设 $A' \in \mathbf{R}^{m \times m}$ 与 $b' \in \mathbf{R}^m$ 已给定, 有

$$\eta = \|D[(A - A')|(b - b')]\|_F \leqslant \varepsilon/6,$$

其中 $\varepsilon = \hat{\sigma}_n - \sigma_{n+1} > 0$, 设 $A'b'$ 所对应的 TLS 问题

$$\begin{cases} \min_{E,r} \|D[E|r]\|_F, \\ b' + r \in \mathbf{R}(A' + E), \end{cases} \tag{9.14.37}$$

的解为 x'_{tls}, 进而设 $x_{tls} \neq 0$, 则有

$$\frac{\|x_{tls} - x'_{tls}\|_2}{\|x_{tls}\|_2} \leqslant \frac{9\eta\sigma_1}{\sigma_n - \sigma_{n+1}} \left(1 + \frac{\|\hat{b}\|}{\hat{\sigma}_n - \sigma_{n+1}} \right) \frac{1}{\|\hat{b}\|_2 - \sigma_{n+1}}. \tag{9.14.38}$$

证明   定理证明比较冗繁. 基本上是在范数不等式上进行推导, 故略去. 有兴趣的读者可参阅 [GC1980]. ■

注记 9.14.1   在开始讨论 TLS 问题时曾引入加权矩阵 T(9.14.7) 我们这里 T 取为 I, 则对于矩阵及向量的范数来说可以统一. 除讨论问题 (9.14.8) 用到 F 范数外, 其他均用算子 2- 范数. 这样在范数相容上将不存在问题. 同时, 对 TLS 问题与 LS 问题讨论. 如果讨论对应解 x_{tls} 与 x_{ls} 的关系. 合理的只应在引入 T 的前提下进行, 而且对于奇异值分解均应考虑到 $\sigma_i, i \in \underline{n+1}$ 及 $\hat{\sigma}_i, i \in \underline{n}$, 它们都间接是 T 的函数. 而要弄清当 $\lambda = \tau_{n+1} \to 0$ 时对上述奇异值的影响也并不显见. 不考虑这种影响单纯从形式上研究 $\lambda \to 0$ 也就意义不大. 这是我们取 $T = I$ 的主要原因, 而这并不妨碍本质结果的获得.

参考文献: [GL1980], [FB1994], [HV1991], [Moo1993].

9.15   鲁棒最小二乘问题 I (RLS)

上一节, 讨论了总体最小二乘问题 (TLS). 其主要目的是解决空间中点或向量到子空间或仿射集的最优连接问题. 虽然定理 9.14.2 讨论了带摄动性质的 TLS 问

题, 但这本质上并不归于最小二乘解的鲁棒性分析, 虽然其间有一定的联系. 鲁棒最小二乘简单地讲就是当方程

$$Ax \cong b \tag{9.15.1}$$

所对应的矩阵 A, b 存在摄动的情况, 如何使最坏的余量 $Ax - b$ 达到最小. 这里 A, b 是可能带着摄动的, 即并不准确的.

定义 9.15.1 给定 $A \in \mathbf{R}^{m \times n}$, $b \in \mathbf{R}^m$ 和一有界闭集

$$\mathbf{G} \subset \mathbf{R}^{m \times n} \times \mathbf{R}^m. \tag{9.15.2}$$

对任何给定的 $x \in \mathbf{R}^n$, 定义最坏的余量为

$$r(A, b, \mathbf{G}, x) \triangleq \max_{(\Delta A, \Delta b \in \mathbf{G})} \|(A + \Delta A)x - (b + \Delta b)\|. \tag{9.15.3}$$

若 x 使 $r(A, b, \mathbf{G}, x) = \min$, 则称该 x 为对给定 $A, b, \mathbf{G}$ 下的最小二乘解. 并记为 x_{rls}.

方程系数不确定性的描述是多种多样的, 也就是 $\mathbf{G}$ 本身有各种描述的方法. 最简单的, 例如

$$\|\Delta A \quad \Delta b\|_2 \leqslant \rho. \tag{9.15.4}$$

这种描述并不要求在 (A, b) 的摄动 $(\Delta A, \Delta b)$ 上有任何结构知识, 这称为无结构化的. 对应的鲁棒最小二乘问题仍沿用 RLS 的写法. 另一类则可以是

$$A(d) = A_0 + \sum_{i=1}^{p} \delta_i A_i, \quad b(d) = b_0 + \sum_{i=1}^{p} \delta_i b_i, \tag{9.15.5}$$

其中参数向量 $d = (\delta_1, \delta_2, \cdots, \delta_p)$ 满足 $\|d\| \leqslant \rho$. 这一类摄动具有一定的结构限制. 例如它可以概括 A 的某些特定元具有摄动. 对应的问题称为结构化了的鲁棒最小二乘, 简记为 SRLS. 由于这两类鲁棒最小二乘在解决问题的思路上相当接近. 而 SRLS 要用更多的凸优化的方法和理论, 而凸优化本身又是一门具有相当丰富内容的学科. 本节只阐述 RLS 问题, 而对于所用到的凸规划方面的知识, 就只能从" 用" 的角度引进而不可能作详细的论述.

RLS 问题就是要求计算

$$\phi(A, b, \rho) \triangleq \min_x \max_{\|\Delta A \ \Delta b\|_2 \leqslant \rho} (\|(A + \Delta A)x - (b - \Delta b)\|), \tag{9.15.6}$$

及对应实现最小的 x. 如果 $\rho = 0$, 这就是通常的 LS 问题. 由于对任何 $\rho > 0$, $\phi(A, b, \rho) = \rho\phi(A/\rho, b/\rho, 1)$, 于是在给定 ρ 的前提下可以通过简单的变换只讨论一个新的方程所对应的 $\rho = 1$ 的问题. 于是以下讨论仅对 $\rho = 1$ 的情形, 而以 $\phi(A, b)$(对应 $r(A, b, x)$) 将表示 $\phi(A, b, 1)$(对应 $r(A, b, 1, x)$).

定理 9.15.1   设 $\rho = 1$, 则最坏余量为

$$r(A, b, x) = \|Ax - b\| + \sqrt{\|x\|^2 + 1}. \tag{9.15.7}$$

最小化问题: $r(A, b, x) = \min$ 在 $x \in \mathbf{R}^n$ 上有唯一的 RLS 解 x_{rls}, 它可以通过二阶锥规划 (SOCP)

$$\min \lambda, \quad \|Ax - b\| \leqslant \lambda - \tau, \quad \left\| \begin{bmatrix} x \\ 1 \end{bmatrix} \right\| \leqslant \tau \tag{9.15.8}$$

求得.

证明   由于对任何 $\|(\Delta A \quad \Delta b)\| \leqslant 1$ 都有

$$
\begin{aligned}
r(A, b, x) &= \|(A + \Delta A)x - (b + \Delta b)\| \\
&\leqslant \|Ax - b\| + \left\| [\,\Delta A \quad \Delta b\,] \begin{bmatrix} x \\ -1 \end{bmatrix} \right\| \\
&\leqslant \|Ax - b\| + \left\| \begin{bmatrix} x \\ -1 \end{bmatrix} \right\| \\
&= \|Ax - b\| + \sqrt{\|x\|^2 + 1}.
\end{aligned} \tag{9.15.9}
$$

(由于向量的 F 范数就是其 2 范数, 矩阵的 F 范数是相容的.)

对给定 x, 定义一新向量

$$
u = \begin{cases} \dfrac{Ax - b}{\|Ax - b\|}, & Ax \neq b, \\ \text{任一单位向量}, & Ax = b. \end{cases} \tag{9.15.10}
$$

再令 $[\Delta A \quad \Delta b] = \dfrac{u}{\sqrt{\|x\|^2 + 1}} [x^T \quad -1]$, 由此有 $\mathrm{rank}[\Delta A \quad \Delta b] = 1$, 于是有

$$
\begin{aligned}
\|(A + \Delta A)x - (b + \Delta b)\| &= \left\| Ax - b + [\Delta A \quad \Delta b] \begin{bmatrix} x \\ -1 \end{bmatrix} \right\|_2 \\
&= \|Ax - b\| + \sqrt{\|x\|^2 + 1}.
\end{aligned}
$$

这表明 $(\Delta A \quad \Delta b)$ 刚好实现最坏余量. 由上式可知最坏余量是 x 的严格凸函数, 于是对应 $x \in \mathbf{R}^n$ 是唯一解.

由于式 (9.15.7) 是 $x \in \mathbf{R}^n$ 的凸函数, 当然可以用在凸优化中的一种便于计算的方法. 令 $\lambda = r(A, b, x)$, 则 $r(A, b, x) = \min$, $x \in \mathbf{R}^n$ 化归成 $\min \lambda$, 当 $\|Ax - b\| \leqslant \lambda - \sqrt{\|x\|^2 + 1}$. 若再记 $\tau = \sqrt{\|x\|^2 + 1}$, 则可化归成 (9.15.8). 而这可以通过内点法求解. ∎

进一步有:

定理 9.15.2 当 $\rho = 1$, RLS 问题的唯一解 x_{rls} 由下式决定

$$x_{rls} = \begin{cases} (\mu I + A^T A)^{-1} A^T b, & \mu \triangleq \dfrac{\lambda - \tau}{\tau} > 0, \\ A^+ b, & \text{其他}, \end{cases} \tag{9.15.11}$$

其中 (λ, τ) 是优化问题 (9.15.8) 的唯一最优点.

证明 凸规划中指出关于锥优化原问题 (9.15.8), 其对偶为

$$b^T z - \nu = \max, \quad \text{当} A^T z + u = 0, \ \|z\| \leqslant 1, \ \left\|\begin{bmatrix} u \\ \nu \end{bmatrix}\right\| \leqslant 1. \tag{9.15.12}$$

而锥优化中的对偶性定理指出在当前条件下, 原问题与对偶问题的最优解存在且应具相同的指标. 由式 (9.15.8) 可知 $\lambda \geqslant \tau$. 以下分两种情况:

(I) $\lambda = \tau$. 由式 (9.15.8), 就有 $Ax - b = 0$, 于是有

$$\lambda = \tau = \sqrt{\|x\|^2 + 1}.$$

从而最优解就是 $Ax = b$ 的唯一最小范数解 $x = A^+ b$.

(II) $\lambda > \tau$. 考虑到原问题与对偶问题有相同指标, 于是有

$$\begin{aligned} \|Ax - b\| + \|[x^T \ 1]\| = \lambda &= b^T z - \nu \\ &= -(Ax - b)^T z - [x^T \ 1] \begin{bmatrix} -A^T z \\ \nu \end{bmatrix}. \end{aligned} \tag{9.15.13}$$

利用 $|z| \leqslant 1$, $u = -A^T z$, $\|(u^T \ \nu)^T\| \leqslant 1$, 则有

$$z = -\frac{Ax - b}{\|Ax - b\|}, \quad (u^T \ \nu) = -\frac{[x^T \ 1]}{\sqrt{\|x\|^2 + 1}}.$$

将此代入 $A^T z + u = 0$, 则有

$$x = (AA^T + \mu I)^{-1} A^T b, \quad \mu = \frac{\lambda - \tau}{\tau} = \frac{\|Ax - b\|}{\sqrt{\|x\|^2 + 1}}. \qquad \blacksquare$$

如果只有 A 存在摄动, 即 $\Delta b = 0$, 于是最坏余量就成为 $r(A, b, x) = \|Ax - b\| + \|x\|$, 则最优 x 仍由式 (9.15.11) 确定.

如果对 A 进行奇异值分解. 设有

$$U^T A V = \begin{bmatrix} \Sigma & 0 \\ 0 & 0 \end{bmatrix}, \quad U^T b = \begin{bmatrix} b_1 \\ b_2 \end{bmatrix},$$

其中 $\Sigma = \text{diag}\{\sigma_1, \sigma_2, \cdots, \sigma_r\} \in \mathbf{R}^{r \times r}$, $\Sigma > 0$, $r = \text{rank}(A)$, $b_1 \in \mathbf{R}^r$, $b_2 \in \mathbf{R}^{m-r}$.

设在问题 (9.15.8) 的最优点有 $\lambda > \tau$, 由式 (9.15.12) 则有

$$
\begin{aligned}
\lambda &= b^T z - \nu \\
&= \frac{b^T(b - Ax)}{\|Ax - b\|} + \frac{1}{\sqrt{\|x\|^2 + 1}} \\
&= \frac{1}{\tau} + \frac{b_2^T b_2}{\lambda - \tau} + b_1^T[(\lambda - \tau)I + \tau \Sigma^2]^{-1} b_1.
\end{aligned}
$$

由于 $\lambda = 0$ 并非可行的, 我们可定义 $\theta = \frac{\tau}{\lambda}$, 对上式乘 λ 就有

$$
\lambda^2 = \frac{1}{\theta} + \frac{b_2^T b_2}{1 - \theta} + b_1^T[(1 - \theta)I + \theta \Sigma^2]^{-1} b_1. \tag{$*$}
$$

由 $\lambda \leqslant \|b\| + 1$ 和 $\tau \geqslant 1$, 于是有 $\theta \geqslant \theta_{\min} \approx \dfrac{1}{\|b\| + 1}$, 从而最优的最坏余量为

$$
\phi(A, b)^2 = \inf_{\theta_{\min} \leqslant \theta < 1} f(\theta), \tag{9.15.14}
$$

其中

$$
f(\theta) = \begin{cases}
\dfrac{1}{\theta} + b^T[(1 - \theta)I + \theta AA^T]^{-1}b, & \theta_{\min} \leqslant \theta < 1, \\
\infty, & \theta = 1, \ b \bar{\in} \mathbf{R}(A), \\
1 + \|A^+ b\|^2, & \theta = 1, \ b \in \mathbf{R}(A).
\end{cases} \tag{9.15.15}
$$

函数 $f(\theta)$ 是一个凸函数, 它在半开区间 $[\theta_{\min}, 1)$ 是二次可微的. 当 $b \bar{\in} \mathbf{R}(A)$ 时, 其在区间右端点达到 ∞; 当 $b \in \mathbf{R}(A)$ 时, 则它在闭区间 $[\theta_{\min}, 1]$ 上二次可微. 不论是哪种情况, 都可以用基于牛顿法形成的内点法进行计算. 这可归结为:

定理 9.15.3   当 $\rho = 1$, 非结构化 RLS 问题的解可以通过一维凸可微问题进行计算, 或者通过计算方程

$$
\frac{1}{\theta^2} = \frac{\|b_2\|^2}{(1 - \theta)^2} + \sum_{i=1}^{r} \frac{b_{1i}(1 - \sigma_i^2)}{[1 + \theta(\sigma_i^2 - 1)]^2}
$$

在区间 $[\theta_{\min}, 1)$ 内唯一实根得到, 其中 b_{1i} 是由 ($*$) 展开式中对应 b_1 的项得到.

下面讨论一个问题.

何时 RLS 与 LS 两问题的解重合? 什么是 LS 问题的鲁棒性?

由 $f(\theta)$ 的表达式可知前一个问题发生当且仅当式 (9.15.14) 中 θ 的最优值为 1. 由此可知此时 $b \in \mathbf{R}(A)$, 从而 $b_2 = 0$. 考虑到 f 在 $\theta = 1$ 可微, 再加上 f 在 $\theta = 1$ 达到极小. 则有

$$
\frac{df}{d\theta}(1) = b_1^T \Sigma^{-4} b_1 - (1 + b_1^T \Sigma^{-2} b_1) \leqslant 0.
$$

于是可知在 $\theta = 1$ 时达到最优的充要条件是

$$
b \in \mathbf{R}(A), \quad b^T[(AA^T)^2]^+ b \leqslant 1 + b^T(AA^T)b. \tag{9.15.16}
$$

上述第二个条件是将前述 $\frac{df}{d\theta}(1)$ 的表达式还原到奇异值分解前的情况. 若条件 (9.15.16) 成立, 则 RLS 与 LS 的解将重合. 反之, 若 $\theta < 1$, 则 x_{rls} 将由式 (9.15.11) 给出. 实际上式 (9.15.16) 的第一个条件意味着 LS 问题的解就是 $Ax = b$ 的精确解, 而且这个解也刚好是 TLS 的解.

在前面我们在给定 ρ 的前提下进行讨论, 因而在经过变换后可假定 $\rho = 1$. 但我们并不清楚 ρ 的给定是否合理. 对于式 (9.15.16) 的第二个条件, 实际上就是 $\|(AA^T)^+ b\| \leqslant \sqrt{1 + \|A^T b\|^2}$. 如果令

$$\rho_{\min}(A, b) \triangleq \begin{cases} \dfrac{\sqrt{1 + \|A^T b\|^2}}{\|(AA^T)^+ b\|}, & b \in \mathbf{R}(A), b \neq 0, A \neq 0, \\ 0, & \text{其他}. \end{cases} \qquad (9.15.17)$$

由此就有:

推论 9.15.1 若 $\rho \leqslant \rho_{\min}(A, b)$, $b \in \mathbf{R}(A)$, 则 LS,TLS 和 RLS 的解均重合. 此时 $\rho_{\min}(A, b)$ 可视为 LS(或 TLS) 解的鲁棒水平的度量.

鲁棒最小二乘是将最优化方法用于数值计算的一个范例. 而现今控制器的设计关键在于算法的设计, 其中各种优化方法是算法设计中常不可缺少的组成部分, 这表明锥优化方法在控制中的应用已成为必须. 事实上, 大量控制问题均可归结为一些矩阵不等式, 特别是线性矩阵不等式的求解. 一些最优控制问题也归结为在线性矩阵不等式约束下的优化问题. 这些将在第十三章再作阐述.

附录 C 给出了锥优化问题最基本的一些知识.

参考文献: [Ham1992], [Jac1995], [GL1997].

9.16 鲁棒最小二乘问题 II (SRLS)

本节将讨论当最小二乘问题的系数矩阵 A 与 b 均存在结构性摄动时, 方程的最坏余量的最小化的解 x 和最坏摄动的确定的问题. 这一部分的讨论将用到两个在最近 20 年的控制科学中用得相当多的工具. 一个是凸锥规划问题中的半正定规划方法 (SDP), 另一个是关于求解不等式判定的等价条件的 S- 过程方法. 前者凸锥规划我们在附录 C 中做了一般性的简要叙述, 而后者由于其在非线性系统绝对稳定性讨论中的重要作用, 本书第十三章做了详细的阐述. 这样读者就可以自行利用这些知识来理解和证明本节所碰到的问题.

SRLS 问题: 给定 $A_0, A_1, \cdots, A_p \in \mathbf{R}^{m \times n}$, $b_0, b_1, \cdots, b_p \in \mathbf{R}^m$. $d \in \mathbf{R}^p$ 为摄动参数向量, 由它确定两个依赖于 d 的集合

$$\mathbf{A}(d) = A_0 + \sum_{i=1}^p \delta_i A_i, \quad \mathbf{b}(d) = b_0 + \sum_{i=1}^p \delta_i b_i, \quad d = (\delta_1, \delta_2, \cdots, \delta_p)^T. \qquad (9.16.1)$$

设给定摄动界 $\rho > 0$, 即考虑 $||d|| \leqslant \rho$. 在 $x \in \mathbf{R}^n$ 确定后 LS 问题的最坏余量为

$$r_s(\mathbf{A}, \mathbf{b}, \rho, x) = \max_{||d||_2 \leqslant \rho} \{||\mathbf{A}(d)x - \mathbf{b}(d)||_2\}. \tag{9.16.2}$$

则 SRLS 问题是寻求 x 实现

$$r_s(\mathbf{A}, \mathbf{b}, \rho, x) = \min. \tag{9.16.3}$$

对于式 (9.16.2) 在给定 $x \in \mathbf{R}^n$ 和任一具 $||d||_2 \leqslant \rho$ 的 $d \in \mathbf{R}^p$ 后, 则有 $A(d) \in \mathbf{A}(d)$, $b(d) \in \mathbf{b}(d)$ 被确定. 于是式 (9.16.2) 的右端括号内确定一个余量, 于是当选遍具 $||d||_2 \leqslant \rho$ 的 d 后, 式 (9.16.2) 右端括号决定一个由 x 确定的数集. 而最坏余量是该数集的最大值, 它是 x 的函数, 而式 (9.16.3) 表示对该函数求极小, 其极小可记为 $\phi_s(\mathbf{A}, \mathbf{b}, \rho)$. 这类 $\min\limits_{x}[\ \max\limits_{||d||_2 \leqslant \rho} \{\cdot\}]$ 问题是鲁棒优化问题的标准模式.

为了解决这类问题, 引入了两个引理:

引理 9.16.1　设给定 $F_i = F_i^T \in \mathbf{R}^{N \times N}$, $i = 0, 1, \cdots, n$, $x = (\xi_1, \xi_2, \cdots, \xi_n)^T \in \mathbf{R}^n$, 则线性矩阵不等式

$$F(x) = F_0 + \sum_{i=1}^{n} \xi_i F_i \geqslant 0 \tag{9.16.4}$$

在 $\mathbf{R}^n$ 中确定一个凸区域. 又给定 $c = (\gamma_1, \gamma_2, \cdots, \gamma_n)^T \in \mathbf{R}^n$, 则决定一个最小化问题

$$c^T x = \min, \quad F(x) \geqslant 0. \tag{9.16.5}$$

优化问题的对偶问题是

$$Tr(F_0 Z) = \min, \quad Z = Z^T \in \mathbf{R}^{N \times N}, \quad Z \geqslant 0, \quad Tr(F_i Z) = \gamma_i, \quad i \in \underline{n}. \tag{9.16.6}$$

原问题 (9.16.5) 与对偶问题同时严格相容, 最优解均存在并且满足最优性条件

$$Tr(F(x)Z) = 0 \text{ 或等价地 } F(x)Z = 0. \tag{9.16.7}$$

■

该引理的证明可利用在附录 C 中关于一般凸锥优化的结论证明. 由于 $F(x)$, Z 均为矩阵, 矩阵空间的线性泛函或内积通常以 $Tr(F(x)Z)$ 进行定义. 但当 $F(x) \geqslant 0$, $Z \geqslant 0$ 均满足的情况下, 式 (9.16.7) 的等价性才得以成立.

引理 9.16.2 (S-过程)　设 $F_0, F_1, \cdots, F_p$ 是变量 $z \in \mathbf{R}^n$ 的二次函数

$$F_i(\zeta) = z^T T_i z + 2u_i^T z + \nu_i, \quad i = 0, 1, \cdots, p, \tag{9.16.8}$$

其中 $T_i = T_i^T \in \mathbf{R}^{n \times n}, u_i \in \mathbf{R}^n, \nu_i \in \mathbf{R}, i = 0, 1, \cdots, p$, 则

$$F_i(z) \geqslant 0, \quad i \in \underline{m} \Longrightarrow F_0(z) \geqslant 0 \tag{9.16.9}$$

的充分条件为: 存在 $\tau_i \geqslant 0$, $i \in \underline{p}$ 使有

$$\begin{bmatrix} T_0 & u_i \\ u_i^T & \nu_i \end{bmatrix} - \sum_{i=1}^{p} \begin{bmatrix} T_i & u_i \\ u_i^T & \nu_i \end{bmatrix}. \tag{9.16.10}$$

若 $p = 1$, 则其逆亦成立, 但此时需设有 $z_0 \in \mathbf{R}^n$ 使 $F_1(z_0) > 0$ ■

在本书的第十三章对 S-过程有较详细的讨论, 读者可以利用那里的阐述来论证这一结论.

下面考虑 SRLS 问题. 关键是要求计算

$$\phi_s(\mathbf{A}, \mathbf{b}, \rho) = \min_x \max_{||d|| \leqslant \rho} ||\mathbf{A}(d)x - \mathbf{b}(d)||, \tag{9.16.11}$$

其中 $\mathbf{A}(d)$, $\mathbf{b}(d)$ 按式 (9.16.1) 定义, 与上一节讨论 RLS 问题类似, 这里不失一般性亦假设 $\rho = 1$. 由此 $r_s(\mathbf{A}, \mathbf{b}, 1, x)$ 与 $\phi_s(\mathbf{A}, \mathbf{b}, 1)$ 均分别以 $r_s(\mathbf{A}, \mathbf{b}, x)$ 与 $\phi_s(\mathbf{A}, \mathbf{b})$ 代替.

为了计算 $r_s(\mathbf{A}, \mathbf{b}, x)$, 引入符号

$$M(x) = [A_1 x - b_1 \quad A_2 x - b_2 \quad A_p x - b_p] \in \mathbf{R}^{m \times p}, \tag{9.16.12}$$

$$F = M(x)^T M(x), \quad g = M(x)^T (A_0 x - b_0), \quad \pi = ||A_0 x - b_0||^2. \tag{9.16.13}$$

首先计算在给定 $x \in \mathbf{R}^n$ 后的 $r_s(\mathbf{A}, \mathbf{b}, x)$, 按定义有

$$r_s(\mathbf{A}, \mathbf{b}, x)^2 = \max_{||d|| \leqslant 1} \begin{bmatrix} 1 & d^T \end{bmatrix} \begin{bmatrix} \pi & g^T \\ g & F \end{bmatrix} \begin{bmatrix} 1 \\ d \end{bmatrix}. \tag{9.16.14}$$

令 $\lambda \geqslant 0$, 考虑不等式

$$\begin{bmatrix} 1 & d^T \end{bmatrix} \begin{bmatrix} \pi & g^T \\ g & F \end{bmatrix} \begin{bmatrix} 1 \\ d \end{bmatrix} \leqslant \lambda, \tag{9.16.15}$$

则 λ 的极小就是 $r_s(\mathbf{A}, \mathbf{b}, x)$ 在 $||d|| \leqslant 1$ 条件下的极大. d 满足的不等式为

$$d^T d \leqslant 1 \quad \text{或} \quad 1 - d^T d \geqslant 0 \quad \text{或} \quad \begin{bmatrix} 1 & d^T \end{bmatrix} \begin{bmatrix} 1 & 0 \\ 0 & -I \end{bmatrix} \begin{bmatrix} 1 \\ d \end{bmatrix} \geqslant 0. \tag{9.16.16}$$

对于在条件 (9.16.16) 下满足不等式 (9.16.15) 采用 S-过程, 则其充要条件为存在 $\tau \geqslant 0$, 使

$$\begin{bmatrix} 1 & d^T \end{bmatrix} \begin{bmatrix} \lambda - \tau - \pi & -g^T \\ -g & \tau I - F \end{bmatrix} \begin{bmatrix} 1 \\ d \end{bmatrix} \geqslant 0, \quad \forall d \in \mathbf{R}^p. \tag{9.16.17}$$

在得到该不等式过程中, 我们曾将式 (9.16.15) 改写成

$$\begin{bmatrix} 1 & d^T \end{bmatrix} \begin{bmatrix} \lambda - \pi & -g^T \\ -g & -F \end{bmatrix} \begin{bmatrix} 1 \\ d \end{bmatrix} \geqslant 0, \tag{9.16.18}$$

即由对式 (9.16.16) 与 (9.16.18) 采用 S-过程而得式 (9.16.17). 而式 (9.16.17) 立即可知 $\tau I - F \geqslant 0$, 由此可知 $\tau \geqslant 0$. 现在定义双参数 λ, τ 的矩阵

$$F(\lambda, \tau) = \begin{bmatrix} \lambda - \tau - \pi & -g^T \\ -g & \tau I - F \end{bmatrix} \geqslant 0. \tag{9.16.19}$$

于是最坏余量在 x 给定后可以通过上述半正定规划求得. 于是有:

定理 9.16.1   对每个确定的 x, 则最坏余量的平方可以通过下述双变量的 SDP 求解

$$\lambda = \min \lambda, \tau 满足式 (9.16.19),$$

或可通过求一维可微凸函数

$$r_s(\mathbf{A}, \mathbf{b}, x)^2 = \pi + \inf_{\tau \geqslant \lambda_{\max}(F)} f(\tau) \tag{9.16.20}$$

的极小问题得到. 其中

$$f(\tau) = \begin{cases} \tau + g^T(\tau I - F)^{-1}g, & \tau > \mu, \\ \infty, & \tau = \mu 且 (F, g) 可控, \\ \mu + g^T(\tau I - F)^+g, & \tau = \mu 且 (F, g) 不可控, \end{cases} \tag{9.16.21}$$

其中 $\mu = \lambda_{\max}(F)$, 若 τ 是式 (9.16.20) 的解, 则 d 的方程

$$(\tau I - F)d = g, \quad \|d\| = 1 \tag{9.16.22}$$

有解且对应最坏摄动.

证明   设对 F 进行特征分解, 并不失一般性假定 F 的最大特征值 $\lambda_{\max}(F)$ 为单特征值, 即

$$U^T F U = \begin{bmatrix} \mu & 0 \\ 0 & \Sigma \end{bmatrix}.$$

由此

$$F = \tau I - U \begin{bmatrix} \tau - \mu & 0 \\ 0 & \tau I - \Sigma \end{bmatrix} U^T, \quad U^T g = \begin{bmatrix} g_1 \\ g_2 \end{bmatrix}, \tag{9.16.23}$$

其中 $\tau \geqslant \mu > \|\Sigma\|$, $\Sigma \geqslant 0$.

首先设 $\tau > \mu > \|\Sigma\|$, 于是 $(\tau I - \Sigma)^{-1}$ 存在, 利用 13.9 节介绍的 Schur 补的方法, 则式 (9.16.19) 亦可写成

$$\lambda \geqslant \pi + \tau + \frac{g_1^T g_1}{\tau - \mu} + g_2^T(\tau I - \Sigma)^{-1}g_2 = \varphi_1(\tau),$$

而 $\varphi_1(\tau)$ 与 $f(\tau)$ 在 $\tau > \mu$ 情况下取值极小的点 τ 相同, 而对应两函数的极小值仅差一与 τ 无关的常数 π.

进而若 $\tau = \mu$, 由式 (9.16.23) 可知 (F, g) 可控等价于 $g_1 \neq 0$.

若 (F, g) 可控, 此时 $g_1 \neq 0$, 从而 $\tau = \mu$ 时函数值为正无穷.

若 (F, g) 不可控. $g_1 = 0$, 此时对应最优值为 $\lambda = \pi + \tau + g_2^T (\tau I - \Sigma)^{-1} g_2$.

上述两种情况表明定理中 $f(\tau)$ 的表述为真.

下面我们来计算最坏余量与最坏摄动.

定义 $d_0 = (\tau I - F)^+ g$.

当 $\tau > \mu$, 此时有

$$\frac{\mathrm{d}f}{\mathrm{d}\tau} \mu = 1 - g^T [\mu I - F]^{2+} g < 0. \tag{9.16.24}$$

于是最优 τ 应满足

$$1 = g^T [\tau I - F]^{-2} g, \tag{9.16.25}$$

即有 $\|d\|_0 = 1$, 利用 d_0 的表达式则可以验证有

$$\begin{bmatrix} 1 & d_0^T \end{bmatrix} \begin{bmatrix} \pi & g^T \\ g & F \end{bmatrix} \begin{bmatrix} 1 \\ d_0 \end{bmatrix} = \lambda.$$

于是 d_0 是最坏的摄动.

而当 $\tau = \mu$ 时为最优, 此时应对应 (F, g) 不可控的情形. 考虑到 μ 是 τ 取值的左端点, 此地实现最小应有

$$\frac{\mathrm{d}f}{\mathrm{d}\tau} \mu = 1 - g^T [\mu I - F]^{2+} \geqslant 0.$$

由此推出 $\|d_0\| \leqslant 1$. 但对应不可控情形就总有 $\mu \neq 0$, $u^T g = 0$ 且 $(\tau I - F)u = 0$. 于是可设 $d = d_0 + u$ 并且 $\|d\| = 1$ 而满足

$$\begin{bmatrix} 1 & d^T \end{bmatrix} \begin{bmatrix} \pi & g^T \\ g & F \end{bmatrix} \begin{bmatrix} 1 \\ d \end{bmatrix} = \tau d^T d - d^T (\tau I - F)d + 2 d_0^T g + \pi$$

$$= \pi + \tau + g^T (\tau I - F)^+ g = \lambda.$$

这表明 d 是最坏摄动.

上述论述表明不论 $\tau \geqslant \mu$ 的哪种情形, 当 τ 取最坏点时均对应有最坏摄动. ∎

利用 Schur 补的技术, 则定理 9.16.1 还可表述如下.

定理 9.16.2 当 $\rho = 1$ 时前述 SRLS 问题也可以用下述 SDP 计算最优解 (λ, τ, x)

$$\lambda = \min, \quad \begin{bmatrix} \lambda - \tau & 0 & (A_0 x - b_0)^T \\ 0 & \tau I & M(x)^T \\ A_0 x - b_0 & M(x) & I \end{bmatrix} \geqslant 0, \tag{9.16.26}$$

其中 $M(x)$ 由式 (9.16.12) 定义.

注记 9.16.1　对于 SRLS 问题, 可以有很多种解法, 这里介绍的是可以转化成由原给数据表达的函数的求优问题. 对于这一问题利用 Schur 补转化成 SDP 问题, 利用其对偶求解. 也可以直接对式 (9.16.26) 利用 LMI 方法求解, 而 LMI 方法求解的理论在第十三章将会给出.

注记 9.16.2　这里描述摄动是采用矩阵 2 范数进行的, 如果采取其他范数, 例如 $\|\cdot\|_\infty$ 和 $\|\cdot\|_1$ 问题就变得复杂得多.

参考文献: [Ham1992], [Jac1995], [GL1997].

9.17　问题与习题

I 讨论与证明.

1° 设 $A \in \mathbf{C}_n^{m \times n}$, 且 A 分块写成 $A = \begin{bmatrix} A_1 \\ A_2 \end{bmatrix}$ 其中 $A_1 \in \mathbf{C}_n^{n \times n}$, $b \in \mathbf{C}^m$, 则问题 $\|Ax - b\|_2 = \min$ 的唯一解是 $x = A_1^{-1}(I_n + B^H B)^{-1}(b_1 + B^H b_2)$, 其中 $B = A_2 A_1^{-1}$, $b = \begin{bmatrix} b_1 \\ b_2 \end{bmatrix}$, $b_1 \in \mathbf{C}^n$.

2° $A \in \mathbf{C}^{m \times n}, b \in \mathbf{C}^m, \lambda \in R_+$, 则问题

$$\|Ax - b\|_2^2 + \lambda \|x\|_2^2 = \min$$

具唯一解 $x(\lambda)$ 是

$$x(\lambda) = (A^H A + \lambda I)^{-1} A^H b.$$

3° 2° 中 $\|x(\lambda)\|_2$ 是 λ 的单调下降函数.

4° 利用 2°, 3° 证明问题

$$\|Ax - b\|_2 = \min, \quad \|x\|_2 = \rho$$

具唯一解

$$x = (\lambda I + A^H A)^{-1} A^H b, \quad \lambda \in \mathbf{R}_+,$$

其中 λ 由 $\left\|(A^H A + \lambda I)^{-1} A^H b\right\|_2 = \rho$ 唯一确定.

5° 设 $0 \neq A \in \mathbf{C}^{n \times n}$, 则 $A^+ = \lim_{\lambda \to 0}(\lambda I_n + A^H A)^{-1} A^H$.

6° 利用上述 4° 与 5° 证明

$$\lim_{\lambda \to 0} x(\lambda) = A^+ b.$$

II 讨论与证明.

1° 给定 $A \in \mathbf{R}^{m \times n}, G_i \in \mathbf{R}^{n \times l_i}, i \in \underline{2}, b \in \mathbf{R}^m$, 又集合 $T = \{x | G_1^T x = 0, G_2^T x \geqslant 0\}$ 不空, 试讨论问题

$$\|Ax - b\|_2 = \min, \quad x \in \mathbf{T}.$$

建立其求解过程, 指出上述问题实质上是一个 LSI 问题. 并建立对应 LSI 问题的 Kuhn-Tucker 条件.

2° 给出 1° 中解唯一性的充分条件.

3° 若 $\mathrm{rank}(G_1) = p$, 证明 1° 可等价地化成一个 $n - p$ 阶的 LSI 问题.

4° 证明问题

$$\|Ax - b\|_2 = \min, \quad G^T x = f$$

解唯一的充分条件是问题

$$\|Ax - b\|_2 = \min, \quad G^T x \geqslant f$$

具有唯一解.

III 讨论下述 LSQ 问题:

1° 若 $\|Cx - d\|_2 \leqslant \tau$ 这一约束条件中 $C \in \mathbf{R}_n^{m \times n}$ 则对应 LSQ 问题

$$\|Ax - b\|_2 = \min, \quad \|Cx - d\|_2 \leqslant \tau$$

可化成下述形式的 LSS 问题

$$\|Fy - G\|_2 = \min, \quad \|y\|_2 \leqslant \tau.$$

2° 对 1° 若 $A \in \mathbf{R}_n^{l \times n}$, 则对应 LSQ 问题

$$\|Ax - b\|_2 = \min, \quad \|Cx - d\|_2 \leqslant \tau$$

亦可化成下述 LDPQ 问题

$$\|z\|_2 = \min, \quad \|Fz - G\|_2 \leqslant \tau'.$$

3° 将加权 LSQ 问题

$$\|Ax - b\|_W = \min, \quad \|Cx - d\|_U \leqslant \tau$$

化成通常的 LSQ 问题, 其中 $\|\cdot\|_W$ 由 9.4 节确立.

4° 建立 3° 中解唯一的充分必要条件.

5° 证明问题

$$\|Ax - b\|_2 = \min, \quad \|x\|_p \leqslant \tau$$

之解对 $+\infty > p > 1$ 来说是存在唯一的.

6° 对 5° 中的问题, 若 $p = 1$ 或 $p = +\infty$, 举例说明解不唯一.

IV 证明下述结论:

$1°$ $x, y \in \mathbf{R}^{\mathbf{n}}$, 则 $\|x\|_2 = \|y\|_2$ 当且仅当存在 Householder 变换 U 使 $Ux = y$.

$2°$ $x \in \mathbf{R}^{\mathbf{n}}$, 则有 Householder$U$, 使 $Ux = -\sigma e_n$, 其中 $\sigma = \|x\|_2, e_n = \begin{bmatrix} 0, & \cdots & 0, & 1 \end{bmatrix}^T$.

$3°$ $A \in \mathbf{R}^{m \times n}$, $m \geqslant n$, 则有一组 Householder 变换 $U^{(1)}, U^{(2)}, \cdots, U^{(r)}$ 使

$$U^{(r)} U^{(r-1)} \cdots U^{(1)} A = \begin{bmatrix} 0 \\ L \end{bmatrix},$$

其中 L 系下三角矩阵, $r = \min(n, m - 1)$.

$4°$ $A \in \mathbf{R}^{\mathbf{m} \times \mathbf{n}}$, 则有一组 Householder 变换 $V_1, V_2, \cdots, V_r, r = \min(n, m - 1)$ 使

$$V_r V_{r-1} \cdots V_1 A = \begin{bmatrix} L \\ 0 \end{bmatrix},$$

L 为下三角矩阵.

$5°$ U 为 $n \times n$ Householder 变换, 则存在 $V \in \mathbf{E}^{\mathbf{n} \times \mathbf{n}}$ 使

$$V^T U V = \operatorname{diag}(\ -1, \quad 1, \quad \cdots, \quad 1\ ).$$

V 讨论:

$1°$ 任何 $A \in \mathbf{R}^{\mathbf{m} \times \mathbf{n}}$ 则总有 N 个 Givens 转动 $G_i, i \in \underline{N}$ 使 $G_N \cdots G_1 A = \begin{bmatrix} R \\ 0 \end{bmatrix}$, R 系上三角矩阵. 估计 N 可以实现上述要求.

$2°$ 若 $A \in \mathbf{R}^{\mathbf{m} \times \mathbf{n}}$ 系左 p 半带状矩阵 (定义见 10.5 节), 说明用 n 个 Householder 变换将 A 正交三角化的过程.

VI 讨论:

$1°$ 若 $A \in \mathbf{C}_{\mathbf{n}}^{\mathbf{m} \times \mathbf{n}}$ 求解问题

$$\|Ax - b\|_2 = \min, \quad \|Cx - d\|_2 \leqslant \tau.$$

可以通过适当的坐标替换 $y = \varphi(x)$ 化成问题

$$\|Fy - g\|_2 = \min, \quad \|y\|_2 \leqslant \tau.$$

$2°$ 若 $A \in \mathbf{R}_l^{l \times n}$ 则 $1°$ 亦可化成

$$\|y\|_2 = \min, \quad \|Fy - g\|_2 \leqslant \tau'.$$

$3°$ 将加权 LSQ 问题

$$\|Ax - b\|_W = \min, \quad \|Cx - d\|_V \leqslant \tau$$

化成一般 LSQ 问题，其中 W, V 均为正定矩阵, $\|y\|_w^2 = y^T W y$.

4° 建立加权 LSS 问题

$$\|Ax - b\|_W = \min, \quad \|x\|_2 \leqslant \tau.$$

的算法.

5° 对 LSS 问题

$$\|Ax - b\|_2 = \min, \quad \|x\|_2 \leqslant \tau.$$

若已求得 A 的奇异值分解问如何解此 LSS 问题.

VII 求解与讨论下述连接问题.

1° 设给定 $b \in \mathbf{R}^n$, $\mathbf{T} = \{x \mid Fx - g = 0\}$, 其中 $x \in \mathbf{R}^n$, $F \in \mathbf{R}^{m \times n}$, $g \in \mathbf{R}^m$. 寻求 r 使有

$$\begin{cases} \|Dr\|_2 = \min, \quad D = \mathrm{diag}\{\delta_1, \cdots, \delta_n\} > 0 \\ b + r \in \mathbf{T}. \end{cases}$$

2° 设给定 $b \in \mathbf{R}^n$, $\mathbf{S}_\tau = \{x \mid \|Ax - c\|_2 \leqslant \tau\}$, 其中 $A \in \mathbf{R}^{m \times n}$, $c \in \mathbf{R}^m$, $\tau > 0$, 寻求 r 使有

$$\begin{cases} \|Dr\|_2 = \min, \\ b + r \in \mathbf{S}_\tau. \end{cases}$$

VIII 对于 LS 问题 $\|Ax - b\| = \min$ 的特解 $x_{ls} = A^+ b$, 以及对应 TLS 问题与 RLS 问题. 证明:

1° $r(A, b, x_{rls}, \rho) \leqslant r(A, b, x_{ls}, \rho) \leqslant r(A, b, x_{tls}, \rho)$.

2° $\|x_{rls}\| \leqslant \|x_{ls}\| \leqslant \|x_{tls}\|$.

3° 若引入指标 $\alpha(A, b, x) = \|Ax - b\| / \sqrt{\|x\|^2 + 1}$, 则有

$$\alpha(A, b, x_{tls}) \leqslant \alpha(A, b, x_{ls}) \leqslant \alpha(A, b, x_{rls}).$$

IX 讨论 RLS 问题, 当摄动度量由 $\|\cdot\|_2$ 改为 $\|\cdot\|_F$ 可能引起的变化.

X 对 SRLS 问题, 在定理 9.16.1 中当 $\lambda^* = \lambda_{\max}(F)$ 为重根时, 是否仍成立. 证明对应结果的正确性.

第十章　消元算术与特征值问题

消元算法在中国最早见于《九章算术》, 该书成书最迟在东汉前期, 西方常称为 Gauss 消元. 消元算术或消元方法虽然是线性代数中一个比较经典的内容, 但是今天无论是系统理论分析方面还是数值分析方面, 对于这种消元方法和基于消元所得的一些理论结论 (例如某些有名的行列式等式) 仍然被视为一种基本的知识, 而这种知识在今天并不都是可以用抽象的概念和工具来代替的.

这一章着重讨论基本数值代数的两个问题:

1° 消元算术和基于此上的一些经典线性代数与行列式的性质.

2° 基于正交变换寻求特征值的相关理论与方法.

10.1　消元矩阵与消元过程

这里采用矩阵的形式来叙述消元过程.

定义 10.1.1　给定 $m^{(k)} \in \mathbf{C}^m$, 它有

$$e_i^T m^{(k)} = 0, \quad i \in \underline{k}. \tag{10.1.1}$$

利用 $m^{(k)}$ 构造的矩阵

$$M^{(k)} = I_m - m^{(k)} e_k^T \tag{10.1.2}$$

称为一个 $\langle k \rangle$ 消元矩阵, $m^{(k)}$ 称为 $M^{(k)}$ 的构成向量.

条件 (10.1.1) 表明 $m^{(k)}$ 的分量 $\mu_i^{(k)}$ 有

$$\mu_1^{(k)} = \mu_2^{(k)} = \cdots = \mu_k^{(k)} = 0.$$

而 $m^{(k)}$ 与 $M^{(k)}$ 的具体形式是

$$m^{(k)} = \begin{bmatrix} 0 \\ \vdots \\ 0 \\ \mu_{k+1}^{(k)} \\ \vdots \\ \mu_m^{(k)} \end{bmatrix}, \quad M^{(k)} = \left[\begin{array}{c|c|c} I_{k-1} & 0 & 0 \\ \hline 0 & 1 & 0 \\ \hline 0 & -\mu_{k+1}^{(k)} & \\ \vdots & \vdots & I_{m-k} \\ 0 & -\mu_m^{(k)} & \end{array} \right]. \tag{10.1.3}$$

定理 10.1.1 $\langle k \rangle$ 消元矩阵 $M^{(k)}$ 具下述性质:

1° $M^{(k)}$ 的任何主子矩阵 $M_i^{(k)}$ 都是单位下三角矩阵 (其对角线元均为 1, 对角线上方元全为零), 因而有 $\det(M_i^{(k)}) = 1, i \in \underline{m}$.

2°
$$[M^{(k)}]^{-1} = M^{-(k)} = I_m + m^{(k)} e_k^T. \tag{10.1.4}$$

3° 任给 $a = [\alpha_1 \quad \alpha_2 \quad \cdots \quad \alpha_m]^T$, 若 $\alpha_k \neq 0$, 则有唯一的 $\langle k \rangle$ 消元矩阵 $M^{(k)}$ 使
$$M^{(k)} a = [\alpha_1 \quad \alpha_2 \quad \cdots \quad \alpha_k \quad 0 \quad \cdots \quad 0]^T. \tag{10.1.5}$$

4°
$$M^{(1)} M^{(2)} \cdots M^{(k)} = I_m - \sum_{i=1}^k m^{(i)} e_i^T, \tag{10.1.6}$$

$$M^{-(1)} M^{-(2)} \cdots M^{-(k)} = I_m + \sum_{i=1}^k m^{(i)} e_i^T. \tag{10.1.7}$$

证明 1° 显然.

2° 利用式 (10.1.1) 可以有
$$M^{(k)}[I_m + m^{(k)} e_k^T] = I_m - m^{(k)} e_k^T m^{(k)} e_k^T = I_m.$$

3° 由 $\alpha_k \neq 0$, 可令 $\mu_{k+i}^{(k)} = \alpha_{k+i}/\alpha_k, i \in \underline{m-k}$, $m^{(k)} = [0 \cdots 0 \mu_{k+1}^{(k)} \cdots \mu_m^{(k)}]^T$, 则
$$M^{(k)} a = a - m^{(k)} e_k^T a = a - \alpha_k m^{(k)} = [\alpha_1 \quad \cdots \quad \alpha_k \quad 0 \quad \cdots \quad 0]^T.$$

又设有另一 $\langle k \rangle$ 消元矩阵 $N^{(k)} = I_m - m' e_k^T$ 具性质 3° , 则
$$0 = [M^{(k)} - N^{(k)}]a = (m' - m^{(k)}) e_k^T a = \alpha_k[m' - m^{(k)}],$$

由 $\alpha_k \neq 0$ 就有 $m^{(k)} = m'$, 即唯一性成立.

4° 由于任何 $e_i^T m^{(j)} = 0, i \leqslant j$, 则
$$M^{(1)} M^{(2)} \cdots M^{(k)}$$
$$= (I_m - m^{(1)} e_1^T)(I_m - m^{(2)} e_2^T) \cdots (I_m - m^{(k)} e_k^T)$$
$$= I_m - m^{(1)} e_1^T - m^{(2)} e_2^T - \cdots - m^{(k)} e_k^T,$$

即有式 (10.1.6), 相仿有式 (10.1.7). ∎

现设 $A = [a_1 \, a_2 \, \cdots \, a_n] \in \mathbf{C}^{m \times n}$, 以下利用消元矩阵 $M^{(i)}$ 建立一矩阵序列
$$A^{(1)} = A,$$

$$A^{(i+1)} = M^{(i)} A^{(i)}, \quad i \in \underline{r}, \tag{10.1.8}$$

其中 $r = \min\{m-1, n\}$.

消元过程的任务是构造合适的 $M^{(i)}, i \in \underline{r}$ 使上述 $A^{(r+1)}$ 是一个上梯形矩阵, 即 $A^{(r+1)}$ 的元有

$$\alpha_{ij}^{(r+1)} = 0, \quad i > j. \tag{10.1.9}$$

今后对任何 $B \in \mathbf{C}^{m \times n}$, 以 $B \begin{pmatrix} i_1, i_2, \cdots, i_k \\ j_1, j_2, \cdots, j_k \end{pmatrix}$ 表示其第 $i_1, i_2, \cdots, i_k$ 行与第 $j_1, j_2, \cdots, j_k$ 列交叉处的元构成的子矩阵, 即

$$B \begin{pmatrix} i_1, i_2, \cdots, i_k \\ j_1, j_2, \cdots, j_k \end{pmatrix} = [e_{i_1} e_{i_2} \cdots e_{i_k}]^T B [\tilde{e}_{j_1} \tilde{e}_{j_2} \cdots \tilde{e}_{j_k}],$$

其中 e_j 与 $\tilde{e}_l$ 分别是 C^m 与 C^n 中的自然标准基向量.

以下约定 $A^{(k)}$ 的元为 $\alpha_{ij}^{(k)}$, 并记

$$\omega_{ij}^{(k)} = \left| A^{(k)} \begin{pmatrix} 1, 2, \cdots, i-1, i \\ 1, 2, \cdots, i-1, j \end{pmatrix} \right|, \tag{10.1.10}$$

其中 $|\cdot|$ 表对应矩阵的行列式.

定理 10.1.2　无论 $M^{(1)}, M^{(2)}, \cdots, M^{(k-1)}$ 中 $m^{(s)}, s \in \underline{k-1}$ 的非零元位置的元如何选取, $A^{(k)} = M^{(k-1)} M^{(k-2)} \cdots M^{(1)} A$ 对应的 $\omega_{ij}^{(k)}$ 为常量, 即 $\omega_{ij}^{(k)} = \omega_{ij}^{(1)}$.

证明　令 $\tilde{L} = M^{(k-1)} \cdots M^{(1)}$, 它是单位下三角矩阵之积, 仍为单位下三角矩阵. 令

$$A = \begin{bmatrix} A_1 \\ A_2 \end{bmatrix}, \quad A_1 \in \mathbf{C}^{i \times n}, \quad A_2 \in \mathbf{C}^{(n-i) \times n},$$

$$\tilde{L} = \begin{bmatrix} \tilde{L}_{11} & 0 \\ L_{21} & \tilde{L}_{22} \end{bmatrix}, \quad \tilde{L}_{11} \in \mathbf{C}^{i \times i},$$

其中 $\tilde{L}_{11}$ 是单位下三角矩阵. 显然

$$\omega_{ij}^{(k)} = Det\, \tilde{L}_{11} \omega_{ij}^{(1)} = \omega_{ij}^{(1)}. \quad\blacksquare$$

为了消元过程能顺利进行, 设 A 的一切顺序主子式非零, 即

$$\omega_{ii}^{(1)} \neq 0, \quad i \in \underline{r}, \quad r = \min\{m, n\}.$$

对序列 (10.1.8), 采用按列的分块写法

$$A^{(i)} = [a_1^{(i)}\, a_2^{(i)} \cdots a_n^{(i)}], \quad i = 1, 2, \cdots$$

首先对 $A^{(1)}$, 按定理 10.1.1 3°, 由于 $\omega_{11}^{(1)}=\alpha_{11}^{(1)} \neq 0$ 则可选 $m^{(1)}$ 使 $M^{(1)} = I_m - m^{(1)}e_1^T$ 有

$$M^{(1)}A^{(1)}=A^{(2)} = [a_1^{(2)}\ a_2^{(2)}\ \cdots\ a_n^{(2)}],$$

但其中 $a_1^{(2)} = [\alpha_{11}^{(1)}\ 0\ \cdots\ 0]^T$.

进而按 $a_2^{(2)}$ 来构造 $M^{(2)}$, 由于 $\omega_{22}^{(1)} = \alpha_{11}^{(1)}\alpha_{22}^{(2)} \neq 0$, 因而 $\alpha_{22}^{(2)} \neq 0$, 由此可构造 $m^{(2)}$ 使 $M^{(2)} = I_m - m^{(2)}e_2^T$ 能有

$$M^{(2)}A^{(2)} = A^{(3)} = [a_1^{(3)}\ a_2^{(3)}\ \cdots\ a_n^{(3)}],$$

其中 $a_1^{(3)}=a_1^{(2)}, a_2^{(3)} = [a_{12}^{(1)}\ a_{22}^{(2)}\ 0\ \cdots\ 0]^T$.

一般来说, 这一过程在假定了 $\omega_{ii}^{(1)} \neq 0, i \in \underline{r}$ 以后可以一直继续下去. 设在经过 $k-1$ 次消元后 $A^{(k)}$ 的形式是

$$\begin{aligned}
A^{(k)} &= M^{(k-1)}\cdots M^{(1)}A \\
&= \left[\begin{array}{c|c} A_{11}^{(k)} & A_{12}^{(k)} \\ 0 & A_{22}^{(k)} \end{array}\right] \\
&= [a_1^{(k)}\ \cdots\ a_{k-1}^{(k)}\ |\ a_k^{(k)}\ \cdots\ a_n^{(k)}],
\end{aligned} \tag{10.1.11}$$

其中 $A_{11}^{(k)} \in \mathbf{C}^{(k-1)\times(k-1)}$ 是上三角矩阵, 并且 $A^{(k)}$ 的第 i 行与 $A^{(i)}$ 的第 i 行相同, $i \in \underline{k-1}$.

由于 $\omega_{kk}^{(1)} \neq 0$, 因而 $a_k^{(k)}$ 的第 k 个分量 $\alpha_{kk}^{(k)} \neq 0$, 由此可以按 $a_k^{(k)}$ 选择 $m^{(k)}$ 使 $M^{(k)} = I_m - m^{(k)}e_k^T$ 能有

$$\begin{aligned}
M^{(k)}A^{(k)} &= A^{(k+1)} \\
&= [a_1^{(k+1)}\ \cdots\ a_{k-1}^{(k+1)}\ a_k^{(k+1)}\ |\ a_{k+1}^{(k+1)}\ \cdots\ a_n^{(k+1)}] \\
&= \left[\begin{array}{c|c} A_{11}^{(k+1)} & A_{12}^{(k+1)} \\ 0 & A_{22}^{(k+1)} \end{array}\right], \quad A_{11}^{(k+1)} \in \mathbf{C}^{k\times k}, \tag{10.1.12}
\end{aligned}$$

即满足

$$\begin{aligned}
M^{(k)}a_i^{(k)} &= a_i^{(k+1)}=a_i^{(k)}, \quad i \in \underline{k-1}, \\
M^{(k)}a_k^{(k)} &= [\alpha_{1k}^{(1)}\ \alpha_{2k}^{(2)}\ \cdots\ \alpha_{kk}^{(k)}\ 0\ \cdots\ 0]^T,
\end{aligned}$$

这显然是可以做到的, 因而 $A_{11}^{(k+1)}$ 是一个 $k \times k$ 的上三角矩阵, 从而式 (10.1.12) 与 (10.1.11) 提供的形式是相仿的.

由此利用归纳法不难得到

定理 10.1.3 $A \in \mathbf{C}_r^{m\times n}, r= \min\{m-1,n\}$, 设 A 的顺序主子式 $\omega_{ii}^{(1)} \neq 0, i \in \underline{r}$, 则有一系列消元矩阵 $M^{(i)}, i \in \underline{r}$ 使

$$A^{(r+1)}= M^{(r)}M^{(r-1)}\cdots M^{(1)}A \tag{10.1.13}$$

为上梯形矩阵. ∎

由上面的过程不难看到上述 $\langle i \rangle$ 消元矩阵 $M^{(i)}$ 是唯一确定的, $i \in \underline{r}$.

若记 $A^{(r+1)} = R$, 则由于式 (10.1.13) 可知

$$A = [M^{(r)} \cdots M^{(1)}]^{-1} R = M^{-(1)} \cdots M^{-(r)} R = \tilde{L} R,$$

其中 $\tilde{L} = M^{-(1)} \cdots M^{-(r)} = I_m + \sum_{i=1}^{r} m^{(i)} e_i^T$ 是单位下三角矩阵.

定理 10.1.4　$A \in \mathbf{C}^{m \times n}$, 其顺序主子式 $\omega_{ii}^{(1)} \neq 0, i \in \underline{r}, r = \min\{m-1, n\}$, 则 A 可唯一地分解成

$$A = \tilde{L} R,$$

其中 $\tilde{L}$ 系单位下三角矩阵, 它的第 i 列就是 $e_i + m^{(i)}$, $m^{(i)}$ 是第 i 个消元矩阵 $M^{(i)}$ 的构成向量. ■

以下简单说明用消元法求解方程.

若给定 $A \in \mathbf{C}^{m \times n}, B \in \mathbf{C}^{m \times l}$, 研究方程组

$$AX = B, \quad X \in \mathbf{C}^{n \times l}. \tag{10.1.14}$$

显然式 (10.1.14) 可解当且仅当

$$\mathbf{R}(B) \subset \mathbf{R}(A). \tag{10.1.15}$$

设对 A 可以顺利地进行消元, 令 $r = \min\{m-1, n\}$, 按定理 10.1.3 对 A 求得 r 个消元矩阵 $M^{(1)}, M^{(2)}, \cdots, M^{(r)}$, 于是方程组 (10.1.14) 变为

$$RX = C, \tag{10.1.16}$$

其中 $R = M^{(r)} M^{(r-1)} \cdots M^{(1)} A$ 是上三角矩阵, $C = M^{(r)} M^{(r-1)} \cdots M^{(1)} B$, 而式 (10.1.14) 或等价地式 (10.1.16) 可解的充要条件归结为

$$\mathbf{R}(C) \subset \mathbf{R}(R), \tag{10.1.17}$$

显然式 (10.1.14) 与 (10.1.16) 具相同的解.

针对 R 的情况可以分别进行讨论:

1°　$m = n = \text{rank}(A)$. 此时 R 是一个可逆的上三角矩阵, 因而 $X = R^{-1} C$ 是式 (10.1.16) 即式 (10.1.14) 的唯一矩阵解, 此时既可以采用下一节关于 R^{-1} 的算法求 $R^{-1} C$, 也可以用本节最后的直接算法解 (10.1.16) 以求得 $R^{-1} C$.

2°　$m > n = \text{rank}(A)$. 此时 $R = \begin{bmatrix} R_1 \\ 0 \end{bmatrix}, C = \begin{bmatrix} C_1 \\ C_2 \end{bmatrix}$, 其中 $R_1 \in \mathbf{C}_n^{n \times n}, C_1 \in \mathbf{C}^{n \times l}$. 显然式 (10.1.16) 相容当且仅当 $C_2 = 0$, 而方程 (10.1.16) 的唯一解为 $X = R_1^{-1} C_1$, 其算法相仿 1°.

$3°$ $\mathrm{rank}(A) = m < n$. 此时消元矩阵的个数 $r = m - 1$ 且 $R = [R_1\ R_2]$. 若令 $X = \begin{bmatrix} X_1 \\ X_2 \end{bmatrix}$, $X_1 \in \mathbf{C}^{m \times l}$, $X_2 \in \mathbf{C}^{(n-m) \times l}$, 则式 (10.1.16) 可等价地写成

$$R_1 X_1 = C - R_2 X_2.$$

由此式 (10.1.16) 的解 X 可以表成

$$X = \begin{bmatrix} X_1 \\ X_2 \end{bmatrix} = \begin{bmatrix} R_1^{-1}(C - R_2 X_2) \\ X_2 \end{bmatrix} = \begin{bmatrix} R_1^{-1}C \\ 0 \end{bmatrix} - \begin{bmatrix} R_1^{-1}R_2 \\ -I_{n-m} \end{bmatrix} X_2,$$

显然这就是此情形下的通解, 其中 $X_2 \in \mathbf{C}^{(n-m) \times l}$ 是任意矩阵.

$4°$ $r = \mathrm{rank}(A) < \min\{m, n\}$. 设 A 的前 r 个顺序主子式非零, 此时经 r 个消元矩阵作用后应有

$$M^{(r)} M^{(r-1)} \cdots M^{(1)} A = \begin{bmatrix} R_1 & R_2 \\ 0 & 0 \end{bmatrix},$$

其中 $R_1 \in \mathbf{C}_r^{r \times r}$. 若记

$$M^{(r)} M^{(r-1)} \cdots M^{(1)} B = C = \begin{bmatrix} C_1 \\ C_2 \end{bmatrix},$$

则对应方程有解当且仅当 $C_2 = 0$, 并且此时式 (10.1.16) 与方程

$$[R_1\ R_2] X = C_1$$

等价而归结为 $3°$.

综上所述求解方程组 (10.1.14) 实际上归结为两个计算过程: 对增广矩阵 $[A\ B]$ 进行消元以化简成 $[R\ C]$ 这种形式, 其中 R 为上三角矩阵; 求解一个具上三角系数矩阵的方程组 $Ry = C$.

本节的阐述均基于 A 的顺序主子式非零. 由于对方程 $Ax = B$, 可以引入 $\tilde{A} = [A, B]$. $\tilde{A}$ 的顺序主子式与 A 的相同. 而方程求解均假定 A 可逆, 因而若出现 r 阶主子式为零的情况, 我们总可以将 $\tilde{A}$ 的 $j > r$ 的行与 $\tilde{A}$ 的第 r 行进行互换使 $\tilde{A}$ 的 r 阶主子式非零, 如此就可以继续下去而不会产生换行不能使对应主子式非零的情况. 这一点由 A 的可逆可以保证. 由于换行只是一种计算上的技术, 这仅需在以后的理论中适当添加置换变换矩阵即可, 因此对于这类细节将不再讨论.

参考文献: [FF1963], [Ste1976], [Wil1965], [WR1971], [Hua1984].

10.2　Sylvester 恒等式与 Hankel 矩阵

作为消元在理论方面的应用, 讨论关于行列式的 Sylvester 恒等式及用它研究 Hankel 矩阵的一些性质, 这些问题的论述在今后关于多项式根及稳定性的分析等方面都有益处.

定理 10.2.1　$A \in \mathbf{C}^{n \times n}$, 任何 $p \leqslant n$, 若

$$\beta_{ik} = \left| A \left(\begin{array}{c} 1, 2, \cdots, p, i \\ 1, 2, \cdots, p, k \end{array} \right) \right|, \quad i, k = p+1, \cdots, n,$$

又设可对 A 顺利进行消元, 则

$$\det(B) = |B| = \left| A \left(\begin{array}{c} 1, 2, \cdots, p \\ 1, 2, \cdots, p \end{array} \right) \right|^{n-p-1} |A|, \tag{10.2.1}$$

其中 $B = (\beta_{ij}) \in \mathbf{C}^{(n-p) \times (n-p)}$, $|G|$ 表对应矩阵 G 的行列式.

证明　设对 A 进行 p 次消元有

$$A^{(p+1)} = \left[\begin{array}{cc} A_{11}^{(p+1)} & A_{12}^{(p+1)} \\ 0 & A_{22}^{(p+1)} \end{array} \right],$$

容易验证有 $\omega_{pp}^{(1)} = \left| A \left(\begin{array}{c} 1, 2, \cdots, p \\ 1, 2, \cdots, p \end{array} \right) \right| = \det(A_{11}^{(p+1)})$. 由于前 p 次消元对于行列式 $\left| A \left(\begin{array}{c} 1, 2, \cdots, p, i \\ 1, 2, \cdots, p, j \end{array} \right) \right|$ 当 $i, j \geqslant p+1$ 时只相当于进行了行列式等值变换, 因而有

$$\alpha_{i,j}^{(p+1)} \cdot \omega_{pp}^{(1)} = \left| A \left(\begin{array}{c} 1, 2, \cdots, p, i \\ 1, 2, \cdots, p, j \end{array} \right) \right|, \quad i, j \geqslant p+1.$$

由此有

$$\beta_{ij} = \omega_{pp}^{(1)} a_{ij}^{(p+1)},$$

或

$$B = \omega_{pp}^{(1)} A_{22}^{(p+1)} \in \mathbf{C}^{(n-p) \times (n-p)}.$$

这样就有

$$\det(B) = [\omega_{pp}^{(1)}]^{n-p} \det(A_{22}^{(p+1)}) = [\omega_{pp}^{(1)}]^{n-p-1} \det(A).$$

■

上述定理的恒等式 (10.2.1) 常称 Sylvester 恒等式. 在得到这个恒等式的过程中, 曾为了顺利进行消元而假定 A 有性质

$$\left| A \begin{pmatrix} 1,2,\cdots,j \\ 1,2,\cdots,j \end{pmatrix} \right| \neq 0, \quad j \in \underline{p}. \tag{10.2.2}$$

下面将指出就 Sylvester 等式本身而言条件 (10.2.2) 是并不必要的. 若令

$$A_\epsilon = A + \epsilon I_n,$$

由此

$$\left| A_\epsilon \begin{pmatrix} 1,2,\cdots,j \\ 1,2,\cdots,j \end{pmatrix} \right| = \epsilon^j + \cdots.$$

它是 ϵ 的解析函数, 因而存在一个无穷小序列 ϵ_l, 使 $\lim\limits_{l\to\infty} \epsilon_l = 0$ 且

$$\left| A_{\epsilon_l} \begin{pmatrix} 1,2,\cdots,j \\ 1,2,\cdots,j \end{pmatrix} \right| \neq 0, \quad j \in \underline{p}, l \in \mathbf{Z}_+.$$

考虑到 A_ϵ 的各阶子式皆为 ϵ 的连续函数, 则由

$$\det(B_{\varepsilon_l}) = \left| A_{\varepsilon_l} \begin{pmatrix} 1,2,\cdots,p \\ 1,2,\cdots,p \end{pmatrix} \right|^{n-p-1} \det(A_{\varepsilon_l})$$

两边取 $l \to \infty$ 就有式 (10.2.1). 这表明有:

推论 10.2.1　$A \in \mathbf{C}^{n\times n}$, 则 Sylvester 恒等式 (10.2.1) 成立.

推论 10.2.2　任给两组自然数

$$p < i_1 < i_2 < \cdots < i_l \leqslant n, p < j_1 < j_2 < \cdots < j_l \leqslant n,$$

则总有

$$\left| B \begin{pmatrix} i_1,i_2,\cdots,i_l \\ j_1,j_2,\cdots,j_l \end{pmatrix} \right|$$

$$= \left| A \begin{pmatrix} 1,2,\cdots,p \\ 1,2,\cdots,p \end{pmatrix} \right|^{l-1} \times \left| A \begin{pmatrix} 1,2,\cdots,p,i_1,i_2,\cdots,i_l \\ 1,2,\cdots,p,j_1,j_2,\cdots,j_l \end{pmatrix} \right|. \tag{10.2.3}$$

证明　以 $A \begin{pmatrix} 1,2,\cdots,p,i_1,i_2,\cdots,i_l \\ 1,2,\cdots,p,j_1,j_2,\cdots,j_l \end{pmatrix}$ 代替 A, 则式 (10.2.1) 就能推得式 (10.2.3). ■

定义 10.2.1　给定 $\sigma_0, \sigma_1, \cdots, \sigma_{2n-2} \in \mathbf{R}$, 则二次型

$$x^T S x = \sum_{i,j=0}^{n-1} \sigma_{i+j} \xi_i \xi_j, \ x = [\xi_0 \ \xi_1 \ \cdots \ \xi_{n-1}]^T$$

称为是一个 Hankel 二次型, 它对应的矩阵

$$S = \begin{bmatrix} \sigma_0 & \sigma_1 & \sigma_2 & \cdots & \sigma_{n-1} \\ \sigma_1 & \sigma_2 & \sigma_3 & \cdots & \sigma_n \\ \sigma_2 & \sigma_3 & \sigma_4 & \cdots & \sigma_{n+1} \\ \vdots & \vdots & \vdots & \ddots & \vdots \\ \sigma_{n-1} & \sigma_n & \sigma_{n+1} & \cdots & \sigma_{2n-2} \end{bmatrix} = S^T \in \mathbf{R}^{n \times n}$$

称为一个 Hankel 矩阵, 并特别记为 $S = (\sigma_{i+j})_0^{n-1}$.

下面以 D_i 表 $\left| S \begin{pmatrix} 1, 2, \cdots, i \\ 1, 2, \cdots, i \end{pmatrix} \right|$.

引理 10.2.1　$S = (\sigma_{i+j})_0^{n-1}$ 系一 Hankel 矩阵, 若其前 p 列线性无关而其前 $p+1$ 列线性相关, 则

$$D_p = \left| S \begin{pmatrix} 1, 2, \cdots, p \\ 1, 2, \cdots, p \end{pmatrix} \right| \neq 0. \tag{10.2.4}$$

证明　设 $S = [s_1 \ s_2 \ \cdots \ s_n]$, 则存在 $a \in \mathbf{R}^p$ 使 $s_{p+1} = [s_1 \ s_2 \ \cdots \ s_p]a$, 将其分量写出来是

$$\sigma_q = \sum_{j=1}^{p} \alpha_j \sigma_{q-j}, q = p, p+1, \cdots, p+n-1, \tag{10.2.5}$$

由此可知矩阵

$$[s_1 \ s_2 \ \cdots \ s_p] = \begin{bmatrix} \sigma_0 & \sigma_1 & \sigma_2 & \cdots & \sigma_{p-1} \\ \sigma_1 & \sigma_2 & \sigma_3 & \cdots & \sigma_p \\ \vdots & \vdots & \vdots & \ddots & \vdots \\ \sigma_{p-1} & \sigma_p & \sigma_{p+1} & \cdots & \sigma_{2p-2} \\ \vdots & \vdots & \vdots & \ddots & \vdots \\ \sigma_{n-1} & \sigma_n & \sigma_{n+1} & \cdots & \sigma_{2n-2} \end{bmatrix}$$

的第 j 行为其第 $j-p, j-p+1, \cdots, j-1$ 行的线性组合, 其中 $p+1 \leqslant j \leqslant n$. 由于 $\mathrm{rank}([s_1 \ s_2 \ \cdots \ s_p]) = p$, 于是有 $[s_1 \ s_2 \ \cdots \ s_p]$ 的前 p 行线性无关, 即有式 (10.2.4). ∎

引理 10.2.2 若 Hankel 矩阵 $S = (\sigma_{i+j})_0^{n-1}$ 对 p 有

$$D_p \neq 0, D_{p+1} = \cdots = D_n = 0, \tag{10.2.6}$$

又 $T = (\tau_{ij})$, 其元为

$$\tau_{ij} = \frac{\left| S \begin{pmatrix} 1,2,\cdots,p,p+i+1 \\ 1,2,\cdots,p,p+j+1 \end{pmatrix} \right|}{D_p}, \quad i,j = 0,1,\cdots,n-p-1, \tag{10.2.7}$$

则 T 为 Hankel 矩阵, 若记为 $(\tau_{i+j})_0^{n-p-1}$, 必有

$$\tau_0 = \tau_1 = \cdots = \tau_{n-p-2} = 0. \tag{10.2.8}$$

证明 令

$$T_k = T \begin{pmatrix} 1,2,\cdots,k \\ 1,2,\cdots,k \end{pmatrix}, \quad k \in \underline{n-p}, \tag{10.2.9}$$

则显然 $T_{n-p} = T$.

以下对 $k \leqslant n-p$ 运用归纳法来证明两点.

1° T_k 对 $k \in \underline{n-p}$ 均为 Hankel 矩阵, 记为 $(\tau_{i+j})_0^{k-1}$.

2°

$$\tau_{i+j} = 0, \quad 0 \leqslant i+j \leqslant k-2. \tag{10.2.10}$$

设 $k = 2, T_2 = \begin{bmatrix} \tau_{00} & \tau_{10} \\ \tau_{01} & \tau_{11} \end{bmatrix}$, 有 $\tau_{00} = D_{p+1}/D_p = 0$, 而 $\tau_{10} = \tau_{01}$ 由 S 是 Hankel 矩阵已保证, 故 $k = 2$ 引理已真. 设引理在 k 时成立, 讨论 $T_{k+1}(k < n-p)$.

由于 T_k 已是 Hankel 矩阵且有式 (10.2.10), 于是利用 Sylvester 恒等式有

$$\pm \tau_{k-1}^k = |T_k| = D_{p+k}/D_p = 0,$$

从而有 $\tau_{k-1} = 0$.

又从式 (10.2.7) 可以有

$$\tau_{ij} = \frac{\begin{vmatrix} & & & \sigma_{p+j} \\ & D_p & & \vdots \\ & & & \sigma_{2p+j-1} \\ \sigma_{p+i} & \cdots & \sigma_{2p+i-1} & \sigma_{2p+i+j} \end{vmatrix}}{D_p}$$

$$= \frac{\begin{vmatrix} & & & \sigma_{p+j} \\ & D_p & & \vdots \\ & & & \sigma_{2p+j-1} \\ \sigma_{p+i} & \cdots & \sigma_{2p+i-1} & 0 \end{vmatrix}}{D_p} + \sigma_{2p+i+j}. \tag{10.2.11}$$

由于 τ_{kk} 的性质不影响结论, 则设 $i, j \leqslant k \leqslant i + j \leqslant 2k - 1$, 这样 i 与 j 中必有一个小于 k, 不失一般性设 $i < k$, 借助式 (10.2.5), 代入式 (10.2.11) 右端行列式的最后一列, 于是可以有

$$\tau_{ij} = \sigma_{2p+i+j} + \sum_{l=1}^{p} \frac{\alpha_l}{D_p} \begin{bmatrix} & & & \sigma_{p+j-l} \\ & D_p & & \vdots \\ & & & \sigma_{2p+j-l-1} \\ \sigma_{p+i} & \cdots & \sigma_{2p+i-1} & 0 \end{bmatrix}$$

$$= \sigma_{2p+i+j} + \sum_{l=1}^{p} \alpha_l \left[\tau_{i,j-l} - \sigma_{2p+i+j-l} \right]. \tag{10.2.12}$$

由于按归纳法假定在式 (10.2.12) 中 $i < k, j - l < k$ 和 $i + j - l \leqslant 2k - l$, 于是 $\tau_{i,j-l} = \tau_{i+j-l}$.

这表明 $\tau_{ij} = \tau_{i+j}, k \leqslant i + j \leqslant 2k - 1$.

另一方面已有 $\tau_{k-1} = 0$.

于是由归纳法已证 T_{k+1} 满足引理. 特别令 $k = n - p$ 于是引理得证. ∎

利用上述结果可以证明:

定理 10.2.2　若 Hankel 矩阵 $S = (\sigma_{i+j})_0^{n-1}$ 有 $\mathrm{rank}(S) = r$, 又对某个 $p(< r)$ 有

$$D_P \neq 0, \quad D_{p+1} = D_{p+2} = \cdots = D_r = 0, \tag{10.2.13}$$

则 S 的由前面 p 与后面 $r - p$ 行列组成的子式非零, 即

$$D^{(r)} = \left| S \begin{pmatrix} 1, 2, \cdots, p, n-r+p+1, \cdots, n \\ 1, 2, \cdots, p, n-r+p+1, \cdots, n \end{pmatrix} \right| \neq 0. \tag{10.2.14}$$

证明   由引理 10.2.2 可知 $T=(\tau_{i+j})_0^{n-p-1}$ 是 Hankel 矩阵, 其中

$$\tau_{i+j} = \frac{\left| S \begin{pmatrix} 1,2,\cdots,p,p+i+1 \\ 1,2,\cdots,p,p+j+1 \end{pmatrix} \right|}{D_p}, \quad i,j=0,1,\cdots,n-p-1.$$

但由于 $\tau_{i+j}=0, i+j \leqslant n-p-2$, 又

$$0 = D_n/D_p = |T| = \pm \tau_{n-p-1}^{n-p},$$

于是 $\tau_{n-p-1}=0$. 从而 T 具形式

$$T = \begin{bmatrix} 0 & 0 & \cdots & 0 \\ 0 & \vdots & \vdots & \mu_{n-p-1} \\ \vdots & \vdots & \vdots & \vdots \\ 0 & \mu_{n-p-1} & \cdots & \mu_1 \end{bmatrix}.$$

于是由 $\mathrm{rank}(T)=l$ 则 T 的非零 l 阶子式为 $\pm\mu_l^l$ 或 $\mathrm{rank}(T)=l$ 当且仅当 $\mu_l \neq 0$, 并且 $\mu_j=0, \forall j > l$.

由式 (10.2.3)T 的任何 $> r-p$ 阶子式都是 S 的 $> r$ 阶的子式与 D_p 的幂的积. 由 $\mathrm{rank}(S)=r$ 则 $\mathrm{rank}(T) \leqslant r-p$. 另一方面在 S 中总存在包含 D_p 的全部元的 r 阶子式非零, 因而 T 至少有一个 $r-p$ 阶子式非零, 从而 $\mathrm{rank}(T)=r-p$ 或 $\mu_{r-p} \neq 0$. 这样就有

$$T = \left[\begin{array}{c|cccc} 0 & & & 0 & \\ \hline & 0 & 0 & \cdots & 0 \\ & 0 & \vdots & \vdots & \mu_{r-p} \\ 0 & \vdots & \vdots & \vdots & \vdots \\ & 0 & \mu_{r-p} & \cdots & \mu_1 \end{array} \right].$$

由此利用 Sylvester 恒等式就有 (推论 10.2.2)

$$\left| S \begin{pmatrix} 1,2,\cdots,p,n-r+p+1,\cdots,n \\ 1,2,\cdots,p,n-r+p+1,\cdots,n \end{pmatrix} \right| = D_p,$$

$$\left| T \begin{pmatrix} n-r+1,\cdots,n-p \\ n-r+1,\cdots,n-p \end{pmatrix} \right| \neq 0,$$

即有式 (10.2.14). ∎

由于 Hankel 矩阵是一种特殊的实对称矩阵, 在利用消元讨论实对称矩阵以后将进一步对 Hankel 矩阵的顺序主子式的符号特点进行论述, 这种论述对于利用 Hankel 矩阵讨论实多项式的根有益.

参考文献: [Gan1966], [Hua1984], [AAK1978].

10.3   Hermite 矩阵的消元与应用–惯性指数

对于弹性结构, 在分析其应力及应变问题时, 由于质量矩阵与刚度矩阵均为实对称矩阵, 并且质量矩阵是正定的, 其计算的线性方程组常对应实对称矩阵为系数矩阵的方程组. 在对这类矩阵进行消元时有其特点. 下面用复 Hermite 矩阵进行阐述.

设 $A = A^H \in \mathbf{C}_r^{n \times n}$, 又设

$$D_k = \left| A \begin{pmatrix} 1, 2, \cdots, k \\ 1, 2, \cdots, k \end{pmatrix} \right| \neq 0, \quad k \in \underline{r}. \tag{10.3.1}$$

若记 $A^{(1)} = A = [a_1^{(1)} \ a_2^{(1)} \cdots a_n^{(1)}]$, Gauss 消元矩阵为 $M^{(1)} M^{(2)} \cdots M^{(r-1)}$, 引入记号

$$A^{(k)} = M^{(k-1)} M^{(k-2)} \cdots M^{(1)} A = \begin{bmatrix} A_1^{(k)} & A_{12}^{(k)} \\ 0 & A_2^{(k)} \end{bmatrix}, \quad k \in \underline{r+1}, \tag{10.3.2}$$

其中 $A_1^{(k)} \in \mathbf{C}^{(k-1) \times (k-1)}$.

首先 $M^{(1)} = I_n - m^{(1)} e_1^T$, 其中 $m^{(1)} = \dfrac{a_1^{(1)}}{\alpha_{11}} - e_1$, 由于

$$A^{(2)} = M^{(1)} A = \begin{bmatrix} A_1^{(2)} & A_{12}^{(2)} \\ 0 & A_2^{(2)} \end{bmatrix},$$

其中 $A_1^{(2)} = \alpha_{11}, A_{12}^{(2)} = [\alpha_{12} \alpha_{13} \cdots \alpha_{1n}]$. 但由于 A 具 Hermite 性质, 我们在做完行消元运算后立即进行列消元, 就有

$$M^{(1)} A [M^{(1)}]^H = \begin{bmatrix} A_1^{(2)} & 0 \\ 0 & A_2^{(2)} \end{bmatrix}, \tag{10.3.3}$$

于是 $A_2^{(2)} = [A_2^{(2)}]^H$.

利用归纳法立即可以证明:

定理 10.3.1   若 $A = A^H \in \mathbf{C}_r^{n \times n}$ 且有式 (10.3.1), 则每次行列同时消元后产生的矩阵 $A_2^{(k)} = [A_2^{(k)}]^H$, 其中 $A_2^{(k)}$ 由式 (10.3.2) 定义, $M^{(i)}$ 是第 i 个消元矩阵. ■

若讨论由 A 确定的二次型 $x^H A x$, 则有

$$x^H A x = x^H M^{-(1)} \begin{bmatrix} \alpha_{11} & 0 \\ 0 & A_2^{(2)} \end{bmatrix} [M^{-(1)}]^H x = \frac{1}{D_1} \zeta_1 \bar{\zeta}_1 + x^H \begin{bmatrix} 0 & 0 \\ 0 & A_2^{(2)} \end{bmatrix} x, \tag{10.3.4}$$

其中 $\zeta_1 = [a_1^{(1)}]^H x, D_1 = \alpha_{11}$.

如果引入下述记号

$$y_1 = x = [\xi_1 \; \xi_2 \; \cdots \; \xi_n]^T,$$
$$y_2 = [\xi_2 \; \xi_3 \; \cdots \; \xi_n]^T,$$
$$\vdots$$
$$y_r = [\xi_r \; \xi_{r+1} \cdots \; \xi_n]^T.$$

又记 $A_2^{(k)}$ 的第一行第一列元为 α_k, 显然 $\alpha_k = D_k/D_{k-1}$. 若按列分块记 $A_2^{(k)} = [a_1^{(k)} \; a_2^{(k)} \; \cdots \; a_{n-k+1}^{(k)}]$, 并引入变换

$$\begin{cases} \zeta_1 = [a_1^{(1)}]^H x = [a_1^{(1)}]^H y_1, \\ \zeta_2 = [a_1^{(2)}]^H y_2, \\ \quad \vdots \\ \zeta_r = [a_1^{(r)}]^H y_r, \\ \zeta_{r+1} = \xi_{r+1}, \cdots, \zeta_n = \xi_n, \end{cases} \tag{10.3.5}$$

若以 $z = Tx$ 表示这一替换, 显然 T 是非奇异的. 利用归纳法容易证明有:

定理 10.3.2 $A = A^H \in \mathbf{C}_r^{n \times n}$, 其经行列同时消元产生的矩阵序列为式 (10.3.2), $a_1^{(k)} \in \mathbf{C}^{n-k+1}$ 是 $A_2^{(k)}$ 的第一列, 则在非奇异变量替换 (10.3.5) 下有

$$x^H A x = \sum_{k=1}^{r} \frac{D_{k-1}}{D_k} \zeta_k \bar{\zeta}_k,$$

其中 D_k 系 A 的 k 阶顺序主子式, $D_0 = 1$. 而式 (10.3.5) 的系数矩阵 T 具形式

$$T = \begin{bmatrix} T_1 & T_{12} \\ 0 & I_{n-r} \end{bmatrix} = (\tau_{ij}),$$

式中 T_1 为上三角矩阵, 对角线元为 D_i/D_{i-1}. 又

$$\tau_{ij} = \left| A \begin{pmatrix} 1, 2, \cdots, i-1, i \\ 1, 2, \cdots, i-1, j \end{pmatrix} \right| / D_{i-1}.$$

■

若再引入

$$\sigma_k = D_{k-1} \zeta_k, \quad k \in \underline{r}, \quad \sigma_k = \zeta_k, \quad k > r,$$

则二次型变为

$$x^H A x = \sum_{k=1}^{r} \frac{1}{D_{k-1} D_k} \sigma_k \bar{\sigma}_k,$$

而联系 σ_i 与 ξ_i 间的变换

$$\sigma_k = \sum_{i=1}^{n} \gamma_{ki} \xi_i, \quad k \in \underline{r}, \quad \sigma_l = \xi_l, \quad l \geqslant r+1$$

的系数 γ_{ki} 有

$$\gamma_{ki} = \left| A \begin{pmatrix} 1,2,\cdots,k-1,k \\ 1,2,\cdots,k-1,i \end{pmatrix} \right|, \quad k \in \underline{r}, \quad i \geqslant k.$$

利用定理 10.3.2 可以得到下述 Jacobi 定理.

定理 10.3.3(Jacobi)　二次型 $x^H A x$ 具

$$D_k = \left| A \begin{pmatrix} 1,2,\cdots,k \\ 1,2,\cdots,k \end{pmatrix} \right| \neq 0, \quad k = 1,2,\cdots,r,$$

$r = \text{rank}(A)$. 则 A 的正惯性指数 π, 负惯性指数 ν 分别与由一组数

$$1, D_1, D_2, \cdots, D_r$$

确定的同号数 P 与异号数 V 相同, 即

$$\pi = P(1, D_1, \cdots, D_r),$$

$$\nu = V(1, D_1, \cdots, D_r),$$

而符号差数 $\sigma = \pi - \nu = r - 2V(1, D_1, \cdots, D_r)$.

证明　若记集合 $\mathbf{U} = \{D_k/D_{k-1}, k \in \underline{r}\}$. $\mathbf{U}_+$ 为 $\mathbf{U}$ 中取正数的子集, $\mathbf{U}_-$ 为 $\mathbf{U}$ 中取负数的子集, $\zeta(\mathbf{U})$ 为 $\mathbf{U}$ 中含数字的个数, 则

$$\pi = \zeta(\mathbf{U}_+) = P(1, D_1, \cdots, D_r),$$

$$\nu = \zeta(\mathbf{U}_-) = V(1, D_1, \cdots, D_r).$$

■

推论 10.3.1　$x^H A x$ 是正定的二次型当且仅当

$$D_k = \left| A \begin{pmatrix} 1,2,\cdots,k \\ 1,2,\cdots,k \end{pmatrix} \right| > 0, \quad k \in \underline{n}.$$

■

为了得到关于实 Hankel 矩阵正负惯性指数估计的结果为以后讨论多项式根服务, 先引进下述引理.

以后约定以 $\pi(A), \nu(A)$ 与 $\sigma(A) = \pi(A) - \nu(A)$ 分别表 A 的正、负惯性指数与符号差.

引理 10.3.1　$A = A^T \in \mathbf{R}_r^{n \times n}, C \in \mathbf{R}^{n \times m}$, 则

$$\pi(C^T A C) \leqslant \pi(A). \tag{10.3.6}$$

证明 取 $X_2 \in \mathbf{U}^{m \times l}$, 使 $\mathbf{R}(X_2) = \mathbf{N}(C)$, 再取 X_1 使 $[X_1 \ X_2] \in \mathbf{U}_{m \times m}$. 于是 CX_1 具线性无关列, 令 $Y_1 \in \mathbf{U}^{n \times (m-l)}$, 且使 $\mathbf{R}(Y_1) = \mathbf{R}(CX_1)$. 由此 $CX_1 = Y_1 F$, F 可逆. 由于

$$\pi(C^T A C) = \pi\left[\begin{bmatrix} X_1^T \\ X_2^T \end{bmatrix} C^T A C [X_1 \ X_2]\right] = \pi\begin{bmatrix} F^T Y_1^T A Y_1 F & 0 \\ 0 & 0 \end{bmatrix}$$
$$= \pi(F^T Y_1^T A Y_1 F) = \pi(Y_1^T A Y_1) \leqslant \pi(A),$$

其中最后一个不等式由 $Y_1^T A Y_1$ 的正特征值个数 $\leqslant A$ 的正特征值个数得到. ∎

引理 10.3.2 $A = A^T \in \mathbf{R}_r^{n \times n}$, 任何 C 则

$$\pi(A) = \pi(C^T A C), \quad \nu(A) = \nu(C^T A C) \tag{10.3.7}$$

当且仅当 $\mathrm{rank}(C^T A C) = \mathrm{rank}(A) = r$.

证明 由引理 10.3.1 有

$$\pi(C^T A C) \leqslant \pi(A), \quad \nu(C^T A C) \leqslant \nu(A).$$

考虑到对一切实对称矩阵有

$$\pi(B) + \nu(B) = \mathrm{rank}(B), \quad \forall B = B^T.$$

则式 (10.3.9) 成立当且仅当 $\mathrm{rank}(A) = \mathrm{rank}(C^T A C)$. ∎

引理 10.3.3 若二次型 $x^T A x$ 的系数连续改变过程中保持其秩不变, 则在系数连续变化的这一范围内二次型的正负惯性指数均不变. ∎

定理 10.3.3 虽然给出一般实对称矩阵正负惯性指数的估计, 但它只在下述这一组数

$$1, D_1, \cdots, D_r, \quad r = \mathrm{rank}(A)$$

均非零时才合适. 对于 Hankel 矩阵来说, 这个条件可以不必要求.

定理 10.3.4 (Frobenius) 对于实 Hankel 二次型 $x^T S x = \sum\limits_{i,j=0}^{n-1} \sigma_{i+j} \xi_i \xi_j$, 若 $\mathrm{rank}(S) = r$, 则

$$\pi = P(1, D_1, \cdots, D_r), \quad \nu = V(1, D_1, \cdots, D_r), \tag{10.3.8}$$

其中

1° $D_r \neq 0$ 但在 D_i 中出现 $p < r$ 使

$$D_P \neq 0, \quad D_{p+1} = D_{p+2} = \cdots = D_{p+l} = 0, \quad D_{p+l+1} \neq 0, \tag{10.3.9}$$

则可将 D_{p+i} 的符号这样定义

$$\text{sign}(D_{p+i}) = (-1)^{\frac{i(i-1)}{2}} \text{sign}(D_p), \quad i \in \underline{l}. \tag{10.3.10}$$

同时对应式 (10.3.9) 这组数的 P, V 这样来确定

	l 奇数 $\dfrac{l+1}{2}$	l 偶数 $\dfrac{l+1+\epsilon}{2}$
$P_{p,l} = P[D_p, \cdots, D_{p+l}, D_{p+l+1}]$	$\dfrac{l+1}{2}$	$\dfrac{l+1+\epsilon}{2}$
$V_{p,l} = V[D_p, \cdots, D_{p+l}, D_{p+l+1}]$	$\dfrac{l+1}{2}$	$\dfrac{l+1-\epsilon}{2}$
$P_{p,l} - V_{p,l}$	0	ϵ

$$\epsilon = (-1)^{\frac{l}{2}} \text{sign} \frac{D_{p+l+1}}{D_p}. \tag{10.3.11}$$

2° 若在 D_i 中有

$$D_p \neq 0, \quad D_{p+1} = \cdots = D_r = 0, \tag{10.3.12}$$

则在式 (10.3.8) 中的 D_r 以由式 (10.2.14) 确定的 $D^{(r)}$ 代替.

证明　1° $D_r \neq 0$, 引进 $x^T S x = \sum\limits_{i,j=0}^{n-1} \sigma_{i+j} \xi_i \xi_j$, $x_r^T S_r x_r = \sum\limits_{i,j=0}^{r-1} \sigma_{i+j} \xi_i \xi_j$, 由于 $S_r = F^T S F$ 且 $\text{rank}(S_r) = \text{rank}(S)$, 则由引理 10.3.2, S 与 S_r 有相同的正负惯性指数与符号差, 其中 $F^T = [I_r\ 0]$.

现让 $\sigma_0, \sigma_1, \cdots, \sigma_{2r-2}$ 连续变至 $\sigma_0^*, \sigma_1^*, \cdots, \sigma_{2r-2}^*$ 使对应 $S^* = (\sigma_{i+j}^*)_0^{n-1}$ 有:

(1) $1, D_1^*, \cdots, D_r^*$ 均非零, 其中 $D_k^* = S^* \begin{pmatrix} 1, 2, \cdots, k \\ 1, 2, \cdots, k \end{pmatrix}$.

(2) 由 $D_r^* \neq 0$, 则对应 S_r^* 有 $\text{rank}(S_r^*) = r$. 而这显然可以做到, 于是由引理 10.3.1 与引理 10.3.3, 则 S 的符号差 $\sigma(S)$ 为

$$\sigma(S) = P(1, D_1^*, \cdots, D_r^*) - V(1, D_1^*, \cdots, D_r^*). \tag{10.3.13}$$

由于当 $D_i \neq 0$ 而 D_i^* 与 D_i 相差可足够小, 于是对应 $D_i \neq 0$ 的 D_i^* 均与 D_i 同号. 问题在于由式 (10.3.9) 确定的哪些 D_i 的符号问题, 即确定 $\sigma^* = P(D_p^*, \cdots, D_{p+l}^*, D_{p+l+1}^*) - V(D_p^*, \cdots, D_{p+l}^*, D_{p+l+1}^*)$. 令

$$\tau_{ij} = \frac{1}{D_p} \begin{vmatrix} & & \sigma_{p+j} \\ & D_p & \vdots \\ & & \sigma_{2p+j-1} \\ \sigma_{p+i} \cdots \sigma_{2p+i-1} & \sigma_{2p+i+j} \end{vmatrix}, \quad i, j = 0, 1, \cdots, l, \tag{10.3.14}$$

利用引理 10.2.2, 则 $T = (\tau_{ij})$ 是一个 Hankel 矩阵, 其具体形式为

$$T = \begin{bmatrix} 0 & \cdots & 0 & \tau_l \\ \vdots & \vdots & \vdots & * \\ 0 & \vdots & \vdots & \vdots \\ \tau_l & * & \cdots & * \end{bmatrix}. \tag{10.3.15}$$

以下用 $\hat{D}_q$ 表 T 的 q 阶顺序主子式.

相仿对 S^* 亦仿照式 (10.3.14) 引入 τ_{ij}^*, 也保持式 (10.3.14) 但 σ_k, D_p 代之以 $\sigma_k^*, D_p^*, k = p+i, \cdots, 2p+i-1, p+j, \cdots, 2p+j-1, 2p+i+j$. 记 $T^* = (\tau_{ij}^*)$ 它亦为 Hankel 矩阵, 以下用 $\hat{D}_q^*$ 表 T^* 的 q 阶顺序主子式, 由 Sylvester 等式可知

$$D_{p+q}^* = D_p^* \hat{D}_q^*, \quad q = 1, 2, \cdots, l+1,$$

由此 T^* 的符号差 $\hat{\sigma}^*$ 为

$$\begin{aligned} \hat{\sigma}^* &= P(1, \hat{D}_1^*, \cdots, \hat{D}_{1+l}^*) - V(1, \hat{D}_1^*, \cdots, \hat{D}_{1+l}^*) \\ &= P(D_p^*, D_{p+1}^*, \cdots, D_{p+l+1}^*) - V(D_p^*, D_{p+1}^*, \cdots, D_{p+l+1}^*) \\ &= \sigma^*. \end{aligned} \tag{10.3.16}$$

若引入两特殊的 Hankel 二次型

$$x^T T x = \sum_{i,j=0}^{l} \tau_{i+j} \xi_i \xi_j,$$

$$x^T T^{**} x = \tau_l [\xi_0 \xi_l + \xi_1 \xi_{l-1} + \cdots + \xi_l \xi_0].$$

显然 T, T^*, T^{**} 均同秩且可在保持秩不变下互相经连续变化得到, 若以 $\hat{\sigma}, \hat{\sigma}^*, \hat{\sigma}^{**}$ 表它们对应的符号差, 则由引理 10.3.3 有

$$\hat{\sigma} = \hat{\sigma}^* = \hat{\sigma}^{**}. \tag{10.3.17}$$

但

$$x^T T^{**} x = \begin{cases} 2\tau_l [\xi_0 \xi_{2k-1} + \cdots + \xi_{k-1} \xi_k], & l = 2k-1, \\ \tau_l [2(\xi_0 \xi_{2k} + \cdots + \xi_{k-1} \xi_{k+1}) + \xi_k^2], & l = 2k. \end{cases}$$

而 $\xi_\alpha \xi_\beta = \left(\dfrac{\xi_\alpha + \xi_\beta}{2}\right)^2 - \left(\dfrac{\xi_\alpha - \xi_\beta}{2}\right)^2$, 于是由式 (10.3.16) 有

$$\sigma^* = \hat{\sigma}^* = \hat{\sigma}^{**} = \begin{cases} 0, & l = 2k-1, \\ \mathrm{sign}(\tau_l), & l = 2k. \end{cases} \tag{10.3.18}$$

而由 T 的表达式 (10.3.15) 可知

$$\frac{D_{p+l+1}}{D_p} = Det\, T = (-1)^{\frac{l(l+1)}{2}} \tau_l^{l+1}. \tag{10.3.19}$$

首先考虑 $l = 2k$, 由于此时 $(-1)^{\frac{l(l+1)}{2}}(-1)^{\frac{l}{2}} = 1$, 于是

$$\mathrm{sign}\tau_l = \mathrm{sign}\tau_l^{l+1} = \mathrm{sign}(-1)^{\frac{l}{2}}\frac{D_{p+l+1}}{D_p} = \epsilon,$$

上述 ϵ 系表 (10.3.11) 中所引进. 考虑到

$$P(D_p^*, \cdots, D_{p+l+1}^*) + V(D_p^*, \cdots, D_{p+l+1}^*) = l + 1, \tag{10.3.20}$$

由此当 $l = 2k$ 时表 (10.3.11) 成立.

进而考虑 $l = 2k - 1$, 则由于 $\tau_l^{l+1} > 0$ 就有

$$\mathrm{sign}\frac{D_{p+l+1}}{D_p} = (-1)^{\frac{l(l+1)}{2}} = (-1)^{\frac{l+1}{2}}. \tag{10.3.21}$$

针对 $l = 2k - 1$ 与 $l = 2k$ 这两种情况, 利用上面的等式可以验证由式 (10.3.10) 定义的 D_{p+i} 的符号将与表上所列的结果是一致的.

2° 设 D_i 有式 (10.3.12), 其中 $p < r$, 考虑变量替换

$$\begin{cases} \eta_0 = \xi_0 \cdots \eta_{p-1} = \xi_{p-1}, \\ \eta_p = \xi_{n-r+p} \cdots \eta_{r-1} = \xi_{n-1}, \\ \eta_r = \xi_p \cdots \eta_{n-1} = \xi_{n-r+p-1}. \end{cases}$$

重新构造 Hankel 二次型

$$x^T S x = y^T \tilde{S} y = \sum_{i,j=0}^{n-1} \tilde{\sigma}_{i+j} \eta_i \eta_j,$$

显然 S 与 $\tilde{S}$ 有相同的正负惯性指数, 但 $\tilde{S}$ 的对应估计正负惯性指数问题已归结为 $\tilde{D}_r = D^{(r)} \neq 0$ 的情形, 而这是 1° 已经解决的.

由此 Frobenius 定理成立. ∎

参考文献: [Gan1966], [Hua1984].

10.4　矩阵的三角形分解

无论是矩阵运算, 还是求解方程组的问题, 常有必要将矩阵分解成一些具特殊性质的矩阵的乘积, 例如将 $A \in \mathbf{C}^{m \times n}$ 分解成 $A = \tilde{L}R$, 其中 $\tilde{L}$ 是单位下三角矩阵而 R 是上梯形矩阵. 当 $A \in \mathbf{C}_n^{n \times n}$ 时, $A = \tilde{L}R$ 导致 $A^{-1} = R^{-1}\tilde{L}^{-1}$, 用这种方法求矩阵的逆是行之有效的.

定理 10.4.1 $A \in \mathbf{C}_n^{n \times n}$, 且其所有顺序主子矩阵均可逆, 则 A 可唯一地分解成

$$A = \tilde{L}R, \tag{10.4.1}$$

其中 $\tilde{L}$ 系单位下三角矩阵, R 为上三角矩阵.

证明 A 可分解成式 (10.4.1) 这种形式已在定理 10.1.4 解决, 现证唯一性, 设有

$$A = \tilde{L}_1 R_1 = \tilde{L}_2 R_2,$$

由此有 $\tilde{L}_1^{-1} \tilde{L}_2 = R_1 R_2^{-1}$. 由于 $\tilde{L}_1^{-1} \tilde{L}_2$ 系两单位下三角矩阵之积应为单位下三角矩阵, 而 $R_1 R_2^{-1}$ 系两上三角矩阵之积应为上三角矩阵, 于是有

$$\tilde{L}_1^{-1} \tilde{L}_2 = R_1 R_2^{-1} = I_n$$

或 $\tilde{L}_1 = \tilde{L}_2, R_1 = R_2$. ■

定理 10.4.1 表明用任何方法将 A 分解成形如式 (10.4.1) 的分解都与用消元做到的相同.

推论 10.4.1 A 的条件同定理 10.4.1, 则 A 可唯一地分解成

1°

$$A = L\tilde{R}. \tag{10.4.2}$$

2°

$$A = \tilde{L}D\tilde{R}, \quad D = \text{diag}[\delta_1, \delta_2, \cdots, \delta_n]. \tag{10.4.3}$$

其中 $\tilde{L}, \tilde{R}$ 分别为单位下, 上三角矩阵.

推论 10.4.2 $A \in \mathbf{C}^{n \times n}, A \begin{pmatrix} 1, 2, \cdots, i \\ 1, 2, \cdots, i \end{pmatrix}$ 可逆, $i \in \underline{n-1}$, 则 A 可唯一地分解成:

1° $A = \tilde{L}R$, 若 $\det(A) = 0$, 则 $\rho_{nn} = 0$. $\tag{10.4.4}$

2° $A = \tilde{L}D\tilde{R}$, 若 $\det(A) = 0$, 则 $\delta_n = 0$. $\tag{10.4.5}$

3° $A = L\tilde{R}$, 若 $\det(A) = 0$, 则 $\lambda_{nn} = 0$. $\tag{10.4.6}$

其中 $\tilde{L} = (\tilde{\lambda}_{ij}), \tilde{R} = (\tilde{\rho}_{ij})$ 分别为单位下, 上三角矩阵; $L = (\lambda_{ij}), R = (\rho_{ij})$ 分别为下, 上三角矩阵; $D = \text{diag}[\delta_1, \delta_2, \cdots, \delta_n]$.

证明 直接验证即可. ■

推论 10.4.3　$A \in \mathbf{C}^{n \times n}$, 若其子矩阵

$$\alpha_{nn}, A \begin{pmatrix} n-1 & n \\ n-1 & n \end{pmatrix}, \cdots, A \begin{pmatrix} 2,3,\cdots,n \\ 2,3,\cdots,n \end{pmatrix} \tag{10.4.7}$$

均可逆, 则 A 可唯一地分解成:

$1°$ $A = \tilde{R}L$, 若 $\det(A) = 0$, 则 $\lambda_{11} = 0$.

$2°$ $A = \tilde{R}D\tilde{L}$, 若 $\det(A) = 0$, 则 $\delta_1 = 0$.

$3°$ $A = R\tilde{L}$, 若 $\det(A) = 0$, 则 $\rho_{11} = 0$.　　　　　　■

本推论符号的定义与前面一致.

在相当一类物理系统中, 碰到的矩阵常常是实对称矩阵或复 Hermite 矩阵, 在系统理论中关于稳定性分析中的 Lyapunov 方法也总是碰到这种类型的矩阵. 这种类型矩阵的行列同时消元已经在第 10.3 节作了讨论, 这里对此类矩阵的三角形分解进行论述,

定理 10.4.2　若 $A = A^H \in \mathbf{C}^{n \times n}$, 又 A 的前 $n-1$ 个顺序主子矩阵均可逆, 则 A 可唯一地分解成

$$A = \tilde{L}D\tilde{L}^H, \tag{10.4.8}$$

其中 $D = \operatorname{diag}(\delta_1, \delta_2, \cdots, \delta_n)$, $\delta_i \in \mathbf{R}$, $i \in \underline{n}$, 而 $\tilde{L}$ 系单位下三角矩阵.

证明　由推论 10.4.2 可知 $A = \tilde{L}D\tilde{R}$ 是这种形式的唯一展式, 其中 $\tilde{L}, \tilde{R}$ 分别为单位下, 上三角矩阵. 但 $A = A^H = \tilde{R}^H D^H \tilde{L}^H$, $\tilde{R}^H$ 是单位下三角矩阵, 由分解的唯一性知 $\tilde{R}^H = \tilde{L}$, 即有式 (10.4.8). 由 $A = A^H$ 则 $D = D^H$, 从而 $\delta_i \in \mathbf{R}, i \in \underline{n}$. ■

推论 10.4.4　$A = A^H \in \mathbf{C}^{n \times n}$ 正定, 则 A 可唯一地分解成

$$A = LL^H, \tag{10.4.9}$$

其中 L 是对角线元均为正实数的下三角矩阵, 一般称式 (10.4.9) 为 Cholesky 分解.

证明　显然 A 可分解成式 (10.4.8), 由于 A 正定当且仅当 D 正定, 由此 $D = \operatorname{diag}[\delta_1, \delta_2, \cdots, \delta_n]$ 中 δ_i 有

$$\delta_i > 0, \quad i \in \underline{n},$$

于是从 $\sqrt{D} = \operatorname{diag}[\sqrt{\delta_1}, \sqrt{\delta_2}, \cdots, \sqrt{\delta_n}]$, 令 $L = \tilde{L}\sqrt{D}$, 则 L 是对角线元均为正实数的下三角矩阵, 并且 $A = LL^H$.

展式 (10.4.9) 的唯一性是显然的.　　　　　　■

如果在展式 (10.4.9) 中不要求 L 的对角线元皆为正实数, 则唯一性不成立.

参考文献: [Ste1976], [Wil1965], [WR1971], [Hua1984].

10.5 带状矩阵的分解

在某些实际问题中, 有时碰到这样的矩阵, 它的非零元十分集中在其对角线的附近 (例如经有限元处理后的梁的刚度矩阵与质量矩阵就是这样), 另外也有些矩阵在经过适当的变换后可以化成这种类型, 这种类型的矩阵常称为带状矩阵, 对于带状矩阵来说, 在相当一些计算问题中无论是计算量, 还是存贮量都比非带状矩阵大为减少.

定义 10.5.1 $A \in \mathbf{C}^{n \times n}$, 若其元有

$$\alpha_{ij} = 0, \quad i > j + p, \tag{10.5.1}$$

则称 A 为左 p 半带状矩阵, p 为其左半带宽. 若 A 的元有

$$\alpha_{ij} = 0, \quad j > i + p, \tag{10.5.2}$$

则称 A 为右 q 半带状矩阵, q 为其右半带宽. 若 A 同时有式 (10.5.1) 与 (10.5.2), 则称 A 为 $\langle p, q \rangle$ 带状矩阵.

定理 10.5.1 设 $A \in \mathbf{C}^{n \times n}$ 为左 p 半带状矩阵, 又 A 的前 $n-1$ 个顺序主子矩阵均可逆, 则 A 可唯一地分解成 $A = \tilde{L}(p)R$, 其中 $\tilde{L}(p)$ 为左 p 半单位下三角矩阵, R 为上三角矩阵.

证明 对矩阵阶次 n 用归纳法.

显然 $n = 1, n = p + 1$ 成立.

设 $n = m - 1 \geqslant p + 1$ 成立, 研究 $n = m$. 令

$$A = \begin{bmatrix} A_1 & b \\ a^T & \alpha \end{bmatrix} \in \mathbf{C}^{m \times m},$$

由于 A_1 的一切顺序主子矩阵均可逆, 则 A_1 可唯一地分解成 $A_1 = \tilde{L}_1(p)R_1$, 其中 $\tilde{L}_1(p)$ 系 $n-1$ 阶单位下三角且左 p 半带状矩阵, R_1 为上三角矩阵且可逆. 现令

$$\tilde{L} = \begin{bmatrix} \tilde{L}_1(p) & 0 \\ c^T & 1 \end{bmatrix}, \quad R = \begin{bmatrix} R_1 & d \\ 0 & \rho \end{bmatrix},$$

则由 $\tilde{L}R = A$ 可知有

$$c^T R_1 = a^T, \quad \tilde{L}_1(p)d = b, \quad \rho = \alpha - c^T d. \tag{10.5.3}$$

考虑到 R_1 是可逆上三角, 而 $a^T = [0 \ \cdots \ 0 \ \alpha_{n-p} \ \cdots \ \alpha_{n-1}] = [0 \ a_2^T]$, 其中 $a_2 \in \mathbf{C}^p$. 由此从式 (10.5.3) 有

$$c = (R_1)^{-T}a = \begin{bmatrix} L_{11} & 0 \\ L_{21} & L_{22} \end{bmatrix} \begin{bmatrix} 0 \\ a_2 \end{bmatrix} = \begin{bmatrix} 0 \\ L_{22}a_2 \end{bmatrix},$$

其中用到 $(R_1)^{-T}$ 是下三角矩阵, 它可表成

$$R_1^{-T} = \begin{bmatrix} L_{11} & 0 \\ L_{21} & L_{22} \end{bmatrix}.$$

由此可知 c 与 a 具同样特征, 从而 $\tilde{L}$ 亦为左 p 半带状的单位下三角矩阵. 而式 (10.5.3) 又可唯一确定 d 与 ρ, 于是当 $n = m$ 时 A 可展成 $A = \tilde{L}(p)R$, $\tilde{L}(p)$ 与 R 满足定理要求.

由归纳法可知定理正确. ■

推论 10.5.1　$A \in \mathbf{C}^{n \times n}$, 若其 $i \in \underline{n-1}$ 阶顺序主子矩阵均可逆, 则 A 是左 p 半带状矩阵当且仅当 $A = \tilde{L}(p)R$, 其中 $\tilde{L}(p), R$ 满足定理 10.5.1 要求.

证明　当: 设 $A = (\alpha_{ij}), \tilde{L}(p) = (\tilde{\lambda}_{ij}), R = (\rho_{ij})$, 则

$$\alpha_{ij} = \sum_{k=1}^{n} \tilde{\lambda}_{ik}\rho_{kj} = \sum_{k=1}^{j} \tilde{\lambda}_{ik}\rho_{kj}, \quad i \geqslant j,$$

但由于当 $i > j + p$ 时同时使 $\tilde{\lambda}_{ik}$ 与 ρ_{kj} 均非零的 k 不存在, 于是有

$$\alpha_{ij} = 0, \quad i > j + p,$$

即 A 是左 p 半带状矩阵.

仅当: 已由定理 10.5.1 所证明. ■

相仿可以有:

推论 10.5.2　$A \in \mathbf{C}^{n \times n}$, 若

$$\alpha_{nn}, A\begin{pmatrix} n-1, n \\ n-1, n \end{pmatrix}, \cdots, A\begin{pmatrix} 2, 3, \cdots, n \\ 2, 3, \cdots, n \end{pmatrix} \tag{10.5.4}$$

均可逆, 则 A 是左 p 半带状矩阵当且仅当

$$A = R\tilde{L}(p). \tag{10.5.5}$$

■

推论 10.5.3　$A \in \mathbf{C}^{n \times n}$, 若其 $i \in \underline{n-1}$ 阶顺序主子矩阵均可逆, 则 A 为 $\langle p, q \rangle$ 带状矩阵当且仅当

$$A = \tilde{L}(p)R(q), \tag{10.5.6}$$

其中 $\tilde{L}(p)$ 为左 p 半单位下三角带状矩阵, 而 $R(q)$ 为右 q 半上三角带状矩阵. ■

若 A 对应式 (10.5.4) 的子矩阵均可逆, 则 A 为 $\langle p,q \rangle$ 带状矩阵当且仅当

$$A = R_1(q)\tilde{L}_1(p), \tag{10.5.7}$$

其中 $\tilde{L}_1(p), R_1(q)$ 具如同 $\tilde{L}(p)$ 和 $R(q)$ 相同的特征.

以下将限定 A 的 $i \in \underline{n-1}$ 阶顺序主子矩阵均可逆, 由此 A 若为 $\langle p,q \rangle$ 带状矩阵, 则 A 可有下述三种展式

$$A = \tilde{L}(p)R(q) = \tilde{L}(p)D\tilde{R}(q) = L(p)\tilde{R}(q),$$

其中 D 为对角矩阵, $L(p)[R(q)]$ 为左 p 半 (右 q 半) 下 (上) 三角带状矩阵, 而 $\tilde{L}(p)(\tilde{R}(q))$ 除具 $L(p)(R(q))$ 特征外对角线元均为 1.

类似由推论 10.5.3 出发也可以建立另外三种类型的带状矩阵.

例 10.5.1

$$A = \begin{bmatrix} 1 & 0 & 0 & 0 \\ 1 & 1 & 0 & 0 \\ 0 & 1 & 1 & 0 \\ 0 & 0 & 1 & 1 \end{bmatrix}, \quad A^{-1} = \begin{bmatrix} 1 & 0 & 0 & 0 \\ -1 & 1 & 0 & 0 \\ 1 & -1 & 1 & 0 \\ -1 & 1 & -1 & 1 \end{bmatrix},$$

$$A^2 = \begin{bmatrix} 1 & 0 & 0 & 0 \\ 2 & 1 & 0 & 0 \\ 1 & 2 & 1 & 0 \\ 0 & 1 & 2 & 1 \end{bmatrix}, \quad A^3 = \begin{bmatrix} 1 & 0 & 0 & 0 \\ 3 & 1 & 0 & 0 \\ 3 & 3 & 1 & 0 \\ 1 & 3 & 3 & 1 \end{bmatrix}.$$

本例表明 A^{-1}, A^2, A^3 均不再保持原来 A 的半带宽为 1 的特点.

参考文献: [WR1971], [Hua1984].

10.6 块状矩阵消元与一些恒等式

利用矩阵在分块情形下的运算, 可以把消元算术推广到块状矩阵上, 并因此而得到对系统理论来说相当重要的一些恒等式.

考虑分块矩阵

$$A = \begin{bmatrix} A_{11} & A_{12} & \cdots & A_{1s} \\ A_{21} & A_{22} & \cdots & A_{2s} \\ \vdots & \vdots & \ddots & \vdots \\ A_{s1} & A_{s2} & \cdots & A_{ss} \end{bmatrix}. \tag{10.6.1}$$

设 $A_{ii} \in \mathbf{C}^{n_i \times n_i}$, 首先假定 A_{11} 可逆, 则令

$$M^{(1)} = \begin{bmatrix} I_{n_1} & 0 & 0 & \cdots & 0 \\ B_2 & I_{n_2} & 0 & \cdots & 0 \\ B_3 & 0 & I_{n_3} & \cdots & 0 \\ \vdots & \vdots & \vdots & \ddots & \vdots \\ B_n & 0 & 0 & \cdots & I_{n_s} \end{bmatrix},$$

其中 $B_i = -A_{i1}A_{11}^{-1}$, 则有

$$A^{(2)} = M^{(1)}A = \begin{bmatrix} A_{11} & A_{12} & A_{13} & \cdots & A_{1s} \\ 0 & A_{22}^{(2)} & A_{23}^{(2)} & \cdots & A_{2s}^{(2)} \\ 0 & A_{32}^{(2)} & A_{33}^{(2)} & \cdots & A_{3s}^{(2)} \\ \vdots & \vdots & \vdots & \ddots & \vdots \\ 0 & A_{s2}^{(2)} & A_{s3}^{(2)} & \cdots & A_{ss}^{(2)} \end{bmatrix}. \tag{10.6.2}$$

由此可以看出把全部消元算术推广至块状矩阵上去将不会出现原则上的困难. 例如式 (10.6.2) 中 $A_{22}^{(2)}$ 可逆, 则可以进一步进行化简.

由于 $\det(M^{(1)}) = 1$, 则利用式 (10.6.2) 容易得到

$$\det(A) = \det(A_{11})\det\left(\begin{bmatrix} A_{22}^{(2)} & A_{23}^{(2)} & \cdots & A_{2s}^{(2)} \\ A_{32}^{(2)} & A_{33}^{(2)} & \cdots & A_{3s}^{(2)} \\ \vdots & \vdots & \ddots & \vdots \\ A_{s2}^{(2)} & A_{s3}^{(2)} & \cdots & A_{ss}^{(2)} \end{bmatrix}\right).$$

经常碰到的是下述 $s = 2$ 的特殊情形.

定理 10.6.1　若 $A \in \mathbf{C}^{m \times m}, B \in \mathbf{C}^{m \times l}, C \in \mathbf{C}^{l \times m}, D \in \mathbf{C}^{l \times l}, G = \begin{bmatrix} A & B \\ C & D \end{bmatrix}$, 则

$1°$ $\det(G) = \det(A)\det(D - CA^{-1}B)$, 当 $\det(A) \neq 0$.

$2°$ $\det(G) = \det(A - BD^{-1}C)\mathrm{Det}\, D$, 当 $\det(D) \neq 0$.

$3°$ $\det(G) = \det(AD - CB)$, 当 $AC = CA$.

$4°$ $\det(G) = \det(AD - BC)$, 当 $CD = DC$.

以上 $3°$ 与 $4°$ 均需设 $m = l$.

证明　$1°$ 若 $\det(A) \neq 0$, 则

$$\begin{aligned} &\det(G) \\ =& \det\left(\begin{bmatrix} I_m & 0 \\ -CA^{-1} & I_l \end{bmatrix}\begin{bmatrix} A & B \\ C & D \end{bmatrix}\right) \\ =& \det\left(\begin{bmatrix} A & B \\ 0 & D - CA^{-1}B \end{bmatrix}\right) \\ =& \det(A)\det(D - CA^{-1}B). \end{aligned}$$

即有 1°.

2° 由 $\det(D) \neq 0$, 利用 $\det(G) = \det\left(\begin{bmatrix} A & B \\ C & D \end{bmatrix} \begin{bmatrix} I_m & 0 \\ -D^{-1}C & I_l \end{bmatrix}\right)$ 即可有 2°.

3° 由于 A, B, C, D 均方阵, 以 $A + \epsilon_n I_m$ 代替 1° 中 A, 并使 $\lim\limits_{n \to \infty} \epsilon_n = 0$ 且 $\det(A + \epsilon_n I_m) \neq 0$, 则

$$\det\left(\begin{bmatrix} A + \epsilon_n I_m & B \\ C & D \end{bmatrix}\right)$$
$$= \det(A + \epsilon_n I_m)\det(D - C(A + \epsilon I_m)^{-1}B)$$
$$= \det[(A + \epsilon_n I_m)D - (A + \epsilon_n I_m)C(A + \epsilon_n I_m)^{-1}B]$$
$$= \det(AD + \epsilon_n D - CB). \tag{10.6.3}$$

(其中用到 $(A + \epsilon_n I_m)C = C(A + \epsilon_n I_m)$)

对式 (10.6.3) 两边取极限 $n \to \infty$ 即有 3°.

相仿可证明 4°. ∎

推论 10.6.1 任何 $B \in \mathbf{C}^{m \times l}, C \in \mathbf{C}^{l \times m}$ 总有

$$\det(I_m + BC) = \det(I_l + CB). \tag{10.6.4}$$

证明 令 $G = \begin{bmatrix} I_m & -B \\ C & I_l \end{bmatrix}$, 再利用定理 10.6.1 中 1° 与 2° 就有式 (10.6.4). ∎

定理 10.6.2 若 $G = \begin{bmatrix} A & B \\ C & D \end{bmatrix}$, $A \in \mathbf{C}^{m \times m}, D \in \mathbf{C}^{l \times l}$ 且 $\det(A) \neq 0, \det(G) \neq 0$, 则

$$G^{-1} = \begin{bmatrix} A^{-1} + A^{-1}BH^{-1}CA^{-1} & -A^{-1}BH^{-1} \\ -H^{-1}CA^{-1} & H^{-1} \end{bmatrix}, \tag{10.6.5}$$

其中 $H = D - CA^{-1}B$ 是非奇异的.

证明 由于

$$\begin{bmatrix} I_m & 0 \\ -CA^{-1} & I_l \end{bmatrix} G = \begin{bmatrix} A & B \\ 0 & D - CA^{-1}B \end{bmatrix} = \begin{bmatrix} A & B \\ 0 & H \end{bmatrix}.$$

由 $\det(G) \neq 0$, 则 $\det(H) \neq 0$. 并且有

$$G^{-1} = \begin{bmatrix} A & B \\ 0 & H \end{bmatrix}^{-1} \begin{bmatrix} I_m & 0 \\ -CA^{-1} & I_l \end{bmatrix}, \tag{10.6.6}$$

但由于

$$\begin{bmatrix} A & B \\ 0 & H \end{bmatrix} \begin{bmatrix} A^{-1} & -A^{-1}BH^{-1} \\ 0 & H^{-1} \end{bmatrix} = \begin{bmatrix} I_m & 0 \\ 0 & I_l \end{bmatrix},$$

则式 (10.6.6) 给出

$$G^{-1} = \begin{bmatrix} A^{-1} & -A^{-1}BH^{-1} \\ 0 & H^{-1} \end{bmatrix} \begin{bmatrix} I_m & 0 \\ -CA^{-1} & I_l \end{bmatrix},$$

由此可得式 (10.6.5).

推论 10.6.2　若 $G = \begin{bmatrix} A & B \\ C & D \end{bmatrix}$ 有 $\det(D) \neq 0, \det(G) \neq 0$ 则

$$G^{-1} = \begin{bmatrix} K^{-1} & -K^{-1}BD^{-1} \\ -D^{-1}CK^{-1} & D^{-1} + D^{-1}CK^{-1}BD^{-1} \end{bmatrix}, \tag{10.6.7}$$

其中 $K = A - BD^{-1}C$ 是非奇异的.

定理 10.6.3　若 $G = \begin{bmatrix} A & B \\ C & D \end{bmatrix}$, A 非奇异, 则 $\operatorname{rank}(G) = \operatorname{rank}(A)$ 当且仅当

$$D = CA^{-1}B. \tag{10.6.8}$$

证明　由于

$$\operatorname{rank}(G) = \operatorname{rank}\left(\begin{bmatrix} I & 0 \\ -CA^{-1} & I \end{bmatrix} \begin{bmatrix} A & B \\ C & D \end{bmatrix} \right) = \operatorname{rank}\left(\begin{bmatrix} A & B \\ 0 & D - CA^{-1}B \end{bmatrix} \right)$$

由此就有 $\operatorname{rank}(G) = \operatorname{rank}(A)$ 当且仅当式 (10.6.8).

参考文献: [Hua1984].

10.7　正交变换与 Hessenberg 化

矩阵 $A \in \mathbf{R}^{n \times n}$, 它的任一正交分解 $A = QB$, $Q \in \mathbf{E}^{n \times n}$, 均可按 $F = BQ$ 产生出一个与 A 正交相似的矩阵, 即 $A = QFQ^T$. 如果 B 具有合适的形式, 则上述这种思想就能提供出一种求特征值的方法. 20 世纪 60 年代后发展成熟起来的 QR 迭代就是这个思想的代表. 现在, 正交相似化简方法的出现和计算机的发展, 在实际上已经改变了过去人们对处理大矩阵特征值计算的恐惧心理.

由于一个算法的编制在弄清原理的前提下并不是很困难的事, 因而本章在讨论特征值的计算问题时将主要论述理论而将该理论对应的算法交给读者去完成.

定义 10.7.1　矩阵 $A = (\alpha_{ij}) \in \mathbf{C}^{n \times n}$ 称为上 Hessenberg 矩阵, 系指 $\alpha_{ij} = 0$, $\forall j \leqslant i - 2$, 称为下 Hessenberg 矩阵, 系指 $\alpha_{ij} = 0$, $\forall i \leqslant j - 2$.

作为计算与研究矩阵特征值的第一步, 首先采用一些典型的正交变换, 例如 Householder 变换将矩阵相似化简成相对简单的形式, 例如 Hessenberg 矩阵与三对角矩阵.

设 $A \in \mathbf{R}^{n \times n}$, 针对 A 可以建立一串 Householder 变换 $U^{(1)}, U^{(2)}, \cdots, U^{(n-2)}$,

使构成一矩阵序列

$$\begin{cases} A^{(1)} = A, \\ A^{(2)} = U^{(1)}A^{(1)}U^{(1)}, \\ \quad\vdots \\ A^{(n-1)} = U^{(n-2)}A^{(n-2)}U^{(n-2)}. \end{cases} \tag{10.7.1}$$

下面将说明适当选取 $U^{(i)}$, $i \in \underline{n-2}$ 可以使 $A^{(n-1)}$ 为上 Hessenberg 矩阵.

设

$$A^{(1)} = A = \begin{bmatrix} \alpha_{11}^{(1)} & A_{12}^{(1)} \\ a_{21}^{(1)} & A_{22}^{(1)} \end{bmatrix}, \quad A_{22}^{(1)} \in \mathbf{R}^{(n-1)\times(n-1)},$$

考虑 Householder 变换 $V^{(1)}$ 有

$$V^{(1)}a_{21}^{(1)} = \varepsilon_1 e_1.$$

令 $U^{(1)} = \begin{bmatrix} 1 & 0 \\ 0 & V^{(1)} \end{bmatrix}$ 是 Householder 变换且有

$$A^{(2)} = \begin{bmatrix} \alpha_{11}^{(1)} & \vdots & \alpha_{12}^{(2)} & \cdots & \alpha_{1n}^{(2)} \\ \cdots & \vdots & \cdots & \cdots & \cdots \\ \varepsilon_1 & \vdots & & & \\ 0 & \vdots & & & \\ \vdots & \vdots & & A_{22}^{(2)} & \\ 0 & \vdots & & & \end{bmatrix}.$$

设在作了 $k-1$ 个用 Householder 变换作的相似化简后 $A^{(k)}$ 具下述形式

$$A^{(k)} = \begin{bmatrix} & & A_{11}^{(k)} & & & \vdots & A_{12}^{(k)} \\ \cdots & \cdots & \cdots & \cdots & \cdots & \vdots & \cdots \\ 0 & \cdots & 0 & \varepsilon_{k-1} & \vdots & \cdots \\ \vdots & & & 0 & \vdots & \\ \vdots & & & & \vdots & A_{22}^{(k)} \\ 0 & \cdots & \cdots & \cdots & 0 & \vdots & \end{bmatrix} = \begin{bmatrix} \tilde{A}_{11}^{(k)} & \vdots & \tilde{a}_{12}^{(k)} & \tilde{A}_{13}^{(k)} \\ \cdots & \cdots & \cdots & \cdots \\ 0 & \vdots & \tilde{a}_{22}^{(k)} & \tilde{A}_{23}^{(k)} \end{bmatrix} \tag{10.7.2}$$

两个分块写法之间的关系是

$$\tilde{A}_{11}^{(k)} = \begin{bmatrix} A_{11}^{(k)} \\ 0\cdots0 \ \varepsilon_{k-1} \end{bmatrix}, \quad \begin{bmatrix} \tilde{a}_{12}^{(k)} & \tilde{A}_{13}^{(k)} \end{bmatrix} = \begin{bmatrix} A_{12}^{(k)} \\ b^T \end{bmatrix},$$

其中 b^T 是 $A_{22}^{(k)}$ 的第一行, $A_{11}^{(k)} \in \mathbf{R}^{(k-1)\times(k-1)}$ 是上 Hessenberg 矩阵.

设 $V^{(k)}$ 是 Householder 变换, 有

$$V^{(k)}\tilde{a}_{22}^{(k)} = \varepsilon_k e_1', \quad e_1' = [1, 0 \cdots 0]^T \in \mathbf{R}^{(n-k)}.$$

再令 $U^{(k)} = \begin{bmatrix} I_k & 0 \\ 0 & V^{(k)} \end{bmatrix}$, 它是 Householder 变换, 但有

$$
\begin{aligned}
A^{(k+1)} &= U^{(k)} A^{(k)} U^{(k)} \\
&= \begin{bmatrix} \tilde{A}_{11}^{(k)} & \tilde{a}_{12}^{(k)} & \tilde{A}_{13}^{(k)} V^{(k)} \\ 0 & \varepsilon_k e_1' & V^{(k)} \tilde{A}_{23}^{(k)} V^{(k)} \end{bmatrix} \\
&= \begin{bmatrix} \tilde{A}_{11}^{(k+1)} & \tilde{a}_{12}^{(k+1)} & \tilde{A}_{13}^{(k+1)} \\ 0 & \tilde{a}_{22}^{(k+1)} & \tilde{A}_{23}^{(k+1)} \end{bmatrix},
\end{aligned}
\tag{10.7.3}
$$

其中 $\tilde{A}_{11}^{(k+1)} = \begin{bmatrix} \tilde{A}_{11}^{(k)} & \tilde{a}_{12}^{(k)} \\ 0 & \varepsilon_k \end{bmatrix}$, 因而 $A^{(k+1)}$ 与 $A^{(k)}$ 具有类似的特征, 即其前 k 列已是一上 Hessenberg 矩阵.

由此利用归纳法可以有

定理 10.7.1 $A \in \mathbf{R}^{n \times n}$, 则有 $n-2$ 个 Householder 变换 $U^{(1)}, \cdots, U^{(n-2)}$ 使式 (10.7.1) 产生的 $A^{(n-1)}$ 是上 Hessenberg 矩阵.

定理 10.7.2 $A = A^T \in \mathbf{R}^{n \times n}$, 则有 $n-2$ 个 Householder 变换 $U^{(i)}, i \in \underline{n-2}$ 使有

$$
\begin{aligned}
A^{(n-1)} &= U^{(n-2)} \cdots U^{(1)} A U^{(1)} \cdots U^{(n-2)} \\
&= \begin{bmatrix}
\delta_1 & \varepsilon_1 & 0 & 0 & \cdots & 0 \\
\varepsilon_1 & \delta_1 & \varepsilon_2 & 0 & \cdots & 0 \\
0 & \varepsilon_2 & \delta_3 & \varepsilon_2 & \cdots & 0 \\
\vdots & \vdots & \vdots & \vdots & & \vdots \\
0 & 0 & \cdots & 0 & \varepsilon_{n-1} & \delta_n
\end{bmatrix}
\end{aligned}
\tag{10.7.4}
$$

成为一对称三对角矩阵.

证明 由 $A^{(n-1)}$ 是上 Hessenberg 矩阵又 $A^{(n-1)} = (A^{(n-1)})^T$, 则 $A^{(n-1)}$ 为对称三对角矩阵. ■

参考文献: [Ste1976], [Wil1965], [WR1971], [Hua1984].

10.8　三对角对称矩阵的 Sturm 组

Sturm 组来自 Sturm, C.F. 在 1829 年给出的论文 "论数字方程解". 这是多项式求根一个非常重要的结果. 在这里我们先给出一个针对三对角对称矩阵的结果.

在第十一章, 我们还会在稳定性问题上继续讨论. 至今在系统与控制理论中还常碰到与其有关的问题.

研究实三对角对称矩阵 (有时称 Jacobi 矩阵)

$$T = \begin{bmatrix} \delta_1 & \varepsilon_1 & 0 & & \cdots & & 0 \\ & & & \ddots & & & \vdots \\ \varepsilon_1 & \delta_2 & \varepsilon_2 & & \ddots & & 0 \\ 0 & \varepsilon_2 & \delta_3 & & \ddots & & 0 \\ \vdots & \ddots & \ddots & \ddots & & & \\ \vdots & & & \ddots & \ddots & \ddots & \varepsilon_{n-1} \\ 0 & \cdots & \cdots & 0 & & \varepsilon_{n-1} & \delta_n \end{bmatrix} \tag{10.8.1}$$

的特征值问题.

定理 10.8.1 实三对角对称矩阵 (10.8.1), 若

$$\varepsilon_i \neq 0, \quad i \in \underline{n-1}, \tag{10.8.2}$$

则 T 无重特征值.

证明 由式 (10.8.2) 则 $\operatorname{rank}(\lambda_0 I - T) = n - 1$ 对一切 T 的特征值 λ_0 成立. 由于 $\lambda I - T$ 的初等因子均为一次. 因而由 $\operatorname{rank}(\lambda_0 I - T) = n - 1$ 可知 λ_0 不是重特征值. ■

若式 (10.8.1) 中有 $\varepsilon_k = 0$, 则 T 可分离为

$$T = \operatorname{diag}(T_1, T_2),$$

其中 T_1, T_2 均三对角矩阵. 于是 T 的特征值问题将转化为小阶次三对角矩阵 T_1, T_2 的特征值问题.

由此以下的讨论将设 T 有式 (10.8.2).

若记 $p_i(\lambda) = \det\left((T - \lambda I) \begin{pmatrix} 1, 2, \cdots i \\ 1, 2, \cdots i \end{pmatrix} \right)$, 则有

$$\begin{cases} p_0(\lambda) = 1, \\ p_1(\lambda) = \delta_1 - \lambda, \\ \quad \vdots \\ p_k(\lambda) = (\delta_k - \lambda)p_{k-1}(\lambda) - \varepsilon_{k-1}^2 p_{k-2}(\lambda), \quad k = 2, 3, \cdots, n. \end{cases} \tag{10.8.3}$$

并且 $p_n(\lambda) = \det(T - \lambda I)$.

定理 10.8.2 设 T 有式 (10.8.2), 则 $p_{k-1}(\lambda)$ 的根 $\mu_1 \leqslant \mu_2 \leqslant \cdots \leqslant \mu_{k-1}$ 与 $p_k(\lambda)$ 的根 $\nu_1 \leqslant \nu_2 \leqslant \cdots \leqslant \nu_k$ 有

$$\nu_1 < \mu_1 < \nu_2 < \mu_2 < \cdots < \mu_{k-1} < \nu_k. \tag{10.8.4}$$

证明 由特征值摄动定理应有

$$\nu_1 \leqslant \mu_1 \leqslant \nu_2 \leqslant \mu_2 \leqslant \cdots \leqslant \mu_{k-1} \leqslant \nu_k, \tag{10.8.5}$$

若能证 $p_{k-1}(\lambda)$ 与 $p_k(\lambda)$ 无公共根, 则由式 (10.8.5) 可推得式 (10.8.4).

设 λ_0 是 $p_{k-1}(\lambda)$ 与 $p_k(\lambda)$ 的公共根, 又由式 (10.8.3) 与 (10.8.5) 则 λ_0 是 $p_{k-2}(\lambda), \cdots, p_1(\lambda)$ 的公共根, 此根必为 δ_1. 由于只当 $k \geqslant 2$ 时才可以讨论 $p_k(\lambda)$ 与 $p_{k-1}(\lambda)$ 的公共根 ($\because p_0(\lambda) = 1!$), 于是由 $p_2(\lambda) = (\delta_2 - \lambda)p_1(\lambda) - \varepsilon_1^2 p_0(\lambda)$, 可知 $\varepsilon_1 = 0$ 而与 (10.8.2) 矛盾. 于是 $p_{k-1}(\lambda)$ 与 $p_k(\lambda)$ 无公共根, 从而式 (10.8.4) 成立.■

定理 10.8.3 对任何 $\lambda_0 \in \mathbf{R}$, 若序列 $p_0(\lambda_0), p_1(\lambda_0), \cdots, p_n(\lambda_0)$ 相邻元异号数为 k, 则 $p_n(\lambda)$ 在 $\lambda \leqslant \lambda_0$ 有 k 个实根.

证明 设 $i_1 < i_2 < \cdots \leqslant n$ 是 $p_0(\lambda_0), p_0(\lambda_0), \cdots, p_n(\lambda_0)$ 发生变号的标号, 则有

$$p_0(\lambda_0) > 0, \cdots, p_{i_1-1}(\lambda_0) > 0, p_{i_1}(\lambda_0) \leqslant 0, \cdots, p_{i_2-1}(\lambda_0) < 0, p_{i_2}(\lambda_0) \geqslant 0, \cdots.$$

由于 $p_r(\lambda) = (-1)^r \lambda^r + q_{r-1}(\lambda)$, 其中 $q_{r-1}(\lambda)$ 是 $r-1$ 次多项式. 于是有

$$\lim_{\lambda \to -\infty} p_k(\lambda) = +\infty, \quad \forall k \in \underline{n}. \tag{10.8.6}$$

考虑到:

1° 任何 $p_k(\mu) = 0$, 由于 $p_k(\lambda)$ 是多项式与定理 10.8.1, 则 $p_k(\lambda)$ 在 $\lambda = \mu$ 经历变号, 即对充分小 η 有 $p_k(\mu - \eta) \cdot p_k(\mu + \eta) < 0$.

2° 任何 $p_k(\mu) = 0$, 则必有 $p_{k-1}(\mu) \cdot p_{k+1}(\mu) < 0$, 即序列 $p_0(\mu) > 0, \cdots, p_k(\mu), \cdots$ 在标号 k 处经历一个变号.

3° 对任何 μ, 若 $p_{k-1}(\mu) \cdot p_{k+1}(\mu) < 0$, 则 $p_{k+1}(\lambda)$ 比 $p_{k-1}(\lambda)$ 在 $\lambda < \mu$ 多一个根.

于是 $p_0(\lambda_0), p_1(\lambda_1), \cdots, p_{i_1-1}(\lambda_0)$ 均非负可知 $p_0(\lambda), p_1(\lambda_1), \cdots, p_{i_1-1}(\lambda)$ 在 $\lambda \leqslant \lambda_0$ 均无根, $p_{i_1+1}(\lambda), \cdots, p_{i_2-1}(\lambda)$ 在 $\lambda \leqslant \lambda_0$ 均有一个根, $\cdots, p_{i_k+1}(\lambda), \cdots, p_n(\lambda)$ 在 $\lambda \leqslant \lambda_0$ 均有 k 个根. 如果 $i_k = n$, 则无论 $p_n(\lambda_0) = 0$ 还是 $p_{n-1}(\lambda_0)p_n(\lambda_0) < 0$ 均有 $p_n(\lambda)$ 在 $\lambda \leqslant \lambda_0$ 有 k 个根.

有时我们把上述序列 $p_0(\cdot), p_1(\lambda_1), \cdots, p_n(\cdot)$ 称为一个 Sturm 组.   ■

推论 10.8.1　若以 $\sigma(\lambda_0)$ 表数列 $p_0(\lambda_0),\cdots,p_n(\lambda_0)$ 的变号数, 又 $p_n(\alpha)p_n(\beta) \neq 0$, 则 $p_n(\lambda)$ 在 $[\alpha,\beta]$ 根数目为 $\sigma(\beta) - \sigma(\alpha)$.

例 10.8.1

$$T_1 = \begin{bmatrix} 2 & 1 & 0 & 0 \\ 1 & 2 & 1 & 0 \\ 0 & 1 & 2 & 1 \\ 0 & 0 & 1 & 2 \end{bmatrix}.$$

由于

$$p_0(0) = 1,\ p_1(0) = 2,\ p_2(0) = 3,\ p_3(0) = 4,\ p_4(0) = 5,$$

$$p_0(2) = 1,\ p_1(2) = 0,\ p_2(2) = -1,\ p_3(2) = 0,\ p_4(2) = 1.$$

由此可知 T_1 在 $[0,2]$ 有两个特征值.

对于一般三对角对称矩阵 T, 为了利用定理 10.8.4 来求特征值, 可以通过下述算法的原则步骤进行.

1° 应给出 T 的特征值的上下界, 即寻求 m, M 使 $\sigma(M) = n$, $\sigma(m) = 0$. 这可用对三对角对称矩阵的 Gerschgorin 定理求得.

定理 10.8.4　三对角对称矩阵 T 的一切特征值有

$$m \leqslant \lambda_i \leqslant M, \tag{10.8.7}$$

其中

$$\begin{cases} m = \min_i \{\delta_i - |\varepsilon_{i-1}| - |\varepsilon_i|\}, \\ M = \max_i \{\delta_i + |\varepsilon_{i-1}| + |\varepsilon_i|\}. \end{cases} \tag{10.8.8}$$

证明　由 Gerschgorin 定理 (5.7 节) 则 T 的特征值 λ_i 有

$$\|\lambda_i - \delta_i\| \leqslant |\varepsilon_{i-1}| + |\varepsilon_i|, \quad i \in \underline{n}.$$

由此有式 (10.8.7) 与式 (10.8.8).

2° 求 $\lambda_0 \in [m,M]$ 使 $\sigma(\lambda_0) = l \leqslant n$, 这样的 λ_0 可通过对 $[m,M]$ 对分区间法得到, 即

① $\mu = \dfrac{m+M}{2}$, 求 $\sigma(\mu)$.

② 若 $\sigma(\mu) = l$, 则 $\lambda_0 \leftarrow \mu$; 否则

③ $\sigma(\mu) > l$, 则 $M \leftarrow \mu$ 并转向①; 否则

④ $m \leftarrow \mu$ 并转向①.

3° 若 T 之特征值为 $\lambda_1 \leqslant \lambda_2 \leqslant \cdots \leqslant \lambda_n$, 对于给定的 $1 \leqslant l \leqslant m \leqslant n$, 则用 2° 可以求得区间 $[\alpha,\beta]$ 使 T 在 $[\alpha,\beta]$ 上的特征值为事先约定的 $\lambda_l \leqslant \lambda_{l+1} \leqslant \cdots \leqslant \lambda_m$.

4° 为求 T 的特征值 λ_l, 用 3° 求 α,β 使 $\sigma(\alpha) = l-1$, $\sigma(\beta) = l$. 而后对 $[\alpha,\beta]$ 用对分区间的方法求得 $[\gamma - \varepsilon, \gamma + \varepsilon]$ 使 $\sigma(\gamma - \varepsilon) = l-1$, $\sigma(\gamma + \varepsilon) = l$. ε 是精度量, 于是 $\lambda_l = \gamma$.

一般称 T 所产生的多项式序列 $p_0(\lambda), p_1(\lambda), \cdots, p_n(\lambda)$ 为一个 Sturm 组. 定理 10.8.3 与通常多项式估计实根的 Sturm 序列方法十分相像, 因而也称上述计算 T 的特征值的方法为 Sturm 组方法 [①].

最后如果不采用序列 $p_0(\lambda), p_1(\lambda), \cdots, p_n(\lambda)$, 而是采用有理函数序列

$$q_r(\lambda) = p_r(\lambda)/p_{r-1}(\lambda) = (\delta_r - \lambda) - \frac{\varepsilon_{r-1}^2}{q_{r-1}(\lambda)}, \quad r = 1, 2, \cdots, n. \tag{10.8.9}$$

则对应有:

定理 10.8.5　T 在 $\lambda \leqslant \lambda_0$ 的特征值的个数为序列 $q_1(\lambda_0), \cdots, q_n(\lambda_0)$ 中取负号的个数. ∎

参考文献: [Wil1965], [Ste1976], [WR1971], [Hua1984].

10.9　三对角对称矩阵特征值的反问题

特征值问题的反问题是指如果给出一种特征值的分布与条件, 问能否有唯一的矩阵存在, 它的特征值刚好有给定的分布与条件.

例 10.9.1　给定一组实数 $\alpha_1, \alpha_2, \cdots, \alpha_n$, 则对称矩阵集合

$$\mathbf{A} = \{A | A = C^T \mathrm{diag}(\alpha_1, \alpha_2, \cdots, \alpha_n)C, \ C \in \mathbf{E}^{n \times n}\}$$

中的元均以 $\alpha_1, \alpha_2, \cdots, \alpha_n$ 为特征值.

例 10.9.2　$A_1 = \begin{bmatrix} \alpha & \beta \\ \beta & \alpha \end{bmatrix}$ 与 $A_2 = \begin{bmatrix} \alpha & -\beta \\ -\beta & \alpha \end{bmatrix}$ 具有相同的特征值分布, 并且 A_1 和 A_2 的任何对应主子式相同.

以下限制讨论的矩阵是对称三对角矩阵

$$T = \begin{bmatrix} \delta_1 & \varepsilon_1 & 0 & \cdots & & 0 \\ \varepsilon_1 & \delta_2 & \varepsilon_2 & \cdots & & 0 \\ 0 & \varepsilon_2 & \delta_3 & \cdots & & 0 \\ \vdots & \vdots & \vdots & \cdots & & \vdots \\ 0 & 0 & 0 & \cdots & \varepsilon_{n-1} & \delta_n \end{bmatrix}, \tag{10.9.1}$$

并假定其次对角线元皆正, 即

$$\varepsilon_i > 0, \quad i \in \underline{n-1}. \tag{10.9.2}$$

为写法简化, 约定以 $T(n, d, e)$ 表示式(10.9.1)这一矩阵, 其中 d 表 $[\delta_1, \delta_2, \cdots, \delta_n]^T$ 而 e 表 $[\varepsilon_1, \varepsilon_2, \cdots, \varepsilon_{n-1}]^T$. 而以 $T(k, d, e)$ 表 $T \begin{pmatrix} 1, & 2, & \cdots, & k \\ 1, & 2, & \cdots, & k \end{pmatrix}$.

---

①有关多项式的 Sturm 组方法参看 11.6 节.

引理 10.9.1 任给一组数

$$\omega_1 < \mu_1 < \omega_2 < \mu_2 < \cdots < \omega_{n-1} < \mu_{n-1} < \omega_n, \tag{10.9.3}$$

则当 $\omega_1 > 0$ 时有

$$\varphi(n, \omega, \mu) = \sum_{k=1}^{n} \omega_k - \sum_{j=1}^{n-1} \mu_j - \frac{\prod\limits_{k=1}^{n} \omega_k}{\prod\limits_{j=1}^{n-1} \mu_j} > 0. \tag{10.9.4}$$

这里 ω 与 μ 是 $\omega_1, \cdots, \omega_n$ 与 $\mu_1, \cdots, \mu_{n-1}$ 的简略表示.

证明 对 n 用归纳法.

当 $n = 2$ 时, 则式 (10.9.3) 变为 $\omega_1 < \mu_1 < \omega_2$. 而

$$\omega_1 + \omega_2 - \mu_1 - \frac{\omega_1 \omega_2}{\mu_1} = \frac{(\omega_1 - \mu_1)(\mu_1 - \omega_2)}{\mu_1} > 0.$$

于是当 $n = 2$ 时引理成立.

设 $n = m - 1$ 时引理已证, 研究 $n = m$.

由于 $\varphi(m, \omega, \mu)$ 是 ω_m 以系数 $1 - \left[\prod\limits_{k=1}^{m-1} \left(\dfrac{\omega_k}{\mu_k} \right) \right] > 0$ 的线性函数, 因而是 ω_m 的增函数, 由此从 $\omega_m > \mu_{m-1}$ 就有

$$\varphi(m, \omega, \mu) > \varphi(m, \omega, \mu)|_{\omega_m = \mu_{m-1}} = \varphi(m-1, \omega, \mu),$$

其中

$$\varphi(m-1, \omega, \mu) = \sum_{k=1}^{m-1} \omega_k - \sum_{j=1}^{m-2} \mu_j - \left[\sum_{k=1}^{m-1} \omega_k \bigg/ \sum_{j=1}^{m-2} \mu_j \right].$$

因此从归纳法假定 $\varphi(m-1, \omega, \mu) > 0$ 则 $\varphi(m, \omega, m) > 0$, 即引理得证. ∎

定理 10.9.1 设给定满足式 (10.9.3) 的两组数 $\omega_1, \omega_2, \cdots, \omega_n$ 与 $\mu_1, \mu_2, \cdots, \mu_{n-1}$. 则存在唯一的三对角对称矩阵 $T(n, d, e)$, 其中 $\varepsilon_i > 0$, $i \in \underline{n-1}$, 而 $T(n, d, e)$ 与 $T(n-1, d, e)$ 的特征值分别是 $\omega_1, \omega_2, \cdots, \omega_n$ 与 $\mu_1, \mu_2, \cdots, \mu_{n-1}$.

证明 由于

$$T' = T'(n, d', e') = T(n, d, e) + \sigma I_n \tag{10.9.5}$$

是三对角对称矩阵, 其特征值为 $\omega_i' = \omega_i + \sigma$, $i \in \underline{n}$. 而 $T' \begin{pmatrix} 1, & 2, & \cdots, & n-1 \\ 1, & 2, & \cdots, & n-1 \end{pmatrix} = T(n-1, d, e) + \sigma I_{n-1}$, 其特征值为 $\mu_j' = \mu_j + \sigma$, $j \in \underline{n-1}$. 在 μ_j', ω_i' 之间亦有式 (10.9.3), 且式 (10.9.5) 建立了 T 与 T' 间一一对应, 而 σ 选取适当大以后可以有 $\omega_1' > 0$. 于是以后的讨论不妨设 $\omega_1 > 0$.

对 n 用归纳法.

当 $n = 2$ 时, $T(2, d, e) = \begin{bmatrix} \delta_1 & \varepsilon_1 \\ \varepsilon_1 & \delta_2 \end{bmatrix}$. 显然 $\delta_1 = \mu_1$, 又由 $\delta_1 + \delta_2 = \omega_1 + \omega_2 = \mu_1 + \delta_2$ 可知 $\delta_2 = \omega_1 + \omega_2 - \mu_1$. 而由于 $\omega_1 \omega_2 = \det(T(2, d, e)) = \delta_1 \delta_2 - \varepsilon_1^2$, 可知 $\varepsilon_1 = \sqrt{\delta_1 \delta_2 - \omega_1 \omega_2} = \sqrt{(\omega_1 - \mu_1)(\mu_1 - \omega_2)}$, 由不等式 $\omega_1 < \mu_1 < \omega_2$ 可知 $\varepsilon_1 \in \mathbf{R}$, 若 $\varepsilon_1 > 0$, 则它也由 ω_i, $i \in \underline{2}$, 与 μ_1 唯一确定. 由此定理对 $n = 2$ 成立.

现设定理对 $n = m - 1$ 成立, 研究 $n = m$.

设 $T(i, d, e)$ 的各阶特征多项式为 $p_i(\lambda)$, $i \in \underline{n}$, 有

$$-\varepsilon_{m-1}^2 p_{m-2}(\lambda) = p_m(\lambda) - (\delta_m - \lambda) p_{m-1}(\lambda). \tag{10.9.6}$$

由于 $\delta_m = \operatorname{trace}(T(m, d, e)) - \operatorname{trace}(T(m-1, d, e)) = \sum\limits_{k=1}^{m} \omega_k - \sum\limits_{j=1}^{m-1} \mu_j$. 因而 δ_m 已由 ω_k, $k \in \underline{m}$, μ_j, $j \in \underline{m-1}$ 唯一确定.

现令

$$q_1(\lambda) = \prod_{k=1}^{m}(\omega_k - \lambda) - (\delta_m - \lambda) \prod_{k=1}^{m-1}(\mu_k - \lambda). \tag{10.9.7}$$

它是由 ω_k, $k \in \underline{m}$, μ_j, $j \in \underline{m-1}$ 唯一确定的 $m - 2$ 次多项式. 并且由于

$$\begin{aligned} q_1(\mu_j) q_1(\mu_{j+1}) &= \prod_{k=1}^{m}(\omega_k - \mu_j) \prod_{k=1}^{m}(\omega_k - \mu_{j+1}) \\ &= (\omega_{j+1} - \mu_j)(\omega_{j+1} - \mu_{j+1}) \prod_{k \neq j+1}(\omega_k - \mu_j)(\omega_k - \mu_{j+1}) \\ &< 0, \end{aligned}$$

于是 $n - 2$ 次多项式 $q(\lambda)$ 的根 $\nu_1, \nu_2, \cdots, \nu_{n-2}$ 有

$$\mu_1 < \nu_1 < \mu_2 < \cdots < \mu_{n-2} < \nu_{n-2} < \mu_{n-1}. \tag{10.9.8}$$

从而按归纳法前提, 有 $\delta_1, \delta_2, \cdots, \delta_{m-1}$ 与 $\varepsilon_1, \varepsilon_2, \cdots, \varepsilon_{m-2}$, 其中 $\varepsilon_i > 0$, $i \in \underline{m-2}$ 使

$$T(m-1, d, e) = \begin{bmatrix} \delta_1 & \varepsilon_1 & 0 & & \cdots & 0 \\ & & & \ddots & & \vdots \\ \varepsilon_1 & \delta_2 & \varepsilon_2 & & \ddots & 0 \\ 0 & \varepsilon_2 & \delta_3 & \ddots & 0 & \\ \vdots & \ddots & \ddots & \ddots & & \\ \vdots & & \ddots & \ddots & \ddots & \varepsilon_{m-2} \\ 0 & \cdots & \cdots & 0 & \varepsilon_{m-2} & \delta_{m-1} \end{bmatrix}.$$

和与它对应的 $T(m-2,d,e)$ 的特征值分别是 $\mu_1,\cdots,\mu_{n-1}$ 与 $\nu_1,\cdots,\nu_{m-2}$. 并且在 $\varepsilon_i > 0$, $i \in \underline{m-2}$ 这一前提下上述 $T(m-1,d,e)$ 是唯一的. 令

$$
T(m,d,e) = \begin{bmatrix} & & & & 0 \\ & & & & \vdots \\ & T(m-1,d,e) & & 0 \\ & & & & \varepsilon_{m-1} \\ 0 & \cdots & 0 & \varepsilon_{m-1} & \delta_m \end{bmatrix}, \tag{10.9.9}
$$

其中 $\delta_m = \sum\limits_{k=1}^{m} \omega_k - \sum\limits_{j=1}^{m-1} \mu_j$. 而

$$
\varepsilon_{m-1}^2 = \frac{\delta_m \prod\limits_{j=1}^{m-1} \mu_j - \prod\limits_{j=1}^{m} \omega_j}{\prod\limits_{j=1}^{m-2} \nu_j}. \tag{10.9.10}
$$

由于 δ_m 的定义与引理 10.9.1 可知式 (10.9.10) 右端为正数, 因而 $\varepsilon_{m-1} \in \mathbf{R}$. 以下取 $\varepsilon_{m-1} > 0$.

若记 $T(m,d,e), T(m-1,d,e)$ 的特征多项式为 $p_m(\lambda), p_{m-1}(\lambda)$, 则有

$$
-\varepsilon_{m-1}^2 q(\lambda) = p_m(\lambda) - (\delta_m - \lambda)p_{m-1}(\lambda). \tag{10.9.11}
$$

对比式 (10.9.7) 与式 (10.9.11) 就有

$$
p_m(\lambda) - \prod\limits_{k=1}^{m} (\omega_k - \lambda) = \varepsilon_{m-1}^2 q(\lambda) - q_1(\lambda) = \varphi(\lambda).
$$

考虑到

$$
\begin{aligned}
\varphi(0) &= p_m(0) - \prod\limits_{k=1}^{m} \omega_k \\
&= \delta_m p_{m-1}(0) - \varepsilon_{m-1}^2 q(0) - \prod\limits_{k=1}^{m} \omega_k \\
&= \delta_m \prod\limits_{j=1}^{m-1} \mu_j - \prod\limits_{k=1}^{m} \omega_k - \varepsilon_{m-1}^2 \prod\limits_{j=1}^{m-2} \nu_j = 0,
\end{aligned}
$$

又 $\varphi(\nu_i) = 0$, $i \in \underline{n-2}$. 于是 $n-2$ 次多项式 $\varphi(\lambda)$ 是具至少 $n-1$ 个根, 于是只有 $\varphi(\lambda) = 0$, 或

$$
p_m(\lambda) = \prod\limits_{k=1}^{m} (\omega_k - \lambda).
$$

这表明由式 (10.9.9) 确定的 $T(m,d,e)$ 满足定理要求. 而唯一性由 $\delta_m, \varepsilon_{m-1}$ 的唯一性所保证. ∎

如果给定两组数

$$\omega_1 < \mu_1 < \omega_2 < \cdots < \omega_{n-1} < \mu_{n-1} < \omega_n,$$

则可以得到两个多项式

$$p_n(-\lambda) = \prod_{k=1}^{n} (\lambda + \omega_k) = \lambda^n + \alpha_{n-1}\lambda^{n-1} + \cdots + \alpha_1\lambda + \alpha_0,$$

$$p_{n-1}(-\lambda) = \prod_{k=1}^{n-1} (\lambda + \mu_k) = \lambda^{n-1} + \beta_{n-2}\lambda^{n-2} + \cdots + \beta_1\lambda + \beta_0,$$

于是 $T(n,d,e)$ 的元 δ_n 可以有

$$\delta_n = \alpha_{n-1} - \beta_{n-2}, \tag{10.9.12}$$

然后利用

$$-\varepsilon_{n-1}^2 p_{n-2}(-\lambda) = p_n(-\lambda) - (\delta_n + \lambda)p_{n-1}(-\lambda). \tag{10.9.13}$$

考虑到 $p_{n-2}(-\lambda)$ 是首一多项式. 则

$$\varepsilon_{n-1}^2 = \beta_{n-3} + \delta_n\beta_{n-2} - \alpha_{n-2}, \tag{10.9.14}$$

而后由式 (10.9.13) 与式 (10.9.14) 就可算出 $p_{n-2}(-\lambda)$.

如果以 $p_{n-1}(-\lambda)$, $p_{n-2}(-\lambda)$ 代替 $p_n(-\lambda)$, $p_{n-1}(-\lambda)$, 则可以算出 $T(n-1,d,e)$ 的最后两个系数 δ_{n-1}, ε_{n-2} 和多项式 $p_{n-3}(-\lambda)$. 如此继续下去, 则可以给出一个根据给出的 ω_i, $i \in \underline{n}$, μ_j, $j \in \underline{n-1}$, 计算出三对角对称矩阵 $T(n,d,e)$ 的办法. 显然这里给出的 ω_i 与 μ_j 之间应有式 (10.9.3).

参考文献: [Hald1976], [Hoc1974], [GW1976], [Hua1984].

10.10　QR(QL) 迭代算术

关于实对称矩阵在三对角化以后的 QR 算术及其良好的收敛特性将在 10.11 节介绍. 这里讨论一般 $A \in \mathbf{C}^{n \times n}$ 的 QR 迭代算术.

定义 10.10.1　序列 $A^{(s)} \in \mathbf{C}^{n \times n}$ 称为基本收敛, 系指存在对角酉矩阵 $D = \mathrm{diag}(\delta_1, \delta_2, \cdots, \delta_n)$, $|\delta_i| = 1$ 使有

$$\begin{cases} A^{(s+1)} = D^H A^{(s)} D + H^{(s)}, \\ \lim\limits_{s \to \infty} H^{(s)} = 0. \end{cases} \tag{10.10.1}$$

以下讨论 QR 迭代算术.

设 $A \in \mathbf{C}^{n \times n}$, 并建立一矩阵序列:

$$
\begin{cases}
A^{(1)} = A, \\
A^{(s)} \text{分解为} A^{(s)} = Q^{(s)} R^{(s)}, \text{建立} A^{(s+1)} = R^{(s)} Q^{(s)}. \\
s = 1, 2, \cdots
\end{cases}
\tag{10.10.2}
$$

若记 $P^{(s)} = Q^{(1)} Q^{(2)} \cdots Q^{(s)}$, 则

$$
A^{(s)} = [P^{(s-1)}]^H A P^{(s-1)} \sim A.
\tag{10.10.3}
$$

再记 $U^{(s)} = R^{(s)} R^{(s-1)} \cdots R^{(1)}$, 则有

$$
P^{(s)} U^{(s)} = P^{(s-1)} A^{(s)} U^{(s-1)} = A P^{(s-1)} U^{(s-1)} = \cdots = A^s.
\tag{10.10.4}
$$

它是 A^s 的 QR 分解, 且由于 $R^{(i)}$ 具正对角线元而使 $U^{(s)}$ 亦为具正对角线元.

现设 A 的特征值 λ_i 有

$$
|\lambda_1| > |\lambda_2| > \cdots |\lambda_n| > 0.
\tag{10.10.5}
$$

又设 X 与 $Y = X^{-1}$ 有

$$
\begin{cases}
YAX = \Lambda = \operatorname{diag}(\lambda_1, \lambda_2, \cdots, \lambda_n), \\
YA^s X = \Lambda^s.
\end{cases}
\tag{10.10.6}
$$

令 $X = \tilde{Q} \tilde{R}$ 与 $Y = LU$ 分别是 X 的 QR 与 Y 的 LR 分解, 其中 $\tilde{R}$, U 均为上三角矩阵且 $\tilde{R}$ 对角线元均正, L 为单位下三角矩阵, $\tilde{Q} \in \mathbf{U}^{n \times n}$, 由此从 $\Lambda^s L \Lambda^{-s}$ 是单位下三角矩阵, 则

$$
A^s = \tilde{Q} \tilde{R} \Lambda^s L \Lambda^{-s} \Lambda^s U = \tilde{Q} \tilde{R} [I + H^{(s)}] \Lambda^s U,
$$

其中 $H^{(s)} = (\eta_{ij}^{(s)})$ 是真下三角矩阵, 其元有

$$
\eta_{ij}^{(s)} = \left(\frac{\lambda_i}{\lambda_j} \right)^s \lambda_{ij} = O\left(\left[\frac{\lambda_i}{\lambda_j} \right]^s \right), \quad i > j.
\tag{10.10.7}
$$

若记 $r = \max_i \left\{ \left| \dfrac{\lambda_{i+1}}{\lambda_i} \right|; \ i \in \underline{n-1} \right\}$, 则有

$$
H^{(s)} = O(r^s).
$$

设 $F^{(s)} = \tilde{R} H^{(s)} \tilde{R}^{-1}$, 且 $I + F^{(s)}$ 的 QR 分解是

$$I + F^{(s)} = \hat{Q}^{(s)} \hat{R}^{(s)}.$$

由于 I 的 QR 分解在要求 R 对角线元皆正时为 $I = I \cdot I$, 于是有

$$\hat{Q}^{(s)} = I + O(r^s), \quad \hat{R}^{(s)} = I + O(r^s),$$

并且

$$A^s = [\tilde{Q} \hat{Q}^{(s)}][(\hat{R}^{(s)} \tilde{R}) \Lambda^s U],$$

其中第一个括号为酉矩阵, 第二个方括号为上三角矩阵. 若再引入

$$\Lambda = |\Lambda| \Lambda_1, \quad |\Lambda| = \operatorname{diag}(|\lambda_1|, |\lambda_2|, \cdots, |\lambda_n|),$$

$$U = \Lambda_2 [\Lambda_2^{-1} U], \quad \Lambda_2 \text{为对角酉矩阵且使} \Lambda_2^{-1} U \text{之对角线元皆正.}$$

这样 A^s 可改写成

$$A^s = \tilde{Q} \hat{Q}^{(s)} \Lambda_2 \Lambda_1^s [(\Lambda_2 \Lambda_1^s)^{-1} \hat{R}^{(s)} \tilde{R} (\Lambda_2 \Lambda_1^s) |\Lambda|^s (\Lambda_2^{-1} U)],$$

其中 $\tilde{Q} \hat{Q}^{(s)} \Lambda_2 \Lambda_1^s \in \mathbf{U}^{n \times n}$ 而方括号内为具正对角线元的上三角矩阵, 联系到式 (10.10.4), 则

$$P^{(s)} = \tilde{Q} \hat{Q}^{(s)} \Lambda_2 \Lambda_1^s = \tilde{Q} \Lambda_2 \Lambda_1^s (I + O(r^s)),$$

从而有

$$Q^{(s)} = P^{-(s-1)} P^{(s)} = \Lambda_1^{-(s-1)} \Lambda_2^{-1} \Lambda_2 \Lambda_1^s [I + O(r^s)] = \Lambda_1 + O(r^s).$$

由此从 $A^{(s)} = Q^{(s)} R^{(s)} = \Lambda_1 R^{(s)} + O(r^s)$ 可知 $A^{(s)}$ 的真下三角位置的元以 $O(r^s)$ 方式趋于零, 又从

$$\begin{aligned}
A^{(s+1)} &= [P^{(s)}]^H A P^{(s)} \\
&= \bar{\Lambda}_1^s \bar{\Lambda}_2 \tilde{Q}^H A \tilde{Q} \Lambda_2 \Lambda_1^s + O(r^s) \\
&= \bar{\Lambda}_1^s \bar{\Lambda}_2 \tilde{R} \Lambda \tilde{R}^{-1} \Lambda_2 \Lambda_1^s + O(r^s),
\end{aligned}$$

可知

$$A^{(s+1)} = \bar{\Lambda}_1 A^{(s)} \Lambda_1 + O(r^s).$$

从而 $A^{(s)}$ 是基本收敛至上三角矩阵, 其对角线元为 A 的按模由大到小排的特征值.

相仿可分析 QL 迭代算术.

综上可以归结为:

定理 10.10.1 QR 迭代.

设 A 可逆, 其特征值满足

$$|\lambda_1| > |\lambda_2| > \cdots > |\lambda_n| > 0,$$

又 A 关于 $\lambda_1, \lambda_2, \cdots, \lambda_n$ 之特征向量组成之矩阵 X 的逆 Y 的一切顺序主子矩阵均可逆, 则序列 (10.10.2) 以 $O(r^s)$,

$$r = \max_i \left\{ \left| \frac{\lambda_{i+1}}{\lambda_i} \right|; \ i \in \underline{n-1} \right\}$$

的方式基本收敛至上三角矩阵. 若序列 (10.10.2) 中约定 $Q^{(s)}$ 之对角线元皆非负实数, 则 $A^{(s)}$ 与 $R^{(s)}$ 有相同极限, 其极限矩阵对角线元依次为 A 的按模由大到小的特征值. ■

对于 QR 迭代还可以指出

I 若 $A = A^H \in \mathbf{C}^{n \times n}$, 则用序列 (10.10.2) 可知 $A^{(s)}$ 的极限为对角矩阵 (此时基本收敛与通常收敛是一致的). 用其他办法可以证明 $A^{(s)} = \Lambda + O(r^{2s})$, 其中

$$r = \max_i \left\{ \left| \frac{\lambda_{i+1}}{\lambda_i} \right|; \ i \in \underline{n-1} \right\}.$$

II 若 A 系上 Hessenberg 矩阵, 则

$$A = QR$$

有 $Q = AR^{-1}$ 是上 Hessenberg 矩阵与上三角矩阵之积, 从而 Q 亦为上 Hessenberg 矩阵. 由此 $(A' = QR)$ 也仍为上 Hessenberg 矩阵, 由此可知上 Hessenberg 矩阵在 QR 迭代过程中具保持性. 考虑到上 Hessenberg 矩阵的 QR 分解实际上可以通过 Givens 转动来完成, 因而将矩阵 A 先通过适当办法化成上 Hessenberg 矩阵而后再进行 QR 迭代是有利的.

III 可以在 QR 迭代过程中选取移动因子来提高收敛率. 一般称

$$A^{(s)} - \sigma_s I = Q^{(s)} R^{(s)},$$

$$A^{(s+1)} = R^{(s)} Q^{(s)}$$

为具移动因子的显式 QR 迭代, 此时有

$$A^{(s+1)} \sim A - \sum_{i=1}^{s} \sigma_i I. \tag{10.10.8}$$

另一种具移动因子的 QR 迭代称隐式的, 对应迭代序列为

$$A^{(s)} - \sigma_s I = Q^{(s)} R^{(s)},$$
$$A^{(s+1)} = R^{(s)} Q^{(s)} + \sigma_s I.$$

此时有 $A^{(s+1)} \sim A$.

移动因子的确定常可直接用 $\alpha_{nn}^{(s)}$ 或用 $A^{(s)}$ 的最后一个二阶主子矩阵接近 $\alpha_{nn}^{(s)}$ 的特征值.

IV 若在 A 的特征值中有一部分是等模的, 例如

$$|\lambda_r| = \cdots = |\lambda_t|, \tag{10.10.9}$$

设矩阵对应这些特征值仅具有简单初等因子. X 和 Y 仍按以前规定且 Y 的一切顺序主子矩阵可逆, 则由

$$A^s = X\Lambda^s LU, \quad Y = LU, \tag{10.10.10}$$

可知 $\Lambda^s L \Lambda^{-s}$ 的 (i,j) 元当满足

$$t \geqslant i > j \geqslant r \tag{10.10.11}$$

时其模不变, 而一切不满足式 (10.10.11) 的 $\Lambda^s L \Lambda^{-s}$ 的 (i,j) 元均以零为极限. 若引入

$$\Lambda^s L \Lambda^{-s} = \tilde{L} + \tilde{H}^{(s)}, \tag{10.10.12}$$

其中 $\tilde{L}$ 的不在式 (10.10.11) 范围内的 (i,j) 元当 $i > j$ 时均以零为极限, 而 $\tilde{L}$ 在式 (10.10.11) 范围内的 (i,j) 元记以 $\tilde{\lambda}_{ij}$, 由于式 (10.10.9) 中 λ_j 可写成

$$\lambda_j = |\lambda_j| e^{i\theta_j}, \tag{10.10.13}$$

由此定义 $\tilde{\lambda}_{kj} = \lambda_{kj} e^{is(\theta_k - \theta_j)}$, 这样 $H^{(s)} \to 0$.

我们只简单指出当 $\theta_i = \theta$ 对 $r \leqslant i \leqslant t$ 全成立时由于 $\tilde{L} = L$ 从而可推得 QR 迭代的收敛结论不变, 而当 θ_i 不同时结论比较复杂, 这里也就不再讨论了.

V 如果 $A \in \mathbf{R}^{n \times n}$, 则对应 QR 算术理应在实数域范围内进行, $A^{(s)}$ 之极限矩阵在对角线上将有对应共轭复特征根的 2 阶子矩阵不收敛, 但其特征值的极限就是那一对共轭复特征值. 例如 $A = \begin{bmatrix} 0 & 1 \\ 1 & 0 \end{bmatrix}$ 用 QR 迭代永远有 $A^{(s)} = A$, 它并不以上三角矩阵为极限. 又如

$$A = \begin{bmatrix} 0 & 0 & 0 & 1 \\ 1 & 0 & 0 & 0 \\ 0 & 1 & 0 & 0 \\ 0 & 0 & 1 & 0 \end{bmatrix}$$

在 QR 迭代中也总有 $A^{(s)} = A$, 而对应此 A 的特征值为 $\lambda_r = e^{\frac{r\pi i}{2}}$, $r = 1, 2, 3, 4$. 这四个特征值也是重模的.

上述基于 QR 迭代所建立的一切不难在 QL 迭代基础上建立起来.

参考文献: [Ste1976], [Wil1965], [WR1971], [Hua1984].

10.11 三对角对称矩阵的 QR 算术及总体渐近二次收敛

对于 $A = A^T \in \mathbf{R}^{n \times n}$ 的特征值计算, 最有效的方法乃是将其先用 Householder 变换进行三对角化, 而后对三对角对称矩阵施行 QR 算术. 一方面此时的 QR 分解可以通过 Givens 转动来完成, 从而计算简单, 另一方面如果考虑了移动因子则可以证明这种 QR 迭代具有比线性收敛为好的性能–总体渐近二次收敛.

考虑三对角对称矩阵

$$T = T(n, d, e), \quad d = [\delta_1, \delta_2, \cdots, \delta_n]^T, \quad e = [\varepsilon_1, \varepsilon_2, \cdots, \varepsilon_{n-1}]^T. \tag{10.11.1}$$

设其 QR 迭代过程为

$$\begin{cases} T^{(1)} = T, \\ Q^{(k)}[T^{(k)} - \sigma^{(k)} I] = R^{(k)}, \\ R^{(k)}[Q^{(k)}]^T + \sigma^{(k)} I = T^{(k+1)}, \end{cases} \tag{10.11.2}$$

其中 $Q^{(k)} \in \mathbf{E}^{n \times n}$, $R^{(k)}$ 为具正对角线元之上三角矩阵, $\sigma^{(k)}$ 为每次迭代的移动因子. $\sigma^{(k)}$ 的确定是利用子矩阵 $\begin{bmatrix} \delta_{n-1}^{(k)} & \varepsilon_{n-1}^{(k)} \\ \varepsilon_{n-1}^{(k)} & \delta_n^{(k)} \end{bmatrix}$ 的特征值中接近 $\delta_n^{(k)}$ 的一个, 由于它是 $T^{(k)}$ 的子矩阵的特征值, 因而

$$|\sigma^{(k)}| \leqslant \|T^{(k)}\|_2 = \|T\|_2, \quad k. \tag{10.11.3}$$

考虑到 Givens 转动, 它的作用是针对任一给定向量 $a = [\alpha_1, \alpha_2, \cdots, \alpha_n]^T$ 的两个分量 $\alpha_i, \alpha_j, i > j$ 使作用 Givens 转动后 $G_{ij} a = b = [\beta_1, \cdots, \beta_i, \cdots, \beta_j, \cdots, \beta_n]^T$ 有

$$\begin{cases} \beta_i = (\alpha_i^2 + \alpha_j^2)^{\frac{1}{2}}, \quad \beta_j = 0, \\ \beta_k = \alpha_k, \quad k \neq i, j. \end{cases} \tag{10.11.4}$$

由此考虑三对角矩阵 $T(n,d,e)$ 可以依次求得 $n-1$ 个 Givens 转动 $G_{i-1\ i}$, $i = 2,3,\cdots,n$ 使有

$$S(p,m,r) = G_{n-1\ n}G_{n-2\ n-1}\cdots G_{12}[T(n,d,e)-\sigma I]$$

$$= \begin{bmatrix} \pi_1 & \mu_1 & \rho_1 & 0 & \cdots & & 0 \\ 0 & \pi_2 & \mu_2 & \rho_2 & \ddots & & \vdots \\ \vdots & \ddots & \ddots & \ddots & \ddots & \ddots & 0 \\ \vdots & & \ddots & \ddots & \ddots & \ddots & \rho_{n-2} \\ \vdots & & & \ddots & \ddots & \ddots & \mu_{n-1} \\ 0 & \cdots & & & 0 & \cdots & \pi_n \end{bmatrix} \tag{10.11.5}$$

是一带状上三角矩阵, 其宽带为 2, 现在再将 $G_{12}^T, G_{23}^T, \cdots, G_{n-1\ n}^T$ 作用在 $S(p,m,r)$ 的右边, 则不难验证

$$S(p,m,r)G_{12}^T G_{23}^T \cdots G_{n-1\ n}^T = T'(n,d',e')-\sigma I \tag{10.11.6}$$

是一上 Hessenberg 矩阵. 但它应为对称的, 于是 $T'(n,d',e')$ 是三对角对称矩阵. 而由 $T(n,d,e)$ 至 $T'(n,d',e')$ 变动即完成一次 QR 迭代. 设迭代过程为

$$T^{(k-1)} = T(n,d^{(k-1)},e^{(k-1)}) \underset{\text{QRL}}{\rightarrow} T(n,d^{(k)},e^{(k)}) = T^{(k)}. \tag{10.11.7}$$

自然 QR 迭代也可以通过 Householder 变换建立起来.

下面不加证明地给出一关于 QR 迭代具优良性质的结果.

定理 10.11.1(Wilkinson)　对给定三对角对称矩阵 $T(n,d,e)$, $\varepsilon_i \neq 0$, $i \in \underline{n-1}$, 设 T 由 (10.11.1) 产生的 QR 迭代生成序列 $T^{(k)} = T(n,d^{(k)},e^{(k)})$, 则有:

1° $T^{(k)}$ 对一切 k 均为三对角对称矩阵.

2° $\lim\limits_{k\to\infty} \varepsilon_{n-1}^{(k)} = 0$.

3° 对充分大 k 存在 $\mu > 0$, 使 $|\varepsilon_{n-1}^{(k+1)}| \leqslant \mu|\varepsilon_{n-1}^{(k)}|^2$.

这一定理证明十分繁杂, 主要依据标准数值代数关于量的估计技术. 有兴趣的可参见 [Wil 1965].

综上所述三对角对称矩阵 T 的 QR 迭代有下述特点:

1° 迭代过程中一出现 $|\varepsilon_i| < \varepsilon$, 则对应 T 可分离为两个子三对角对称矩阵, ε 是已给精度.

2° 在迭代中不断计算移动因子.

3° 特征值首先被分离的是子三对角矩阵的最后一个, 即当 $|\varepsilon_{n-1}^{(k)}| < \varepsilon$ 时就认为对应 $\delta_n^{(k)}$ 是 $T^{(k)}$ 的特征值, 并将 $T^{(k)}$ 降低一阶.

4° 分离特征值时是总体渐近二次收敛.

由于三对角矩阵的 QR 迭代具有如此明显的优点, 因而常为人们所乐于采用.

参考文献: [Wil1965], [Hua1984].

10.12 利用 QR 迭代计算奇异值分解

对于一般矩阵 $A \in \mathbf{R}^{m \times n}$ 的奇异值分解也可以通过类似求特征值的 QR 迭代方法得到. 利用第九章的结果, 对 $A \in \mathbf{R}_r^{m \times n}$ 总可以利用 Householder 变换与互换矩阵构造两正交矩阵 Q 与 H 使

$$
Q^T A H = \left(\begin{bmatrix} B & 0 \\ 0 & 0 \end{bmatrix} \right), \quad B = \begin{bmatrix} \delta_1 & \gamma_1 & 0 & \cdots & 0 \\ 0 & \delta_2 & \gamma_2 & \ddots & \vdots \\ \vdots & \ddots & \ddots & \ddots & 0 \\ \vdots & & \ddots & \ddots & \gamma_{r-1} \\ 0 & \cdots & \cdots & 0 & \delta_r \end{bmatrix}. \tag{10.12.1}
$$

以下奇异值分解的讨论显然可由 B 出发, 并以 $B(r, d, c)$ 表上述上双对角矩阵, 其中 $d = [\delta_1, \delta_2, \cdots, \delta_r]^T$, $c = [\gamma_1, \gamma_2, \cdots, \gamma_{r-1}]^T$.

首先设式 (10.12.1) 具条件

$$
\gamma_i \neq 0, \quad i \in \underline{r-1}, \tag{10.12.2}
$$

因为否则 B 将分离成两个上双对角矩阵.

引理 10.12.1 对上双对角矩阵 $B(r, d, c)$, 若对某个 $k \leqslant r$ 有

$$
\begin{aligned}
\delta_k &= 0, \quad k \leqslant r, \\
\delta_j &\neq 0, \quad j = k+1, \cdots, r,
\end{aligned} \tag{10.12.3}
$$

则总存在 $r - k$ 个 Givens 转动, 使

$$
G_{nk} G_{n-1\,k} \cdots G_{k+1\,k} B(r, d, c) = \begin{bmatrix} B_1(k, d_1, c_1) & 0 \\ 0 & B_2(r-k, d_2, c_2) \end{bmatrix}, \tag{10.12.4}
$$

其中

$$
d_1 = [\delta_{11}, \delta_{12}, \cdots, \delta_{1k}]^T, \quad \delta_{1k} = 0. \tag{10.12.5}
$$

∎

引理 10.12.2 对引理 10.12.1 形成的 $B_1(k, d_1, c_1)$, 设 (10.12.5) 成立, 则总存在一系列 Givens 转动有

$$
B_1(k, d_1, c_1) \widetilde{G}_{k-1\,k} \cdots \widetilde{G}_{1k} = \begin{bmatrix} B_1'(k-1, d_1', c_1') & 0 \\ 0 & 0 \end{bmatrix}. \tag{10.12.6}
$$

以上两引理均可直接由 Givens 转动的作用分析得到, 证明留作习题.

定理 10.12.1　对任何上双对角矩阵 $B \in \mathbf{R}_r^{n \times n}$, 总有正交矩阵 U 与 V, 它们是互换矩阵与 Givens 转动之积, 使

$$UBV = \mathrm{diag}(B_1, B_2, \cdots, B_s, 0), \tag{10.12.7}$$

其中 $B_i \in \mathbf{R}_{r_i}^{r_i \times r_i}$ 为上双对角矩阵, 且 B_i 的对角线与上次对角线元均非零.　■

显见形式 (10.12.7) 以及 U, V 两矩阵的建立均可由适当的算法通过计算机进行计算得到.

由于定理 10.12.1, 因而计算奇异值分解的工作均可由下述矩阵

$$B = \begin{bmatrix} \delta_1 & \gamma_1 & 0 & \cdots & & 0 \\ 0 & \delta_2 & \gamma_2 & \cdots & & 0 \\ \vdots & \vdots & \vdots & & & \vdots \\ 0 & \cdots & \cdots & \cdots & \delta_{n-1} & \gamma_{n-1} \\ 0 & \cdots & \cdots & \cdots & 0 & \delta_n \end{bmatrix} \tag{10.12.8}$$

开始, 并约定有

$$\delta_i \neq 0, \ i \in \underline{n}, \ \gamma_j \neq 0, \ j \in \underline{n-1}. \tag{10.12.9}$$

需要指出的是在以后的迭代过程中还有可能出现破坏条件 (10.12.9) 的情形, 当这种情形出现时, 总能通过 Givens 转动仿照前面的情形对矩阵进行分离降阶. 因而可以认为条件 (10.12.9) 自始至终均成立.

考虑矩阵序列

$$\begin{cases} B^{(1)} = B, \\ B^{(k+1)} = [U^{(k)}]^T B^{(k)} V^{(k)}, & k = 1, 2, \cdots, \end{cases} \tag{10.12.10}$$

其中 $U^{(k)}$, $V^{(k)} \in \mathbf{E}^{n \times n}$, 希望有

$$\lim_{k \to \infty} B^{(k)} = S = \mathrm{diag}(\alpha_1, \alpha_2, \cdots, \alpha_n), \tag{10.12.11}$$

其中 α_i 系矩阵 B 的奇异值.

迭代过程由以下三个步骤来分析:

1° 令 $[B^{(k)}]^T B^{(k)} = T^{(k)}$, 它是三对角对称矩阵, 然后按对 $T^{(k)}$ 进行 QR 迭代求移动因子 $\sigma^{(k)}$.

2° 确定 $V^{(k)}$, 它可以是 Givens 转动之积 (如同对 $T^{(k)}$ 进行 QR 迭代的一样) 使

$$[V^{(k)}]^T[T^{(k)} - \sigma^{(k)} I] = R^{(k)} \tag{10.12.12}$$

为上三角.

3° 确定 $U^{(k)}$ 使

$$B^{(k+1)} = [U^{(k)}]^T B^{(k)} V^{(k)}$$

为上双对角矩阵, $U^{(k)}$ 为 Givens 转动之积.

综上所述可以得到一般矩阵 $A \in \mathbf{R}_r^{m \times n}$ 借助于 QR 算术的奇异值分解算法, 它可由下述四个部分组成.

1° 求两个 Householder 变换之积 Q, H 使 $Q^T A H = \begin{bmatrix} B \\ 0 \end{bmatrix}$, 其中 B 为上双对角矩阵.

2° 对 B 寻求 Givens 转动与互换矩阵之积 $\tilde{U}^T$ 与 $\tilde{V}$, 使 $\tilde{U}^T B \tilde{V} = \mathrm{diag}(B_1, B_2, \cdots, B_s, 0)$, 其中 B_i 为上双对角矩阵, 且其对角线与上次对角线元均非零.

3° 对每个 B_i 采用类似 QR 迭代将其化成对角形, 这一部分计算实际上与三对角对称矩阵的 QR 迭代相近, 但数据可以只从 $B^{(k)}$ 出发而无需先计算出三对角对称矩阵.

4° 将 $Q^T, H, \tilde{U}, \tilde{V}$ 与 Givens 转动 $G_j^{(i)}, F_j^{(i)}$ 积累起来, 此时应注意 $m \geqslant n, m < n$ 两种情形, 并正确地将低阶正交矩阵扩充成高阶正交矩阵. 从而形成 U 与 V, 使

$$U^T A V = \begin{bmatrix} D \\ 0 \end{bmatrix}, \quad D = \mathrm{diag}(\alpha_1, \alpha_2, \cdots, \alpha_n), \tag{10.12.13}$$

$$\alpha_1 \geqslant \alpha_2 \geqslant \cdots \geqslant \alpha_r > \alpha_{r+1} = \cdots = \alpha_n = 0, \tag{10.12.14}$$

其中 $r = \mathrm{rank}(A), \alpha_i$ 为 A 之正奇异值.

例 10.12.1 $A \in \mathbf{R}^{m \times n}$, $b \in \mathbf{R}^m$, 研究 LS 问题

$$\|Ax - b\|_2 = \min, \tag{10.12.15}$$

设已求得 $U \in \mathbf{E}^{m \times m}$, $V \in \mathbf{R}^{n \times n}$, 使有式 (10.12.13). 引入 $c = U^T b$, $x = Vy$, 则式 (10.12.15) 变为

$$\left\| \begin{bmatrix} D \\ 0 \end{bmatrix} y - c \right\|_2 = \min.$$

若记 $y = \begin{bmatrix} y_1 \\ y_2 \end{bmatrix}$, $c = \begin{bmatrix} c_1 \\ c_2 \end{bmatrix}$, $D = \begin{bmatrix} \Delta & 0 \\ 0 & 0 \end{bmatrix}$, 其中 $y_1, c_1 \in \mathbf{R}^r, \Delta = \mathrm{diag}(\alpha_1, \alpha_2, \cdots, \alpha_r)$, 则有

$$x = V_1 \Delta^{-1} c_1 + V_2 y_2 = V_1 \Delta^{-1} c_1 + \mathbf{R}(V_2)$$

是式 (10.12.15) 的通解. $x_0 = V_1 \Delta^{-1} c_1$ 是式 (10.12.15) 的 LNLS 解, 而逼近误差为 $\|c_2\|_2$. 其中 $V = \begin{bmatrix} V_1 & V_2 \end{bmatrix}$, $V_1 \in \mathbf{E}^{n \times r}$.

例 10.12.2　$A \in \mathbf{R}^{m \times n}$, $b \in \mathbf{R}^m$, 研究 LSS 问题

$$\|Ax - b\|_2 = \min, \quad x^T x \leqslant \tau^2. \tag{10.12.16}$$

在正则情形下的解. 设 A 已有 U, V 均正交矩阵使式 (10.12.13) 成立. 则问题归结为

$$\|\Delta y_1 - c_1\|_2 = \min, \quad y_1^T y_1 \leqslant \tau^2, \tag{10.12.17}$$

它的解应同 $\lambda > 0$ 同时满足

$$\begin{cases} \Delta^T(\Delta y_1 - c_1) = -\lambda y_1, \\ y_1^T y_1 - \tau^2 = 0. \end{cases} \tag{10.12.18}$$

设 $y_1 = [\eta_1, \quad \eta_2, \quad \cdots, \quad \eta_r]^T$, 则第一个方程给出

$$\eta_i = \frac{\alpha_i \gamma_i}{\lambda + \alpha_i^2}, \quad i \in \underline{r}, \tag{10.12.19}$$

其中 γ_i 是 c_1 的分量, 将此代入式 (10.12.18) 的第二个方程, 于是有

$$\varphi(\lambda) = \sum_{i=1}^r \left[\frac{\alpha_i \gamma_i}{\lambda + \alpha_i^2} \right]^2 - \tau^2 = 0.$$

由于 $\varphi(0) > 0$ 而 $\varphi(+\infty) < 0$, 且 $\varphi(\lambda)$ 是 $\lambda > 0$ 的单调下降的解析函数, 因而方程 $\varphi(\lambda) = 0$ 在 $\lambda > 0$ 有唯一的根, 可以通过对分区间套的办法求得. 求得 $\varphi(\lambda)$ 的根 λ_0, 则由式 (10.12.19) 可得到 y_1, 于是 $x = V \begin{bmatrix} y_1 \\ 0 \end{bmatrix}$ 就是原 LSS 问题 (10.12.16) 的解.

显然利用奇异值分解手段也能求解 LDPQ 问题.

参考文献: [LH1974], [Hua1984].

10.13　Jacobi 转动迭代

在将平面二次曲线化标准形的过程中, 所使用的转动在 $\mathbf{R}^n$ 中的推广就是 Jacobi 转动.

设 $A = A^T \in \mathbf{R}^{n \times n}$, 若其元 $\alpha_{ij} \neq 0$, 则可以确定一个转动 J_{ij}, 它的元有

$$\begin{cases} \gamma_{ii} = \gamma_{jj} = \dfrac{\alpha_{ij}}{\sqrt{\alpha_{ij}^2 + (\alpha_{ii} - \lambda_1)^2}}, \\[4mm] \gamma_{ij} = -\gamma_{ji} = \dfrac{(\alpha_{ii} - \lambda_1)}{\sqrt{\alpha_{ij}^2 + (\alpha_{ii} - \lambda_1)^2}}, \\[4mm] \gamma_{kl} = 0, \quad (k, l) \neq (i, j) \text{但} k \neq l, \\[2mm] \gamma_{kk} = 1, \quad k \neq i, j. \end{cases} \tag{10.13.1}$$

研究 $B = J_{ij}^T A J_{ij}$, 则有 $B \begin{pmatrix} i, & j \\ i, & j \end{pmatrix}$ 是

$$\begin{bmatrix} \beta_{ii} & \beta_{ij} \\ \beta_{ij} & \beta_{jj} \end{bmatrix} = \begin{bmatrix} \gamma_{ii} & -\gamma_{ij} \\ \gamma_{ij} & \gamma_{jj} \end{bmatrix} \begin{bmatrix} \alpha_{ii} & \alpha_{ij} \\ \alpha_{ij} & \alpha_{jj} \end{bmatrix} \begin{bmatrix} \gamma_{ii} & \gamma_{ij} \\ -\gamma_{ij} & \gamma_{jj} \end{bmatrix}$$

若 λ_1, λ_2 选来是二阶子矩阵 $\begin{bmatrix} \alpha_{ii} & \alpha_{ij} \\ \alpha_{ij} & \alpha_{jj} \end{bmatrix}$ 的特征根, 且设 $|\lambda_1 - \alpha_{ii}| \leqslant |\lambda_2 - \alpha_{ii}|$, 则容易算出有

$$\begin{bmatrix} \beta_{ii} & \beta_{ij} \\ \beta_{ij} & \beta_{jj} \end{bmatrix} = \begin{bmatrix} \lambda_1 & 0 \\ 0 & \lambda_2 \end{bmatrix}. \tag{10.13.2}$$

以后称由式 (10.13.1) 确定的转动 J_{ij} 为按 A 的 $\alpha_{ij} \neq 0$ 决定的 Jacobi 转动. 显然这是平面上求二次曲线主轴的转动的推广.

以下对 $A = A^T \in \mathbf{R}^{n \times n}$, 引入

$$\begin{cases} \sigma^{(k)} = \sum_{i>j} |\alpha_{ii}^{(k)}|^2 = \sigma(A^{(k)}), \\ s^{(k)} = \|A^{(k)}\|_F^2 = s(A^{(k)}), \end{cases} \tag{10.13.3}$$

而 $A^{(k)}$ 是用下述方法构造的矩阵序列

$$\begin{cases} A^{(1)} = A, \\ A^{(k+1)} = [U^{(k)}]^T A^{(k)} [U^{(k)}], \quad k = 1, 2, \cdots, \end{cases} \tag{10.13.4}$$

其中 $U^{(k)} = G_{pq}$, p, q 的确定是使

$$|\alpha_{pq}^{(k)}| = \max_{i<j}\{|\alpha_{ij}^{(k)}|; \ i, \ j \in \underline{n}\}. \tag{10.13.5}$$

以下将设法证明:

1° 由式 (10.13.4) 确定的序列有 $\lim\limits_{k \to \infty} \sigma^{(k)} = 0$.

2° $\lim\limits_{k \to \infty} A^{(k)} = \Lambda$ 是对角矩阵.

引理 10.13.1 $A = A^T \in \mathbf{R}^{n \times n}$, K_{ij} 是互换矩阵, $B = K_{ij} A K_{ij} (K_{ij}^T = K_{ij})$, 则

$$s(B) = s(A), \ \sigma(B) = \sigma(A), \tag{10.13.6}$$

其中 s, σ 由式 (10.13.3) 定义.

引理 10.13.2 若 $A = \begin{bmatrix} A_{11} & A_{12} \\ A_{12}^T & A_{22} \end{bmatrix}$, $U = \begin{bmatrix} J_{12} & 0 \\ 0 & I_{n-2} \end{bmatrix}$, 其中 J_{12} 是由 α_{12} 确定的 Jacobi 转动, 有 $J_{12}^T A_{11} J_{12} = \begin{bmatrix} \lambda_1 & 0 \\ 0 & \lambda_2 \end{bmatrix} = \Lambda_1$, 则 $A' = U^T A U$ 有

$$\sigma(A') = \sigma(A) - \alpha_{12}^2.$$

以上 $A_{11} \in \mathbf{R}^{2 \times 2}$, $A_{12} \in \mathbf{R}^{2 \times (n-2)}$, $A_{22} \in \mathbf{R}^{(n-2) \times (n-2)}$.

　　证明　由于

$$A' = U^T A U = \begin{bmatrix} \Lambda_1 & J_{12}^T A_{12} \\ A_{12}^T J_{12} & A_{22} \end{bmatrix},$$

而考虑到 $\|A\|_F = \|A'\|_F$, $\sigma(\Lambda_1) = 0$, $\|A_{12}\|_F = \|J_{12}^T A_{12}\|_F$, 则

$$\begin{aligned}
\sigma(A') &= \sigma(A_{22}) + \|J_{12}^T A_{12}\|_F^2 \\
&= \sigma(A_{22}) + \|A_{12}\|_F^2 \\
&= \sigma(A) - \alpha_{12}^2.
\end{aligned}$$

　　引理 10.13.3　序列 $\sigma^{(k)} = \sigma(A^{(k)})$, 其中 $A^{(k)}$ 由式 (10.13.4) 确定, 而 $U^{(k)}$ 是按式 (10.13.5) 确定的 Jacobi 转动 J_{pq}, 则 $\sigma^{(k)}$ 是单调下降序列.

　　定理 10.13.1　$\sigma^{(k)}$ 由引理 10.13.3 定义, 则

$$\lim_{k \to \infty} \sigma^{(k)} = 0. \tag{10.13.7}$$

　　证明　由引理 10.13.3 可知 $\sigma^{(k)}$ 单调下降. 可令 $\lim\limits_{k \to \infty} \sigma^{(k)} = \sigma_0$, 若 $\sigma_0 > 0$, 由此有

$$\sigma^{(k)} \geqslant \sigma_0, \quad k = 1, 2, \cdots,$$

$$\max_{i > j} |\alpha_{ij}^{(k)}| \geqslant \frac{2\sqrt{\sigma_0}}{n(n-1)},$$

其中 $\dfrac{n(n-1)}{2}$ 是 $i > j$ 的 α_{ij} 的个数, 考虑到 Jacobi 转动是按式 (10.13.5) 确定的 J_{pq}, 因而有

$$\sigma^{(k)} - \left(\frac{2}{n(n-1)} \right)^2 \sigma_0 \geqslant \sigma^{(k+1)}, \quad k = 1, 2, \cdots,$$

若记 $\mu = \left(\dfrac{2}{n(n-1)} \right)^2 \sigma_0$ 就有

$$\sigma^{(1)} \geqslant \sigma^{(2)} + \mu \geqslant \sigma^{(3)} + 2\mu \geqslant \cdots \geqslant \sigma^{(k+1)} + k\mu,$$

两边取 $k \to \infty$, 则有 $\sigma^{(1)} > +\infty$ 而这是不可能的. 由此有 $\sigma_0 = 0$ 或具式 (10.13.7). ∎

　　引理 10.13.4　方阵 $\begin{bmatrix} \alpha & \varepsilon \\ \varepsilon & \beta \end{bmatrix}$ 若有 Jacobi 转动 J 使

$$J^T \begin{bmatrix} \alpha & \varepsilon \\ \varepsilon & \beta \end{bmatrix} J = \begin{bmatrix} \alpha' & 0 \\ 0 & \beta' \end{bmatrix},$$

则在 ε 充分小时有

$$|\alpha' - \alpha| \leqslant \varepsilon, \quad |\beta' - \beta| \leqslant \varepsilon. \tag{10.13.8}$$

证明 1° $\alpha = \beta$ 定理为显然.

2° 设 $\alpha > \beta$, 则按 Jacobi 转动之选择与特征值摄动定理有

$$\alpha' > \alpha > \beta > \beta', \tag{10.13.9}$$

并且 $\alpha' = \dfrac{\alpha + \beta}{2} + \sqrt{(\dfrac{\alpha - \beta}{2})^2 + \varepsilon^2}$, 由此有

$$\alpha' - \alpha = \sqrt{(\frac{\alpha - \beta}{2})^2 + \varepsilon^2} - (\frac{\alpha - \beta}{2}) < \varepsilon. \tag{10.13.10}$$

另一方面由 $\alpha' + \beta' = \alpha + \beta$, 则有

$$\beta - \beta' = \alpha' - \alpha < \varepsilon, \tag{10.13.11}$$

于是考虑到式 (10.13.9) 则式 (10.13.10), 式 (10.13.11) 就给出式 (10.13.8).

相仿可证 3° $\alpha < \beta$ 的情形. ■

定理 10.13.2 由式 (10.13.4), 式 (10.13.5) 确定的一系列 Jacobi 转动及其产生的序列 $A^{(k)}$ 有

$$\lim_{k \to \infty} A^{(k)} = \Lambda = \mathrm{diag}(\lambda_1, \ \lambda_2, \ \cdots, \ \lambda_n) \tag{10.13.12}$$

是对角矩阵.

证明 令 $\sigma^{(1)} = \sigma$, 则 $A^{(1)}$ 的绝对值最大的非对角线元 $\geqslant \sqrt{\dfrac{2\sigma}{n(n-1)}}$, 于是 $\sigma^{(2)} \leqslant \sigma^{(1)} \left[1 - \dfrac{2}{n(n-1)} \right] = \sigma\gamma^2$, $0 < \gamma = \sqrt{\dfrac{n(n-1)-2}{n(n-1)}} < 1$. 由此就有 $\sigma^{(k)} \leqslant \sigma\gamma^{2(k-1)}$, 从而 $|\alpha_{pq}^{(k)}| \leqslant \sqrt{\sigma}\gamma^{(k-1)}$. 利用引理 10.13.4 则有

$$|\alpha_{pp}^{(k+m)} - \alpha_{pp}^{(k)}| \leqslant \sum_{i=1}^{m} |\alpha_{pp}^{(k+i)} - \alpha_{pp}^{(k+i-1)}| \leqslant \sum_{i=1}^{m} \sqrt{\sigma}\gamma^{(k+i-2)} \leqslant \sqrt{\sigma}\frac{\gamma^{(k-1)}}{1-\gamma},$$

由此可知序列 $\alpha_{pp}^{(k)}$ 对一切 p 均为 Cauchy 序列. 从而 $\lim\limits_{k \to \infty} \alpha_{pp}^{(k)}$ 均有极限, 又 $\alpha_{pq}^{(k)} \to 0 (k \to \infty)$. 于是 $A^{(k)}$ 极限是对角矩阵, 即有式 (10.13.11). ■

参考文献: [Wil1965], [Hua1984].

10.14　求个别特征值与 Rayleigh 商

在一些实际问题中, 有时并不需要求出矩阵的全部特征值而仅需求出其部分或个别的特征值, 此时比较合适的办法是采用幂法, 反幂法及与其相近的一些迭代方法.

为叙述简化, 以下设 $A \in \mathbf{C}^{n \times n}$ 其特征值有

$$|\lambda_1| > |\lambda_2| \geqslant \cdots \geqslant |\lambda_n| \tag{10.14.1}$$

且对应 $\lambda I - A$ 只具一次初等因子.

设 A 对应 λ_i 的特征向量为 x_i, $i = 1, 2, \cdots, n$, 且

$$AX = X\Lambda, \quad \Lambda = \operatorname{diag}(\lambda_1, \lambda_2, \cdots, \lambda_n) \tag{10.14.2}$$

任给 $a \in \mathbf{C}^n = \mathbf{R}(X)$, 则有 $b = [\beta_1, \beta_2, \cdots, \beta_n]^T \in \mathbf{C}^n$ 使 $a = Xb$. 以下设 $\beta_1 \neq 0$, 由此有

$$A^m a = A^m Xb = X\Lambda^m b = \lambda_1^m \beta_1 [x_1 + O(\mu^m)], \tag{10.14.3}$$

其中

$$\mu = \max_{i>1} \left\{ \frac{|\lambda_i|}{|\lambda_1|} \right\} = \frac{|\lambda_2|}{|\lambda_1|} < 1. \tag{10.14.4}$$

由式 (10.14.3) 可有

$$\|A^m a\| = |\lambda_1^m \beta_1| [\|x_1\| + O(\mu^m)]. \tag{10.14.5}$$

现取

$$b_m = A^m a / \|A^m a\|, \quad \|b_m\| = 1, \tag{10.14.6}$$

于是有

$$Ab_m = \lambda_1 \frac{x_1}{\|x_1\|} + O(\mu^m), \tag{10.14.7}$$

$$b_m^H Ab_m = \lambda_1 + O(\mu^m), \tag{10.14.8}$$

以上 $\|\cdot\|$ 可以取 $\|\cdot\|_2$ 或 $\|\cdot\|_\infty$.

上述过程实际给出一个求 A 的模最大的特征值 λ_1 和与其对应的特征向量 x_1 的算法.

上述求模最大的特征值的办法常称幂法, 它成立的前提如下:

1° A 之特征值有式 (10.14.1).

2° 初始迭代向量 a 在由特征向量组成的基 X 下的坐标 $a = Xb$ 的 b 中第一个分量 $\beta_1 \neq 0$.

对于 1°, 若条件式 (10.14.1) 不成立则特征向量的收敛性虽得不到保证, 但特征值的收敛性往往仍可成立. 对于 2°, 则可以用产生随机数的办法来使其成立, 因而 2° 在实际计算上常能满足.

如果 A 可逆, 也可以用上述方法求矩阵 A 的模最小的特征值. 这可以通过对 A^{-1} 的幂法来求, 即若 λ, x 是 A 的最小模特征值与对应的特征向量, 则 $\frac{1}{\lambda}$, x 是 A^{-1} 的最大模特征值与对应的特征向量.

上述过程常称为反幂法.

如果对于矩阵 A 已经求得一个特征值 λ 与对应的单位特征向 x, 则可在 x 的基础上产生一标准正交基 $U = [x, \ U_2] \in \mathbf{U}^{n \times n}$, 由此有

$$U^H A U = \begin{bmatrix} \lambda & h^H \\ 0 & C \end{bmatrix},$$

其中 $C = U_2^H A U_2$, $h^H = x^H A U_2$.

若以 $\Lambda(A)$ 表 A 的特征值的集合, 则

$$\Lambda(A) = \Lambda(C) \bigcup \{\lambda\}.$$

而 $C \in \mathbf{C}^{(n-1) \times (n-1)}$ 比 A 已降低一阶.

在给定 A 后, 则对任何 $x \neq 0$ 可以建立对应的 Rayleigh 商 $\frac{x^H A x}{x^H x}$. 而这种在非 Hermite 矩阵之上的 Rayleigh 商同特征值也有关.

定理 10.14.1 任给 $A \in \mathbf{C}^{n \times n}$, $x \in \mathbf{C}^n$, 则余量

$$r = Ax - \mu x, \tag{10.14.9}$$

当

$$\mu = \frac{x^H A x}{x^H x} \tag{10.14.10}$$

时有 $\|r\|_2 = \min$.

证明 考虑 LSS 问题 $\|Ax - \mu x\|_2 = \min$, 则 μ 是解当且仅当 μ 满足正规方程 $x^H x \mu = x^H A x$, 由此就有式 (10.14.10). ■

如果 x 是 A 的一个近似单位特征向量, 若在 x 基础上产生一标准正交基 $U = [x, \ U_2] \in \mathbf{U}^{n \times n}$, 则有

$$U^H A U = \begin{bmatrix} x^H A x & h^H \\ g & C \end{bmatrix}, \tag{10.14.11}$$

其中 $g = U_2^H A x$, $h^H = x^H A U_2$, $C = U_2^H A U_2$.

定理 10.14.2 $A \in \mathbf{C}^{n \times n}$, 任给 x 作为一近似特征向量, $U = [x \ \ U_2] \in \mathbf{U}^{n \times n}$, 则式 (10.14.11)中 g 有

$$\|g\|_2 = \|Ax - (x^H A x)x\|_2 \tag{10.14.12}$$

证明　由于 $U_2 \in \mathbf{U}^{n \times (n-1)}$, 则

$$\|g\|_2 = \|U_2 g\|_2 = \|(U_2 U_2^H A x)\|_2 = \|(I - x x^H) A x\|_2 = \|A x - (x^H A x) x\|_2$$

■

定理 10.14.3　设 λ 是 A 的简单特征值, x, y 有

$$A x = \lambda x, \ y^H A = \lambda y^H, \tag{10.14.13}$$

则恒有 $y^H x \neq 0$, 一般称 y^H 为 A 的左特征向量.

证明　不妨设 $\|x\|_2 = 1$, 又 $U = [x \quad U_2] \in \mathbf{U}^{n \times n}$, 于是有 $U^H A U = \begin{bmatrix} \lambda & h^H \\ 0 & C \end{bmatrix}$, 考虑 $U^H A U$ 关于 λ 的左特征向量为 $[\zeta \quad z^H]$, 则有

$$\lambda [\zeta \quad z^H] = [\zeta \quad z^H] \begin{bmatrix} \lambda & h^H \\ 0 & C \end{bmatrix} = [\lambda \zeta \quad \zeta h^H + z^H C],$$

由此有 $\lambda z^H = \zeta h^H + z^H C$, 考虑到 λ 是 A 的简单特征值, 因而 λ 不是 C 的特征值, 从而可推出 $\zeta \neq 0$, 以下设 $\zeta = 1$ 则有

$$[1 \quad z^H] U^H A U = \lambda [1 \quad z^H],$$

或化简成 z^H 满足

$$z^H (\lambda I_{n-1} - C) = h^H.$$

由于 $\lambda I_{n-1} - C$ 可逆, 于是 $z^H = h^H (\lambda I_{n-1} - C)^{-1}$. 考虑到 $y^H = [1, \quad z^H] U^H$, 则有

$$y^H x = [1, \quad z^H] U^H x = [1, \quad z^H] \begin{bmatrix} x^H \\ U_2^H \end{bmatrix} x = 1 \neq 0.$$

■

定理 10.14.3 实际上也给出了在求得 A 关于 λ 的单位特征向量 x 后寻求其对应 λ 的左特征向量的办法. 它是

$$y^H = [1 \quad z^H] U^H = x^H + h^H (\lambda I - C)^{-1} U_2^H.$$

当 A 是正规矩阵时, 可以得到基于 Rayleigh 商近似估计特征值和特征向量的结果.

对于给定的 v, 若 $\|v\| = 1$. 于是对应的 $v^H A v$ 就是一个 Rayleigh 商, 记为 r_v. 若 $\|v\| \neq 1$, 则 $r_v = \dfrac{v^H A v}{v^H v}$.

在 A 给定后. 对任意 v 可以有

$$y = A v - r_v v, \quad \|v\| = 1,$$

从而有 $v^H y = 0$.

进而设 A 是正规矩阵, 则 A 存在一标准正交的特征向量系 $U = [u_1, u_2, \cdots, u_n]$ 有 $U^H U = I$, 且有

$$Au_i = \lambda_i u_i, \tag{10.14.14}$$

其中 λ_i 是 A 的特征值. 而式 (10.14.14) 可以写成

$$AU = U\Lambda, \quad \Lambda = \mathrm{diag}(\lambda_1, \lambda_2, \cdots, \lambda_n). \tag{10.14.15}$$

考虑任何对角矩阵 $\textcircled{H} = \mathrm{diag}(e^{j\theta_1}, e^{j\theta_2}, \cdots, e^{j\theta_n})$. 则由于 $\textcircled{H}$ 与 Λ 为两对角矩阵, 自然可交换相乘. 于是只要 U 满足式 (10.14.15), 则 $V = U\textcircled{H}$ 亦满足式 (10.14.15).

现设给定 v, 则有

$$Av - r_v v = \eta, \quad \|v\| = 1, \quad \|\eta\| = \varepsilon. \tag{10.14.16}$$

考虑对上述标准正交基 U, 则存在 a 使

$$v = Ua, \quad \|a\| = 1.$$

由此式 (10.14.16) 可以写成

$$\eta = Av - r_v v = U\Lambda a - r_v Ua = U(\Lambda - r_v I)a.$$

由此就有

$$\eta^H \eta = \varepsilon^2 = \sum_{i=1}^{n} |\alpha_i|^2 |\lambda_i - r_v|^2 \geqslant \sum_{i=2}^{n} |\alpha_i|^2 |\lambda_i - r_v|^2. \tag{10.14.17}$$

如果考虑除 λ_1 的其余 $n - 1$ 个特征值. 由于 r_v 是希望能接近 λ_1 的, 则可以认为 $\min |\lambda_i - r_v| \geqslant \alpha > 0$. 由此式 (10.14.17) 就成为

$$\varepsilon^2 \geqslant \alpha^2 \sum_{i=2}^{n} |\alpha_i|^2.$$

由此可知 $|\alpha_1|^2 = 1 - \sum_{i=2}^{n} |\alpha_i|^2 \geqslant 1 - \varepsilon^2/\alpha^2$. 现设 $\alpha_1 = |\alpha_1| e^{j\theta}$, 于是

$$v e^{-j\theta} = |\alpha_1| u_1 + \sum_{i=2}^{n} \alpha_i e^{-j\theta} u_i.$$

由此就有

$$\|v e^{-j\theta} - u_1\|_2^2 = [|\alpha_1| - 1]^2 + \sum_{i=2}^{n} |\alpha_i|^2$$

$$\leqslant \frac{\varepsilon^4/\alpha^4}{(1 + |\alpha_1|)^2} + \varepsilon^2/\alpha^2 \leqslant \varepsilon^2/\alpha^2 [1 + \varepsilon^2/\alpha^2],$$

在得到上述结果时, 我们用到

$$1 - |\alpha_1|^2 = \sum_{i=2}^{n} |\alpha_i|^2 \ \Rightarrow \ 1 - |\alpha_1| = \frac{1}{1 + |\alpha_1|} \sum_{i=2}^{n} |\alpha_i|^2.$$

如同前面指出的, 对任何正规矩阵 A 的特征矩阵 U 来说, 不仅 $U^H U = I$, 而且任何对角 U 矩阵 Ⓗ 来说 UⒽ 也是其特征矩阵. 于是在上述估计中 $e^{-j\theta}$ 就无关紧要了. 由此我们有

定理 10.14.4　若 A 为正规矩阵. 任给单位向量 v 对应的 Rayleigh 商为 r_v. 若有

$$\|Av - r_v v\|_2 < \varepsilon.$$

又 r_v 与 A 的特征值 $\lambda_2, \lambda_3, \cdots, \lambda_n$ 之间的距离 $\min |r_v - \lambda_i| \geqslant \alpha$, $i \in \underline{n-2}$, 则 v 乘一个以模为 1 的复数后与 A 关于 λ_1 对应的特征向量 u_1 之间有

$$\|v e^{-j\theta} - u_1\| \leqslant \varepsilon^2 / \alpha^2.$$

作为本节的最后, 还可以指出:

定理 10.14.5　设 u_1 是正规矩阵 A 关于特征值 λ 的单位特征向量, $y = u_1 + O(\varepsilon)$, 则有

$$\frac{y^H A y}{y^H y} = \lambda + O(\varepsilon^2). \tag{10.14.18}$$

证明　由于 A 是正规矩阵, 则有 $U \in \mathbf{U}^{n \times n}$ 使 $U^H A U = \Lambda$. 设 $y = U \begin{bmatrix} 1 + \alpha \\ r \end{bmatrix}$, 其中 $U = [u_1, u_2, \cdots, u_n]$, $\alpha = O(\varepsilon)$, $r = O(\varepsilon)$. 于是

$$y^H A y = \lambda (1 + \bar{\alpha})(1 + \alpha) + r^H \Lambda_2 r,$$
$$y^H y = (1 + \bar{\alpha})(1 + \alpha) + r^H r.$$

令 $\mu = (1 + \bar{\alpha})(1 + \alpha)$, 显然 μ 近似为 1. 由此

$$\frac{y^H A y}{y^H y} = \lambda \left[\frac{\mu + O(\varepsilon^2)}{\mu + O(\varepsilon^2)} \right] = \lambda + O(\varepsilon^2).$$

定理 10.14.5 表明若能求得与真实特征向量 x 相差为 ε 一阶小的近似特征向量 y, 则由它构造的 Rayleigh 商 $\dfrac{y^H A y}{y^H y}$ 与特征值 λ 之间的差为 ε 的二阶小, 其中 $Ax = \lambda x$.

参考文献: [FF1963], [Wil1965], [Hua1984].

10.15　实对称矩阵的并行正交迭代

将幂法中初始迭代向量由一个扩展至 r 个, 并为防止这 r 个初始向量经迭代而收敛至同一个向量而采取一定措施所建立起的迭代法常称并行迭代或有时叫子空间迭代, 并行迭代的技术实际上将大矩阵的特征值问题转化成小矩阵的特征值问题.

以下用实对称矩阵来说明.

设 $A = A^T \in \mathbf{R}^{n\times n}$, 其特征值 λ_i 有

$$|\lambda_1| \geqslant |\lambda_2| \geqslant \cdots \geqslant |\lambda_r| > \cdots |\lambda_n| > 0. \tag{10.15.1}$$

又设 $Z \in \mathbf{E}^{n\times n}$ 使

$$AZ = Z\Lambda, \ \Lambda = \begin{bmatrix} \Lambda_1 & 0 \\ 0 & \Lambda_2 \end{bmatrix}, \tag{10.15.2}$$

$$\Lambda_1 = \mathrm{diag}(\lambda_1, \lambda_2, \cdots, \lambda_r), \quad \Lambda_2 = \mathrm{diag}(\lambda_{r+1}, \lambda_{r+2}, \cdots, \lambda_n), \tag{10.15.3}$$

$$Z = [z_1, z_2, \cdots, z_n] = [Z_1 \ \ Z_2], \tag{10.15.4}$$

$$Z_1 \in \mathbf{E}^{n\times r}, \quad Z_2 \in \mathbf{E}^{n\times(n-r)}. \tag{10.15.5}$$

于是有

$$AZ_1 = Z_1\Lambda_1, \quad AZ_2 = Z_2\Lambda_2. \tag{10.15.6}$$

设取 $Q^{(0)} \in \mathbf{E}^{n\times r}$ 作为起始迭代矩阵, 讨论

$$AQ^{(k-1)} = Q^{(k)}R^{(k)}, \quad k = 1, 2, \cdots, \tag{10.15.7}$$

其中 $Q^{(j)} \in \mathbf{E}^{n\times r}$, $R^{(j)}$ 为具正对角线元的上三角矩阵. 显然只要 $Q^{(0)}$ 给定, 则序列 $Q^{(k)}$, $R^{(k)}$, $k = 1, 2, \cdots$ 就唯一确定. 若令

$$\tilde{R}^{(k)} = R^{(k)}R^{(k-1)}\cdots R^{(1)}, \tag{10.15.8}$$

它亦为具正对角线元的上三角矩阵, 并且

$$Q^{(k)}\tilde{R}^{(k)} = A^k Q^{(0)}, \tag{10.15.9}$$

刚好是 $A^k Q^{(0)}$ 的一个 QR 分解.

设有 $Q \in \mathbf{E}^{n\times r}$ 且使 $\mathbf{R}(Q) \doteq \mathbf{R}(Z_1)$, 即 Q 与 Z_1 之列空间相当接近, 在 Q 的基础上来寻求一种改进的可能. 令

$$P = Z^T Q = \begin{bmatrix} Z_1^T Q \\ Z_2^T Q \end{bmatrix} = \begin{bmatrix} P_1 \\ P_2 \end{bmatrix}, \tag{10.15.10}$$

考虑矩阵

$$B = Q^T A Q = Q^T Z \Lambda Z^T Q = P_1^T \Lambda_1 P_1 + P_2^T \Lambda_2 P_2, \tag{10.15.11}$$

它当然是 $\mathbf{R}^{r \times r}$ 的对称矩阵, 若 $Y \in \mathbf{E}^{r \times r}$ 使

$$Y^T B Y = M = \mathrm{diag}(\mu_1, \mu_2, \cdots, \mu_r), \tag{10.15.12}$$

若 $P_2 \doteq 0$, 则 $\mathbf{R}(Q) \doteq \mathbf{R}(Z_1)$ 于是 $M \doteq \Lambda_1$ 而 $QY \doteq Z_1$.

将上述过程归结到计算上就是:

1° 给定 Q 计算 AQ.

2° 对 AQ 进行 QR 分解 $AQ = Q'R$.

3° $Q'^T A Q' = B$.

4° 将 B 对角化, 即求 $Y \in \mathbf{E}^{r \times r}$ 使 $M = Y^T B Y = \mathrm{diag}(\mu_1, \mu_2, \cdots, \mu_r)$.

5° 计算 $Q'Y$ 然后以 $Q'Y$ 代 Q 重新作 1°.

对上述迭代过程 1° – 5°, 若从 2° 求得 Q' 后就以 Q' 代 Q 并转向 1°, 则称为无改进并行正交迭代, 而 1° – 5° 的全过程为全改进并行正交迭代, 有时在应用上采取连续若干次无改进迭代后再进行一次有改进的并行正交迭代.

为了证明这种并行正交迭代的收敛性, 下面从无改进的这一简单情形出发.

设对 $P^{(0)} = Z^T Q^{(0)}$ 可以进行三角形分解, 有

$$P^{(0)} = Z^T Q^{(0)} = L^{(0)} U^{(0)}, \tag{10.15.13}$$

其中 $L^{(0)}$ 为下梯形矩阵, 其元有

$$|\lambda_{ii}^{(0)}| = 1, \tag{10.15.14}$$

而 $U^{(0)}$ 为具正对角线元的上三角矩阵, 显然分解式 (10.15.13) 是唯一的. 由此有

$$\begin{aligned}
A^k Q^{(0)} &= Z \Lambda^k Z^T Q^{(0)} \\
&= Z \Lambda^k L^{(0)} U^{(0)} \\
&= Z [\Lambda^k L^{(0)} |\Lambda_1|^{-k}][|\Lambda_1|^k U^{(0)}] \\
&= Z L^{(k)} U^{(k)},
\end{aligned} \tag{10.15.15}$$

其中 $|\Lambda_1|^k = \mathrm{diag}(|\lambda_1|^k, |\lambda_2|^k, \cdots, |\lambda_r|^k)$, 而

$$L^{(k)} = \Lambda^k L^{(0)} |\Lambda_1|^{-k}, \quad U^{(k)} = |\Lambda_1|^k U^{(0)}, \tag{10.15.16}$$

若记 $L^{(k)}$ 之元为 $\lambda_{ij}^{(k)}$, 则有

$$
\begin{cases}
\lambda_{ij}^{(k)} = \lambda_{ij}^{(0)}\left(\dfrac{\lambda_i}{\lambda_j}\right)^k, & i \geqslant j, \\
\lambda_{ij}^{(k)} = 0, & i < j.
\end{cases}
\tag{10.15.17}
$$

若 λ_i 满足

$$
|\lambda_1| > |\lambda_2| > \cdots > |\lambda_n| > 0,
\tag{10.15.18}
$$

则 $L^{(k)}$ 的元除 $|\lambda_{ii}^{(k)}| \to 1$, 有

$$
\lim_{k \to \infty} \lambda_{ij}^{(k)} = 0, \quad i \neq j.
\tag{10.15.19}
$$

若 λ_i 仅满足

$$
|\lambda_1| \geqslant \cdots \geqslant |\lambda_r| > |\lambda_{r+1}| \geqslant \cdots \geqslant |\lambda_n| > 0,
\tag{10.15.20}
$$

则 $L^{(k)}$ 之元有

$$
\begin{cases}
\lambda_{ij}^{(k)} \to 0, & i > r, \\
\lambda_{ij}^{(k)} = 0, & i < j.
\end{cases}
\tag{10.15.21}
$$

此时若记 $L^{(k)} = \begin{bmatrix} \tilde{L}^{(k)} \\ H^{(k)} \end{bmatrix}$, 则 $H^{(k)} = O\left[\left(\dfrac{\lambda_{r+1}}{\lambda_r}\right)^k\right]$, 而 $\tilde{L}^{(k)}$ 是下三角矩阵其对角线元模为 1.

若将 $L^{(k)}$ 进行 QR 分解, 利用式 (10.15.9) 与 (10.15.15), 则

$$
Q^{(k)} \tilde{R}^{(k)} = A^k Q^{(0)} = Z L^{(k)} U^{(k)}
$$

或 $L^{(k)} = Z^T Q^{(k)} \tilde{R}^{(k)} [U^{(k)}]^{-1}$. 于是 $L^{(k)}$ 的 QR 分解是 $L^{(k)} = P^{(k)} \tilde{U}^{(k)}$, 其中 $P^{(k)} = Z^T Q^{(k)}$, 而 $\tilde{R}^{(k)} [U^{(k)}]^{-1} = \tilde{U}^{(k)}$ 是具正对角线元的上三角矩阵, 或者可以写成

$$
Q^{(k)} = Z P^{(k)},
$$
$$
\tilde{R}^{(k)} = \tilde{U}^{(k)} U^{(k)}.
$$

显然若记 $P^{(k)} = \begin{bmatrix} P_1^{(k)} \\ P_2^{(k)} \end{bmatrix}$, $P_1^{(k)} \in \mathbf{R}^{r \times r}$ 则当具条件 (10.15.20) 时有 $P_2^{(k)} = O\left(\left|\dfrac{\lambda_{r+1}}{\lambda_r}\right|^k\right)$, 从而 $Q^{(k)} = Z_1 P_1^{(k)} + O\left(\left|\dfrac{\lambda_{r+1}}{\lambda_r}\right|^k\right)$, 即 $\mathbf{R}(Q^{(k)}) \doteq \mathbf{R}(Z_1)$, 或逼近了 A 的前 r 个特征值的特征子空间的和.

由于 $L^{(k)}$ 具性质 (10.15.17) 若要求 $Q^{(k)}$ 之每一个列与 Z_1 对应列成比例, 此时条件 (10.15.18) 变为下述条件即可, 它是

$$|\lambda_1| > |\lambda_2| > \cdots > |\lambda_r| > |\lambda_{r+1}| \geqslant \cdots \geqslant |\lambda_n| > 0. \qquad (10.15.22)$$

如果进而讨论特征值具条件

$$|\lambda_{i-1}| > |\lambda_i| \geqslant |\lambda_{i+1}| \geqslant \cdots \geqslant |\lambda_j| > |\lambda_{j+1}|. \qquad (10.15.23)$$

又设 $j' = \min(j, r)$, 则对 $L^{(2k)}$ 来说, 它的由 i 至 j 行及 i 至 j' 列的元. 除其行列相交处的元以外的元均趋于零, 而在由 i 至 j 行, i 至 j' 列相交处的元将收敛, 因而虽然 $L^{(k)}$ 的极限未必存在但 $L^{(2k)}$ 的极限仍存在.

考虑到 $L^{(2k)} = P^{(2k)}\tilde{U}^{(2k)}$, 由于 $L^{(2k)}$ 有极限, 而 QR 分解在 R 具正对角线元时的唯一性保证 $P^{(2k)}$ 与 $\tilde{U}^{(2k)}$ 均有极限, 若记 $L^{(2k)} = \begin{bmatrix} \tilde{L}^{(2k)} \\ H^{(2k)} \end{bmatrix}$, 其中 $H^{(2k)} \to 0$, 而 $\tilde{L}^{(2k)}$ 除上述特别指明的行列相交处元外有 $\bar{\lambda}_{kj} \to \delta_{kj}$, 因而有

$$P^{(2k)} = \begin{bmatrix} P_1^{(2k)} \\ P_2^{(2k)} \end{bmatrix}, \quad P_2^{(2k)} \to 0.$$

再注意到

$$Q^{(2k)} = ZP^{(2k)} \to Z_1 P_1^{(2k)},$$

则可以得到:

定理 10.15.1   设 A 之特征值有

$$\begin{aligned} |\lambda_1| > \cdots > |\lambda_i| \geqslant \cdots \geqslant |\lambda_j| > |\lambda_{j+1}| \\ > \cdots > |\lambda_r| > |\lambda_{r+1}| \geqslant \cdots \geqslant |\lambda_n|, \end{aligned} \qquad (10.15.24)$$

又 $j' = \min(r, j)$, 则利用无改进的并行正交迭代 $Q^{(2k)}$ 的第 l 个列 $q_l^{(2k)}$ 有当 l 不在 i 与 j' 之间则 $q_l^{(2k)} \to z_l$, 而当 l 落在 i 与 j' 之间, 则 $q_l^{(2k)}$ 是 $z_i, \cdots, z_{j'}$ 的线性组合.

显然定理 12.11.1 的结论对 $Q^{(2k+1)}$ 亦合适. 由此就有:

定理 10.15.2   设 A 之特征值 λ_i 具条件 (10.15.24), 又 $j' = \min(r, j)$ 则利用无改进的并行正交迭代有:

1° $\mathbf{R}(Q^{(k)}) \to \mathbf{R}(Z_1)$(子空间极限).

2° $l < i$, $l > j'$ 都有 $q_l^{(2k)} \to z_l$.

3° $\text{span}[q_i^{(k)}, \quad q_{i+1}^{(k)}, \quad \cdots, \quad q_{j'}^{(k)}] \to R[z_i, \quad z_{i+1}, \quad \cdots, \quad z_{j'}]$.

4° 若 A 之特征值有式 (10.15.18), 则 $Q^{(k)} \to Z_1$.

以上定理成立依赖于对 $P^{(0)}$ 进行三角形分解. 当这点不能满足时, 迭代将产生一种无序的状况, 这种无序状况有两种情形:

1° $P^{(k)} = \begin{bmatrix} P_1^{(k)} \\ P_2^{(k)} \end{bmatrix}$, 若 $P_1^{(k)}$ 可逆, 则 $\mathbf{R}(Q^{(k)}) \to \mathbf{R}(Z_1)$ 可以保证, 但特征向量需要重新求.

2° $P_1^{(k)}$ 是奇异的, 则理论上 $\mathbf{R}(Q^{(k)})$ 将可能趋于其他 A 的不变子空间.

为了克服上述无序状况的产生, 常常对 $Q^{(0)}$ 的列进行置换或用产生随机向量的办法来加以克服, 而这往往是有效的.

参考文献: [Ste1969], [Ste1976], [Hua1984].

10.16 广义特征值的计算

对于正则矩阵束 $\langle A,\ B \rangle_{n \times n}$ 的特征值的计算既可以采用适当方法将其化成一般特征值问题进行计算, 也可以直接在 $\langle A,\ B \rangle_{n \times n}$ 矩阵束上进行迭代或用其他办法.

设 $A = A^T \in \mathbf{R}^{n \times n}$, $B = B^T \in \mathbf{R}^{n \times n}$ 且 B 正定组成一正则矩阵束 $\langle A,\ B \rangle_{n \times n}$, 由于 B 正定, 则有

$$B = LL^T,$$

由此问题

$$Ax = \lambda Bx, \tag{10.16.1}$$

就等价地化成简单特征值问题

$$L^{-1}AL^{-T}y = \lambda y, \tag{10.16.2}$$

而 $y = L^T x$.

如果求得 B 的平方根 $B = F^2$ 也可以将广义特征值问题化成一般特征值问题.

对于常见的各种广义特征值问题, 利用 $B = LL^T$ 的分解, 采用适当变换可以化成一些一般特征值问题. 例如

$$ABx = \lambda x:\ y = L^T x \Rightarrow L^T ALy = \lambda y.$$
$$y^T AB = \lambda y^T:\ x = L^{-1}y \Rightarrow x^T L^T AL = \lambda x^T.$$
$$BAy = \lambda y:\ x = L^{-1}y \Rightarrow (L^T AL)x = \lambda x.$$
$$x^T BA = \lambda x^T:\ x = L^{-T}y \Rightarrow y^T(L^T AL) = \lambda y^T.$$

直接从 $\langle A,\ B \rangle_{n \times n}$ 这个矩阵束出发的迭代法可以包括幂法以及并行迭代方法, 从实质上这些方法都是一般特征值问题上对应方法的延拓.

研究正则矩阵束 $\langle A,\ B\rangle_{n\times n}$ 的特征值问题

$$(A - \lambda B)x = 0 \tag{10.16.3}$$

有两个一般特征值问题与式 (10.16.3) 对应, 它们分别是

$$(B^{-1}A - \lambda I)x = 0, \tag{10.16.4}$$

与用 B 的正定平方根 S 而引入的

$$\begin{cases} (S^{-1}AS^{-1} - \lambda I)y = 0, \\ x = S^{-1}y, \end{cases} \tag{10.16.5}$$

其中式 (10.16.4) 的矩阵 $B^{-1}A$ 虽不是 Hermite 矩阵, 但它具 Hermite 矩阵类似的一些性质. 式 (10.16.5) 已成为一个一般的 Hermite 矩阵的特征值问题.

对式 (10.16.3) 的幂法过程是

$$\begin{cases} x^{(1)} = x_0, \\ y = Ax^{(k)}, \\ Bz = y, \quad x^{(k+1)} = z/\|z\|, \quad k = 1,\ 2,\cdots, \end{cases} \tag{10.16.6}$$

显然这样的序列在 $x^{(1)} = x_0$ 给定后是完全确定的, 容易看出式 (10.16.6) 的迭代过程实际上就是式 (10.16.4) 的幂法过程. 因此当 $\langle A,\ B\rangle_{n\times n}$ 的特征值具条件

$$|\lambda_1| > |\lambda_2| \geqslant |\lambda_3| \geqslant \cdots \geqslant |\lambda_n|. \tag{10.16.7}$$

时, 则式 (10.16.6) 的过程收敛, 其收敛率依赖于 $\left[\left|\dfrac{\lambda_2}{\lambda_1}\right|^k\right]$.

如果从式 (10.16.5) 出发进行幂法迭代, 则有

$$\begin{cases} u^{(k+1)} = S^{-1}AS^{-1}y^{(k)}, \\ y^{(k+1)} = u^{(k+1)}/\|u^{(k+1)}\|_2, \\ z^{(k+1)} = S^{-1}y^{(k+1)}, \\ x^{(k+1)} = z^{(k+1)}/\|z^{(k+1)}\|_2, \end{cases} \tag{10.16.8}$$

其中就迭代过程而言只用到前两个式子, 而后两个式子是为了将 y 回代成原来的变量 x 而设置的.

如果在式 (10.16.8) 中引入 $x = S^{-1}y,\ v = S^{-1}u$, 则可以将式 (10.16.8) 的前两个式子改写成

$$\begin{cases} v = (S^{-1})^2 Ax^{(k)}, \\ x^{(k+1)} = v/\|v\|, \end{cases} \tag{10.16.9}$$

其中除第二个式子与式 (10.16.8) 的第二式差一个常数因子, 整个迭代过程是一致的. 但式 (10.16.9) 已经是式 (10.16.4) 的幂法迭代过程了.

进而考虑并行迭代, 这个并行迭代过程可归为以下的步骤:

(I) $\begin{cases} 1^\circ \ X_0^{(1)} = X_0 \in \mathbf{R}^{n \times r}, X_0 \ 设具 S^2 - 标准正交列, 即有 X_0^T S^2 X_0 = X_0^T B X_0 = I_n. \\ 2^\circ \ 求 U^{(k+1)} = B^{-1} A X^{(k)} = S^{-1}(S^{-1}A) X^{(k)}. \\ 3^\circ \ 分解 U^{(k+1)} = X^{(k+1)} R^{(k+1)}, 其中 R^{(k+1)} 为具正对角线元的上三角矩阵, \\ \qquad X^{(k+1)} 设具 S^2 - 标准正交列, 或 [X^{(k+1)}]^T B X^{(k+1)} = I_n. \end{cases}$

如果对式 (10.16.5) 作并行正交迭代, 则有

(II) $\begin{cases} 1^\circ \ Q^{(1)} = Q_0 \in \mathbf{U}^{n \times r}. \\ 2^\circ \ Y^{(k+1)} = [S^{-1}AS^{-1}] Q^{(k)}. \\ 3^\circ \ 对 Y^{(k+1)} 进行 \ QR \ 分解 : Y^{(k+1)} = Q^{(k+1)} \tilde{R}^{(k+1)}. \\ 4^\circ \ X^{(k+1)} = S^{-1} Q^{(k+1)}. \end{cases}$

其中 $1^\circ - 3^\circ$ 是式 (10.16.5) 的并行正交迭代过程, 而 4° 是为回代成式 (10.16.3) 而设置的.

如果将 (I) 与 (II) 作如下对比:

$$X_0 = S^{-1} Q_0, \quad X^{(k)} = S^{-1} Q^{(k)},$$
$$U^{(k)} = S^{-1} Y^{(k)}, \quad R^{(k+1)} = \tilde{R}^{(k+1)}. \tag{10.16.10}$$

则容易发现两过程 (I) 与 (II) 完全等价. 由于 (II) 是一般 Hermite 矩阵的并行正交迭代, 由此可以有:

定理 10.16.1 正则矩阵束 $\langle A, B \rangle_{n \times n}$ 的特征值若具条件

$$|\lambda_1| > \cdots > |\lambda_i| \geqslant |\lambda_{i+1}| \geqslant \cdots \geqslant |\lambda_j|$$
$$> |\lambda_{j+1}| > \cdots > |\lambda_r| > |\lambda_{r+1}| \geqslant \cdots \geqslant |\lambda_n|, \tag{10.16.11}$$

则迭代过程 (I) 有:

$1^\circ \ \mathbf{R}(U^{(k)}) = \mathbf{R}(X^{(k)})$ 子空间收敛.

$2^\circ \ l < i, \ l > j'$ 则 $X^{(k)}$ 的第 l 列收敛至 $\langle A, B \rangle_{n \times n}$ 对应 λ_l 的特征向量.

$3^\circ \ \mathrm{Span}[x_i^{(k)}, x_i^{(k)}, \cdots, x_{j'}^{(k)}]$ 子空间收敛. ∎

如果对于 Hermite 矩阵 $P = S^{-1}AS^{-1}$ 进行有改进的并行正交迭代, 即形成序列

$$\begin{cases} G^{(k)} = [\tilde{Q}]^T P \tilde{Q}, \\ [G^{(k)}][V^{(k)}] = V^{(k)} M^{(k)}, \quad 具标准正交列, M^{(k)} = \mathrm{diag}(\mu_1^{(k)}, \mu_2^{(k)}, \cdots, \mu_r^{(k)}), \\ Q^{(k+1)} = \tilde{Q} V^{(k)}. \end{cases}$$

而 $\tilde{Q}$ 系由 $PQ^{(k)}$ 进行 QR 分解而来, 即

$$PQ^{(k)} = \tilde{Q}R^{(k+1)}.$$

对应式 (10.16.5) 的有改进的并行正交迭代, 引进 $\tilde{X} = S^{-1}\tilde{Q}$, 于是可以形成子矩阵

$$\tilde{B}^{(k)} = \tilde{X}^T B \tilde{X} = I,$$

$$\tilde{A}^{(k)} = \tilde{X}^T A \tilde{X} = \tilde{Q}^T S^{-1} A S^{-1} \tilde{Q},$$

对用来改进迭代性能的子矩阵的特征值问题是

$$0 = [\tilde{A}^{(k)} - \mu I]z = [G^{(k)} - \mu I]z,$$

而这就是序列 (III) 的特征值问题, 设其解为

$$\tilde{A}^{(k)}V^{(k)} = V^{(k)}M^{(k)}. \tag{10.16.12}$$

由于 $V^{(k)}$ 具标准正交列, 则 $X^{(k+1)} = S^{-1}\tilde{Q}V^{(k)}$ 可以作为改进性能后的迭代矩阵, 显然它已具 S^2- 标准正交列.

迭代过程 (I) 中的 3° 是一个由 U 出发进行加权正交化的过程, 若考虑改进迭代性能的要求, 则由 $U = \tilde{X}R$, 可以有

$$\begin{cases} B^{(k)} = U^T B U = R^T R, \\ A^{(k)} = U^T A U = R^T[\tilde{X}^T A \tilde{X}]R. \end{cases} \tag{10.16.13}$$

考虑子矩阵广义特征值问题的解

$$A^{(k)}W^{(k)} = B^{(k)}W^{(k)}M^{(k)}, \tag{10.16.14}$$

则刚好有 $W^{(k)} = R^{-1}V^{(k)}$. 由此若从 $W^{(k)}$ 出发, 形成 $X^{(k+1)} = UW^{(k)} = \tilde{X}V^{(k)}$ 刚好与前面式 (10.16.12) 出发得到的 $X^{(k+1)} = S^{-1}\tilde{Q}V^{(k)}$ 相一致.

由此可知, 如果在广义特征值问题的并行迭代中每一次都用式 (10.16.13) 与 (10.16.14) 来进行改进迭代性能, 则其实际效果与由式 (10.16.5) 作的有改进的并行正交迭代相一致, 但前者可以省去由 U 至 $\tilde{X}$ 分解过程的计算.

以上讨论的这种每次均有改进措施的并行迭代就是在相当多振动问题中常用的具投影特征的并行迭代.

参考文献: [WR1971], [Wil1965], [MN1977], [Graw1976], [Hua1984].

10.17 问题与习题

I 证明与讨论.

1° 1.10 节引进的初等矩阵 $K_{ij}(\mu)$ 与 10.1 节引入的 $\langle k \rangle$ 消元矩阵 $M^{(k)}$ 的关系是什么? 能否证明 $\prod\limits_{i=k+1}^{m} K_{ik}(\mu_i)$ 是一个 $\langle k \rangle$ 消元矩阵且任何 $\langle k \rangle$ 消元矩阵均可写成 $K_{ik}(\mu_i)$ 之积.

2° $\tilde{L} \in \mathbf{C}^{n \times n}$ 系单位下三角矩阵, $B = \tilde{L} A$ 则对任何一组自然数 $i_1, i_2, \cdots, i_k \in \underline{n}$ 都有

$$\det \left(A \begin{pmatrix} 1, 2, \cdots, k \\ i_1, i_2, \cdots, i_k \end{pmatrix} \right) = \det \left(B \begin{pmatrix} 1, 2, \cdots, k \\ i_1, i_2, \cdots, i_k \end{pmatrix} \right).$$

3° 设 $m \in \mathbf{C}^n, N = I_n - e_k m^T$, 若 $m = [\mu_1 \quad \cdots \quad \mu_n]^T$ 中有 $\mu_k = 0$, 试讨论

① $\det(N)$.

② 任何 A, AN 与 A 之间关系.

③ 若 $m = [0 \quad \cdots \quad 0 \quad \mu_{k+1} \quad \cdots \quad \mu_n]^T$. 建立 A 的主子式与 AN 的主子式之间的关系.

II 证明与讨论.

1° $A \in \mathbf{C}^{n \times n}_r$, 又 A 的 $i \in \underline{r}$ 阶顺序主子矩阵可逆, 则 A 可展成

$$A = \tilde{L} D \tilde{R},$$

其中 $D = \mathrm{diag}(\delta_1, \cdots, \delta_r, 0, \cdots, 0)$, $\tilde{L}$ 与 $\tilde{R}$ 分别为单位下, 上三角矩阵.

2° 讨论 1° 当 $r < n$ 时 $\tilde{L}, \tilde{R}$ 是否唯一. $\tilde{L}, \tilde{R}$ 的哪些元将唯一确定, 哪些元可以任意.

3° 若 $A = A^T$ 半正定, 则对任何 $i_1, i_2, \cdots, i_s$, 都有

$$\det \left(A \begin{pmatrix} i_1, i_2, \cdots, i_s \\ i_1, i_2, \cdots, i_s \end{pmatrix} \right) \geqslant 0, \quad \forall s \leqslant n, \quad i_j \in \underline{n}, \quad j \in \underline{s}.$$

4° $A = A^T$ 负定当且仅当对任何 $1 \leqslant i_1 \leqslant \cdots \leqslant i_s \leqslant n$ 总有

$$(-1)^s \det \left(A \begin{pmatrix} i_1, i_2, \cdots, i_s \\ i_1, i_2, \cdots, i_s \end{pmatrix} \right) > 0.$$

III 证明结论与讨论算法.

1° $A = A^H \in \mathbf{C}^{n \times n}$ 是三对角矩阵, 则其特征多项式是实系数多项式.

2° $A \in \mathbf{C}^{n \times n}$ 循环指数为 1, 则随机给 $a \in \mathbf{C}^n$, $T = [a, \quad Aa, \quad \cdots, \quad A^{n-1}a]$ 应可逆 (概率为 1) 证明 $T^{-1}AT$ 是上 Hessenberg 矩阵.

3° A, T 如 2°, R 为可逆上三角, 则

$$(TR)^{-1}ATR$$

是上 Hessenberg 矩阵.

4° A,T 如 2°, $y \in \mathbf{C}^n$,$Y = [y,\quad A^H y,\quad \cdots,\quad (A^H)^{n-1}y]$ 可逆, 如果 $Y^H T$ 存在 $\tilde{L}D\tilde{U}$ 分解 (即 $Y^H T$ 顺序主子矩阵均可逆), 则存在单位上三角矩阵 $\tilde{R}$ 与上三角矩阵 S 使 $(T\tilde{R})^{-1} = S^H Y^H$, 并进而证明 $S^H Y^H AT\tilde{R}$ 是与 A 相似的三对角矩阵.

5° 在 4° 中若 $U = TR$, $V = YS$ 则 U 与 V 之列 u_i, v_j 可写成

$$u_1 = a, \quad u_{i+1} = Au_i - \beta_{i,\,i+1}u_i - \beta_{i-1,\,i+1}u_{i-1} - \cdots - \beta_{1,\,i+1}u_1.$$

$$v_1 = \gamma_{1i}y, \quad v_{i+1} = \gamma_{i+1,\,i+1}A^H v_i - \gamma_{i,\,i+1}v_i - \gamma_{i-1,\,i+1}v_{i-1} - \cdots - \gamma_{1,\,i+1}v_1.$$

6° 对 5° 证明

$$\beta_{i,\,i+1} = v_i^H Au_i, \quad \beta_{i-1,\,i} = v_{i-1}^H Au_i,$$

$$\beta_{i,\,i+1} = 0, \quad j = 1,\,2,\cdots,\,i-2,$$

然后设法建立 γ_{ji} 的公式 ($V^H U = I/$且 $V^H AU$ 是三对角矩阵).

IV 证明与讨论下述问题:

1° $A \in \mathbf{C}^{n\times n}$, 则有 $T \in \mathbf{C}^{n\times n}$ 使

$$T^H AT = L,$$

其中 L 是下三角矩阵.

2° 设 λ 与 x 是 $A \in \mathbf{C}^{n\times n}$ 的特征值与对应的特征向量, 又 $C \in \mathbf{C}^{n\times n}$, $Cx = \mu e_1$, 则

$$CAC^{-1} = \begin{bmatrix} \lambda & h^H \\ 0 & B \end{bmatrix}.$$

3° $A \in \mathbf{C}^{n\times n}$,$x \in \mathbf{C}^n$ 且 $\|x\|_2 = 1$, 又 $r = Ax - \mu x$ 则存在 $E \in \mathbf{C}^{n\times n}$ 使 $\|E\|_F = \|r\|_2$ 并使 μ,x 是 $A + E$ 的特征值与特征向量.

4° $A \in \mathbf{C}^{n\times n}$ 其特征值集为 $\Lambda(A) = \{\lambda_1,\,\lambda_2,\cdots,\lambda_n\}$ 又 $Ax_1 = \lambda_1 x_1$, 则存在 u_1 使 $u_1^H x_1 = \lambda_1$, 且使

$$\Lambda(A - x_1 u_1^H) = \{0,\,\lambda_2,\cdots,\,\lambda_n\}.$$

5° 若 A 对应 $\lambda_1,\lambda_2,\cdots,\,\lambda_n$ 这 n 个特征值的特征向量为 $x_1,x_2,\cdots,\,x_n$. 又 $v_1 \in \mathbf{C}^n$ 使 $v_1^H x_1 = 1$, 则 $(I - x_1 v_1^H)A$ 具特征值为 $0,\,\lambda_2,\cdots,\,\lambda_n$ 其对应特征向量是 x_1 和 $x_i - (x_1 v_1^H)x_i$, $i = 2,3,\cdots,n$.

6° 任给 $x, y \in \mathbf{C}^n, x^H y = 1$. 则存在 X, Y 可逆使 $Xe_1 = x$, $Ye_1 = y$ 且 $Y^H = X^{-1}$. 利用此结果构造 X 使当 λ 为 A 之简单特征值时有 $X^{-1}AX = \begin{bmatrix} \lambda & 0 \\ 0 & B \end{bmatrix}$.

7° $A \in \mathbf{C}^{n \times n}$, $\|\|\|$ 为任一相容矩阵范数, 则

$$\lim_{k \to \infty} [\|A^k\|]^{\frac{1}{k}} = \rho(A).$$

V 论证分析下述各题:

1° 若 A 系下 Hessenberg 矩阵, 则由

$$A^{(1)} = A,$$

$$A^{(s)} = Q^{(s)}L^{(s)}, \quad A^{(s+1)} = L^{(s)}Q^{(s)}, \quad s = 1, 2, \cdots$$

建立起的 QL 迭代序列 $A^{(s)}$ 保持对一切 s 为下 Hessenberg 矩阵.

2° 试建立 QL 迭代基本收敛的条件, 并给以证明.

3° 讨论 QR 迭代与 QL 迭代的区别.

4° 对 $A \in \mathbf{C}^{n \times n}$ 可否建立 RQ 迭代算术, 即

$$A^{(1)} = A,$$

$$A^{(s)} = R^{(s)}Q^{(s)}, \quad A^{(s+1)} = Q^{(s)}R^{(s)}, \quad s = 1, 2, \cdots$$

其中 $R^{(s)}$ 具正对角线元上三角矩阵, $Q^{(s)} \in \mathbf{U}^{n \times n}$, 说明这种迭代基本收敛的条件, 讨论 RQ 迭代算术与 QL 迭代的关系.

5° 建立与证明三对角矩阵的 QL 迭代过程, 并证明它也是渐近二次收敛.

VI 证明下述结果:

1° 引理 10.12.1.

2° 引理 10.12.2.

第十一章 稳定性分析与 Lyapunov 第二方法

这一章将讨论联系到系统稳定性分析的 Lyapunov 第二方法, 以及由这个方法得到的矩阵线性 Lyapunov 方程. 为了理论上处理的方便, 在一开始将引入矩阵间的 Kronecker 积及其性质, 这一工具的引进对于系统的理论研究是必要的. 由于讨论稳定性的需要将适当地论述有关 Hurwitz 多项式的一些性质.

作为本章讨论的第二个问题是与系统最优控制相联系的矩阵 Riccati 方程.

无论是矩阵的 Lyapunov 方程还是 Riccati 方程, 其可行解法的讨论是有益的, 本章将在原则上给出这种解法.

11.1 矩阵的 Kronecker 积

矩阵之间的 Kronecker 积是一种特殊的映射, 它把 $\mathbf{C}^{m \times n} \times \mathbf{C}^{k \times l}$ 映射至 $\mathbf{C}^{mk \times nl}$, 这一种映射在讨论矩阵方程特别从理论的角度是很适宜的, 具体的有:

定义 11.1.1 $A \in \mathbf{C}^{m \times n}, B \in \mathbf{C}^{k \times l}, C \in \mathbf{C}^{mk \times nl}$ 称为是 A 与 B 的 Kronecker 积, 或 K-积, 系指

$$C = A \otimes B = \begin{bmatrix} \alpha_{11}B, & \alpha_{12}B, & \cdots & \alpha_{1n}B \\ \alpha_{21}B, & \alpha_{22}B, & \cdots & \alpha_{2n}B \\ \vdots & \vdots & & \vdots \\ \alpha_{m1}B, & \alpha_{m2}B, & \cdots & \alpha_{mn}B \end{bmatrix}. \tag{11.1.1}$$

定理 11.1.1 矩阵之间的 K-积具下述性质:

$1°$ $[\mu A] \otimes B = A \otimes [\mu B] = \mu[A \otimes B]$.

$2°$ $A \otimes [B \otimes C] = [A \otimes B] \otimes C = A \otimes B \otimes C$.

$3°$ $[A \otimes B]^T = A^T \otimes B^T, [A \otimes B]^H = A^H \otimes B^H$.

$4°$ $A, B \in \mathbf{C}^{m \times n}, C, D \in \mathbf{C}^{k \times l}$, 则

$$(A + B) \otimes (C + D) = A \otimes C + A \otimes D + B \otimes C + B \otimes D.$$

$5°$ $A = A^T, B = B^T \Rightarrow [A \otimes B]^T = A \otimes B, A = A^H, B = B^H \Rightarrow [A \otimes B]^H = A \otimes B$.

$6°$ $A \in \mathbf{C}^{m \times n}, C \in \mathbf{C}^{n \times l}, B \in \mathbf{C}^{s \times t}, D \in \mathbf{C}^{t \times p}$, 则 $[A \otimes B][C \otimes D] = [AC] \otimes [BD]$.

$7°$ 任何 $a \in \mathbf{C}^m, b \in \mathbf{C}^n$ 有

$$ba^T = a^T \otimes b = b \otimes a^T.$$

8° 若 $A = [a_1, a_2, \cdots, a_n]$, 则

$$A = \sum_{j=1}^{n}(a_j \otimes e_j^T), \ A^T = \sum_{j=1}^{n}(a_j^T \otimes e_j).$$

证明 直接验证可得. ∎

定理 11.1.2 $A \in \mathbf{C}_m^{m \times m}$, $B \in \mathbf{C}_n^{n \times n}$, 则 $A \otimes B \in \mathbf{C}_{mn}^{mn \times mn}$ 且有

$$[A \otimes B]^{-1} = A^{-1} \otimes B^{-1}. \tag{11.1.2}$$

证明 由定理 11.1.1 性质 6°, 则

$$[A \otimes B][A^{-1} \otimes B^{-1}] = I_m \otimes I_n = I_{mn}. \ ∎$$

定理 11.1.3 对任何 A, B 总有

$$[A \otimes B]^+ = A^+ \otimes B^+. \tag{11.1.3}$$

证明 由于

$$[A^+ \otimes B^+][A \otimes B] = (A^+A) \otimes (B^+B),$$

$$[A \otimes B][A^+ \otimes B^+] = (AA^+) \otimes (BB^+),$$

显然这两个矩阵均 Hermite 矩阵, 于是

$$A^+ \otimes B^+ \in \mathbf{F}\{3.4\}, \quad F = A \otimes B.$$

同时由

$$\left[(A^+A) \otimes (B^+B)\right][A^+ \otimes B^+] = A^+ \otimes B^+,$$

$$[A \otimes B][(A^+A) \otimes (B^+B)] = A \otimes B.$$

可知 $A^+ \otimes B^+ = (A \otimes B)^+$. ∎

定理 11.1.2 是定理 11.1.3 的特殊情形.

定理 11.1.4 $A \in \mathbf{C}^{m \times m}$, $B \in \mathbf{C}^{n \times n}$, 若 $x \in \mathbf{C}^m$, $y \in \mathbf{C}^n$ 分别是 A 与 B 关于特征值 λ 与 μ 的特征向量, 则 $\lambda\mu$ 是 $A \otimes B$ 的特征值, $x \otimes y$ 是 $A \otimes B$ 关于特征值 $\lambda\mu$ 的特征向量.

证明 由 $x \neq 0$, $y \neq 0$, 则 $x \otimes y \neq 0$ 且

$$[A \otimes B][x \otimes y] = (Ax) \otimes (By) = \lambda\mu[x \otimes y]. \ ∎$$

定理 11.1.5 $\|x\|_2 = \|y\|_2 = 1$, 则 $\|x \otimes y\|_2 = 1$.

证明 由于 $[x \otimes y]^H[x \otimes y] = [x^H \otimes y^H][x \otimes y] = (x^Hx) \otimes (y^Hy) = 1$. ∎

定理 11.1.6　1° $U \in \mathbf{U}^{m \times m}$, $V \in \mathbf{U}^{n \times n}$, 则

$$[U \otimes V]^H [U \otimes V] = I_{mn}$$

或 $U \otimes V \in \mathbf{U}^{mn \times mn}$.

2° U, V 同 1°, $A \in \mathbf{C}^{m \times m}$, $B \in \mathbf{C}^{n \times n}$ 有

$$U^H A U = T, V^H B V = S,$$

均上三角矩阵, 则

$$[U \otimes V]^H [A \otimes B][U \otimes V] = T \otimes S$$

是 $\mathbf{C}^{mn \times mn}$ 中的上三角矩阵。

3° 若 $A \in \mathbf{C}^{m \times m}$, $B \in \mathbf{C}^{n \times n}$ 均正规矩阵则 $A \otimes B$ 与 $B \otimes A$ 均正规矩阵. 且若 $U_1 \in \mathbf{U}^{m \times m}$, $U_2 \in \mathbf{U}^{n \times n}$ 使

$$U_1^H A U_1 = \Lambda = \mathrm{diag}(\lambda_1, \lambda_2, \cdots, \lambda_m),$$
$$U_2^H B U_2 = M = \mathrm{diag}(\mu_1, \mu_2, \cdots, \mu_n),$$

则 $U_1 \otimes U_2$ 与 $U_2 \otimes U_1$ 均 $\mathbf{U}^{mn \times mn}$ 中的矩阵, 且

$$[[U_1 \otimes U_2]^H [A \otimes B][U_1 \otimes U_2] = \mathrm{diag}(\lambda_1 M, \lambda_2 M, \cdots, \lambda_m M),$$
$$[U_2 \otimes U_1]^H [B \otimes A][U_2 \otimes U_1] = \mathrm{diag}(\mu_1 \Lambda, \mu_2 \Lambda, \cdots, \mu_n \Lambda).$$

4° $A \in \mathbf{C}_r^{m \times n}$, $B \in \mathbf{C}_s^{k \times l}$, 它们的正奇值分别为 $\alpha_1, \alpha_2, \cdots, \alpha_r$ 与 $\beta_1, \beta_2, \cdots, \beta_s$. 又

$$A = U_1 D_1 V_1^H, \quad B = U_2 D_2 V_2^H$$

分别是 A 与 B 的 UDV^H 分解, 则 $A \otimes B$ 的正奇值为 $\alpha_1 \beta_1, \cdots, \alpha_r \beta_s$ 共 sr 个. 并且

$$A \otimes B = [U_1 \otimes U_2][D_1 \otimes D_2][V_1 \otimes V_2]^H$$

是 $A \otimes B$ 对应的分解.

5° A 可相似化简成对角形, $T \in \mathbf{C}_n^{n \times n}$ 有

$$T^{-1} A T = \Lambda = \mathrm{diag}(\lambda_1, \lambda_2, \cdots, \lambda_n),$$

$B \in \mathbf{C}^{m \times m}$, $S \in \mathbf{C}_m^{m \times m}$ 有 $S^{-1} B S = J = \mathrm{diag}(J_1, J_2, \cdots, J_p)$ 是 B 的 Jordan 标准形, 则有

$$[T \otimes S]^{-1} [A \otimes B][T \otimes S] = \Lambda \otimes J$$
$$= \mathrm{diag}(\lambda_1 J_1, \cdots, \lambda_1 J_p, \cdots, \lambda_n J_1, \cdots, \lambda_n J_p)$$

是 $A \otimes B$ 的一个 Jordan 标准形.

$6°$ A 的特征值是 $\lambda_1, \lambda_2, \cdots, \lambda_n$, B 的特征值是 $\mu_1, \mu_2, \cdots, \mu_m$, 则 $A \otimes B$ 的特征值是 $\lambda_1\mu_1, \lambda_1\mu_2, \cdots, \lambda_n\mu_1, \lambda_n\mu_2 \cdots, \lambda_n\mu_m$.

上述定理所列举的六个性质, 在引用定理 11.1.1 的性质 $6°$ 以后是很容易验证的.

参考文献: [Bar1971], [Bel1970], [Hua1984].

11.2   线性矩阵方程

在 7.10 节我们曾从一般意义下讨论过线性矩阵方程, 那里是建立在矩阵若当型基础上. 本节将利用矩阵之间 Kronecker 积来讨论.

给定 $A \in \mathbf{C}^{m \times m}$, $B \in \mathbf{C}^{n \times n}$, $F \in \mathbf{C}^{m \times n}$, 则由这三个矩阵可以确定一个线性矩阵方程

$$AX + XB = F. \tag{11.2.1}$$

如果研究 $\mathbf{C}^{m \times n} \to \mathbf{C}^{m \times n}$ 的线性变换 τ, 即

$$Y = AX + XB = \tau(X), \tag{11.2.2}$$

则可以指望利用这个线性变换的某些特征来研究式 (11.2.1) 的解的存在与唯一的问题。

显然对方程 (11.2.1), 存在解的充要条件是

$$F \in \text{Ima}(\tau) \subset \mathbf{C}^{m \times n}. \tag{11.2.3}$$

而其解唯一当且仅当

$$\text{Ker}(\tau) = \{0\}. \tag{11.2.4}$$

一般来说, 无论是线性变换 (11.2.2) 还是条件 (11.2.3),(11.2.4) 在讨论时总不太方便, 从方法上则希望将变换 (11.2.2) 用 $\mathbf{C}^{mn} \to \mathbf{C}^{mn}$ 的线性变换来表达. 如果对应变换 (11.2.2) 的矩阵能用 $\mathbf{C}^{mn \times mn}$ 中的元刻划, 则条件 (11.2.3) 与 (11.2.4) 就可以用熟知的矩阵的列空间与零空间来描述, 而这样一来就可以将以前的一些理论直接应用于矩阵线性方程.

考虑线性映射 $\sigma: \mathbf{C}^{m \times n} \to \mathbf{C}^{mn}$, $\sigma(X) = x \in \mathbf{C}^{mn}$, 其具体对应为

$$X = \begin{bmatrix} x_1^T \\ x_2^T \\ \vdots \\ x_m^T \end{bmatrix} \in \mathbf{C}^{m \times n}, \quad x = \sigma(X) = \begin{bmatrix} x_1 \\ x_2 \\ \vdots \\ x_m \end{bmatrix} \in \mathbf{C}^{mn}, \tag{11.2.5}$$

即对于任何 $X \in \mathbf{C}^{m \times n}$, 则 $x = \sigma(X)$ 是 $\mathbf{C}^{mn}$ 中的向量, 它是将 X 的 m 个行均转置成列后按序排成一列形成 $\mathbf{C}^{mn}$ 维空间的一个列向量.

为了得到 $\sigma(AX)$ 与 $\sigma(XB)$ 的具体形象, 可以引入:

定理 11.2.1　$A \in \mathbf{C}^{m \times m}$, $B \in \mathbf{C}^{n \times n}$, $X \in \mathbf{C}^{m \times n}$ 则有

$$\sigma(AXB) = [A \otimes B^T]\sigma(X). \tag{11.2.6}$$

证明　记 $I_m = [e_1, e_2, \cdots, e_m]$, $I_n = [\tilde{e}_1, \tilde{e}_2, \cdots, \tilde{e}_n]$ 分别是 $m \times m$ 与 $n \times n$ 的单位矩阵, 并令

$$\sigma(AXB) = Sx = S\sigma(X), \quad S \in \mathbf{C}^{mn \times mn}.$$

选取 $E_{ij} = e_i \tilde{e}_j^T$, 则 E_{ij}, $i \in \underline{m}$, $j \in \underline{n}$ 组成 $\mathbf{C}^{m \times n}$ 的一组基. 考虑到

$$\sigma(E_{ij}) = \sigma(e_i \tilde{e}_j^T) = \begin{bmatrix} 0 \\ 0 \\ \vdots \\ \tilde{e}_j \\ 0 \\ \vdots \\ 0 \end{bmatrix} \updownarrow i \downarrow, \tag{11.2.7}$$

注意到式 (11.2.7) 右端的 $0 \in \mathbf{C}^n$, 且 $\tilde{e}_j$ 处于上数第 i 个向量的位置, 则有

$$\sigma(AE_{ij}B) = \sigma(Ae_i \tilde{e}_j^T B) = \sigma(a_i \tilde{b}_j^T) = a_i \otimes \tilde{b}_j, \tag{11.2.8}$$

其中 $\tilde{b}_j^T$ 是 B 的第 j 行, 即 $B = \begin{bmatrix} \tilde{b}_1^T \\ \tilde{b}_2^T \\ \vdots \\ \tilde{b}_n^T \end{bmatrix}$.

由于 $\sigma(E_{ij})$ 在 $\mathbf{C}^{mn}$ 中是一个单位向量, 它的第 $n(i-1) + j$ 个分量为 1, 其余分量均为零, 因而 $\sigma(E_{ij})$, $i \in \underline{m}$, $j \in \underline{n}$ 也是 $\mathbf{C}^{mn}$ 的一组基。

由于式 (11.2.8), 则 S 的第 $n(i-1) + j$ 列应刚好是 $a_i \otimes \tilde{b}_j$. 这样 S 的第 $n(i-1) + 1$ 至 ni 列为 $a_i \otimes B^T$. 若再考虑 $i = 1, 2, \cdots, m$ 变化, 则可以得到

$$S = [a_1 \otimes B^T, a_2 \otimes B^T, \cdots, a_m \otimes B^T] = A \otimes B^T.$$

即有式 (11.2.6).　　　　　　　　　　　　　　　　　　　　　　　　　■

利用定理 11.2.1, 若记 $x = \sigma(X)$, $f = \sigma(F)$ 则方程 (11.2.1) 可以等价地写成

$$\{[A \otimes I_n] + [I_m \otimes B^T]\}x = f, \tag{11.2.9}$$

而这已经是通常的线性方程组形式, 条件 (11.2.3) 将等价于条件

$$f \in \mathbf{R}\{[A \otimes I_n] + [I_m \otimes B^T]\}.$$

而条件 (11.2.4) 等价于

$$\mathbf{N}\{[A \otimes I_n] + [I_m \otimes B^T]\} = \{0\}.$$

定理 11.2.2 $A \in \mathbf{C}^{m \times m}$, $B \in \mathbf{C}^{n \times n}$, 若 $\lambda_i, i \in \underline{m}$ 与 $\mu_j, j \in \underline{n}$ 分别是 A 与 B 的特征值, 则

$$\sigma_{ij} = \lambda_i + \mu_j, \quad i \in \underline{m}, \quad j \in \underline{n} \tag{11.2.10}$$

是 $[A \otimes I_n] + [I_m \otimes B^T]$ 的特征值.

证明 设 $T \in \mathbf{C}_m^{m \times m}$, $S \in \mathbf{C}_n^{n \times n}$ 使

$$T^{-1}AT = J = \operatorname{diag}(J_1, J_2, \cdots, J_r),$$
$$S^{-1}B^T S = \tilde{J} = \operatorname{diag}(\tilde{J}_1, \tilde{J}_2, \cdots, \tilde{J}_s),$$

其中 $J, \tilde{J}$ 分别是 A, B^T 的 Jordan 标准形, $J_i, \tilde{J}_i$ 是 A, B^T 的 Jordan 块. 由于

$$[T \otimes S]^{-1}[A \otimes I_n + I_m \otimes B^T][T \otimes S] = J \otimes I_n + I_m \otimes \tilde{J},$$

显然这是一个上三角矩阵, 不难看出其特征值即其对角线元, 它们依次为

$$\lambda_1 + \mu_1, \lambda_1 + \mu_2, \cdots, \lambda_1 + \mu_n, \lambda_2 + \mu_1, \cdots,$$
$$\lambda_2 + \mu_n, \cdots, \lambda_m + \mu_1, \cdots, \lambda_m + \mu_n,$$

共 mn 个. ∎

定理 11.2.3 $A \in \mathbf{C}^{m \times m}$, $B \in \mathbf{C}^{n \times n}$, 则矩阵线性方程 (11.2.1) 对于任何 $F \in \mathbf{C}^{m \times n}$ 存在唯一解当且仅当

$$\lambda_i + \mu_j \neq 0, \quad \forall i \in \underline{m}, \quad j \in \underline{n}, \tag{11.2.11}$$

其中 $\lambda_i, i \in \underline{m}, \mu_j, j \in \underline{n}$ 分别是 A 与 B 的特征值.

证明 由于式 (11.2.1) 存在唯一解当且仅当式 (11.2.9) 存在唯一解当且仅当 $A \otimes I_n + I_m \otimes B^T$ 是非奇异的, 而 B 与 B^T 有相同特征值, 利用定理 11.2.2 则立即得到结论. ∎

定理 11.2.4 $A \in \mathbf{C}^{n \times n}$, 矩阵方程

$$VA + A^H V = W \tag{11.2.12}$$

对任给的 $W \in \mathbf{C}^{n \times n}$ 存在唯一解 $V \in \mathbf{C}^{n \times n}$ 当且仅当对任给 $W = W^H \in \mathbf{C}^{n \times n}$ 存在唯一解 $V = V^H \in \mathbf{C}^{n \times n}$.

证明　当: 设任给 $W \in \mathbf{C}^{n \times n}$, 令 $F = \frac{1}{2}[W + W^H]$, $G = \frac{1}{2}[W - W^H]$, 则 $F = F^H$, $G = -G^H$, 显然 $G = iH$ 而 $H = H^H$. 对于 F, H 这两个 Hermite 矩阵来说, 方程 (11.2.12) 有解令为 X, Y. 若取 $V = X + iY$, 则

$$VA + A^H V = XA + A^H X + i[YA + A^H Y]$$
$$= F + iH = F + G = W.$$

即方程 (11.2.12) 只要对一切 $W = W^H$ 存在解就一定对任何 $W \in \mathbf{C}^{n \times n}$ 存在解.

考虑式 (11.2.12) 对应的齐次方程

$$VA + A^H V = 0. \tag{11.2.13}$$

由于任何 V_1 是式 (11.2.13) 的解, 则 $V_1 + V_1^H$, $i(V_1 - V_1^H)$ 也都是它的解, 但 $V_1 + V_1^H$ 与 $i(V_1 - V_1^H)$ 均为 Hermite 矩阵. 因此式 (11.2.13) 存在非零解 V_1 就必存在非零的 Hermite 矩阵解. 这一点说明如果式 (11.2.12) 对 $W = W^H$ 对应解唯一则对任何 $W \in \mathbf{C}^{n \times n}$ 对应解唯一.

仅当: 由于式 (11.2.13) 对任给 $W \in \mathbf{C}^{n \times n}$ 有解, 则显然对 $W = W_1 = W_1^H \in \mathbf{C}^{n \times n}$ 亦有解, 设此解为 V_2, 则 $\frac{1}{2}(V_2 + V_2^H)$ 必为 (11.2.12) 在 $W = W_1 = W_1^H$ 时的 Hermite 解. 而式 (11.2.12) 对任何 $W \in \mathbf{C}^{n \times n}$ 解唯一则对 $W = W_1 = W_1^H$ 下解唯一是显然的, 由此 $V_2 = \frac{1}{2}(V_2 + V_2^H) = V_2^H$. ■

矩阵方程 (11.2.12) 是系统与控制理论中十分重要的方程, 由于它同稳定性分析中 Lyapunov 第二方法联系密切常称 Lyapunov 方程.

定理 11.2.5　给定 $A \in \mathbf{C}^{n \times n}$, 则方程

$$VA + A^H V = W$$

对给定的 $W = W^H$ 存在唯一解 $V = V^H$ 当且仅当

$$\lambda_i + \bar{\lambda}_j \neq 0, \quad \forall i \in \underline{n}, \quad j \in \underline{n}, \tag{11.2.14}$$

其中 λ_i 是 A 的特征值.

证明　由于 $\tau(V) = VA + A^H V$ 这一 $\mathbf{C}^{n \times n} \to \mathbf{C}^{n \times n}$ 的线性变换非奇异当且仅当该线性变换不存在零特征值当且仅当式 (11.2.14)(注意 $\bar{\lambda}_j$ 是 A^H 的特征值与定理 11.2.2).

$\tau(V)$ 线性变换非奇异当且仅当式 (11.2.12) 对任给 W 存在唯一解 V, 再考虑到定理 11.2.4 则结论自然成立. ■

参考文献: [Bar1971], [Bel1970], [Hua1984], [GG1977].

11.3 $A \otimes I_n + I_m \otimes B^T$ 的谱及其应用

给定 $A \in \mathbf{C}^{m \times m}$, $B^T \in \mathbf{C}^{n \times n}$, 若已知 A 与 B 的全部根向量, 当然应设法利用这些根向量以求得 $A \otimes I_n + I_m \otimes B^T$ 的根向量, 从而对式 (11.2.1) 这种线性变换的谱有所了解.

设 $x \in \mathbf{C}^m$ 是 A 对应特征值 λ 秩为 k 的根向量, 即

$$(A - \lambda I_m)^s x = 0, \quad \forall s \geqslant k, \quad (A - \lambda I_m)^{k-1} x \neq 0, \tag{11.3.1}$$

而 $y \in \mathbf{C}^n$ 是 B^T 对应特征值 μ 秩为 l 的根向量, 即

$$(B^T - \mu I_n)^t y = 0, \quad \forall t \geqslant l, \quad (B - \mu I_n)^{l-1} y \neq 0. \tag{11.3.2}$$

由于对任何 s 都有

$$[A \otimes I_n + I_m \otimes B^T - (\lambda + \mu) I_m \otimes I_n]^s$$
$$= [(A - \lambda I_m) \otimes I_n + I_m \otimes (B^T - \mu I_n)]^s$$
$$= (A - \lambda I_m)^s \otimes I_n + C_s^1 (A - \lambda I_m)^{s-1} \otimes (B^T - \mu I_n) + \cdots$$
$$+ C_s^i (A - \lambda I_m)^{s-i} \otimes (B^T - \mu I_n)^i + \cdots + I_m \otimes (B^T - \mu I_n)^s.$$

考虑到式 (11.3.1) 与式 (11.3.2), 由此就有

$$[A \otimes I_n + I_m \otimes B^T - (\lambda + \mu) I_m \otimes I_n]^{k+l-2} [x \otimes y]$$
$$= C_{k+l-2}^{k-1} (A - \lambda I_m)^{k-1} x \otimes (B^T - \mu I_n)^{l-1} y \neq 0.$$

但却有

$$[A \otimes I_n + I_m \otimes B^T - (\lambda + \mu) I_m \otimes I_n]^{k+l-1} [x \otimes y] = 0.$$

考虑到 $I_m \otimes I_n = I_{mn}$, 则可知 $x \otimes y$ 是 $mn \times mn$ 阶方阵 $A \otimes I_n + I_m \otimes B^T$ 关于特征值 $\lambda + \mu$ 的具秩为 $k + l - 1$ 的根向量.

如果 $T \in \mathbf{C}_m^{m \times m}$, $S \in \mathbf{C}_n^{n \times n}$ 有 $T^{-1} A T = J$, $S^{-1} B S = \tilde{J}$ 分别是 A 与 B^T 的 Jordan 标准形, 则 T 与 S 的列分别是 A 与 B^T 的根向量, 考虑到 $T \otimes S$ 的列系由 A 与 B^T 的根向量 K-积而成, 所以 $T \otimes S$ 的列必为 $A \otimes I_n + I_m \otimes B^T$ 之根向量, 考虑到 S, T 均非奇异则 $T \otimes S$ 非奇异, 于是 $T \otimes S$ 的列必包含 $A \otimes I_n + I_m \otimes B^T$ 对应各种特征值具各种秩的根向量类型, 并且有

$$[T \otimes S]^{-1} [A \otimes I_n + I_m \otimes B^T][T \otimes S] = J \otimes I_n + I_m \otimes \tilde{J}. \tag{11.3.3}$$

于是就有

定理 11.3.1 矩阵 $A \otimes I_n + I_m \otimes B^T$ 的全部根向量均由 A 的根向量与 B 的根向量经 K-积所构成, 并且当 x 是 A 关于特征值 λ 秩 k 的根向量, y 是 B^T 关于特征值 μ 秩 l 的根向量, 则 $x \otimes y$ 是 $A \otimes I_n + I_m \otimes B^T$ 关于特征值 $\lambda + \mu$ 具秩为 $k + l - 1$ 的根向量。 ∎

为了能利用 A 与 B^T 的根子空间或特征子空间来讨论 $A \otimes I_n + I_m \otimes B^T$ 的零空间与列空间, 可以有

定理 11.3.2 设 $A \in \mathbf{C}^{m \times m}$ 与 $B^T \in \mathbf{C}^{n \times n}$ 的特征值分别为 $\lambda_1, \lambda_2, \cdots, \lambda_m$ 和 $\mu_1, \mu_2, \cdots, \mu_n$, 其中满足条件 $\lambda_i + \mu_j = 0$ 的特征值共 p 对, 它们是

$$\lambda_{i_k} + \mu_{j_k} = 0, \ k \in \underline{p}. \tag{11.3.4}$$

设 X_k 与 Y_k 之列分别组成 A 对应 λ_{i_k} 和 B^T 对应 μ_{j_k} 的特征子空间的基, 则

$$\mathbf{N}[A \otimes I_n + I_m \otimes B^T] = \bigoplus_{k=1}^{p} \mathbf{R}[X_k \otimes Y_k]. \tag{11.3.5}$$

证明 由于矩阵 $[X_1 \otimes Y_1, X_2 \otimes Y_2, \cdots, X_p \otimes Y_p]$ 之列刚好组成 $A \otimes I_n + I_m \otimes B^T$ 对应零特征值的特征子空间的基. 由此就有式 (11.3.5). ∎

为了顺利地求得 $\mathbf{R}[A \otimes I_n + I_m \otimes B^T]$, 考虑到

$$\mathbf{R}[A \otimes I_n + I_m \otimes B^T] = \mathbf{N}[A^H \otimes I_n + I_m \otimes \overline{B}]_\perp,$$

其中 $\overline{B}$ 是 B 的复共轭矩阵.

由于 A^H 与 $\overline{B}$ 的特征值分别为 $\overline{\lambda}_i$ 与 $\overline{\mu}_j, i \in \underline{m}, j \in \underline{n}$, 并且满足条件 $\overline{\lambda}_i + \overline{\mu}_j = 0$ 的特征值仍为 p 对, 它们是

$$\overline{\lambda}_{i_k} + \overline{\mu}_{j_k} = 0, \quad k \in \underline{p}. \tag{11.3.6}$$

如果以 $\widetilde{X}_k$ 与 $\widetilde{Y}_k$ 之列分别组成 A^H 与 $\overline{B}$ 对应 $\overline{\lambda}_{i_k}$ 与 $\overline{\mu}_{j_k}$ 的特征子空间的基, 则引入矩阵

$$S = [\widetilde{X}_1 \otimes \widetilde{Y}_1, \cdots, \widetilde{X}_p \otimes \widetilde{Y}_p], \tag{11.3.7}$$

就有 $\mathbf{R}(S) = \mathbf{N}[A^H \otimes I_n + I_m \otimes \overline{B}]$, 由此可以有

$$\mathbf{R}[A \otimes I_n + I_m \otimes B^T] = \mathbf{R}[I_{mn} - SS^+].$$

于是得到:

定理 11.3.3 符号由上面规定, 则矩阵方程

$$AX + XB = F$$

有解当且仅当

$$\sigma(F) = f \in \mathbf{R}[A \otimes I_n + I_m \otimes B^T]$$

当且仅当

$$SS^+ f = 0,$$

其中 $\sigma(F)$ 由式 (11.2.5), S 由式 (11.3.7) 确定.

参考文献: [Bar1971], [Bel1970], [Hua1984].

11.4 Lyapunov 稳定性与矩阵方程

常系数线性系统

$$\dot{x} = Ax \tag{11.4.1}$$

的渐近稳定性问题是系统与控制理论的基本问题, 在 7.7 节已经作了初步讨论, 其结论是: 式 (11.4.1) 是渐近稳定的当且仅当 A 的特征值集合 $\mathbf{\Lambda}(A) \subset \mathring{\mathbf{C}}_-$ 或 A 是稳定矩阵.

下面将指出系统 (11.4.1) 的渐近稳定与由 A 确定的 Lyapunov 方程

$$VA + A^H V = -W \tag{11.4.2}$$

的性质有关.

定理 11.4.1 系统 (11.4.1) 渐近稳定当且仅当矩阵 Lyapunov 方程 (11.4.2) 对任给正定矩阵 $W = W^H \in \mathbf{C}^{n \times n}$ 均存在唯一的正定矩阵解 V.

证明 当: 设 $V = V^H$, $W = W^H$ 正定且满足式 (11.4.2). 由于 V 与 W 均正定, 则 $\langle W, V \rangle_{n \times n}$ 组成正则矩阵束, 设其最大与最小特征值为 α_1 与 α_n, 则由 4.13 节有

$$\alpha_1 \geqslant \frac{x^H W x}{x^H V x} \geqslant \alpha_n > 0, \quad \forall x \neq 0$$

或等价地写成

$$\alpha_1 x^H V x \geqslant x^H W x \geqslant \alpha_n x^H V x, \quad \forall x \in \mathbf{C}^n. \tag{11.4.3}$$

令 $V = V(x(\tau)) = x^H(\tau) V x(\tau)$, 其中 $x(\tau)$ 是式 (11.4.1) 的解, 则有

$$\begin{aligned}
\frac{dV(x(\tau))}{d\tau} &= \dot{x}^H(\tau) V x(\tau) + x^H(\tau) V \dot{x}(\tau) \\
&= x^H(\tau) [A^H V + VA] x(\tau) \\
&= -x^H(\tau) W x(\tau).
\end{aligned} \tag{11.4.4}$$

令 $x(0) = x_0 \neq 0$, 则 $V(x(0)) = x_0^H V x_0 = V_0 > 0$.

利用式 (11.4.3) 则式 (11.4.4) 可以导出 $V(x(\tau))$ 满足下述微分不等式

$$-\alpha_n V(x(\tau)) \geqslant \frac{dV(x(\tau))}{d\tau} \geqslant -\alpha_1 V(x(\tau)),$$

对于上述微分不等式积分, 则有

$$V_0 e^{-\alpha_n \tau} \geqslant V(x(\tau)) \geqslant V_0 e^{-\alpha_1 \tau}. \tag{11.4.5}$$

由于 α_1, α_n 均正实数, 因而有

$$\lim_{\tau \to +\infty} x^H(\tau) V x(\tau) = \lim_{\tau \to +\infty} V(x(\tau)) = 0. \tag{11.4.6}$$

而由 V 是正定的, 则由式 (11.4.6) 就有

$$\lim_{\tau \to +\infty} x^H(\tau) x(\tau) = 0$$

即系统 (11.4.1) 是渐近稳定的.

仅当: 式 (11.4.1) 渐近稳定, 因而 $\mathbf{\Lambda}(A) \subset \overset{\circ}{\mathbf{C}}_-$, 由此 A 的特征值 λ_i 与 A^H 的特征值 $\bar{\lambda}_j$ 间总有

$$\lambda_i + \bar{\lambda}_j \neq 0, \quad i,\, j \in \underline{n},$$

于是由定理 11.2.4, 方程 (11.4.2) 在给定 $W = W^H$ 正定矩阵后存在唯一的 Hermite 矩阵解 V. 事实上

$$V = \int_0^{+\infty} e^{A^H \tau} W e^{A\tau} d\tau, \tag{11.4.7}$$

有

$$VA + A^H V = \int_0^{+\infty} e^{A^H \tau} W d(e^{A\tau}) + \int_0^{+\infty} d(e^{A^H \tau}) W e^{A\tau}$$

$$= e^{A^H \tau} W e^{A\tau} \Big|_0^{+\infty} = -W, \tag{11.4.8}$$

其中我们用到 $\mathbf{\Lambda}(A) \cup \mathbf{\Lambda}(A^H) \subset \overset{\circ}{\mathbf{C}}_-$, 因而式 (11.4.7) 积分有意义且式 (11.4.8) 成立.

由此即知式 (11.4.7) 是式 (11.4.2) 的解. 考虑任何 $y \in \mathbf{C}^n$, 则利用 W 正定与 $e^{A\tau}$ 非奇异就有

$$y^H V y = \int_0^{+\infty} y^H e^{A^H \tau} W e^{A\tau} y d\tau \geqslant 0,$$

并且等号仅在 $y = 0$ 时才成立. 于是由式 (11.4.7) 确定的 V 是正定的.

V 的唯一性是显然的. ■

定理 11.4.1 是系统稳定性的经典结果. 结合系统可观测性可使 W 的正定条件减弱. 相关结果放在下面两推论中.

推论 11.4.1 若 A 是一稳定矩阵, $W = W^H$ 是半正定的, 则方程 (11.4.2) 存在半正定 Hermite 解 V. 又若 $W = RR^H$ 使矩阵对 (A, R^H) 是可观测对, 则式 (11.4.2) 存在正定 Hermite 解 V.

证明 令 $V = \int_0^{+\infty} e^{A^H \tau} W e^{A\tau} d\tau$, 由于 A 是稳定矩阵显然这一积分有意义考虑到 W 半正定则 V 亦半正定, 并且 V 满足式 (11.4.2).

若 $W = RR^H$, 则 $x^H V x = 0$ 当且仅当

$$\int_0^{+\infty} \|R^H e^{A\tau} x\|_2^2 d\tau = 0 \tag{11.4.9}$$

当且仅当

$$R^H e^{A^\tau} x = 0, \quad \forall \tau \geqslant 0$$

当且仅当

$$x \in \bigcap_{i=1}^n \mathbf{N}(R^H A^{i-1}),$$

但由于 (A, R^H) 组成完全可观测对, 因而 $\bigcap_{i=1}^n \mathbf{N}(R^H A^{i-1}) = \{0\}$. 于是从 $x^H V x = 0$ 就有 $x = 0$.

这表明 V 是正定矩阵. ∎

推论 11.4.2 对系统 (11.4.1) 若存在 V 正定, W 半正定且 (A, W) 可观测, V, W 满足 (11.4.2), 则系统 (11.4.1) 是稳定的.

证明 令 $V(x(t)) = x(t)^T V x(t)$, 其中 $x(t)$ 是式 (11.4.1) 的解, 则由式 (11.4.2) 有

$$\frac{dV}{dt}\bigg|_{(11.4.1)} = -x(t)^T W x(t).$$

对上式两边在 $(0, t)$ 上积分, 则有

$$x(t)^T V x(t) = x(0)^T V x(0) - \int_0^t x(\tau)^T W x(\tau) d\tau.$$

由 $W \geqslant 0$ 及 $V > 0$, 则可知 $\lim_{t \to +\infty} x(t)^T V x(t)$ 存在, 其中 $x(t)$ 是具初值 $x(0)$ 的解. 由 $W \geqslant 0$, 则可有 $W = C^T C$ 且 (A, W) 可观测当且仅当 (A, C) 可观测, 由此就有

$$\int_0^T e^{A^T \tau} W e^{A\tau} d\tau = \int_0^T [e^{A^T \tau} C^T C e^{A\tau}] d\tau = Q, \quad T > 0.$$

由 (A, C) 可观测可知 $Q > 0$. 现令 $t_n = nT$, 则由 $\dot{V}(x(t)) \leqslant 0$ 可知

$$V(x(t_{n+1})) \leqslant V(x(t)) \leqslant V(x(t_n)), \quad t_n \leqslant t \leqslant t_{n+1}.$$

由于 $V(x(t))$ 在 $t \to +\infty$ 时极限存在, 而

$$V(x(t_{n+1})) - V(x(t_n)) = \int_{nT}^{(n+1)T} -x(\tau)^T W x(\tau) d\tau = -x^T(t_n) Q x(t_n),$$

又 $Q > 0$, 于是 $\lim_{n \to +\infty} x(t_n) = 0$. 由此从 $\lim_{n \to +\infty} V(x(t_n)) = 0$ 推出 $\lim_{n \to +\infty} V(x(t)) = 0$ 而 $V > 0$ 于是有 $\lim_{t \to +\infty} x(t) = 0$. 从而由常系数线性系统理论可知系统 (11.4.1) 是稳定的. ■

基于稳定矩阵 A 和与其相联系的 Lyapunov 方程 (11.4.2) 的讨论可以得到稳定矩阵 A 的一种特殊分解形式.

定理 11.4.2　矩阵 A 是稳定矩阵当且仅当有正定矩阵 P, Q 和斜 Hermite 矩阵 S 使

$$A = P(S - Q), \tag{11.4.10}$$

并且若 A 已表达成式 (11.4.10), 则 A 的特征值 λ_i 有

$$-\nu_n \leqslant \mathbf{Re}(\lambda_i) \leqslant -\nu_1, \tag{11.4.11}$$

其中 ν_i 是 PQ 按升序排的特征值.

证明　当: 由 P 正定则 P^{-1} 正定, 于是式 (11.4.10) 可以推出

$$P^{-1}A = S - Q, \quad A^H P^{-1} = -S - Q,$$

由此有 $P^{-1}A + A^H P^{-1} = -2Q$, 其中 P^{-1}, Q 均正定从而 A 是稳定矩阵.

仅当: 由于 A 是稳定矩阵, 则任给矩阵 W 正定总有 V 正定使

$$VA + A^H V = -W.$$

令 $S = \frac{1}{2}W + VA$, 则 $S^H = A^H V + \frac{1}{2}W = -VA - \frac{1}{2}W = -S$, 即 S 是斜 Hermite 矩阵. 再令 $P = V^{-1}, Q = \frac{1}{2}W$, 则 $P[S - Q] = V^{-1}VA = A$.

最后由于 PQ 的特征值与正则矩阵束 $\langle Q, P^{-1} \rangle_{n \times n}$ 的特征值与特征向量相同, 则可知若 λ_i 是 A 的特征值, x_i 是 A 对应 λ_i 的特征向量, 于是由式 (11.4.2) 有

$$2\mathbf{Re}(\lambda_i) = \bar{\lambda}_i + \lambda_i = \frac{-x_i^H W x_i}{x_i^H V x_i} = \frac{-x_i^H (2Q) x_i}{x_i^H P^{-1} x_i}.$$

由此可知 $\mathbf{Re}(\lambda_i)$ 在正则矩阵束 $\langle -Q, P^{-1} \rangle_{n \times n}$ 的最大与最小特征值之间, 此即有式 (11.4.11). ■

推论 11.4.3　若 A 系稳定矩阵, P 正定且有 $PA + A^H P = -Q$ 是负定的, Q_1 与 S_1 是任意的半正定矩阵与斜 Hermite 矩阵,

$$B = (S_1 - Q_1)P, \tag{11.4.12}$$

则 $A + B$ 是稳定矩阵.

证明 由于 P 正定则 P^{-1} 正定, 由此从 $PA + A^H P = -Q$ 就有 $AP^{-1} + P^{-1}A^H = -P^{-1}QP^{-1}$, 显然 $P^{-1}QP^{-1}$ 正定, 又从式 (11.4.12) 可以推出

$$BP^{-1} + P^{-1}B^H = -2Q_1 \ (\because S_1^H = -S_1).$$

由此就有

$$(A+B)P^{-1} + P^{-1}(A+B)^H = -[P^{-1}QP^{-1} + 2Q_1].$$

由于 P^{-1} 与 $P^{-1}QP^{-1} + 2Q_1$ 均正定, 于是由定理 11.4.1 知 $A + B$ 是稳定矩阵. ∎

定理 11.4.3 若 $V = V^H$ 正定, $W = W^H$ 半正定又

$$VA + A^H V = -W,$$

则系统 (11.4.1) 是稳定的.

证明 令 $V(x) = x^H V x$, 则 $V(x)$ 对 (11.4.1) 的全导数有

$$
\begin{aligned}
\frac{d}{d\tau}[V(x)] &= \dot{x}^H V x + x^H V \dot{x} \\
&= x^H [A^H V + V A] x \\
&= -x^H W x \leqslant 0.
\end{aligned}
$$

于是对式 (11.4.1) 的解来说总有

$$V(x(\tau)) \leqslant V(x(0)), \quad \forall \tau \geqslant 0.$$

从而有 $\|x(\tau)\|_v$ 有界于是 $\|x(\tau)\|_2$ 有界, 即系统 (11.4.1) 是稳定的, 其中 $\|x\|_v = x^H V x$. ∎

定理 11.4.4 系统 (11.4.1) 若 A 之特征值有

$$\lambda_i + \bar{\lambda}_j \neq 0, \quad \forall i, j \in \underline{n}, \tag{11.4.13}$$

则该系统存在解 $x(\tau)$ 有 $\lim\limits_{\tau \to +\infty} \|x(\tau)\|_2 = \infty$ 当且仅当对任何正定矩阵 W, 对应方程 (11.4.2) 的矩阵解 V 具有负特征值.

证明 当: 由于 V 具有负特征值, 则存在 x_0 使 $x_0^H V x_0 = -\alpha < 0$. 令 $V(x) = x^H V x$ 由 $V(0) = 0$ 且 $V(x)$ 是 x 的连续函数, 因而存在 $\eta > 0$, 使

$$V(x) > -\alpha, \quad \forall \|x\|_2 \leqslant \eta.$$

考虑到 W 正定, 因而存在 $\mu > 0$ 使

$$x^H W x \geqslant \mu \|x\|_2^2.$$

研究在 $\mathbf{C}^n$ 中区域 $\mathbf{S} = \{x \mid \|x\|_2 \geqslant \eta\}$, 则有

$$x^H W x \geqslant \mu \eta^2 > 0, \quad x \in \mathbf{S}. \tag{11.4.14}$$

现在考虑式 (11.4.1) 在 $x(0) = x_0$ 这一初始下的解 $x(\tau)$, 由于 $\dfrac{dV(x(\tau))}{d\tau} = -x^H(\tau) W x(\tau) \leqslant 0$, 则总有 $V(x(\tau)) \leqslant x_0^H V x_0 = -\alpha$, 于是 $x(\tau) \in \mathbf{S}$.

利用式 (11.4.3), 可以有 $\dfrac{dV(x(\tau))}{d\tau} \leqslant -\mu \eta^2$ 对一切 $\tau \geqslant 0$ 成立. 由于 $V(x(0)) = -\alpha < 0$, $\dfrac{dV(x(\tau))}{d\tau} \leqslant -\mu \eta^2$, 则可知 $V(x(\tau)) < -\alpha - \mu \eta^2 \tau$, 从而有 $\lim\limits_{\tau \to +\infty} V(x(\tau)) = -\infty$. 而这表明 $\lim\limits_{\tau \to +\infty} \|x(\tau)\|_2 = +\infty$.

仅当: 由式 (11.4.13) 则对任给 W 正定, 必存在 $V = V^H$ 使式 (11.4.1) 成立. 显然 V 不可能正定, 否则系统将渐近稳定.

设二次型 $x^H V x$ 半正定, 并设 $x_0^H V x_0 = 0$, $x_0 \neq 0$, 研究式 (11.4.1) 在初值 $x(0) = x_0$ 下的解 $x(\tau)$ 由于 $\dfrac{dV(x(\tau))}{d\tau} = -x^H(\tau) W x(\tau) < 0$. 因而存在 $\tau > 0$ 使 $V(x(\tau)) < 0$. 但 V 半正定与此矛盾, 因而 V 必不可能半正定.

V 这一 Hermite 矩阵既非正定也非半正定表明 V 具负特征值.　■

定理 11.4.1, 定理 11.4.3 与定理 11.4.4 是 Lyapunov 稳定性讨论中三个最基本的定理. 由于对应系统 (11.4.1) 是常系数线性系统, 因而其对应结论均可与线性矩阵方程的讨论相联系. 如果我们将上述二次型 $x^H V x$ 与 $x^H W x$ 改为一般的函数 $V(x)$ 与 $W(x)$, 再将函数中引进正定, 半正定 (或称正常号) 与变号 (对应 V 矩阵可有正的与负的特征值) 的概念, 则上述三个基本定理在稍加改动后可以适用于一般的非线性系统.

无论是用正定二次型还是用正定函数, 利用它们对系统的全微商以判别系统的稳定性, 这种方法统称 Lyapunov 第二方法. 这个方法的优点在于按照稳定性问题的特点利用 $V(x)$ 所应满足的一个微分不等式, 避开系统的具体解的特性直接得到稳定性的结论. 因而称为 Lyapunov 直接方法, 这一方法采用的判别系统稳定性的函数 $V(x)$ 称为 Lyapunov 函数.

在常系数线性系统的范围内, Lyapunov 函数常取为二次型.

参考文献: [HZ1981], [Hua1984], [Hua1992], [KB1960a], [Lya1992], [Sch1965].

11.5　Hurwitz 多项式

对于系统的稳定性分析来说, 从多项式的角度实际上归结为系统对应的特征多项式的根是否皆有负的实部, 如果能不求出多项式的根就判断对应系统的稳定性, 显然是有益的.

以下限定研究的多项式是在 $\mathbf{R}[\lambda]$ 中的.

定义 11.5.1　$\varphi(\lambda) \in \mathbf{R}[\lambda]$, 称 $\varphi(\lambda)$ 是 Hurwitz 多项式, 系指有

$$Re(\lambda) < 0, \quad \forall \varphi(\lambda) = 0, \tag{11.5.1}$$

即 $\varphi(\lambda)$ 的根均具负的实部.

在 $\mathbf{R}[\lambda]$ 中所有的 Hurwitz 多项式组成的集合简记为 $\mathbf{H}$. 显然 $\mathbf{H}$ 具性质

$$\alpha(\lambda)\beta(\lambda) \in \mathbf{H}, \quad \forall \alpha(\lambda), \ \beta(\lambda) \in \mathbf{H}.$$

在经典控制理论中判断 $\varphi(\lambda) \in \mathbf{R}[\lambda]$ 是否有 $\varphi(\lambda) \in \mathbf{H}$ 常借助于由 $\varphi(\lambda)$ 的系数所构成的一系列 Hurwitz 行列式的符号来进行判定, 通常称这样的判据为 Hurwitz 判据. 下面给出这个判据的证明.

引理 11.5.1　$\varphi(\lambda) \in \mathbf{R}[\lambda]$, $\varphi^*(\lambda) = (-1)^n \varphi(-\lambda)$, 其中 $n = \deg [\varphi(\lambda)]$, 又

$$\varphi(j\omega) \neq 0, \quad \forall \omega \in \mathbf{R}, \tag{11.5.2}$$

则 $\varphi(\lambda) \in \mathbf{H}$ 当且仅当

$$\Phi_1(\lambda) = (\lambda + \gamma)\varphi(\lambda) + \lambda\varphi^*(\lambda), \quad \forall \gamma > 0 \tag{11.5.3}$$

有 $\Phi_1(\lambda) \in \mathbf{H}$.

证明　设 γ 是任一正实数, 令

$$\Phi_\mu(\lambda) = (\lambda + \gamma)\varphi(\lambda) + \mu\lambda\varphi^*(\lambda), \quad 0 \leqslant \mu \leqslant 1, \tag{11.5.4}$$

显然 $\varphi(\lambda) \in \mathbf{H} \Leftrightarrow \Phi_0(\lambda) = (\lambda + \gamma)\varphi(\lambda) \in \mathbf{H}$. 由于 $\Phi_\mu(\lambda)$ 是 $n+1$ 次多项式其首项系数为 $1 + \mu \neq 0$, 所以 $\Phi_\mu(\lambda)$ 对一切 $0 \leqslant \mu \leqslant 1$ 均有 $n+1$ 个根, 这 $n+1$ 个根是 μ 的连续函数.

以下证明 $\Phi_\mu(\lambda)$ 对 $0 \leqslant \mu \leqslant 1$ 不存在纯虚根. 设 $j\omega$ 有 $\Phi_\mu(j\omega) = 0$, 则立即推出

$$(j\omega + \gamma)\varphi(j\omega) + \mu j\omega\varphi^*(j\omega) = 0.$$

由于式 (11.5.2), 则由 $|\varphi(j\omega)| = |\varphi^*(j\omega)|$ 就有

$$\frac{|\mu\omega|}{\sqrt{\omega^2 + \gamma^2}} = 1.$$

而这对 $0 \leqslant \mu \leqslant 1, \gamma > 0$ 来说是不可能成立的. 于是 $\Phi_\mu(\lambda)$ 没有纯虚根. 从而 $\Phi_\mu(\lambda)$ 对 $0 \leqslant \mu \leqslant 1$ 均有 $\Phi_\mu(\lambda) \in \mathbf{H}$. 由此有

$\varphi(\lambda) \in \mathbf{H}$ 当且仅当 $\Phi_\mu(\lambda) \in \mathbf{H}, 0 \leqslant \mu \leqslant 1$, 当且仅当 $\Phi_1(\lambda) = (\lambda + \gamma)\varphi(\lambda) + \lambda\varphi^*(\lambda) \in \mathbf{H}$. ■

引理 11.5.2　任给一 $n+1$ 次多项式

$$\psi(\lambda) = \lambda^{n+1} + \beta_n \lambda^n + \cdots + \beta_1 \lambda + \beta_0 \in \mathbf{R}[\lambda],$$

又 $\psi(\lambda)$ 具性质 (11.5.2) 且 $\beta_n > 0$, 则 $\psi(\lambda) \in \mathbf{H}$ 当且仅当 $\chi(\lambda) \in \mathbf{H}$, 其中

$$\chi(\lambda) = -(\lambda - 2\beta_n)\psi(\lambda) + \lambda\psi^*(\lambda),$$
$$\psi^*(\lambda) = (-1)^{n+1}\psi(-\lambda).$$

证明　由于 $\psi(\lambda)$ 具性质 (11.5.2) 当且仅当 $\chi(\lambda)$ 亦具性质 (11.5.2). 由引理 11.5.1, 则 $\chi(\lambda) \in \mathbf{H}$ 当且仅当 $X_1(\lambda) = \chi(\lambda)(\lambda + 2\beta_n) + \lambda\chi^*(\lambda) \in \mathbf{H}$. 由于

$$X_1(\lambda) = (\lambda + 2\beta_n)[\lambda\psi^*(\lambda) - (\lambda - 2\beta_n)\psi(\lambda)]$$
$$+ \lambda(-1)^n[-\lambda\psi^*(-\lambda) + (\lambda + 2\beta_n)\psi(-\lambda)],$$

并且

$$\psi^*(\lambda) = (-1)^{n+1}\psi(-\lambda), \quad \psi^*(-\lambda) = (-1)^{n+1}\psi(\lambda),$$

于是

$$X_1(\lambda) = 4\beta_n^2 \psi(\lambda),$$

从而 $\chi(\lambda) \in \mathbf{H}$ 当且仅当 $\psi(\lambda) \in \mathbf{H}$.　∎

引理 11.5.3　$\varphi(\lambda) = \lambda^n + \alpha_{n-1}\lambda^{n-1} + \cdots + \alpha_1 \lambda + \alpha_0 \in \mathbf{H}$ 仅当

$$\alpha_i > 0, \quad i = 0, 1, 2, \cdots, n-1.$$

证明　设 $\varphi(\lambda)$ 在 $\mathbf{R}[\lambda]$ 中展成首一质多项式之积 $\varphi(\lambda) = \prod_{i=1}^{p} \varphi_i(\lambda)$, 由于 $\mathbf{R}[\lambda]$ 中首一质多项式只有两类, 即 $\lambda + \varepsilon$ 与 $\lambda^2 + \gamma\lambda + \delta$, 而 $\lambda + \varepsilon \in \mathbf{H}$ 当且仅当 $\varepsilon > 0$, $\lambda^2 + \gamma\lambda + \delta \in \mathbf{H}$ 当且仅当 $\gamma > 0$ 与 $\delta > 0$, 于是 $\varphi(\lambda)$ 是具正实系数多项式之积, 因而 $\varphi(\lambda) \in \mathbf{H}$ 则其系数均正.　∎

对于给定的多项式

$$\varphi(\lambda) = \alpha_n \lambda^n + \alpha_{n-1}\lambda^{n-1} + \cdots + \alpha_1 \lambda + \alpha_0 \in \mathbf{R}[\lambda],$$

则可以利用其系数 α_i 构造一个 Hurwitz 矩阵

$$H_\varphi = \begin{bmatrix} \alpha_{n-1} & \alpha_n & 0 & 0 & 0 & \cdots \\ \alpha_{n-3} & \alpha_{n-2} & \alpha_{n-1} & \alpha_n & 0 & \cdots \\ \alpha_{n-5} & \alpha_{n-4} & \alpha_{n-3} & \alpha_{n-2} & \alpha_{n-1} & \cdots \\ \vdots & \vdots & \vdots & \vdots & \vdots & \vdots \\ 0 & 0 & 0 & 0 & \cdots & \alpha_0 \end{bmatrix}. \tag{11.5.5}$$

其对角线元依次为 $\alpha_{n-1},\ \alpha_{n-2},\ \cdots,\ \alpha_0$, 而其每一行由对角线元出发向两边由右向左按原多项式系数排成. 其中对 α_j 约定

$$\alpha_j = 0, \quad j > n \text{ 或 } j < 0.$$

一般称 H_φ 的前 k 行 k 列构成的 k 阶主子式为 $\varphi(\lambda)$ 的 k 阶 Hurwitz 行列式, 且记为 Δ_k.

定理 11.5.1 (Hurwitz 判据)$\varphi(\lambda) \in \mathbf{R}[\lambda]$, $\deg [\varphi(\lambda)] = n$, 则 $\varphi(\lambda) \in \mathbf{H}$ 当且仅当 $\alpha_n > 0$ 与 H_φ 的一切主子式 $\Delta_i > 0$, $i \in \underline{n}$.

证明 不妨设 $\alpha_n = 1$, 对 $n = \deg [\varphi(\lambda)]$ 用数学归纳法.$n = 1$ 时已知定理显然成立, 现设 $n = m$ 时定理已经成立, 研究 $n = m + 1$.

考虑任何 $\varphi(\lambda) = \lambda^m + \alpha_{m-1}\lambda^{m-1} + \cdots + \alpha_1\lambda + \alpha_0$, 则可以由它产生一个多项式

$$\begin{aligned}
\Phi(\lambda) &= \frac{1}{2}[(\lambda + 2\alpha)\varphi(\lambda) + \lambda\varphi^*(\lambda)] \\
&= \sum_{r=0}^{m+1} A_r \lambda^r,
\end{aligned}$$

$$A_r = \alpha\alpha_r + \frac{1}{2}[1 + (-1)^{m+r-1}]\alpha_{r-1}, \quad A_{m+1} = 1,$$

其中 $\alpha > 0$ 是任一正实数. 这里 $\varphi(\lambda)$ 产生 $\Phi(\lambda)$ 的过程刚好就是引理 11.5.1 与引理 11.5.2 的过程.

由 $\Phi(\lambda)$ 所得的 Hurwitz 矩阵是

$$H_\Phi = \begin{bmatrix}
\alpha & 1 & 0 & \cdots \\
\alpha\alpha_{m-2} & \alpha\alpha_{m-1} + \alpha_{m-2} & \alpha & \cdots \\
\alpha\alpha_{m-4} & \alpha\alpha_{m-3} + \alpha_{m-4} & \alpha\alpha_{m-2} & \cdots \\
\vdots & \vdots & \vdots & \vdots \\
\cdots & \cdots & \cdots & \cdots
\end{bmatrix}.$$

若以 D_k 表其 k 阶主子式 (即 $\Phi(\lambda)$ 的 k 阶 Hurwitz 行列式), 利用行列式运算容易验证有

$$D_k = \alpha^k \Delta_{k-1}, \quad k \in \underline{m+1}, \tag{11.5.6}$$

其中 Δ_i 是 H_φ 的 i 阶主子式, 且 $\Delta_0 = 1$.

由引理 11.5.1 与引理 11.5.2 可知, 任给一 $m+1$ 次 Hurwitz 多项式 $\Phi(\lambda)$ 总有 m 次 Hurwitz 多项式 $\varphi(\lambda)$ 与之对应, 反之亦然, 而这两个多项式的 Hurwitz 行列式之间有式 (11.5.6), 于是有 $m+1$ 次多项式 $\Phi(\lambda) \in \mathbf{H} \Leftrightarrow$ 对应的一个 m 次多项式 $\varphi(\lambda) \in \mathbf{H}$(由定理在 $n = m$ 时成立)$\Leftrightarrow \Delta_i > 0$, $i \in \underline{m}$(由式 (11.5.6))$\Leftrightarrow D_k > 0$, $k \in \underline{m+1}$.

即定理由 $n = m$ 成立可证得 $n = m + 1$ 成立, 于是按归纳法定理得证. ∎

对于 $\varphi(\lambda) = \sum_{k=0}^{n} \alpha_k \lambda^k \in \mathbf{R}[\lambda]$, 对由它确定的 Hurwitz 矩阵 H_φ, 式 (11.5.5) 作下述运算, 以 $-\alpha_n/\alpha_{n-1}$ 乘其第 $2k-1$ 列加至第 $2k$ 列上, 则 H_φ 变为

$$
\widetilde{H}_\varphi = \begin{bmatrix} \alpha_{n-1} & 0 \\ b & H_{\varphi_1} \end{bmatrix} = \begin{bmatrix} \alpha_{n-1} & 0 & 0 & \cdots & \cdots \\ \alpha_{n-3} & \gamma_{n-2} & \alpha_{n-1} & 0 & \cdots \\ \alpha_{n-5} & \gamma_{n-4} & \alpha_{n-3} & \cdots & \cdots \\ \vdots & \vdots & \vdots & & \vdots \\ \cdots & \cdots & \cdots & \cdots & \cdots \end{bmatrix}.
$$

显然 $\alpha_{n-1} > 0$ 与 H_{φ_1} 各阶主子式均正当且仅当 H_{φ_1} 的各阶主子式均正. 若记

$$
\varphi_1 = \alpha_{n-1}\lambda^{n-1} + \gamma_{n-2}\lambda^{n-2} + \alpha_{n-3}\lambda^{n-3} + \cdots
$$

则 H_{φ_1} 是 φ_1 对应的 Hurwitz 矩阵, 不过此时 $\deg[\varphi_1] = n - 1 < \deg[\varphi] = n$.

由于 H_{φ_1} 已是 $n-1$ 阶的 Hurwitz 矩阵, 当然可以重复上述步骤, 直至将原来的 H_φ 化成一个下三角矩阵, 而由前面的分析可以看到 H_φ 的主子式全正当且仅当这个下三角矩阵的对角线元均正. 这个对角线元产生的过程常称 Routh 算术, 可以列成下述 Routh 算表:

$$
\begin{aligned}
&\gamma_{11} = \alpha_n, & &\gamma_{12} = \alpha_{n-2}, & &\gamma_{13} = \alpha_{n-4}, & &\cdots \\
&\gamma_{21} = \alpha_{n-1}, & &\gamma_{22} = \alpha_{n-3}, & &\gamma_{23} = \alpha_{n-5}, & &\cdots \\
&\gamma_{31} = \gamma_{12} - \rho_1\gamma_{22}, & &\gamma_{32} = \gamma_{13} - \rho_1\gamma_{23}, & &\gamma_{33} = \gamma_{14} - \rho_1\gamma_{24}, & &\cdots \\
&\rho_1 = \frac{\gamma_{11}}{\gamma_{21}}, \\
&\gamma_{41} = \gamma_{22} - \rho_2\gamma_{32}, & &\gamma_{42} = \gamma_{23} - \rho_2\gamma_{33}, & &\gamma_{43} = \gamma_{24} - \rho_2\gamma_{34}, & &\cdots \\
&\rho_2 = \frac{\gamma_{21}}{\gamma_{31}}, \\
&\cdots & &\cdots & &\cdots & &\cdots
\end{aligned}
$$

而 H_φ 最后化得下三角矩阵的对角线元就是 $\gamma_{21}, \gamma_{31}, \gamma_{41}, \cdots$.

综上所述可以有:

定理 11.5.2　$\varphi(\lambda) = \sum_{k=0}^{n} \alpha_k \lambda^k \in \mathbf{R}[\lambda]$, 则 $\varphi(\lambda) \in \mathbf{H}$ 当且仅当 $\varphi(\lambda)$ 排成的 Routh 算表中第一列元皆正, 即有

$$
\gamma_{11} > 0, \ \gamma_{21} > 0, \ \cdots.
$$

参考文献: [Hua1984], [Hur1895].

11.6　Cauchy 指数与 Sturm 组

以下用 $\mathbf{R}(\lambda)$ 表实系数有理函数的全体, 若 $r(\lambda) \in \mathbf{R}(\lambda)$, 则 $r(\lambda) = \varphi(\lambda)/\psi(\lambda)$, 其中 $\varphi(\lambda), \psi[\lambda] \in \mathbf{R}[\lambda]$, $\mathbf{R}[\lambda]$ 为实系数多项式之全体.

为了深入讨论 Hurwitz 多项式, 引入关于有理函数的 Cauchy 指数的概念.

定义 11.6.1　$r(\lambda) \in \mathbf{R}(\lambda)$, (α, β) 是 $\mathbf{R}^1$ 上的一个开区间, 称 $r(\lambda)$ 在 λ 由 α 变至 β 的过程中, $r(\lambda)$ 由 $-\infty$ 转成 $+\infty$ 与由 $+\infty$ 转成 $-\infty$ 的间断点个数之差为 $r(\lambda)$ 在 (α, β) 的 Cauchy 指数, 并记为 $I_\alpha^\beta(r(\lambda))$, 其中 (α, β) 也可取为开无穷区间.

例 11.6.1　$r(\lambda) = \dfrac{\lambda + 3}{(\lambda - 2)(\lambda - 1)}$, 对应有

$$I_0^{1.5} r(\lambda) = -1, \quad I_{1.5}^3 r(\lambda) = 1, \quad I_0^3 r(\lambda) = 0.$$

若 $r(\lambda) \in \mathbf{R}(\lambda)$ 仅具有一阶实极点, 则它可展开为

$$r(\lambda) = \sum_{i=1}^p \frac{\alpha_i}{\lambda - \lambda_i} + r_1(\lambda), \tag{11.6.1}$$

其中 $r_1(\lambda) \in \mathbf{R}[\lambda]$ 是多项式, 因而在 (α, β) 区间无极点, 引入

$$\operatorname{sign} \mu = \begin{cases} 1, & \mu > 0, \\ 0, & \mu = 0, \\ -1, & \mu < 0. \end{cases} \tag{11.6.2}$$

则有

$$\begin{aligned} I_\alpha^\beta(r(\lambda)) &= \sum_{i=1}^s \operatorname{sign}(\alpha_i), \quad \alpha < \lambda_i < \beta \\ &= \sum_{\substack{i=1 \\ (\alpha, \beta)}}^s \operatorname{sign}(\alpha_i). \end{aligned} \tag{11.6.3}$$

以上求和是对一切有 $\alpha < \lambda_i < \beta$ 所对应的 i 作的. 显然 $r(\lambda)$ 在 $(-\infty, +\infty)$ 的极点 $\lambda_1, \lambda_2, \cdots, \lambda_p$ 皆为一阶, 则

$$I_{-\infty}^{+\infty}(r(\lambda)) = \sum_{i=1}^p \operatorname{sign}(\alpha_i). \tag{11.6.4}$$

定理 11.6.1　$\varphi(\lambda) \in \mathbf{R}[\lambda]$, 则 $\varphi(\lambda)$ 在 (α, β) 相异实根数为

$$I_\alpha^\beta \left[\frac{\varphi'(\lambda)}{\varphi(\lambda)} \right]. \tag{11.6.5}$$

证明　设 $\varphi(\lambda) = \prod_{i=1}^{s} (\lambda - \lambda_i)^{\nu_i} \varphi_1(\lambda)$, 其中 $\varphi_1(\lambda)$ 在 (α, β) 没有根而 $\alpha < \lambda_i < \beta, i \in \underline{s}$. 由此

$$\frac{\varphi'(\lambda)}{\varphi(\lambda)} = \sum_{i=1}^{s} \frac{\nu_i}{\lambda - \lambda_i} + r_1(\lambda),$$

其中 $r_1(\lambda)$ 在 (α, β) 连续, $\nu_i \geqslant 1$, 于是对照式 (11.6.1) 有

$$S = \sum_{i=1}^{s} \text{sign}\,(\nu_i) = I_{\alpha}^{\beta}\left[\frac{\varphi'(\lambda)}{\varphi(\lambda)}\right]. \qquad \blacksquare$$

对于一般的 $r(\lambda) \in \mathbf{R}(\lambda)$, (α, β) 是 $\mathbf{R}^1$ 的一开区间, $r(\lambda)$ 在 (α, β) 的极点为 $\lambda_1, \lambda_2, \cdots, \lambda_s$, 对应极点 λ_i 的阶数为 ν_i, 则 $r(\lambda)$ 可展成

$$r(\lambda) = \sum_{i=1}^{s}\left(\sum_{j=1}^{\nu_i} \frac{\alpha_{ij}}{(\lambda - \lambda_i)^j}\right) + r_1(\lambda), \qquad (11.6.6)$$

其中 $r_1(\lambda)$ 在 (α, β) 连续.

由于 $\sum_{j=1}^{\nu_i} \dfrac{\alpha_{ij}}{(\lambda - \lambda_i)^j}$ 在 $\lambda = \lambda_i$ 附近的渐近性质由 $\dfrac{\alpha_{i\nu_i}}{(\lambda - \lambda_i)^{\nu_i}}$ 完全确定, 于是就有

$$I_{\alpha}^{\beta}(r(\lambda)) = \sum_{\substack{\nu_i \text{奇数} \\ (\alpha, \beta)}} \text{sign}\,[\alpha_{i\nu_i}], \qquad (11.6.7)$$

$$I_{-\infty}^{+\infty}(r(\lambda)) = \sum_{\nu_i \text{奇数}} \text{sign}\,[\alpha_{i\nu_i}]. \qquad (11.6.8)$$

后一个等式是对所有奇数阶实极点求和的.

对于一般 $I_{\alpha}^{\beta}(r(\lambda))$ 的计算可以通过它的多项式的 Sturm 组的联系得到.

定义 11.6.2　有限个多项式序列 $\varphi_i(\lambda), i \in \underline{m}$ 称为是在 (α, β) 的一个 Sturm 组, 系指

$1°$ 任何 $\alpha < \lambda < \beta$ 若 $\varphi_l(\lambda) = 0$, 则 $\varphi_{l-1}(\lambda)\varphi_{l+1}(\lambda) < 0$. 此性质对一切 $l \in \underline{m-1}$ 均成立.

$2°$ $\varphi_m(\lambda) \neq 0, \forall \alpha < \lambda < \beta$.

考虑一个 Sturm 组

$$\varphi_1(\lambda),\ \varphi_2(\lambda),\ \cdots,\ \varphi_m(\lambda). \qquad (11.6.9)$$

今后以 $V(\lambda)$ 表 $\{\varphi_i(\lambda)\}$ 的变号数, $\lambda \in (\alpha, \beta)$. 考虑到可能出现 $\varphi_i(\alpha) = 0$ 的情况, 由于 $\varphi_i(\lambda)$ 的根都是孤立的, 因而可以用 $V(\alpha + \varepsilon)$ 代替 $V(\alpha)$. 同时 $V(\beta)$ 也以 $V(\beta - \varepsilon)$ 代替, 其中 ε 充分小使式 (11.6.9) 在 $(\alpha, \alpha + \varepsilon]$ 或 $[\beta - \varepsilon, \beta)$ 无根.

定理 11.6.2 (Sturm) 若式 (11.6.9) 在 (α, β) 系一 Sturm 组, 又 $V(\lambda)$ 表式 (11.6.9) 在 $\lambda \in (\alpha, \beta)$ 的变号数, 则

$$I_\alpha^\beta \frac{\varphi_2(\lambda)}{\varphi_1(\lambda)} = V(\alpha) - V(\beta). \tag{11.6.10}$$

证明 显然 $V(\lambda)$ 是 $\lambda \in (\alpha, \beta)$ 分段常量的函数, 其间断点只可能在 $\varphi_i(\lambda)$ 的实零点处发生, $i \in \underline{m}$. 但由于 $\varphi_m(\lambda)$ 在 (α, β) 上不变号, 因而由 Sturm 组性质 1°, 则 $\varphi_2(\lambda),\ \varphi_3(\lambda),\ \cdots,\ \varphi_m(\lambda)$ 的零点都不是 $V(\lambda)$ 的间断点. 于是 $V(\lambda)$ 的改变当且仅当在 $\dfrac{\varphi_2(\lambda)}{\varphi_1(\lambda)}$ 由 $-\infty$ 转成 $+\infty$ 的点或由 $+\infty$ 转成 $-\infty$ 的点才能发生. 若 $\dfrac{\varphi_2(\lambda)}{\varphi_1(\lambda)}$ 在 $\lambda = \lambda_0$ 由 $-\infty$ 转成 $+\infty$, 则 $V(\lambda_0 - \varepsilon) - V(\lambda_0 + \varepsilon) = 1$, 反之若 $\dfrac{\varphi_2(\lambda)}{\varphi_1(\lambda)}$ 在 $\lambda = \lambda_1$ 由 $+\infty$ 转成 $-\infty$, 则 $V(\lambda_0 - \varepsilon) - V(\lambda_0 + \varepsilon) = -1$, 将 $\dfrac{\varphi_2(\lambda)}{\varphi_1(\lambda)}$ 可能发生上述转化的全部间断点考虑到就有式 (11.6.10). ∎

如果式 (11.6.9) 系一 Sturm 组, 则多项式组

$$\varphi_1(\lambda)\psi(\lambda),\ \varphi_2(\lambda)\psi(\lambda),\ \cdots,\ \varphi_m(\lambda)\psi(\lambda) \tag{11.6.11}$$

称为一个扩展 Sturm 组. 其中 $\psi(\lambda)$ 是任一多项式.

容易证明定理 11.6.1 对于扩展 Sturm 组也是适用的.

设任给两多项式 $\varphi(\lambda),\ \psi(\lambda) \in \mathbf{R}[\lambda]$, 则可以按下述方法构造一个多项式序列

$$\begin{cases} \varphi_1 = \varphi, \\ \varphi_2 = \psi, \\ \varphi_{k+1} = \varphi_k q_{k-1} - \varphi_{k-1}, \quad \deg[\varphi_{k+1}] < \deg[\varphi_k], \quad k = 2, 3, \cdots, m-1, \end{cases} \tag{11.6.12}$$

其中 φ_m 是这个序列的最后一个多项式, 它有

$$\varphi_m(\lambda) | \varphi_{m-1}(\lambda). \tag{11.6.13}$$

如果 $\varphi_m(\lambda)$ 在 (α, β) 无根, 则相仿 10.9 节可以证明式 (11.6.12) 具定义 11.6.2 的两个要求, 因而是 (α, β) 的一个 Sturm 组. 如果 $\varphi_m(\lambda)$ 在 (α, β) 有根, 则 $\varphi_m(\lambda) = $ g.c.d.$[\varphi_1, \varphi_2, \cdots, \varphi_m]$, 于是式 (11.6.13) 是一个扩展了的 Sturm 组. 总之定理 11.6.2 对序列 (11.6.12) 总成立.

利用定理 11.6.1 与 11.6.2 则有

定理 11.6.3 $\varphi(\lambda) \in \mathbf{R}[\lambda]$, 按 $\psi(\lambda) = \varphi'(\lambda) = \dfrac{d\varphi}{d\lambda}$ 代入式 (11.6.12) 构造一 Sturm 组

$$\varphi_1 = \varphi,\ \varphi_2 = \varphi',\ \varphi_3,\ \cdots,\ \varphi_m, \tag{11.6.14}$$

则 $\varphi(\lambda)$ 在 (α,β) 内相异实根数 $= V(\alpha) - V(\beta)$, 其中 $V(\lambda)$ 是式 (11.6.14) 当 $\alpha \leqslant \lambda \leqslant \beta$ 的变号数. ∎

例 11.6.2

$$\varphi(\lambda) = \lambda^4 - 3\lambda^3 - \lambda^2 + 8\lambda - 4 \tag{11.6.15}$$

构造一个 Sturm 组

$$\varphi_1 = \varphi(\lambda) = \lambda^4 - 3\lambda^3 - \lambda^2 + 8\lambda - 4,$$

$$\varphi_2 = \varphi'(\lambda) = 4\lambda^3 - 9\lambda^2 - 2\lambda + 8,$$

$$\varphi_3 = \frac{35}{16}\lambda^2 - \frac{45}{8}\lambda + \frac{5}{2},$$

$$\varphi_4 = \frac{160}{49}\lambda - \frac{320}{49}.$$

容易看出 $\varphi_4(\lambda)|\varphi_i(\lambda), i \in \underline{4}$. 若以 $V(\lambda)$ 表上述 Sturm 组的变号数, 则有

λ	φ_1	φ_2	φ_3	φ_4	V
-5	$+$	$-$	$+$	$-$	3
-1	$-$	$-$	$+$	$-$	2
$+1$	$+$	$+$	$-$	$-$	1
$+5$	$+$	$+$	$+$	$+$	0

考虑到 $\lambda = 2$ 是 $\varphi(\lambda)$ 二重根, 则

	$(-\infty,-5)$	$(-5,-1)$	$(-1,+1)$	$(1,5)$
$\varphi(\lambda)$相异的实根数	0	1	1	1

∎

从有理函数 $r(\lambda)$ 的 Cauchy 指数的定义, 可以有下述性质:

(1)

$$I_\alpha^\beta r(\lambda) = -I_\beta^\alpha r(\lambda). \tag{11.6.16}$$

(2) 若 $r_1(\lambda) \neq 0, r_1(\lambda) \neq \infty$ 对一切 $\alpha < \lambda < \beta$ 成立, 则

$$I_\alpha^\beta r_1(\lambda)r_2(\lambda) = (I_\alpha^\beta r_2(\lambda))(\operatorname{sign} r_1(\lambda)). \tag{11.6.17}$$

(3) $\alpha < \gamma < \beta$ 则

1° $I_\alpha^\beta r(\lambda) = I_\alpha^\gamma r(\lambda) + I_\gamma^\beta r(\lambda)$, 当 $r(\gamma) = \lim\limits_{\lambda \to \gamma} r(\lambda)$.

2° $I_\alpha^\beta r(\lambda) = I_\alpha^\gamma r(\lambda) + I_\gamma^\beta r(\lambda) + 1$, 当 $\lim\limits_{\lambda \to \gamma^+} r(\lambda) = +\infty = -\lim\limits_{\lambda \to \gamma^-} r(\lambda)$.

3° $I_\alpha^\beta r(\lambda) = I_\alpha^\gamma r(\lambda) + I_\gamma^\beta r(\lambda) - 1$, 当 $\lim\limits_{\lambda \to \gamma^+} r(\lambda) = -\infty = -\lim\limits_{\lambda \to \gamma^-} r(\lambda)$, 其中 1° 包括 $r(\gamma) = \pm\infty$ 的情况.

(4) $I^0_{-\alpha} r(\lambda) = I^\alpha_0 r(\lambda)$, 当 $r(-\lambda) = -r(\lambda)$.

$I^0_{-\alpha} r(\lambda) = -I^\alpha_0 r(\lambda)$, 当 $r(-\lambda) = r(\lambda)$.

(5) $I^\beta_\alpha r(\lambda) + I^\beta_\alpha \dfrac{1}{r(\lambda)} = \dfrac{\varepsilon_\beta - \varepsilon_\alpha}{2}$, 其中 $\varepsilon_\alpha = \lim\limits_{\lambda \to \alpha^+} \mathrm{sign}\, r(\lambda)$, $\varepsilon_\beta = \lim\limits_{\lambda \to \beta^-} \mathrm{sign}\, r(\lambda)$.

以上极限要求 λ 在 (α, β) 内 $\to \alpha$ 或 $\to \beta$.

以上 (1) – (4) 直接由定义即得到, 而 (5) 系由 $I^\beta_\alpha r(\lambda) + I^\beta_\alpha \dfrac{1}{r(\lambda)} = n_1 - n_2$ 得到, 其中 n_1 是 $r(\lambda)$ 由负值变为正值的零点数, 而 n_2 是 $r(\lambda)$ 由正值变为负值的零点数, 变化系指 λ 由 α 增加至 β.

参考文献: [Gan1966], [Hua1984].

11.7 任意有理函数 Cauchy 指数的确定

上一节我们对有理函数的 Cauchy 指数与多项式的实根分布的关系进行了讨论. 本节在引入由有理函数决定的 Hankel 矩阵后, 就可以研究 Hurwitz 矩阵的顺序主子式向有变号时如何确定多项式根相对于虚轴的分布的问题.

研究 $\varphi(\lambda) = \alpha_n \prod\limits_{i=1}^{s} (\lambda - \lambda_i)^{\nu_i} \in \mathbf{R}[\lambda]$, 其中 $\lambda_i \in \mathbf{C}$, $i \in \underline{s}$, 且彼此不重. 对 λ_i, ν_i 建立和数

$$\sigma_p = \sum_{j=1}^{s} \nu_j \lambda_j^p, \quad p = 0, 1, 2, \cdots, \tag{11.7.1}$$

一般称它为由 $\varphi(\lambda)$ 构造的 Newton 和. 由 Newton 和可以建立 Hankel 二次型

$$S_n(x, x) = x^T S_n x = \sum_{i,j=0}^{n-1} \sigma_{i+j} \xi_i \xi_j, \tag{11.7.2}$$

其中 $x = [\xi_0, \xi_1, \cdots, \xi_{n-1}]^T$, 而对应的 Hankel 矩阵 S_n, 仍记为 $(\sigma_{i+j})_0^{n-1}$.

定理 11.7.1 $\varphi(\lambda) \in \mathbf{R}[\lambda]$, 则其相异根个数即 S_n 的秩, 其相异实根数为 S_n 之符号差数.

证明 由于

$$
\begin{aligned}
S_n(x, x) &= \sum_{i,k=0}^{n-1} \left(\sum_{j=1}^{s} \nu_j \lambda_j^{i+k} \right) \xi_i \xi_k \\
&= \sum_{j=1}^{s} \nu_j [\xi_0 + \lambda_j \xi_1 + \cdots + \lambda_j^{n-1} \xi_{n-1}]^2,
\end{aligned}
\tag{11.7.3}
$$

由于矩阵

$$\begin{bmatrix} 1 & \lambda_1 & \lambda_1^2 & \cdots & \lambda_1^{n-1} \\ 1 & \lambda_2 & \lambda_2^2 & \cdots & \lambda_2^{n-1} \\ \vdots & \vdots & \vdots & & \vdots \\ 1 & \lambda_s & \lambda_s^2 & \cdots & \lambda_s^{n-1} \end{bmatrix}$$

是 Vendermond 矩阵, 从而 $\text{rank}(S_n) = s$, s 是 $\varphi(\lambda)$ 相异根数.

若 $\lambda_i \in \mathbf{R}$, 则 $\nu_i[\xi_0 + \lambda_i \xi_1 + \cdots + \lambda_i^{n-1} \xi_{n-1}]^2$ 为一正平方项. 而若 $\lambda_i \in \mathbf{C}$, 但 $\lambda_i \notin \mathbf{R}$, 则有 $\lambda_k = \bar{\lambda}_i$ 且 $\nu_k = \nu_i$, 于是 $\nu_i[\xi_0 + \lambda_i \xi_1 + \cdots + \lambda_i^{n-1} \xi_{n-1}]^2 + \nu_k[\xi_0 + \bar{\lambda}_i \xi_1 + \cdots + \bar{\lambda}_i^{n-1} \xi_{n-1}]^2 = \nu_i[X_i^2 + \overline{X}_i^2] = 2\nu_i[(\text{Re} X_i)^2 - (\text{Im} X_i)^2]$, 它对应一个正平方项与一个负平方项. 因而考虑到 $\text{rank}(S_n) = s$, 则 $\varphi(\lambda)$ 相异实根数刚好为 S_n 的符号差 $\sigma(S_n)$. ■

由上述定理可知 S_n 对任何 $n \geqslant s$ 均有同样的秩 s, 从而 $S \begin{bmatrix} 1 & 2 & \cdots & s \\ 1 & 2 & \cdots & s \end{bmatrix}$ 可逆, 而一切 $m > s$, $S \begin{bmatrix} 1 & 2 & \cdots & m \\ 1 & 2 & \cdots & m \end{bmatrix}$ 均不可逆. 利用 10.3 节中关于 Hankel 矩阵符号差估计的结果, 应有:

推论 11.7.1　$\varphi(\lambda) \in \mathbf{R}[\lambda]$, $\deg [\varphi] = n$, $\lambda_1, \cdots, \lambda_r$ 是其 r 个相异根, σ_i 按式 (11.7.1) 作的 Newton 和, 则数列

$$1, \ \sigma_0, \ \begin{vmatrix} \sigma_0 & \sigma_1 \\ \sigma_1 & \sigma_2 \end{vmatrix}, \ \cdots, \ \begin{vmatrix} \sigma_0 & \cdots & \sigma_{r-1} \\ \vdots & & \vdots \\ \sigma_{r-1} & \cdots & \sigma_{2r-2} \end{vmatrix} \tag{11.7.4}$$

的同号数 P 与变号数 V 之差刚好是 $\varphi(\lambda)$ 的相异实根数, 其中 $r = \text{rank}(S_n)$. 或有

$$I_{-\infty}^{+\infty} \frac{\varphi'(\lambda)}{\varphi(\lambda)} = r - 2V \left[1, \ \sigma_0, \ \cdots, \ \begin{vmatrix} \sigma_0 & \cdots & \sigma_{r-1} \\ \vdots & & \vdots \\ \sigma_{r-1} & \cdots & \sigma_{2r-2} \end{vmatrix} \right]. \tag{11.7.5}$$

■

为了对一般有理函数的 Cauchy 指数作出估计, 我们先建立有理函数与无穷阶 Hankel 矩阵的联系, 可以指出任何有理函数 Cauchy 指数的讨论总与有限秩的无穷阶 Hankel 矩阵有关.

任给一序列 $\sigma_0, \sigma_1, \cdots, \in \mathbf{C}$, 则可有一无穷阶 Hankel 矩阵

$$S = \begin{bmatrix} \sigma_0 & \sigma_1 & \sigma_2 & \cdots \\ \sigma_1 & \sigma_2 & \sigma_3 & \cdots \\ \sigma_2 & \sigma_3 & \sigma_4 & \cdots \\ \vdots & \vdots & \vdots & \vdots \end{bmatrix} = (\sigma_{i+j})_0^\infty. \tag{11.7.6}$$

今后以 D_j 表 $S\begin{bmatrix} 1 & \cdots & j \\ 1 & \cdots & j \end{bmatrix}$ 的行列式.

对于 $S = [s_1, s_2, \cdots]$, 若 $\text{span}[s_1, s_2, \cdots]$ 是无穷维的, 则称 $\text{rank}(S) = \infty$, 若 $\text{span}[s_1, s_2, \cdots]$ 的维数为 r, 则记 $\text{rank}(S) = r$.

定理 11.7.2 无穷 Hankel 矩阵 S, $\text{rank}(S) = r$ 当且仅当存在 $\alpha_1, \alpha_2, \cdots, \alpha_r$ 使

$$\sigma_p = \sum_{j=1}^{r} \alpha_j \sigma_{p+j-r-1}, \quad p \geqslant r, \tag{11.7.7}$$

并且 r 是具此种特性的数 p 中最小的.

证明 考虑线性变换 $H : \mathbf{C}^\infty \to \mathbf{C}^\infty$ 有

$$Hx = [\xi_2, \xi_3, \cdots]^T, \quad x = [\xi_1, \xi_2, \cdots]^T,$$

由此 $S = [s_1, Hs_1, H^2 s_1, \cdots]$.

当: 设有式 (11.7.7), 于是有 $H^r s_1 = \alpha_1 s_1 + \cdots + \alpha_r s_r$, 从而就有对任何 $p \geqslant 0$, $H^p s_1 \in \text{span}[s_1, s_2, \cdots, s_r]$ 或 $\text{span}[s_1, s_2, \cdots] = \text{span}[s_1, s_2, \cdots, s_r]$. 考虑到 r 是具该性质的最小值, 则 $\text{rank}(S) = r$.

仅当: 设 $s_1, s_2, \cdots, s_h$ 线性无关, 而 $s_{h+1} \in \text{span}[s_1, s_2, \cdots, s_h]$. 则 $\text{span}[s_1, s_2, \cdots] = \text{span}[s_1, s_2, \cdots, s_h]$ 并且有

$$s_{h+1} = \sum_{i=1}^{h} \alpha_i s_i. \tag{11.7.8}$$

记 $h = r$, 则式 (11.7.8) 给出式 (11.7.7), 且由 $s_1, s_2, \cdots, s_h$ 线性无关可知 h 是具性质 (11.7.8) 的最小数. ∎

推论 11.7.2 若 S 为无穷阶 Hankel 矩阵, 又 $\text{rank}(S) = r$, 则 $D_r \neq 0$.

证明 由于 $\mathbf{R}(S) = \mathbf{R}[s_1, s_2, \cdots, s_r]$ 考虑 s_i 的前 r 个分量组成的列向量为 t_i, 则 $[s_1, s_2, \cdots, s_r] = [t_1, t_2, \cdots]^T$. 但由 $\mathbf{R}(S) = \mathbf{R}[s_1, s_2, \cdots, s_r]$ 可推得

$$\text{span}[t_1, t_2, \cdots] = \text{span}[t_1, t_2, \cdots, t_r].$$

由此有 $[t_1, t_2, \cdots, t_r] \in \mathbf{C}_r^{r \times r}$, 即有 $D_r \neq 0$. ∎

例 11.7.1 $\begin{bmatrix} 0 & 0 \\ 0 & 2 \end{bmatrix}$, $\text{rank}\begin{bmatrix} 0 & 0 \\ 0 & 2 \end{bmatrix} = 1$, $D_1 = 0$.

此例表明对有限阶 Hankel 矩阵, 推论 11.7.2, 未必成立.

任给 $r(\lambda) = \dfrac{\varphi(\lambda)}{\psi(\lambda)} \in \mathbf{R}(\lambda)$, $\deg[\varphi] < \deg[\psi]$, 则

$$r(\lambda) = \frac{\sigma_0}{\lambda} + \frac{\sigma_1}{\lambda^2} + \cdots.$$

这是 $r(\lambda)$ 在 $\lambda = \infty$ 的展开式, 若记

$$\psi(\lambda) = \psi_m \lambda^m + \cdots + \psi_1 \lambda + \psi_0, \quad \psi_m \neq 0,$$

$$\varphi(\lambda) = \varphi_{m-1} \lambda^{m-1} + \cdots + \varphi_1 \lambda + \varphi_0,$$

则在 $\psi_i, \varphi_j, \sigma_k$ 之间有

$$
\begin{aligned}
&\psi_m \sigma_0 = \varphi_{m-1}, \\
&\psi_m \sigma_1 + \psi_{m-1} \sigma_0 = \varphi_{m-2}, \\
&\qquad \cdots \\
&\psi_m \sigma_{m-1} + \psi_{m-1} \sigma_{m-2} + \cdots + \psi_1 \sigma_0 = \varphi_0,
\end{aligned}
\tag{11.7.9}
$$

和

$$\psi_m \sigma_p + \psi_{m-1} \sigma_{p-1} + \cdots + \psi_0 \sigma_{p-m} = 0, \quad p \geqslant m. \tag{11.7.10}$$

而式 (11.7.10) 表明 σ_p 对任何 $p \geqslant m$ 可写成 $\sigma_{p-m}, \cdots, \sigma_{p-1}$ 的线性组合. 而这就表明 $S = (\sigma_{i+j})_0^\infty$ 有 $\mathrm{rank}(S) \leqslant m$.

　　反之给定一具有限秩的无穷阶 Hankel 矩阵 S, 则由定理 11.7.2 可知有 α_1, $\alpha_2, \cdots, \alpha_r$ 使

$$\sigma_p = \sum_{j=1}^r \alpha_j \sigma_{p+j-r-1}, \quad p \geqslant r.$$

于是对比式 (11.7.10), 则可以确定出

$$\psi_r = 1, \ \psi_{r-1} = \alpha_r, \ \cdots, \ \psi_0 = \alpha_1.$$

然后再按式 (11.7.9) 又可确定出 $\varphi_0, \varphi_1, \cdots, \varphi_{r-1}$.

　　综上所述可以有

　　定理 11.7.3 无穷阶 Hankel 矩阵 $S = (\sigma_{i+j})_0^\infty$ 若具有限秩 r, 则对应级数和

$$r(\lambda) = \sum_{k=0}^\infty \frac{\sigma_k}{\lambda^{k+1}}$$

是一有理函数 $r(\lambda) = \dfrac{\varphi(\lambda)}{\psi(\lambda)}$, 其中 $\varphi(\lambda), \psi(\lambda)$ 之系数满足式 (11.7.9), (11.7.10)[$r = m$]. 并且

$$\deg [\varphi(\lambda)] = r = \mathrm{rank}(S).$$

考虑任一 $r(\lambda) \in \mathbf{R}(\lambda)$, 则它可表示为

$$r(\lambda) = r_1(\lambda) + \sum_{k=0}^{\infty} \frac{\sigma_k}{\lambda^{k+1}}, \quad r_1(\lambda) \in \mathbf{R}[\lambda].$$

若令 $S = (\sigma_{i+j})_0^{\infty}$, 则由 $r(\lambda)$ 至 S 确定一个映射, 记这种对应关系为 $r(\lambda) \backsim S$, 显然:

$1°$ $r_i(\lambda) \backsim S, i \in \underline{2}$, 则 $r_1 - r_2 \in \mathbf{R}[\lambda]$。由此可知 $r(\lambda) \backsim S$, 则 $r(\lambda) + \mathbf{R}[\lambda] \backsim S$, 从而关系 $\backsim$ 不是可逆的.

$2°$ $r_i(\lambda) \backsim S_i, i \in \underline{2}, \alpha_i \in \mathbf{R}, i \in \underline{2}$, 则

$$(\alpha_1 r_1 + \alpha_2 r_2) \backsim \alpha_1 S_1 + \alpha_2 S_2.$$

$3°$ $r(\lambda, \mu) \backsim S$, 则 $\dfrac{\partial r}{\partial \mu}$ 存在就有

$$\frac{\partial r}{\partial \mu} \backsim \frac{\partial S}{\partial \mu}.$$

由上述 $2°$ 与 $3°$, 如果 $r(\lambda)$ 采用在其极点的展开式; 设 $\lambda_1, \lambda_2, \cdots, \lambda_s$ 是 $r(\lambda)$ 的极点, 则

$$r(\lambda) = r_1(\lambda) + \sum_{i=1}^{s} \left[\sum_{j=1}^{\nu_i} \frac{\alpha_{ij}}{(\lambda - \lambda_i)^j} \right], \quad r_1(\lambda) \in \mathbf{R}[\lambda]. \tag{11.7.11}$$

若已能求得 $\dfrac{\alpha_j}{(\lambda - \lambda_0)^j}$ 所对应的 Hankel 矩阵, 则由 $2°$ 可以得到用 λ_i, α_{ij} 表述 S 的办法.

首先由 $\dfrac{\alpha}{\lambda - \lambda_0} = \alpha \sum_{k=0}^{\infty} \dfrac{\lambda_0^k}{\lambda^{k+1}}$, 于是有

$$\frac{1}{\lambda - \lambda_0} \backsim S_{\lambda_0} = (\lambda_0^{i+j})_0^{\infty}. \tag{11.7.12}$$

考虑到

$$\frac{(p-1)!}{(\lambda - \lambda_0)^p} = \frac{\partial^{p-1}}{\partial \lambda_0^{p-1}} \left[\frac{1}{\lambda - \lambda_0} \right],$$

就有

$$\frac{1}{(\lambda - \lambda_0)^p} \backsim \frac{1}{(p-1)!} \frac{\partial^{p-1}}{\partial \lambda_0^{p-1}} S_{\lambda_0}. \tag{11.7.13}$$

由此式 (11.7.11) 确定的 $r(\lambda)$ 有

$$r(\lambda) \backsim \sum_{i=1}^{s} \sum_{j=1}^{\nu_i} \frac{\alpha_{ij}}{(j-1)!} \frac{\partial^{j-1}}{\partial \lambda_i^{j-1}} S_{\lambda_i}. \tag{11.7.14}$$

定理 11.7.4　若 $r(\lambda) \backsim S = (\sigma_{i+j})_0^\infty$, $\mathrm{rank}(S) = m$, 则 $r(\lambda)$ 在 $(-\infty, +\infty)$ 的 Cauchy 指数是 S_n 的符号差数 $(n \geqslant m)$, 即

$$I_{-\infty}^{+\infty}(r(\lambda)) = \sigma(S_n(x, x)).$$

证明　引入记号

$$S_\alpha = (\alpha^{i+j})_0^\infty, \quad T_\alpha = \sum_{j=1}^\nu \left[\frac{\alpha_j}{(j-1)!} \frac{\partial^{j-1}}{\partial \alpha^{j-1}} S_\alpha \right],$$

显然

$$S_\alpha = \begin{bmatrix} 1 & \alpha & \alpha^2 & \cdots \\ \alpha & \alpha^2 & \alpha^3 & \cdots \\ \alpha^2 & \alpha^3 & \alpha^4 & \cdots \\ \vdots & \vdots & \vdots & \vdots \end{bmatrix},$$

$$\frac{1}{(j-1)!} \frac{\partial^{j-1}}{\partial \alpha^{j-1}} S_\alpha = \begin{bmatrix} 0 & \cdots & 0 & 1 & C_j^{j-1}\alpha & \cdots \\ \vdots & & & & & \\ 0 & & & & & \\ 1 & & & & & \\ C_j^{j-1}\alpha & & & & & \\ \vdots & & & & & \end{bmatrix}.$$

如果以 $y = \begin{bmatrix} x \\ 0 \end{bmatrix}$, $x \in \mathbf{R}^n$, $y \in \mathbf{R}^\infty$, 则

$$
\begin{aligned}
S_n(x, x) &= \sum_{j=1}^s T_{\lambda_j}(y, y) \\
&= \sum_{\lambda_j \in \mathbf{R}} T_{\lambda_j}(y, y) + \sum_{\lambda_j \in C} [T_{\lambda_j}(y, y) + T_{\bar{\lambda}_j}(y, y)],
\end{aligned}
\tag{11.7.15}
$$

其中 $\lambda_1, \lambda_2, \cdots, \lambda_s$ 是 $r(\lambda)$ 的极点, 极点阶数为 ν_j. 由于 $\mathrm{rank}(S_\alpha) = 1$, $\mathrm{rank}(T_\alpha) = \nu$, 而 $S_n(x, x)$ 的秩为 $m = \sum\limits_{j=1}^s \nu_j$.

对于 $\sum\limits_{\lambda_j \in \mathbf{R}} T_{\lambda_j}(y, y)$, 由于被求和的各项对应的 λ_j 相异, 由此对符号差来说有

$$\sigma\left(\sum_{\lambda_j \in \mathbf{R}} T_{\lambda_j}(y, y) \right) = \sum_{\lambda_j \in \mathbf{R}} \sigma(T_{\lambda_j}(y, y)).$$

现考虑 $\lambda_0 \in \mathbf{R}$, 由于当 $\alpha_1, \alpha_2, \cdots, \alpha_\nu, \lambda_0$ 变化时

$$\frac{\alpha_1}{\lambda - \lambda_0} + \cdots + \frac{\alpha_\nu}{(\lambda - \lambda_0)^\nu}, \quad \alpha_\nu \neq 0.$$

所对应的 T_{λ_0} 均有 $\mathrm{rank}(T_{\lambda_0}) = \nu$. 考虑到二次型符号差变动过程中一定引起秩的变动. 由此令 $\alpha_1 = \alpha_2 = \cdots = \alpha_{\nu-1} = \lambda_0 = 0$, 则由其对应的 T_0 有

$$
T_0 = \frac{\alpha_\nu}{(\nu-1)!}\frac{\partial^{\nu-1}S_{\lambda_0}}{\partial\lambda_0^{\nu-1}}\bigg|_{\lambda_0=0} = \begin{bmatrix} 0 & \cdots & 0 & \alpha_\nu & 0 \\ \vdots & \ddots & \ddots & \ddots & \vdots & \vdots \\ 0 & \ddots & \ddots & & & \vdots \\ \alpha_\nu & \ddots & & & & 0 & \vdots \\ 0 & \cdots & \cdots & \cdots & 0 \\ \vdots & \vdots & \vdots & \vdots & \vdots & \vdots \end{bmatrix} \updownarrow \nu
$$

推知 $\mathrm{rank}(T_0) = \nu$ 从而由 T_0 对应的二次型为

$$
2\alpha_\nu(\xi_0\xi_{\nu-1} + \cdots + \xi_{s-1}\xi_s), \quad \nu = 2s,
$$
$$
\alpha_\nu[2(\xi_0\xi_{\nu-1} + \cdots + \xi_{s-1}\xi_{s+1}) + \xi_s^2], \quad \nu = 2s+1,
$$

于是可知

$$
\sigma(T_{\lambda_0}(y,y)) = \begin{cases} 0, & \nu = 2s, \\ \mathrm{sign}\,\alpha_\nu, & \nu = 2s+1, \end{cases} \quad \lambda_0 \in \mathbf{R}. \tag{11.7.16}
$$

进而考虑 $\lambda_0 \in \mathbf{R}$, $\lambda_0 \in \mathbf{C}$, 则有

$$
T_{\lambda_0}(y,y) = \sum_{k=1}^{\nu}(P_k + iQ_k)^2, \quad T_{\bar\lambda_0}(y,y) = \sum_{k=1}^{\nu}(P_k - iQ_k)^2,
$$

其中 P_k, Q_k 均 y 的一次实系数齐式. 由此

$$
\sigma[T_{\lambda_0}(y,y) + T_{\bar\lambda_0}(y,y)] = \sigma\left[2\sum_{k=1}^{\nu}(P_k^2 - Q_k^2)\right] = 0. \tag{11.7.17}
$$

利用式 (11.7.15) 考虑到上述 λ_0 是实与复数的两种情形, 则

$$
\sigma(S_n(x,x)) = \sum_{\substack{\lambda_i \in \mathbf{R} \\ \nu_i\text{奇数}}} \mathrm{sign}\,\alpha_{i\nu_i}.
$$

由此从式 (11.6.8) 可知定理成立. ∎

推论 11.7.3 $r(\lambda) \backsim S = (\sigma_{i+j})_0^\infty$, $\mathrm{rank}(S) = m$, 则 $S_n(x,x)$ 的符号差数有

$$
\sigma(S_n(x,x)) = I_{-\infty}^{+\infty}(r(\lambda)), \quad \forall n \geqslant m. \tag{11.7.18}
$$

以上 $r(\lambda) \in \mathbf{R}(\lambda)$.

利用第十章 Frobenius 定理, 关于 $\sigma(S_n(x,x))$ 的估计有:

推论 11.7.4　$r(\lambda) \backsim S = (\sigma_{i+j})_0^\infty$, $r(\lambda) \in \mathbf{R}(\lambda)$, 又 $\mathrm{rank}(S) = m$, 则

$$I_{-\infty}^{+\infty} r(\lambda) = m - 2V(1, D_1, D_2, \cdots, D_m), \qquad (11.7.19)$$

其中 $D_i = \det[(\sigma_{j+k})_0^{i-1}]$, $i \in \underline{m}$. 若在 D_i 中有

$$D_p \neq 0, \ D_{p+1} = \cdots = D_{p+l} = 0, \quad D_{p+l+1} \neq 0, \qquad (11.7.20)$$

则 $V(D_p, D_{p+1}, \cdots, D_{p+l+1})$ 中 D_{p+j} 符号为

$$\mathrm{sign}\, D_{p+j} = (-1)^{\frac{j(j-1)}{2}} \mathrm{sign}\, D_p, \quad j \in \underline{l}, \qquad (11.7.21)$$

从而

$$V(D_p, D_{p+1}, \cdots, D_{p+l+1}) = \begin{cases} \dfrac{l+1}{2}, & l \text{ 为奇数,} \\ \dfrac{l+1-\varepsilon}{2}, & l \text{ 为偶数.} \end{cases} \qquad (11.7.22)$$

而 $\varepsilon = (-1)^{\frac{l}{2}} \mathrm{sign} \dfrac{D_{P+l+1}}{D_p}$. ■

以上是利用 $r(\lambda)$ 所对应的 Hankel 矩阵来表示 $I_{-\infty}^{+\infty}(r(\lambda))$ 的, 进而希望直接利用 $r(\lambda)$ 本身的系数来做到这一点.

考虑 $r(\lambda) \in \mathbf{R}(\lambda)$, 将其写成

$$r(\lambda) = r_1(\lambda) + \frac{\varphi(\lambda)}{\psi(\lambda)},$$

其中 $r_1(\lambda), \varphi(\lambda), \psi(\lambda)$ 均 $\mathbf{R}[\lambda]$ 中多项式, 并设

$$\psi(\lambda) = \sum_{i=0}^m \psi_i \lambda^i, \quad \psi_m \neq 0, \quad \varphi(\lambda) = \sum_{i=0}^m \varphi_i \lambda^i,$$

显然 $I_{-\infty}^{+\infty} r(\lambda) = I_{-\infty}^{+\infty}\left[\dfrac{\varphi(\lambda)}{\psi(\lambda)}\right]$. 现令

$$\frac{\varphi(\lambda)}{\psi(\lambda)} = \sigma_{-1} + \frac{\sigma_0}{\lambda} + \frac{\sigma_1}{\lambda^2} + \cdots,$$

则可以有 $\sigma_j, \psi_i, \varphi_l$ 之间满足

$$\begin{cases} \psi_m \sigma_{-1} = \varphi_m, \\ \psi_m \sigma_0 + \psi_{m-1}\sigma_{-1} = \varphi_{m-1}, \\ \quad \cdots \\ \psi_m \sigma_{m-1} + \psi_{m-1}\sigma_{m-2} + \cdots + \psi_0 \sigma_{-1} = \varphi_0, \\ \psi_m \sigma_t + \psi_{m-1}\sigma_{t-1} + \cdots + \psi_0 \sigma_{t-m} = 0, \quad t \geqslant m. \end{cases} \qquad (11.7.23)$$

这一关系式可以写成下述矩阵形式, 以 $2p$ 阶矩阵为例, 并设 $\psi_i = \varphi_i = 0$ 对一切 $i \leqslant -1$ 成立, 于是有

$$
\begin{bmatrix}
\psi_m & \psi_{m-1} & \cdots & \psi_{m-2p+1} \\
\varphi_m & \varphi_{m-1} & \cdots & \varphi_{m-2p+1} \\
0 & \psi_m & \cdots & \psi_{m-2p+2} \\
\cdots & \cdots & \cdots & \cdots \\
\vdots & \vdots & & \vdots
\end{bmatrix}
=
\begin{bmatrix}
1 & 0 & 0 & \cdots & 0 \\
\sigma_{-1} & \sigma_0 & \sigma_1 & \cdots & \sigma_{2p-2} \\
0 & 1 & 0 & \cdots & 0 \\
0 & \sigma_{-1} & \sigma_0 & \cdots & \sigma_{2p-3} \\
\vdots & \vdots & \vdots & & \vdots
\end{bmatrix}
\tag{11.7.24}
$$

$$
\times
\begin{bmatrix}
\psi_m & \psi_{m-1} & \cdots & \psi_{m-2p+1} \\
0 & \psi_m & \cdots & \psi_{m-2p+2} \\
\vdots & \ddots & \ddots & \\
0 & \cdots & 0 & \psi_m
\end{bmatrix}.
$$

两边取行列式, 则有

$$
\nabla_{2p} = \det
\begin{bmatrix}
\psi_m & \psi_{m-1} & \cdots & \psi_{m-2p+1} \\
\varphi_m & \varphi_{m-1} & \cdots & \varphi_{m-2p+1} \\
0 & \psi_m & \cdots & \psi_{m-2p+2} \\
\vdots & \vdots & & \vdots
\end{bmatrix}
= \psi_m^{2p} D_p,
\tag{11.7.25}
$$

其中

$$
D_p = \det[(\sigma_{j+k})_0^{p-1}] = \det
\begin{bmatrix}
\sigma_0 & \sigma_1 & \cdots & \sigma_{p-1} \\
\sigma_1 & \sigma_2 & \cdots & \sigma_p \\
\vdots & \vdots & & \vdots \\
\sigma_{p-1} & \sigma_p & \cdots & \sigma_{2p-2}
\end{bmatrix}.
$$

利用推论 11.7.4 则可以有下述对讨论多项式根分布十分有益的结论:

定理 11.7.5　若 $D_m \neq 0$ (即 $\nabla_{2m} \neq 0$), 则

$$
I_{-\infty}^{+\infty} \frac{\varphi(\lambda)}{\psi(\lambda)} = m - 2V(1, \nabla_2, \nabla_4, \cdots, \nabla_{2m}),
\tag{11.7.26}
$$

其中 ∇_{2p} 由式 (11.7.25) 确定, 若其中发生

$$
\nabla_{2p} \neq 0, \quad \nabla_{2p+2} = \cdots = \nabla_{2p+2l} = 0, \quad \nabla_{2p+2l+2} \neq 0,
$$

则在式 (11.7.26) 中 $V(\nabla_{2p}, \cdots, \nabla_{2p+2l+2})$ 这一部分的 ∇_{2p+2j} 的符号这样定义

$$
\operatorname{sign} \nabla_{2p+2j} = (-1)^{\frac{j(j-1)}{2}} \operatorname{sign} \nabla_{2p}, \quad j \in \underline{l},
$$

或有

$$
V(\nabla_{2p}, \cdots, \nabla_{2p+2l+2}) =
\begin{cases}
\dfrac{l+1}{2}, & l \text{ 为奇数}, \\[2mm]
\dfrac{l+1-\varepsilon}{2}, & l \text{ 为偶数}.
\end{cases}
$$

而 $\varepsilon = (-1)^{\frac{l}{2}} \operatorname{sign} \dfrac{\nabla_{2p+2l+2}}{\nabla_{2p}}$.　　　　　　　　　　　　　　　　　■

参考文献: [Gan1966], [Hua1984].

11.8　Hurwitz-Routh 定理及其讨论

对于 $\varphi(\lambda) \in \mathbf{R}[\lambda]$ 是否为 Hurwitz 多项式或一般地估计其正实部根的个数的问题, 从多项式理论的角度考虑均与多项式的结式有关.

定理 11.8.1 $\varphi(\lambda) = \sum\limits_{i=0}^{n} \varphi_i \lambda^i$, $\psi(\lambda) = \sum\limits_{j=0}^{m} \psi_j \lambda^j$ 均 $\mathbf{R}[\lambda]$ 中多项式, 且 $\varphi_n \neq 0$, $\psi_m \neq 0$, 则

$$\text{g.c.d.}[\varphi(\lambda), \psi(\lambda)] = \delta(\lambda), \quad \deg[\delta(\lambda)] \geqslant 1 \tag{11.8.1}$$

当且仅当 φ, ψ 的结式

$$R(\varphi, \psi) = \det \begin{bmatrix} \varphi_n & \varphi_{n-1} & \cdots & \varphi_0 & 0 & \cdots & \cdots & \cdots & 0 \\ 0 & \varphi_n & \cdots & \varphi_1 & \varphi_0 & 0 & \cdots & \cdots & 0 \\ \vdots & \vdots & & \vdots & \vdots & \vdots & \vdots & \vdots & \vdots \\ & & & \varphi_n & \varphi_{n-1} & \cdots & \cdots & \varphi_1 & \varphi_0 \\ \psi_m & \psi_{m-1} & \cdots & \cdots & \psi_0 & 0 & \cdots & \cdots & 0 \\ & \psi_m & \cdots & \cdots & \psi_1 & \psi_0 & 0 & \cdots & 0 \\ \vdots & \vdots & & \vdots & \vdots & \vdots & \vdots & \vdots & \vdots \\ & & & \psi_m & \psi_{m-1} & \cdots & \cdots & \cdots & \psi_0 \end{bmatrix} = 0. \tag{11.8.2}$$

证明　首先证明式 (11.8.1) 当且仅当存在 $\alpha(\lambda)$, $\beta(\lambda)$, $\deg[\alpha(\lambda)] < m$, $\deg[\beta(\lambda)] < n$ 使

$$\alpha(\lambda)\varphi(\lambda) = \beta(\lambda)\psi(\lambda). \tag{11.8.3}$$

当: 令 $\text{g.c.d.}[\varphi(\lambda), \beta(\lambda)] = \gamma(\lambda)$, 由此

$$\varphi(\lambda) = \gamma(\lambda)\varphi_1(\lambda), \quad \beta(\lambda) = \beta_1(\lambda)\gamma(\lambda)$$

且 $\text{g.c.d.}[\varphi_1, \beta_1] = 1$, 由式 (11.8.3) 则有

$$\alpha(\lambda)\varphi_1(\lambda) = \beta_1(\lambda)\psi(\lambda),$$

而 φ_1 与 β_1 互质, 则 $\varphi_1(\lambda) | \psi(\lambda)$, 由此 $\varphi_1(\lambda)$ 是 $\varphi(\lambda)$ 与 $\psi(\lambda)$ 的公因子, 而 $\deg[\beta(\lambda)] < n = \deg[\varphi(\lambda)]$ 保证了 $\deg[\varphi_1] \geqslant 1$, 即由式 (11.8.3) 推得式 (11.8.1).

仅当: 若已有式 (11.8.1), 则 $\varphi(\lambda) = \varphi_1(\lambda)\delta(\lambda)$, $\psi(\lambda) = \psi_1(\lambda)\delta(\lambda)$ 并且 $\deg[\psi_1(\lambda)] < m$, $\deg[\varphi_1(\lambda)] < n$, 从而令 $\alpha(\lambda) = \psi_1(\lambda)$, $\beta(\lambda) = \varphi_1(\lambda)$ 就有式 (11.8.3).

以下仅需证明式 $(11.8.3) \Leftarrow$ 式 (11.8.2).

考虑令

$$\alpha(\lambda) = \alpha_{m-1}\lambda^{m-1} + \cdots + \alpha_0,$$
$$\beta(\lambda) = \beta_{n-1}\lambda^{n-1} + \cdots + \beta_0,$$

则式 (11.8.3) 等价地写成 α_i, β_j 满足的方程组:

$$\begin{cases} \varphi_n\alpha_{m-1} = \psi_m\beta_{n-1}, \\ \varphi_{n-1}\alpha_{m-1} + \varphi_n\alpha_{m-2} = \psi_{m-1}\beta_{n-1} + \psi_m\beta_{n-2}, \\ \varphi_{n-2}\alpha_{m-1} + \varphi_{n-1}\alpha_{m-2} + \varphi_n\alpha_{m-3} = \psi_{m-2}\beta_{n-1} + \psi_{m-1}\beta_{n-2} + \psi_m\beta_{n-3}, \\ \quad \cdots \\ \varphi_1\alpha_0 + \varphi_0\alpha_1 = \psi_1\beta_0 + \psi_0\beta_1, \\ \varphi_0\alpha_0 = \psi_0\beta_0. \end{cases} \tag{11.8.4}$$

容易看到式 (11.8.4) 是 $\alpha_{m-1}, \cdots, \alpha_0, -\beta_{n-1}, \cdots, -\beta_0$ 满足的齐次线性方程组. 而该方程组系数行列式等于行列式 (11.8.2). 由此式 (11.8.3) 成立当且仅当式 (11.8.4) 具非零解 $\alpha_{m-1}, \cdots, \alpha_0, -\beta_{n-1}, \cdots, -\beta_0$ 当且仅当式 (11.8.2) 成立. ∎

经过行列式的初等运算, 容易得到

$$R(\varphi, \psi) = \varepsilon_1 \det \begin{bmatrix} \varphi_n & \varphi_{n-1} & \cdots & \varphi_1 & \varphi_0 & & \\ \psi_m & \psi_{m-1} & \cdots & \psi_1 & \psi_0 & & \\ & \varphi_n & \cdots & \cdots & \varphi_1 & \varphi_0 & \\ & \cdots & \cdots & \cdots & & & \\ & & \psi_m & \psi_{m-1} & \cdots & \psi_0 \end{bmatrix} \tag{11.8.5}$$

$$= \varepsilon_2 \det \begin{bmatrix} \psi_m & \psi_{m-1} & \cdots & \psi_1 & \psi_0 & & \\ \varphi_n & \varphi_{n-1} & \cdots & \varphi_1 & \varphi_0 & & \\ & \psi_m & \cdots & \cdots & \psi_1 & \psi_0 & \\ & \cdots & \cdots & \cdots & & & \\ & & \varphi_n & \varphi_{n-1} & \cdots & \varphi_0 \end{bmatrix}, \tag{11.8.6}$$

其中 $|\varepsilon_i| = 1$.

考虑任何 $f(\lambda) \in \mathbf{R}[\lambda]$, $\deg[f(\lambda)] = s$, 以 Δ_s 记 $f(\lambda)$ 的 s 阶 Hurwitz 行列式. 由于 $f(\lambda)$ 可唯一地写成 $f(\lambda) = \varphi(\lambda^2) + \lambda\psi(\lambda^2)$, 则

$1°$ $s = 2n$, φ, ψ 之系数为 φ_i, ψ_j, $i = 0, 1, \cdots, n$, $j = 0, 1, \cdots, n-1$. 则在式

(11.8.6) 中取 $m = n - 1$ 就有

$$\Delta_s = \varphi_n \varepsilon_2 R(\varphi, \psi). \tag{11.8.7}$$

2° $s = 2n + 1$, 则在式 (11.8.6) 中取 $m = n$, 相仿可以有

$$\Delta_s = \psi_n \varepsilon_1 R(\varphi, \psi) \varphi_0. \tag{11.8.8}$$

以上式 (11.8.7), 式 (11.8.8) 中 ε_i 有 $|\varepsilon_i| = 1$, $i \in \underline{2}$

由式 (11.8.7), 式 (11.8.8) 可以得到:

定理 11.8.2 $f(\lambda) \in \mathbf{R}[\lambda]$, $\deg[f(\lambda)] = N$, 又

$$f(\lambda) = \varphi(\lambda^2) + \lambda \psi(\lambda^2), \tag{11.8.9}$$

则 $f(\lambda)$ 的最大一个 Hurwitz 行列式 $\Delta_N = 0$ 当且仅当 $\varphi(\lambda)$, $\psi(\lambda)$ 有非常数公因子. ∎

考虑到 $f(\lambda) \in \mathbf{R}[\lambda]$ 若有 $\lambda^2 + \omega^2$ 为因子, 则 $\lambda^2 + \omega^2$ 必为 $\varphi(\lambda^2)$ 与 $\psi(\lambda^2)$ 的公因子, 又当 $f(0) = 0$ 时必有 $\varphi(0) = 0$, 因而可以推得:

定理 11.8.3 $f(\lambda) \in \mathbf{R}[\lambda]$, 若有 λ_0 使 $f(\lambda_0) = 0$, 但 $\mathrm{Re}(\lambda_0) = 0$, 则 $f(\lambda)$ 的最高阶 Hurwitz 行列式 $\Delta_N = 0$. ∎

为讨论 Hurwitz-Routh 定理, 以下设 $f(\lambda) \in \mathbf{R}[\lambda]$, 且

$$f(\lambda) = \alpha_N \lambda^N + \alpha_{N-1} \lambda^{N-1} + \cdots + \alpha_1 \lambda + \alpha_0, \quad \alpha_N > 0, \tag{11.8.10}$$

并先不妨设 g.c.d.$[\varphi(\lambda), \psi(\lambda)] = 1$, 考虑

$$f(j\omega) = \varphi(-\omega^2) + j\omega \psi(-\omega^2), \quad \omega \in \mathbf{R}, \tag{11.8.11}$$

若以 $\Delta_{-\infty}^{+\infty} \arg [f(j\omega)]$ 表 ω 由 $-\infty$ 变至 $+\infty$ 的过程中向量 $f(j\omega)$ 的辐角的总变化, 则有:

定理 11.8.4 若 $f(\lambda) \in \mathbf{R}[\lambda]$, 且有式 (11.8.9) 与 (11.8.10) 又 $f(j\omega) \neq 0$, $\forall \omega \in \mathbf{R}$. 则其具正实部的根数 k 有

$$N - 2k = \frac{1}{\pi} \Delta_{-\infty}^{+\infty} \arg [f(j\omega)] = I_{-\infty}^{+\infty} \frac{-\omega \psi(-\omega^2)}{\varphi(-\omega^2)}. \tag{11.8.12}$$

证明 设以 λ_i, $i \in \underline{k}$, μ_j, $j \in \underline{N-k}$ 表具 $f(\lambda)$ 具正, 负实部根, 则由 $f(j\omega) = \alpha_N \prod_{i=1}^{k} (j\omega - \lambda_i) \prod_{l=1}^{N-k} (j\omega - \mu_l)$ 可知有

$$\Delta_{-\infty}^{+\infty} \arg [f(j\omega)] = \sum_{i=1}^{k} \Delta_{-\infty}^{+\infty} \arg (j\omega - \lambda_i) + \sum_{l=1}^{N-k} \Delta_{-\infty}^{+\infty} \arg (j\omega - \mu_l)$$
$$= (-k + N - k)\pi = (N - 2k)\pi. \tag{11.8.13}$$

而另一方面

$$
\begin{aligned}
\frac{1}{\pi}\Delta_{-\infty}^{+\infty}\arg\left[f(j\omega)\right] &= \frac{1}{\pi}\Delta_{-\infty}^{+\infty}\arctan\frac{-\omega\psi(-\omega^2)}{\varphi(-\omega^2)} \\
&= I_{-\infty}^{+\infty}\frac{-\omega\psi(-\omega^2)}{\varphi(-\omega^2)}.
\end{aligned}
\tag{11.8.14}
$$

于是就有式 (11.8.12). ∎

由于式 (11.8.12) 的最后一个表达式是以有理函数的 Cauchy 指数形式表示的, 而 Cauchy 指数的值应与分子与分母是否存在公因子无关, 条件 $f(j\omega) = 0$ 意味着 $\psi(\lambda)\lambda$ 与 $\varphi(\lambda)$ 有公因子, 因此可以建立比定理 11.8.4 更为一般的形式:

定理 11.8.5 若 $f(\lambda) \in \mathbf{R}[\lambda]$, 且有式 (11.8.9) 与式 (11.8.10), k 与 s 分别表 $f(\lambda)$ 的正与零实部根的个数, 则有

$$
N - 2k - s = \rho = I_{-\infty}^{+\infty}\left(\frac{-\omega\psi(-\omega^2)}{\varphi(-\omega^2)}\right).
\tag{11.8.15}
$$

以下分两种情况讨论 ρ 的估计并设 $s = 0$. ∎

1° 设 $\deg[f(\lambda)] = N = 2m$. 此时有

$$
\begin{aligned}
\varphi(\lambda^2) &= \alpha_N\lambda^{2m} + \alpha_{N-2}\lambda^{2m-2} + \cdots + \alpha_2\lambda^2 + \alpha_0, \\
\psi(\lambda^2) &= \alpha_{N-1}\lambda^{2m-2} + \alpha_{N-3}\lambda^{2m-4} + \cdots + \alpha_1.
\end{aligned}
$$

考虑到 $\dfrac{\lambda\psi(\lambda^2)}{\varphi(\lambda^2)}$ 是奇函数, 利用 11.6 节关于有理函数的 Cauchy 指数的性质, 设

$$
\eta = \begin{cases}
1, & \lim\limits_{\lambda\to 0^-}\dfrac{\psi(\lambda)}{\varphi(\lambda)} = +\infty, \\[2mm]
-1, & \lim\limits_{\lambda\to 0^-}\dfrac{\psi(\lambda)}{\varphi(\lambda)} = -\infty, \\[2mm]
0, & \text{其他}.
\end{cases}
\tag{11.8.16}
$$

则有

$$
\begin{aligned}
-I_{-\infty}^{+\infty}\left[\frac{\omega\psi(-\omega^2)}{\varphi(-\omega^2)}\right] &= -\left[I_{-\infty}^{0}\left[\frac{\omega\psi(-\omega^2)}{\varphi(-\omega^2)}\right] + I_{0}^{+\infty}\left[\frac{\omega\psi(-\omega^2)}{\varphi(-\omega^2)}\right] + \eta\right] \\
&= -2I_{-\infty}^{0}\frac{\omega\psi(-\omega^2)}{\varphi(-\omega^2)} - \eta
\end{aligned}
$$

$$= 2I_{-\infty}^0 \frac{\psi(-\omega^2)}{\varphi(-\omega^2)} - \eta$$

$$= 2I_{-\infty}^0 \frac{\psi(\lambda)}{\varphi(\lambda)} - \eta$$

$$= I_{-\infty}^0 \frac{\psi(\lambda)}{\varphi(\lambda)} - I_{-\infty}^0 \frac{\lambda\psi(\lambda)}{\varphi(\lambda)} - \eta$$

$$= I_{-\infty}^{+\infty} \frac{\psi(\lambda)}{\varphi(\lambda)} - I_{-\infty}^{+\infty} \frac{\lambda\psi(\lambda)}{\varphi(\lambda)}. \tag{11.8.17}$$

若以 $\Delta_1, \Delta_2, \cdots, \Delta_N$ 记 $f(\lambda)$ 的各阶 Hurwitz 行列式, 则由定理 11.7.5 考虑到 $\Delta_N \neq 0$ 就有

$$I_{-\infty}^{+\infty} \frac{\psi(\lambda)}{\varphi(\lambda)} = m - 2V(1, \Delta_1, \Delta_3, \cdots, \Delta_{N-1}),$$

$$I_{-\infty}^{+\infty} \frac{\lambda\psi(\lambda)}{\varphi(\lambda)} = m - 2V(1, -\Delta_2, \Delta_4, \cdots, (-1)^m \Delta_{2m})$$

$$= -m + 2V(1, \Delta_2, \Delta_4, \cdots, \Delta_N).$$

于是有 $\rho = N - 2V(1, \Delta_1, \Delta_3, \cdots, \Delta_{N-1}) - 2V(1, \Delta_2, \Delta_4, \cdots, \Delta_N)$.

2° 设 $N = 2m + 1$, 此时有

$$\varphi(\lambda^2) = \alpha_{N-1}\lambda^{2m} + \alpha_{N-3}\lambda^{2m-2} + \cdots + \alpha_2\lambda^2 + \alpha_0,$$

$$\psi(\lambda^2) = \alpha_N\lambda^{2m} + \alpha_{N-2}\lambda^{2m-2} + \cdots + \alpha_3\lambda^2 + \alpha_1.$$

完全相仿 1° 的方法, 有

$$I_{-\infty}^{+\infty} \frac{-\omega\psi(-\omega^2)}{\varphi(-\omega^2)} = I_{-\infty}^{+\infty} \frac{\varphi(-\omega^2)}{\omega\psi(-\omega^2)}$$

$$= I_{-\infty}^{+\infty} \frac{\varphi(\lambda)}{\lambda\psi(\lambda)} - I_{-\infty}^{+\infty} \frac{\varphi(\lambda)}{\psi(\lambda)}. \tag{11.8.18}$$

同样利用定理 11.7.5, 有

$$I_{-\infty}^{+\infty} \frac{\varphi(\lambda)}{\lambda\psi(\lambda)} = m + 1 - 2V(1, \Delta_1, \cdots, \Delta_N),$$

$$I_{-\infty}^{+\infty} \frac{\varphi(\lambda)}{\psi(\lambda)} = m - 2V(1, -\Delta_2, \Delta_4, -\Delta_6 \cdots)$$

$$= -m + 2V(1, \Delta_2, \Delta_4, \cdots, \Delta_{N-1}).$$

这样同样得到

$$\rho = N - 2V(1, \Delta_1, \Delta_3, \cdots) - 2V(1, \Delta_2, \Delta_4, \cdots).$$

利用 $N - 2k = \rho$, 则可以得到

$$k = V(1, \Delta_1, \Delta_3, \cdots) + V(1, \Delta_2, \Delta_4, \cdots). \tag{11.8.19}$$

去掉 $\alpha_N > 0$ 的假定, 则有

$$k = V(\alpha_N, \Delta_1, \Delta_3, \cdots) + V(1, \Delta_2, \Delta_4, \cdots). \tag{11.8.20}$$

如果引入

$$\gamma_1 = \alpha_N, \; \gamma_2 = \Delta_1, \; \gamma_3 = \Delta_2/\Delta_1, \; \cdots, \; \gamma_{N+1} = \Delta_N/\Delta_{N-1},$$

则由于

$$\begin{aligned}
V(\gamma_1, \gamma_2, \cdots, \gamma_{N+1}) &= V(\alpha_N, \Delta_1, \frac{\Delta_2}{\Delta_1}, \cdots, \frac{\Delta_N}{\Delta_{N-1}}) \\
&= V(\alpha_N, \Delta_1, \Delta_3, \cdots) + V(1, \Delta_2, \Delta_4, \cdots).
\end{aligned}$$

由此就证明了:

定理 11.8.6 (Hurwitz-Routh) $\quad f(\lambda) = \alpha_N \lambda^N + \cdots + \alpha_1 \lambda + \alpha_0 \in \mathbf{R}[\lambda]$, $\Delta_1, \cdots, \Delta_N$ 为 $f(\lambda)$ 的 Hurwitz 行列式, $\Delta_N \neq 0$, 则 $f(\lambda)$ 在右半平面根的数目 k 有

$$k = V\left(\alpha_N, \Delta_1, \frac{\Delta_2}{\Delta_1}, \cdots, \frac{\Delta_N}{\Delta_{N-1}}\right). \qquad \blacksquare$$

利用 $f(\lambda) \in \mathbf{R}[\lambda]$ 是 Hurwitz 多项式当且仅当 $\Delta_N \neq 0$ 且 $k = 0$, 就可以由定理 11.8.6 得到定理 11.5.1(Hurwitz 判据) 和下述结果.

定理 11.8.7 $\quad f(\lambda) = \alpha_N \lambda^N + \cdots + \alpha_1 \lambda + \alpha_0 \in \mathbf{R}[\lambda]$ 是 Hurwitz 多项式当且仅当下述之一:

$1°$ $\alpha_0 > 0$, $\alpha_2 > 0$, $\cdots$, $\Delta_1 > 0$, $\Delta_3 > 0$, $\cdots$.

$2°$ $\alpha_0 > 0$, $\alpha_2 > 0$, $\cdots$, $\Delta_2 > 0$, $\Delta_4 > 0$, $\cdots$.

$3°$ $\alpha_0 > 0$, $\alpha_1 > 0$, $\alpha_3 > 0$, $\cdots$, $\Delta_1 > 0$, $\Delta_3 > 0$, $\cdots$.

$4°$ $\alpha_0 > 0$, $\alpha_1 > 0$, $\alpha_3 > 0$, $\cdots$, $\Delta_2 > 0$, $\Delta_4 > 0$, $\cdots$. $\qquad \blacksquare$

对于 $f(\lambda)$ 是否为 Hurwitz 多项式还可以有下述必要条件与充分条件的简化判据:

定理 11.8.8 $\quad f(\lambda) = \alpha_N \lambda^N + \cdots + \alpha_1 \lambda + \alpha_0 \in \mathbf{R}[\lambda]$, 且 $\alpha_0 > 0$, 则:

$1°$ 若 $f(\lambda)$ 是 Hurwitz 多项式, 则

$$\alpha_i > 0, \quad i = 0, 1, \cdots, N.$$
$$\alpha_{i+1} \alpha_i > \alpha_{i+2} \alpha_{i-1}, \quad i = 1, 2, \cdots, N-1.$$

2° 如果 α_i 有

$$\alpha_i > 0, \quad i = 0, 1, \cdots, N.$$

$$\alpha_{i+1}\alpha_i > 3\alpha_{i+2}\alpha_{i-1}, \quad i = 1, 2, \cdots, N-1.$$

则 $f(\lambda)$ 是 Hurwitz 多项式.

定理 11.8.8 系由谢绪恺在 1956 年得到, 并在 1957 年中国力学会第一次学术会议上宣读过这一结果. 这一结果引起了人们对多项式是否为 Hurwitz 多项式所应满足的充分条件或必要条件的简化判据研究的兴趣. 值得一提的还有:

定理 11.8.9 设 $f(\lambda) \in \mathbf{R}[\lambda]$ 且 $\alpha_0 > 0$, 则 $f(\lambda)$ 是 Hurwitz 多项式的充分条件为

$$\alpha_{i-1}\alpha_{i+2} \leqslant 0.4655\alpha_i\alpha_{i+1}, \quad i = 1, 2, \cdots, N-2,$$

其中 0.4655 是三次方程

$$\frac{\delta^3}{4} + \delta^2 + \delta - 2 = 0$$

的唯一实根 $\beta \in (0.931, 0.932)$ 下限值的一半.

定理 11.8.9 是由聂义勇于 1976 年得到. 由于 1/0.4655 远比 3 小, 因而比定理 11.8.8 的充分条件显著减少了保守性.

参考文献: [Gan1966], [Hua1984], [Par1962], [Hur1895], [Rou1877], [Nie1976], [Xie1963].

11.9　求解 Lyapunov 方程的方法

这里只介绍几种具代表性的求解 Lyapunov 方程的办法.

(1) 降阶法.

降阶法的实质在于将 Lyapunov 方程

$$VA + A^H V = W \tag{11.9.1}$$

的数值解转化为一个代数特征值问题. 指出在求得矩阵 A 的一个特征值和对应特征向量的前提下, 可以将 Lyapunov 方程降阶一次, 从而逐步解出 Lyapunov 方程.

设想将式 (11.9.1) 的解 V 写成有限和的形式

$$V = V_0 + V_1 + \cdots + V_{n-1}, \tag{11.9.2}$$

其中

$$V_i = \begin{bmatrix} 0 & 0 \\ 0 & V^{(i)} \end{bmatrix}, \quad V^{(i)} = [V^{(i)}]^H \in C^{(n-i)\times(n-i)},$$
$$V_0 = V^{(0)}. \tag{11.9.3}$$

解题的思想是通过求解 $n-i$ 阶矩阵 $A^{(i)}$ 的一个特征值与对应的特征向量来构造 $V^{(i)}$, 而 $A^{(i)}$ 可以逐步由递推产生. 若令

$$U_i = V_i + V_{i+1} + \cdots + V_{n-1}, \tag{11.9.4}$$

则 U_i 可以通过一个满足 $n-i$ 阶的 Lyapunov 方程

$$U^{(i)}A^{(i)} + [A^{(i)}]^H U^{(i)} = W^{(i)} \tag{11.9.5}$$

的解 $U^{(i)}$ 构造出来, 其中 $A^{(i)}, W^{(i)} \in \mathbf{C}^{(n-i)\times(n-i)}$, 均可递推产生, 并且当 $A^{(0)} = A$ 的特征多项式可允的前提下 $A^{(i)}$ 的特征多项式也可允, 从而这一过程中出现的 Lyapunov 方程 (11.9.5) 都是可解的.

现在建立由 $i = 0$ 至 $i = 1$ 的上述递推过程:

设已求得 A 的一个特征值 λ_1 与对应的单位特征向量 x_1, 即有

$$Ax_1 = \lambda_1 x_1, \quad \|x_1\|_2 = 1. \tag{11.9.6}$$

考虑方程

$$(V_0 A + A^H V_0)x_1 = Wx_1 \tag{11.9.7}$$

的 Hermite 矩阵解 V_0. 由于 A 与 A^H 的特征多项式均可允, 因而 $\lambda_1 I + A^H$ 非奇异, 令

$$y = (\lambda_1 I + A^H)^{-1} Wx_1, \tag{11.9.8}$$

则 V_0 满足

$$V_0 x_1 = y. \tag{11.9.9}$$

一般来说, 式 (11.9.9) 的 Hermite 解未必唯一, 这里仅需求出其中之一即可.

设 (x_1, x_2) 是 $\mathrm{span}(x_1, y)$ 的一组标准正交基, 显然 x_2 可取为

$$x_2 = [y - (x_1^H y)x_1]/\|y - (x_1^H y)x_1\|_2,$$

而 $y = (x_1 x_1^H + x_2 x_2^H)y$.

由于 $(x_1, x_2) \in \mathbf{U}^{n\times 2}$, 则可取 $X = x_1, x_2, \tilde{X} \in \mathbf{U}^{n\times n}$, 又令 $V' = \begin{bmatrix} x_1^H y & y^H x_2 \\ x_2^H y & 0 \end{bmatrix}$, 考虑到 $x_1^H y = x_1^H(\lambda_1 I + A^H)^{-1} Wx_1 = [x_1^H Wx_1/2\mathrm{Re}(\lambda_1)] \in \mathbf{R}$, 则 $V' = (V')^H$. 令

$$V_0 = X \begin{bmatrix} V' & 0 \\ 0 & 0 \end{bmatrix} X^H. \tag{11.9.10}$$

容易验证有

$$V_0 x_1 = X \begin{bmatrix} V' & 0 \\ 0 & 0 \end{bmatrix} X^H x_1 = X \begin{bmatrix} V' & 0 \\ 0 & 0 \end{bmatrix} e_1 = (x_1 x_1^H + x_2 x_2^H)y = y,$$

即当 $\dim[\mathrm{span}(x_1, x_2)] = 2$ 时, 上述方法提供的 V_0 是式 (11.9.7) 的 Hermite 解.

如果 $\dim[\mathrm{span}(x_1, x_2)] = 1$, 则 $y = \alpha x_1$, 由于 $x_1^H y \in \mathbf{R}$, 则可取 $X = [x_1, X'] \in U^{n \times n}$, 而令

$$V_0 = X \begin{bmatrix} x_1^H y & 0 \\ 0 & 0 \end{bmatrix} X^H, \tag{11.9.11}$$

同样它也是式 (11.9.7) 的 Hermite 解.

在求得式 (11.9.7) 的 Hermite 解以后, 令 $V = V_0 + U_1$, 则 U_1 满足

$$U_1 A + A^H U_1 = W - V_0 A - A^H V_0,$$

对上式两端分别乘 X^H 与 X, 并记 $X = [x_1, X']$, 则有

$$\begin{bmatrix} 0 & 0 \\ 0 & (X')^H [-V_0 A - A^H V_0 + W] X' \end{bmatrix} = U' \begin{bmatrix} \lambda_1 & a^H \\ 0 & A^{(1)} \end{bmatrix} + \begin{bmatrix} \bar{\lambda}_1 & 0 \\ a & (A^{(1)})^H \end{bmatrix} U',$$

其中 $U' = X^H U_1 X$, $a^H = x_1^H A X'$, $A^{(1)} = (X')^H A X'$.

若令 $U' = \begin{bmatrix} 0 & 0 \\ 0 & U^{(1)} \end{bmatrix}$, 则 $U^{(1)}$ 满足

$$\begin{cases} U^{(1)} A^{(1)} + [A^{(1)}]^H U^{(1)} = W^{(1)}, \\ W^{(1)} = (X')^H [W - V_0 A - A^H V_0] X'. \end{cases} \tag{11.9.12}$$

显然式 (11.9.12) 已经是 $n - 1$ 阶矩阵方程, 若对式 (11.9.12) 求得 Hermite 解 $U^{(1)}$, 则原方程 (11.9.1) 的解为

$$V = V_0 + U_1 = V_0 + X \begin{bmatrix} 0 & 0 \\ 0 & U^{(1)} \end{bmatrix} X^H. \tag{11.9.13}$$

将上式过程继续下去, 可以看出 V 可展成有限和 $V = V_0 + V_1 + \cdots + V_{n-1}$ 这种形式, 其中 V_{n-1} 可以通过一般线性方程求解后构造.

虽然上述过程中 V_i 的性质并未认真考察, 但这样逐步作出的 $V = V_0 + V_1 + \cdots + V_{n-1}$ 却是原方程 (11.9.1) 的解. 例如 A 是稳定矩阵时只要 W 是负定的, 则虽然每个 V_i 未必是正定的但 $V = V_0 + V_1 + \cdots + V_{n-1}$ 却是正定的.

(2) 借助积分的一些方法.

对于方程 (11.9.1), 如果 A 的特征值得集合 $\mathbf{\Lambda}(A) \subset \overset{\circ}{\mathbf{C}}_-$, 则有

$$V = \int_0^{+\infty} e^{A^H \tau} W e^{A \tau} d\tau.$$

显然这个积分在实际计算时并不方便.

如果 $A - \lambda I$ 的初等因子皆为一次, 而 A 的最小多项式为 $\varphi(\lambda) = (\lambda - \lambda_1)(\lambda - \lambda_2)\cdots(\lambda - \lambda_s)$, 则利用第七章关于矩阵函数的式 (7.3.6) 就有

$$e^{A\tau} = \sum_{i=1}^{s} \left[\frac{e^{\lambda_i \tau} \prod\limits_{j\neq i j=1}^{s} [A - \lambda_j I]}{\prod\limits_{j\neq i j=1}^{s} (\lambda_i - \lambda_j)} \right].$$

将此代入式 (11.9.1) 可以得到具体形式, 如果引进

$$\varphi_j(\lambda) = \frac{\varphi(\lambda)}{\lambda - \lambda_j},$$

则有

$$e^{A\tau} = \sum_{i=1}^{s} [\frac{e^{\lambda_i \tau} \varphi_i(A)}{\varphi'(\lambda_i)}],$$

从而有

$$\begin{aligned}
V &= \sum_{i,j=1}^{s} \int_{0}^{+\infty} \frac{e^{\lambda_i \tau} e^{\lambda_j \tau} \varphi_i(A) W \varphi_j(A)}{\varphi'(\lambda_i)\varphi'(\lambda_j)} d\tau \\
&= -\sum_{i,j=1}^{s} \frac{\varphi_i(A) W \varphi_j(A)}{\varphi'(\lambda_i)(\lambda_i + \lambda_j)\varphi'(\lambda_j)}.
\end{aligned} \tag{11.9.14}$$

显然式 (11.9.14) 的表达方式并不要求像式 (11.9.1) 那样需 A 是稳定的. 不难证明只要 A 的最小多项式是可允的, 则式 (11.9.14) 表示的 V 就是式 (11.9.1) 的解.

定理 11.9.1 若 A 的最小多项式 $\varphi(\lambda)$ 是可允的, $\mathbf{\Gamma}$ 是 $\mathbf{D}$ 的边界, A 与 $\mathbf{D}$ 有

$$\lambda_i \in \mathring{\mathbf{D}}, \quad -\bar{\lambda}_i \bar{\in} \mathbf{D}, \quad i \in \underline{n}, \tag{11.9.15}$$

其中 λ_i 是 A 的特征值, 则

$$V = \frac{-1}{2\pi i} \oint_{\Gamma} (A^H + \lambda I)^{-1} W(A - \lambda I)^{-1} d\lambda \tag{11.9.16}$$

是方程 (11.9.1) 的解.

证明 定理条件已保证式 (11.9.1) 具唯一解 V, 它满足

$$(A^H + \lambda I)V + V(A - \lambda I) = W,$$

由此有

$$V(A - \lambda I)^{-1} + (A^H + \lambda I)^{-1}V = (A^H + \lambda I)^{-1}W(A - \lambda I)^{-1}. \tag{11.9.17}$$

将上式沿 $\mathbf{\Gamma}$ 积分. 则由于 $(A^H + \lambda I)^{-1}V$ 在 $\overset{\circ}{\mathbf{D}}$ 解析在 $\mathbf{\Gamma}$ 连续, 于是可知

$$\frac{1}{2\pi i} \oint_{\Gamma} (A^H + \lambda I)^{-1} V d\lambda = 0 \tag{11.9.18}$$

而 $\overset{\circ}{\mathbf{D}}$ 包含 A 的全部特征值, 则

$$-1 = \frac{1}{2\pi i} \oint_{\Gamma} (A - \lambda I)^{-1} d\lambda \tag{11.9.19}$$

将式 (11.9.18), (11.9.19) 代入对式 (11.9.17) 作的对应积分中去, 则有式 (11.9.16).∎

特别若 A 的特征值集合 $\mathbf{\Lambda}(A) \subset \overset{\circ}{\mathbf{C}}_-$, 则 $\mathbf{\Gamma}$ 可选为虚轴与以充分大半径所作的左半圆所组成, 利用公式 (11.9.16) 可以推出此时有

$$V = -\frac{1}{2\pi} \int_{-\infty}^{+\infty} (A^H + j\omega I)^{-1} W (A - j\omega I)^{-1} d\omega.$$

关于求解 Lyapunov 方程的数值方法比较多, 有兴趣的可参阅 [Jam1970].

参考文献: [HZ1981], [Gao1962], [Hua1984], [Bar1977], [Jam1970].

11.10　系统的可镇定与极点配置

考虑受控系统

$$\dot{x} = Ax + Bu, \quad A \in \mathbf{R}^{n \times n}, \quad B \in \mathbf{R}^{n \times r}. \tag{11.10.1}$$

如果 A 的特征值集 $\mathbf{\Lambda}(A) \subset \overset{\circ}{\mathbf{C}}_-$, 则在式 (11.10.1) 本身无控制作用时, 对应的自由系统

$$\dot{x} = Ax \tag{11.10.2}$$

就已经是渐近稳定的, 引入控制作用 u 的目的主要在于改善系统的其他性能.

条件 $\mathbf{\Lambda}(A) \subset \overset{\circ}{\mathbf{C}}_-$ 并不是经常可以满足的.

镇定的问题在于对给定的 A, B, 能否求得合适的 $F \in \mathbf{R}^{r \times n}$, 使闭合的系统

$$\begin{cases} \dot{x} = Ax + Bu \\ u = Fx + v, \quad v \in \mathbf{R}^r \end{cases} \tag{11.10.3}$$

能具有预期的性能, 例如

$$\mathbf{\Lambda}(A + BF) \subset \overset{\circ}{\mathbf{C}}_-. \tag{11.10.4}$$

一般常称式 (11.10.3) 的第二式为系统的反馈, 而将 F 称为反馈矩阵.

定义 11.10.1　给定系统 (11.10.1), 若存在 $F \in \mathbf{R}^{r \times n}$ 使式 (11.10.4) 成立, 则式 (11.10.1) 称为可镇定的.

系统 (13.11,3) 可以改写成

$$\dot{x} = (A + BF)x + Bv, \tag{11.10.5}$$

其中 $v \in \mathbf{R}^r$ 是新的控制作用.

定理 11.10.1　对任何 $F \in \mathbf{R}^{r \times n}$, 都有

$$\langle A | \mathbf{R}(B) \rangle = \langle A + BF | \mathbf{R}(B) \rangle. \tag{11.10.6}$$

证明　由于对任何子空间 $\mathbf{S} \subset \mathbf{R}^n$ 都有

$$(A + BF)(\mathbf{S}) \subset A(\mathbf{S}) + \mathbf{R}(B)$$

于是令 $\mathbf{S} = \mathbf{R}(B)$, 就有

$$(A + BF)(\mathbf{R}(B)) \subset A(\mathbf{R}(B)) + \mathbf{R}(B),$$
$$(A + BF)^2(\mathbf{R}(B)) \subset A^2(\mathbf{R}(B)) + A(\mathbf{R}(B)) + \mathbf{R}(B).$$

由此继续下去显然有

$$\langle A + BF | \mathbf{R}(B) \rangle \subset \langle A | \mathbf{R}(B) \rangle. \tag{11.10.7}$$

若记 $A_1 = A + BF$, 则 $A = A_1 - BF$, 从而有

$$\langle A | \mathbf{R}(B) \rangle = \langle (A_1 - BF) | \mathbf{R}(B) \rangle \subset \langle A_1 | \mathbf{R}(B) \rangle$$

联系到式 (11.10.7) 与 $A_1 = A + BF$, 则式 (11.10.6) 成立.　　■

定理说明线性反馈的引进不影响系统的可控性与可控子空间.

定理 11.10.2　若系统 (11.10.1) 有, $\langle A | \mathbf{R}(B) \rangle = \mathbf{R}^n$, $A \in \mathbf{R}^{n \times n}$, $B \in \mathbf{R}^{n \times r}$. 则存在 $F \in \mathbf{R}^{r \times n}$ 与 $0 \neq b \in \mathbf{R}(B)$ 使有

$$\langle (A + BF) | \mathbf{R}(b) \rangle = \mathbf{R}^n. \tag{11.10.8}$$

证明　令 $x_1 = y_1 = b \in \mathbf{R}(B)$, 记 $n_1 = \dim\{\langle A | \mathbf{R}(y_1) \rangle\}$, 则

$$x_1 = y_1 = b, \quad x_{j+1} = Ax_j + y_1, \quad j \in \underline{n_1 - 1}$$

组成 $\langle A | \mathbf{R}(y_1) \rangle$ 的一组基.

若 $n_1 = n$, 由于 $\langle A | \mathbf{R}(y_1) \rangle = \mathbf{R}^n$, 则 $F = 0$ 就完成定理证明.

若 $n_1 < n$, 于是必有 $y_2 \in \mathbf{R}(B)$ 但 $y_2 \bar{\in} \langle A|\mathbf{R}(y_1)\rangle$, 于是令 $n_1 + n_2 = \dim\{\langle A|\mathbf{R}(y_1) + \mathbf{R}(y_2)\rangle\}$, 则

$$x_{n_1+1} = Ax_{n_1} + y_2 \quad x_{n_1+j+1} = Ax_{n_1+j} + y_2, \quad j \in \underline{n_2 - 1}$$

线性无关, 并使

$$\mathrm{span}\{x_1, x_2, ..., x_{n_1}, x_{n_1+1}, ..., x_{n_1+n_2}\} = \langle \mathbf{A}|\mathbf{R}(y_1) + \mathbf{R}(y_2)\rangle.$$

依此下去, 则有 $b = y_1, y_2, \cdots, y_t \in \mathbf{R}(B)$, 使

$$\begin{aligned}
x_1 &= y_1 = b, \\
x_{n_{i-1}+j} &= Ax_{n_{i-1}+j-1} + y_i, \quad j \in \underline{n_i}, \quad i \in \underline{t}
\end{aligned} \tag{11.10.9}$$

组成 $\mathbf{R}^n$ 的一组基, 其中 $n_0 = 0, t \leqslant r, n_1 + n_2 + \cdots + n_t = n.$

显然式 (11.10.9) 可以写成一种比较合适的形式

$$\begin{cases}
x_{k+1} = Ax_k + z_k, z_k \in \mathbf{R}(B), \quad k \in \underline{n-1}, \\
x_1 = b = z_1.
\end{cases}$$

由于 $z_k \in \mathbf{R}(B)$, 则有 $u_k \in \mathbf{R}^r$ 使

$$z_k = Bu_k, \quad k \in \underline{n-1},$$

令 $F \in \mathbf{R}^{r \times n}$ 使

$$Fx_k = u_k, \quad k \in \underline{n},$$

其中 u_n 任意, 显然 F 可以确定. 并且有

$$(A + BF)x_k = Ax_k + Bu_k = Ax_k + z_k = x_{k+1}, \quad k \in \underline{n-1}.$$

由此就有 $\langle (A + BF)|b\rangle = \mathbf{R}^n$ $(b = x_1!)$. ■

上述定理表明任何完全可控的多输入系统都可在引进线性反馈后变成一个单输入的完全可控系统.

系统的完全可控性还与另一个控制理论中关于极点配置的事实有着深刻的联系.

定理 11.10.3 给定 $A \in \mathbf{R}^{n \times n}$, $b \in \mathbf{R}^n$ 且 $\langle A|\mathbf{R}(b)\rangle = \mathbf{R}^n$, 又 $\mathbf{M} = \{\lambda_i, i \in \underline{n}\}$ 系一 $\mathbf{C}$ 平面上关于实轴对称的 n 个点的集合, 则存在 $p \in \mathbf{R}^n$ 使

$$\mathbf{\Lambda}(A + bp^T) = \mathbf{M} = \{\lambda_i, i \in \underline{n}\}. \tag{11.10.10}$$

证明　设 A 的特征多项式为

$$f(\lambda) = \lambda^n + \alpha_{n-1}\lambda^{n-1} + \cdots + \alpha_1\lambda + \alpha_0,$$

b 是 $\mathbf{R}^n$ 中对应 A 的生成元, 取

$$T = (b, Ab, \cdots, A^{n-1}b),$$

则

$$\tilde{A} = T^{-1}AT = \begin{bmatrix} 0 & 0 & 0 & \cdots & 0 & -\alpha_0 \\ 1 & 0 & 0 & \cdots & 0 & -\alpha_1 \\ 0 & 1 & 0 & \cdots & 0 & -\alpha_2 \\ \vdots & \vdots & \vdots & & \vdots & \vdots \\ 0 & 0 & 0 & \cdots & 0 & -\alpha_{n-2} \\ 0 & 0 & 0 & \cdots & 1 & -\alpha_{n-1} \end{bmatrix}, \quad \tilde{b} = T^{-1}b = e_1.$$

显然 $\langle \tilde{A}|\mathbf{R}(\tilde{b})\rangle = \mathbf{R}^n$. 考虑到

$$\det[\lambda I - (A + bp^T)] = \det[\lambda I - (\tilde{A} + \tilde{b}m^T)], \tag{11.10.11}$$

其中 $m^T = p^T T$. 和式 (11.10.12) 右端为

$$\det[\lambda I - (\tilde{A} + e_1 m^T)] = \det \begin{bmatrix} \lambda - \mu_1 & -\mu_2 & -\mu_3 & \cdots & -\mu_{n-1} & \alpha_0 - \mu_n \\ -1 & \lambda & 0 & \cdots & 0 & \alpha_1 \\ 0 & -1 & \lambda & \cdots & 0 & \alpha_2 \\ \vdots & \vdots & \vdots & & \vdots & \vdots \\ 0 & 0 & 0 & \cdots & \lambda & \alpha_{n-2} \\ 0 & 0 & 0 & \cdots & -1 & \lambda + \alpha_{n-1} \end{bmatrix}$$

$$= \lambda^n + \lambda^{n-1}(\alpha_{n-1} - \mu_1) + \lambda^{n-2}(-\mu_2 - \mu_1\alpha_{n-1} + \alpha_{n-2})$$

$$+ \cdots + (-\mu_n - \mu_{n-1}\alpha_{n-1} + \cdots - \mu_1\alpha_1 + \alpha_0)$$

$$= \lambda^n + \omega_{n-1}\lambda^{n-1} + \cdots + \omega_1\lambda + \omega_0. \tag{11.10.12}$$

容易看出 $m = (\mu_1, \mu_2, \cdots, \mu_n)^T$ 与 $(\omega_{n-1}, \omega_{n-2}, \cdots, \omega_0)^T$ 刚好互相一一对应.

当 $\mathbf{M} = \{\lambda_i, i \in \underline{n}\}$ 给定且关于实轴对称, 则利用

$$\lambda^n + \omega_{n-1}\lambda^{n-1} + \cdots + \omega_1\lambda + \omega_0 = \prod_{i=1}^n (\lambda - \lambda_i)$$

可唯一确定 $\omega_i \in \mathbf{R}, i = 0, 1, \cdots, n-1$. 然后对式 (11.11.12) 两边对比系数, 即可确定 $m = (\mu_1, \mu_2, \cdots, \mu_n)^T$. 再作 $p^T = m^T T^{-1}$, 则 p^T 有式 (11.11.10). ■

定理 (11.10.3) 是控制理论中一个基本定理, 由郑应平, 张迪和作者在 1963 年合作时得到. 类似的思想 V.M. Popov 在 1964 年发表, W.M. Wonham 在 1967 年对这种任意配置极点的定理在多输入系统给出了充要条件.

定理 11.10.4　$A \in \mathbf{R}^{n \times n}, B \in \mathbf{R}^{n \times r}$ 则 $\langle A|\mathbf{R}(B)\rangle = \mathbf{R}^n$ 当且仅当任何给定在平面 $\mathbf{C}$ 上关于实轴对称的集合 $\mathbf{M} = \{\lambda_i, i \in \underline{n}\}$ 均有 $F \in \mathbf{R}^{r \times n}$ 使

$$\mathbf{\Lambda}(A + BF) = \mathbf{M}. \tag{11.10.13}$$

证明　当: 设给定 $\mathbf{M} \subset \mathbf{R}, \mathbf{M} \cap \mathbf{\Lambda}(A) = \varnothing$ 且

$$\lambda_i \neq \lambda_j, \quad \forall i \neq j, \tag{11.10.14}$$

即 $\mathbf{M}$ 由 n 个相异实数所构成, 由于 F 已存在可使式 (11.10.13) 成立. 设 $(A + BF)$ 对应 λ_i 的特征向量为 x_i, 则 $[x_1, x_2, \cdots, x_n]$ 是 $\mathbf{R}^n$ 的一组基.

由于 $x_i = (\lambda_i I - A)^{-1} BF x_i$, 而 $(\lambda_i I - A)^{-1}$ 可表成 A 的多项式, 于是 $x_i = \varphi(A) BF x_i \in \langle A|\mathbf{R}(B)\rangle$, 其中 $\varphi(\lambda) \in \mathbf{R}[\lambda]$. 以上 $(\lambda_i I - A)$ 可逆可以由 $\mathbf{M} \cap \mathbf{\Lambda}(A) = \emptyset$ 所保证. 由于

$$x_i \in \langle A|\mathbf{R}(B)\rangle, \quad i \in \underline{n},$$

则 $\langle A|\mathbf{R}(B)\rangle = \mathbf{R}^n$.

仅当: 任选 $0 \neq b \in \mathbf{R}(B)$, 由定理 11.10.2 可以有 F_1 使 $\langle A + BF_1|\mathbf{R}(b)\rangle = \mathbf{R}^n$, 从而由定理 11.10.3 存在 p^T 使 $\mathbf{\Lambda}[A + BF_1 + bp^T] = \mathbf{M}$. 由于 $b \in \mathbf{R}(B)$, 则有 $c \in \mathbf{R}^r$ 使 $b = Bc$, 于是令 $F = F_1 + cp^T$ 则 $\mathbf{\Lambda}[A + BF] = \mathbf{M}$. ∎

显然完全可控的系统都是可镇定系统.

现设系统 (11.10.1) 不完全可控, 其可控子空间为

$$S = \langle A|\mathbf{R}(B)\rangle = \mathbf{R}(X_1), \quad X_1 \in \mathbf{R}_m^{n \times m},$$

取 $X = (X_1, X_2) \in \mathbf{R}_n^{n \times n}$, 并令 $x = Xz$ 则式 (11.10.1) 变为

$$\dot{z} = X^{-1} A X z + X^{-1} B u. \tag{11.10.15}$$

由于 $\mathbf{R}(B) \subset \mathbf{R}(X_1)$, 则有 $\tilde{B}$ 使 $B = X_1 \tilde{B}$. 从而式 (11.10.15) 在利用到 $A[\mathbf{R}(X_1)] \subset \mathbf{R}(X_1)$ 后可写成

$$\dot{z} = \begin{bmatrix} A_{11} & A_{12} \\ 0 & A_{22} \end{bmatrix} z + \begin{bmatrix} \tilde{B} \\ 0 \end{bmatrix} u. \tag{11.10.16}$$

如果将系统改写成

$$\begin{aligned} \dot{z}_1 &= A_{11} z_1 + A_{12} z_2 + \tilde{B} u, \\ \dot{z}_2 &= A_{22} z_2, \end{aligned} \qquad z = \begin{bmatrix} z_1 \\ z_2 \end{bmatrix}, \tag{11.10.17}$$

而由于

$$\dim\{\langle A|\mathbf{R}(B)\rangle\} = \dim\left\{\left\langle \begin{bmatrix} A_{11} & A_{12} \\ 0 & A_{22} \end{bmatrix} \middle| \mathbf{R} \begin{bmatrix} \tilde{B} \\ 0 \end{bmatrix} \right\rangle\right\}$$

$$= \dim\{\langle A_{11}|\mathbf{R}(\tilde{B})\rangle\}.$$

于是式 (11.10.17) 的第一个子系统是完全可控的子系统. 依据完全可控系统可镇定立即有

定理 11.10.5 系统 (11.10.17) 可镇定当且仅当

$$\mathbf{\Lambda}(A_{22}) \subset \overset{\circ}{\mathbf{C}}_-. \tag{11.10.18}$$

实际上式 (11.10.18) 也是式 (11.10.1) 可镇定的充分必要条件. ■

如果直接从式 (11.10.1) 出发, 设 A 的特征多项式分解为 $\varphi(\lambda) = \varphi_g(\lambda)\varphi_b(\lambda)$, 其中 $\varphi_g(\lambda)$ 是 Hurwitz 多项式, 而 $\varphi_b(\lambda)$ 的一切根的实部均非负. 由此

$$\mathbf{R}^n = \mathbf{S}_+ \oplus \mathbf{S}_- = \mathbf{N}[\varphi_g(A)] \oplus \mathbf{N}[\varphi_b(A)]. \tag{11.10.19}$$

在空间 $\mathbf{R}^n$ 作了对应 A 的特征值所进行的空间分解式 (11.10.19) 以后, 条件 (11.10.18) 将等价于

$$\langle A|\mathbf{R}(B)\rangle \supset \mathbf{N}[\varphi_b(A)]. \tag{11.10.20}$$

由此就有:

定理 11.10.6 系统 (11.10.1) 可镇定当且仅当有式 (11.10.20).
参考文献: [HZZ1964], [Hua1984], [Won1974].

11.11 二次型最优与 Bellman 方程

讨论一类特殊的最优控制问题

$$\begin{cases} \dot{x} = Ax + Bu, \quad x \in \mathbf{R}^n, \\ \displaystyle\int_0^{+\infty} (x^T(\tau)Qx(\tau) + u^T Ru)d\tau = \min, \end{cases} \tag{11.11.1}$$

其中 $R = R^T \in \mathbf{R}^{n \times r}$ 正定, $B \in \mathbf{R}^{n \times r}$, Q 半正定若 $Q = C^T C$ 是满秩分解, 则要求 (A, C) 是一可观测对.

显然式 (11.11.1) 等价于问题

$$\begin{cases} \dot{x} = Ax + Bu, \quad y = Cx, \\ \displaystyle\int_0^{+\infty} (y^T y + u^T Ru)d\tau = \min, \end{cases} \tag{11.11.2}$$

以上 A, B, C, R 均与问题 (11.11.1) 中相同.

为了讨论问题 (11.11.1) 或 (11.11.2), 引入:

[最优性原理] 一个过程若为最优过程, 则应具下述特征, 即不论造成现状态以前的过程如何, 由现状态出发的以后的过程总应是最优的.

最优性原理显然是无需证明的.

考虑问题 (11.11.1), 积分

$$J(x_0, u) = \int_0^{+\infty} x^T(\tau)Qx(\tau) + u^T(\tau)Ru(\tau)d\tau \tag{11.11.3}$$

显然依赖于:

$1°$ 方程 $\dot{x} = Ax + Bu$ 的初始条件 $x(0) = x_0$.

$2°$ 控制作用 $u = u(t)$ 的选择.

因而式 (11.11.3) 在方程给定后是初始状态 x_0 的函数又是控制作用 $u(\tau)$ 的泛函.

在 $x(0) = x_0$ 后, 显然可以令

$$I(x_0) = \min_u J(x_0, u). \tag{11.11.4}$$

它代表初值取在 $x(0) = x_0$ 对应问题 (11.11.1) 的最优指标.

以下设由式 (11.11.4) 定义的 $I(x)$ 是连续可微的, 下面来建立它应满足的方程. 为简单起见, 记 $x^TQx + u^TRu = G(x, u)$. 设 $\Delta\tau$ 为充分小正数, 则有

$$\begin{aligned} \int_0^{+\infty} G(x(\tau), u(\tau))d\tau &= \int_0^{\Delta\tau} G(x(\tau), u(\tau))d\tau \\ &\quad + \int_{\Delta\tau}^{+\infty} G(x(\tau), u(\tau))d\tau. \end{aligned} \tag{11.11.5}$$

由最优性原理, 则上式第三个积分应为 $I(x(\Delta\tau))$, 由此设 $\Delta\tau \to 0$ 且以 x 代替 x_0, 则有

$$[\text{grad } I(x)][Ax + Bu] + G(x, u) = 0, \tag{11.11.6}$$

其中 $\text{grad } I(x) = \left[\dfrac{\partial I}{\partial \xi_1}, \quad \dfrac{\partial I}{\partial \xi_2}, \quad \cdots, \quad \dfrac{\partial I}{\partial \xi_n} \right]$, 而 ξ_i 是 x 的第 i 个分量, $i \in \underline{n}$.

对于式 (11.11.6) 实际上我们并未要求在 $0 \leqslant \tau \leqslant \Delta\tau$ 对应的控制与轨道是最优的, 或方程 (11.11.6) 实际上是对在 $0 \leqslant \tau \leqslant \Delta\tau$ 一切控制及其造成的轨道都是适用的.

如果控制与轨道都是最优的, 显然由它确定的泛函应在各种与之相比的控制和轨道所对应的泛函中取到极小. 设相对最优控制有一偏离, 由其造成的状态亦相对

$x(\Delta\tau)$ 产生一个偏离变为 $x(\Delta\tau)+\Delta x$. 由此有

$$I[x(\Delta\tau)+\Delta x]+\int_0^{\Delta\tau}G(x(\tau),u(\tau))d\tau \geqslant I[x]$$

$$=\min_n[I[x(\Delta\tau)]+\int_0^{\Delta\tau}G(x(\tau),u(\tau))d\tau],$$

对此式两边令 $\Delta\tau \to 0$, 则有下述 Bellman 方程

$$\min_u\{[\mathrm{grad}\,I(x)][Ax+Bu]+G(x,u)\}=0. \tag{11.11.7}$$

考虑到 $G(x,u)=x^TQx+u^TRu$, 则式 (11.11.7) 可以等价地写成

$$\begin{cases} \mathrm{grad}\,I(x)[Ax+Bu]+x^TQx+u^TRu=0, \\ \mathrm{grad}\,I(x)\cdot B+2u^TR=0. \end{cases} \tag{11.11.8}$$

方程 (11.11.8) 是最优指标 $I(x)$ 与对应的最优控制所应满足的方程, 这里求得的最优指标与最优控制都已经是状态 x 的函数, 因而特别便利于对系统进行综合.

定理 11.11.1 若由光滑函数 $I_0(x),u_0(x)$ 满足方程 (11.11.8), 且对应系统

$$\dot x = Ax + Bu_0(x)$$

渐近稳定, 由它确定的指标 (11.11.3) 有意义, 则 $I_0(x),u_0(x)$ 为对应系统 (11.11.1) 的最优指标与最优控制.

证明 设有 $u_1(x)$ 存在, 使对应系统

$$\dot x = Ax + Bu_1(x) \tag{11.11.9}$$

渐近稳定, 且有

$$I_1(x)=\int_0^{+\infty}x^TQx+u_1{}^TRu_1d\tau < I_0(x). \tag{11.11.10}$$

以上积分号内系以式 (11.11.9) 之解代入. 由于 $I_0(x),u_0(x)$ 满足 Bellman 方程, 于是有

$$0=[(\mathrm{grad}\,I_0(x))(Ax+Bu_0)+x^TQx+u_0{}^TRu_0]$$

$$\leqslant [(\mathrm{grad}\,I_0(x))(Ax+Bu_1)+x^TQx+u_1{}^TRu_1].$$

由此就有

$$(\mathrm{grad}\,I_0(x))(Ax+Bu_1) \geqslant -x^TQx-u_1{}^TRu_1,$$

两边以式 (11.11.9) 之解代入并对 τ 由 0 至 $+\infty$ 积分, 则有

$$I_0(x)-I_0(x(\infty)) \leqslant \int_0^{+\infty}x^TQx+u_1{}^TRu_1$$

$$=I_1(x)-I_1(x(\infty)).$$

考虑到系统 (11.11.9) 渐近稳定, 则 $x(\infty) = 0$. 于是 $I_0(x) \leqslant I_1(x)$ 与 $I_1(x)$ 的假定矛盾, 这表明 $I_0(x), u_0(x)$ 确为最优的, 即 Bellman 方程 (11.11.8) 若有解, 则对应之解 $I_0(x), u_0(x)$ 就是最优指标与最优控制.　　■

定理 11.11.2　Bellman 方程的解存在必唯一.

证明　设有两组解 $I_1(x), u_1(x)$ 与 $I_2(x), u_2(x)$ 同时满足 Bellman 方程, 显然 $I_1(0)=I_2(0)= 0$. 由此 Bellman 方程有

$$0 = (\mathrm{grad}\, I_1(x))(Ax + Bu_1) + x^T Qx + u_1^T Ru_1$$
$$\leqslant (\mathrm{grad}\, I_1(x))(Ax + Bu_2) + x^T Qx + u_2^T Ru_2,$$
$$0 = (\mathrm{grad}\, I_2(x))(Ax + Bu_2) + x^T Qx + u_2^T Ru_2$$
$$\leqslant (\mathrm{grad}\, I_2(x))(Ax + Bu_1) + x^T Qx + u_1^T Ru_1.$$

由此可以推出

$$\mathrm{grad}\, (I_2 - I_1)(Ax + Bu_1) \geqslant 0, \tag{11.11.11}$$

$$\mathrm{grad}\, (I_1 - I_2)(Ax + Bu_2) \geqslant 0. \tag{11.11.12}$$

考虑到任何 $V(x)$, 对应的 $(\mathrm{grad}\, V(x))(Ax + Bu_1)$ 即 $V(x)$ 对应 $\dot{x} = Ax + Bu_1$ 的全微商, 因此若

$$I_2(x(0)) - I_1(x(0)) = V(x(0)) > 0,$$

则由式 (11.11.11) 可知有

$$I_2(x(\tau)) - I_1(x(\tau)) > V(x(0)), \quad \forall \tau > 0,$$

但 $\lim_{\tau \to \infty} [I_2(x(\tau)) - I_1(x(\tau))] = 0$, 矛盾. 因而有 $I_2(x) - I_1(x) \leqslant 0$ 对一切 $x \in \mathbf{R}^n$ 成立.

相仿利用式 (11.11.12) 可以证明 $I_1(x) - I_2(x) \leqslant 0$ 对一切 $x \in \mathbf{R}^n$ 成立.

由此 $I_1(x)=I_2(x)$, 而从式 (11.11.8)R 正定从而可逆, 于是 $u_1(x) = u_2(x)$.　　■

参考文献: [HZZ1964], [Hua1984], [AM1989], [Ath1971], [Won1974].

11.12　Bellman 方程与矩阵代数 Riccati 方程的解

继续上一节的讨论, 研究方程

$$\begin{cases} (\mathrm{grad}\, I(x))[Ax + Bu] + x^T Qx + u^T Ru = 0, \\ (\mathrm{grad}\, I(x))B + 2u^T R = 0. \end{cases} \tag{11.12.1}$$

解的存在性, 解的形式和求解方法. 下面引用序列逼近法来一举回答上述问题.

首先引进一个关于可观测性的引理:

引理 11.12.1 1° 若 C_i 具有 n 个列, $i \in \underline{2}$, 且

$$C_1{}^T C_1 = C_2{}^T C_2, \tag{11.12.2}$$

则 (A, C_1) 可观测当且仅当 (A, C_2) 可观测.

2° 若 (A, C) 是可观测对, R 正定, 则对任何 $B \in \mathbf{R}^{n \times r}, K \in \mathbf{R}^{r \times n}$, 由 $K^T R K + C^T C + Q$ 所作的满秩分解

$$K^T R K + C^T C + Q = C_1{}^T C_1 \tag{11.12.3}$$

有 $(A + BK, C_1)$ 可观测, 其中 Q 为任一半正定矩阵.

证明 由式 (11.12.2) 则

$$\mathbf{R}(C_1{}^T) = \mathbf{R}(C_1{}^T C_1) = \mathbf{R}(C_2{}^T C_2) = \mathbf{R}(C_2{}^T),$$

从而 $\langle A^T | \mathbf{R}(C_1^T) \rangle = \langle A^T | \mathbf{R}(C_2^T) \rangle$. 由此 $\langle A^T | \mathbf{R}(C_1^T) \rangle = \mathbf{R}^n$ 当且仅当 $\langle A^T | \mathbf{R}(C_2^T) \rangle = \mathbf{R}^n$ 从而有 1°.

对 2°, 由于式 (11.12.3) 左端为三个半正定矩阵之和, 则 $\mathbf{N}(C_1) \subset \mathbf{N}(K) \cap \mathbf{N}(C)$, 于是有

$$\mathbf{R}(C_1{}^T) \supset \mathbf{R}(K^T) + \mathbf{R}(C^T) \supset \mathbf{R}(K^T),$$

从而存在 F 使 $K^T B^T = C_1^T F$, 这样就有

$$\begin{aligned}
&\langle A^T + K^T B^T | \mathbf{R}(C_1{}^T) \rangle \\
&= \langle A^T + C_1{}^T F | \mathbf{R}(C_1{}^T) \rangle \\
&= \langle A^T | \mathbf{R}(C_1{}^T) \rangle \supset \langle A^T | \mathbf{R}(C^T) \rangle.
\end{aligned}$$

于是从 (A, C) 可观测就有 $(A + BK, C_1)$ 对任何 B 与 K 均可观测.

引理 11.12.2 若 (A, C) 可观测, 则

$$W(\tau) = \int_0^\tau e^{\sigma A^T} C^T C e^{\sigma A} d\sigma \tag{11.12.4}$$

有 $\|W(\tau)\|_2$ 有界当且仅当

$$\mathbf{\Lambda}(A) \subset \overset{\circ}{\mathbf{C}}_-.$$

证明 仅当: 用反证法. 设 μ 为 A 的一个具非负实部的特征值, x 为 A 对应的特征向量, 于是

$$\begin{aligned}
x^H W(\tau) x &= \left[\int_0^\tau e^{\sigma \bar{\mu}} e^{\sigma \mu} d\sigma \right] [x^H C^T C x] \\
&= \left[\int_0^\tau e^{2\sigma \mathrm{Re}(\mu)} d\sigma \right] \|Cx\|_2^2
\end{aligned}$$

应有界, 而 $\mathrm{Re}(\mu) \geqslant 0$ 保证上述积分无界, 从而有 $Cx = 0$, 由此利用 $Ax = \mu x$ 就有 $CA^k x = \mu^k Cx = 0$, 于是

$$x \in \bigcap_{k=0}^{n} \mathbf{N}(CA^k),$$

从而由 $x \neq 0$ 知 (A, C) 不可观测. 于是 (A, C) 可观测则由式 (11.12.4) 有界就有 $\mathbf{\Lambda}(A) \subset \overset{\circ}{C}_-$.

当: 显然. ■

一般称 (A^T, C^T) 可镇定为 (A, C) 可检测.

引理 11.12.3 (A, C) 可检测当且仅当存在 F 使 $\tilde{A} = A + FC$ 有 $\mathbf{\Lambda}(\tilde{A}) \subset \overset{\circ}{C}_-$. ■

定理 11.12.1 若系统

$$\dot{x} = Ax + Bu, \quad B \in \mathbf{R}^{n \times r} \tag{11.12.5}$$

是可镇定的, Q 半正定其分解式 $Q = C^T C$ 使 (A, C) 组成完全可观测对, R 正定. 则方程 (11.12.1) 的解 $I(x), u(x)$ 存在, $I(x)$ 为正定二次型, $u(x)$ 是 x 的线性函数, 它们可以通过证明中给出的一种序列逼近法求得.

证明 由于系统 (11.12.5) 可镇定, 则有 $K_0 \in \mathbf{R}^{r \times n}$, 使 $\mathbf{\Lambda}(A + BK_0) \subset \overset{\circ}{C}_-$. 若记 $P_1 = A + BK$, 则由引理 (11.12.1) 可知 (P_1, C_1) 完全可观测, 其中 $C_1^T C_1 = K_0^T R K_0 + C^T C$. 利用推论 11.4.1, 有正定二次型 $I_1(x) = x^T V_1 x$, 其中 V_1 有 $V_1 P_1 + P_1^T V_1 = -[Q + K_0^T R K_0]$, 再考虑式 (11.12.1), 令

$$[\mathrm{grad}\, I_1(x)]B + 2u_1^T R = 0,$$

则有 $u_1(x) = K_1 x$, $K_1 = -R^{-1} B^T V_1$. 考虑到式 (11.12.1) 的第二个方程系由式 (11.11.7) 对 u 求极小而来, 因而有

$$\begin{aligned}
0 &= [\mathrm{grad}\, I_1(x)]P_1 x + x^T Q x + u_0^T R u_0 \\
&\geqslant [\mathrm{grad}\, I_1(x)][Ax + Bu_1] + x^T Q x + u_1^T R u_1.
\end{aligned} \tag{11.12.6}$$

若记 $P_2 = A + BK_1$, 则 $I_1(x)$ 对系统

$$\dot{x} = P_2 x = (A + BK_1)x \tag{11.12.7}$$

的全导数有

$$\frac{dI_1(x)}{d\tau}\bigg|_{(11.12.7)} = -x^T M_1 x \leqslant -x^T Q x - u_1^T R u_1, \tag{11.12.8}$$

其中 M_1 显然为半正定矩阵, 并且

$$M_1 = Q + N,$$

式中 N 亦为半正定, 于是 $M_1 = C_2^T C_2$ 这种分解将保证 (P_2, C_2) 完全可观测. 由式 (11.12.8) 说明系统 (11.12.7) 的一切解有界, 但 I_1 正定与 M_1 半正定和 (P_2, C_2) 完全可观测足以保证 $\Lambda(P_2) \subset \overset{\circ}{\mathbf{C}}_-$ (引理 11.12.2) 令

$$V_2 = \int_0^{+\infty} e^{P_2^T \sigma}[Q + K_1^T R K_1] e^{P_2 \sigma} d\sigma,$$

对应二次型为 $I_2(x) = x^T V_2 x$, 用相仿的理由则 $I_2(x)$ 是正定的, 由于

$$[\operatorname{grad} I_2(x)]P_2 x + x^T Q x + x^T K_1^T R K_1 x = 0,$$

于是由式 (11.12.6) 可以得到

$$\left. \frac{dI_2(x)}{d\tau} \right|_{(11.12.7)} \leqslant \left. \frac{dI_1(x)}{d\tau} \right|_{(11.12.7)},$$

两边沿方程 (11.12.7) 的解积分, 并考虑到 $\lim\limits_{\tau \to \infty} x(\tau) = 0$, 于是有

$$I_1(x) \geqslant I_2(x), \quad x \in \mathbf{R}^n. \tag{11.12.9}$$

重复上述过程, 我们可以得到两个函数序列 $I_1(x), I_2(x), \cdots, I_m(x), \cdots$, 与 $u_1(x)$, $u_2(x), \cdots, u_m(x)$, 由于序列 $\{I_m(x)\}$ 是一个单调下降的正定二次型序列, 因而 $\lim\limits_{m \to \infty} I_m(x) = I^*(x)$ 至少是半正定二次型. 同时容易有 $\lim\limits_{m \to \infty} u_m(x) = \lim\limits_{m \to \infty} K_m x = u^*(x) = K^* x$, 且 $K^* = -R^{-1}B^T V^*$, V^* 是 $I^*(x)$ 对应的半正定矩阵.

容易证明 $I^*(x), K^* x$ 确为式 (11.12.1) 的解.

完全相仿于前面的证明过程可知 $I^*(x)$ 是正定的, 且系统

$$\dot{x} = Ax + Bu^*, \quad u^* = K^* x$$

渐近稳定. 从而 $I^*(x)$ 与 $u^*(x)$ 确为问题 (11.11.1) 的最优指标与最优控制.   ∎

综上所述可以将求方程 (11.12.1) 的解的过程归结为:

1° 由 (A, B) 可镇定, 利用极点配置定理选择 K_0 使 $\Lambda(A + BK_0) \subset \overset{\circ}{\mathbf{C}}_-$.

2° 对 $i = 1, 2, \cdots$ 解下述方程直至收敛

$$\begin{cases} V_i[A + BK_{i-1}] + [A + BK_{i-1}]^T V_i = Q + K_{i-1}^T R K_{i-1}, \\ K_i = -R^{-1}B^T V_i. \end{cases} \tag{11.12.10}$$

一般来说, 方程 (11.12.1) 可以用下述方程所代替, 即

$$\begin{aligned} &V[A + BK] + [A + BK]^T V + Q + K^T R K = 0, \\ &K = -R^{-1}B^T V. \end{aligned}$$

若将上述两方程合并, 则有

$$VA + A^TV - VBR^{-1}B^TV + Q = 0. \tag{11.12.11}$$

一般称式 (11.12.11) 为 Riccati 矩阵代数方程, 显然上述提供的序列逼近法也是求解 Riccati 矩阵代数方程的有效方法.

进而来估计上述序列逼近法计算的收敛速度. 为此引进

$$G_k(x,u) = (\operatorname{grad} I_k(x))(Ax + Bu) + x^TQx + u^TRu. \tag{11.12.12}$$

由前面分析有

$$G_k(x, u_{k-1}) = 0, \tag{11.12.13}$$

而 u_k 刚好使 $G_k(x,u)$ 达到极小, 于是考虑到 R 正定, $G_k(x,u)$ 是 u 的二次凸函数, 则可设

$$G_k(x,u) = (u - \varphi(x))^T R(u - \varphi(x)) + \psi(x).$$

显然 $u_k = \varphi(x)$, 而 $\psi(x) = -(u_{k-1} - u_k)^T R(u_{k-1} - u_k)$, 于是就有

$$G_k(x,u) = (u - u_k)^T R(u - u_k) - (u_k - u_{k-1})^T R(u_k - u_{k-1}).$$

利用式 (11.12.13), 则

$$G_k(x, u_k) - G_k(x, u_{k-1}) = -(u_k - u_{k-1})^T R(u_k - u_{k-1}) \leqslant 0,$$

又

$$G_{k+1}(x, u_k) = (\operatorname{grad} I_{k+1}(x))(Ax + Bu_k) + x^TQx + u_k^TRu_k,$$
$$G_k(x, u_k) = (\operatorname{grad} I_k(x))(Ax + Bu_k) + x^TQx + u_k^TRu_k.$$

又考虑到 $G_{k+1}(x, u_k) = G_k(x, u_{k-1}) = 0$, 于是

$$(\operatorname{grad}[I_{k+1}(x) - I_k(x)])(Ax + Bu_k) = (u_k - u_{k-1})^T R(u_k - u_{k-1}). \tag{11.12.14}$$

但由于 $u_k^T = -\dfrac{1}{2}(\operatorname{grad} I_k(x))BR^{-1}$. 于是式 (11.12.14) 变为

$$(\operatorname{grad}[I_{k+1}(x) - I_k(x)])(Ax + Bu_k)$$
$$= \frac{1}{4}\operatorname{grad}(I_k - I_{k-1})BR^{-1}B^T[\operatorname{grad}(I_k - I_{k-1})]^T. \tag{11.12.15}$$

若记 δ 是 $A + BK_k$ 的特征值的实部绝对值的最小值, 由于 $A + BK_k$ 及其极限矩阵 $A + BK^*$ 均为稳定矩阵, 因而 $\delta > 0$, 并且存在 $\mu > 0$, 使

$$\left\| e^{A_k\tau} \right\|_2 < \mu e^{-\delta\tau}, \quad A_k = A + BK_k.$$

由此对式 (11.12.15) 两边积分并设

$$I_{k+1}(x) - I_k(x) = x^T(V_{k+1} - V_k)x = x^T \Delta V_k x,$$

则有

$$\Delta V_k = \int_0^{+\infty} e^{A_k{}^T \tau} \Delta V_{k-1} BR^{-1} B \Delta V_{k-1} e^{A_k \tau} d\tau.$$

而利用此不难证明有常数 M 使

$$\|\Delta V_k\|_2 \leqslant M \|\Delta V_{k-1}\|_2^2.$$

这表明 $\|\Delta V_k\|_2$ 是渐近按平方收敛至零的.

由此就有:

定理 11.12.2 定理 11.12.1 证明中所引入的序列逼近法中序列 $I_i(x) = x^T V_i x$, $i = 1, 2, \cdots$ 是渐近按平方收敛的, 即存在 M 使

$$\|V_k - V_{k+1}\|_2 \leqslant M \|V_{k-1} - V_k\|_2^2.$$

应用序列逼近法求解系统的二次型最优问题由郑应平, 张迪和作者在 1963 年得到, 类似的结果 D.L. Kleinman 在 1966 年得到, 迄今无论是 Riccati 矩阵代数方程还是直接讨论二次型最优反馈设计, 序列逼近法仍然是基本的和有效的方法之一.

参考文献: [HZZ1964], [Hua1984], [Hua2003], [Kle1968], [Mey1978].

11.13　离散线性系统

首先研究离散线性系统

$$x^{(k+1)} = Ax^{(k)}, \quad A \in \mathbf{C}^{n \times n}, \quad k = 0, 1, 2, \cdots \tag{11.13.1}$$

的稳定性问题.

定义 11.13.1 系统 (11.13.1) 是稳定的系指其一切解均有界, 若系统 (11.13.1) 不仅稳定而且一切解均有

$$\lim_{k \to \infty} x^{(k)} = 0, \tag{11.13.2}$$

则对应系统是渐近稳定的.

相仿 5.8 节容易证明有

定理 11.13.1　$A \in \mathbf{C}^{n \times n}$ 若以 $\rho(A)$ 表其谱半径, 则

1° 式 (11.13.1) 渐近稳定当且仅当 $\rho(A) < 1$

2° 式 (11.13.1) 稳定当且仅当 $\rho(A) \leqslant 1$ 且 A 模为 1 的特征值只对应一次的初等因子.

定理 11.13.2　系统 (11.13.1) 渐近稳定当且仅当对任给正定矩阵 W, 存在正定二次型 $x^H V x$ 有它对式 (11.13.1) 的全差分满足

$$x^H [A^H V A - V] x = -x^H W x \tag{11.13.3}$$

或线性矩阵方程

$$A^H V A - V = -W \tag{11.13.4}$$

具唯一正定矩阵解 V.

证明　由于 W, V 均正定, 则有 $\delta > 0$ 使

$$x^H W x \geqslant \delta x^H V x, \quad \forall x \in \mathbf{C}^n. \tag{11.13.5}$$

显然 δ 可取作正则矩阵束 $\langle W, V \rangle_{n \times n}$ 的最小特征值. 现设 $x^{(k)}$ 是式 (11.13.1) 由 $x^{(0)} = x_0$ 出发的解, 于是由式 (11.13.3) 可以有

$$
\begin{aligned}
(x^{(k)})^H V x^{(k)} &= (x^{(k-1)})^H V x^{(k-1)} - (x^{(k-1)})^H W x^{(k-1)} \\
&\leqslant (1 - \delta)(x^{(k-1)})^H V x^{(k-1)} \\
&= \cdots \tag{11.13.6} \\
&= (1 - \delta)^k x_0{}^H V x_0. \tag{11.13.7}
\end{aligned}
$$

另一方面, 由 $V - W = A^H V A$ 是半正定的, 则

$$1 - \frac{x^H W x}{x^H V x} \geqslant 0,$$

于是 $\delta \leqslant 1$. 由 $1 \geqslant \delta > 0$, 考虑到式 (11.13.6), 则有

$$\lim_{k \to \infty} (x^{(k)})^H V x^{(k)} = 0 \Rightarrow \lim_{k \to \infty} x^{(k)} = 0.$$

反之, 若式 (11.13.1) 渐近稳定, 于是 $\rho(A) < 1$. 由此令

$$V = \sum_{m=0}^{\infty} (A^H)^m W A^m,$$

则这个矩阵级数是收敛的, 显然 V 满足式 (11.13.4), 并且由 W 正定立即可知 V 正定. ■

一般离散控制系统的方程是

$$\begin{cases} x^{(k+1)} = A(k)x^{(k)} + B(k)u^{(k)}, \\ y^{(k)} = C(k)x^{(k)}, \quad k = 0, 1, 2, \cdots, \end{cases} \tag{11.13.8}$$

其中 $x^{(k)} \in \mathbf{C}^n$, $u^{(k)} \in \mathbf{C}^r$, $y^{(k)} \in \mathbf{C}^m$, $A(k), B(k)$ 与 $C(k)$ 为随着 k 变的矩阵序列, 以后简记为 A_k, B_k 与 C_k.

研究对应式 (11.13.8) 的自由系统

$$x^{(k+1)} = A_k x^{(k)}, \tag{11.13.9}$$

显然式 (11.13.9) 的任何解均有

$$x^{(k_1)} = A_{k_1-1}A_{k_1-2}\cdots A_{k_0}x^{(k_0)} = F_{k_1 k_0}x^{(k_0)}, \quad k_1 > k_0, \tag{11.13.10}$$

其中 $F_{k_1 k_0} = A_{k_1-1}A_{k_1-2}\cdots A_{k_0}$ 称为式 (11.13.9) 的传递矩阵. 显然与连续系统时比较 $F_{k_1 k_0}$ 具性质:

1° $F_{k_0 k_0} = I_n$, $\forall k_0 \in \mathbf{R}$.

2° 对任何 $k \geqslant j \geqslant i$ 则 $F_{k,i} = F_{k,j}F_{j,i}$.

3° $F_{k_1 k_0}$ 未必可逆, 因而式 (11.13.9) 系统中的过程未必能逆推.

如果对 $k_1 > k_0$, 引进

$$\begin{aligned} T_{10} &= (B_{k_1-1}, F_{k_1 k_1-1}B_{k_1-2}\cdots F_{k_1 k_0+1}B_{k_0}), \\ u &= (u_{k_1-1}^T, u_{k_1-2}^T \cdots u_{k_0}^T)^T, \quad u_i = u^{(i)}, \end{aligned} \tag{11.13.11}$$

则有式 (11.13.8) 的解为

$$x^{(k_1)} = F_{k_1 k_0}x^{(k_0)} + T_{10}u.$$

由此有

$$T_{10}u = x^{(k_1)} - F_{k_1 k_0}x^{(k_0)}.$$

相仿 7.8 节的讨论, 在给定 x_0 与 x_1 后, 若 T_{10} 满行秩, 则必有 $u \in \mathbf{C}^{r(k_1-k_0)}$ 使系统实现 $x^{(k_1)} = x_1$ 其中 $x^{(k_0)} = x_0$, 由于 x_1, x_0 可以任意给定, 因而系统 (11.13.8) 在由 $k = k_0$ 时由任何点出发而在 $k = k_1$ 时可达任何事先给定的点 x_1 当且仅当 $\mathbf{R}(T_{10}) = \mathbf{C}^n$.

如果讨论 $x_1 = 0$ 即研究可控性问题, 由于 $F_{k_1 k_0}$ 本身未必可逆. 因而 $\mathbf{R}(T_{10}) = \mathbf{C}^n$ 只能作为可控的充分条件而并不必要, 其充要条件应对应改为

$$\mathbf{N}(F_{k_1 k_0}) + \mathbf{R}(T_{10}) = \mathbf{C}^n. \tag{11.13.12}$$

由此可有:

定理 11.13.3 系统 11.13.8, T_{10} 由式 (11.13.11) 定义, 则

1° (11.13.8) 完全可达当且仅当 $\mathbf{R}(T_{10}) = \mathbf{C}^n$.

2° (11.13.8) 完全可控当且仅当式 (11.13.12).

以上可达或可控是指在 (k_0, k_1) 上. 若式 (11.13.8) 中 $A_k = A, B_k = B$, 则有:

定理 11.13.4 常系数线性离散系统

$$x^{(k+1)} = Ax^{(k)} + Bu^{(k)} \tag{11.13.13}$$

在 $(0, +\infty)$ 完全可达当且仅当

$$\langle A|\mathbf{R}(B)\rangle = \mathbf{C}^n,$$

而式 (11.13.13) 在 $(0, +\infty)$ 完全可控当且仅当

$$\langle A|\mathbf{R}(B)\rangle + \mathbf{N}(A^{n-1}) = \mathbf{C}^n.$$

为了对系统 (11.13.13) 进行镇定. 将复数平面 $\mathbf{C}$ 上单位圆的内部记为 $\overset{\circ}{\mathbf{S}}_1 = \{z||z| < 1\}$. 而将其补集记为 $\mathbf{S}_2 = \{z||z| \geqslant 1\}$. 设对 $A \in \mathbf{C}^{n\times n}$, 则 A 的最小多项式 $\varphi(\lambda)$ 可展成 $\varphi(\lambda) = \varphi_1(\lambda)\varphi_2(\lambda)$, 其中 $\varphi_1(\lambda)$ 的根均在 $\overset{\circ}{\mathbf{S}}_1$ 内而 $\varphi_2(\lambda)$ 的根均在 S_2 上. 于是对应最小多项式的这种分解有

$$\begin{cases} \mathbf{C}^n = \mathbf{T}_1 \oplus \mathbf{T}_2, \\ \mathbf{T}_i = \mathbf{N}[\varphi_i(A)], \quad i \in 2. \end{cases} \tag{11.13.14}$$

对于给定的系统 (11.13.13), 若有 F 能使

$$\mathbf{\Lambda}(A + BF) \subset \overset{\circ}{\mathbf{S}}_1,$$

对应式 (11.13.13) 称为是可镇定的.

完全相仿连续系统有:

定理 11.13.5 系统 (11.13.13) 是可镇定的当且仅当

$$\mathbf{N}[\varphi_2(A)] \subset \langle A|\mathbf{R}(B)\rangle. \qquad\blacksquare$$

以下讨论离散系统的二次型最优问题, 将从系统是可镇定的前提出发. 设讨论系统 (11.13.13) 的最优控制问题, 其指标为

$$J(x, u) = \sum_{i=0}^{\infty} [x^{(i)}]^H Qx^{(i)} + [u^{(i)}]^H Ru^{(i)}, \tag{11.13.15}$$

其中不妨设 Q, R 均为正定 Hermite 矩阵. 如同连续系统情形一样, 可以设式 (11.13.13) 对应指标 (11.13.15) 下的最优控制为 $u(x)$, 对应该控制下的最优指标为 $I(x)$, 则容易推得在一般的假定下 $I(x)$ 与 $u(x)$ 满足下述离散型 Bellman 方程

$$x^H Qx + \min_u \left\{\Delta I(x)|_{13,14,12} + u^H Ru\right\} = 0, \tag{11.13.16}$$

其中 $\Delta I(x)|_{13.14.12} = I(Ax + Bu) - I(x)$.

类似地有:

定理 11.13.6 系统 (11.13.13) 在指标 (11.13.15) 下最优问题对应的最优指标 $I(x)$ 是 x 的正定二次型, 最优控制是 x 的线性函数 $u = Kx$, 它们可以通过求解下述离散型矩阵 Riccati 方程

$$\begin{cases} K^H RK + Q + (A + BK)^H V(A + BK) - V = 0, \\ K = [B^H VB + R]^{-1} B^H VA. \end{cases} \tag{11.13.17}$$

得到, 其中 V 系对应 $I(x)$ 的正定矩阵, 而方程 (11.13.17) 可以通过下述序列逼近法求得.

离散型 Riccati 方程的序列逼近法包含:

$1°$ 选 K_0 使 $\boldsymbol{\Lambda}(A + BK_0) \subset \overset{\circ}{\mathbf{S}}_1$.

$2°$ 对 $i = 1, 2, \cdots$ 循环直至收敛. 作

(a) $A_i = A + BK_{i-1}$.

(b) 求解离散型 Lyapunov 方程

$$A_i^H V_i A_i - V_i = -(Q + K_{i-1}^H RK_{i-1}). \tag{11.13.18}$$

(c) 计算 $K_i = [B^H V_i B + R]^{-1} B^H V_i A$.

同样可以证明上述这种序列逼近法具有很好的收敛性.

如同以前的讨论一样, 对于离散系统来说, 无论是稳定性分析, 还是二次型最优问题, 对于给定 $A \in C^{n \times n}$ 求解下述 Lyapunov 方程

$$A^H VA - V = -W \tag{11.13.19}$$

是至关重要的.

一般来说, 当 $\rho(A) < 1$ 时, 式 (11.13.19) 的解 V 可以写成下述级数和的形式

$$V = \sum_{i=0}^{\infty} (A^H)^i W A^i. \tag{11.13.20}$$

如果要求用有限和来进行代替, 则必须讨论数值分析中一些比较麻烦的问题. 因此直接对方程 (11.13.19) 且不要求 $\rho(A) < 1$ 的条件来讨论求解是有意义的. 在 11.14 节中仅对这个理论问题进行简单的讨论.

参考文献: [Hua1984], [Kuc1979].

11.14 离散 Lyapunov 方程的解

考虑 $A \in \mathbf{C}^{n \times n}, B \in \mathbf{C}^{m \times m}$ 确定的矩阵方程

$$A^H XB - X = C. \tag{11.14.1}$$

它是比式 (11.13.19) 更广的 Lyapunov 方程.

定理 11.14.1　式 (11.14.1) 对任给 $C \in \mathbf{C}^{n \times m}$ 存在唯一解当且仅当 A 与 B 具特征值非圆共轭条件

$$\mu_j \overline{\lambda}_i \neq 1, \quad i \in \underline{n}, j \in \underline{m}, \tag{11.14.2}$$

其中 λ_i 与 μ_j 分别是 A 与 B 的特征值.

证明　若以式 (11.2.5) 引入的映射 $\sigma : \mathbf{C}^{n \times m} \to \mathbf{C}^{nm}$, 以 $\sigma(X)$ 表 $X \in \mathbf{C}^{n \times m}$ 经 σ 在 $\mathbf{C}^{nm}$ 中的象, 则由定理 11.2.1 可知式 (11.14.1) 等价于

$$[A^H \otimes B^T - I_{nm}]\sigma(X) = \sigma(C). \tag{11.14.3}$$

由于 $A^H \otimes B^T$ 的特征值为 $\overline{\lambda}_i \mu_j$, $i \in \underline{n}$, $j \in \underline{m}$, 则可知式 (11.14.2) 当且仅当 $[A^H \otimes B^T - I_{nm}]$ 可逆当且仅当式 (11.14.3) 对任给 $\sigma(C)$ 具唯一解 $\sigma(X)$. ■

推论 11.14.1　$A \in \mathbf{C}^{n \times n}$, 则由它确定的 Lyapunov 方程

$$A^H V A - V = W, \tag{11.14.4}$$

对任给 $W = W^H$ 存在唯一解 $V = V^H$ 当且仅当 A 具特征值自非圆共轭条件

$$\lambda_i \overline{\lambda}_j \neq 1, \quad i, j \in \underline{n}, \tag{11.14.5}$$

其中 λ_i 系 A 之特征值.

对于方程 (11.14.1). 若引入 $T_1 \in \mathbf{C}_n^{n \times n}$, $T_2 \in \mathbf{C}_m^{m \times m}$, 则令

$$\begin{aligned} A_1 &= T_1^{-1} A T_1, \quad B_1 = T_2^{-1} B T_2, \\ Y &= T_1^H X T_2, \quad C_1 = T_1^H C T_2, \end{aligned} \tag{11.14.6}$$

就可将式 (11.14.1) 化成如下等价形式

$$A_1^H Y B_1 - Y = C_1, \tag{11.14.7}$$

并且式 (11.14.7) 与式 (11.14.1) 有相同的对解的存在唯一性条件. 如果 A_1 与 B_1 具有特别简单的形式, 则将式 (11.14.7) 写成

$$[A_1^H \otimes B_1^T - I_{mn}]\sigma(Y) = \sigma(C_1) \tag{11.14.8}$$

就有可能直接解出 $\sigma(Y)$.

现设 A_1 与 B_1 经酉变换已化成上三角矩阵, 即式 (11.14.1) 中 T_1 与 T_2 均为酉矩阵, 此时式 (11.14.8) 这一方程的系数矩阵是一个具稀疏特点的下三角矩阵, 从而式 (11.14.8) 的求解将是方便的.

如果特别 $B = A$, 而 $T \in \mathbf{U}^{n \times n}$ 使

$$T^H A T = R \tag{11.14.9}$$

是上三角矩阵, 则式 (11.14.3) 变为

$$R^H Y R - Y = Z, \tag{11.14.10}$$

其中 $Y = T^H V T, Z = T^H W T$. 式 (11.14.10) 转化为

$$(R^H \otimes R^T - I_{n^2}) \sigma(Y) = \sigma(Z),$$

由于 R^H, R^T 同为下三角矩阵, 因而这一方程可以方便地解出 $\sigma(Y)$, 又由于 $V = T Y T^H$ 则可直接求得式 (11.14.3) 的解 V.

参考文献: [Hua1984], [Kuc1979], [PLS1980].

11.15　问题与习题

I 证明与讨论下述各题:

1° 若 A 与 B 相似, 讨论两方程

$$A^H X + X A = Y, \quad B^H U + U B = V$$

在可解性及解之间的关系.

2° 若 A 可相似对角化, 利用 1° 建立一个关于 $A^H X + X A = Y$ 的解法.

3° 若 A 系正规矩阵, 问如何求解

$$A^H X + X A = Y$$

4° 若 A 是实稳定矩阵, M, N 均正定且有

$$N A + A^T N = -M,$$

又给定 $c_1 \geqslant c_2 > 0$, 则 $\dot{x} = A x$ 一切初值 $x(0) = x_0 \in \{x | x^T N x = c_1\}$ 下的解进入区域 $\{x | x^T N x \leqslant c_2\}$ 的时间 T 满足不等式

$$\lambda_1 \ln\left(\frac{c_1}{c_2}\right) \geqslant T \geqslant \lambda_n \ln\left(\frac{c_1}{c_2}\right),$$

其中 λ_1, λ_n 是正则矩阵束 $\langle N, M \rangle_{n \times n}$ 的最大与最小特征值.

5° 若 $A \in \mathbf{R}^{n \times n}, V, W$ 均为实正定对称矩阵, 使

$$VA + A^T V = -W,$$

又 α 是正则矩阵束 $\langle W, V \rangle_{n \times n}$ 的最小特征值, 则 A 的特征值 λ_i 有 $2\mathrm{Re}(\lambda_i) \leqslant -\alpha$.

II 证明下述结论:

1° $f(\lambda) = \lambda^n + \alpha_{n-1}\lambda^{n-1} + \cdots + \alpha_1\lambda + \alpha_0 \in \mathbf{R}[\lambda], f^*(\lambda) = f(-\lambda), \alpha > \beta > 0$, 则 $f(\lambda)$ 是 Hurwitz 多项式当且仅当 $g(\lambda) = \alpha f(\lambda) - \beta f^*(\lambda)$ 是 Hurwitz 多项式.

2° $\mu < 0$ 则 $f(\lambda)$ 是 Hurwitz 多项式当且仅当:

① $|f(\mu)| < |f^*(\mu)|$.

② $f_1(\lambda) = \dfrac{f^*(\mu)f(\lambda) - f^*(\lambda)f(\mu)}{\lambda - \mu}$ 是 Hurwitz 多项式.

3° $\mu < 0$ 则 $f(\lambda)$ 是 Hurwitz 多项式当且仅当:

① $\alpha_0 \neq 0, \dfrac{\alpha_1}{\alpha_0} > 0$.

② $H(\lambda) = F_0(\lambda) + \mu F_1(\lambda)$ 是 Hurwitz 多项式, 其中 F_0, F_1 由下式定义

$$\frac{f^*(\mu)f(\lambda) - f(\mu)f^*(\lambda)}{\lambda - \mu} = F_0(\lambda) + F_1(\lambda)\mu + \cdots + F_{n-1}(\lambda)\mu^{n-1}.$$

4° 利用上述 $1° - 3°$ 证明 Hurwitz 判据.

III 证明下述结论:

1° 设 A 是 $\alpha(\lambda) \in \mathbf{R}[\lambda]$ 对应的相伴矩阵 (参见 3.2 节), 则 $\alpha(\lambda), \beta(\lambda)$ 互质当且仅当 $\beta(A)$ 非奇异.

2° $\deg[g.c.d(\alpha(\lambda), \beta(\lambda))] = n - \mathrm{rank}[\beta(A)]$, 其中 $n = \deg[\alpha(\lambda)]$.

3° $\deg[g.c.d(\alpha(\lambda), \beta_1(\lambda), \cdots, \beta_m(\lambda))] = n - p$, 其中 $p = \mathrm{rank}[P]$, 而

$$P = \begin{bmatrix} \beta_1(A) \\ \beta_2(A) \\ \vdots \\ \beta_m(A) \end{bmatrix}.$$

IV 证明与研究:

1° 对 11.9 节的降阶法求解 Lyapunov 方程设计一个算法.

2° 若 $A = \begin{bmatrix} \alpha_{11} & \alpha_{12} \\ \alpha_{21} & \alpha_{22} \end{bmatrix}$ 具一对共轭复特征值, 但 $A \in \mathbf{R}^{2 \times 2}$, 寻求 T 使 $T^{-1}AT = \begin{bmatrix} \alpha & \beta \\ -\beta & \alpha \end{bmatrix}$, 其中 $\alpha \pm j\beta$ 是 A 的特征值.

$3°$ 若 $A = \mathrm{diag}(\alpha_1, \cdots, \alpha_p, Q, \cdots, Q_i), Q_i = \begin{bmatrix} \gamma_i & \delta_i \\ -\delta_i & \gamma_i \end{bmatrix}$, 且 A 的特征多项式是可允的. 建立求解

$$VA + A^T V = W$$

的公式. 以上 $\alpha_i, \gamma_i, \delta_i$ 均实数.

$4°$ 对 $A \in \mathbf{R}^{n \times n}$, 若已有 $X_1 \in R^{n \times 2}$ 使 $AX_1 = X_1 F_1, F_1 \in \mathbf{R}^{2 \times 2}$ 具一对共轭复特征值. 问能否求得 $V = V_1 + U_1$, 使 V_1 按 A, F_1, X_1 求出, 而 U_1 可以通过 $n-2$ 阶矩阵的 Lyapunov 方程得到 (即仿照 11.9 节讨论 A 有共轭复特征值的情形, 但讨论过程限在实数域上进行).

V 证明下述结论:

$1°$ $VA + A^H V = W$, 若 $W = 0$ 而 V 正定, 又若 $A = A^H$, 则 $A = 0$.

$2°$ $VA + A^H V = W$, 若 W 正定, $V = V^H$, 则 $\det(V) \neq 0$.

$3°$ V_1, V_2 为两正定 Hermite 矩阵, 又 $V_1^2 - V_2^2$ 正定, 证明 $V_1 - V_2$ 正定 (利用 $W = V_1^2 - V_2^2$, 构造一合适 Lyapunov 方程).

VI 研究与证明:

$1°$ Riccati 方程: $XEX + DX + XF + G = 0$, 若有

$$T = \begin{bmatrix} T_1 & T_2 \\ T_3 & T_4 \end{bmatrix},$$

使

$$\begin{bmatrix} -F & -E \\ G & D \end{bmatrix} T = T \begin{bmatrix} B_1 & B_2 \\ 0 & B_4 \end{bmatrix},$$

且 B_1, B_4 为上三角矩阵, 又 T_1 可逆, 则 $X = T_3 T_1^{-1}$ 是上述 Riccati 方程的解.

$2°$ $J_{2n} = \begin{bmatrix} 0 & -I_n \\ I_n & 0 \end{bmatrix}$, 则 $J_{2n}^T = -J_{2n} = J_{2n}^{-1}$ 且 $J_{2n}^2 = -I_{2n}$, 若 H 称为 Hamilton 矩阵, 系指 $H = J_{2n} H^T J_{2n}$. 证明任何 Hamilton 矩阵 H 有若 λ_i 系其特征值则 $-\lambda_i$ 亦为其特征值. 并且若 a_i, b_i 分别有 $H a_i = \lambda_i a_i, H b_i = -\lambda_i b_i$, 则有

$$-(J_{2n} b_i)^T H = -\lambda_i (J_{2n} b_i)^T,$$
$$(J_{2n} a_i)^T H = -\lambda_i (J_{2n} a_i)^T.$$

$3°$ 若 H 为可相似对角化的 Hamilton 矩阵, 则

$$T^{-1} H T = \mathrm{diag}(\lambda_1, \lambda_2, \cdots, \lambda_n, -\lambda_1, \cdots, -\lambda_n).$$

其中 $T = [a_1 \quad \cdots \quad a_n \quad b_1 \quad \cdots \quad b_n]$, a_i, b_i 如 $2°$ 中定义.

$4°$ 证明 $3°$ 中 T 是一辛矩阵, 即 $T^{-1} J_{2n} T = J_{2n}$.

5° 考虑 Riccati 方程 $VBR^{-1}B^TV-A^TV-VA-Q=0$, 则 $H=\begin{bmatrix} A & -BR^{-1}B^T \\ -Q & -A^T \end{bmatrix}$ 是 Hamilton 矩阵.

6° 若 5° 中的 H 可相似对角化, 又 $a_i=\begin{bmatrix} b_i \\ c_i \end{bmatrix}$, 有 $Ha_i=\lambda_i a_i$, $\operatorname{Re}(\lambda_i)<0$, $i \in \underline{n}$, 则

$$V = [c_1 \quad c_2 \quad \cdots \quad c_n][b_1 \quad b_2 \quad \cdots \quad b_n]^{-1}$$

是 5° 中 Riccati 方程的正定对称解.

7° 假定如 6°, 则系统

$$\dot{x} = (A - BR^{-1}B^TV)x$$

的特征根是 5° 中 H 的具负实部的特征值.

8° 假定同 6°, 若 H 之特征多项式为 $\varphi(\lambda)$, 则 $\varphi(\lambda)=(-1)^n\psi(\lambda)\psi(-\lambda)$, 其中 $\psi(\lambda) \in \mathbf{H}[\lambda]$, 即 $\psi(\lambda)$ 为 Hurwitz 多项式, 又记

$$\psi(H) = \begin{bmatrix} H_1 & H_2 \\ H_3 & H_4 \end{bmatrix},$$

则 5°Riccati 方程的解 V 用方程

$$\begin{bmatrix} H_1 & H_2 \\ H_3 & H_4 \end{bmatrix}\begin{bmatrix} I_n \\ V \end{bmatrix} = \begin{bmatrix} 0 \\ 0 \end{bmatrix}$$

给出.

VII 证明:

1° $A \in R^{n \times n}$, $A^TVA - V = -Q$, V 正定, $Q = RR^T$ 使 (A, R^T) 可观测, 则 A 的特征值均在单位圆内.

2° 仿照连续常系数线性系统二次最优控制的相关结论, 给出对应离散情形下二次最优控制的结论并给以证明.

VIII 举例说明. 对于时变线性系统

$$\dot{x} = A(t)x,$$

即使有 $P(t) \geqslant \varepsilon I > 0$, $Q(t) \geqslant \varepsilon I > 0$, $\forall t \in [t_0, +\infty)$, 并满足

$$P(t)A(t) + A(t)^T P(t) = -Q(t), \quad \forall t \in [t_0, +\infty),$$

但对应方程的解 $x(t)$ 并不具 $\lim_{t \to +\infty} x(t) = 0$ 的性质.

第十二章　多项式矩阵与有理函数矩阵

系统理论中多变量系统的讨论, 在描述方法上要求用多项式矩阵与有理函数矩阵来代替原来单变量系统中的多项式与有理函数. 显然, 这种代替带来了问题的复杂性.

这里着重介绍与系统理论密切相关的一些问题. 例如多项式方阵的行列式的一些性质, 有理函数矩阵的仿分式分解, 有理函数矩阵的系统实现, 正实有理函数矩阵的性质及其谱分解, 系统的 H_∞ 范数及建立在其上有关系统的基本性质, 互质分解和与系统稳定性等一些基本内容.

12.1　多项式方阵的行列式

研究多项式方阵

$$A(s) = A_N s^N + A_{N-1} s^{N-1} + \cdots + A_1 s + A_0 \in \mathbf{C}[s]^{n \times n}, \tag{12.1.1}$$

其中 $A_i \in \mathbf{C}^{n \times n}$, $i = 0, 1, \cdots, N$, 且 $A_N \neq 0$.

若 s_0 有 $\det A(s) = 0$, 则称 s_0 为 $A(s)$ 的潜根.

如果式 (12.1.1) 具条件

$$\det A_N \neq 0, \tag{12.1.2}$$

则对应 $A(s)$ 称为正则的, 显然 $A(s)$ 正则当且仅当

$$\deg[\det A(s)] = Nn.$$

对于 $A(s)$ 不正则时, 估计 $\deg[\det A(s)]$ 是相当困难的, 此时有:

定理 12.1.1　对由 (12.1.1) 定义的 $A(s)$, 若记

$$r_i = \operatorname{rank}(A_N, A_{N-1}, \cdots, A_{N-i}), \quad i = 0, 1, \cdots, N-1, \tag{12.1.3}$$

则有

$$\deg[\det A(s)] \leqslant \sum_{i=0}^{N-1} r_i. \tag{12.1.4}$$

证明　对 N 用归纳法并设 $\det A(s) \neq 0$.

$N = 1$ 显然成立.

设 $N-1$ 时定理已真, 考虑 N.

由于 $A_N \in \mathbf{C}_{r_0}^{n \times n}$, 则有 $U, V \in \mathbf{U}^{n \times n}$ 使

$$UA_NV = \begin{bmatrix} B_N & 0 \\ 0 & 0 \end{bmatrix}, \quad B_N \in \mathbf{C}_{r_0}^{r_0 \times r_0},$$

对应其他 A_i 可以有

$$UA_iV = \begin{bmatrix} B_i & C_i \\ D_i & F_i \end{bmatrix}, \quad B_i \in \mathbf{C}^{r_0 \times r_0},$$

$$i = 0, 1, \cdots, N-1.$$

由此就有

$$UA(s)V = \begin{bmatrix} B_N & 0 \\ 0 & 0 \end{bmatrix} s^N + \begin{bmatrix} B_{N-1} & C_{N-1} \\ D_{N-1} & F_{N-1} \end{bmatrix} s^{N-1} + \cdots$$
$$+ \begin{bmatrix} B_1 & C_1 \\ D_1 & F_1 \end{bmatrix} s + \begin{bmatrix} B_0 & C_0 \\ D_0 & F_0 \end{bmatrix}.$$

由于

$$\mathrm{rank} \begin{bmatrix} B_N & B_{N-1} & C_{N-1} \\ 0 & D_{N-1} & F_{N-1} \end{bmatrix} = r_1, \quad \mathrm{rank} B_N = r_0,$$

则 $\mathrm{rank}(F_{N-1}) \leqslant r_1 - r_0$.

又考虑到

$$r_i = \mathrm{rank} \begin{bmatrix} B_N & B_{N-1} & C_{N-1} \cdots B_{N-i} & C_{N-i} \\ 0 & D_{N-1} & F_{N-1} \cdots D_{N-i} & F_{N-i} \end{bmatrix},$$

于是有 $\mathrm{rank}(F_{N-1}F_{N-2}\cdots F_{N-i}) \leqslant r_i - r_0$.

考虑到

$$\deg[\det A(s)] = \deg[\det(UA(s)V)]$$
$$= \deg \left\{ \det \left[\begin{bmatrix} B_N & 0 \\ 0 & 0 \end{bmatrix} s^N + \begin{bmatrix} B_{N-1} & C_{N-1} \\ D_{N-i} & F_{N-i} \end{bmatrix} s^{N-1} \right. \right.$$
$$\left. \left. + \cdots + \begin{bmatrix} B_0 & C_0 \\ D_0 & F_0 \end{bmatrix} \right] \right\}$$
$$\leqslant N r_0 + \deg\{\det[F_{N-1}s^{N-1} + \cdots + F_0]\}$$
$$\leqslant N r_0 + \sum_{i=1}^{N-1}(r_i - r_0) = \sum_{i=0}^{N-1} r_i.$$

其中最后一个不等式用到定理对 $N-1$ 时已成立的归纳法前提. ■

定理 12.1.2　条件同定理 (12.1.1), 又有

$$A_i = A_i^H \text{ 且均半正定}, \quad i = 0, 1, \cdots, N, \tag{12.1.5}$$

则 $\deg[\det A(s)] = \sum\limits_{i=0}^{N-1} r_i.$

证明　记 $\mathbf{R}_i = \mathbf{R}(A_N, A_{N-1}, \cdots, A_{N-i}) = \sum\limits_{j=N-i}^{N} \mathbf{R}(A_j)$, 显然 $\dim(\mathbf{R}_i) = r_i.$
又由式 (12.1.5) 可知

$$\mathbf{R}(A_i) \oplus \mathbf{N}(A_i) = \mathbf{C}^n, \quad \mathbf{R}(A_i) \perp \mathbf{N}(A_i).$$

这样由 $\mathbf{R}_0 \subset \mathbf{R}_1 \subset \cdots \subset \mathbf{R}_N \subset \mathbf{C}^n$, 则

$$(\mathbf{R}_N)_\perp = \bigcap_{k=0}^{N} \mathbf{N}(A_k) \subset \bigcap_{k=1}^{N} \mathbf{N}(A_k) \subset \cdots \subset (\mathbf{R}_1)_\perp$$

$$= \mathbf{N}(A_{N-1}) \cap \mathbf{N}(A_N) \subset \mathbf{N}(A_N) = (\mathbf{R}_0)_\perp.$$

于是可在 $\mathbf{C}^n$ 中选一标准正交基, 它排成矩阵为

$$X = [Y, X_0, \cdots, X_N] \in \mathbf{U}^{n \times n},$$

其中

$$\mathbf{R}(X_N) = \bigcap_{k=0}^{N} \mathbf{N}(A_k),$$

$$\mathbf{R}(X_N, X_{N-1}) = \bigcap_{k=1}^{N} \mathbf{N}(A_k),$$

$$\cdots$$

$$\mathbf{R}(X_0, X_1, \cdots, X_N) = \mathbf{N}(A_N),$$

$$\mathbf{R}(Y) = \mathbf{R}(A_N) = [\mathbf{N}(A_N)]_\perp.$$

由此可以有

$$X^H A(s) X = B(s) = B_N s^N + B_{N-1} s^{N-1} + \cdots + B_1 s + B_0,$$

其中

$$B_{N-i} = \begin{bmatrix} F_{N-i} & 0 \\ 0 & 0 \end{bmatrix}, \quad F_{N-i} \in \mathbf{C}^{r_i \times r_i},$$

并且有 $\operatorname{rank}(B_N, B_{N-1}, \cdots, B_{N-i}) = r_i.$

以下设 $\mathrm{rank}(B_N, B_{N-1}, \cdots, B_{N-k}) = n$, 并约定 F_{N-1} 按 F_N 分块, 而后面的 F_{i-1} 按 F_i 分块, 并将 i 的角标改写在右上方, 则最后有

$$
B(s) = \begin{bmatrix} F_{11}^{(N)} & 0 & \cdots & 0 \\ 0 & 0 & \cdots & 0 \\ \vdots & \vdots & & \vdots \\ 0 & 0 & \cdots & 0 \end{bmatrix} s^N + \begin{bmatrix} F_{11}^{(N-1)} & F_{12}^{(N-1)} & \cdots & 0 \\ F_{21}^{(N-1)} & F_{22}^{(N-1)} & \cdots & 0 \\ \vdots & \vdots & & \vdots \\ 0 & 0 & \cdots & 0 \end{bmatrix} s^{N-1}
$$

$$
+ \cdots + \begin{bmatrix} F_{11}^{(N-k)} \cdots F_{1k+1}^{(N-k)} \\ \cdots\cdots \\ \cdots\cdots \\ F_{k+11}^{(N-k)} \cdots F_{k+1k+1}^{(N-k)} \end{bmatrix} s^{N-k} + \cdots + B.
$$

由于 $F_{11}^{(N)}$ 正定, $\begin{bmatrix} F_{11}^{(N-1)} & F_{12}^{(N-1)} \\ F_{21}^{(N-1)} & F_{22}^{(N-1)} \end{bmatrix}$ 半正定, 又

$$
\mathrm{rank} \begin{bmatrix} F_{11}^{(N)} & F_{11}^{(N-1)} & F_{12}^{(N-1)} \\ 0 & F_{21}^{(N-1)} & F_{22}^{(N-1)} \end{bmatrix} = r_1,
$$

于是可推得

$$
\mathbf{N} \left(\begin{bmatrix} F_{11}^{(N)} & 0 \\ 0 & 0 \end{bmatrix} \right) \cap \mathbf{N} \left(\begin{bmatrix} F_{11}^{(N-1)} & F_{12}^{(N-1)} \\ F_{21}^{(N-1)} & F_{22}^{(N-1)} \end{bmatrix} \right) = \{0\}. \tag{12.1.6}
$$

考虑 $s > 0$, 则有

$$
x^T \begin{bmatrix} F_{11}^{(N)} s + F_{11}^{(N-1)} & F_{12}^{(N-1)} \\ F_{21}^{(N-1)} & F_{22}^{(N-1)} \end{bmatrix} x = 0
$$

$$
\Longleftrightarrow x^T \begin{bmatrix} F_{11}^{(N)} & 0 \\ 0 & 0 \end{bmatrix} x = x^T \begin{bmatrix} F_{11}^{(N-1)} & F_{12}^{(N-1)} \\ F_{21}^{(N-1)} & F_{22}^{(N-1)} \end{bmatrix} x = 0.
$$

于是由式 (12.1.6) 可知 $x = 0$, 这表明

$$
\begin{bmatrix} F_{11}^{(N)} s + F_{11}^{(N-1)} & F_{12}^{(N-1)} \\ F_{21}^{(N-1)} & F_{22}^{(N-1)} \end{bmatrix}
$$

是正定的, 从而 $F_{22}^{(N-1)}$ 正定.

由此类推可知 $F_{11}^{(N)}, F_{22}^{(N-1)} \cdots F_{k+1k+1}^{(N-k)}$ 有:

1° $r_i > r_{i-1}$, 则 $F_{i+1\,i+1}^{(N-i)}$ 正定.

2° $r_i = r_{i-1}$, 则 $F_{i+1\,i+1}^{(N-i)}$ 实际上不出现.

无论哪种情况总有

$$\deg[\det B(s)] = r_0 N + (r_1 - r_0)(N-1) + \cdots + (r_k - r_{k-1})(N-k)$$
$$= r_0 + r_1 + \cdots + r_{k-1} + (N-k)r_k$$
$$= r_0 + r_1 + \cdots + r_{k-1} + r_k + \cdots + r_{N-1}$$
$$= \sum_{i=0}^{N-1} r_i,$$

于是定理得证. ■

进而给出 $\det[A(s)]$ 的相伴矩阵, 但讨论的范围仅限于正则的 $A(s)$.

定理 12.1.3 若 $A(s) = I_n s^N + A_{N-1} s^{N-1} + \cdots + A_1 s + A_0 \in \mathbf{C}[s]^{n \times n}$, 则

$$\det[A(s)] = \det[sI_{Nn} - C] = \det[sI_{Nn} - D], \tag{12.1.7}$$

其中

$$C = \begin{bmatrix} 0 & 0 & \cdots & 0 & -A_0 \\ I_n & 0 & \cdots & 0 & -A_1 \\ \vdots & \vdots & & \vdots & \vdots \\ 0 & 0 & \cdots & I_n & -A_{N-1}, \end{bmatrix},$$

$$D = \begin{bmatrix} 0 & I_n & 0 & \cdots & 0 \\ 0 & 0 & I_n & \cdots & 0 \\ \vdots & \vdots & \vdots & & \vdots \\ 0 & 0 & 0 & \cdots & I_n \\ -A_0 & -A_1 & -A_2 & \cdots & -A_{N-1} \end{bmatrix}. \tag{12.1.8}$$

证明

$$sI_{nN} - C = \begin{bmatrix} sI_n & 0 & \cdots & 0 & A_0 \\ -I_n & sI_n & \cdots & 0 & A_1 \\ \vdots & \vdots & & \vdots & \vdots \\ 0 & 0 & \cdots & -I_n & sI_n + A_{N-1} \end{bmatrix}$$
$$\doteqdot \begin{bmatrix} 0 & 0 & \cdots & 0 & A(s) \\ I_n & 0 & \cdots & 0 & 0 \\ \vdots & \vdots & & \vdots & \vdots \\ 0 & 0 & \cdots & I_n & 0 \end{bmatrix}$$
$$\doteqdot \mathrm{diag}[I_n, \cdots, I_n, A(s)].$$

相仿有 $(sI_{nN} - D) \doteqdot \mathrm{diag}[I_n, \cdots, I_n, A(s)]$. 由此可知式 (12.1.7) 成立. ■

这里的 $\doteqdot$ 系指两多项式矩阵等价, 参见第二章.

参考文献: [Bar1971], [Hua1984].

12.2 具互质行列式的多项式矩阵与多项式矩阵方程

对具互质行列式的多项式矩阵的讨论不仅对多项式矩阵 (同阶) 互质提供一个充分条件, 而且对多项式矩阵方程的讨论亦具意义.

定理 12.2.1 若多项式方阵 $A(s), B(s)$ 为

$$
\begin{aligned}
A(s) &= I_n s^N + A_{N-1} s^{N-1} + \cdots + A_1 s + A_0 \in \mathbf{C}[s]^{n \times n}, \\
B(s) &= I_m s^M + B_{M-1} s^{M-1} + \cdots + B_1 s + B_0 \in \mathbf{C}[s]^{m \times m},
\end{aligned}
\tag{12.2.1}
$$

则 g.c.d$\{\det A(s), \det B(s)\} = 1$ 当且仅当对任给之 $E \in \mathbf{C}^{n \times m}$, 多项式矩阵方程

$$
A(s)X(s) + Y(s)B(s) = E
\tag{12.2.2}
$$

具满足条件

$$
\begin{aligned}
\deg[X(s)] &< M = \deg[B(s)], \\
\deg[Y(s)] &< N = \deg[A(s)].
\end{aligned}
\tag{12.2.3}
$$

的唯一解.

证明 设

$$
\begin{cases}
X(s) = X_{M-1} s^{M-1} + X_{M-2} s^{M-2} + \cdots + X_0, \\
Y(s) = Y_{N-1} s^{N-1} + Y_{N-2} s^{N-2} + \cdots + Y_0,
\end{cases}
\tag{12.2.4}
$$

则容易推知

$$
\begin{aligned}
A(s)X(s) + Y(s)B(s) = {}& s^{M+N-1}(X_{M-1} + Y_{N-1}) \\
& + \cdots + s^k T_k + \cdots + (A_0 X_0 + Y_0 B_0),
\end{aligned}
$$

其中 $T_k = A_k X_0 + A_{k-1} X_1 + \cdots + A_0 X_k + Y_0 B_k + \cdots + Y_k B_0$.

由此可以得到 X_i, Y_j 满足下述方程组:

$$
\begin{cases}
A_0 X_0 + Y_0 B_0 = E, \\
A_1 X_0 + A_0 X_1 + Y_0 B_1 + B_0 Y_1 = 0, \\
\quad \cdots \\
A_k X_0 + A_{k-1} X_1 + \cdots + A_0 X_k + Y_0 B_k + \cdots + Y_k B_0 = 0, \\
\quad k = 1, 2, \cdots, M + N - 1.
\end{cases}
\tag{12.2.5}
$$

如果引进

$$C = \begin{bmatrix} 0 & 0 & \cdots & -A_0 \\ I_n & 0 & \cdots & -A_1 \\ \vdots & \vdots & & \vdots \\ 0 & 0 & \cdots & -A_{N-1} \end{bmatrix},$$

$$D = \begin{bmatrix} 0 & I_m & \cdots & 0 \\ \vdots & \vdots & & \vdots \\ 0 & 0 & \cdots & I_m \\ -B_0 & -B_1 & \cdots & -B_{M-1} \end{bmatrix}, \tag{12.2.6}$$

再引入一个矩阵方程

$$CF - FD = G, \tag{12.2.7}$$

并将 F 与 G 进行分块, 设为

$$F = (F_{ij}), F_{ij} \in \mathbf{C}^{n \times m}, \quad i \in \underline{N}, j \in \underline{M},$$
$$G = (G_{ij}), G_{ij} \in \mathbf{C}^{n \times m}, \quad i \in \underline{N}, j \in \underline{M}.$$

由此将式 (12.2.7) 写出就有

$$G_{ij} = -A_{i-1}F_{Nj} + F_{i-1j} - F_{ij-1} + F_{iM}B_{j-1}, \\ i \in \underline{N}, j \in \underline{M}, \tag{12.2.8}$$

其中约定 $F_{0j} = F_{i0} = 0, j \in \underline{M}, i \in \underline{N}$.

又取

$$X_{j-1} = -F_{Nj}, \quad Y_{i-1} = F_{iM}, \quad j \in \underline{M}, \quad i \in \underline{N}, \tag{12.2.9}$$

而由于 $X_{M-1} + Y_{N-1} = 0$, 则式 (12.2.9) 在 $i = N, j = M$ 时相容.

如果对 G_{ij} 按 $i + j = k + 2$ 求和, 则

$$\sum_{i+j=k+2} G_{ij} = G_{1k+1} + G_{2k} + G_{3k-1} + \cdots + G_{k2} + G_{k+1,1}$$
$$= \sum_{i=1}^{k+1} [-A_{i-1}F_{Nk+2-i} + F_{i-1k+2-i} - F_{ik+1-i}$$
$$+ F_{iM}B_{k+i+1}] = T_k,$$
$$k = 0, 1, 2, \cdots, M + N - 2, \quad T_{M+N-1} = 0.$$

由此可知若式 (12.2.7) 对 $G_{11} = E$, 其余 $G_{ij} = 0$ 存在唯一解, 则由式 (12.2.9) 确定的 X_j, Y_i 使 $X(s), Y(s)$ 满足式 (12.2.2).

反之若有 $X(s), Y(s)$ 满足式 (12.2.2), 则对应已求得 X_j 与 Y_i, 而由式 (12.2.9) 与式 (12.2.8) 按 $G_{11} = E$ 与其他 $G_{ij} = 0$ 可以递推求得全部 F_{ij}, 由它们形成的 F 将一定满足式 (12.2.7).

由此可知式 (12.2.2) 有满足条件 (12.2.3) 的唯一解当且仅当式 (12.2.7) 对 $G_{11} = E$ 及其他 $G_{ij} = 0$ 有唯一解 F 当且仅当 C 与 $-D$ 的特征值 s_i 与 $-\mu_j$ 间有

$$s_i - \mu_j \neq 0, \quad \forall s_i \in \mathbf{\Lambda}(C), \mu_j \in \mathbf{\Lambda}(D).$$

而这表明 C 与 D 无公共特征值. 或有

$$1 = \text{g.c.d}\{\det[sI_{nN} - C], \det[sI_{mM} - D]\}$$
$$= \text{g.c.d}\{\det[A(s)], \det[B(s)]\}.$$

∎

如果方程 (12.2.2) 是对 $E(s) \in \mathbf{C}[s]^{n \times m}$ 给出的, 则此时也能将它化成形如式 (12.2.7) 这种矩阵方程, 不过此时除 $G_{11} = E_0$, 其余 G_{ij} 需按 $E(s)$ 的系数矩阵给定.

多项式矩阵方程 (12.2.2) 解的存在性当然无需要求 $\text{g.c.d}[\det A(s), \det B(s)] = 1$. 行列式互质的要求给出了式 (12.2.2) 存在唯一解的条件, 若仅讨论 (12.2.2) 解的存在性可归结为:

定理 12.2.2 $A(s) \in \mathbf{C}[s]^{n \times n}, B(s) \in \mathbf{C}[s]^{m \times m}$, 则对给定 $E(s) \in \mathbf{C}[s]$, 方程

$$A(s)X(s) + Y(s)B(s) = E(s) \tag{12.2.10}$$

有解当且仅当有

$$\begin{bmatrix} A(s) & E(s) \\ 0 & B(s) \end{bmatrix} \doteqdot \begin{bmatrix} A(s) & 0 \\ 0 & B(s) \end{bmatrix}. \tag{12.2.11}$$

证明   仅当: 设 $X(s), Y(s)$ 是式 (12.2.10) 的解, 则

$$\begin{bmatrix} I & -Y(s) \\ 0 & I \end{bmatrix} \begin{bmatrix} A(s) & E(s) \\ 0 & B(s) \end{bmatrix} \begin{bmatrix} I & -X(s) \\ 0 & I \end{bmatrix} = \begin{bmatrix} A(s) & 0 \\ 0 & B(s) \end{bmatrix}.$$

由此就有式 (12.2.11).

当: 设有单模态矩阵 $P(s), Q(s), R(s), S(s)$ 使

$$P(s)A(s)Q(s) = \text{diag}[\alpha_1, \alpha_2, \cdots, \alpha_k, 0, \cdots, 0] = A'(s),$$
$$R(s)B(s)S(s) = \text{diag}[\beta_1, \beta_2, \cdots, \beta_l, 0, \cdots, 0] = B'(s),$$

其中 $\alpha_i(s), \beta_j(s)$ 是 $A(s), B(s)$ 的不变因子, 有

$$\alpha_i(s) \mid \alpha_{i+1}(s), i \in \underline{k-1}; \quad \beta_j(s) \mid \beta_{j+1}(s), j \in \underline{l-1}.$$

考虑令

$$M(s) = \begin{bmatrix} P(s) & 0 \\ 0 & R(s) \end{bmatrix} \begin{bmatrix} A(s) & 0 \\ 0 & B(s) \end{bmatrix} \begin{bmatrix} Q(s) & 0 \\ 0 & S(s) \end{bmatrix}$$
$$= \begin{bmatrix} A'(s) & 0 \\ 0 & B'(s) \end{bmatrix},$$
$$N(s) = \begin{bmatrix} P(s) & 0 \\ 0 & R(s) \end{bmatrix} \begin{bmatrix} A(s) & E(s) \\ 0 & B(s) \end{bmatrix} \begin{bmatrix} Q(s) & 0 \\ 0 & S(s) \end{bmatrix}$$
$$= \begin{bmatrix} A'(s) & E'(s) \\ 0 & B'(s) \end{bmatrix},$$

其中 $E'(s) = P(s)E(s)S(s)$. 显然式 (12.2.11) 当且仅当

$$M(s) \doteq N(s), \tag{12.2.12}$$

并且式 (12.2.10) 有解 $X(s), Y(s)$ 当且仅当方程

$$A'(s)U(s) + W(s)B'(s) = E'(s) \tag{12.2.13}$$

有解 $U(s), W(s)$, 它们与 $X(s), Y(s)$ 之间满足

$$U(s) = Q^{-1}(s)X(s)S(s), \quad W(s) = P(s)Y(s)R^{-1}(s).$$

于是问题转化为在式 (12.2.12) 下证明式 (12.2.13) 是可解的. 若记 $E'(s) = (\varepsilon_{ij}(s))$, 则式 (12.2.13) 可写成

$$\alpha_i(s)\nu_{ij}(s) + \omega_{ij}(s)\beta_j(s) = \varepsilon_{ij}(s), \quad i \in \underline{k}, j \in \underline{m}. \tag{12.2.14}$$

以下分几种情况来证明式 (12.2.14) 可解, 而这只需证明

$$\text{g.c.d}[\alpha_i(s), \beta_j(s)] \mid \varepsilon_{ij}(s). \tag{12.2.15}$$

（ I ）方程 (12.2.15) 当 $1 \leqslant i \leqslant k, 1 \leqslant j \leqslant l$ 的情形.

现设 g 为在域 $\mathbf{C}$ 上 $\alpha_k(s), \beta_l(s)$ 的质公因式, 于是可以记

$$\alpha_i = g^{\gamma_i}\alpha_i', \gamma_1 \leqslant \gamma_2 \leqslant \cdots \leqslant \gamma_k,$$
$$\beta_j = g^{\delta_j}\beta_j', \delta_1 \leqslant \delta_2 \leqslant \cdots \leqslant \delta_l,$$

而 $\text{g.c.d}(g, \alpha_i') = \text{g.c.d}(g, \beta_j') = 1$.

设将 $\{\gamma_1, \cdots, \gamma_k, \delta_1, \cdots, \delta_l\}$ 重新按升序排列为 $\{\tau_1, \tau_2, \cdots, \tau_{k+l}\}$. 由于式(12.2.12) 则 $M(s)$ 与 $N(s)$ 具相同的各阶行列式因子与不变因子, 从而可令 $M(s)$ 的不变因子为

$$m_f = g^{\tau_f}m_f', \quad \text{g.c.d}(g, m_f') = 1.$$

于是对 $1 \leqslant i \leqslant k, 1 \leqslant j \leqslant l, M(s)$ 的 $i+j-1$ 阶行列式因子应为 $d_{i+j-1} = \prod\limits_{k=1}^{i+j-1}(g^{\tau_k}m'_k)$，由 τ_i 的定义可知这个连乘积至少也只包含 g^{γ_i} 与 g^{δ_j} 中的一个。由于连乘积的项数为 $i+j-1$，因此或 $\alpha_1, \cdots, \alpha_i$ 或 $\beta_1, \cdots, \beta_j$ 两组中之一全在其中。不妨设 γ_i 与 δ_j 均不为零 (否则或利用其他 α_k, β_l 的质公因子，或认为 α_i 与 β_j 互质)。考虑 $\tau_{ij} \in \{\tau_i\}, \tau_{ij} = \min(\gamma_i, \delta_j)$，则 d_{i+j-1} 中必有 $g^{\tau_{ij}}$ 的因子。

现以 M', N' 表 M, N 中删去第 $i, n+j$ 行及对应列所留下的矩阵，而以 d'_{i+j-2} 表其公共的 $(i+j-2)$ 阶行列式因子，显然它不含有 $g^{\tau_{ij}}$ 的因子但却含有出现在 d_{i+j-1} 连乘积中其余的 g 的幂。由于 $\varepsilon_{ij}d'_{i+j-2}$ 显然是 N 的 $i+j-1$ 阶子式。由此

$$\left(\prod_{k=1}^{i+j-1}g^{\tau_k}\right)\bigg|\ \varepsilon_{ij}d'_{i+j-2},$$

从而有 $g^{\tau_{ij}}|\varepsilon_{ij}$。而 $g^{\tau_{ij}}$ 是 g.c.d(α_i, β_j) 所含 g 的最高幂次，又 g 是任一 α_i, β_j 的质公因子，于是有

$$\text{g.c.d}(\alpha_i, \beta_j)|\varepsilon_{ij}.$$

从而对应这样 i, j 的方程 (12.2.14) 是可解的。

(II) $1 \leqslant i \leqslant k, l < j \leqslant m$ 或 $k < i \leqslant n, 1 \leqslant j \leqslant l$。

以前一标码限制为例，此时

$$\varepsilon_{ij}\prod_{h=1}^{i-1}\alpha_h\prod_{h=i+1}^{k}\alpha_h\prod_{k'=1}^{l}\beta_{k'}$$

是 N 的一个 $k+l$ 阶子式，而 M 的即 N 的 $k+l$ 阶行列式因子为 $\prod\limits_{h=1}^{k}\alpha_h\prod\limits_{k'=1}^{l}\beta_{k'}$，于是就有

$$\alpha_i\ |\ \varepsilon_{ij},$$

从而方程 (12.2.14) 可解。

相仿对 $k < i \leqslant n, 1 \leqslant j \leqslant l$，式 (12.2.14) 亦可解。

(III) $k < i \leqslant n, l < j \leqslant m$，若 $\varepsilon_{ij} \neq 0$ 则 N 将有 $k+l+1$ 阶非零子式 $\varepsilon_{ij}\prod\limits_{h=1}^{k}\alpha_h\prod\limits_{g=1}^{l}\beta_g$ 而这与 N 的秩为 $k+l$ 矛盾，所以此时 $\varepsilon_{ij} = 0$。而对应此标码下 $\alpha_i = \beta_j = 0$，因而式 (12.2.14) 在此标码所对应的部分可解。

综上所述式 (12.2.14) 对一切 $i \in \underline{n}, j \in \underline{m}$ 均可解，于是式 (12.2.13) 或等价地式 (12.2.10) 均可解。

至此定理全部得证。　　　　　　　　　　　　　　　　　　　　　　　　　　■

定理 12.2.3 $A \in \mathbf{C}^{n \times n}, B \in \mathbf{C}^{m \times m}, C \in \mathbf{C}^{n \times m}$, 则

$$AX - XB = C \tag{12.2.16}$$

存在解 $X \in \mathbf{C}^{n \times m}$ 当且仅当

$$\begin{bmatrix} A & C \\ 0 & B \end{bmatrix} \backsim \begin{bmatrix} A & 0 \\ 0 & B \end{bmatrix}. \tag{12.2.17}$$

证明 当: 由式 (12.2.17), 则

$$\begin{bmatrix} A - sI & C \\ 0 & B - sI \end{bmatrix} \doteqdot \begin{bmatrix} A - sI & 0 \\ 0 & B - sI \end{bmatrix}.$$

于是由定理 12.2.2 有 $X(s), Y(s)$ 使

$$(A - sI)X(s) + Y(s)(B - sI) = C \tag{12.2.18}$$

成立, 若记

$$X(s) = X_p s^p + X_{p-1} s^{p-1} + \cdots + X_1 s + X_0,$$
$$Y(s) = Y_q s^q + Y_{q-1} s^{q-1} + \cdots + Y_1 s + Y_0,$$

则代入式 (12.2.18) 有 $p = q$ 并且

$$\begin{cases} AX_0 + Y_0 B = C, \\ AX_1 - X_0 + Y_1 B - Y_0 = 0, \\ \quad \cdots \\ AX_p - X_{p-1} + Y_p B - Y_{p-1} = 0, \\ X_p + Y_p = 0. \end{cases} \tag{12.2.19}$$

若在式 (12.2.19) 两端分别右乘 $I, B, B^2, \cdots, B^{p+1}$, 然后求和, 则有

$$A[X_0 + X_1 B + \cdots + X_p B^p] - [X_0 + X_1 B + \cdots + X_p B^p]B = C,$$

令 $X = X_0 + X_1 B + \cdots + X_p B^p$, 则它满足式 (12.2.16).

仅当: 由于式 (12.2.16), 则

$$\begin{bmatrix} I & X \\ 0 & -I \end{bmatrix} \begin{bmatrix} A & 0 \\ 0 & B \end{bmatrix} \begin{bmatrix} I & X \\ 0 & -I \end{bmatrix} = \begin{bmatrix} A & C \\ 0 & B \end{bmatrix},$$

于是就有式 (12.2.17). ∎

定理 12.2.1 还可以有另一种表达形式.

如果采用 Kronecker 积的方式描述方程 (12.2.5), 用向量 $x_i = \sigma(X_i), y_i = \sigma(Y_i)$ 来表示, 由 11.2 节定义, 则式 (12.2.5) 变为

$$
\begin{cases}
[A_0 \otimes I_m]x_0 + [I_n \otimes B_0^T]y_0 = \sigma(E), \\
\displaystyle\sum_{i+j=k} [(A_i \otimes I_m)x_j + (I_n \otimes B_j^T)y_i] = 0, \\
\qquad k = 1, 2, \cdots, M + N - 2, \\
(I_n \otimes I_m)x_{M-1} + (I_m \otimes I_n)y_{N-1} = 0.
\end{cases}
\tag{12.2.20}
$$

于是式 (12.2.5) 有唯一解当且仅当式 (12.2.20) 有唯一解, 而后者当且仅当其系数行列式非零, 经适当的初等的方法的处理, 可以有

定理 12.2.4　$A(s), B(s)$ 由式 (12.2.1) 确定, 则

$$
\text{g.c.d}[\det A(s), \det B(s)] = 1 \tag{12.2.21}
$$

当且仅当行列式

$$
\det
\begin{bmatrix}
P_N & P_{N-1}\cdots P_0 & 0 & 0\cdots 0 & 0 \\
0 & P_N \cdots & P_1 & P_0 \ 0\cdots 0 & 0 \\
 & \cdots & \cdots & \cdots & \\
0 & 0 \cdots\cdots\cdots\cdots & & P_1 & P_0 \\
0 & 0 \cdots\cdots\cdots\cdots & & Q_1 & Q_0 \\
 & \cdots & \cdots & \cdots & \\
Q_M & Q_{M-1}\cdots Q_1 & Q_0 & 0\cdots 0 & 0
\end{bmatrix}
\neq 0,
\tag{12.2.22}
$$

其中 $P_i = A_i \otimes I_m, (i = 0, 1, \cdots, N; A_N = I_n), Q_j = I_n \otimes B_j^T, (j = 0, 1, \cdots, M; B_M = I_n).$ ■

如果从式 (12.2.6), (12.2.7) 出发, 则式 (12.2.7) 有唯一解的充要条件归结为

$$
\det[C \otimes I_{mM} - I_{nN} \otimes D^T] \neq 0.
$$

而这写出来即

$$
\det
\begin{bmatrix}
-I_n \otimes D, & 0 & \cdots & -A_0 \otimes I_{mM} \\
I_{mnM} & -I_n \otimes D & \cdots & -A_1 \otimes I_{mM} \\
0 & I_{mnM} & \cdots & -A_2 \otimes I_{mM} \\
\vdots & \vdots & & \vdots \\
0 & \cdots\cdots & & I_{mnM} - (I_n \otimes D + A_{N-1} \otimes I_{mM})
\end{bmatrix}
$$

非零. 利用相仿在关于多项式及其相伴矩阵问题中常见的初等手法可以有:

定理 12.2.5 $A(s), B(s)$ 由式 (12.2.1) 确定, C 与 D 由式 (12.2.6) 定义, 则式 (12.2.21) 当且仅当

$$\det[I_n \otimes D^N + A_{N-1} \otimes D^{N-1} + \cdots + A_1 \otimes D + A_0 \otimes I_{mM}] \neq 0 \qquad (12.2.23)$$

或等价地当且仅当

$$\det[I_m \otimes C^M + B_{M-1} \otimes C^{M-1} + \cdots + B_1 \otimes C + B_0 \otimes I_{nN}] \neq 0. \qquad (12.2.24)$$

■

正如在讨论 Lyapunov 方程时一样, Kronecker 乘积由于其产生出的矩阵阶次过高, 在理论分析上可以有一定作用.

参考文献: [Bar1971], [Hua1984].

12.3 有理函数矩阵及仿分式分解

考虑矩阵 $G(s) = (\gamma_{ij}(s))$, 其元 $\gamma_{ij}(s)$ 都是 s 的有理函数, 则称 $G(s)$ 为有理函数矩阵. 以后将实系数的 $m \times n$ 有理函数矩阵的全体以 $\mathbf{R}(s)^{m \times n}$ 表之, 而复系数的 $m \times n$ 有理函数矩阵的全体则表之以 $\mathbf{C}(s)^{m \times n}$.

考虑 $G(s)$ 之元 $\gamma_{ij}(s)$, 它可写成

$$\gamma_{ij}(s) = \xi_{ij}(s)/\eta_{ij}(s), \quad i \in \underline{m}, j \in \underline{n}, \qquad (12.3.1)$$

显然有当 $G(s) \in \mathbf{C}(s)^{m \times n}$ (或 $\mathbf{R}(s)^{m \times n}$), 则 $\xi_{ij}(s), \eta_{ij}(s)$ 均 $\in \mathbf{C}[s]$ (或 $\mathbf{R}[s]$). 以下约定

1° 一切 $\eta_{ij}(s)$ 均首一多项式.

2° g.c.d$[\xi_{ij}(s), \eta_{ij}(s)] = 1, \forall i \in \underline{m}, j \in \underline{n}$.

若记 $\gamma(s) = $ l.c.m$(\eta_{ij}(s), i \in \underline{m}, j \in \underline{n})$, 则 $\gamma(s)G(s) \in \mathbf{C}[s]^{m \times n}$, 于是存在单模态矩阵 $P_1(s) \in \mathbf{C}[s]^{m \times m}, Q_1(s) \in \mathbf{C}[s]^{n \times n}$, 使

$$P_1(s)\gamma(s)G(s)Q_1(s) = S(s) = \text{diag}[\sigma_1(s), \cdots, \sigma_\rho(s), 0, \cdots, 0]$$

为 Smith 标准型, 其中 $\sigma_i(s)$ 为 $\gamma(s)G(s)$ 的不变因子, 具性质

$$\sigma_i(s) \mid \sigma_{i+1}(s), \quad i \in \underline{\rho - 1},$$

而 $\rho = \text{rank}[G(s)]$.

由此就有:

定理 12.3.1　　$G(s) \in \mathbf{C}(s)^{m \times n}$, 则它可表示为

$$G(s) = P(s)M(s)Q(s), \tag{12.3.2}$$

其中 $P(s), Q(s)$ 均为单模态多项式矩阵, 而

$$M(s) = \operatorname{diag}\left[\frac{\varepsilon_1(s)}{\psi_1(s)}, \cdots, \frac{\varepsilon_\tau(s)}{\psi_\tau(s)}, \varepsilon_{\tau+1}(s), \cdots, \varepsilon_\rho(s), 0, \cdots, 0\right] \tag{12.3.3}$$

是 $G(s)$ 的 McMillan 型, 其中

1° g.c.d$[\varepsilon_i(s), \psi_i(s)] = 1$, 且 ε_i, ψ_i 均首一.

2° $\varepsilon_i(s)/\psi_i(s) = \sigma_i(s)/\gamma(s), i \in \underline{\tau}$, 其中 $\gamma(s) = \operatorname{l.c.m}\{\eta_{ij}(s), i \in \underline{m}, j \in \underline{n}\}$.

3° $\varepsilon_i(s) \mid \varepsilon_{i+1}(s), i \in \underline{\rho-1}, \varepsilon_1(s) = \sigma_1(s)$.

4° $\psi_i(s) \mid \psi_{i-1}(s), i \in \underline{\tau}, \psi_1(s) = \gamma(s)$.

证明　首先证明 g.c.d$[\sigma_1(s), \gamma(s)] = 1$, 若不然则可令 $\delta(s)$ 是 $\sigma_1(s), \gamma(s)$ 的质公因式. 设 $\zeta_{ij}(s) = \gamma(s)\gamma_{ij}(s)$, 则 $\delta(s) \mid \zeta_{ij}, i \in \underline{m}, j \in \underline{n}$. 另一方面由于 $\gamma(s) = \operatorname{l.c.m}(\eta_{ij}(s), i \in \underline{m}, j \in \underline{n})$, 于是有 $i_0 j_0$ 使 $[\delta(s)]^\alpha \mid \eta_{i_0 j_0}(s), \alpha$ 是 $\gamma(s)$ 所含 $\delta(s)$ 的最高幂. 这样 $\gamma(s) \gamma_{i_0 j_0}(s)$ 将不含 $\delta(s)$ 为因子, 而与 $\delta(s) \mid \sigma_1(s), \sigma_1(s) \mid \gamma_{ij}(s)\gamma(s), i \in \underline{m}, j \in \underline{n}$ 矛盾. 这表明 g.c.d$[\sigma_1(s), \gamma(s)] = 1$. 由此 $\sigma_1(s)/\gamma(s)$ 是不可约分式.

考虑到 $\varepsilon_i(s)/\psi_i(s) = \sigma_i(s)/\gamma(s), i \in \underline{\tau}$, 若 τ 使 $\gamma(s) \mid \sigma_{\tau+1}(s), \gamma(s) \nmid \sigma_\tau(s)$, 则容易看到上述要求 $1°, 2°, 3°, 4°$ 全成立.　　　■

不难看出, 当 $G(s) \in \mathbf{C}(s)^{m \times n}$ 后, 则它的 McMillan 型唯一确定, 或 $\varepsilon_i(s), \psi_j(s)$ 由 $G(s)$ 唯一确定.

例 12.3.1

$$G(s) = \left[\begin{array}{c|c} \dfrac{1}{(s-1)^2} & \dfrac{1}{(s-1)(s+3)} \\ \hline \dfrac{6}{(s-1)(s+3)^2} & \dfrac{s-2}{(s+3)^2} \end{array}\right],$$

则对应有 $\gamma(s) = (s-1)^2(s+3)^2$, 由此

$$\gamma(s)G(s) = \begin{bmatrix} (s+3)^2 & (s-1)(s+3) \\ 6(s-1) & (s-2)(s-1)^2 \end{bmatrix},$$

于是有

$$S(s) = \begin{bmatrix} 1 & 0 \\ 0 & (s-1)^2(s+3)(s+1)s \end{bmatrix},$$

从而得到的 McMillan 型是

$$M(s) = \operatorname{diag}\left[\frac{1}{(s-1)^2(s+3)^2}, \frac{s(s+1)}{(s+3)}\right].$$

如果 $G(s) = (\gamma_{ij}(s))$, 其元均真分式, 则称 $G(s)$ 为严正则有理函数矩阵. 显然 $G(s)$ 是严正则有理函数矩阵当且仅当

$$\lim_{s \to \infty} G(s) = 0.$$

如果 $G(s)$ 有 $\lim_{s \to \infty} G(s)$ 存在, 则 $G(s)$ 称为是正则的.

例 12.3.1 表明严正则的有理函数矩阵未必有严正则的 McMillan 标准型.

以后称 $G(s)$ 的任一元 $\gamma_{ij}(s) = \xi_{ij}(s)/\eta_{ij}(s)$ 的极点都是 $G(s)$ 的极点, 由此

$$\{G(s)的极点集合\} = \{z | 至少有一个 \eta_{ij}(z) = 0, i \in \underline{m}, j \in \underline{n}\}.$$

通常一个有理函数, 自然地可以分解成两个多项式相除, 这种情形对于有理函数矩阵是否也能成立? 若这种情况可以成立, 考虑到矩阵相乘并无交换律, 则在分解的顺序上应注意到矩阵的这一特点.

定义 12.3.1 $G(s) \in \mathbf{C}(s)^{m \times n}$, 若存在 $P_1(s) \in \mathbf{C}[s]^{m \times m}$ 非奇异与 $Q_1(s) \in \mathbf{C}[s]^{m \times n}$ 使

$$G(s) = P_1^{-1}(s)Q_1(s), \tag{12.3.4}$$

则式 (12.3.4) 称为 $G(s)$ 的一个左分解, 而当 $P_1(s)$ 与 $Q_1(s)$ 左互质时, 则式 (12.3.4) 称为左既约分解.

若有 $P_2(s) \in \mathbf{C}[s]^{n \times n}$ 非奇异与 $Q_2(s) \in \mathbf{C}[s]^{m \times n}$ 使

$$G(s) = Q_2(s)P_2^{-1}(s), \tag{12.3.5}$$

则式 (12.3.5) 称为 $G(s)$ 的一个右分解, 又若 $P_2(s)$ 与 $Q_2(s)$ 右互质时, 则式 (12.3.5) 称为右既约分解.

既约分解也称为互质分解.

定理 12.3.2 任何 $G(s) \in \mathbf{C}(s)^{m \times n}$, 均存在左分解与右分解. 左既约分解与右既约分解.

证明 设 $G(s) = (\gamma_{ij}(s)), \gamma_{ij}(s) = \dfrac{\xi_{ij}(s)}{\eta_{ij}(s)}, \xi_{ij}(s), \eta_{ij}(s) \in \mathbf{C}[s]$. 令 $\gamma(s) = \text{l.c.m}$ $(\eta_{ij}(s); i \in \underline{m}, j \in \underline{n})$, 则

$$G(s) = [\gamma(s)G(s)][\gamma(s)I_n]^{-1} = [\gamma(s)I_m]^{-1}[\gamma(s)G(s)]$$

分别是 $G(s)$ 的右分解与左分解.

若 $G(s) = P_1^{-1}(s)Q_1(s)$ 是左分解, 则可令 $R(s)$ 是 $P_1(s), Q_1(s)$ 的左最大公因矩阵. 于是由

$$P_1(s) = R(s)P(s), \quad Q_1(s) = R(s)Q(s),$$

可知 $P.Q$ 左互质, 但由于 $R(s)$ 非奇异, 则

$$P_1^{-1}(s)Q_1(s) = P^{-1}(s)Q(s),$$

因而 $P^{-1}(s)Q(s)$ 是 $G(s)$ 的左既约分解.

相仿 $G(s)$ 亦存在右既约分解. ■

定理 12.3.3 $G(s) \in \mathbf{C}(s)^{m \times l}, G(s) = P^{-1}(s)Q(s)$ 为左既约分解, 若 $P_1^{-1}(s)Q_1$ (s) 是 $G(s)$ 的一个左分解当且仅当有非奇异的 $R(s) \in \mathbf{C}[s]^{m \times m}$ 使

$$P_1 = RP, \quad Q_1 = RQ. \tag{12.3.6}$$

而 $P_1^{-1}Q_1$ 亦为左既约分解当且仅当 R 是单模态矩阵.

证明 由 $R(s)$ 非奇异与式 (12.3.6) 推知 $P_1^{-1}Q_1 = G$ 为显然. 反之, 由 P, Q 左互质, 则有 $X(s), Y(s)$ 系多项式矩阵使

$$PX + QY = I.$$

由此令 $R = P_1 X + Q_1 Y$, 则

$$RP = [P_1 X + Q_1 Y]P = P_1[X + P_1^{-1}Q_1 Y]P$$
$$= P_1[X + P^{-1}QY]P = P_1 P^{-1}[PX + QY]P = P_1,$$

相仿有 $RQ = Q_1$.

至于 $P_1^{-1}Q_1$ 为左既约分解当且仅当式 (12.3.6) 中 R 为单模态矩阵则系显然. ■

定理 12.3.4 若 $G(s) \in \mathbf{C}(s)^{m \times n}$, 它与其 McMillan 型之关系为

$$G(s) = M(s)\mathrm{diag}\left[\frac{\varepsilon_1(s)}{\psi_1(s)}, \frac{\varepsilon_2(s)}{\psi_2(s)}, \cdots, \frac{\varepsilon_\rho(s)}{\psi_\rho(s)}, 0, \cdots, 0\right] N(s),$$

其中 $M(s), N(s)$ 均单模态多项式矩阵, $\varepsilon_i(s), \psi_i(s) \in \mathbf{C}[s]$, 则

$$\begin{cases} P_1(s) = \mathrm{diag}[\psi_1(s), \cdots, \psi_\rho(s), 1, \cdots, 1]M^{-1}(s), \\ Q_1(s) = \mathrm{diag}[\varepsilon_1(s), \cdots, \varepsilon_\rho(s), 0, \cdots, 0]N(s), \end{cases} \tag{12.3.7}$$

给出 $G(s)$ 的左既约分解 $P_1^{-1}(s)Q_1(s)$, 而

$$\begin{cases} P_2(s) = N^{-1}(s)\mathrm{diag}[\psi_1(s), \cdots, \psi_\rho(s), 1, \cdots, 1], \\ Q_2(s) = M(s)\mathrm{diag}[\varepsilon_1(s), \cdots, \varepsilon_\rho(s), 0, \cdots, 0], \end{cases} \tag{12.3.8}$$

给出 $G(s)$ 的右既约分解 $Q_2(s)P_2^{-1}(s)$.

证明 $P_1(s), Q_1(s)$ 给出 $G(s)$ 的左分解为显然. 进而来证 $P_1(s), Q_1(s)$ 给出左既约分解, 考虑到

$$\text{g.c.d}[\psi_i(s), \varepsilon_i(s)] = 1, \quad i \in \underline{\rho},$$

则有 $m_i(s), n_i(s) \in \mathbf{C}[s]$ 使 $m_i(s)\psi_i(s) + n_i(s)\varepsilon_i(s) = 1$, 于是令

$$S(s) = N^{-1}(s)\text{diag}[n_1(s), \cdots, n_\rho(s), 0, \cdots, 0],$$
$$T(s) = M(s)\text{diag}[m_1(s), \cdots, m_\rho(s), 1, \cdots, 1],$$

则 $P_1(s)T(s) + Q_1(s)S(s) = I$, 于是 $P_1(s), Q_1(s)$ 左互质, 从而给出左既约分解 $P_1^{-1}(s)Q_1(s)$.

相仿可证明右既约分解的结论. ∎

利用有理函数矩阵 $G(s)$ 的 McMillan 型构造 $G(s)$ 的左右既约分解是一个可以利用计算机进行的方法, 它的基本运算在于求多项式的最小公倍式和对多项式矩阵进行化其为 Smith 标准型的工作.

定理 12.3.5 设 $P_1(s), Q_1(s)$ 给出 $G(s)$ 的一个左分解, 又 $M(s), N(s)$ 均单模态多项式矩阵, 且有

$$[P_1(s), Q_1(s)] = N(s)[S(s), 0]M(s), \tag{12.3.9}$$

其中 $S(s) = \text{diag}[\sigma_1(s), \sigma_2(s), \cdots, \sigma_m(s)], \sigma_i(s) \mid \sigma_{i+1}(s), i \in \underline{m-1}$, 若 $M(s)$ 按 P_1, Q_1 分块为

$$M(s) = \begin{bmatrix} M_{11}(s) & M_{12}(s) \\ M_{21}(s) & M_{22}(s) \end{bmatrix}, \tag{12.3.10}$$

则 $G(s) = M_{11}^{-1}(s)M_{12}(s)$, 从而 $M_{11}(s), M_{12}(s)$ 给出 $G(s)$ 的一个左既约分解.

证明 由于 $P_1 = NSM_{11}, Q_1 = NSM_{12}$, 则 P_1 非奇异可知 M_{11}, S 均非奇异, 从而有

$$G(s) = P_1^{-1}(s)Q_1(s) = M_{11}^{-1}(s)M_{12}(s),$$

而由 2.12 节可知 $M_{11}(s), M_{12}(s)$ 左互质, 于是 $M_{11}(s), M_{12}(s)$ 给出 $G(s)$ 的左既约分解. ∎

推论 12.3.1 若 $P_2(s), Q_2(s)$ 给出 $G(s)$ 的右分解, $M(s), N(s)$ 均单模态多项式矩阵, 有

$$\begin{bmatrix} P_2(s) \\ Q_2(s) \end{bmatrix} = M(s) \begin{bmatrix} S(s) \\ 0 \end{bmatrix} N(s),$$

其中 $S(s) = \text{diag}[\sigma_1(s), \sigma_2(s), \cdots, \sigma_n(s)], \sigma_i(s) \mid \sigma_{i+1}(s), i \in \underline{n-1}$, 又 $M(s)$ 按 P_2, Q_2 分块为

$$M(s) = \begin{bmatrix} M_{11}(s) & M_{12}(s) \\ M_{21}(s) & M_{22}(s) \end{bmatrix},$$

则 $G(s) = M_{21}(s)M_{11}^{-1}(s)$ 是 $G(s)$ 的右既约分解.

利用定理 (12.3.4), 考虑到任何 $G(s) \in \mathbf{C}(s)^{m \times n}$ 的不同左既约分解之间和不同右既约分解之间的区别都只是相差单模态矩阵的因子, 因而可以得到下述结果:

定理 12.3.6 设 $G(s)$ 有既约分解

$$G(s) = P_1^{-1}(s)Q_1(s) = Q_2(s)P_2^{-1}(s),$$

则 $Q_1(s)$ 与 $Q_2(s)$ 有相同的不变因子, 而 $P_1(s)$ 与 $P_2(s)$ 之间有相同的非 1 不变因子.

参考文献: [McM1952], [Ros1970], [Hua1984].

12.4 系统矩阵与系统的等价类

一个线性定常系统, 如果系统的各部分的物理特性已经清楚, 就可以写出描述该系统动态特性的微分方程组, 这种方程组表示了系统内的物理量及其输入输出的关系, 通常可以写为

$$\begin{cases} T(s)\bar{z} = U(s)\bar{u}, \\ \bar{y} = V(s)\bar{z} + W(s)\bar{u}, \end{cases} \tag{12.4.1}$$

其中 s 表微分算符, $T(s) \in \mathbf{C}[s]^{r \times r}, U(s) \in \mathbf{C}[s]^{r \times l}, V(s) \in \mathbf{C}[s]^{m \times r}, W(s) \in \mathbf{C}[s]^{m \times l}$ 并且约定

$$\det[T(s)] \neq 0. \tag{12.4.2}$$

一般称 $\bar{z}$ 为系统的分状态, $\bar{u}$ 是控制或输入, $\bar{y}$ 是输出或观测量. 对于 $T(s)$, 称 $\det T(s)$ 为系统的特征多项式, 而称 $n = \deg[\det T(s)]$ 为系统的阶次.

如果系统的方程是用状态空间方式描述的, 则对应的用微分算符描述的方程是

$$\begin{cases} (sI - A)x = Bu, \\ y = Cx + D(s)u. \end{cases} \tag{12.4.3}$$

对于系统 (12.4.1), 则称矩阵

$$P(s) = \begin{bmatrix} T(s) & U(s) \\ -V(s) & W(s) \end{bmatrix} \tag{12.4.4}$$

为对应的系统矩阵. 而对应系统 (12.4.3) 的系统矩阵则为

$$P(s) = \begin{bmatrix} sI - A & B \\ -C & D(s) \end{bmatrix}. \tag{12.4.5}$$

从理论角度研究系统 (12.4.1) 首先应弄清其输入与输出之间的关系, 如同单输入输出系统时一样, 以后称

$$G(s) = V(s)T^{-1}(s)U(s) + W(s) \tag{12.4.6}$$

为系统 (12.4.1) 的传递函数矩阵, 而对应系统 (12.4.3) 的传递函数矩阵为

$$G(s) = C(sI - A)^{-1}B + D. \tag{12.4.7}$$

定义 12.4.1 对应系统矩阵

$$P(s) = \begin{bmatrix} T(s) & U(s) \\ -V(s) & W(s) \end{bmatrix}, \quad P_1(s) = \begin{bmatrix} T_1(s) & U_1(s) \\ -V_1(s) & W_1(s) \end{bmatrix} \tag{12.4.8}$$

的两系统称为严格等价, 系指有单模态矩阵 $M(s), N(s) \in \mathbf{C}[s]^{r \times r}$ 与 $X(s) \in \mathbf{C}[s]^{m \times r}$, $Y(s) \in \mathbf{C}[s]^{r \times l}$, 使

$$\begin{bmatrix} M(s) & 0 \\ X(s) & I_m \end{bmatrix} \begin{bmatrix} T(s) & U(s) \\ -V(s) & W(s) \end{bmatrix} \begin{bmatrix} N(s) & Y(s) \\ 0 & I_l \end{bmatrix} = \begin{bmatrix} T_1(s) & U_1(s) \\ -V_1(s) & W_1(s) \end{bmatrix}. \tag{12.4.9}$$

定理 12.4.1 严格等价的两系统有相同的阶次与相同的传递函数矩阵.

证明 设式 (12.4.8) 对应两系统严格等价, 则

$$M(s)T(s)N(s) = T_1(s),$$

而 M 与 N 系单模态矩阵, 从而 $\det T(s) = \det T_1(s)$, 于是有相同的特征多项式从而阶次相同.

由式 (12.4.9) 可以有

$$\begin{bmatrix} T_1 & U_1 \\ -V_1 & W_1 \end{bmatrix} = \begin{bmatrix} MTN & M(TY + U) \\ -(V - XT)N & (XT - V)Y + XU + W \end{bmatrix}.$$

不难验证 $P_1(s)$ 对应的传递函数矩阵为

$$G_1(s) = V_1 T_1^{-1} U_1 + W_1 = VT^{-1}U + W = G(s).$$

∎

定理 12.4.2 任一系统矩阵 (12.4.4), 若 $T(s) \in \mathbf{C}[s]^{n \times n}, n = \deg[\det T(s)]$, 则存在 $A \in \mathbf{C}^{n \times n}, B \in \mathbf{C}^{n \times l}, C \in \mathbf{C}^{m \times n}$, 使对应状态空间方式的系统矩阵 (12.4.5) 与 (12.4.4) 严格等价.

证明　设 $M_1(s), M_2(s)$ 均单模态方阵使 $M_1(s)T(s)M_2(s) = \text{diag}[\sigma_1, \sigma_2, \cdots, \sigma_n]$ 是 Smith 标准型. 由此有 $A \in \mathbf{C}^{n \times n}$, 使下述矩阵等价.

$$sI - A \doteq \text{diag}[\sigma_1, \sigma_2, \cdots, \sigma_n] \doteq T(s),$$

由此有 N_1, N_2 均单模态矩阵使

$$N_1 T(s) N_2 = sI - A.$$

而

$$\begin{bmatrix} N_1 & 0 \\ 0 & I \end{bmatrix} \begin{bmatrix} T & U \\ -V & W \end{bmatrix} \begin{bmatrix} N_2 & 0 \\ 0 & I \end{bmatrix} = \begin{bmatrix} sI - A & N_1 U \\ -V N_2 & W \end{bmatrix}$$

将与式 (12.4.4) 系统严格等价.

现令

$$N_1 U = (sI - A)U_1(s) + B, \quad B \in \mathbf{C}^{n \times l},$$
$$V N_2 = V_1(s)(sI - A) + C, \quad C \in \mathbf{C}^{m \times n}.$$

于是式 (12.4.4) 严格等价于下述系统矩阵

$$\begin{bmatrix} I & 0 \\ V_1 & I \end{bmatrix} \begin{bmatrix} sI - A & N_1 U \\ -V N_2 & W \end{bmatrix} \begin{bmatrix} I & -U_1 \\ 0 & I \end{bmatrix}$$
$$= \begin{bmatrix} sI - A & B \\ -C & W + V_1 N_1 U + C U_1 \end{bmatrix}.$$

这显然已是具式 (12.4.5) 形式的系统矩阵. ■

以后讨论系统矩阵均设 $r \geqslant n$, 否则就以系统

$$\begin{bmatrix} I_{p-r} & 0 & 0 \\ 0 & T(s) & U(s) \\ 0 & -V(s) & W(s) \end{bmatrix}$$

来代替式 (12.4.4), 其中约定 $p \geqslant n$.

定理 12.4.3　任一系统矩阵 $P(s)$ 均严格等价于下述系统矩阵: $\begin{bmatrix} I_{r-n} & 0 \\ 0 & P_1(s) \end{bmatrix}$, 其中 $P_1(s)$ 已具式 (12.4.5) 这种状态空间方式.

证明　设 $P(s)$ 具式 (12.4.4) 且 $r \geqslant n$, 由于 $T(s)$ 非奇异, 则有 $M_1(s), N_1(s)$ 单模态使有

$$M_1(s)T(s)N_1(s) = \text{diag}[I_{r-n}, T_2(s)].$$

取 $VN_1 = [V_1, V_2], V_1 \in \mathbf{C}[s]^{m \times (r-n)}, M_1U = \begin{bmatrix} U_1 \\ U_2 \end{bmatrix}, U_1 \in \mathbf{C}[s]^{(r-n) \times l}$, 则

$$\begin{bmatrix} M_1 & 0 \\ 0 & I \end{bmatrix} \begin{bmatrix} T & U \\ -V & W \end{bmatrix} \begin{bmatrix} N_1 & 0 \\ 0 & I \end{bmatrix} = \left[\begin{array}{cc|c} I_{r-n} & 0 & U_1 \\ 0 & T_2 & U_2 \\ \hline -V_1 & -V_2 & W \end{array} \right],$$

而由于

$$\left[\begin{array}{cc|c} & I_r & 0 \\ V_1 & 0 & I \end{array} \right] \left[\begin{array}{cc|c} I_{r-n} & 0 & U_1 \\ 0 & T_2 & U_2 \\ \hline -V_1 & -V_2 & W \end{array} \right] \left[\begin{array}{c|c} & -U_1 \\ I_r & 0 \\ \hline 0 & I \end{array} \right]$$

$$= \left[\begin{array}{cc|c} I_{r-n} & 0 & 0 \\ 0 & T_2 & -U_2 \\ \hline 0 & -V_2 & W_2 \end{array} \right], \quad W_2 = W + V_1U_1,$$

考虑到严格等价的定义, 则由于 $\det T_2(s)$ 的次数与 $T_2(s)$ 的矩阵阶数均为 n 可知定理成立. ∎

由系统严格等价可以有:

推论 12.4.1 若式 (12.4.8) 的两系统矩阵严格等价, 则:

1° $P(s) \doteq P_1(s)$, 具相同的 Smith 标准型.

2° $[T_1U_1] \doteq [TU]$, $\begin{bmatrix} T_1 \\ -V_1 \end{bmatrix} \doteq \begin{bmatrix} T \\ -V \end{bmatrix}$.

3° $T(s) \doteq T_1(s)$.

定义 12.4.2 由式 (12.4.8) 给出的两系统称为是相似的或代数等价的, 系指有 $H \in \mathbf{C}_r^{r \times r}$ 使

$$\begin{bmatrix} H^{-1} & 0 \\ 0 & I \end{bmatrix} \begin{bmatrix} T & U \\ -V & W \end{bmatrix} \begin{bmatrix} H & 0 \\ 0 & I \end{bmatrix} = \begin{bmatrix} T_1 & U_1 \\ -V_1 & W_1 \end{bmatrix}. \tag{12.4.10}$$

定理 12.4.4 两具状态空间形式的系统

$$P(s) = \begin{bmatrix} sI - A & B \\ -C & D \end{bmatrix}, \quad P_1(s) = \begin{bmatrix} sI - A_1 & B_1 \\ -C_1 & D_1 \end{bmatrix} \tag{12.4.11}$$

相似当且仅当两系统严格等价.

证明 设 $A, A_1 \in \mathbf{C}^{n \times n}$.

当: 式 (12.4.9) 等价形式为

$$\begin{bmatrix} M_1(s) & 0 \\ X(s) & I \end{bmatrix} \begin{bmatrix} sI - A_1 & B_1 \\ -C_1 & D_1 \end{bmatrix} = \begin{bmatrix} sI - A & B \\ -C & D \end{bmatrix} \begin{bmatrix} N(s) & Y(s) \\ 0 & I \end{bmatrix}, \tag{12.4.12}$$

其中 M_1, N 为单模态矩阵. 由于

$$M_1(s)(sI - A_1) = (sI - A)N(s),$$

利用定理 3.2.3 证明 $2° \Rightarrow 1°$ 的过程可知

$$
\begin{aligned}
M_1(s) &= (sI - A)R(s) + M_0, \\
N(s) &= R(s)(sI - A_1) + M_0,
\end{aligned}
\tag{12.4.13}
$$

并且 $M_0 A_1 = A M_0$ 且 M_0 可逆, 于是

$$M_0^{-1} A M_0 = A_1. \tag{12.4.14}$$

利用式 (12.4.12) 左右两端各块对应矩阵相等, 有

$$[(sI - A)R(s) + M_0]B_1 = (sI - A)Y(s) + B.$$

这等价于

$$(sI - A)[R(s)B_1 - Y(s)] + M_0 B_1 = B.$$

于是立即有

$$R(s)B_1 = Y(s), \quad M_0 B_1 = B. \tag{12.4.15}$$

又从 $X(s)(sI - A_1) - C_1 = -C[R(s)(sI - A_1) + M_0]$, 可知 $[X(s) + CR(s)](sI - A_1) - C_1 = -CM_0$, 由此可以推得

$$X(s) + CR(s) = 0, \quad C_1 = CM_0, \tag{12.4.16}$$

而 $X(s)B_1 + D_1 = -CY(s) + D$ 直接导出 $D_1 = D$. 由此利用式 (12.4.14), 式 (12.4.15) 与式 (12.4.16) 和 $D_1 = D$, 则

$$
\begin{bmatrix} M_0 & 0 \\ 0 & I \end{bmatrix}
\begin{bmatrix} sI - A_1 & B_1 \\ -C_1 & D_1 \end{bmatrix}
=
\begin{bmatrix} sI - A & B \\ -C & D \end{bmatrix}
\begin{bmatrix} M_0 & 0 \\ 0 & I \end{bmatrix},
$$

就成立, 于是两系统将相似.

　　仅当: 显然. ■

　　对于定义 (12.4.2) 容易指出它具有下述等价的定义形式.

　　定义 12.4.1′　式 (12.4.8) 的两系统严格等价系指经过下述特定的初等变换可以将 P 变换成 P_1.

　　1° 用非零常数乘前 r 行 (列) 中的任一行 (列).

　　2° 用多项式乘前 r 行 (列) 中的任一行 (列), 然后再加到另外的一行 (列).

3° 将前 r 行 (列) 中的任意两行 (列) 互换.

如果讨论由有理函数矩阵组成的形如式 (12.4.4) 的系统矩阵, 其中 $T(s) \in \mathbf{C}(s)^{r \times r}, U(s) \in \mathbf{C}(s)^{r \times l}, V(s) \in \mathbf{C}(s)^{m \times r}$ 与 $W(s) \in \mathbf{C}(s)^{m \times l}$ 均有理函数矩阵. 显然由多项式矩阵组成的系统矩阵为其特例.

定义 12.4.3　对于由有理函数矩阵描述的系统矩阵 (12.4.4), 下述四种特定的变换称为系统等价变换.

1° 以不恒为零的有理函数乘前 r 行 (列) 中的任意一行 (列).

2° 用有理函数乘前 r 行 (列) 中任一行 (列) 再加至任何另一行 (列).

3° 将前 r 行 (列) 中的任意两行 (列) 互换.

4° 进行下述替换

$$\left[\begin{array}{c|c} T(s) & U(s) \\ \hline V(s) & W(s) \end{array}\right] \rightarrow \left[\begin{array}{cc|c} I_\tau & 0 & 0 \\ 0 & T(s) & U(s) \\ \hline 0 & -V(s) & W(s) \end{array}\right],$$

并以 $r + \tau$ 代替 r. 或反之若 $T(s) = \operatorname{diag}(I_\sigma, T_1(s))$ 且

$$U(s) = \left[\begin{array}{c} 0 \\ U_1 \end{array}\right], \quad V(s) = [\,0, V_1\,],$$

则以 $r - \sigma$ 代替 r 且

$$\left[\begin{array}{cc|c} I_\sigma & 0 & \\ 0 & T_1(s) & U_1(s) \\ \hline 0 & -V_1(s) & W(s) \end{array}\right] \rightarrow \left[\begin{array}{c|c} T_1(s) & U_1(s) \\ \hline -V_1(s) & W(s) \end{array}\right],$$

两系统矩阵称为系统等价, 系指其中一个可以经另一个由系统等价变换变成.

由于系统等价变换的逆变换仍为系统等价变换, 并且显然系统矩阵间的系统等价关系具有对称性、可传性与反身性, 因而是一种典型的等价关系, 从而在所有由系统矩阵组成的集合中可以按系统等价进行分类. 这种分类的最方便的判定是:

定理 12.4.5　两系统具相同的传递函数矩阵当且仅当两系统的系统矩阵系统等价.

证明　当: 仅需指出定义 (12.4.3) 中变换均不影响传递函数矩阵, 而这是容易看出的.

仅当: 我们指出用系统等价变换可以将任何系统矩阵变换成它的传递函数矩阵. 容易指出这个变换的过程是

$$\begin{bmatrix} T & U \\ -V & W \end{bmatrix} \Rightarrow \begin{bmatrix} I & T^{-1}U \\ -V & W \end{bmatrix}$$

$$\Rightarrow \begin{bmatrix} I & T^{-1}U \\ 0 & W + VT^{-1}U \end{bmatrix}$$

$$\Rightarrow \begin{bmatrix} I & 0 \\ 0 & G \end{bmatrix} \Rightarrow G,$$

再考虑到上述过程可逆, 则结论成立. ■

　　参考文献: [Ros1970], [Hua1984], [Fur1977].

12.5　多项式矩阵互质与系统的实现理论

　　对于多变量线性常系数系统来说, 传递函数矩阵表征了系统输入输出之间的关系, 也是从系统外部 (即输入输出而非实际的状态) 了解系统的基本信息. 在具有相同输入输出特性的系统中 (即有相同传递函数特性) 显然可以提出下述问题:

　　1° 在给定传递函数矩阵 $G(s)$ 以后, 如何寻求 $T(s), U(s), V(s), W(s)$ 这些多项式矩阵, 以使用它们组成的系统具有传递函数矩阵 $G(s)$.

　　2° 在 1° 的前提下如何使 $\deg[\det T(s)] = \min$.

　　3° 在用状态空间形式表示的系统中如何解决 1° 与 2°.

　　关于 3° 将在 12.6 节再行讨论.

　　由于对于有理函数矩阵在 12.3 节已经对它的仿分式分解进行了详细讨论, 因而问题 1° 的回答不存在原则困难.

　　定理 12.5.1　对于系统

$$P(s) = \left[\begin{array}{c|c} T(s) & U(s) \\ \hline -V(s) & W(s) \end{array} \right], \tag{12.5.1}$$

若 $T(s)$ 与 $U(s)$ 不左互质, 则存在另一系统矩阵

$$P_1(s) = \left[\begin{array}{c|c} T_1(s) & U_1(s) \\ \hline -V_1(s) & W_1(s) \end{array} \right]$$

使:

　　1° $P(s)$ 与 $P_1(s)$ 具相同传递函数矩阵, 即

$$VT^{-1}U + W = V_1 T_1^{-1} U_1 + W_1.$$

　　2° $\deg[\det T_1(s)] < \deg[\det T(s)]$.

证明　由于 $T(s), U(s)$ 不左互质, 则有

$$
\begin{cases}
M(s)[T(s), U(s)]N(s) = [S(s), 0], \\
S(s) = \mathrm{diag}[\sigma_1(s), \sigma_2(s), \cdots, \sigma_r(s)], \\
\sigma_i(s) \mid \sigma_{i+1}(s), \quad i \in r-1, \deg[\sigma_r(s)] \geqslant 1,
\end{cases}
\tag{12.5.2}
$$

其中 $M(s)$ 与 $N(s)$ 均单模态矩阵. 令 s_0 使

$$
\sigma_r(s_0) = 0,
\tag{12.5.3}
$$

于是从 $M(s_0), N(s_0)$ 可逆就有

$$
\mathrm{rank}[T(s_0), U(s_0)] < r.
\tag{12.5.4}
$$

这样就存在 C 可逆使 $C[T(s_0), U(s_0)]$ 的最后一行为零. 或 $[CT(s), CU(s)]$ 的最后一行有公因子 $s - s_0$. 于是有多项式矩阵 $T_1(s), U_1(s)$ 使

$$
CT(s) = P(s)T_1(s), \quad CU(s) = P(s)U_1(s),
\tag{12.5.5}
$$

其中 $P(s) = \mathrm{diag}[I_{r-1}, (s - s_0)]$. 显然有

$$
\deg[T_1(s)] = \deg[T(s)] - 1 < \deg[T(s)],
\tag{12.5.6}
$$

而若记 $V_1(s) = V(s), W_1(s) = W(s)$, 则

$$
\begin{aligned}
VT^{-1}U + W &= V_1 T_1^{-1} P^{-1} C C^{-1} P U_1 + W_1 \\
&= V_1 T_1^{-1} U_1 + W_1.
\end{aligned}
$$

即由 T_1, U_1, V_1, W_1 组成的系统与原系统具相同的传递函数矩阵. 但却有式 (12.5.6).
由此定理的 1° 与 2° 皆成立. ∎

定理 12.5.2　对系统矩阵 (12.5.1), 若 $T(s), V(s)$ 不右互质, 则存在系统矩阵

$$
P_2(s) = \begin{bmatrix} T_2(s) & U_2(s) \\ -V_2(s) & W_2(s) \end{bmatrix},
$$

有:

1° $V_2 T_2^{-1} U_2 + W_2 = VT^{-1}U + W$, 即与 $P(s)$ 有相同传递函数矩阵.

2° $\deg[\det T_2(s)] < \deg[\det T(s)]$.

定理 12.5.3　对系统矩阵 (12.5.1), 若 $T(s), U(s)$ 为左互质, 而 $T(s), V(s)$ 为右互质, 则对任何

$$
P_1(s) = \left[\begin{array}{c|c} T_1(s) & U_1(s) \\ \hline -V_1(s) & W_1(s) \end{array} \right],
$$

只要 $V_1 T_1^{-1} U_1 + W_1 = V T^{-1} U + W$, 就有

$$\deg[\det T_1(s)] \geqslant \deg[\det T(s)], \tag{12.5.7}$$

即 T, U 左互质与 T, V 右互质保证了系统具有最低阶次.

证明 若对矩阵 F, 以 $F^{i_1, i_2, \cdots, i_k}$ 和 $F_{j_1, j_2, \cdots, j_k}$ 分别表 F 的 $i_1, i_2, \cdots, i_k$ 行组成的矩阵和以 $j_1, j_2, \cdots, j_k$ 列组成的矩阵. 则系统矩阵 (12.5.1) 的传递函数矩阵 $i_1, i_2, \cdots, i_k$ 行与 $j_1, j_2, \cdots, j_k$ 列相交处元组成的子矩阵为

$$G \begin{bmatrix} i_1 i_2 \cdots i_k \\ j_1 j_2 \cdots j_k \end{bmatrix} = V^{i_1, i_2, \cdots, i_k} T^{-1} U_{j_1, j_2, \cdots, j_k} + W \begin{bmatrix} i_1 i_2 \cdots i_k \\ j_1 j_2 \cdots j_k \end{bmatrix}. \tag{12.5.8}$$

现用反证法来证明定理, 设有系统矩阵 $P_1(s)$ 实现 $P(s)$ 所对应的传递函数矩阵但却不满足式 (12.5.7). 若令 $\alpha = \min\{m, l\}$, 由于对任何矩阵 $F_{11} \in \mathbf{C}_\alpha^{\alpha \times \alpha}$, $F_{21} \in \mathbf{C}^{\beta \times \alpha}$, $F_{12} \in \mathbf{C}^{\alpha \times \beta}$, $F_{22} \in \mathbf{C}^{\beta \times \beta}$ 都有

$$\begin{bmatrix} F_{11} & F_{12} \\ -F_{21} & F_{22} \end{bmatrix} \begin{bmatrix} F_{11}^{-1} & 0 \\ 0 & I_\beta \end{bmatrix} \begin{bmatrix} -F_{12} & I_\alpha \\ I_\beta & 0 \end{bmatrix}$$

$$= \begin{bmatrix} 0 & I_\alpha \\ F_{21} F_{11}^{-1} F_{12} + F_{22} & -F_{21} F_{11}^{-1} \end{bmatrix}.$$

于是可知

$$\det \begin{bmatrix} F_{11} & F_{12} \\ -F_{21} & F_{22} \end{bmatrix} [\det(F_{11})]^{-1} = \det[F_{21} F_{11}^{-1} F_{12} + F_{22}].$$

利用这一结果至式 (12.5.8), 则有

$$\det \left[G \begin{pmatrix} i_1, \cdots, i_k \\ j_1, \cdots, j_k \end{pmatrix} \right] = \det \left[P \begin{pmatrix} 1, \cdots, r & r+i_1, \cdots, r+i_k \\ 1, \cdots, r & r+j_1, \cdots, r+j_k \end{pmatrix} \right] \times [\det T(s)]^{-1},$$

由于两系统矩阵 $P_1(s)$ 与 $P(s)$ 有同样的传递函数矩阵, 于是就有

$$\frac{\det \left[P \begin{pmatrix} 1, \cdots, r & r+i_1, \cdots, r+i_k \\ 1, \cdots, r & r+j_1, \cdots, r+j_k \end{pmatrix} \right]}{\det T(s)}$$
$$= \frac{\det \left[P_1 \begin{pmatrix} 1, \cdots, r & r+i_1, \cdots, r+i_k \\ 1, \cdots, r & r+j_1, \cdots, r+j_k \end{pmatrix} \right]}{\det T_1(s)}. \tag{12.5.9}$$

考虑到式 (12.5.7) 不成立, 即 $\deg[\det T_1(s)] < \deg[\det T(s)]$, 于是 $\det[T(s)]$ 必有根或不在 $\det[T_1(s)]$ 中或此根在 $\det[T(s)]$ 中重数高于在 $\det[T_1(s)]$ 中的重数, 设此根

为 s_0. 将 $s = s_0$ 代入式 (12.5.9), 则立即可知

$$\det\left[P(s_0)\begin{pmatrix}1,\cdots,r & r+i_1,\cdots,r+i_k \\ 1,\cdots,r & r+j_1,\cdots,r+j_k\end{pmatrix}\right] = 0, \tag{12.5.10}$$

$$k = 1, 2, \cdots, \alpha.$$

现设 $\text{rank}[T(s_0)] = p$, 则存在非奇异矩阵 $M, N \in \mathbf{C}^{r \times r}$ 使

$$P_{20} = \begin{bmatrix} M & 0 \\ 0 & I_m \end{bmatrix} P(s_0) \begin{bmatrix} N & 0 \\ 0 & I_l \end{bmatrix} = \left[\begin{array}{cc|c} I_p & 0 & U_{20} \\ 0 & 0 & U_{30} \\ \hline -V_{20} & -V_{30} & W_0 \end{array}\right],$$

其中 $V_{20}, V_{30}, U_{20}, U_{30}, W_0$ 均常数矩阵, 若引入

$$P_{30} = \left[\begin{array}{c|c} I_r & 0 \\ \hline V_{20} \quad 0 & I_m \end{array}\right] P_{20} \left[\begin{array}{c|c} I_r & \begin{array}{c}-U_{20} \\ 0\end{array} \\ \hline 0 & I_l \end{array}\right] = \left[\begin{array}{cc|c} I_p & 0 & 0 \\ 0 & 0 & U_{30} \\ \hline 0 & -V_{30} & W_{30} \end{array}\right],$$

其中 $W_{30} = W_0 + V_2 U_2$, 考虑将上述这些变换直接作用在 $P(s)$ 上而不是作用在 $P(s_0)$ 上, 则有

$$\begin{aligned}P_3(s) &= \begin{bmatrix} M & 0 \\ M' & I_m \end{bmatrix} \begin{bmatrix} T(s) & U(s) \\ -V(s) & W(s) \end{bmatrix} \begin{bmatrix} N & -N' \\ 0 & I_l \end{bmatrix} \\ &= \begin{bmatrix} T_3(s) & U_3(s) \\ -V_3(s) & W_3(s) \end{bmatrix},\end{aligned} \tag{12.5.11}$$

其中

$$M' = [V_{20} \quad 0]M, \quad N' = N\begin{bmatrix} U_{20} \\ 0 \end{bmatrix}.$$

由于 $P_3(s)$ 与 $P(s)$ 具有相同的传递函数矩阵, 且

$$\det[T_3(s)] = \det[T(s)]\det(M)\det(N).$$

于是因同样的理由式 (12.5.10) 对 $P_3(s_0)$ 合适, 即

$$\det\left[P_3(s_0)\begin{pmatrix}1,\cdots,r & r+i_1,\cdots,r+i_k \\ 1,\cdots,r & r+j_1,\cdots,r+j_k\end{pmatrix}\right] = 0, \quad k = 1, 2, \cdots, \alpha. \tag{12.5.12}$$

但当以 $s = s_0$ 代入式 (12.5.11) 可以得到

$$\begin{bmatrix} I_p & 0 & 0 \\ 0 & 0 & U_{30} \end{bmatrix} = M[T(s_0), U(s_0)]\begin{bmatrix} N & -N' \\ 0 & I_l \end{bmatrix}, \tag{12.5.13}$$

$$\begin{bmatrix} I_p & 0 \\ 0 & 0 \\ 0 & -V_{30} \end{bmatrix} = \begin{bmatrix} M & 0 \\ M' & I_m \end{bmatrix} \begin{bmatrix} T(s_0) \\ -V(s_0) \end{bmatrix} N, \tag{12.5.14}$$

而从 $T(s), U(s)$ 左互质与 $T(s), V(s)$ 右互质可知式 (12.5.13) 满行秩而式 (12.5.14) 满列秩, 于是可在 U_{30} 中选出 $r-p$ 个线性无关的列记为 U_4, 而从 V_{30} 中选出 $r-p$ 个线性无关的行记为 V_4, 显然 U_4, V_4 均 $r-p$ 阶非奇异方阵, 于是有 $i_1, \cdots, i_{r-p}, j_1, \cdots, j_{r-p}$ 存在使

$$\Delta = P_3(s_0) \begin{pmatrix} 1, \cdots, r & r+i_1, \cdots, r+i_{r-p} \\ 1, \cdots, r & r+j_1, \cdots, r+j_{r-p} \end{pmatrix} = \begin{bmatrix} I_p & 0 & 0 \\ 0 & 0 & U_4 \\ 0 & -V_4 & W_4 \end{bmatrix}$$

为非奇异方阵. 而这与式 (12.5.12) 矛盾. 矛盾表明, 只要 $T(s), U(s)$ 左互质而 $T(s),$ $V(s)$ 右互质就必有式 (12.5.7). ■

综合定理 12.5.1, 12.5.2, 12.5.3, 可以有:

定理 12.5.4　对系统矩阵 (12.5.1), 具性质

$$\deg[\det T(s)] = \min$$

当且仅当 $T(s), U(s)$ 左互质而 $T(s), V(s)$ 右互质.

推论 12.5.1　给定 $G(s) \in \mathbf{C}(s)^{m \times l}$, 若

$$G(s) = G_0(s) + W(s), \tag{12.5.15}$$

其中 $G_0(s) \in \mathbf{C}(s)^{m \times l}$ 为正则有理函数矩阵, 又

$$G_0(s) = T^{-1}(s)U(s) \tag{12.5.16}$$

是其一左分解, 则系统矩阵

$$\left[\begin{array}{c|c} T(s) & U(s) \\ \hline I & W \end{array} \right] \tag{12.5.17}$$

实现传递函数矩阵 $G(s)$, 而当式 (12.5.16) 为左既约分解, 则式 (12.5.17) 实现 $\deg[\det T(s)] = \min$.

参考文献: [Bar1971], [Ros1970], [Hua1984].

12.6　$G(s)$ 的状态空间实现 (A, B, C)

给定 $G(s) \in \mathbf{C}(s)^{m \times l}$, 本节主要讨论如何寻求三个矩阵 A, B, C 使实现

$$G(s) = C(sI - A)^{-1}B. \tag{12.6.1}$$

当然能用 A, B, C 三个矩阵实现的 $G(s)$ 必须首先是严正则的. 若 $G(s)$ 不严正则, 则首先将 $G(s)$ 分解成 $G(s) = G_0(s) + D(s)$, 其中 $D(s) \in \mathbf{C}[s]^{m \times l}, G_0(s) \in \mathbf{C}(s)^{m \times l}$ 是严正则的, 然后以 A, B, C 来实现 $G_0(s)$ 使有

$$G(s) = G_0(s) + D(s) = C(sI - A)^{-1}B + D(s).$$

定理 12.6.1   任给严正则的 $G(s) \in \mathbf{C}(s)^{m \times l}$, 则总有 (A, B, C) 使式 (12.6.1) 成立, 并且 (A, B) 完全可控.

证明   以下证明过程是构造性的.

设 $\gamma(s)$ 是 $G(s)$ 的元的分母的最小公倍式, 则 $\gamma(s)G(s) \in \mathbf{C}[s]^{m \times l}$. 令

$$\gamma(s)G(s) = G_0 + G_1 s + \cdots + G_{r-1}s^{r-1},$$

其中 $G_i \in \mathbf{C}^{m \times l}, i = 0, 1, \cdots, r-1$.

现令

$$\begin{cases} A = \begin{bmatrix} O_l & I_l & O_l \cdots O_l \\ O_l & O_l & I_l \cdots O_l \\ \vdots & \vdots & \vdots \\ O_l & O_l & O_l \cdots I_l \\ -\gamma_0 I_l & -\gamma_1 I_l & -\gamma_2 I_l \cdots -\gamma_{r-1}I_l \end{bmatrix} \in \mathbf{C}^{rc \times rc}, \\ \\ B = \begin{bmatrix} O_l \\ O_l \\ \vdots \\ O_l \\ I_l \end{bmatrix} \in \mathbf{C}^{rc \times c}, \\ \\ C = (G_0 G_1 \cdots G_{r-1}). \end{cases} \quad (12.6.2)$$

而 γ_i 是 $\gamma(s) = \gamma_0 + \gamma_1 s + \cdots + \gamma_{r-1}s^{r-1}$ 的系数.

为了验证这样的 A, B, C 确有式 (12.6.1), 讨论

$$(sI - A)X = B \quad (12.6.3)$$

的解. 记 $X^T = (X_1^T X_2^T \cdots X_r^T)$, 则式 (12.6.3) 可以写为

$$s\begin{bmatrix} X_1 \\ X_2 \\ \vdots \\ X_r \end{bmatrix} - \begin{bmatrix} X_2 \\ X_3 \\ \vdots \\ X_r \\ -(\gamma_0 X_1 + \gamma_1 X_2 + \cdots + \gamma_{r-1}X_r) \end{bmatrix} = \begin{bmatrix} O_l \\ O_l \\ \vdots \\ O_l \\ I_l \end{bmatrix}.$$

由此不难求得

$$\begin{cases} X_1 = I_l/\gamma(s), \\ X_{i+1} = sX_i, \quad i \in r-1 \end{cases}$$

于是可知

$$C(sI-A)^{-1}B = CX = G_0X_1 + G_1X_2 + \cdots + G_{r-1}X_r$$
$$= \frac{1}{\gamma(s)}[G_0 + sG_1 + \cdots + s^{r-1}G_{r-1}]$$
$$= G(s).$$

并且由于 $\mathrm{rank}(B, AB, \cdots, A^{r-1}B) = rl$, 从而系统完全可控. ■

对于给定的 $G(s) \in \mathbf{C}(s)^{m \times l}$, 如果它是严正则的, 则 $G(s)$ 可以在 $s = \infty$ 附近展开, 设为

$$G(s) = \frac{L_0}{s} + \frac{L_1}{s^2} + \cdots + \frac{L_p}{s^{p+1}} + \cdots. \tag{12.6.4}$$

仿照对有理函数构造无穷阶 Hankel 矩阵的办法, 可以引入下述块状 Hankel 矩阵,

$$H_i = \begin{bmatrix} L_0 & L_1 & L_2 & \cdots & L_i \\ L_1 & L_2 & L_3 & \cdots & L_{i+1} \\ L_2 & L_3 & L_4 & \cdots & L_{i+2} \\ \vdots & \vdots & \vdots & & \vdots \\ L_i & L_{i+1} & L_{i+2} & \cdots & L_{2i} \end{bmatrix}. \tag{12.6.5}$$

利用式 (12.6.5) 同样可以构造实现 $G(s)$ 的 (A, B, C).

由于 $(sI-A)^{-1} = \dfrac{I}{s} + \dfrac{A}{s^2} + \cdots + \dfrac{A^r}{s^{r+1}} + \cdots$, 则有

$$C(sI-A)^{-1}B = \frac{1}{s}CB + \frac{1}{s^2}CAB + \cdots$$
$$+ \frac{1}{s^{r+1}}CA^rB + \cdots. \tag{12.6.6}$$

如果将式 (12.6.4) 与式 (12.6.6) 对比, 则实现 $G(s)$ 的 (A, B, C) 应有

$$L_0 = CB, L_1 = CAB, \cdots, L_r = CA^rB \cdots, \tag{12.6.7}$$

将此代入式 (12.6.5) 就有

$$H_i = \begin{bmatrix} CB & CAB & \cdots & CA^iB \\ CAB & CA^2B & \cdots & CA^{i+1}B \\ \vdots & \vdots & & \vdots \\ CA^iB & CA^{i+1}B & \cdots & CA^{2i}B \end{bmatrix} = \begin{bmatrix} C \\ CA \\ \vdots \\ CA^i \end{bmatrix} [B, AB, \cdots, A^iB], \tag{12.6.8}$$

$$i = 1, 2, 3, \cdots.$$

现设 $\gamma(s)$ 是 $G(s)$ 各元分母的最小公倍式, 并且 $\gamma(s) = \gamma_0 + \gamma_1 s + \cdots + \gamma_{r-1} s^{r-1} + s^\gamma$.

若令

$$
\begin{cases}
A_1 = \begin{bmatrix}
O_m & I_m & O_m & \cdots & O_m \\
O_m & O_m & I_m & \cdots & O_m \\
\vdots & \vdots & \vdots & & \vdots \\
O_m & O_m & O_m & \cdots & I_m \\
-\gamma_0 I_m & -\gamma_1 I_m & -\gamma_2 I_m & \cdots & -\gamma_{r-1} I_m
\end{bmatrix} \in \mathbf{C}^{rm \times rm}, \\
B_1 = \begin{bmatrix} L_0 \\ L_1 \\ \vdots \\ L_{r-1} \end{bmatrix} \in \mathbf{C}^{rm}, \quad C_1 = (I_m O \cdots O).
\end{cases}
\tag{12.6.9}
$$

则由它们确定的 (A, B, C) 的传递函数矩阵为

$$
C_1(sI - A)^{-1} B_1 = C_1 \left[\frac{I}{s} + \frac{A_1}{s^2} + \cdots + \frac{A_1^{r-1}}{s^r} + \cdots \right] B_1.
\tag{12.6.10}
$$

但由于

$$
\begin{bmatrix} C_1 \\ C_1 A_1 \\ \vdots \\ C_1 A_1^{r-1} \end{bmatrix} = \begin{bmatrix}
I_m & 0 & \cdots & 0 \\
0 & I_m & \cdots & 0 \\
\vdots & \vdots & & \vdots \\
0 & 0 & \cdots & I_m
\end{bmatrix} = I_{rm},
$$

由此而有

$$
C_1(sI - A_1)^{-1} B_1 = \frac{L_0}{s} + \frac{L_1}{s^2} + \cdots + \frac{L_{r-1}}{s^r} + \cdots.
\tag{12.6.11}
$$

这里未写出来 $\dfrac{1}{s^{r+k}}$ 系数矩阵还不清楚是否就是 $G(s)$ 在 ∞ 附近展开的对应系数. 为了说明它们是一致的, 考虑到

$$
\det[sI_{rm} - A_1] = \det \begin{bmatrix}
sI_r - A_0 & & & 0 \\
& sI_r - A_0 & & \\
& & \ddots & \\
0 & & & sI_r - A_0
\end{bmatrix},
\tag{12.6.12}
$$

其中

$$
A_0 = \begin{bmatrix}
0 & 1 & 0 & \cdots & 0 \\
0 & 0 & 1 & \cdots & 0 \\
\vdots & \vdots & \vdots & & \vdots \\
0 & 0 & 0 & \cdots & 1 \\
-\gamma_0 & -\gamma_1 & -\gamma_2 & \cdots & -\gamma_{r-1}
\end{bmatrix}.
\tag{12.6.13}
$$

由此 $\gamma(s)$ 是 A_1 的最小多项式,

$$\gamma(A_1) = 0. \tag{12.6.14}$$

另一方面由于 $\gamma(s)G(s) \in \mathbf{C}[s]^{m \times l}$, 则

$$\gamma(s)G(s) = [s^r + \gamma_{r-1}s^{r-1} + \cdots + \gamma_1 s + \gamma_0]$$
$$\left[\frac{L_0}{s} + \frac{L_1}{s^2} + \cdots + \frac{L_{r-1}}{s^r} + \cdots\right]$$

应不含有 s 的负幂次. 由此有

$$\gamma_0 L_0 + \gamma_1 L_1 + \cdots + \gamma_{r-1}L_{r-1} + L_r = 0. \tag{12.6.15}$$

对比式 (12.6.10) 与式 (12.6.11) 可知

$$L_0 = C_1 B_1, \cdots, L_{r-1} = C_1 A_1^{r-1} B_1.$$

联系到式 (12.6.14), 则式 (12.6.15) 变为

$$L_r - C_1 A_1^r B_1 + C_1 \gamma(A_1) B_1 = 0,$$

或得到 $L_r = C_1 A_1^r B_1$.

依此下去可以有

$$L_{r+1} = C_1 A_1^{r+1} B_1, \cdots, L_{r+k} = C_1 A_1^{r+k} B_1, \cdots.$$

这表明式 (12.6.11) 的一切 s^{-j} 的系数就是 $G(s)$ 在 $s = \infty$ 附近展式中 s^{-j} 的系数, 从而有

$$C_1(sI - A_1)^{-1}B_1 = G(s). \tag{12.6.16}$$

由此有:

定理 12.6.2　任给严正则的 $G(s) \in \mathbf{C}(s)^{m \times l}$, 它在 $s = \infty$ 附近具展式 (12.6.4), 若其元的分母的最小公倍式为

$$\gamma(s) = s^r + \gamma_{r-1}s^{r-1} + \cdots + \gamma_1 s + \gamma_0,$$

则由式 (12.6.9) 确定 (A_1, B_1, C_1) 是实现 $G(s)$ 的完全可观测的实现. ■

如果 (A, B, C) 是一个完全可观测的实现, 则可以有 $\mathbf{R}(B, AB, \cdots, A^{r-1}B) = \langle A \mid \mathbf{R}(B) \rangle$ 的一个标准正交基 X_1, 即 $X_1 \in \mathbf{U}^{r \times s}$, 但 $\mathbf{R}(X_1) = \langle A \mid \mathbf{R}(B) \rangle$. 令 $X = (X_1, X_2) \in \mathbf{U}^{r \times r}$, 设

$$x = Xz = X_1 z_1 + X_2 z_2, \quad z = \begin{bmatrix} z_1 \\ z_2 \end{bmatrix}, \tag{12.6.17}$$

于是就有

$$\begin{cases} \begin{bmatrix} \dot{z}_1 \\ \dot{z}_2 \end{bmatrix} = \begin{bmatrix} X_1^H A X_1 & X_1^H A X_2 \\ 0 & X_2^H A X_2 \end{bmatrix} \begin{bmatrix} z_1 \\ z_2 \end{bmatrix} + \begin{bmatrix} X_1^H B \\ 0 \end{bmatrix} u, \\ y = C X_1 z_1 + C X_2 z_2. \end{cases} \tag{12.6.18}$$

由此有式 (12.6.18) 的传递函数矩阵为

$$C[X_1 X_2] \left[sI - \begin{pmatrix} X_1^H A X_1 & X_1^H A X_2 \\ 0 & X_2^H A X_2 \end{pmatrix} \right]^{-1} \begin{bmatrix} X_1^H B \\ 0 \end{bmatrix}$$

$$= C X_1 [s I_s - X_1^H A X_1]^{-1} X_1^H B.$$

但由于变换 (12.6.17) 不影响系统的传递函数矩阵. 因而若引进

$$\tilde{A} = X_1^H A X_1, \quad \tilde{B} = X_1^H B, \quad \tilde{C} = C X_1,$$

则有

$$\tilde{C}(sI - \tilde{A})^{-1}\tilde{B} = C(sI - A)^{-1}B.$$

由于容易判断出

$$\begin{bmatrix} \tilde{C} \\ \tilde{C}\tilde{A} \\ \vdots \\ \tilde{C}\tilde{A}^{r-1} \end{bmatrix} = \begin{bmatrix} C \\ CX_1 X_1^H A X_1 \\ \vdots \\ CX_1(X_1^H A X_1)^{r-1} \end{bmatrix} = \begin{bmatrix} C \\ CA \\ \vdots \\ CA^{r-1} \end{bmatrix} X_1, \tag{12.6.19}$$

其中用到 $A\mathbf{R}(X_1) \subset \mathbf{R}(X_1)$, 于是 $AX_1 = X_1 F$, 从而有 $X_1 X_1^H A X_1 = X_1 X_1^H X_1 F = X_1 F = A X_1, \cdots, X_1(X_1^H A X_1)^{r-1} = A^{r-1} X_1$. 而式 (12.6.19) 之右端为两个满列秩矩阵之积因而其左端矩阵满列秩, 从而 $(\tilde{A}, \tilde{B}, \tilde{C})$ 是完全可观测的实现. 不仅如此, 由于

$$[\tilde{B}, \tilde{A}\tilde{B}, \cdots, \tilde{A}^{r-1}\tilde{B}] = X_1^H[B, AB, \cdots, A^{r-1}B],$$

但 $X_1 X_1^H [B, AB, \cdots, A^{r-1}B] = [B, AB, \cdots, A^{r-1}B]$. 于是有

$$\text{rank}[\tilde{B}, \tilde{A}\tilde{B}, \cdots, \tilde{A}^{r-1}\tilde{B}] = \text{rank}[B, AB, \cdots, A^{r-1}B],$$

从而 $(\tilde{A}, \tilde{B}, \tilde{C})$ 还是完全可控的.

以上实际上给出了一个由完全可观测实现构造完全可观测又完全可控实现的办法.

定理 12.6.3　若 (A, B, C) 与 (E, G, H) 为同一传递函数矩阵下完全可控完全可观测的实现, 则存在 P 可逆使

$$PAP^{-1} = E, \quad PB = G, \quad CP^{-1} = H, \tag{12.6.20}$$

即两系统矩阵

$$\begin{bmatrix} sI - A & B \\ -C & 0 \end{bmatrix}, \quad \begin{bmatrix} sI - E & G \\ -H & 0 \end{bmatrix} \tag{12.6.21}$$

相似.

证明　由于式 (12.6.21) 的两系统有相同传递函数矩阵, 即 $C(sI_n - A)^{-1}B = H(sI_p - E)^{-1}G$, 于是有

$$CA^kB = HE^kG, \quad k = 0, 1, 2, \cdots, \tag{12.6.22}$$

由此有

$$\begin{bmatrix} C \\ CA \\ \vdots \\ CA^{r-1} \end{bmatrix} A[B, AB, \cdots, A^{r-1}B]$$

$$= \begin{bmatrix} H \\ HE \\ \vdots \\ HE^{r-1} \end{bmatrix} E[G, EG, \cdots, E^{r-1}G],$$

其中 r 系 A 的最小多项式次数. 若令

$$T = [B, AB, \cdots, A^{r-1}B], \quad S = \begin{bmatrix} C \\ CA \\ \vdots \\ CA^{r-1} \end{bmatrix},$$

则 $S^+S = TT^+ = I_n, n$ 为 A 之阶数, 这里用到 T 与 S 分别满行秩与满列秩, 而这由 (A, B, C) 完全可控完全可观测所保证. 由此就有

$$A = S^+ \begin{bmatrix} H \\ HE \\ \vdots \\ HE^{r-1} \end{bmatrix} E[G, EG, \cdots, E^{r-1}G]T^+,$$

但由于式 (12.6.22), 则

$$
S^+ \begin{bmatrix} H \\ HE \\ \vdots \\ HE^{r-1} \end{bmatrix} [G, EG, \cdots, E^{r-1}G] T^+ = S^+ \begin{bmatrix} CB & CAB \cdots CA^{r-1}B \\ CAB & CA^2B \cdots CA^rB \\ \cdots & \cdots \\ CA^{r-1}B & CA^rB \cdots CA^{2(r-1)}B \end{bmatrix} T^+
$$

$$
= S^+ S T T^+ = I_n.
$$

于是

$$
Q = S^+ \begin{bmatrix} H \\ HE \\ \vdots \\ HE^{r-1} \end{bmatrix}, \quad P = [G, EG, \cdots, E^{r-1}G] T^+ \tag{12.6.23}
$$

均方阵且 $Q = P^{-1}$. 不难验证式 (12.6.23) 引进的 P 有式 (12.6.20). 从而定理得证. ∎

本节的全部结果都是在系统传递函数矩阵 G(s) 严正则的前提下得到的. 不难看出, 当用正则代替严正则的假定后, 只需用 (A, B, C, D) 代替 (A, B, C), 全部结论均对应成立.

参考文献: [Bar1971], [Ros1970], [Hua1984].

12.7 左右互质与可控可观测

一个用状态空间方式描述的系统, 其对应的系统矩阵是

$$
P(s) = \left[\begin{array}{c|c} sI_n - A & B \\ \hline -C & D \end{array} \right], \tag{12.7.1}
$$

其中 $A \in \mathbf{C}^{n \times n}, B \in \mathbf{C}^{n \times l}, C \in \mathbf{C}^{m \times n}, D \in \mathbf{C}^{m \times l}$. 若对应传递函数矩阵严正则, 则 $D = 0$.

定理 12.7.1 $sI_n - A \in \mathbf{C}[s]^{n \times n}$ 与 $B \in \mathbf{C}^{n \times l}$ 左互质当且仅当下述条件之一.

1° 给定任何 n 维多项式向量 $z(s)(\deg[z(s)] \leqslant n - 1)$ 均存在 n 维多项式向量 $x(s)$ 与 l 维多项式向量 $y(s)$ 使

$$
(sI_n - A)x(s) + By(s) = z(s), \tag{12.7.2}
$$

其中 $\deg[x(s)] \leqslant n - 2, \deg[y(s)] \leqslant n - 1$.

2° 存在多项式矩阵 $X(s) \in \mathbf{C}[s]^{n \times n}$ 与 $Y(s) \in \mathbf{C}[s]^{l \times n}$ 且 $\deg[X(s)] \leqslant n - r - 1, \deg[Y(s)] \leqslant n - r$ 使

$$
(sI_n - A)X(s) + BY(s) = I_n, \tag{12.7.3}
$$

其中 $r = \mathrm{rank}(B)$.

　　$3°$ 矩阵

$$
G = \begin{bmatrix}
I_n & 0 & \cdots & \cdots & \cdots & \cdots & \cdots & \cdots & \cdots & 0 & B \\
-A & I_n & \ddots & & & & & & \ddots & \ddots & 0 \\
0 & -A & \ddots & \ddots & & & & \ddots & & & \vdots \\
\vdots & \ddots & \ddots & \ddots & \ddots & & \ddots & & & & \vdots \\
\vdots & & \ddots & \ddots & I_n & 0 & B & & \ddots & & \vdots \\
0 & \cdots & \cdots & 0 & -A & B & 0 & \cdots & \cdots & \cdots & 0
\end{bmatrix}
\tag{12.7.4}
$$

$$\underbrace{\qquad\qquad}_{n-1块} \qquad\qquad \underbrace{\qquad\qquad}_{n块}$$

有 $\mathrm{rank}(G) = n^2$.

　　$4°$

$$
\mathrm{rank}[(B, AB, \cdots, A^{n-1}B)] = n. \tag{12.7.5}
$$

　　$5°$ 任何 A^H 的特征向量都不在 $\mathbf{R}(B)$ 的正交补中, 即

$$
x \notin \mathbf{N}(B^H), \quad A^H x = s_i x, \tag{12.7.6}
$$

其中 s_i 为 A 之特征值.

　　证明　　首先证明 $sI_n - A$ 与 B 左互质和 $5°$ 等价. 由定理 2.11.4 容易有 $sI - A$ 与 B 左互质等价于

$$
\mathrm{rank}(s_i I - A, B) = n, \quad s_i \in \mathbf{\Lambda}(A), \ i = 1, 2, \cdots, n, \tag{12.7.7}
$$

等价于对任何 x 有对 A 的所有特征值 s_i 均有

$$
x^H[s_i I - A, B] = 0 \ \Rightarrow \ x = 0. \tag{12.7.8}
$$

　　考虑到 $x \in \mathbf{C}^n$, 当 x 不是 A^H 的特征向量则式 (12.7.8) 总成立. 因此式 (12.7.8) 等价于式 (12.7.6).

　　由于 A^H 的任何特征向量均可张成 A^H 的一个不变子空间, 同时任何 A^H 的不变子空间 $\mathbf{S}$ 中都至少含有一个 A^H 的特征向量. 因此 $5°$ 也等价于

$$
\mathbf{S} \not\subset \mathbf{N}(B^H), \quad A^H(\mathbf{S}) \subset \mathbf{S}. \tag{12.7.9}
$$

　　进而证明 $4° \Longleftrightarrow 5°$. 由于任何 $z \in \mathbf{C}^n$, $\langle A^H | \mathbf{R}(z) \rangle$ 均为 A^H 的不变子空间, 而

$$
\langle A^H | \mathbf{R}(z) \rangle = \mathrm{span}[z, A^H z, \cdots, (A^H)^{n-1} z].
$$

于是 (12.7.8) 等价于

$$B^H[z, A^H z, \cdots, (A^H)^{n-1} z] \neq 0, \quad z \neq 0. \tag{12.7.10}$$

而此式等价于

$$z^H[B, AB, \cdots, A^{n-1}B] \neq 0, \quad z \neq 0. \tag{12.7.11}$$

显然此等价于式 (12.7.5).

由此 $4° \Longleftrightarrow 5°$.

$4° \Longleftrightarrow 3°$ 仅需作一些初等运算即能证明.

$3° \Longleftrightarrow 1°$ 设

$$x(s) = x_{n-2}s^{n-2} + \cdots + x_1 s + x_0, \quad x_i \in \mathbf{C}^n, i = 0, 1, \cdots, n-2,$$
$$y(s) = y_{n-1}s^{n-1} + \cdots + y_1 s + y_0, \quad y_i \in \mathbf{C}^l, i = 0, 1, \cdots, n-1,$$
$$z(s) = z_{n-1}s^{n-1} + \cdots + z_1 s + z_0, \quad z_i \in \mathbf{C}^n, i = 0, 1, \cdots, n-1.$$

若引进记号

$$a^T = (x_{n-2}^T, x_{n-3}^T, \cdots, x_1^T, x_0^T, y_0^T, \cdots, y_{n-1}^T),$$
$$c^T = (z_{n-1}^T, z_{n-2}^T, \cdots, z_1^T, z_0^T).$$

则式 (12.7.2) 对任何 $\deg[z(s)] \leqslant n-1$ 的 $z(s)$ 均有解当且仅当方程

$$Ga = c \tag{12.7.12}$$

对任何 $c \in \mathbf{C}^{n^2}$ 均有解, 而这相当于 $\mathbf{R}(G) = \mathbf{C}^{n^2}$ 或等价于式 (12.7.5).

至于 $2°$ 作为 $sI_n - A$ 与 B 左互质的充分条件是显然的. 对于必要性, 由于 $sI_n - A$ 与 B 左互质显然存在 $X_1(s), Y_1(s)$ 使

$$(sI_n - A)X_1(s) + BY_1(s) = I_n.$$

而为了证明 $\deg[X_1(s)]$ 与 $\deg[Y_1(s)]$ 可以满足要求需要用到较复杂冗长的证明, 由于这并不是问题的关键, 这里留作习题.

至此定理已全部得证. ■

定理 12.7.2 系统

$$\dot{x} = Ax + Bu, \quad y = Cx \tag{12.7.13}$$

完全可控完全可观测当且仅当下述之一:

$1°$ $sI - A$ 与 B 左互质, $sI - A$ 与 C 右互质.

2° 在所有与式 (12.7.13) 有相同传递函数矩阵的系统中, A 的阶次最小. 或对任何 (A_1, B_1, C_1) 只要 $C_1(sI_{n_1} - A_1)^{-1}B_1 = C(sI - A)^{-1}B$ 就有

$$n_1 \geqslant n,$$

其中 $A_1 \in \mathbf{C}^{n_1 \times n_1}, A \in \mathbf{C}^{n \times n}$.

由定理 12.7.2 可知完全可控完全可观测的系统均具有最小阶次. 因此常称完全可控完全可观测的实现 (A, B, C) 为最小阶实现或最小实现.

参考文献: [Bar1971], [Ros1970], [Hua1984].

12.8　串联, 并联与阶次

对于给定的 $G(s) \in \mathbf{C}(s)^{m \times l}$, 如果它是正则的则可以建立一个最小阶实现 (A, B, C). 以后将称最小阶实现的阶次为 $G(s)$ 的阶次, 并记为 $\deg[G(s)]$.

定理 12.8.1　给定 $G(s) \in \mathbf{C}(s)^{m \times l}$ 且正则, 则

1° $\deg[G(s)] \geqslant 0$ 且 $\deg[G(s)] = 0$ 则 $G(s)$ 与 s 无关, 即 $G(s) = G_0 \in \mathbf{C}(s)^{m \times l}$.

2° $\deg[G(s)] = \sum\limits_{i=1}^{\tau} \deg[\psi_i(s)]$, 其中 $\psi_i(s)$ 是 $G(s)$ 的 McMillan 型的对角线分母 (见式 (12.3.3)).

证明　考虑 $G(s)$ 的一个左既约分解

$$G(s) = P_1^{-1}(s)Q_1(s),$$

其中 $P_1(s) = \mathrm{diag}[\psi_1(s), \cdots, \psi_r(s), 1, \cdots, 1]M^{-1}(s)$, $M(s)$ 是将 $G(s)$ 化成 McMillan 型的两个单模态矩阵之一 (见定理 12.3.4), 由于系统矩阵

$$\left[\begin{array}{c|c} P_1(s) & Q_1(s) \\ \hline -I & 0 \end{array}\right]$$

具最小阶次, 则

$$\begin{aligned} \deg[G(s)] &= \deg[\det P_1(s)] \\ &= \deg[\psi_1(s)] + \cdots + \deg[\psi_r(s)], \end{aligned}$$

由此就有 2°.

由 2° 可知 1° 为显然.　　　　　　　　　　　　　　　　　　　　■

定理 12.8.2　若 $(A_1, B_1, C_1), (A_2, B_2, C_2)$ 为 $G_1(s)$ 与 $G_2(s)$ 的两个实现, $G_1 G_2$ 可相乘, 则

$$A = \begin{bmatrix} A_1 & B_1 C_2 \\ 0 & A_2 \end{bmatrix}, \quad B = \begin{bmatrix} 0 \\ B_2 \end{bmatrix}, \quad C = [C_1 \quad 0] \tag{12.8.1}$$

是 $G(s) = G_1(s)G_2(s)$ 的一个实现, 从而有

$$\deg[G_1G_2] \leqslant \deg[G_1(s)] + \deg[G_2(s)]. \tag{12.8.2}$$

证明 由于

$$[sI - A]^{-1} = \begin{bmatrix} (sI - A_1)^{-1} & (sI - A_1)^{-1}B_1C_2(sI - A_2)^{-1} \\ 0 & (sI - A_2)^{-1} \end{bmatrix},$$

因而由式 (12.8.1) 确定的系统的传递函数矩阵为

$$\begin{aligned} G(s) &= C(sI - A)^{-1}B \\ &= [C_1 \quad 0][sI - A]^{-1}\begin{bmatrix} 0 \\ B_2 \end{bmatrix} \\ &= C_1(sI - A_1)^{-1}B_1C_2(sI - A_2)^{-1}B_2 \\ &= G_1(s)G_2(s). \end{aligned}$$

如果 (A_i, B_i, C_i) 是 $G_i(s)$ 的最小阶实现, 而式 (12.8.1) 给出的 (A, B, C) 是 $G_1(s)G_2(s)$ 的一个实现, 这个实现的 A 的阶次显然不小于 $G_1(s)G_2(s)$ 的阶次, 于是有

$$\deg[G_1(s)G_2(s)] \leqslant \deg[G_1(s)] + \deg[G_2(s)].$$

这一结果显然与具体实现的选取无关, 即定理得证. ■

定理 12.8.3 若 (A_i, B_i, C_i) 实现 $G_i(s) \in \mathbf{C}(s)^{n \times l}, i \in \underline{s}$, 则它们的直接和

$$A = \begin{bmatrix} A_1 & & & \\ & A_2 & & 0 \\ & & \ddots & \\ 0 & & & A_s \end{bmatrix}, \quad B = \begin{bmatrix} B_1 \\ B_2 \\ \vdots \\ B_s \end{bmatrix}, \quad C = [C_1 \quad C_2 \quad \cdots \quad C_s]. \tag{12.8.3}$$

是 $G(s) = \sum\limits_{i=1}^{s} G_i(s)$ 的实现, 并且

$$\deg[G_1(s) + G_2(s) + \cdots + G_s(s)] \leqslant \sum_{i=1}^{s} \deg[G_i(s)]. \tag{12.8.4}$$

如果 $G_1(s), G_2(s), \cdots, G_s(s)$ 任两个均无公共极点, 则式 (12.8.4) 取到等号.

证明 显然由式 (12.8.3) 定义的 A, B, C 确定的传递函数矩阵有

$$G(s) = C(sI - A)^{-1}B = \sum_{i=1}^{s} C_i(sI - A_i)^{-1}B_i = G_1(s) + G_2(s) + \cdots + G_s(s).$$

而式 (12.8.4) 是显然的, 这只要通过假定 (A_i, B_i, C_i) 均最小实现就能得到. 正如以前分析的一样, 结论式 (12.8.4) 是与具体实现 $G_i(s)$ 的 (A_i, B_i, C_i) 无关的, $i \in \underline{s}$.

现设 $G_i(s), i \in \underline{s}$ 两两之间无公共极点, 又 (A_i, B_i, C_i) 是 $G_i(s)$ 的最小实现. 我们只要能证明在此情况下式 (12.8.3) 也是最小实现即可. 对此采用数学归纳法.

设 $s = 2$, 考虑

$$A = \begin{bmatrix} A_1 & 0 \\ 0 & A_2 \end{bmatrix}, \quad B = \begin{bmatrix} B_1 \\ B_2 \end{bmatrix}, \quad C = \begin{bmatrix} C_1 & C_2 \end{bmatrix},$$

其中 (A_i, B_i, C_i) 是 $G_i(s)$ 的最小实现, $i \in \underline{2}$, 并且

$$\text{g.c.d}[\det(sI_{n_1} - A_1), \ \det(sI_{n_2} - A_2)] = 1,$$

n_1, n_2 是 A_1, A_2 的阶次. 令

$$B_1 = [b_{11}, b_{12}, \cdots, b_{1l}], \quad B_2 = [b_{21}, b_{22}, \cdots, b_{2l}],$$

若记 $\langle A_1 | \mathbf{R}(b_{1j}) \rangle = \mathbf{R}'_j$, $\langle A_2 | \mathbf{R}(b_{2j}) \rangle = \mathbf{R}''_j$, 则

$$\langle A_1 | \mathbf{R}(B_1) \rangle = \mathbf{C}^{n_1} = \mathbf{R}'_1 + \mathbf{R}'_2 + \cdots + \mathbf{R}'_l,$$

$$\langle A_2 | \mathbf{R}(B_2) \rangle = \mathbf{C}^{n_2} = \mathbf{R}''_1 + \mathbf{R}''_2 + \cdots + \mathbf{R}''_l.$$

考虑空间 $\mathbf{C}^{n_1+n_2}$, 它可以写成

$$\mathbf{C}^{n_1+n_2} = \begin{bmatrix} \mathbf{C}^{n_1} \\ 0 \end{bmatrix} \oplus \begin{bmatrix} 0 \\ \mathbf{C}^{n_2} \end{bmatrix},$$

其中

$$\begin{bmatrix} \mathbf{C}^{n_1} \\ 0 \end{bmatrix} = \mathbf{R} \begin{bmatrix} I_{n_1} \\ 0 \end{bmatrix}, \quad \begin{bmatrix} 0 \\ \mathbf{C}^{n_2} \end{bmatrix} = \mathbf{R} \begin{bmatrix} 0 \\ I_{n_2} \end{bmatrix},$$

由于 A_1 与 A_2 无公共特征根, 则

$$\left\langle A \middle| \mathbf{R} \begin{bmatrix} b_{1j} \\ b_{2j} \end{bmatrix} \right\rangle = \left\langle A \middle| \mathbf{R} \begin{bmatrix} b_{1j} \\ 0 \end{bmatrix} \right\rangle \oplus \left\langle A \middle| \mathbf{R} \begin{bmatrix} 0 \\ b_{2j} \end{bmatrix} \right\rangle,$$

由此就有

$$\left\langle A \middle| \mathbf{R} \begin{bmatrix} B_1 \\ B_2 \end{bmatrix} \right\rangle = \sum_{j=1}^{l} \left\{ \left\langle A \middle| \mathbf{R} \begin{bmatrix} b_{1j} \\ 0 \end{bmatrix} \right\rangle \oplus \left\langle A \middle| \mathbf{R} \begin{bmatrix} 0 \\ b_{2j} \end{bmatrix} \right\rangle \right\}$$

$$= \begin{bmatrix} \langle A_1 | \mathbf{R}(B_1) \rangle \\ 0 \end{bmatrix} \oplus \begin{bmatrix} 0 \\ \langle A_2 | \mathbf{R}(B_2) \rangle \end{bmatrix}$$

$$= \begin{bmatrix} \mathbf{C}^{n_1} \\ 0 \end{bmatrix} \oplus \begin{bmatrix} 0 \\ \mathbf{C}^{n_2} \end{bmatrix}$$

$$= \mathbf{C}^{n_1+n_2},$$

从而 (A, B, C) 是完全可控的实现.

相仿可证 (A, B, C) 亦为完全可观测的实现.

现设 $s = \tau$ 时成立, 由于

$$G_1 + \cdots + G_\tau + G_{\tau+1} = (G_1 + \cdots + G_\tau) + G_{\tau+1},$$

考虑到

$$\deg[G_1 + G_2 + \cdots + G_\tau] = \sum_{i=1}^{\tau} \deg(G_i), \tag{12.8.5}$$

并且 $G_{\tau+1}$ 与 $(G_1 + G_2 + \cdots + G_\tau)$ 无公共极点, 于是利用 $s = 2$ 时定理成立, 则由式 (12.8.5) 就有

$$\deg[G_1 + \cdots + G_\tau + G_{\tau+1}] = \deg[G_1 + G_2 + \cdots + G_\tau] + \deg(G_{\tau+1}) = \sum_{i=1}^{\tau+1} \deg(G_i).$$

于是定理全部得证. ∎

参考文献: [Bar1971], [Ros1970], [Hua1984].

12.9　系统的零极点相消, 解耦零点与 $G(s)$ 的零极点

对于一般的有理函数来说, 其分母与分子之间是否存在公因子是比较简单的, 但对于有理函数矩阵来说问题就复杂得多. 例如对 $G(s) \in \mathbf{C}(s)^{m \times l}$, $P_1^{-1}(s) Q_1(s)$ 是其一左分解但不是左既约分解, $R(s)$ 是 $P_1(s)$, $Q_1(s)$ 的一个非单模态左公因矩阵, 例如

$$P_1(s) = R(s) P_2(s), \quad Q_1(s) = R(s) Q_2(s),$$

则 $G(s)$ 可以有较简单的分解式 $P_2^{-1}(s) Q_2(s)$. 在后一个表示中所有 $\det R(s)$ 的根可以理解为均已被消去. 由于在多项式矩阵之间, 公因式矩阵有左右之别并且不易求得, 因而问题的讨论比有理函数的情形要复杂得多.

下面以系统矩阵

$$P(s) = \left[\begin{array}{c|c} T(s) & U(s) \\ \hline -V(s) & W(s) \end{array} \right] \tag{12.9.1}$$

为例来进行说明.

定义 12.9.1　对系统矩阵 (12.9.1), 若 $T(s), U(s)$ 的最大左公因矩阵为 $R(s)$, 则 $\det R(s) = 0$ 的根 $\beta_1, \beta_2, \cdots, \beta_b$ 称为式 (12.9.1) 的输入解耦零点并记为 i.d 零点.

若 $T(s), V(s)$ 之最大右公因矩阵为 $Q(s)$, 则 $\det Q(s) = 0$ 的根 $\gamma_1, \gamma_2, \cdots, \gamma_c$ 称为式 (12.9.1) 的输出解耦零点并记为 o.d 零点.

若对式 (12.9.1) 已求得 $T(s)$ 与 $U(s)$ 的最大左公因矩阵 $R(s)$, 即

$$T(s) = R(s)T_1(s), \quad U(s) = R(s)U_1(s), \tag{12.9.2}$$

而 $T_1(s)$ 与 $U_1(s)$ 左互质, 则式 (12.9.1) 与下述系统

$$\left[\begin{array}{c|c} T_1(s) & U_1(s) \\ \hline -V(s) & W(s) \end{array}\right] \tag{12.9.3}$$

相互系统等价.

如果 $Q_1(s)$ 是 $T_1(s), V(s)$ 的最大右公因矩阵, 设

$$T_1(s) = T_2(s)Q_1(s), \quad V(s) = V_2(s)Q_1(s). \tag{12.9.4}$$

而 $T_2(s)$ 与 $V_2(s)$ 右互质. 如果记 $\det Q_1(s) = 0$ 的根集为 $\{\theta_i\}$, 则由于 $Q_1(s)$ 是 $T(s)$ 与 $V(s)$ 的右公因矩阵, 因而 θ_i 是原系统的输出解耦零点的一部分. 称差集 $\{\gamma_j\} \setminus \{\theta_i\}$ 为系统的输入输出解耦零点集合. 这种零点简记为 i.o.d 零点, 显然系统

$$\left[\begin{array}{c|c} T_2(s) & U_2(s) \\ \hline -V_2(s) & W(s) \end{array}\right] \tag{12.9.5}$$

与式 (12.9.1) 仍系统等价, 但它已不存在 i.d 零点与 o.d 零点而成为 $G(s)$ 的一个最小阶实现.

以后称 $G(s)$ 的最小阶实现式 (12.9.5) 中

$$\det[T_2(s)] = 0$$

的根为 $G(s)$ 的极点. 而称它的任一实现式 (12.9.1) 的 $\det[T(s)] = 0$ 的根为对应该实现的内极点. $G(s)$ 的极点集合记为 $\{\alpha_i\}$. 而它对应实现式 (12.9.1) 的内极点集合则记为 $\{\eta_i\}$.

定理 12.9.1　在系统严格等价的意义下, 系统的下述点集不变:

1° 传递函数矩阵的极点集合 $\{\alpha_i\}$.

2° 输入解耦零点集合 $\{\beta_i\}$.

3° 输出解耦零点集合 $\{\gamma_i\}$.

4° 输入输出解耦零点集合 $\{\gamma_i\}/\{\theta_i\} = \{\delta_i\}$.

5° 系统的内极点集合 $\{\eta_i\}$.

证明　设与式 (12.9.1) 严格等价的系统矩阵为

$$P_1(s) = \left[\begin{array}{c|c} T_1(s) & U_1(s) \\ \hline -V_1(s) & W_1(s) \end{array}\right]. \tag{12.9.6}$$

由此存在单模态矩阵 $M(s), N(s)$ 与多项式矩阵 $X(s), Y(s)$ 使

$$\begin{bmatrix} T_1 & U_1 \\ -V_1 & W_1 \end{bmatrix} = \begin{bmatrix} M & O \\ X & I \end{bmatrix} \begin{bmatrix} T & U \\ V & W \end{bmatrix} \begin{bmatrix} N & Y \\ O & I \end{bmatrix}, \tag{12.9.7}$$

或有

$$\begin{cases} T_1 = MTN, \\ U_1 = M(TY + U), \\ V_1 = (V - XT)N. \end{cases} \tag{12.9.8}$$

由于 T 与 U 的最大左公因矩阵为 $R(s)$ 当且仅当 T_1 与 U_1 之最大左公因矩阵为 $M(s)R(s)$. T 与 V 的最大右公因矩阵为 $Q(s)$ 当且仅当 T_1 与 V_1 的最大右公因矩阵为 $Q(s)N(s)$. 而 $\det[M(s)], \det[N(s)]$ 均非零常数, 由此 $2°, 3°, 5°$ 成立为显然.

设 $T = RT_3, U = RU_3$, 则 $T_1 = MRT_3N$, $U_1 = MR(T_3Y + U_3)$. 由此系统 (12.9.1) 与 (12.9.6) 分别与下述两系统系统等价

$$\left[\begin{array}{c|c} T_3 & U_3 \\ \hline -V & W \end{array} \right], \quad \left[\begin{array}{c|c} T_3N & T_3Y + U_3 \\ \hline -V_1 & W_1 \end{array} \right]. \tag{12.9.9}$$

考虑到 T_3 与 V 的一切右公因矩阵 $Q(s)$ 均使 QN 为 T_3N 与 V_1 的右公因矩阵. 于是就有 $4°$.

对式 (12.9.9) 若采用上述办法消去因子 $Q(s)$ 与 $Q(s)N(s)$ 而分别化成两个最小阶实现, 则这两个实现具相同的 $T(s)$ 因而有 $1°$. ∎

采用系统矩阵描述系统, 在讨论系统输入输出关系上, 所有解耦零点均代表一种多余的成分, 而寻求传递函数矩阵的极点与零点在相当多的实际问题中起着重要作用, 下面来逐步给出其定义.

定理 12.9.2 设系统矩阵

$$P(s) = \left[\begin{array}{c|c} T(s) & U(s) \\ \hline -V(s) & W(s) \end{array} \right] \tag{12.9.10}$$

是 $G(s) \in \mathbf{C}(s)^{m \times l}$ 的一个最小实现, $l \geqslant m$. 又设 $L(s), R(s)$ 为单模态矩阵, 使 $G(s)$ 变为 McMillan 型

$$\begin{cases} L(s)G(s)R(s) = M(s) = [S(s), 0], \\ S(s) = F^{-1}(s)E(s), \\ F(s) = \text{diag}[\psi_1, \psi_2, \cdots, \psi_m], \quad \psi_i \mid \psi_{i-1}, \\ E(s) = \text{diag}[\varepsilon_1, \varepsilon_2, \cdots, \varepsilon_m], \quad \varepsilon_i \mid \varepsilon_{i+1}. \end{cases} \tag{12.9.11}$$

则 $P(s)$ 的 Smith 标准型为

$$\begin{bmatrix} I_r & 0 & 0 \\ 0 & E(s) & 0 \end{bmatrix}, \tag{12.9.12}$$

而 $T(s)$ 的 Smith 标准型为

$$\text{diag}[I_{r-m}, \psi_m, \cdots, \psi_1]. \tag{12.9.13}$$

证明　不妨认为 $T(s) \in \mathbf{C}[s]^{r \times r}$, $r \geqslant \deg[\det T(s)]$. 考虑系统

$$\left[\begin{array}{ccc|c} I_{r-m} & 0 & & 0 \\ 0 & F(s) & & [E(s), 0]R^{-1}(s) \\ \hline 0 & -L^{-1}(s) & & 0 \end{array}\right], \tag{12.9.14}$$

则它的传递函数矩阵为

$$G_1(s) = L^{-1}(s)F^{-1}(s)[E(s), 0]R^{-1}(s) = G(s).$$

由于式 (12.9.10) 与式 (12.9.14) 可以分别严格等价于下述两系统

$$\left[\begin{array}{cc} I_{r-n} & 0 \\ 0 & P_2(s) \end{array}\right], \quad \left[\begin{array}{cc} I_{r-n} & 0 \\ 0 & P_3(s) \end{array}\right], \tag{12.9.15}$$

其中 $P_2(s)$ 与 $P_3(s)$ 是相同阶次的具式 (12.4.5), 这种状态空间型的系统矩阵, 并且 $P_2(s)$ 与 $P_3(s)$ 有相同的传递函数矩阵, 因而 $P_2(s)$ 与 $P_3(s)$ 系统相似. 从而式 (12.9.15) 两系统严格等价, 或式 (12.9.10) 与式 (12.9.14) 相互严格等价.

若在式 (12.9.14) 左乘 $\left[\begin{array}{cc} I_r & 0 \\ 0 & -L(s) \end{array}\right]$ 和右乘 $\left[\begin{array}{cc} I_r & 0 \\ 0 & R(s) \end{array}\right]$, 则式 (12.9.14) 变为

$$\left[\begin{array}{ccc|c} I_{r-m} & 0 & & 0 \\ 0 & F(s) & & [E(s), 0] \\ \hline 0 & I_m & & 0 \end{array}\right],$$

由此可立即得到 $P(s)$ 的 Smith 型为式 (12.9.12) 和 $T(s)$ 的 Smith 标准型为 (12.9.13). ∎

相仿可对 $l < m$ 的情形进行讨论.

定义 12.9.2　$G(s) \in \mathbf{C}(s)^{m \times l}$, $l \geqslant m$, 其 McMillan 型如式 (12.9.1), 则一切 $\psi_i(s)$ 的根称为 $G(s)$ 的极点, 而一切 $\varepsilon_i(s)$ 的根称为 $G(s)$ 的零点, 若 $\varepsilon_i(s)$ 中有零多项式则一切复数均视为 $G(s)$ 的零点.

若 $l < m$, 则以 $G^T(s)$ 的极点零点来定义 $G(s)$ 的极点零点.

以下利用上述零极点的概念来讨论两系统的串联问题.

设 $G_2(s) \in \mathbf{C}(s)^{m \times k}$, $G_1(s) \in \mathbf{C}(s)^{k \times l}$, 设它们的 McMillan 型为

$$L_1(s)G_1(s)R_1(s) = M_1(s) = F_1^{-1}(s)E_1(s), \tag{12.9.16}$$

$$L_2(s)G_2(s)R_2(s) = M_2(s) = F_2^{-1}(s)E_2(s), \tag{12.9.17}$$

其中 F_i, E_i 均有类似式 (12.9.11) 的形式, 即 s_0 是 $G_i(s)$ 的极点 $\Longleftrightarrow F_i(s_0)$ 降秩; s_0 是 $G_i(s)$ 的零点 $\Longleftrightarrow E_i(s_0)$ 不满秩.

若令

$$T_1 = F_1 L_1, \quad U_1 = E_1 R_1^{-1}, \quad V_1 = I_k, \tag{12.9.18}$$

$$T_2 = R_2 F_2, \quad U_2 = I_k, \quad V_2 = L_2^{-1} E_2, \tag{12.9.19}$$

则 T_1, U_1 左互质而 T_2, V_2 右互质.

考虑系统矩阵

$$\left[\begin{array}{c|c} T_1 T_2 & U_1 \\ \hline -V_2 & 0 \end{array}\right] = \left[\begin{array}{c|c} F_1 L_1 R_2 F_2 & E_1 R_1^{-1} \\ \hline L_2^{-1} E_2 & 0 \end{array}\right], \tag{12.9.20}$$

显然式 (12.9.20) 的传递函数矩阵为 $G_2(s)G_1(s)$.

若 β 是式 (12.9.20) 的 i.d 零点, 则

$$k > \operatorname{rank}[F_1(\beta)L_1(\beta)R_2(\beta)F_2(\beta), \; E_1(\beta)R_1^{-1}(\beta)], \tag{12.9.21}$$

但由于

$$(F_1 L_1 R_2 F_2, \; E_1 R_1^{-1}) = (F_1 L_1, \; E_1 R_1^{-1}) \left[\begin{array}{cc} R_2 F_2 & 0 \\ 0 & I_2 \end{array}\right],$$

而 $[F_1(\beta)L_1(\beta), \; E_1(\beta)R_1^{-1}(\beta)]$ 由于 $T_1 U_1$ 左互质而对任何 β 均满行秩, 于是 β 使式 (12.9.21) 成立, 必有 $R_2(\beta)F_2(\beta)$ 降秩, 从而 $\det F_2(\beta) = 0$, 即 β 是 $G_2(s)$ 的极点, 不仅如此如果 $l \geqslant k$, 则式 (12.9.21) 必导致 $E_1(\beta)$ 降秩, 因而此时 β 还必须是 $G_1(s)$ 的零点.

相仿可对式 (12.9.20) 的 o.d 零点进行分析.

由此可以有:

引理 12.9.1　给定 $G_1(s) \in \mathbf{C}(s)^{k \times l}$, $G_2(s) \in \mathbf{C}(s)^{m \times k}$, 若按上述式 (12.9.16)~式 (12.9.20) 建立 $G_2(s)G_1(s)$ 的实现, 则式 (12.9.20) 的 i.d 零点都是 $G_2(s)$ 的极点且当 $l \geqslant k$ 时它还必须是 $G_1(s)$ 的零点. 而式 (12.9.20) 的 o.d 零点都是 $G_1(s)$ 的极点且当 $m \geqslant k$ 时它还必须是 $G_2(s)$ 的零点.

定理 12.9.3　若 $G_1(s) \in \mathbf{C}(s)^{k \times l}$, $G_2(s) \in \mathbf{C}(s)^{m \times k}, m, l \geqslant k$, 又 $G_1(s)$ 的零点均不是 $G_2(s)$ 的极点, $G_2(s)$ 的零点均不是 $G_1(s)$ 的极点, 则:

1°　$G_2 G_1$ 的极点集是 G_1 的极点集与 G_2 的极点集的集合并.

2°　$\deg[G_2(s)G_1(s)] = \deg[G_2(s)] + \deg[G_1(s)]$.

证明　由于此时按式 (12.9.20) 建立的系统是最小阶系统, 因而由 $\det(T_1 T_2) = [\det(T_1)][\det(T_2)]$ 就可有 1° 与 2°. ■

参考文献: [Ros1970], [Hua1984].

12.10　系统的 H_∞ 范数，全通与内稳定

在 8.6 节, 我们曾经引入描述系统的 H_∞ 范数. 在那里我们只用这种范数来刻画系统模型之间的误差, 对其重要性并未作详述. 事实上自从 1983 年加拿大控制学家 G. Zames 提出用 H_∞ 范数来刻画扰动对输出的影响并提出一类最优控制问题-H_∞ 控制以来, 经过三十年的发展, 它已发展成控制科学中一个很有生命力的分支而担当起鲁棒控制这一方向的主角. 其发展道路曾经经历过一段低潮, 在 20 世纪 80 年代中期几乎处于停滞不前的境地. 在 1988 年的美国控制会议上, J. Doyle 等给出 H_∞ 控制与代数 Riccati 方程求解的联系这一主要结果后, H_∞ 控制由于可以通过状态空间的表述而便于计算机计算, 这就获得极强的生命力而成为控制科学中鲁棒控制的主要领域. 可以不夸张地讲是矩阵或线性代数的方法让停顿不前的 H_∞ 控制获得了新生. 但真正冷静地观察这一事实就会发现其中主要是利用系统传递函数矩阵的状态空间实现对应的两个 Riccati 方程求解, 在线性代数本身并未提出新的问题. 限于篇幅, 我们将集中阐述系统用 H_∞ 范数得到的一些结果, 而不讨论 H_∞ 问题如何化成代数 Riccati 方程求解的过程.

定义 12.10.1　若矩阵函数 F(s) 在虚轴上有界（含无穷远点）, 则定义其范数为

$$\|F\|_\infty = \sup_{\omega \in \bar{\mathbf{R}}} \bar{\sigma}[F(j\omega)], \tag{12.10.1}$$

其中 $\bar{\mathbf{R}} = \mathbf{R} \cup \{\infty\}$, $\bar{\sigma}$ 是最大奇异值. 把在式 (13.10.1) 定义的 $\|\cdot\|_\infty$ 意义下有界矩阵函数组成的集合记为 $\mathbf{L}_\infty$, 若矩阵函数是实系数的复函数, 则 $\mathbf{L}_\infty$ 对应记为 $\mathbf{RL}_\infty$, 在一些地方也可简记为 $\mathbf{L}_\infty$.

显然 $\mathbf{L}_\infty$ 是线性空间. 从复变函数出发任何 $F(s) \in \mathbf{L}_\infty$, 则它一定可以分解成

$$F(s) = F_1(s) + F_2(s), \tag{12.10.2}$$

其中 $F_1(s)$ 在闭右半平面 $\mathbf{C}_+ = \{s|\mathrm{Res} \geqslant 0\}$ 解析, 而 $F_2(s)$ 在闭左半平面 $\mathbf{C}_- = \{s|\mathrm{Res} \leqslant 0\}$ 解析.

以后总把在开右半平面解析且属于 $\mathbf{L}_\infty$ 的函数的集合记为 $\mathbf{H}_\infty$, 即

$$\mathbf{H}_\infty = \{F(s)|F(s)在右半平面解析且F \in \mathbf{L}_\infty\}.$$

显然同规模的这类矩阵组成线性空间. 在上面的范数定义为

$$\|F\|_\infty = \sup_{\omega \in \bar{\mathbf{R}}} \bar{\sigma}[F(j\omega)] = \sup_{\mathrm{Res} > 0} \bar{\sigma}(F(s)). \tag{12.10.3}$$

上面后一个等式是依据复变函数中解析函数最大模一定可发生在其边界上这一原理和 $F(s)$ 在 $j\bar{\mathbf{R}}$ 上有界得到的.

类似可以有

$$\mathbf{H}_\infty^- = \{F(s)|F(s)\text{在开左半平面解析且} F \in \mathbf{L}_\infty\}, \tag{12.10.4}$$

而 $\mathbf{H}_\infty^-$ 上的范数可以定义为

$$\|F\|_\infty = \sup_{\omega \in \mathbf{R}} \bar{\sigma}[F(j\omega)] = \sup_{\mathrm{Res}<0} \bar{\sigma}(F(s)). \tag{12.10.5}$$

以后常将 $\mathbf{H}_\infty$ 中实有理函数矩阵组成的子空间记为 $\mathbf{RH}_\infty$，类似自然有 $\mathbf{RH}_\infty^-$.

定义 12.10.2 设 $G(s)$ 系一系统的传递函数矩阵，其状态空间实现为

$$\dot{x} = Ax + Bu, \quad y = Cx + Du, \tag{12.10.6}$$

其中 A, B, C, D 均实矩阵，即有

$$G(s) = C(sI - A)^{-1}B + D,$$

称 $G^\frown(s)$ 为 G 的共轭系统，系指

$$G^\frown(s) = G^T(-s) = -B^T(sI + A^T)^{-1} + D^T.$$

容易验证有 $G^H(j\omega) := [G(j\omega)]^H = G^\frown(j\omega)$.

在实数方阵中正交矩阵有两点优越性. 一是作为线性变换具有保长度的特征，二是在计算过程中由于其条件数为 1 达到最小而使误差传递也达到最低，成为一种很好的工具. 如果将实方阵变为复数方阵，则酉矩阵具有与正交矩阵完全类似的优点. 对于有理函数组成的方阵，则类似于数字矩阵中酉矩阵是全通矩阵. 酉矩阵的特质主要来自等式 $U^H U = U U^H = I$，而在有理函数矩阵中没有这么简单. 在控制理论中由于所有的物理部件的参数都是实的，因而我们将立足在实系数有理函数矩阵. 由于讨论的问题常在 $\mathbf{L}_\infty$ 空间，于是更有兴趣的是 $G(j\omega)$，即实有理函数矩阵 $G(s)$ 中的 s 以 $j\omega$ 代之. 注意到 $G^H(j\omega) = G^T(-j\omega)$，因而正如前面提到的 $G(s)$ 的复共轭矩阵就自然定义成 $G^\frown(s) = G^T(-s)$，其中 $G(\cdot)$ 是实有理矩阵.

如果将 $G(s)$ 本身进行扩展成复系数矩阵，则可将 $G(s)$ 的共轭矩阵定义为

$$G^\frown(s) = -B^H(sI + A^H)^{-1}C^H + D^H,$$

其中 $G(s) = C[sI - A]^{-1}B + D$.

定义 12.10.3 对 $G(s)$ 若有

$$G(s)G^\frown(s) = I, \tag{12.10.7}$$

则称其为全通矩阵.

下面先以复传递函数矩阵形式给出一个与全通有关的结论.

定理 12.10.1　给定 $A \in \mathbf{C}^{n \times n}$, $B \in \mathbf{C}^{n \times m}$, $C \in \mathbf{C}^{m \times n}$, 设 (A, B) 可控, (A, C) 可观, 则下述两提法等价:

(a) 存在 D 使 $GG^{\frown} = \sigma^2 I$, 其中 $G(s) = C[sI - A]^{-1}B + D$.

(b) 由 (A, B) 与 (A, C) 确定的两个 Lyapunov 方程

$$AP + PA^H + BB^H = 0, \tag{12.10.8}$$

$$A^H Q + QA + C^H C = 0, \tag{12.10.9}$$

的解 $P = P^H$, $Q = Q^H$, 有

$$PQ = \sigma^2 I. \tag{12.10.10}$$

证明　如果我们以 $\tilde{B} = B/\sqrt{\sigma}$, $\tilde{C} = C/\sqrt{\sigma}$, $\tilde{P} = P/\sigma$, $\tilde{Q} = Q/\sigma$ 代替原命题中的 B, C, P, Q, 则对应问题中 $\tilde{\sigma}$ 将取值 1. 因此不失一般性可设 $\sigma = 1$.

$(a) \Rightarrow (b)$. 由于 $G(s)G^{\frown}(s) = I$, 则 $G^{\frown}(s) = [G(s)]^{-1}$. 考虑到 $G(s) = D + C[sI - A]^{-1} + B$, 则 $G(\infty) = D$. 由此可知从 $G(s)G^{\frown}(s) = I$ 就有 $G(\infty)G^{\frown}(\infty) = I$, 即 $DD^H = I$.

从 $G(s)$ 的表达式立即可知 $G^{-1}(s) = D^{-1} - D^{-1}C[sI - A + BD^{-1}C]^{-1}BD^{-1}$, 但 $G^{\frown}(s) = G^{-1}(s)$, 又知其另一表达式为 $G^{\frown}(s) = D^H - B^H[sI + A^H]^{-1}C^H$, 因而可通过状态之间的线性变换联系这同一系统的两种表述, 即存在 $T \in \mathbf{C}^{n \times n}$ 可逆, 使有 (下面 D^{-1} 均用 D^H 代替)

$$-A^H = T(A - BD^H C)T^{-1}, \tag{12.10.11}$$

$$C^H = TBD^H, \tag{12.10.12}$$

$$B^H = D^H C T^{-1}. \tag{12.10.13}$$

由上面三式, 利用 T 与 D 的可逆进行矩阵运算即可有

$$\text{由式 } (12.10.12) \Rightarrow B^H = D^H C(T^H)^{-1}, \tag{12.10.14}$$

$$\text{由式 } (12.10.13) \Rightarrow C^H = T^H B D^H. \tag{12.10.15}$$

$$\text{由式 } (12.10.11) \Rightarrow -A^H = -C^H D B^H + T^H A T^{-H}$$
$$= T^H[A - T^{-H}C^H D B^H T^H]T^{-H} \tag{12.10.16}$$
$$= T^H[A - BD^H C]T^{-H}.$$

由于式 $(12.10.11) \sim$ 式 $(12.10.13)$ 和式 $(12.10.14) \sim$ 式 $(12.10.16)$ 是同一系统相同的两个最小实现, 它们可以经状态空间的相似变换互相联系起来. 由变换的唯一性则 $T = T^H$.

由上述结果若令 $Q = -T$, $P = -T^{-1}$, 则易于验证它们满足两个 Lyapunov 方程 (12.10.8) 与 (12.10.9) 和另一等式 (12.10.10), 即 $(a) \Rightarrow (b)$ 成立.

$(b) \Rightarrow (a)$. 由于 (b) 的叙述中不含 D, 因此首先应构造出 D.

利用 Lyapunov 方程 (12.10.8) 和 $QP = I$, 则有

$$QA + A^H Q + QBB^H Q = 0.$$

由此从式 (12.10.9) 立即可知

$$QBB^H Q = C^H C.$$

这是同一半正定矩阵按同样规模进行的分解. 利用引理 13.12.1（该引理具有更广的形式, 这里仅是其特例）可知存在酉矩阵, 记其为 D, 有 $DD^H = D^H D = I$ 使

$$DB^H Q = -C. \tag{12.10.17}$$

于是就有

$$DB^H = -CP. \tag{12.10.18}$$

进而有

$$BB^H = (sI - A)P + P(-sI - A^H).$$

从而得到

$$C[sI - A]^{-1} BB^H [-sI - A^H]^{-1} C^H$$
$$= CP[-sI - A^H]^{-1} C^H + C[sI - A]^{-1} PC^H$$
$$= -DB^H[-sI - A^H]^{-1} C^H - C[sI - A]^{-1} BD^H.$$

由此若展开 $G(s)G^\sim(s)$, 其中 D 是满足 (12.10.17) 的酉矩阵. 则可知 $G(s)G^\sim(s) = I$, 即由 (b) 推知 (a).   ■

推论 12.10.1   若定理 12.10.1 的 (b) 已成立, 则存在酉矩阵 D 使

$$D^H C + B^H Q = 0,$$
$$DB^H + CP = 0.$$

证明   利用式 (12.10.17) 与式 (12.10.18) 即可证得.   ■

在线性控制系统中, 人们常用分区的矩阵描述

$$\left[\begin{array}{c|c} A & B \\ \hline C & D \end{array} \right] \tag{12.10.19}$$

来表示常系数线性系统

$$\dot{x} = Ax + Bu, \quad y = Cx + Du. \tag{12.10.20}$$

我们在以后当系统表述过程较复杂时, 也将采用这种描述.

在回路控制系统中有一个比较直观且用起来顺手的结果, 那就是小增益定理. 它既可以用来对具不确定性系统的鲁棒稳定的研究, 也可以直接用来判断回路系统的稳定性. 为此, 首先我们引进系统内稳定的概念.

图 12.1 是一个控制系统的方框图, 其中 ω_1, ω_2 视为输入, e_1, e_2 视为输出. 称该系统是内稳定, 系指由输入 ω_i 至输出 $e_i, i \in \underline{2}$ 的四个回路系统均为稳定. 这种看法的成立依据的根据是系统是定常线性系统满足叠加原理. 在不同场合该图有不同含义. 如果 G_1 看成受控对象, 则 G_2 可以理解为控制器, 此时讨论控制器设计问题. 当 G_1 视为稳定的系统时, G_2 也可视为系统的不确定性, 此时将讨论鲁棒稳定性问题.

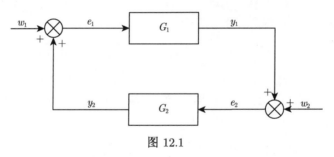

图 12.1

对于系统的传递函数矩阵 $G(s)$, 由于任何实现系统的元部件都是由实际的物理部件构成, 而物理部件构成的系统的传递函数或传递函数矩阵总有 $\lim\limits_{s \to \infty} G(s)$ 存在. 因此人们总将这一性质称为物理可实现的或正则的. 对图 12.1 所示系统中 G_1 与 G_2 在讨论时均假设是正则的, 以后将不再说明.

定义 12.10.4　若一反馈系统其所有闭回路系统均可确定, 且传递函数矩阵均正则, 则称该系统是适定的.

引理 12.10.1　图 12.1 所示系统是适定的, 当且仅当

$$I - G_1(\infty)G_2(\infty) \tag{12.10.21}$$

是可逆的.

证明　利用图 12.1, 可以写成输入 (ω_1, ω_2) 至输出 (e_1, e_2) 的方程. 而 (e_1, e_2) 可由 (ω_1, ω_2) 唯一确定取决于 $[I - G_1(s)G_2(s)]$ 可逆且其逆正则. 由于 $[I - G_1(s)G_2(s)]$ 是有理函数矩阵, 除少数零点外其逆在复平面上确定. 若其逆在无穷远点存在零点,

则其逆在无穷远点就存在极点. 因而在闭复平面无法正则. 于是 $[I - G_1(s)G_2(s)]^{-1}$ 正则当且仅当式 (12.10.21) 可逆.   ■

如果我们将图 12.1 系统的状态方程写出来, 它应为

$$
\begin{cases}
\dot{x}_1 = A_1 x_1 + B_1 e_1, \\
e_2 = C_1 x_1 + D_1 e_1, \\
\dot{x}_2 = A_2 x_2 + B_2 e_2, \\
e_1 = C_2 x_2 + D_2 e_2,
\end{cases}
\tag{12.10.22}
$$

上述四个方程可以消去中间变量 e_1, e_2 建立 x_1, x_2 的微分方程, 它是

$$
\begin{bmatrix} \dot{x}_1 \\ \dot{x}_2 \end{bmatrix} = \tilde{A} \begin{bmatrix} x_1 \\ x_2 \end{bmatrix},
\tag{12.10.23}
$$

其中

$$
\tilde{A} = \begin{bmatrix} A_1 & 0 \\ 0 & A_2 \end{bmatrix} + \begin{bmatrix} B_1 & 0 \\ 0 & B_2 \end{bmatrix} \begin{bmatrix} I & -D_2 \\ -D_1 & I \end{bmatrix} \begin{bmatrix} 0 & C_2 \\ C_1 & 0 \end{bmatrix}.
\tag{12.10.24}
$$

注记 12.10.1 在引入下述引理之前我们指出系统可检测性概念实际上是系统可镇定性的对偶概念, 即若 (A, C) 是可检测的, 即指 (A^T, C^T) 是可镇定的.

引理 12.10.2 图 12.1 所示系统若 G_1, G_2 对应的实现 $\left[\begin{array}{c|c} A_1 & B_1 \\ \hline C_1 & D_1 \end{array} \right]$ 与 $\left[\begin{array}{c|c} A_2 & B_2 \\ \hline C_2 & D_2 \end{array} \right]$ 已是可镇定与可检测, 则系统内稳定当且仅当 $\tilde{A}$ 是 Hurwtiz 稳定的.

证明 由于 $G_1(s)$ 与 $G_2(s)$ 的实现已假定是可镇定与可检测的, 因此任何这样的实现将不可能引起外加的不稳定极点 (由于可镇定可检测比可控可观测的要求低, 因而实现未必是最小的), 由此只要求闭环状态矩阵 $\tilde{A}$, 如果它是 Hurwitz 的则代表系统内稳定.   ■

如果用传递函数矩阵来描述图 12.1 的系统, 以 ω_1, ω_2 为输入以 e_1, e_2 为输出, 则

$$
\begin{bmatrix} I & -G_2 \\ -G_1 & I \end{bmatrix} \begin{bmatrix} e_1 \\ e_2 \end{bmatrix} = \begin{bmatrix} \omega_1 \\ \omega_2 \end{bmatrix}.
\tag{12.10.25}
$$

下述引理给出系统内稳定与其状态空间实现矩阵之间的关系.

引理 12.10.3 图 12.1 所示系统内稳定当且仅当有

$$
\Phi = \begin{bmatrix} I & -G_2 \\ -G_1 & I \end{bmatrix}^{-1} \in \mathbf{RH}_\infty.
\tag{12.10.26}
$$

证明　利用分块矩阵求逆的过程可以求得

$$\Phi = \begin{bmatrix} (I-G_2G_1)^{-1} & G_2(I-G_1G_2)^{-1} \\ G_1(I-G_2G_1)^{-1} & (I-G_1G_2)^{-1} \end{bmatrix}$$
$$= \begin{bmatrix} I+G_2(I-G_1G_2)^{-1}G_1 & G_2(I-G_1G_2)^{-1} \\ (I-G_1G_2)^{-1}G_1 & (I-G_1G_2)^{-1} \end{bmatrix}. \tag{12.10.27}$$

这一表达式使 Φ 具有一个公共的逆矩阵表达.

如果以 y_1, y_2 分别表达 G_1, G_2 的输出, 则有

$$\begin{bmatrix} y_1 \\ y_2 \end{bmatrix} = \begin{bmatrix} C_1 & 0 \\ 0 & C_2 \end{bmatrix} \begin{bmatrix} x_1 \\ x_2 \end{bmatrix} + \begin{bmatrix} D_1 & 0 \\ 0 & D_2 \end{bmatrix} \begin{bmatrix} e_1 \\ e_2 \end{bmatrix}. \tag{12.10.28}$$

由系统的框图可知描述 G_1 与 G_2 的方程联立起来写则为

$$\begin{bmatrix} \dot{x}_1 \\ \dot{x}_2 \end{bmatrix} = \begin{bmatrix} A_1 & 0 \\ 0 & A_2 \end{bmatrix} \begin{bmatrix} x_1 \\ x_2 \end{bmatrix} + \begin{bmatrix} B_1 & 0 \\ 0 & B_2 \end{bmatrix} \begin{bmatrix} e_1 \\ e_2 \end{bmatrix}, \tag{12.10.29}$$

$$\begin{bmatrix} e_1 \\ e_2 \end{bmatrix} = \begin{bmatrix} \omega_1 \\ \omega_2 \end{bmatrix} + \begin{bmatrix} y_2 \\ y_1 \end{bmatrix} = \begin{bmatrix} \omega_1 \\ \omega_2 \end{bmatrix} + \begin{bmatrix} 0 & I \\ I & 0 \end{bmatrix} \begin{bmatrix} y_1 \\ y_2 \end{bmatrix}. \tag{12.10.30}$$

这样就有

$$\begin{bmatrix} I & -D_2 \\ -D_1 & I \end{bmatrix} \begin{bmatrix} e_1 \\ e_2 \end{bmatrix} = \begin{bmatrix} 0 & C_2 \\ C_1 & 0 \end{bmatrix} \begin{bmatrix} x_1 \\ x_2 \end{bmatrix} + \begin{bmatrix} \omega_1 \\ \omega_2 \end{bmatrix}. \tag{12.10.31}$$

由于系统是适定的, 则可知上式可确定唯一的 $\begin{bmatrix} e_1 \\ e_2 \end{bmatrix}$, 因而其系数矩阵可逆, 或等价地有 $I - D_1D_2 = I - G_1(\infty)G_2(\infty)$ 是可逆的. 又由于式 (12.10.24) 所示的矩阵 $\tilde{A}$ 有 $\mathbf{\Lambda}(\tilde{A}) \subset \mathring{\mathbf{C}}_-$, 于是就有 $\Phi \in \mathbf{RH}_\infty$.

反之, 若已有 $\Phi \in \mathbf{RH}_\infty$, 则 $(I-G_1G_2)$ 可逆且 $(I-G_1G_2)^{-1}$ 是正则的. 由此 $(I-D_1D_2)$ 可逆, 则

$$\tilde{D} = \begin{bmatrix} I & -D_2 \\ -D_1 & I \end{bmatrix} \tag{12.10.32}$$

必非奇异. 经过适当推导可以得到由 $\begin{bmatrix} \omega_1 \\ \omega_2 \end{bmatrix}$ 到 $\begin{bmatrix} e_1 \\ e_2 \end{bmatrix}$ 的传递函数矩阵为

$$\tilde{D}^{-1} \left\{ \tilde{D} + \begin{bmatrix} 0 & C_2 \\ C_1 & 0 \end{bmatrix} (sI-\tilde{A})^{-1} \begin{bmatrix} B_1 & 0 \\ 0 & B_2 \end{bmatrix} \right\} \tilde{D}^{-1}.$$

由于这一传递函数矩阵是 $\mathbf{RH}_\infty$ 的, 于是可知

$$\begin{bmatrix} 0 & C_2 \\ C_1 & 0 \end{bmatrix} (sI-\tilde{A})^{-1} \begin{bmatrix} B_1 & 0 \\ 0 & B_2 \end{bmatrix} \in \mathbf{RH}_\infty. \tag{12.10.33}$$

但由于 (A_1, B_1, C_1) 与 (A_2, B_2, C_2) 都是可镇定且可检测的实现, 由此可以证明对应式 (12.10.33) 的实现

$$\left(\tilde{A}, \begin{pmatrix} B_1 & 0 \\ 0 & B_2 \end{pmatrix}, \begin{pmatrix} 0 & C_2 \\ C_1 & 0 \end{pmatrix} \right)$$

也是可镇定可检测的. 由此从式 (12.10.33) 就能断定

$$\mathbf{\Lambda}(\tilde{A}) \subset \mathring{\mathbf{C}}_-.$$

∎

利用上述定理可以很容易证明下述推论 (留作练习).

推论 12.10.2 设 $G_2 \in \mathbf{RH}_\infty$, 则由图 12.1 所示系统是内稳定当且仅当它是适定的且 $G_1(I - G_2 G_1)^{-1} \in \mathbf{RH}_\infty$.

对称地有:

推论 12.10.2′ 设 $G_1 \in \mathbf{RH}_\infty$, 则由图 12.1 所示系统是内稳定当且仅当它是适定的且 $G_2(I - G_1 G_2)^{-1} \in \mathbf{RH}_\infty$.

推论 12.10.3 设 $G_i \in \mathbf{RH}_\infty, i = 1, 2$, 则由图 12.1 所示系统是内稳定当且仅当它是适定的且 $(I - G_1 G_2)^{-1} \in \mathbf{RH}_\infty$.

参考文献: [ZDG1996], [Fra1987], [Hua2003].

12.11 谱 分 解

早在 Wiener 讨论滤波与预报问题时, 人们对有理谱就采用分解的方法, 利用积分变换将随机过程这一时域表述的问题转化为频域语言. 后来大量控制系统的讨论总是既在时域又在频域进行, 而且对打通之间的联系十分有用. 但系统的复杂已远非 Wiener 当初只讨论有理谱时用单个有理函数刻画而是即使还是线性系统也是扩展为用有理函数矩阵刻画. 问题在于对于复杂的有理函数矩阵是否仍然存在对应的分解和什么样的有理函数矩阵才存在这样的分解是大家所关注的. 在人们回答了这一问题以后, 整个发展过程表明这种分解及其与状态空间实现之间的联系对于线性系统理论来说有着重要的作用.

定义 12.11.1 $Y(s) \in \mathbf{R}(s)^{n \times n}$, 称其为仿 Hermite 矩阵, 系指有

$$Y^\sim(s) := Y^T(-s) = Y(s), \tag{12.11.1}$$

而 $V(s) \in \mathbf{R}(s)^{m \times n}$ 称为是仿酉的, 系指有

$$V^\sim(s)V(s) = I_n, \quad m \geqslant n,$$

或

$$V(s)V^{\sim}(s) = I_m, \quad n \geqslant m.$$

若 $n = m$, 则 $V^{\sim}(s)$ 是 $V(s)$ 的逆矩阵, 即为全通矩阵. 这里实仿 Hermite 矩阵有时也称平行 Hermite 矩阵.

考虑到 $V^{\sim}(s) = V^T(-s)$, 则 $V^{\sim}(j\omega) = V^T(-j\omega) = V^H(j\omega)$. 因而这样的有理函数矩阵担当着类似数字矩阵中酉矩阵的作用.

定理 12.11.1　设 $Y(s) \in \mathbf{R}(s)^{n \times n}$, 有

$$Y(j\omega) = Y^H(j\omega) = Y^T(-j\omega) \geqslant 0, \quad \omega \in \mathbf{R}, \tag{12.11.2}$$

rank$[Y(s)] = r$, 则存在 $r \times n$ 实有理函数矩阵 $W(s)$, 使

$$Y(s) = W^T(-s)W(s), \tag{12.11.3}$$

并且有

1° $W(s)$ 在 $\overset{\circ}{\mathbf{C}}_+$ 解析, 且 rank$[W(s)] = r$, 进而若 $Y(s)$ 在虚轴上无极点, 则 $W(s)$ 在 $\mathbf{C}_+$ 上解析.

2° 若记在 $\overset{\circ}{\mathbf{C}}_-$ 解析的全通矩阵为 $\tilde{\mathbf{U}}$, 则若 $W(s)$ 满足式 (12.11.3), 就有 $V(s)W(s)$ 亦满足式 (12.11.3), 其中 $V(s) \in \tilde{\mathbf{U}}$.

上述定理常称为谱分解定理, 而式 (12.11.3) 称为谱分解式. 条件 (12.11.2) 实际表示 $Y(s)$ 已为仿 Hermite 矩阵.

先证明一个略简单的定理

定理 12.11.1′　若 $Y(s)$ 的条件与定理 12.11.1 相同, 但式 (12.11.2) 的 $\geqslant 0$ 不取等号. 又 $Y(s)$ 无零实部极点, 则存在 $W(s) \in \mathbf{RH}_\infty$ 具性质:

1° $W^{-1}(s) \in \mathbf{RH}_\infty$.

2° $Y(s) = W^T(-s)W(s)$. \tag{12.11.4}

在证明这个定理之前为了能对这种矩阵有比较清楚的认识, 我们先对 $n = 1$ 这一标量情形作一些叙述.

研究有理函数 $\eta(s) = \dfrac{\xi(s)}{\zeta(s)}$. 由于其为实仿 Hermite 矩阵, 则该函数必为偶函数. 又由于它是实系数有理函数, 于是该函数的零点与极点一定关于实轴与虚轴均对称. 如果它没有零实部极点, 又假定 $\zeta(s)$ 首项系数为 1, 则分母多项式必具形式

$$\zeta(s) = \prod_{i=1}^{m}(s - s_i)(s + s_i), \quad \text{Res}_i < 0$$

$$= \prod_{i=1}^{k}(s - \sigma_i)(s + \sigma_i)\prod_{j=1}^{l}(s - \tau_j)(s - \bar{\tau}_j)(s + \tau_j)(s + \bar{\tau}_j),$$

其中 $\sigma_i \in \mathbf{R}$, $\mathrm{Im}\tau_j \neq 0$. 并有

$$\zeta(j\omega)(-1)^k > 0.$$

同时我们可以将分子多项式 $\xi(s)$ 分解成

$$\xi(s) = \xi_1(s^2)\xi_2(s^2),$$

其中

$$\xi_2(s^2) = \prod_{p=1}^{t}(s - j\omega_p)(s + j\omega_p) = \prod_{p=1}^{t}(s^2 + \omega_p^2),$$

$$\xi_1(s^2) = \lambda \prod_{i=1}^{k'}(s - \sigma_i')(s + \sigma_i')\prod_{i=1}^{l'}(s - \tau_j')(s + \tau_j')(s - \bar{\tau}_j')(s + \bar{\tau}_j'),$$

式中 $\sigma_i' \in \mathbf{R}$, τ_j' 有 $\mathrm{Im}\tau_j' \neq 0$. 显然有 $\xi_1(-\omega^2)(-1)^{k'}\lambda > 0$, λ 为一实常数或 $\xi_1\left((j\omega)^2\right)$ 对 ω 将是不变号的. 但

$$\xi_2\left((j\omega)^2\right) = (-1)^t \prod_{p=1}^{t}(\omega^2 - \omega_p^2).$$

如果上式作为 ω 的多项式, 其根 $\omega = \pm\omega_p$ 为奇数次重根, 则 $\xi_2\left((j\omega)^2\right)$ 就一定在 $\omega = \omega_p$ 附近变号. 于是可知 $\omega = \pm\omega_p$ 必为偶数次重根, 即

$$\xi_2(s^2) = \prod_{p=1}^{\frac{t}{2}}(s^2 + \omega_p^2)(s^2 + \omega_p^2).$$

由此 $\xi_2\left((j\omega)^2\right) \geqslant 0$ 对 $\omega \in \mathbf{R}$ 总成立.

这样对 $\eta(s)$ 它不仅为偶函数, 而且如果还有

$$\eta(j\omega) \geqslant 0, \quad \forall \omega \in \mathbf{R},$$

则它满足 (12.11.2) 并称为谱函数且有下述特征:

1° 极点, 零点均关于实轴, 虚轴对称. 若实极点个数为 k, 实零点个数为 k', 则 $\lambda(-1)^{k+k'} > 0$, 其中约定分母为首一多项式而分子多项式首项系数为 λ. 特别当 $\lambda > 0$ 时 $(-1)^k = (-1)^{k'}$.

2° 纯虚零点应均为偶数次重根.

3° $\eta(s)$ 可以在有理函数中进行分解, 即有 $\eta(s) = \omega(-s)\omega(s)$, 其中 $\omega(s)$ 是稳定的传递函数, 而当 $\eta(s)$ 无零实部零点时, 则 $\omega(s)$ 可以是最小相位的 (即零极点皆在 $\overset{\circ}{\mathbf{C}}_-$).

下面给出定理 12.11.1' 的证明.

证明　比较复杂, 分四步证明. 由于式 (12.11.2) 不取等号则有

$$Y(j\omega) = Y^H(j\omega) = Y^T(-j\omega) > 0, \quad \omega \in \mathbf{R}. \tag{12.11.2'}$$

I. 证明存在实多项式矩阵 $T(s)$, 使

$$A(s) = T^T(-s)Y(s)T(s) \tag{12.11.5}$$

是实仿 Hermite 多项式矩阵. 由于 $Y(s) = Y^T(-s)$, 类似前面对谱函数零极点分布的分析. 考虑到 $Y(s)$ 不具零实部极点, 则可设其实极点为 $2k$ 个, 记为 $\pm\sigma_i$, $i \in \underline{k}$, $\sigma_i < 0$, 设其复极点为 $4l$ 个, 记为 $\pm\alpha_t \pm j\beta_t$, $t \in \underline{l}$. 并设 $\alpha_t < 0$, 由此令

$$\psi(s) = \prod_{i=1}^{k}(s - \sigma_i)\prod_{t=1}^{l}(s - \alpha_t - j\beta_t)(s - \alpha_t + j\beta_t).$$

显然 $\psi(s)$ 是 Hurwitz 多项式. 令 $T(s) = \psi(s)I$, 则立即可知式 (12.11.5) 确定的 $A(s)$ 为实多项式矩阵, 且具仿 Hermite 矩阵性质, 即 $A(s) = A^T(-s)$. 同时有

$$A(j\omega) = A^T(-j\omega) = T^T(-j\omega)Y(j\omega)T(j\omega) > 0, \forall \omega \in \mathbf{R}. \tag{12.11.6}$$

II. 多项式矩阵的列正则化.

定义 12.11.2　$A(s) = (\alpha_{ij}(s)) \in \mathbf{R}[s]^{n\times n}$, $A(s) = [a_1(s), a_2(s), \cdots, a_n(s)]$, 其中 $a_i(s)$ 为其第 i 个列, 它是多项式向量, δ_j 为 $a_j(s)$ 诸元中次数最高多项式之次数, 简称为 $a_j(s)$ 的列次. 显然有

$$\deg\{\det[A(s)]\} \leqslant \sum_{j=1}^{n}\delta_j \tag{12.11.7}$$

若式 (12.11.7) 为等式则 $A(s)$ 称为是列正则的.

对给定 $A(s)$, 定义其列首系数矩阵 $R = (\rho_{ij})$, ρ_{ij} 定义如下

$$\begin{cases} \rho_{ij} = \alpha_{ij}(s)\text{的首项系数}, & \deg[\alpha_{ij}(s)] = \delta_j, \\ \rho_{ij} = 0, & \deg[\alpha_{ij}(s)] < \delta_j. \end{cases} \tag{12.11.8}$$

不难证明 $A(s)$ 是列正则的当且仅当其对应的 **R** 可逆.

引理 12.11.1　若 $A(s)$ 为实仿 Hermite 非列正则多项式矩阵, 则总存在单模态多项式矩阵 $T(s)$, 使

$$C(s) = T^T(-s)A(s)T(s)$$

是列正则的.

证明 A(s) 是非列正则的, 则其对应的列首系数矩阵 R 为奇异. 于是存在 $a \neq 0$ 有 $Ra = 0$. 设 a 的非零元 α_j 中对应 δ_j 中最大值为 δ_k. 令

$$f(s) = \begin{bmatrix} s^{\delta_k - \delta_1} & 0 & \cdots & 0 \\ 0 & s^{\delta_k - \delta_2} & \cdots & 0 \\ \vdots & \vdots & & \vdots \\ 0 & 0 & \cdots & s^{\delta_k - \delta_n} \end{bmatrix} a,$$

然后构造矩阵 $T_1(s) = [e_1, \cdots, e_{k-1}, f(s), e_{k+1}, \cdots, e_n]$, 由于 $f(s)$ 的第 k 个分量为 $s^{\delta_k - \delta_k} = s^0 = 1$, 则易知 $T_1(s)$ 为单模态矩阵. 而对应 $A_1(s) = T_1^T(-s)A(s)T_1(s)$, 其第 k 列中各元素含 s^{δ_k} 的项将被消去, 其他各列元与 $A(s)$ 相同, 于是 $A_1(s)$ 的列次和将低于 $A(s)$ 的列次和, 而由于 $T_1(s)$ 是单模态的, 则 $\deg[\det A_1(s)] = \deg[\det A(s)]$.

若 $A_1(s)$ 仍为列非正则, 则重复上述步骤构造 $T_2(s)$ 并产生 $A_2(s)$, 这一步骤重复下去将保证.

1° $\deg \det A_i(s) = \deg \det A(s)$.

2° $A_i(s)$ 的列次和 $< A_{i-1}(s)$ 的列次和.

但 $A(s)$ 的列次和是一有限正数, 于是存在 m 使 $T(s) = \prod_{i=1}^m T_i(s)$, 有 $A_m(s)$ 的列次和 $= \deg[\det A_m(s)] = [\det A(s)]$, 而 $T(s)$ 为单模态矩阵. 因此 $C(s) = A_m(s)$ 满足引理要求. ∎

注记 12.11.1 上述证明过程充分考虑到 $A(s)$ 的仿 Hermite 性, 使前乘 $T^T(-s)$ 在 $A(s)$ 的行上产生完全对应的结果. 这一做法如同对对称矩阵进行消元类似.

在完成非列正则多项式矩阵经单模态矩阵可转化为列正则多项式矩阵后, 为了证明的需要再引入几个引理.

引理 12.11.2 若 $A(s)$ 为实仿 Hermite 多项式矩阵, 且

$$A(j\omega) = A^T(-j\omega) > 0, \quad \omega \in \mathbf{R}. \tag{12.11.9}$$

则:

1° $A(j\omega)$ 的对角线元皆有 $\alpha_{ii}(j\omega) > 0$, $i \in \underline{n}, \omega \in \mathbf{R}$.

2° 任何在虚轴上无极点且非奇异的有理函数矩阵 $F(s)$ 总有

$$F^T(-j\omega)A(j\omega)F(j\omega) > 0, \quad \omega \in \mathbf{R}. \tag{12.11.10}$$

引理 12.11.3 若 $A(s)$ 为实仿 Hermite 单模态多项式矩阵, 则存在单模态矩阵 $T(s)$ 使有

$$T^T(-s)A(s)T(s) = C = C^T \in \mathbf{R}^{n \times n}.$$

若 $A(s)$ 还有式 (12.11.9), 则 C 非奇异正定且可选为 I_n.

以上两引理均可直接验证.

由于列正则矩阵其列次和已与 $\det(\cdot)$ 的次数一致, 这样我们就可以从 $\det(\cdot)$ 的根出发化简, 而且可以在有限步实现 $\det A$ 为零次多项式, 即常数.

III. 实仿 Hermite 多项式矩阵的分解.

引理 12.11.4　若 $A(s)$ 为实仿 Hermite 多项式矩阵且有 (12.11.9), 设其零点为 $\sigma_1, \cdots, \sigma_m, -\sigma_1, -\sigma_2, \cdots, -\sigma_m$. 则对任何 $i \leqslant m$, 总存在单模态矩阵 $T(s)$, 使

$$C(s) = T^T(-s)A(s)T(s)$$

有一列诸元均含公因子 $(s - \sigma_i)$ (当 $\sigma_i \in \mathbf{R}$) 或 $(s - \sigma_i)(s - \bar\sigma_i)$ (当 σ_i 不是实数), 同时对应的行的诸元含公因子 $s + \sigma_i$ 或 $(s + \sigma_i)(s + \bar\sigma_i)$.

证明　由于 $C(s)$ 的一列具有公因子 $s - \sigma_i, \sigma_i \in \mathbf{R}$ 当且仅当 $C(\sigma_i)$ 的对应列为零. 如果 σ_i 是复数, 则 $C(s)$ 有一列具公因子 $s - \sigma_i$, 则由于 $C(s)$ 是实系数矩阵, 因而 $C(s)$ 的该列同样具公因子 $s - \bar\sigma_i$.

现先设 $\sigma_i \in \mathbf{R}$, 由于 $\det A(\sigma_i) = 0$, 则有 $a \in \mathbf{R}^n$ 使 $A(\sigma_i)a = 0$. 设 a 的第 l 个分量 $\alpha_l \neq 0$. 取

$$T = [e_1, \cdots, e_{l-1}, a, e_{l+1}, \cdots, e_n].$$

于是 $C(s) = T^T A(s)T$ 对应有 $C(\sigma_i)$ 的第 l 列为零, 因 $C(s) = C^T(-s)$, 即 $C^T(-\sigma_i)$ 的第 l 列为零, 或 $C(-\sigma_i)$ 的第 l 行为零.

若 $\sigma_i \notin \mathbf{R}$, 则 $A(\sigma_i)$ 与 $A(\bar\sigma_i)$ 同为奇异方阵, 存在 a 与 $\bar a$ 均非零, 使

$$A(\sigma_i)a = 0, \quad A(\bar\sigma_i)\bar a = 0.$$

以下不妨设 $a^T = [a_1^T, 1, a_2^T], a_1 \in \mathbf{C}^{l-1}$. 令

$$b = \frac{(a\bar\sigma_i - \bar a\sigma_i)}{(\bar\sigma_i - \sigma_i)}, \quad c = \frac{(\bar a - a)}{(\bar\sigma_i - \sigma_i)}.$$

则构造 $T(s) = [e_1, \cdots, e_{l-1}, b + cs, e_{l+1}, \cdots, e_n]$, 其中 $b + cs$ 的第 l 个分量是常数, 则 $T(s)$ 仍为单模态矩阵但已使 $C(s) = T^T(-s)A(s)T(s)$, 其第 l 列含公因子 $(s - \sigma_i)(s - \bar\sigma_i)$, 而其第 l 行含公因子 $(s + \sigma_i)(s + \bar\sigma_i)$.　∎

IV. 完成定理 12.11.1' 的证明.

设 $C(s)$ 的第 l 列具公因子 $\varphi(s)$, 因而其第 l 行则具公因子 $\varphi(-s)$. 于是 $C(s)$ 可写成

$$C(s) = M^T(-s)A_1(s)M(s),$$

其中 $M(s) = [e_1, e_2, \cdots, e_{l-1}, \varphi(s), e_l, e_{l+1}, \cdots, e_n]$; $A_1(s)$ 将比 $C(s)$ 少去因子 $\varphi(s)$ 与 $\varphi(-s)$, 联系到引理 12.11.4, 则有

$$A(s) = T^{-T}M^T(-s)A_1(s)M(s)T^{-1}$$
$$= N_1^T(-s)A_1(s)N_1(s).$$

重复上述做法有

$$A_1(s) = N_2^T(-s)A_2(s)N_2(s),$$

其中 $A_2(s)$ 又比 $A_1(s)$ 少去一些因子. 由此下去, 则存在 m, 使 $A_m(s)$ 是无零点的多项式阵, 因此为实仿 Hermite 单模态多项式阵, 由此有单模态矩阵 $N_{m+1}(s)$ 使

$$A_m(s) = N_{m+1}^T(-s)CN_{m+1}(s),$$

其中 $C = C^T > 0, C \in \mathbf{R}^{n \times n}$, 则可以分解 $C = BB^T$.

综上所述就有

$$A(s) = N_1(-s) \cdots N_{m+1}^T(-s)B^T B N_{m+1}(s) \cdots N_1(s)$$
$$= N^T(-s)N(s),$$

$N(s) = BN_{m+1}(s) \cdots N_2(s)N_1(s)$, 其中 $N(s)$ 的零点均在 $\overset{\circ}{\mathbf{C}}_-$.

再联系到证明过程 I, 则定理 12.11.1' 得以证明. ∎

关于上述谱分解定理的证明, 目前基本上均采用逐步化简和利用 $Y(s)$ 的仿 Hermite 特性与 $Y(j\omega)$ 的正定性来解决. 上述证明可见 [YH 1997].

注记 12.11.2 在已有定理 12.11.1' 证明的基础上可以得到定理 12.11.1 的证明, 仅需注意以下几点:

1° 上述证明过程 I 与 $Y(s)$ 的秩无关.

2° 对于 $A(s)$ 是仿 Hermite 多项式阵时, 可以寻求单模态多项式矩阵 $T(s)$ 使 $T^T(-s)A(s)T(s) = C(s)$, 其中 $C(s) = \begin{bmatrix} C_1(s) & 0 \\ 0 & 0 \end{bmatrix}$, 并且 $C(s), C_1(s)$ 均仍为仿 Hermite 多项式阵, 而且 $C_1(j\omega) = C^T(-j\omega) > 0$.

3° 对 $C_1(s)$ 重复上述定理 12.11.1' 的证明 II–IV, 使有

$$C_1(s) = W_1^T(-s)W_1(s).$$

4° 将上述合并, 即通过

$$A(s) = S^T(-s)\begin{bmatrix} W_1^T(-s)W_1(s) & 0 \\ 0 & 0 \end{bmatrix}S(s), \quad S(s) = T^{-1}(s)$$
$$= S^T(-s)\begin{bmatrix} W_1^T(-s) \\ 0 \end{bmatrix}\begin{bmatrix} W_1(s) & 0 \end{bmatrix}S(s).$$

而 $S(s) = T^{-1}(s)$ 仍为单模态多项式阵.

将上述步骤合并在一起就证明了定理 12.11.1.

参考文献: [Bar1970], [You1961], [YH1997], [And1967a].

12.12　正实矩阵与正实引理

正如在 12.10 节讨论系统适定性时一样, 我们用

$$\left[\begin{array}{c|c} A & B \\ \hline C & D \end{array}\right] \tag{12.12.1}$$

来描述系统

$$\dot{x} = Ax + Bu, \quad y = Cx + Du. \tag{12.12.2}$$

这种表示在 20 世纪末特别是对于鲁棒控制研究来说已相当普遍. 从这一节开始我们将讨论一些具相当特性的系统类. 这些系统类一般其特性是用有理函数矩阵所具性质表述的, 而这些表述却可以通过适当的矩阵方程加以等价地表达. 而后者由于现今线性代数的算法已相当发达而利于用计算机来进行分析与计算. 其实从前我们在稳定性分析中已经发现判断多项式的根是否均在开左半复数平面的系统稳定性问题也可以通过对应的 Lyapunov 方程来解决. 不过以后碰到的系统类的性质要比 Lyapunov 方程复杂得多. 下面我们以 $\mathbf{R}(s)$ 表有理函数矩阵的集合. 例如 $\mathbf{R}(s)^{m \times n}$ 表示具有 m 行 n 列的实系数有理函数矩阵的全体.

由于在实际系统的描述中, 我们总假定系统是物理可实现的. 这在有理函数矩阵上将保证有理函数矩阵是正则的, 即对 $G(s)$ 来说, 总有 $\lim_{s \to \infty} G(s)$ 极限存在, 以后将遵守这一假定.

定义 12.12.1　$G(s) \in \mathbf{R}(s)^{n \times n}$ 称为是正实的, 并记为 $G(s) \in \mathbf{PR}$, 系指

1° $G(s) = (\gamma_{ij}(s))$ 的元在 $\overset{\circ}{\mathbf{C}}_+ = \{s \mid \mathrm{Re}s > 0\}$ 解析.

2° $G(s) + G^T(\bar{s}) \geqslant 0, s \in \overset{\circ}{\mathbf{C}}_+.$ \hfill (12.12.3)

定义 12.12.1′　$G(s) \in \mathbf{R}^{n \times n}(s)$ 称为是正实的, 系指

1° $G(s)$ 在 $\overset{\circ}{\mathbf{C}}_+$ 是解析的.

2°-1. $G(j\omega) + G^T(-j\omega) \geqslant 0, \omega \in \mathbf{R}$ 且使 $G(j\omega) \neq \infty$.

2°-2. 若 ω_i 使 $G(j\omega_i) = \infty$, 则 $j\omega_i$ 只是 $G(s)$ 的一阶极点.
即 $K_i = \lim_{s \to \omega_i} (s - \omega_i)G(s)$ 存在, 且 $K_i = K_i^H \geqslant 0.$

定理 12.12.1　定义 12.12.1 与定义 12.12.1' 是等价的.

为了证明定理 12.12.1, 我们只引进而不证明复变函数论中的结果.

最大模原理: 设复变函数 $\varphi(s)$ 在区域 Ω 及其边界 Γ 上解析. Γ 系一简单闭曲线, 则

$$|\varphi(s)| \leqslant M, \quad s \in \Gamma \Rightarrow |\varphi(s)| \leqslant M, \quad s \in \Omega.$$

即解析函数的最大模恒发生在区域的边界上.

最大模原理可更准确地表述为若 $\varphi(s)$ 不是常数, 则其模在区域内任何点的值均不超过其模在边界上的最大值.

该原理的证明可以在复变函数论的教材中找到.

下面是定理 12.12.1 的证明.

证明 当: 由定义 12.12.1' 出发证明符合定义 12.12.1.

令 $\varphi(s) = x^H \left[G(s) + G^H(s) \right] x$, 其中 $x \in \mathbf{C}^n$ 是任取的.

进而, 在复平面上构造一闭曲线, 它由大半圆, 虚轴和一系列小半圆组成. 其大半圆半径 R 取得比任何虚轴上 G 的极点 $j\omega_i$ 对应的 ω_i 均大. 即 $R > \omega_i \geqslant 0, \forall i$. 在虚轴上以每个极点为中心 r 为半径的小半圆用来代替在每个极点 $j\omega_i$ 为中心的区间 $[j(\omega_i - r), j(\omega_i + r)], \forall i$, 显然由大半圆虚轴上区间 $[-jR, jR]$ 挖去一系列小区间 $[j(\omega_i - r), j(\omega_i + r)], \forall i$, 再补上一系列小半圆形成的曲线 Γ 是闭的. 当 R 充分大而 r 充分小时, Γ 所围成区域可逼近 $\overset{\circ}{\mathbf{C}}_+$.

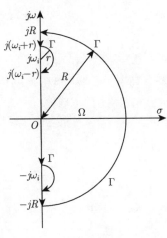

图 12.2

由 $2°$-1, $2°$-2 可知, $G(s)$ 的零实部极点应均为简单极点 (包括 0). 于是

$$G(s) = \frac{K_0}{s} + \sum_{i=1}^{m} \left(\frac{K_i}{s - j\omega} + \frac{\overline{K_i}}{s + j\omega} \right) + G_0(s),$$

其中 $G_0(s)$ 在闭右半平面 $\mathbf{C}_- = \{s \mid \mathrm{Re}\, s \geqslant 0\}$ 解析. 一般认为 $G(\infty)$ 这一常数矩阵已包括在 $G_0(s)$ 中. 由于

$$\varphi(s) = x^H \left[G(s) + G^H(s) \right] x = \varphi_1(s) + \overline{\varphi_1(s)} = 2\mathrm{Re}\varphi_1(s),$$

式中 $x^H G(s) x$ 在 $\boldsymbol{\Gamma} \cup \Omega$ 上解析. 令

$$\psi(s) = e^{-\varphi_1(s)},$$

则它也在 $\boldsymbol{\Gamma} \cup \Omega$ 上解析. 且有其复数模为

$$|\psi(s)| = \exp\left\{ -\mathrm{Re}\varphi_1(s) \right\}.$$

依据最大模原理, 其最大值应发生在 $\boldsymbol{\Gamma}$ 上, 以下对 $\boldsymbol{\Gamma}$ 分三种情形考虑:

(1) 若 $j\omega$ 不是 $G(s)$ 的极点, 由 $2° - 1$ 则 $\mathrm{Re}\varphi_1(j\omega) \geqslant 0$, 从而

$$|\psi(j\omega)| \leqslant 1. \tag{12.12.4}$$

(2) 在极点 $j\omega_i$ 附近的小半圆上, 由于半径 r 充分小, 则

$$\varphi_1(s) \approx \frac{x^H K_i x}{s - j\omega_i} = \frac{x^H K_i x}{r} e^{-j\theta}, \quad -\frac{\pi}{2} < \theta < \frac{\pi}{2}.$$

这里符号 $\approx$ 代表近似于, 于是有 $\mathrm{Re}\varphi_1(s) \geqslant 0$, 从而在每个小半圆上均有 $|\psi(s)| \leqslant 1$. 对于 0 是 $G(s)$ 的极点也同样适用.

(3) 在大半圆上, $s = Re^{j\theta}$, $-\dfrac{\pi}{2} < \theta < \dfrac{\pi}{2}$.

由于实际上此时 $\varphi(s) \approx x^H \left[G(\infty) + G^H(\infty) \right] x$ 同样有 $|\psi(s)| \leqslant 1$.

上述三种情形均表明 $|\psi(s)| \leqslant 1$ 在 $\boldsymbol{\Gamma}$ 上成立. 当 $R \to \infty$, $r \to 0$ 时, 则有

$$|\psi(s)| \leqslant 1, \quad \forall s \in \overset{\circ}{\mathbf{C}}_+,$$

或有

$$x^H \left[G(s) + G^H(s) \right] x \geqslant 0, \quad s \in \overset{\circ}{\mathbf{C}}_+.$$

由于 $x \in \mathbf{C}^n$ 是任给的, 则 $G(s) + G^H(s)$ 对 $s \in \overset{\circ}{\mathbf{C}}_+$ 半正定, 即式 (12.10.3) 成立.

仅当: 设 $j\omega_1$ 是 $G(s)$ 的一个 m 阶极点, 则在以 $j\omega_1$ 为圆心 r 为半径的小半圆上当 r 充分小时有

$$x^H G(s) x \approx x^H K_1 x r^{-m} e^{-jm\theta}, \quad -\frac{\pi}{2} < \theta < \frac{\pi}{2}.$$

由式 (12.12.3) 可知

$$0 \leqslant \mathrm{Re}\left[x^H G(s)x\right] \approx \alpha\cos m\theta + \beta\sin m\theta = \sqrt{\alpha^2 + \beta^2}\sin(m\theta + \gamma),$$

其中 $\alpha = \mathrm{Re}(x^H K_1 x r^{-m})$, $\beta = \mathrm{Im}(x^H K_1 x r^{-m})$. 如果 $m \geqslant 2$, 则 $\sin(\cdot)$ 必能取得负值. 因此 $m \leqslant 1$, 但 $j\omega_1$ 是极点, 则 $m = 1$. 又由

$$\alpha\cos\theta + \beta\sin\theta \geqslant 0, \quad -\frac{\pi}{2} < \theta < \frac{\pi}{2},$$

可知 $\alpha \geqslant 0$, $\beta = 0$, 于是有

$$\mathrm{Re}\, x^H K_1 x \geqslant 0, \quad \mathrm{Im}\, x^H K_1 x = 0,$$

即

$$x^H K_1 x \in \mathbf{R}.$$

考虑到 $x \in \mathbf{C}^n$ 是任给的, 则 $K_1 = K_1^H \geqslant 0$.

相仿可证得 $K_0 = K_0^H \geqslant 0$, 而当 $j\omega$ 不是极点时 $G(j\omega) + G^T(-j\omega) \geqslant 0$ 是显然的. ∎

定义 12.12.2 $G(s) \in \mathbf{R}(s)^{n \times n}$ 称为是严格正实的, 并记为 $G(s) \in \mathbf{SPR}$, 系指

1° $G(s)$ 的元在 $\mathbf{C}_+ = \{s \mid \mathrm{Re}\, s \geqslant 0\}$ 解析.

2° $G(s) + G^T(s) > 0, G(\infty) + G^T(\infty) > 0, s \in \mathbf{C}_+.$ (12.12.5)

条件 2° 等价于存在 $\epsilon > 0$ 使

$2'$ $G(s) + G^H(s) \geqslant \epsilon I, s \in \mathbf{C}_+.$ (12.12.6)

由定理 12.12.1 可以看出若 $G(s) \in \mathbf{PR}$, 则它可以分解为

$$\begin{aligned}
G(s) &= G_0(s) + G_L(s) \\
&= G_0(s) + \frac{M}{s} + \sum_i \frac{A_i s + B_i}{s^2 + \omega_i^2},
\end{aligned}$$

其中 $G_0(s)$ 是在 $\mathbf{C}_+$ 上解析的正实矩阵, M 为半正定矩阵. 而 $A_i = A_i^H = K_i + \overline{K}_i \geqslant 0$, $B_i = j\omega_i(K_i - \overline{K}_i) = -B_i^H$, 从而有

$$G_L(j\omega) + G_L^T(-j\omega) = 0, \quad \omega \in \mathbf{R}.$$

由此有

$$G(j\omega) + G^T(-j\omega) = G_0(j\omega) + G_0^T(-j\omega) \geqslant 0, \quad \omega \in \mathbf{R},$$

而且可知 $G_0(\infty) = G(\infty)$ 存在.

　　正实性与严格正实性是一类系统或一类有理函数矩阵特有的性质. 系统的表述除用有理函数矩阵表达外另一个十分有用的表达方式是状态空间形式. 下面来设法建立正实, 严格正实的状态空间形式表述时一些特有的性质, 其中关于一类仿 Hermite 矩阵的谱分解起着重要的作用. 为进一步阐述先引进几个有用的引理.

　　引理 12.12.1　若系统 $G_i(s)$ 的实现为 $\left[\begin{array}{c|c} A_i & B_i \\ \hline C_i & D_i \end{array}\right]$, 则 $G_1 + G_2$ 的实现为

$$\left[\begin{array}{cc|c} A_1 & 0 & B_1 \\ 0 & A_2 & B_2 \\ \hline C_1 & C_2 & D_1 + D_2 \end{array}\right]. \tag{12.12.7}$$

$G_2 G_1$ 的实现为

$$\left[\begin{array}{cc|c} A_1 & 0 & B_1 \\ B_2 C_1 & A_2 & B_2 D_1 \\ \hline D_2 C_1 & C_2 & D_2 D_1 \end{array}\right]. \tag{12.12.8}$$

　　证明　直接验证.　　　　　　　　　　　　　　　　　　　　■

　　引理 12.12.2　若系统 $G(s) \in \mathbf{R}^{n \times m}$, 其实现为 (A, B, C, D). 设 D 为满行秩 $(n \geqslant m)$ 或满列秩 $(m \geqslant n)$, 记 D^+ 为其右 $(n \geqslant m)$ 广义逆, 或为其左 $(m \geqslant n)$ 广义逆. 则记 $G(s)$ 的右 (左) 广义逆系统为 $G^+(s)$. 有

$$G^+ = \left[\begin{array}{c|c} A - BD^+C & -BD^+ \\ \hline D^+C & D^+ \end{array}\right].$$

　　证明　利用两系统相乘的实现公式有

$$GG^+ = \left[\begin{array}{cc|c} A & BD^+C & BD^+ \\ 0 & A-BD^+C & -BD^+ \\ \hline C & DD^+C & DD^+ \end{array}\right] = \left[\begin{array}{cc|c} A & BD^+C & BD^+ \\ 0 & A-BD^+C & -BD^+ \\ \hline C & C & I \end{array}\right].$$

然后对这一系统采用相似变换, 其对应矩阵为 $T = \left[\begin{array}{cc} I & I \\ 0 & I \end{array}\right]$, 显然 $T^{-1} = \left[\begin{array}{cc} I & -I \\ 0 & I \end{array}\right]$.

由此就有

$$GG^+ = \begin{bmatrix} A & 0 & 0 \\ 0 & A - BD^+C & -BD^+ \\ \hline C & 0 & I \end{bmatrix} = I.$$

类似可证左广义逆系统的情形. ∎

引理 12.12.3 若 $F_1 \in \mathbf{R}^{n \times n}$ 是 Lyapunov 可允的, 即

$$s_i + s_j \neq 0, \quad s_i, s_j \in \mathbf{\Lambda}(F_1). \tag{12.12.9}$$

则与矩阵 $F = \begin{bmatrix} F_1 & 0 \\ 0 & -F_1^T \end{bmatrix}$ 可交换相乘的矩阵 T 具形式 $\begin{bmatrix} T_1 & 0 \\ 0 & -T_2^T \end{bmatrix}$, 并且有

$$T_1 F_1 = F_1 T_1, T_2 F_1 = F_1 T_2. \tag{12.12.10}$$

证明 设 $T = \begin{bmatrix} T_1 & S_1 \\ S_2 & -T_2^T \end{bmatrix}$, 则 $TF = FT$ 可导出下述方程

$$S_1 F_1^T + F_1 S_1 = 0, \quad S_2 F_1 + F_1 S_2 = 0.$$

由于式 (12.10.9), 则 $S_1 = 0, S_2 = 0$, 由此式 (12.11.10) 为显然. ∎

现设 $G(s) \in \mathbf{R}(s)^{n \times n}$ 为正实矩阵, 则

$$\mathrm{G}(j\omega) + \mathrm{G}^T(-j\omega) = \mathrm{Y}(j\omega) = \mathrm{Y}^T(-j\omega) \geqslant 0 \tag{12.12.11}$$

必为仿 Hermite 矩阵.

定理 12.12.2 设 $G(s) \in \mathbf{R}(s)^{n \times n} \cap \mathbf{PR}$, 且在 $\mathbf{C}_+ = \{s \mid \mathrm{Re}s \geqslant 0\}$ 上解析, 其对应谱分解有

$$G(s) + G^T(-s) = W^\sim(s)W(s). \tag{12.12.12}$$

若 $G(s) = \begin{bmatrix} A & B \\ \hline C & D \end{bmatrix}$, 则存在 L 与 W_0 使

$$W(s) = \begin{bmatrix} A & B \\ \hline L & W_0 \end{bmatrix}. \tag{12.12.13}$$

证明 首先由谱分解定理可知 $W(s)$ 一定存在, 设其实现为 (A_1, B_1, C_1, D_1),

则

$$
W^{\sim}(s)W(s) \overset{s}{=} \left[\begin{array}{c|c} -A_1^T & -C_1^T \\ \hline B_1^T & D_1^T \end{array}\right] \left[\begin{array}{c|c} A_1 & B_1 \\ \hline C_1 & D_1 \end{array}\right] (利用式(12.12.8))
$$

$$
\overset{s}{=} \left[\begin{array}{cc|c} A_1 & 0 & B_1 \\ -C_1^T C_1 & -A_1^T & -C_1^T D_1 \\ \hline D_1^T C_1 & B_1^T & D_1^T D_1 \end{array}\right] (取 P_1 有 P_1 A_1 + A_1^T P_1 = -C_1^T C_1)
$$

$$
\overset{s}{=} \left[\begin{array}{cc|c} A_1 & 0 & B_1 \\ P_1 A_1 + A_1^T P_1 & -A_1^T & -C_1^T D_1 \\ \hline D_1^T C_1 & B_1^T & D_1^T D_1 \end{array}\right] (用 \left[\begin{array}{cc} I & 0 \\ P_1 & I \end{array}\right] 作状态的相似变换)
$$

$$
\overset{s}{=} \left[\begin{array}{cc|c} A_1 & 0 & B_1 \\ 0 & -A_1^T & -(P_1 B_1 + C_1^T D_1) \\ \hline D_1^T C_1 + B_1^T P_1 & B_1^T & D_1^T D_1 \end{array}\right], \tag{12.12.14}
$$

这里 $\underline{s}$ 只表示其两边为同一系统的不同描述.

另外已知

$$
G(s) + G^{\sim}(s) \overset{s}{=} \left[\begin{array}{cc|c} A & 0 & B \\ 0 & -A^T & -C^T \\ \hline C & B^T & D + D^T \end{array}\right]. \tag{12.12.15}
$$

而 $G(s) + G^{\sim}(s) = W^T(-s)W(s)$, 则式 (12.12.14) 与式 (12.12.15) 是同一系统的两个状态空间实现. 又 $\mathbf{\Lambda}(A) \subset \overset{\circ}{\mathbf{C}}_-$, $\mathbf{\Lambda}(A_1) \subset \overset{\circ}{\mathbf{C}}_-$, 则两系统之间有非奇异矩阵 $\left[\begin{array}{cc} T & 0 \\ 0 & T^T \end{array}\right]$ 进行相互联系 (引用引理 12.12.3), 即

$$
A = T^{-1} A_1 T, \quad B = T^{-1} B_1, \quad C = (B_1^T P_1 + D_1^T C_1)T, \quad D + D^T = D_1^T D_1. \tag{12.12.16}
$$

而由于 $D + D^T \geqslant 0$, 则 D_1 可用半正定对称矩阵分解求得. 进而令 $W_0 = D_1$, $L = C_1 T$, 显然可知 $\left[\begin{array}{c|c} A & B \\ \hline L & W_0 \end{array}\right]$ 与 $\left[\begin{array}{c|c} A_1 & B_1 \\ \hline C_1 & D_1 \end{array}\right]$ 两系统相似, 同为 $W(s)$ 的最小实现.■

利用关系式 (12.12.16) 及前述推导过程中用的 Lyapunov 方程

$$
P_1 A_1 + A_1^T P_1 = -C_1^T C_1. \tag{12.12.17}
$$

再利用前述变换 T, 则可以得出:

定理 12.12.3 若 $G(s) \in \mathbf{R}(s)^{n \times n} \cap \mathbf{PR}$, (A, B, C, D) 为其最小实现. 又 $\mathbf{\Lambda}(A) \subset \overset{\circ}{\mathbf{C}}_-$, 则总存在 $P > 0$, L 和 W_0 使有

$$
\begin{cases}
PA + A^T P = -L^T L, \\
B^T P + W_0^T L = C, \\
D + D^T = W_0^T W_0.
\end{cases}
\tag{12.12.18}
$$

而 (A, B, L, W_0) 这一最小实现对应的系统

$$
W(s) = W_0 + L(sI - A)^{-1} B
$$

与 $G(s)$ 之间满足式 (12.12.12). ■

定理 12.12.3 揭示了正实系统 $G(s)$ 在状态空间实现 (A, B, C, D) 所具有的特点. 这个特点是用 Lyapunov 方程和两个新矩阵 L 与 W_0 和原系统的实现的矩阵 (A, B, C, D) 用一组等式联系起来. 这种时域特点和正实系统原来在频域上的特征相联系对于系统分析与设计是有用的. 这种联系称为正实引理. 正实引理从提出至今已四十多年. 对于其各种不同的表达及其之间的关系至今仍有讨论. 而我们所关注的是其在代数上的特点, 也就是从一种比较好的表述出发弄清楚其性质并熟悉其数学方法的特点而不去讨论其他表述.

下面我们将正实引理的条件由 $\mathbf{\Lambda}(A) \subset \overset{\circ}{\mathbf{C}}_-$ 降为 $\mathbf{\Lambda}(A) \subset \mathbf{C}_-$, 即允许 A 有零实部特征值. 为此先引入几个引理.

引理 12.12.4 设 $G_i(s) \in \mathbf{R}(s)^{k \times l}$, $i \in \underline{p}$, (A_i, B_i, C_i) 为 $G_i(s)$ 的最小实现, 又

$$
\mathbf{\Lambda}(A_i) \cap \mathbf{\Lambda}(A_j) = \varnothing, \quad i \neq j,
\tag{12.12.19}
$$

又 $P_i = P_i^T \in \mathbf{R}^{\sigma_i \times \sigma_i}$ 正定且有

$$
P_i A_i + A_i^T P_i = -Q_i < 0, \quad i \in \underline{p}.
\tag{12.12.20}
$$

令

$$
\begin{cases}
A = \mathrm{diag}[A_1, A_2, \cdots, A_p], \quad P = \mathrm{diag}[P_1, P_2, \cdots, P_p] \\
Q = \mathrm{diag}[Q_1, Q_2, \cdots, Q_p] \\
B^T = [B_1^T, B_2^T, \cdots, B_p^T], \quad C = [C_1, C_2, \cdots, C_p]
\end{cases}
\tag{12.12.21}
$$

则 (A, B, C) 为 $\sum_{i=1}^{p} G_i(s)$ 的最小实现, 且

$$
PA + A^T P = -Q.
\tag{12.12.22}
$$

证明 验证一下 (A, B) 可控与 (A, C) 可观, 其他为显然. ■

引理 12.12.5　设 $G(s) \in \mathbf{R}(s)^{n \times n} \cap \mathbf{PR}$ 且只具零实部极点, 又 $G(\infty) = 0$, 若 (F, G, H) 为其最小实现, 则存在对称正定矩阵 $P = P^T > 0$ 且有

$$\begin{cases} PF + F^T P = 0, \\ H^T = PG. \end{cases} \tag{12.12.23}$$

证明　由于 $G(s)$ 仅具零实部极点且 $G(\infty) = 0$, 则 $G(s) \in \mathbf{PR}$ 当且仅当

$$G(s) = \frac{L_0}{s} + \sum_{i=1}^{p} \left(\frac{K_i}{s - j\omega_i} + \frac{\overline{K}_i}{s + j\omega_i} \right), \tag{12.12.24}$$

且 L_0, K_i 均为半正定 Hermite 矩阵. 由于在上式中已约定 $\omega_i \neq \omega_k, \forall i \neq k$. 则利用引理 12.12.3, 我们仅需分别证明对 $\dfrac{L_0}{s}$ 与 $\left(\dfrac{K}{s - j\omega} + \dfrac{\overline{K}}{s + j\omega} \right)$ 形的系统本引理成立, 然后进行简单集成即可.

另外, 如果对系统进行状态空间的相似变换 $F = T^{-1} F_1 T$, 则对应实现 (F, G, H) 就变为 $(F_1 = TFT^{-1}, G_1 = TG, H_1 = HT^{-1})$. 容易验证此时取 $P_1 = T^{-T} PT^{-1} = P_1^T > 0$, 可以有 P_1, F_1, G_1, H_1 同样满足式 (12.12.23). 由此本引理成立仅需分别对 $\dfrac{L_0}{s}$ 与 $\left(\dfrac{K}{s - j\omega} + \dfrac{\overline{K}}{s + j\omega} \right)$ 特定实现证明式 (12.12.23) 成立即可.

(I) $\dfrac{L_0}{s}$, $L_0 + L_0^T \geqslant 0$.

对 L_0 进行并矢分解 $L_0 = \sum_{i=1}^{\delta} u_i u_i^T$, 则令 $F_0 = 0$, $H_0 = G_0^T = [u_1, u_2, \cdots, u_s]$, $P_0 = I$. 显然就有式 (12.12.23).

(II) $\dfrac{K}{s - j\omega} + \dfrac{\overline{K}}{s + j\omega}$, $K = K^H \geqslant 0$, $\omega \in \mathbf{R}$.

将 K 进行并矢分解 $K = \sum b_i b_i^H$, 从而问题可归结为对

$$N(s) = \frac{bb^H}{s - j\omega} + \frac{\bar{b}b^T}{s + j\omega}$$

进行证明有 F_1, G_1, H_1, P_1 可满足式 (12.12.23) 且 $N(s) = H_1(sI - F_1)^{-1} G_1$.

为此令

$$F_1 = \begin{bmatrix} 0 & -\omega \\ \omega & 0 \end{bmatrix}, \quad H_1 = G_1^T = \begin{bmatrix} \dfrac{x^T + \bar{x}^T}{\sqrt{2}} \\ \dfrac{\bar{x}^T - x^T}{\sqrt{2}} \end{bmatrix}, \quad P_1 = I,$$

即可符合要求.

又由式 (12.12.23), 由 $P = I$, 则可以证明 F 仅具简单零实部特征值, 而式 (12.12.23) 的第二个方程可以保证对应系统的正实性.　■

定理 12.12.4(正实引理) 设 $G(s)$ 的最小实现为 (A, B, C, D), 且 $\Lambda(A) \subset \mathbf{C}_-$ (即 $G(s)$ 在开右半平面解析), 则 $G(s) \in \mathbf{PR}$ 当且仅当存在 $P = P^T > 0$ 与适当的矩阵 W_0, L_0 满足式 (12.12.18).

证明 当: 利用式 (12.12.18) 直接验证

$$
\begin{aligned}
G^T(\bar{s}) + G(s) &= B^T(\bar{s}I - A^T)^{-1}C^T + C(sI - A)^{-1}B + D^T + D \\
&= B^T(\bar{s}I - A^T)^{-1}(PB + L^T W_0) + W_0^T W_0 \\
&\quad + (PB + L^T W_0)^T(sI - A)^{-1}B \\
&= 2\mathrm{Res}\left(B^T(\bar{s}I - A^T)^{-1}P(sI - A)^{-1}B\right) \\
&\quad + B^T(\bar{s}I - A^T)^{-1}L^T L(sI - A)^{-1}B + W_0^T W_0 \\
&\quad + B^T(\bar{s}I - A^T)^{-1}L^T W_0 + W_0^T L(sI - A)^{-1}B \\
&= 2\mathrm{Res}\left[B^T(\bar{s}I - A^T)^{-1}P(sI - A)^{-1}B\right] \\
&\quad + \left(W_0^T + B^T(\bar{s}I - A^T)^{-1}L^T\right)\left(W_0 + L(sI - A)^{-1}B\right).
\end{aligned}
$$

由此 $G^T(\bar{s}) + G(s) \geqslant 0, \forall s \in \mathbf{C}_+$, 又 $G(s)$ 在 $\overset{\circ}{\mathbf{C}}_+$ 解析, 则 $G(s) \in \mathbf{PR}$.

仅当: 设 $G(s) \in \mathbf{PR}$, 则可将其展成

$$G(s) = G_0(s) + G_1(s), \tag{12.12.25}$$

其中 $G_0(s)$ 包含全部零实部极点部分, 且 $G_0(\infty) = 0$, 而 $G_1(s)$ 则在 $\mathbf{C}_+ = \{s \mid \mathrm{Res} \geqslant 0\}$ 上解析. 显然这样的分解是唯一的. 不难证明 $G_0(s) \in \mathbf{PR}$, $G_1(s) \in \mathbf{PR}$.

对 $G_0(s)$ 利用引理 12.12.4, 则若其最小实现为 (A_0, B_0, C_0), 则存在 $P_0 = P_0^T > 0$, 有

$$P_0 A_0 + A_0^T P_0 = 0, \quad P_0 B_0 = C_0^T. \tag{12.12.26}$$

而 $G_1(s)$ 由于其已符合定理 12.12.3 的条件, 设其最小实现为 (A_1, B_1, C_1, D_1) 则有 $P_1 = P_1^T > 0$ 和适当的矩阵 L_1, W, 有

$$
\begin{aligned}
P_1 A_1 + A_1^T P_1 &= -L_1^T L_1, \\
P_1 B_1 &= C_1^T - L_1^T W_1, \\
W_1^T W_1 &= D_1^T + D_1.
\end{aligned}
$$

如果将 $G_0(s)$ 与 $G_1(s)$ 并联, 注意到 $G_0(s)$ 与 $G_1(s)$ 无公共极点, 则只需令

$$
P = \begin{bmatrix} P_0 & 0 \\ 0 & P_1 \end{bmatrix}, A = \begin{bmatrix} A_0 & 0 \\ 0 & A_1 \end{bmatrix}, B = \begin{bmatrix} B_0 \\ B_1 \end{bmatrix}, C = \begin{bmatrix} C_0 & C_1 \end{bmatrix},
$$

$$
L = \begin{bmatrix} 0 & L_1 \end{bmatrix}, W_0^T = \begin{bmatrix} 0 & W_1^T \end{bmatrix},
$$

就有式 (12.12.18).

注记 12.12.1　在上述正实引理的证明过程中, 若 (12.12.18) 已有 $P = P^T \geqslant 0$ 及 L 与 W_0 使之满足, 则前面证明的 "当" 部分依然成立, 即 $G(s) \in \mathbf{PR}$, 且可依次计算谱分解. 这些结论与系统是否最小实现以及 P 是否一定要严格正定关系不大. 以下将论证更为有用的严格正实引理.

定理 12.12.5(严格正实引理)　设 $G(s)$ 的最小实现为 (A, B, C, D), 且有 $D + D^T > 0$, $\mathbf{\Lambda}(A) \subset \overset{\circ}{\mathbf{C}}_-$, 则 $G(s) \in \mathbf{SPR}$ 当且仅当存在 $P = P^T > 0$, $Q = Q^T > 0$ 与适当的 L 与 W_0 使

$$\begin{cases} PA + A^TP = -L^TL - Q, \\ PB - C^T = -L^TW_0, \\ W_0^TW_0 = D^T + D. \end{cases} \tag{12.12.27}$$

证明　选 $W_0 = [D + D^T]^{\frac{1}{2}}$, 于是 W_0 正定.

当: 类似定理 12.12.4 的 "当" 部分证明, 但此时由于 Q 正定则 P 已正定, 再利用 (A, B, L, W_0) 为最小实现, 就可知

$$G(s) + G^T(\bar{s}) > 0, \quad s \in \mathbf{C}_+.$$

仅当: 考虑任给 $Q > 0$, 则存在唯一 $P_0^T = P_0 > 0$ 使

$$P_0A + A^TP_0 = -Q. \tag{12.12.28}$$

而且有 $\lim_{\|Q\| \to 0} \|P_0\| = 0$. 考虑替换 $P_1 = P - P_0$ 代入式 (12.12.27), 则有

$$\begin{cases} P_1A + A^TP_1 = -L^TL, \\ P_1B - (C^T - P_0B) = -L^TW_0. \end{cases} \tag{12.12.29}$$

这刚好表明 (定理 12.12.4)

$$\frac{W_0}{2} + (C^T - P_0B)^T(sI - A)^{-1}B \in \mathbf{PR}.$$

而这等价于

$$\frac{W_0}{2} + \mathrm{Re}\left[(C^T - P_0B)^T(j\omega I - A)^{-1}B\right] \geqslant 0, \quad \omega \in \mathbf{R}.$$

事实上 $G(s) \in \mathbf{SPR}$, 于是

$$\frac{W_0}{2} + \mathrm{Re}\left[C(j\omega I - A)^{-1}B\right] > 0, \quad \omega \in \mathbf{R}.$$

这表明只要 $Q > 0$ 充分小, 对应 P_0 亦充分小但正定, 从而 $P = P_1 + P_0$ 必正定. 这样 P, Q, L, W_0 与 (A, B, C, D) 将满足式 (12.12.27).　■

参考文献: [Hua2003], [And1967b], [AV1973].

12.13 小增益定理及其他

无论是讨论回路系统稳定性还是有关鲁棒稳定性的问题, 一个直观而又十分有用的结果是以通过系统中各部件增益进行判定的小增益定理. 该定理在不同场合有不同的表达方式, 以下以图 12.1 所示系统为基础进行阐述.

定理 12.13.1 (小增益定理) 设 $G_i(s) \in \mathbf{RH}_\infty, i \in \underline{2}$, 则图 12.1 系统是内稳定的充分条件是

$$\|G_1(s)G_2(s)\|_\infty < 1. \tag{12.13.1}$$

证明 由于 $G_i(s) \in \mathbf{RH}_\infty, i \in \underline{2}$, 因而 $G_1(s)G_2(s) \in \mathbf{RH}_\infty$.

利用推论 12.10.2, 则可知上述系统内稳定当且仅当 $(I - G_1G_2)^{-1} \in \mathbf{RH}_\infty$, 这表明 $(I - G_1G_2)^{-1}$ 在闭右半平面没有极点, 或等价地 $(I - G_1G_2)$ 在 $s \in \overline{\mathbf{C}}_+ = \{s \mid \mathrm{Re}(s) \geqslant 0\}$ 没有零点, 这也等价地表明 $(I - G_1G_2)$ 在 $\overline{\mathbf{C}}_+$ 的最小奇异值为正, 即有

$$\inf_{s \in \overline{\mathbf{C}}_+} \underline{\sigma}(I - G_1(s)G_2(s)) > 0, \tag{12.13.2}$$

其中 $\underline{\sigma}$ 表示对应矩阵的最小奇异值, 由于有

$$\inf_{s \in \overline{\mathbf{C}}_+} \underline{\sigma}(I - G_1(s)G_2(s)) \geqslant 1 - \sup_{s \in \overline{\mathbf{C}}_+} \overline{\sigma}(G_1(s)G_2(s)) = 1 - \|G_1(s)G_2(s)\|_\infty,$$

由此条件 (12.13.1) 保证 (12.13.2) 成立, 从而保证所示系统内稳定. ■

由此直接有下述推论.

推论 12.13.1 图 12.1 所示系统内稳定的充分条件是

$$G_i(s) \in \mathbf{RH}_\infty, \quad i \in \underline{2},$$

且 $\|G_1(s)\|_\infty \|G_2(s)\|_\infty < 1$.

对于小增益定理是否也是所对应系统内稳定的必要条件有下述结果.

定理 12.13.2 对图 12.1 所示系统, 对给定的 $G_1(s) \in \mathbf{RH}_\infty$, 总存在 $G_2(s) \in \mathbf{RH}_\infty$, 有

$$\|G_1(s)G_2(s)\|_\infty = 1 \tag{12.13.3}$$

使对应系统不是内稳定的.

证明 只需证明存在 $G_2(s)$ 使 $I - G_1(s)G_2(s)$ 在虚轴上存在零点即可. 设 ω_0 是实现 $\|G_1(s)\|_\infty = \overline{\sigma}(G_1(j\omega_0))$ 的数, 由 $\mathbf{H}_\infty$ 范数的定义, 这样的 $\omega_0 \in \mathbf{R} \cup \{\infty\}$ 是存在的. 针对 $G_1(j\omega_0)$ 进行奇异值分解, 则有 (不妨设 $G_1(j\omega_0) \in \mathbf{C}^{m \times l}$)

$$G_1(j\omega_0) = U(j\omega_0)\Sigma(j\omega_0)V(j\omega_0).$$

其中 U, V 均酉矩阵, 而 Σ 是具非负对角元的对角矩阵, 它们可以记为

$$U = (u_1, u_2, \cdots, u_m), \quad V = (v_1, v_2, \cdots, v_l),$$

$$\Sigma(j\omega_0) = \mathrm{diag}\{\sigma_1, \sigma_2, \cdots, \sigma, \cdots\}, \quad \sigma_1 = \overline{\sigma}(G_1(j\omega_0)) = \|G_1(s)\|_\infty.$$

现在令 G_2 具性质 $G_2(j\omega_0) = \dfrac{1}{\sigma_1} v_1 u_1^H$, 于是就有

$$G_1(j\omega_0)G_2(j\omega_0) = v_1 u_1^H. \tag{12.13.4}$$

而对应有

$$\det[I - G_1(j\omega_0)G_2(j\omega_0)]$$
$$= \det[I - U\Sigma V^H v_1 u_1^H / \sigma_1]$$
$$= \det[I - u_1^H U\Sigma V^H v_1 / \sigma_1]$$
$$= 0.$$

于是 $I - G_1(s)G_2(s)$ 在虚轴上有零点, 从而在右半闭平面不可逆. 由推论 12.10.3 可知所示系统不是内部稳定的.

上述证明留下的问题是如何构造 $G_2(s) \in \mathbf{RH}_\infty$ 使有式 (12.13.4).

首先当 $\omega_0 = 0$ 或 ∞. 此时对应 u_i, v_i 皆为实向量. 于是可以用 $G_2(s) = \dfrac{1}{\sigma_1} v_1 u_1^T$, 它是一实常数矩阵, 自然是 $\mathbf{RH}_\infty$ 中的元.

再考虑 $0 < \omega_0 < +\infty$, 此时 u_1, v_1 均复向量, 可以将其元用对应的复数的模与辐角表示, 即

$$u_1^H = (u_{11}e^{j\theta_1}, u_{12}e^{j\theta_2}, \cdots)^T, \quad v_1 = (v_{11}e^{j\varphi_1}, v_{12}e^{j\varphi_2}, \cdots)^T.$$

其中 u_{1i}, v_{1i} 均实数, θ_i, φ_k 均取为 $[-\pi, 0]$ 中的角度. 针对 θ_i 与 φ_k 选择非负实数 β_i 与 α_k 使

$$\angle \frac{\beta_i - j\omega_0}{\beta_i + j\omega_0} = \theta_i, \quad \angle \frac{\alpha_k - j\omega_0}{\alpha_k + j\omega_0} = \varphi_k.$$

在选定 β_i 与 α_k 后构造

$$G_2(s) = \frac{1}{\sigma_1} \begin{bmatrix} v_{11}\dfrac{\alpha_1 - s}{\alpha_1 + s} \\ \vdots \\ v_{1l}\dfrac{\alpha_l - s}{\alpha_l + s} \end{bmatrix} \left[u_{11}\frac{\beta_1 - s}{\beta_1 + s}, \cdots, u_{1m}\frac{\beta_m - s}{\beta_m + s} \right],$$

显然 $G_2(s) \in \mathbf{RH}_\infty$ 且有式 (12.13.4). 于是定理 12.13.2 得证. ■

在有了上述两定理以后就可以有鲁棒控制中的一个结果. 以下设 $G_1(s) \in \mathbf{RH}_\infty$ 已给定, 将 $G_2(s) \in \mathbf{RH}_\infty$ 作为摄动, 则有:

定理 12.13.3 对图 12.1 所示系统, 其 $G_1(s) \in \mathbf{RH}_\infty, \|G_1(s)\|_\infty = \gamma, \Omega$ 是一传递函数集合, 其定义为

$$\Omega = \{G_2(s) | \|G_2(s)\|_\infty \leqslant \mu\} \subset \mathbf{RH}_\infty. \tag{12.13.5}$$

则所示系统为对一切 $G_2(s) \in \Omega$ 是内稳定的, 当且仅当

$$\|G_1(s)G_2(s)\|_\infty \leqslant \gamma\mu < 1, \quad G_2(s) \in \Omega. \tag{12.13.6}$$

■

定义 12.13.1 $G(s) \in \mathbf{RH}_\infty$ 称为有界实, 系指存在 $\gamma > 0$ 使

$$\|G(s)\|_\infty \leqslant \gamma. \tag{12.13.7}$$

而特别当 $\gamma = 1$, 则对应系统称为压缩的. 当 $\gamma = 1$ 而 (12.13.7) 是严格不等式 $<$ 时则称为严格压缩的.

事实上由于 $G(s) \in \mathbf{RH}_\infty$ 即表明上述 γ 的存在. 人们有兴趣的是当 (12.13.7) 对 γ 成立, 其系统对应的状态空间实现会有什么样的特点.

定理 12.13.4（有界实引理） 设 $G(s)$ 的实现为 (A, B, C, D) 且 $\mathbf{\Lambda}(A) \in \overset{\circ}{\mathbf{C}}_-$, 则 $\|G(s)\|_\infty < \gamma$ 当且仅当

$1°\|D\| < \gamma$ （或等价地有 $R = \gamma^2 I - D^T D > 0$）. $\tag{12.13.8}$

$2°$ 存在 $P = P^T \geqslant 0$ 使

$$\mathbf{\Lambda}(A + BR^{-1}(D^T C + B^T P)) \subset \overset{\circ}{\mathbf{C}}_-, \tag{12.13.9}$$

$$\begin{aligned} P[A + BR^{-1}D^T C] &+ [A + BR^{-1}D^T C]^T P + PBR^{-1}B^T P \\ &+ C^T(I + DR^{-1}D^T)C = 0. \end{aligned} \tag{12.13.10}$$

证明 当（基于谱分解的证明）:

令 $Y(s) = \gamma^2 I - G^\sim(s)G(s)$, 若能证明存在 $W(s) \in \mathbf{RH}_\infty$ 且 $W^{-1}(s) \in \mathbf{RH}_\infty$, 使有 $Y(s) = W^\sim(s)W(s)$, 就有 $\|G(s)\|_\infty < \gamma$.

由 $1°$, 可知 $R = \gamma^2 I - D^T D > 0$, 于是存在 W_0 使 $W_0^T W_0 = R$, 设 $L = -(W_0^T)^{-1}[D^T C + B^T P]$, 令

$$W(s) = W_0 + L(sI - A)^{-1}B. \tag{12.13.11}$$

由此可知 $W^{-1}(s)$ 的实现为 $(A - BW_0^{-1}L, BW_0^{-1}, -W_0^{-1}L, W_0^{-1})$. 由于 $A - BW_0^{-1}L = A + BR^{-1}(D^T C + B^T P)$ 是渐近稳定的 (见式 (12.13.9)), 于是 $W^{-1}(s) \in \mathbf{RH}_\infty$, 又 $W_0^T W_0 = R > 0$, 就有

$$W^H(j\omega)W(j\omega) > 0, \quad \omega \in \mathbf{R} \cup \{\infty\}. \tag{12.13.12}$$

利用 W_0 与 L 的定义, 与式 (12.13.10), 可以验证有

$$
\begin{cases}
PA + A^T P + [C^T \quad L^T] \begin{bmatrix} C \\ L \end{bmatrix} = 0, \\[2mm]
[\gamma^{-1}D^T \quad \gamma^{-1}W_0^T] \begin{bmatrix} C \\ L \end{bmatrix} + \gamma^{-1}B^T P = 0, \\[2mm]
[\gamma^{-1}D^T \quad \gamma^{-1}W_0^T] \begin{bmatrix} \gamma^{-1}D \\ \gamma^{-1}W_0 \end{bmatrix} = I,
\end{cases}
\tag{12.13.13}
$$

进而考虑系统

$$
\begin{bmatrix} \gamma^{-1}D \\ \gamma^{-1}W_0 \end{bmatrix} + \gamma^{-1}B(sI-A)^{-1} \begin{bmatrix} C \\ L \end{bmatrix} = \gamma^{-1} \left[\begin{bmatrix} D \\ W_0 \end{bmatrix} + B(sI-A)^{-1} \begin{bmatrix} C \\ L \end{bmatrix} \right]
$$
$$
= \gamma^{-1} \begin{bmatrix} G(s) \\ W(s) \end{bmatrix},
\tag{12.13.14}
$$

并且利用定理 12.10.1(其中 $\sigma = 1$) 可知系统 (12.13.14) 有

$$
G^{\sim}(s)G(s) + W^{\sim}(s)W(s) = \gamma^2 I.
$$

由式 (12.13.12), 于是有 $\|G(s)\|_\infty < \gamma$.

仅当（基于下面两个引理的证明得到）:

引理 12.13.1 设 $G(s) = D + C(sI - A)^{-1}B$, 其中 A 不具零实部特征值, 则

$$
\sup_{w} \overline{\sigma}(G(j\omega)) < \gamma
\tag{12.13.15}
$$

当且仅当

1° $\|D\| < \gamma$(或等价地有 $R = \gamma^2 I - D^T D > 0$);

2° $\quad H = \begin{bmatrix} A & 0 \\ -C^T C & -A^T \end{bmatrix} - \begin{bmatrix} -B \\ C^T D \end{bmatrix} R^{-1} [D^T C \quad B^T]$

$\qquad\quad = \begin{bmatrix} A + BR^{-1}D^T C & BR^{-1}B^T \\ -C^T C - C^T D R^{-1}D^T C & -A^T - C^T D R^{-1}B^T \end{bmatrix}$

$\tag{12.13.16}$

不具零实部特征值.

证明 由式 (12.13.15) 推知 1° 是显然的, 而由 1° 的成立可知:

$\lim\limits_{\omega \to \infty} \overline{\sigma}(G(j\omega)) = \overline{\sigma}(G(j\infty)) = \|D\| < \gamma$, 于是就有式 (12.13.15) 成立.

当且仅当 $\gamma^2 I - G^{\sim}(j\omega)G(j\omega) > 0$, $\forall \omega \in \mathbf{R} \cup \{\infty\}$

当且仅当 $\det[\gamma^2 I - G^{\sim}(j\omega)G(j\omega)] \neq 0$, $\forall \omega \in \mathbf{R} \cup \{\infty\}$.

这最后一个条件在已有 1° 成立的前提下, 考虑系统

$$
\gamma^2 - G^{\sim}(s)G(s) = \left[\begin{array}{cc|c} A & 0 & -B \\ -C^T C & A^T & C^T D \\ \hline D^T C & B^T & \gamma^2 I - D^T D \end{array} \right].
\tag{12.13.17}
$$

以及 A 不具零实部特征值, 可知系统 (12.13.17) 将不存在零实部的不可控或不可观的特征值. 由于任何反馈不改变系统 (12.13.17) 的可镇定性, 注意到 (12.13.16) 可以理解为是系统 (12.13.17) 经反馈闭环后的状态矩阵. 由此 A 不具零实部特征值当且仅当 (12.13.16) 定义的 H 不具零实部特征值.　　■

引理 12.13.2　设 $\mathbf{\Lambda}(A) \in \overset{\circ}{\mathbf{C}}_-, \|D\| < \gamma$, 则由 (12.13.16) 定义的 H 无零实部特征值当且仅当存在 $P = P^T \geqslant 0$ 满足定理 12.13.4 的条件 2°.

证明　当: 从下述对 H 的相似变换可知

$$\begin{bmatrix} I & 0 \\ -P & I \end{bmatrix} H \begin{bmatrix} I & 0 \\ P & I \end{bmatrix} = \begin{bmatrix} \hat{A} & BR^{-1}B^T \\ 0 & -\hat{A} \end{bmatrix}.$$

其中 $\hat{A} = A + BR^{-1}(D^TC + B^TP)$ 且 $\mathbf{\Lambda}(\hat{A}) \in \overset{\circ}{\mathbf{C}}_-$ (由于定理 12.13.4 的条件 2° 成立), 于是 H 无零实部特征值.

仅当: 已知 H 无零实部特征值, 由于 H 是 Hamilton 矩阵, 它必有 n 个具负实部的特征值, 于是有 X_1 可逆及 X_2 使

$$H \begin{bmatrix} X_1 \\ X_2 \end{bmatrix} = \begin{bmatrix} X_1 \\ X_2 \end{bmatrix} \Lambda, \quad \mathbf{\Lambda}(\Lambda) \in \overset{\circ}{\mathbf{C}}_-.$$

取 $P = X_2 X_1^{-1}$, 利用第 13 章 Riccati 方程与对应 Hamilton 矩阵之间的关系, 可知 P 将满足定理 12.13.4 的条件 2°.　　■

上述两个引理一起实际证明了定理 12.13.4 的仅当部分.　　■

推论 12.13.2　若 $G(s) \in \mathbf{RH}_\infty$, 则 $G(s)$ 是严格压缩的, 即

$$\|G\|_\infty < 1$$

当且仅当

1° $\|D\| < 1$.

2° 存在 $P = P^T \geqslant 0$ 使 (12.13.9) 与 (12.13.10) 成立.

证明　定理 12.13.4 中 γ 取为 1.　　■

注记 12.13.1　在上述定理中若有 (A, C) 可观测, 则 $P = P^T > 0$.

回顾在第四章关于复向量的内积, 如果要求内积能具有 Schwartz 不等式, 则另一个合适的选项是

$$\langle x, y \rangle = \operatorname{Re}(x^H y) = \frac{1}{2} \left[x^H y + y^H x \right], \quad x, y \in \mathbf{C}^n. \tag{12.13.18}$$

如果考虑一系统 $G(s) \in \mathbf{R}^{n \times n}(s)$, x 为其输入, y 为其输出, 则

$$\begin{aligned} \langle x, y \rangle &= \operatorname{Re} \left\{ x^H G(j\omega) x \right\} = \frac{1}{2} \left[x^H G(j\omega) x + x^H G^T(-j\omega) x \right] \\ &= x^H \left\{ \frac{1}{2} \left(G(j\omega) + G^T(-j\omega) \right) \right\} x. \end{aligned}$$

由此系统的严格正实, 实际上表示其等价条件为存在 $\varepsilon > 0$ 使

$$\langle x, G(s)x \rangle > \varepsilon x^H x, \quad G(s) \in \mathbf{RH}_\infty.$$

这里要指出的是由式 (12.13.16) 所定义的 "内积" 只在目前使用, 它没有任何关于内积为零即表示正交的意思.

引理 12.13.3   若 $S \in \mathbf{RH}_\infty$ 且

$$\|S\| < 1,$$

则 $P = (I - S)(I + S)^{-1} \in \mathbf{RH}_\infty \cap \mathbf{SPR}$.

证明   由于 $\|S\|_\infty < 1$, 则 $\det(I + S) \neq 0$, $\forall s \in \mathbf{C}_+$, 即 $(I + S)^{-1}$ 在 $\mathbf{C}_+$ 无极点. 由此 $P \in \mathbf{RH}_\infty$.

由于 $(I + S)^{-1} = I - (I + S)^{-1}S$, 则有

$$\|(I + S)^{-1}\|_\infty \leqslant \frac{1 + \|S\|_\infty}{1 - \|S\|_\infty} < +\infty.$$

考虑图 12.3 所示系统, 则有

$$y = (I - S)(I + S)^{-1}x.$$

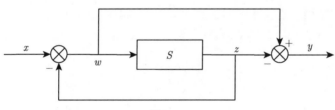

图 12.3

考虑任意输入 x 及对应输出 y, 则

$$
\begin{aligned}
\langle y, x \rangle &= \langle w - z, w + z \rangle = \langle w, w \rangle - \langle z, z \rangle \\
&= \|w\|^2 - \|z\|^2 \geqslant \left[1 - \|S\|_\infty^2\right] \|w\|^2 \geqslant \left(\frac{1 - \|S\|_\infty}{1 + \|S\|_\infty}\right) \|x\|^2.
\end{aligned}
\tag{12.13.19}
$$

于是可知 $P \in \mathbf{SPR}$.

在得到式 (12.13.19) 的过程中我们用到 $x = (I + S)w$ 或 $w = (I + S)^{-1}x$.   ∎

引理 12.13.4   若 $S \in \mathbf{RH}_\infty \cap \mathbf{SPR}$, 则

$$P = (I - S)(I + S)^{-1},$$

有 $P \in \mathbf{RH}_\infty$, 且 $\|P\|_\infty < 1$.

证明　由于 $S \in \mathbf{SPR}$, 则同样 $\det(I + S) \neq 0$, $\forall s \in \mathbf{C}_+$, 于是 $P \in \mathbf{RH}_\infty$, 进而有

$$
\begin{aligned}
\|y\|^2 &= \langle w - z, w - z \rangle \\
&= \|w\|^2 + \|z\|^2 - 2\langle z, w \rangle \\
&= \langle w + z, w + z \rangle - 4\langle z, w \rangle \\
&\leqslant \|x\|^2 - 4\varepsilon \|w\|^2 \\
&\leqslant \left[1 - \frac{4\varepsilon}{[1 + \|S\|_\infty]^2} \right] \|x\|^2 \\
&< \|x\|^2.
\end{aligned}
$$

以上用到 $\langle z, w \rangle \geqslant \varepsilon \|w\|^2$ 这一 S 为严格正实的结论, 由此就有 $\|P\|_\infty < 1$. ∎

上述两引理合并有:

定理 12.13.5　若 $S \in \mathbf{RH}_\infty$, 在其上定义的系统变换

$$
P = (I - S)(I + S)^{-1} \tag{12.13.20}
$$

有

$$
\|S\|_\infty < 1 \Rightarrow P \in \mathbf{RH}_\infty \cap \mathbf{SPR},
$$

$$
S \in \mathbf{SPR} \Rightarrow P \in \mathbf{RH}_\infty, \text{且} \|P\|_\infty < 1.
$$

又若 S 的实现为 (A, B, C, D), 则

$$
P := \left[\begin{array}{c|c} A - B(I + D)^{-1}C & B(I + D)^{-1} \\ \hline -2(I + D)C & (I - D)(I + D)^{-1} \end{array} \right]. \tag{12.13.21}
$$

证明　前一半的结论是已经证明的. 关于 P 的状态空间实现, 只需指出利用逆系统, 两系统乘积的状态空间实现就能得到. 这留作习题去完成. ∎

前述有界实引理所给出的状态空间表述, 其中 (12.13.10) 明显具有 Riccati 等式的特征. 这将有助于该系统与二次最优控制之间的联系. 下面利用前述 (12.13.21) 建立的联系, 给出一个有关严格正实的状态空间表述, 但却是具有 Riccati 等式特征的.

定理 12.13.6　(SPR 引理) 设 $G(s) = D + C(sI - A)^{-1}B$, 并且是最小实现, $\Lambda(A) \subset \overset{\circ}{\mathbf{C}}_-$, 则 $G(s) \in \mathbf{SPR}$ 当且仅当

1°
$$
R = D + D^T > 0, \tag{12.13.22}
$$

2°　存在 $P = P^T > 0$, 使

$$
\Lambda(A - BR^{-1}(C - B^T P)) \subset \overset{\circ}{\mathbf{C}}_-, \tag{12.13.23}
$$

且有

$$P(A - BR^{-1}C) + (A - BR^{-1}C)^T P + PBR^{-1}B^T P + C^T R^{-1}C = 0. \quad (12.13.24)$$

证明　考虑系统变换

$$\hat{G} = (I - G)(I + G)^{-1}, \quad (12.13.25)$$

其中 G 的最小实现为 (A, B, C, D), 则由前面的定理 12.13.5, 有

$$\left[\begin{array}{c|c} \hat{A} & \hat{B} \\ \hline \hat{C} & \hat{D} \end{array}\right] = \left[\begin{array}{c|c} A - B(I + D)^{-1}C & B(I + D)^{-1} \\ \hline -2(I + D)C & (I - D)(I + D)^{-1} \end{array}\right]. \quad (12.13.26)$$

当将 $(\hat{A}, \hat{B}, \hat{C}, \hat{D})$ 与 (A, B, C, D) 互换时, 上式依然成立. 现由于 $G \in \mathbf{SPR}$ 当且仅当 $\hat{G} \in \mathbf{RH}_\infty$ 且 $\|\hat{G}\|_\infty < 1$. 对 $\hat{G}$ 使用推论 12.13.2, 则等价条件为

$1°$ $\hat{D}^T \hat{D} < I$.

$2°$ 有 $\hat{P} = \hat{P}^T > 0$ 使

$$\mathbf{\Lambda}(\hat{A} + \hat{B}\hat{R}^{-1}(\hat{D}^T \hat{C} + \hat{B}^T \hat{P})) \subset \overset{\circ}{\mathbf{C}}_-, \quad (12.13.27)$$

$$\begin{aligned} \hat{P}[\hat{A} + \hat{B}\hat{R}^{-1}\hat{D}^T \hat{C}] + [\hat{A} + \hat{B}\hat{R}^{-1}\hat{D}^T \hat{C}]^T \hat{P} + \hat{P}\hat{B}\hat{R}^{-1}\hat{B}^T \hat{P} \\ + \hat{C}^T (I + \hat{D}\hat{R}^{-1}\hat{D}^T)\hat{C} = 0. \end{aligned} \quad (12.13.28)$$

下面分别计算带 ^ 的矩阵与不带 ^ 的矩阵之间的关系. 经过计算有

$$\hat{R} = I - \hat{D}^T \hat{D} = 2(I + D^T)^{-1}(D + D^T)(I + D)^{-1}.$$

由此 $\hat{R}$ 正定当且仅当 $R = (D + D^T)$ 正定. 进一步验证还有

$$\hat{B}\hat{R}^{-1}\hat{B}^T = \frac{1}{2}BR^{-1}B^T,$$

$$\hat{A} + \hat{B}\hat{R}^{-1}\hat{D}^T \hat{C} = A - BR^{-1}C.$$

又由于对任何 X, 只要 $I - X^T X$ 可逆, 就有

$$I + X(I - X^T X)^{-1}X^T = (I - XX^T)^{-1}. \quad (12.13.29)$$

于是

$$\begin{aligned} I + \hat{D}\hat{R}^{-1}\hat{D}^T = I + \hat{D}[I - \hat{D}^T \hat{D}]^{-1}\hat{D}^T &= [I - \hat{D}\hat{D}^T]^{-1} \\ &= \frac{1}{2}(I + D^T)(D + D^T)^{-1}(I + D) \\ &= 2C^T R^{-1}C. \end{aligned}$$

将其代入式 (12.13.28), 则有

$$\hat{P}[A - BR^{-1}C] + [A - BR^{-1}C]^T\hat{P} + \frac{1}{2}\hat{P}BR^{-1}B^T\hat{P} + 2C^TR^{-1}C = 0. \quad (12.13.30)$$

以此式与式 (12.13.24) 对比, 则有 $P = \frac{1}{2}\hat{P}$ 将满足式 (12.13.24). 又由于

$$\hat{A} + \hat{B}\hat{R}^{-1}(\hat{D}^T\hat{C} + \hat{B}^T\hat{P}) = A - BR^{-1}C + BR^{-1}B^TP,$$

于是由式 (12.13.27) 可知式 (12.13.23) 成立.

于是由定理 12.13.4 并取 $\gamma = 1$ 就可知定理 12.13.6 成立. ■

利用定理 12.13.5 建立的系统 **RH**∞ 中系统与 **SPR** 中系统的联系 (一般 $\gamma \neq 1$) 则容易有:

推论 12.13.3 若 $G(s)$ 的最小实现是 (A, B, C, D), 则 $G(s) \in$ **SPR** 且 $\|G(s)\|_\infty < \gamma$ 当且仅当存在 $P = P^T > 0$ 与合适的矩阵 L 与 W_0 使有

$$PA + A^TP + C^TC = -L^TL, \quad (12.13.31)$$

$$D^TC + B^TP = -W_0^TL, \quad (12.13.32)$$

$$\gamma^2I - D^TD = W_0^TW_0. \quad (12.13.33)$$

或等价地可以有

推论 12.13.4 $G(s)$ 同上述命题, 则条件 (12.13.31)-(12.13.33) 等价于存在 $P = P^T > 0$ 使有

$$\begin{bmatrix} A^TP + PA & PC^T & B \\ CP & -\gamma^2I & D \\ B^T & D^T & -I \end{bmatrix} < 0. \quad (12.13.34)$$

式 (12.13.34) 是一个关于 $P = P^T$ 的线性矩阵不等式. 有关这方面的内容在第十三章还会讨论.

上述两推论均可留作习题由读者完成.

参考文献: [And1972], [Hua2003].

12.14 **H**∞ 上的互质分解

互质这个概念在前面讨论多项式, 多项式矩阵的一些分解时已经提到. 其中对于什么样的对象可以讲因子或互质才有意义, 是必须弄清楚的. 因子的概念同整除有关, 但不是任何数学范畴都可以讨论因子. 例如实数是一个域, 其中乘法可以有逆运算, 两个非零实数可以互相除, 其商仍为实数并无余数出现. 这不同于正整数, 因为正整数之间做除法其商可能不是整数而是有理数. 这表明这个商已不在正整

数范畴内, 于是, 为了在正整数范围内进行讨论就把与除数相乘所得之正整数从下方最接近被除数的正整数称为商而将多余出的比除数小的正整数称为余数, 这被称为 Euclide 除法. 在多项式的除法中也可以建立类似被除式, 除式, 商式与余式的概念. 而这一切对实数域均没有意义. 这表明可以讨论因子与互质的代数结构一般应有两个特征:

1° 对其每个元均可完全定义次数并建立 Euclide 除法.

2° 它本身不可以是一个域.

下面我们的做法也是两方面:

1° 对 $\mathbf{H}_\infty$ 的有理函数建立 Euclide 除法.

2° 将 $\mathbf{H}_\infty$ 有理函数扩展成 $\mathbf{H}_\infty$ 有理函数矩阵, 这样因子就会出现左, 右的问题.

有理函数本身是多项式相除而得到的, 因此若在分子多项式与分母多项式上同时乘一个多项式, 其有理函数本身并没有变化, 但却带来了表述的不唯一以及由此引起的紊乱. 于是在多项式的有关理论中才引进互质 (或互素) 的概念, 只有在互质的意义下, 有理函数用多项式相除的表达才有意义 (这里非零常数的公共因子是可以允许的, 因为它并不影响理论的讨论. 即使这样有时还会要求分母多项式的首项次数为 1, 以便更为规范). 对于多项式的元素, 次数的概念是使 Euclide 除法有意义的关键. 为此先引入在 $\mathbf{H}_\infty$ 有理函数中定义的次数.

定义 12.14.1　对 $\varphi(s) \in \mathbf{H}_\infty$, 称映射 $\delta : \varphi \in \mathbf{H}_\infty \to \mathbf{Z}_{+0}$, 并称其为 φ 的次数. 即指 $\varphi(s)$ 在 $\mathbf{C}_{+e}$ 上零点的个数, 或 $\delta(\varphi)$ 为 $\varphi(s)$ 在右半平面的零点数（计及重数）与 $\varphi(s)$ 相对阶数之和. 这里相对阶是指分母多项式与分子多项式次数之差. 以上 $\mathbf{C}_{+e} = \mathbf{C}_+ \cup \{\infty\}$, $\mathbf{Z}_{+0}$ 表非负整数等. 若 $\varphi(s) = 0$, 则约定 $\delta(\varphi) = -\infty$. 若 $\varphi \in \mathbf{H}_\infty$, 又 $\delta(\varphi) = 0$, 则 φ 称为是 $\mathbf{H}_\infty$ 中的可逆元, 又称单模元.

定理 12.14.1　$\mathbf{H}_\infty$ 中的有理分式, 按定义 12.14.1 确定的次数将可定义 Euclide 除法, 从而 $\mathbf{H}_\infty$ 形成一正常的 Euclide 区.

引理 12.14.1　$\alpha(s), \beta(s), \gamma(s)$ 是三个多项式, 其中 $\alpha(s), \beta(s)$ 互质, 则总存在多项式 $\xi(s), \eta(s)$, 使

$$\gamma(s) = \alpha(s)\xi(s) + \beta(s)\eta(s), \tag{12.14.1}$$

其中 $\deg[\xi(s)] < \deg[\beta(s)]$.

证明　利用 $\alpha(s), \beta(s)$ 互质, 则存在 $\xi_1(s), \eta_1(s)$, 且 $\deg(\xi_1) < \deg(\beta)$ 使 $\alpha(s)\xi_1(s) + \beta(s)\eta_1(s) = 1$. 由此对任何多项式 $\zeta(s)$, 均有

$$\alpha(s)[\xi_1(s)\gamma(s) - \zeta(s)\beta(s)] + \beta(s)[\eta_1(s)\gamma(s) + \zeta(s)\alpha(s)] = \gamma(s).$$

现选择 $\zeta(s)$ 使 $\xi(s) = \xi_1(s)\gamma(s) - \zeta(s)\beta(s)$, 有 $\deg[\xi(s)] < \deg[\beta(s)]$, 则证明了引

理. 而 $\xi(s) = \xi_1(s)\gamma(s) - \zeta(s)\beta(s)$ 对 $\zeta(s)$ 的系数来说, 为保证 $\deg[\xi(s)] < \deg[\beta(s)]$, 只是一个简单的代数方程, 因而可解. ∎

定理 12.14.1 的证明如下.

证明   设 $\varphi(s), \psi(s) \in \mathbf{H}_\infty$, 且 $\psi(s) \neq 0$, 下面来证明存在 $\chi(s) \in \mathbf{H}_\infty$, 使有

$$\delta(\varphi - \psi\chi) < \delta(\psi). \tag{12.14.2}$$

首先若 $\delta(\psi) = 0$, 则 $\psi(s)$ 是 $\mathbf{H}_\infty$ 中的可逆元. 令 $\chi = \varphi\psi^{-1}$, 则 $\chi \in \mathbf{H}_\infty$, 且有 $\delta(\varphi - \chi\psi) = \delta(0) = -\infty < 0$. 进而设 $\delta(\psi) > 0$, 并设 $\psi(s) = \psi_n(s)/\psi_d(s)$, 其中 $\psi_n(s), \psi_d(s)$ 是互质的多项式对. 进而将 $\psi_n(s)$ 分解为 $\psi_n(s) = \psi_n^+(s)\psi_n^-(s)$, 其中 $\psi_n^-(s)$ 包含 $\psi_n(s)$ 在 $\overset{\circ}{\mathbf{C}}_-$ 的全部零点, 于是 $\psi_n^+(s)$ 就包括了 $\psi_n(s)$ 全部 $\mathbf{C}_+$ 的零点. 从而 $\delta(\psi) = \deg(\psi_n^+)$. 于是可以有

$$\psi(s) = \frac{\psi_n^+(s)\psi_n^-(s)}{\psi_d(s)} = \psi_n^+(s)\left[\frac{\varepsilon(s)}{(s+1)^l}\right], \quad \varepsilon(s) = \frac{\psi_n^-(s)(s+1)^l}{\psi_d(s)},$$

l 的选取使 $\deg(\psi_n^-) + l = \deg(\varphi_d)$, 从而保证 $\varepsilon(s) \in \mathbf{H}_\infty$ 且 $\varepsilon^{-1}(s) \in \mathbf{H}_\infty$, 或 $\varepsilon(s)$ 是 $\mathbf{H}_\infty$ 中的单模元.

由 φ_n 与 φ_d 互质可知 φ_n^+ 与 φ_d 也一定互质, 于是存在 $\xi(s), \eta(s)$, 使有

$$\varphi_n^+(s)\xi(s) + \varphi_d(s)\eta(s) = \varphi_n(s)(s+1)^{l-1},$$

两边除以 $\varphi_d(s)(s+1)^{l-1}$, 则有

$$\frac{\varphi_n^+(s)\xi(s)(s+1)}{(s+1)^l\varphi_d(s)} + \frac{\eta(s)}{(s+1)^{l-1}} = \varphi(s).$$

令 $\chi(s) = \dfrac{1}{\varepsilon(s)} \cdot \dfrac{\xi(s)(s+1)}{\varphi_d(s)}$, $\rho(s) = \dfrac{\eta(s)}{(s+1)^{l-1}}$, 则有 $\varphi(s) = \psi(s)\chi(s) + \rho(s)$, 其中 按引理 12.14.1 可选 $\eta(s)$ 使 $\deg(\eta) < \deg(\psi_n^+)$, 从而有 $\delta(\varphi - \psi\chi) = \delta(\rho) < \delta(\psi)$, 而 ψ 与 χ 均为 $\mathbf{H}_\infty$ 中元.

这就证明了定理. ∎

注记 12.14.1   在上述证明中 $(s+1)^l$ 次可以用任何 l 次 Hurwitz 多项式代替, 但需该多项式有一负实根.

注记 12.14.2 $\mathbf{H}_\infty$ 中元 $\varphi(s)$ 对应的次数 $\delta(\varphi)$ 并不存在

$$\delta(\varphi_1 + \varphi_2) \leqslant \max\{\delta(\varphi_1),\ \delta(\varphi_2)\},$$

这是不同于多项式次数的. 例如 $\varphi_1(s) = \dfrac{2s+4}{s+3}$, $\varphi_2(s) = \dfrac{-(s+8)}{s+3}$, 于是 $\delta(\varphi_1) = \delta(\varphi_2) = 0$, 但 $\delta(\varphi_1 + \varphi_2) = \delta\left(\dfrac{s-4}{s+3}\right) = 1$.

注记 12.14.3　　上述构造的 $\chi(s)$ 并不唯一, 因而 $\delta(\varphi - \chi\psi)$ 也可依 χ 的选取而异. 如何选 χ 使 $\delta(\varphi - \chi\psi) = \min$ 是一有趣的数学问题.

例如, $\varphi(s) = \dfrac{s^2 + 2s - 1}{(s+5)^2}$, $\psi(s) = \dfrac{1}{(s+5)^2}$, 则有 $\delta(\varphi) = 1$, $\delta(\psi) = 2$, 考虑 γ 为常数, 则

$$\varphi(s) + \gamma\psi(s) = \frac{s^2 + 2s + (\gamma - 1)}{(s+5)^2}.$$

从而有

$$\delta(\varphi + \gamma\psi) = \begin{cases} 1, & \gamma \leqslant 1, \\ 0, & \gamma > 1. \end{cases}$$

在 $\mathbf{H}_\infty$ 中次数为零的有理函数又称可逆元, 它具有以下特点:

$1°$ 分子, 分母多项式必具相同次数.

$2°$ 分子, 分母一定都是 Hurwitz 多项式.

以后关于 $\mathbf{H}_\infty$ 中有理函数的因式分解中, 规定只有具正次数的 $\mathbf{H}_\infty$ 中的元, 方可视为因子. 由此对任何有理函数 $\varphi(s) = \dfrac{\alpha(s)}{\beta(s)}$, 如果 $m = \max\{\deg(\alpha), \deg(\beta)\}$, 则

$$\varphi(s) = \frac{\dfrac{\alpha(s)}{(s+t)^m}}{\dfrac{\beta(s)}{(s+t)^m}} = \frac{\xi(s)}{\eta(s)}, \quad t > 0.$$

可以看成是 φ 在 $\mathbf{H}_\infty$ 上的一个分解.

由于在 $\mathbf{H}_\infty$ 上的这种分解可以允许差一个 $\mathbf{H}_\infty$ 中可逆元的因子, 因而带有很大的不确定性或选择性. 因而这种分解在用于控制的设计问题时常常不满足工程或物理的实际要求, 但在讨论一些基本的理论问题时仍然有用. 或简言之这类分解的方法基本上更适用于理论研究.

引理 12.14.2　　设 $\mathbf{H}_\infty$ 中全部单模元组成的集合为 $\mathbf{U}$. 若 $\varphi(s) \in \mathbf{H}_\infty$, 则有

$1°$ $\varphi(s) \in \mathbf{U}$ 当且仅当 $\varphi(s)$ 在闭右半平面 (含无穷远点) 无零点.

$2°$ $\varphi(s) \in \mathbf{U}$ 当且仅当 $\gamma(\varphi) = \inf\limits_{s \in \mathbf{C}_+} |\varphi(s)| > 0$.

$3°$ $\varphi(s) \in \mathbf{U}$, 则 $\|\dfrac{1}{\varphi(s)}\| = [\gamma(\varphi)]^{-1}$.

$4°$ 若 $\|\varphi\|_\infty < 1$, 则 $1 + \varphi \in \mathbf{U}$ 且有 $\gamma(1 + \varphi) \geqslant 1 - \|\varphi\|_\infty > 0$.

$5°$ 若 $\varphi \in \mathbf{U}, \psi(s) \in \mathbf{H}_\infty$, 则只要 $\|\varphi - \psi\| < 1/\|\varphi^{-1}\|$, 就有 $\psi \in \mathbf{U}$.

$6°$ $\psi, \varphi \in \mathbf{H}_\infty \cap \mathbf{U}$, 则

$$\|\psi^{-1}(s) - \varphi^{-1}(s)\| < \|\varphi^{-1}(s)\| \cdot \frac{\|\varphi^{-1}\| \cdot \|\varphi - \psi\|}{1 - \|\varphi^{-1}\| \cdot \|\varphi - \psi\|}. \tag{12.14.3}$$

7° 对任何 $\varphi \in \mathbf{U}$, 均存在 $\psi \notin \mathbf{U}$ 使 $\|\varphi - \psi\| = 1/\|\varphi^{-1}\|$.

以上 $\|\cdot\|$ 均为 $\|\cdot\|_\infty$ 的简写.

证明   1°—4° 仅需直接代入即可证明.

5° 由 $\varphi \in \mathbf{U}$ 则 $\varphi^{-1} \in \mathbf{U}$, 由此若 $\psi \in \mathbf{H}_\infty$, 则

$$\|1 - \psi\varphi^{-1}\| < \|\varphi - \psi\|\|\varphi^{-1}\| < 1,$$

于是由 4° 有 $1 - (1 - \psi\varphi^{-1}) = \psi\varphi^{-1} \in \mathbf{U}$, 即 $\psi \in \mathbf{U}$.

6° 利用

$$\|\varphi^{-1} - \psi^{-1}\| \leqslant \|\psi^{-1}\|\|\varphi - \psi\|\|\varphi^{-1}\| \leqslant \|\varphi^{-1}\| + \|\varphi^{-1} - \psi^{-1}\|\|\varphi - \psi\|\|\varphi^{-1}\|.$$

由此可推出 6°.

7° 由 $\varphi \in \mathbf{U}$ 则 $\varphi^{-1} \in \mathbf{U}$, 于是由 2° 定义的 $\gamma(\varphi) > 0$, 且它应在虚轴上实现.
令 $\gamma(\varphi) = |\varphi(j\omega_0)|$, 其中 ω_0 亦可为 ∞, 取函数

$$h(s) = \gamma(\varphi)\frac{s - \alpha}{s + \alpha}e^{j\theta}, \quad \alpha \geqslant 0, \quad 0 \leqslant \theta \leqslant 2\pi.$$

于是总可选择 α, θ 使 $h(j\omega_0) = \varphi(j\omega_0)$, 从而有 $\|h\| = \gamma(\varphi)$, 且 $\psi(s) = \varphi(s) - h(s)$
有零实部零点而在 $\mathbf{H}_\infty$ 上不可逆.

在完成了对有理函数在 $\mathbf{H}_\infty$ 上的分解以后, 我们将这一结果推广至一般有理
函数矩阵之上. 以后仍以 $\mathbf{U}$ 表 $\mathbf{H}_\infty$ 中可逆的有理函数矩阵.

引理 12.14.3   仍以 $\mathbf{H}_\infty$ 表一切在 $\mathbf{C}_+ \cup \{\infty\}$ 上解析的有理函数矩阵的集合,
则

1° 对任何 $F \in \mathbf{U} \cap \mathbf{H}_\infty$, 若 $G \in \mathbf{H}_\infty$ 且 $\|G - F\| < \|F^{-1}\|$, 则 $G \in \mathbf{U}$.

2°

$$\|G^{-1} - F^{-1}\| \leqslant \|F^{-1}\|\frac{\|F^{-1}\|\|G - F\|}{1 - \|F^{-1}\|\|G - F\|}. \tag{12.14.4}$$

证明   类似有理函数的情形, 即引理 12.14.2 的证明.   ■

定理 12.14.2 $\Phi(s) \in \mathbf{H}_\infty^{m \times n}$, 则存在 $M(s) \in \mathbf{U}^{m \times m}, N(s) \in \mathbf{U}^{n \times n}$ 使有

$$M(s)\Phi(s)N(s) = \mathrm{diag}\{\psi_1(s), \cdots, \psi_k(s), \cdots, 0, \cdots, 0\}. \tag{12.14.5}$$

其中 $k = \mathrm{rank}(\Phi)$, 并且 $\mathrm{diag}\{\cdots\}$ 也是一般意义下的, 即

$$\mathrm{diag}\{\psi_1, \cdots, \psi_k, \cdots, 0, \cdots, 0\} = \begin{bmatrix} \psi_1 & & & & 0 \\ & \ddots & & & \\ 0 & & \psi_k & & \\ & & & \ddots & \\ 0 & \cdots & \cdots & \cdots & \psi_n \\ 0 & \cdots & \cdots & \cdots & 0 \end{bmatrix}, \quad m \geqslant n, \tag{12.14.6}$$

$$
\mathrm{diag}\{\psi_1,\cdots,\psi_k,\cdots,0,\cdots,0\} = \begin{bmatrix} \psi_1 & & & & & 0 \\ 0 & \ddots & & & & \vdots \\ \vdots & & \psi_k & & & \vdots \\ \vdots & & & \ddots & & \vdots \\ 0 & \cdots & \cdots & 0 & \psi_m & 0 \end{bmatrix}, \quad n \geqslant m,
$$

$$(12.14.7)$$

其中约定 $\psi_s = 0, \forall s > k = \mathrm{rank}(\Phi)$, ψ_i 是 ψ_{i+1} 在 $\mathbf{H}_\infty$ 上的因子, ψ_i 由 $\Phi(s)$ 在可相差单模态因子下唯一确定.

证明　与多项式矩阵化 Smith 标准型类似, 但写法上则更加繁复.　　　■

考虑 $G(s)$ 系一任给的有理函数矩阵, 设 $G(s)$ 的元 $\gamma_{ij} = \nu_{ij}(s)/\delta_{ij}(s)$ 的分母中对应在 $\mathbf{C}_+ \cup \{\infty\}$ 有根的部分为 $\delta_{ij}^+(s)$. 设 $\delta(s)$ 是所有 $\delta_{ij}^+(s)$ 的最小公倍式, $\pi(s)$ 是一 Hurwitz 多项式但有 $\deg(\pi) = \deg(\delta)$. 令 $\Phi(s) = \dfrac{\delta(s)}{\pi(s)} I \cdot G(s)$, 则 $\Phi(s) \in \mathbf{H}_\infty$, 因而按定理 12.14.2 可以将其化成 $\mathbf{H}_\infty$ 上的 Smith 标准型, 由此就有:

定理 12.14.3　对任给 $G(s) \in \mathbf{R}^{m\times n}(s)$, 则存在 $\mathbf{H}_\infty$ 上单模态矩阵 $M(s)$ 与 $N(s)$, 使有

$$
M(s)G(s)N(s) = \mathrm{diag}\{\frac{\psi_1(s)}{\eta_1(s)},\cdots,\frac{\psi_k(s)}{\eta_k(s)},0,\cdots,0,\}, \tag{12.14.8}
$$

其中 $k = \mathrm{rank}[G(s)], \psi_i(s), \eta_j(s)$ 均为 $\mathbf{H}_\infty$ 上的有理函数. 在 $\mathbf{H}_\infty$ 意义下 $\psi_i(s)$ 是 $\psi_{i+1}(s)$ 的因子, $\eta_i(s)$ 是 $\eta_{i-1}(s)$ 的因子.

证明　完全按照一般有理函数矩阵化 McMillan 型的做法, 因而式 (12.14.8) 也称为是有理函数矩阵在 $\mathbf{H}_\infty$ 上的 McMillan 标准型.　　　■

定义 12.14.2　若 $A, B \in \mathbf{H}_\infty^{m\times n}, D \in \mathbf{H}_\infty^{n\times n}$ 使有

$$
A = A_1 D, \quad B = B_1 D, \quad A_1, B_1 \in \mathbf{H}_\infty^{m\times n}, \tag{12.14.9}
$$

则称 D 为 A, B 的右公因子, A, B 均为 D 的左倍阵. 若 A, B 的一切右公因子均为单模态, 则称 A, B 为右互质.

$\mathbf{H}_\infty$ 上的单模态矩阵均不能作为因子考虑.

类似对具同行数的两个 $\mathbf{H}_\infty$ 矩阵, 可以定义左公因子, 右倍阵及左互质的概念.

定义 12.14.3　设 $G(s) \in \mathbf{R}_\infty^{m\times n}$, 若有 $N(s) \in \mathbf{H}_\infty^{m\times n}, D(s) \in \mathbf{H}_\infty^{n\times n}$, 使有

$$
G = ND^{-1}, \tag{12.14.10}
$$

则 (N, D) 是 G 的一个右分解. 若 N, D 在 $\mathbf{H}_\infty$ 上还是右互质的, 则称 (12.14.10) 为 G 的右互质分解.

类似可以有左分解, 左互质分解等概念. 显然有 (N, D) 是 G 的右分解 $\Longleftrightarrow (D^T, N^T)$ 是 G^T 的左分解. (N, D) 是右互质 $\Longleftrightarrow (D^T, N^T)$ 是左互质.

定理 12.14.4 (N, D) 为 $\mathbf{H}_\infty$ 上右互质, 当且仅当存在 $\mathbf{H}_\infty$ 矩阵 X 与 Y 使

$$XN + YD = I. \tag{12.14.11}$$

同样, $(\tilde{D}, \tilde{N})$ 为 $\mathbf{H}_\infty$ 上左互质, 当且仅当存在 $\mathbf{H}_\infty$ 矩阵 $\tilde{Y}$ 与 $\tilde{X}$ 使

$$\tilde{D}\tilde{Y} + \tilde{N}\tilde{X} = I. \tag{12.14.12}$$

证明 与有关多项式矩阵的证明类似. ∎

定理 12.14.5 对有理函数矩阵 $G(s)$, 若 (N, D) 与 $(\tilde{D}, \tilde{N})$ 分别为其在 $\mathbf{H}_\infty$ 上的右与左互质分解, 则存在 $X, Y, \tilde{X}, \tilde{Y}$ 均 $\mathbf{H}_\infty$ 矩阵, 使下述 Bezout 等式成立

$$\begin{bmatrix} Y & X \\ -\tilde{N} & \tilde{D} \end{bmatrix} \begin{bmatrix} D & -\tilde{X} \\ N & \tilde{Y} \end{bmatrix} = I. \tag{12.14.13}$$

证明 由于 (N, D) 右互质, 则有 X, Y 使式 (12.14.11) 成立. 又由于 $(\tilde{D}, \tilde{N})$ 左互质, 则存在 $\tilde{X}_1, \tilde{Y}_1$ 使 $\tilde{D}\tilde{Y}_1 + \tilde{N}\tilde{X}_1 = I$. 令

$$E = \begin{bmatrix} Y & X \\ -\tilde{N} & \tilde{D} \end{bmatrix}.$$

可知

$$E \begin{bmatrix} D & -\tilde{X}_1 \\ N & \tilde{Y}_1 \end{bmatrix} = \begin{bmatrix} I & \Delta \\ 0 & I \end{bmatrix} = \begin{bmatrix} I & -\Delta \\ 0 & I \end{bmatrix}^{-1},$$

其中 $\Delta = -Y\tilde{X}_1 + X\tilde{Y}_1 \in \mathbf{H}_\infty$.

由此

$$E^{-1} = \begin{bmatrix} D & -\tilde{X}_1 \\ N & \tilde{Y}_1 \end{bmatrix} \begin{bmatrix} I & -\Delta \\ 0 & I \end{bmatrix} = \begin{bmatrix} D & -(\tilde{X}_1 + D\Delta) \\ N & (\tilde{Y}_1 - N\Delta) \end{bmatrix}.$$

如果令 $\tilde{X} = \tilde{X}_1 + D\Delta$, $\tilde{Y} = \tilde{Y}_1 - \Delta$, 则 $\tilde{X}, \tilde{Y} \in \mathbf{H}_\infty$ 并且式 (12.14.13) 成立. ∎

下面我们给出系统状态空间模式与这类 $\mathbf{H}_\infty$ 上互质分解的联系, 考虑系统

$$\begin{cases} \dot{x} = Ax + Bu, \\ y = Cx + Du. \end{cases} \tag{12.14.14}$$

其传递函数矩阵为 $G(s) = D + C(sI - A)^{-1}B$, 于是有:

定理 12.14.6 设系统 (12.14.14) 中 (A, B) 可镇定, (A, C) 可检测 (即 (A^T, C^T) 可镇定), K 与 F 使

$$\begin{cases} \bar{A} = A - BK, & \Lambda(\bar{A}) \subset \overset{\circ}{\mathbf{C}}_-, \\ \tilde{A} = A - FC, & \Lambda(\tilde{A}) \subset \overset{\circ}{\mathbf{C}}_-. \end{cases} \tag{12.14.15}$$

若将 $G(s)$ 在 $\mathbf{H}_\infty$ 上进行互质分解, 即

$$G = N_g D_g^{-1} = \tilde{D}_g^{-1} \tilde{N}_g, \quad N_g, D_g, \tilde{N}_g, \tilde{D}_g \in \mathbf{H}_\infty.$$

$X, Y, \tilde{X}, \tilde{Y}$ 为 $\mathbf{H}_\infty$ 矩阵, 使有 Bezout 等式

$$\begin{bmatrix} Y & X \\ -\tilde{N}_g & \tilde{D}_g \end{bmatrix} \begin{bmatrix} D_g & -\tilde{X} \\ N_g & \tilde{Y} \end{bmatrix} = I$$

成立, 则这些 $\mathbf{H}_\infty$ 矩阵与状态空间实现的联系为

$$\begin{aligned} \tilde{N}_g &= C(sI - \tilde{A})^{-1}(B - FD) + D, \\ \tilde{D}_g &= I - C(sI - \tilde{A})^{-1}F, \\ N_g &= (C - DK)(sI - \bar{A})^{-1}B + D, \\ D_g &= I - K(sI - \bar{A})^{-1}B, \\ X &= K(sI - \tilde{A})^{-1}F, \\ Y &= I + K(sI - \tilde{A})^{-1}(B - FD), \\ \tilde{X} &= K(sI - \bar{A})^{-1}F, \\ \tilde{Y} &= I + (C - DK)(sI - \bar{A})^{-1}F. \end{aligned} \tag{12.14.16}$$

证明 (I) 先设 $D = 0$, 此时式 (12.14.16) 变为

$$\begin{aligned} \tilde{N}_g &= C(sI - \tilde{A})^{-1}B, \\ \tilde{D}_g &= I - C(sI - \tilde{A})^{-1}F, \\ N_g &= C(sI - \bar{A})^{-1}B, \\ D_g &= I - K(sI - \bar{A})^{-1}B, \\ X &= K(sI - \tilde{A})^{-1}F, \\ Y &= I + K(sI - \tilde{A})^{-1}B, \\ \tilde{X} &= K(sI - \bar{A})^{-1}F, \\ \tilde{Y} &= I + C(sI - \bar{A})^{-1}F, \end{aligned} \tag{12.14.17}$$

由于对任何矩阵 M, N, 若使 $(I + NM)$ 可逆则均有恒等式

$$M(I + NM)^{-1} = (I + MN)^{-1}M. \tag{12.14.18}$$

则可以验证

$$\begin{aligned}
G &= C(sI - A)^{-1}B \\
&= C(sI - \bar{A} - BK)^{-1}B \\
&= C\{[I - BK(sI - \bar{A})^{-1}](sI - \bar{A})\}^{-1}B \\
&= C(sI - \bar{A})^{-1}[I - BK(sI - \bar{A})^{-1}]^{-1}B \\
&= C(sI - \bar{A})^{-1}B[I - K(sI - \bar{A})^{-1}B]^{-1} \\
&= N_g D_g^{-1}.
\end{aligned}$$

类似可证 $G = \tilde{D}_g^{-1}\tilde{N}_g$.

(II) $D \neq 0$, 对 (12.14.17) 作替换

$$\begin{aligned}
N_g &\to N_g + DD_g, \\
\tilde{N}_g &\to \tilde{N}_g + \tilde{D}_g D, \\
Y &\to Y - XD, \\
\tilde{Y} &\to \tilde{Y} - D\tilde{X},
\end{aligned}$$

则可以有 $G = D + C(sI - A)^{-1}B = N_g D_g^{-1}$(已替换的).

类似也有 $D + C(sI - A)^{-1}B = \tilde{D}_g^{-1}\tilde{N}_g$.

(III) 验证 Bezout 等式

$$\begin{aligned}
YD_g + XN_g =& [I + K(sI - \tilde{A})^{-1}(B - FD)][I - K(sI - \bar{A})^{-1}B] \\
&+ K(sI - \tilde{A})^{-1}F[(C - DK)(sI - \bar{A})^{-1}B + D].
\end{aligned}$$

经过化简并利用 $[sI - \bar{A} - (sI - \tilde{A}) - BK + FC] = 0$ 可知上式为 $YD_g + XN_g = I$, 类似可证 $Y\tilde{X} = X\tilde{Y}, \tilde{N}D = \tilde{D}N$ 以及 $\tilde{N}\tilde{X} + \tilde{D}\tilde{Y} = I$. ∎

参考文献: [GM1989], [Vid1985], [Hua2003].

12.15   **H**$_\infty$ 上互质分解与镇定

为了用互质分解研究系统镇定这一控制科学的基本问题, 我们再引进几个定义.

定义 12.15.1   设 G 是一有理函数矩阵, (N_r, D, N_l, K) 为四个 **H**$_\infty$ 矩阵, 称其为是 G 的一个双互质分解, 系指

$$G = N_r D^{-1}N_l + K, \tag{12.15.1}$$

且 (N_r, D) 右互质, (D, N_l) 左互质.

定义 12.15.2　G 为一有理函数矩阵, $\varphi_G \in \mathbf{H}_\infty$ 称其为 G 的一特征判别式, 系指

1° G 的任何子式与 φ_G 的乘积均在 $\mathbf{H}_\infty$ 中.

2° 对任何具 1° 的 $\mathbf{H}_\infty$ 元 ψ, 有 φ_G 是 ψ 在 $\mathbf{H}_\infty$ 意义下的因子.

定理 12.15.1　G 为一有理函数矩阵, (N_r, D, N_l, K) 是其在 $\mathbf{H}_\infty$ 上的一个双互质分解, 则 $\det(D)$ 是 G 的一个特征判别式.

为证明该定理, 引入以下几个引理.

引理 12.15.1　A, B 均有理函数矩阵, 若

$$C = A - B \in \mathbf{H}_\infty, \tag{12.15.2}$$

则 φ_A 与 φ_B 等价, 即 φ_A 与 φ_B 仅差一 $\mathbf{H}_\infty$ 的可逆元.

证明　考虑 $A = B + C$ 的任一 l 阶子式, 不失一般性考虑前 l 列与上 l 行组成的子式, 则有

$$S_A = \begin{bmatrix} \alpha_{11} & \alpha_{12} & \cdots & \alpha_{1l} \\ \alpha_{21} & \alpha_{22} & \cdots & \alpha_{21} \\ \vdots & \vdots & & \vdots \\ \alpha_{l1} & \alpha_{l2} & \cdots & \alpha_{ll} \end{bmatrix} = \begin{bmatrix} \beta_{11} + \gamma_{11} & \beta_{12} + \gamma_{12} & \cdots & \beta_{1l} + \gamma_{1l} \\ \beta_{21} + \gamma_{21} & \beta_{22} + \gamma_{22} & \cdots & \beta_{2l} + \gamma_{2l} \\ \vdots & \vdots & & \vdots \\ \beta_{l1} + \gamma_{l1} & \beta_{l2} + \gamma_{l2} & \cdots & \beta_{ll} + \gamma_{ll} \end{bmatrix}. \tag{12.15.3}$$

由于行列式具有特点

$$|f_1, \cdots, g_i + h_i, \cdots, f_l| = |f_1, \cdots, g_i, \cdots, f_l| + |f_1, \cdots, h_i, \cdots, f_l|, \tag{12.15.4}$$

其中 $f_k, g_i, h_i, k \neq i$ 均同维列向量, $|\cdot|$ 表行列式. 于是式 (12.15.3) 这类行列式一定可以写成 B 的子式与 C 的子式之和. 这一性质对任何 A 的子式均成立. 又 C 的任何子式均为 $\mathbf{H}_\infty$ 中的元, 于是可知 $\varphi_B S_A \in \mathbf{H}_\infty$, 而 S_A 可是 A 的任一子式, 于是 φ_B 必为 φ_A 的倍式. 出于对称性, 则 φ_B 亦为 φ_A 的倍式. 由此 φ_B 与 φ_A 仅差一 $\mathbf{H}_\infty$ 可逆元的因子, 或 φ_B 与 φ_A 等价. ■

以后 φ_B 与 φ_A 等价记为 $\varphi_B \approx \varphi_A$.

引理 12.15.2　G 是有理函数, $A, B \in \mathbf{H}_\infty, F = AGB$, 则 φ_F 是 φ_G 在 $\mathbf{H}_\infty$ 中的因式.

证明　对任意两矩阵 M, N, 则 $L = MN$ 的任一子式必为 M 的子式与 N 的子式相乘然后再求和得到, 由此考虑 $F_1 = AG$, 其中 A 的任何子式均在 $\mathbf{H}_\infty$ 中. 于是 φ_G 乘 F_1 的任何子式必在 $\mathbf{H}_\infty$ 中, 即 φ_{F_1} 是 φ_G 的因式. 进而 φ_F 必为 φ_G 的因式. ■

引理 12.15.3　设 A, B, C 均 $\mathbf{H}_{\infty}$ 中的元, $\det(B) \neq 0$, 令 $G = AB^{-1}C$, 则 $\det(B)$ 是 φ_G 的倍式.

证明　由 $B \in \mathbf{H}_{\infty}$, 则有 $\det(B)B^{-1} \in \mathbf{H}_{\infty}$, 即 φ_G 是 $\det(B)$ 在 $\mathbf{H}_{\infty}$ 上的因子. ∎

引理 12.15.4　设 $A \in \mathbf{H}_{\infty}, \det(A) \neq 0$, 若 $B = A^{-1}$ 则 $\varphi_B \approx \det(A)$.

证明　由引理 12.15.3, φ_B 必为 $\det(A)$ 在 $\mathbf{H}_{\infty}$ 上的因式, 又由于 $BA = I, \det(B) = 1/\det(A)$, 于是 $\det(B)$ 的全部子式的分母的最小公倍式必为 $\det(A)$ 的倍式. 于是 φ_B 为 $\det(A)$ 的倍式, 由此 $\varphi_B \approx \det(A)$ (均为 $\mathbf{H}_{\infty}$ 意义下). ∎

定理 12.15.1 的证明如下:

证明　设 G 的双互质分解为 $G = N_r D^{-1} N_l + K = G_0 + K$. 于是 $\varphi_G \approx \varphi_{G_0}$. 又由于分解是双互质的, 则存在 $X, Y, \tilde{X}, \tilde{Y}$ 均 $\mathbf{H}_{\infty}$ 矩阵, 使

$$XN_r + YD = I,$$

$$N_l \tilde{X} + D\tilde{Y} = I.$$

于是有

$$N_r D^{-1} = N_r D^{-1}[N_l \tilde{X} + D\tilde{Y}] = G_0 \tilde{X} + N_r \tilde{Y}$$

$$D^{-1} = (XN_r + YD)D^{-1} = XN_r D^{-1} + Y$$

$$= XG_0 \tilde{X} + XN_r \tilde{Y} + Y.$$

由于 D 是非奇异 $\mathbf{H}_{\infty}$ 方阵, 则

$$\det(D) \approx \varphi_{D^{-1}} \approx \varphi_{XG_0 \tilde{X}} \approx \varphi_{G_0} \approx \varphi_G.$$

即 $\det(D)$ 是 G 的特征判别式. ∎

利用上面的结果可以有:

推论 12.15.1　$G(s)$ 为有理函数矩阵, 设 $(N, D)\,(\tilde{D}, \tilde{N})\,(N_r, \bar{D}, N_l, K)$ 是其在 $\mathbf{H}_{\infty}$ 上的右互质, 左互质, 双互质分解, 则

$$\varphi_G \approx \det(D) \approx \det(\tilde{D}) \approx \det(\bar{D}). \qquad ∎$$

考虑一闭环系统, 其中 G 是被控对象, K 为控制器 (图 12.4).

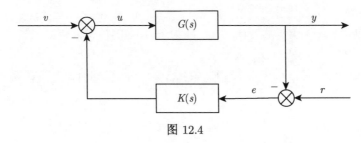

图 12.4

这里控制器的输出在送进控制对象时采用了负反馈的方式. 若约定 r, v 为输入, e, u 为输出, 则可以求得

$$\begin{bmatrix} e \\ u \end{bmatrix} = \Phi(s) \begin{bmatrix} r \\ v \end{bmatrix}, \quad \Phi(s) = \begin{bmatrix} I - GQ & (I - GQ)G \\ -Q & I - QG \end{bmatrix}, \tag{12.15.5}$$

其中

$$Q = K[I + GK]^{-1}, \quad K = [I - QG]^{-1}Q. \tag{12.15.6}$$

容易证明有:

定理 12.15.2　若 $G(s) \in \mathbf{H}_\infty$ 则存在 $K(s)$ 使 $\Phi(s) \in \mathbf{H}_\infty$ 当且仅当 $Q(s) \in \mathbf{H}_\infty$.

如果不要求 $G(s) \in \mathbf{H}_\infty$, 则 $\Phi(s) \in \mathbf{H}_\infty$ 的条件就成为:

1° $Q(s) \in \mathbf{H}_\infty$.

2° $I - GQ \in \mathbf{H}_\infty$, $I - QG \in \mathbf{H}_\infty$.

3° $(I - GQ)G \in \mathbf{H}_\infty$.

其中 2° 若仅为传递函数时两条件相同, 当为传递函数矩阵时则未必.

现将式 (12.15.5) 写成 G 与 K 的形式, 则有

$$\Phi = \begin{bmatrix} (I+GK)^{-1} & (I+GK)^{-1}G \\ -K(I+GK)^{-1} & I-K(I+GK)^{-1}G \end{bmatrix} = \begin{bmatrix} I-G(I+KG)^{-1}K & G(I+KG)^{-1} \\ -(I+KG)^{-1}K & (I+KG)^{-1} \end{bmatrix},$$
$$\tag{12.15.7}$$

其中用到 $Q = K(I+GK)^{-1}$ 与 $K = (I - QG)^{-1}Q$.

以后称系统是适定的, 即指上述系统的判别式有

$$\det(I + GK) \neq 0. \tag{12.15.8}$$

由此指系统稳定就是指有式 (12.15.8) 且 $\Phi \in \mathbf{H}_\infty$.

定理 12.15.3　考虑图 12.4 所示控制系统, 其中 G, K 均为有理函数矩阵. 设 $(N_g, D_g), (\tilde{D}_g, \tilde{N}_g)$ 是 G 在 $\mathbf{H}_\infty$ 上的右与左互质分解, $(N_k, D_k), (\tilde{D}_k, \tilde{N}_k)$ 是 K 在 $\mathbf{H}_\infty$ 上的右与左互质分解, 则下述提法等价:

1° $\Phi \in \mathbf{H}_\infty$ 且系统适定.

2° $\Delta(G, K) = \tilde{N}_k N_g + \tilde{D}_k D_g \in \mathbf{U}$, 即为 $\mathbf{H}_\infty$ 上的单模态矩阵.

3° $\Delta(K, G) = \tilde{N}_g N_k + \tilde{D}_g D_k \in \mathbf{U}$.

证明　首先证明当系统是适定时, $\det[\Delta(G, K)]$ 与 $\det[\Delta(K, G)]$ 是 Φ 在 $\mathbf{H}_\infty$ 上的特征判别式.

由于

$$\Delta(G, K) = \tilde{D}_k \tilde{D}_k^{-1} \tilde{N}_k N_g D_g^{-1} D_g + \tilde{D}_k D_g = \tilde{D}_k[KG + I]D_g := \Delta, \tag{12.15.9}$$

又由于式 (12.15.8) 成立, 且 $\det \tilde{D}_k \neq 0, \det D_g \neq 0$, 则 $\det(\Delta) \neq 0$, 由此就有

$$\Phi = \begin{bmatrix} I - N_g \Delta^{-1} \tilde{N}_k & N_g \Delta^{-1} \tilde{D}_k \\ -D_g \Delta^{-1} \tilde{N}_k & D_g \Delta^{-1} \tilde{D}_k \end{bmatrix} = \begin{bmatrix} I & 0 \\ 0 & 0 \end{bmatrix} + \begin{bmatrix} N_g \\ D_g \end{bmatrix} \Delta^{-1} \begin{bmatrix} -\tilde{N}_k & \tilde{D}_k \end{bmatrix}. \quad (12.15.10)$$

这刚好是 Φ 在 $\mathbf{H}_\infty$ 上的双互质分解. 于是 $\det(\Delta)$ 是 Φ 的特征判别式.

在证明了 $\det(\Delta)$ 是 Φ 的特征判别式后, 若 Φ 是内稳定的, 则显然系统已适定, 即 $\det[I + KG] \neq 0$. 而式 (12.15.10) 表明 Φ 是 $\mathbf{H}_\infty$ 矩阵, 由此就有 $\Delta^{-1} \in \mathbf{H}_\infty$. 但 Δ 已是 $\mathbf{H}_\infty$, 则 $\Delta \in \mathbf{U}$.

反之, 若 $\Delta \in \mathbf{U}$, 则立即由式 (12.15.9) 可知系统已适定, 并且 $\Phi \in \mathbf{H}_\infty$, 即有 1° 与 2° 等价.

类似可证 1° 与 3° 等价.　　　　　　　■

推论 12.15.2　若 $G \in \mathbf{R}(s)^{m \times n}$, (N_g, D_g) 与 $(\tilde{D}_g, \tilde{N}_g)$ 是其在 $\mathbf{H}_\infty$ 上的右和左互质分解, 则下述提法等价:

1°　K 镇定 G.

2°　K 有左互质分解 $(\tilde{D}_k, \tilde{N}_k)$ 则 $\tilde{D}_k D_g + \tilde{N}_k N_g = I$.

3°　K 有右互质分解 (N_k, D_k) 则 $\tilde{D}_g D_k + \tilde{N}_g N_k = I$.

证明　1° $\Rightarrow$ 2° 设 $(\tilde{D}, \tilde{N})$ 是 K 的左互质分解, 则 $\Delta = \tilde{D} D_g + \tilde{N} N_g$ 是单模态, 于是 $\tilde{D}_k = \Delta^{-1} \tilde{D}$, $\tilde{N}_k = \Delta^{-1} \tilde{N}$ 也是 K 的左互质分解, 即有 2°.

2° $\Rightarrow$ 1° 显然.

类似可证 1° $\iff$ 3°.　　　　　　　■

在受控对象 G 和控制器 K 已具有互质分解的情况下, 闭环传递函数可以用其进行表示, 即

$$\Phi(s) = \begin{bmatrix} I - N_g \tilde{N}_k & N_g \tilde{D}_k \\ -D_g \tilde{N}_k & D_g \tilde{D}_k \end{bmatrix}. \quad (12.15.11)$$

利用定理 12.14.5, 则有:

推论 12.15.3　设 $G \in \mathbf{R}(s)^{m \times n}$, (N, D), $(\tilde{D}, \tilde{N})$ 分别为其在 $\mathbf{H}_\infty$ 上的右与左互质分解, 若 $X, Y, \tilde{X}, \tilde{Y} \in \mathbf{H}_\infty$ 使其有

$$XN + YD = I, \quad \tilde{N}\tilde{X} + \tilde{D}\tilde{Y} = I,$$

则下述两矩阵

$$U_1 = \begin{bmatrix} Y & X \\ -\tilde{N} & \tilde{D} \end{bmatrix}, \quad U_2 = \begin{bmatrix} D & -\tilde{X} \\ N & \tilde{Y} \end{bmatrix},$$

有 $U_i \in \mathbf{U}(s), i \in \underline{2}$, 且

$$U_1^{-1} = \begin{bmatrix} D & * \\ N & * \end{bmatrix}, \quad U_2^{-1} = \begin{bmatrix} * & * \\ -\tilde{N} & \tilde{D} \end{bmatrix},$$

其中 $*$ 为无必要写出的 $\mathbf{H}_\infty$ 矩阵.　　　　　　　■

下面来研究系统镇定的问题. 设给定受控对象 $G(s) \in \mathbf{R}(s)^{m \times n}$, 记全部可镇定 G 的控制器组成的集合为 $\mathbf{K}(G)$, 当然希望能给出 $\mathbf{K}(G)$ 的表达形式.

定理 12.15.4　$G \in \mathbf{R}(s)^{m \times n}$, (N_g, D_g) 与 $(\tilde{D}_g, \tilde{N}_g)$ 分别为其在 $\mathbf{H}_\infty$ 上的右与左互质分解, 又 $X, Y, \tilde{X}, \tilde{Y}$ 均为 $\mathbf{H}_\infty$ 矩阵且有

$$XN_g + YD_g = I, \quad \tilde{N}_g\tilde{X} + \tilde{D}_g\tilde{Y} = I, \tag{12.15.12}$$

则

$$\begin{aligned} \mathbf{K}(G) &= \{(Y - R\tilde{N}_g)^{-1}(X + R\tilde{D}_g)|R \in \mathbf{H}_\infty, \ \det(Y - R\tilde{N}_g) \neq 0\} \\ &= \{(\tilde{X} + D_gS)(\tilde{Y} - N_gS)^{-1}|S \in \mathbf{H}_\infty, \ \det(\tilde{Y} - N_gS) \neq 0\}. \end{aligned} \tag{12.15.13}$$

证明　只证明前一个等式. 设 $G = N_gD_g^{-1}$ 是其右互质分解, 则 K 镇定 G 当且仅当 $K(s)$ 有一左互质分解 $K = \tilde{D}_k^{-1}\tilde{N}_k$ 使

$$\tilde{D}_kD_g + \tilde{N}_kN_g = I. \tag{12.15.14}$$

这表明方程

$$\tilde{Y}D_g + \tilde{X}N_g = I \tag{12.15.15}$$

有解 $\tilde{X}, \tilde{Y} \in \mathbf{H}_\infty$ 且 $\det \tilde{Y} \neq 0$. 由前面的推论 12.15.3 可知 $U_1 = \begin{bmatrix} Y & X \\ -\tilde{N}_g & \tilde{D}_g \end{bmatrix}$ 为单模态, 且 $U^{-1} = \begin{bmatrix} D_g & * \\ N_g & * \end{bmatrix}$, 于是一切满足方程 (12.15.15) 的解 $[\tilde{Y}, \tilde{X}]$ 应为

$$[\tilde{Y}, \tilde{X}] = [I, R]U_1 = [Y - R\tilde{N}_g, \ X + R\tilde{D}_g],$$

其中 $R \in \mathbf{H}_\infty$ 是任何满足矩阵可乘要求的 $\mathbf{H}_\infty$ 矩阵. ∎

对给定控制对象及其在 $\mathbf{H}_\infty$ 上的右与左互质分解, (12.15.13) 给出了用 R 或 S 这种 $\mathbf{H}_\infty$ 矩阵作未确定成分的参数化全部控制器形式. 对应这种形式可以得到闭环传递函数矩阵的参数化形式, 写出来就是

$$\begin{aligned} \Phi(s) &= \begin{bmatrix} I - N_g(X + R\tilde{D}_g) & N_g(Y - R\tilde{N}_g) \\ -D_g(X + R\tilde{D}_g) & D_g(Y - R\tilde{N}_g) \end{bmatrix} \\ &= \begin{bmatrix} (\tilde{Y} - N_gS)\tilde{D}_g & (\tilde{Y} - N_gS)\tilde{N}_g \\ -(\tilde{X} + D_gS)\tilde{D}_g & I - (\tilde{X} + D_gS)\tilde{N}_g \end{bmatrix}. \end{aligned}$$

从理论上讲, 这种基于 $\mathbf{H}_\infty$ 上的互质分解确实可以为系统镇定找到全部可用的控制器. 但从前面的分析可以看出其理论上的完美远超过在实际应用上的可行. 关键在于这类互质分解的描述本身具非唯一性, 例如可差一单模态因子. 而这种不确定性使得工程设计上难于有真正反映工程要求的规范的做法并常使工程上除稳

定性以外的性能得到保持. 同时, 至今还缺乏足够的计算机算法与软件来支持这种镇定的办法.

参考文献: [Vid1985], [Hua2003].

12.16 问题与练习

I 证明与讨论:

1° 若 $A \in \mathbf{C}^{n \times n}$ 是幂零矩阵, 即有自然数 k 使 $A^k = 0$, 则 $I_n + \varphi(s)A$ 对任何 $\varphi(s) \in \mathbf{C}(s)$ 来说都是单模态矩阵.

2° 若 $A_i \in \mathbf{C}^{n \times n}$ 是幂零矩阵, $i \in \underline{2}$, 则

$$I_n + (A_1 + A_2)s + A_1 A_2 s^2$$

为单模态矩阵.

3° $A(s) \in \mathbf{C}(s)^{m \times m}$ 是单模态矩阵, 则 $\dfrac{dA(s)}{ds}$ 与 $\dfrac{dA^{-1}(s)}{ds}$ 是等价的.

4° 证明当 $A_i \in \mathbf{C}^{n \times n}, i \in \underline{3}$, 则下述恒等式成立

$$\det \left\{ \begin{bmatrix} 0 & 0 & I_n \\ 0 & I_n & A_1 \\ I_n & A_1 & A_2 \end{bmatrix} s + \begin{bmatrix} 0 & -I_n & 0 \\ -I_n & A_1 & 0 \\ 0 & 0 & A_3 \end{bmatrix} \right\}$$

$$= (-1)^n \det [I_n s^3 + A_1 s^2 + A_2 s + A_3].$$

5° 对 4° 设法推广至高阶情形.

II 证明下述结论:

1° 设 $B(s) = B_k s^k + \cdots + B_1 s + B_0 \in \mathbf{C}[s]^{n \times n}$, 则 $B(s)$ 与 $sI_n - A$ 左互质的必要条件是

$$A^k B_k + A^{k-1} B_{k-1} + \cdots + A B_1 + B_0 \neq 0.$$

2° $A \in \mathbf{C}^{n \times n}$, 则 A 具正实部特征值当且仅当存在 β, α 使 $\beta I_n - \alpha A + A^2$ 是奇异的.

III 证明下述各题:

1° 若 $G(s) = V(s)T^{-1}(s)$ 是一个右既约分解, 则系统矩阵 $\begin{bmatrix} T(s) & I_n \\ -V(s) & 0 \end{bmatrix}$ 是一个最小阶系统.

2° 设 $G(s)$ 是系统矩阵 $\begin{bmatrix} sI_n - A & B \\ C & 0 \end{bmatrix}$ 对应的传递函数矩阵. 证明

$$\lim_{s \to \infty} s^p G(s) = 0$$

当且仅当

$$CA^iB = 0, \quad i < p.$$

3° 若 $G(s)$ 是实现 (A, B, C) 对应的传递函数矩阵, $L(s) = L_0 + L_1s + \cdots + L_ps^p \in \mathbf{C}[s]^{p \times l}$, l 是 C 的行数, 又 $L(s)G(s)$ 是正则有理函数矩阵, $C_1 = L_0C + L_1CA + \cdots + L_pCA^p$, 则 $L(s)G(s)$ 是 (A, B, C_1) 的传递函数矩阵.

4° $\begin{bmatrix} T^2 & TU \\ -VT & -VU \end{bmatrix}$ 的 Smith 标准型为 $\begin{bmatrix} I_r & 0 \\ 0 & 0 \end{bmatrix}$ 当且仅当 $\begin{bmatrix} T & U \\ -V & 0 \end{bmatrix}$ 系一最小阶系统矩阵.

IV 证明与建立下述结论:

1° 对定理 12.7.1, 证明其 2° 与 $(sI_n - A)$ 和 B 左互质等价.

2° 叙述将定理 12.7.1 转化为 $(sI_n - A)$ 和 C 右互质的五个等价条件.

3° 证明上述 2° 中五个等价条件的正确性.

V 证明下述结论:

1° 令 $P(s)$ 与 $P_1(s)$ 是两个没有任何解耦零点的多项式系统矩阵, 则 $P(s)$ 与 $P_1(s)$ 同阶且系统等价当且仅当它们有相同的传递函数矩阵 $G(s)$ (以上 $P(s)$ 与 $P_1(s)$ 的各部分矩阵设有相同行数与列数).

2° $P(s) = \begin{bmatrix} T(s) & U(s) \\ -V(s) & W(s) \end{bmatrix}$ 系一多项式矩阵, $T(s) \in \mathbf{C}[s]^{r \times r}$, $P(s) \in \mathbf{C}[s]^{(r+m) \times (r+l)}$, 若 $P(s)$ 无 i.d 零点, 则 $P(s)$ 严格系统等价于

$$P_1(s) = \left[\begin{array}{cc|c} I_{r-1} & 0 & 0 \\ 0 & T_1(s) & I_l \\ \hline 0 & -V_1(s) & W_1(s) \end{array} \right],$$

其中

① $T_1(s)$ 系一下三角多项式矩阵, 其对角线元均为首一多项式, 且

　　(a) $0 \neq \deg[\tau_{ii}(s)] \geqslant \deg[\tau_{ij}(s)]$, $j < i$.

　　(b) 若 $\deg[\tau_{ii}(s)] = 0$, 则 $\tau_{ij}(s) = 0$, $j < i$.

② $\lim\limits_{s \to \infty} V_1(s)T_1^{-1}(s) = 0$.

3° 建立与证明 $P(s)$ 在无 o.d 零点时对应上述 2° 的结论.

4° 讨论 2° 或 3° 对应的 $P_1(s)$ 形式的唯一性.

VI 证明与讨论:

1° $Z(s) \in \mathbf{R}(s)^{n \times n}$ 是正实当且仅当有

$$X(s) = [Z(s) + I_n]^{-1}[Z(s) - I_n]$$

存在且具性质:

(1) $X(s)$ 是实有理函数矩阵.

(2) $X(s)$ 在 $\mathrm{Re}(s) \geqslant 0$ 解析.

(3) $I_n - X^H(i\omega)X(i\omega)$ 对一切 $\omega \in \mathbf{R}$ 是半正定 Hermite 矩阵.

$2°$ $1°$ 中 $Z(s)$ 若记为 $Z(s) = \dfrac{1}{\gamma(s)}Y(s)$, 其中 $\gamma(s)$ 是 $Z(s)$ 元的分母的最小公倍式, $Y(s) \in \mathbf{R}[s]^{n \times n}$. 又 $[Z(s)+I]^{-1} = F(s)/\varphi(s)$, $F(s) \in \mathbf{R}[s]^{n \times n}$ 而 $\varphi(s)$ 是 $[Z(s)+I]^{-1}$ 的元的分母的最小公倍式, 则 $Z(s)$ 正实当且仅当:

(1) $\varphi(s) \in \mathbf{H}(s)$.

(2) $\gamma(-i\omega)Y(i\omega) + \gamma(i\omega)Y^T(-i\omega)$ 对一切 $\omega \in \mathbf{R}$ 是半正定 Hermite 矩阵.

VII 证明下述结论:

$1°$ 推论 12.10.2.

$2°$ 推论 12.10.2'.

$3°$ 推论 12.10.3.

VIII 证明:

$1°$ 推论 12.13.3.

$2°$ 推论 12.13.4.

IX 证明:

$1°$ 引理 12.14.3.

$2°$ 定理 12.14.2.

$3°$ 定理 12.14.3.

$4°$ 定理 12.14.4.

第十三章　特殊矩阵类、规划亏解与矩阵不等式

13.1　非负矩阵 Frobenious 定理

非负矩阵是一类特殊的实数矩阵. 这类矩阵的元要求均为非负实数而正矩阵则是指非负矩阵中元没有零的矩阵. 非负实数集合对加法可有定义, 其和一定保持非负, 但它的逆运算其结果就未必能保持非负性. 对于非负矩阵集合而言, 两矩阵其和与乘积均保持为非负矩阵, 但这两个运算的逆运算就不一定保持非负性了. 这类特殊矩阵不仅出现在例如对生物、核分裂及宇宙射线这些自然系统的研究中而且在所谓人造系统中则更多出现. 例如经济系统中关于列昂节夫的投入–产出模式的研究. 在后来贝尔曼的动态规划理论中也多处涉及, 在这里我们之所以将其作为控制与系统中特别重要的一类矩阵进行讨论, 另一个重要原因是它与另一类在控制与系统中用得很多的 M 矩阵有着紧密的联系. 这一章的前两节我们的非负、正这些关于矩阵的概念与我们在二次型中正定、非负定 (又称半正定) 是毫无联系的概念, 这些不应混淆.

由于非负矩阵在实矩阵的元上添加了非负的要求, 则很容易发现, 若 A 是非负矩阵, 但 $\mathbf{R}(A)$ 其列空间中的矩阵常常不是非负的, 这样一来, 非负矩阵的研究就必然不能简单采用例如线性变换之类的办法而必须另辟途径, 也正因为此和这类矩阵的重要性, 对它的讨论曾引起过很多数学家的兴趣. 研究的方法也就更多样化. 我们不可能去重复数学发展史的进程, 而是根据我们的需求来阐述.

定义 13.1.1　$A \in \mathbf{R}^{n \times n}$ 称为对角占优矩阵, 系指

$$|\alpha_{ii}| > \sum_{j \neq i} |\alpha_{ij}|, \quad i \in \underline{n}, \tag{13.1.1}$$

若又有 $\alpha_{ii} > 0$ 对一切 $i \in \underline{n}$ 成立, 则 A 称为正对角占优. A 称为是拟对角占优, 系指存在 $D = \mathrm{diag}\,[\delta_1, \delta_2, \cdots, \delta_n]\,, \delta_i > 0, \forall i \in \underline{n}$ 使 DA 或 AD 为对角占优.

上述定义可延伸至负对角占优, 拟负对角占优等概念.

定义 13.1.2　$A \in \mathbf{R}^{n \times n}$ 称为是可约矩阵, 系指存在排列矩阵 $P = [e_{i_1}, e_{i_2}, \cdots, e_{i_n}]$ 使

$$P^T A P = \begin{bmatrix} A_{11} & A_{12} \\ 0 & A_{22} \end{bmatrix}, \tag{13.1.2}$$

其中 $A_{11} \in \mathbf{R}^{m \times m}, m < n$. 以上 $(i_1, i_2, \cdots, i_n)$ 是 $(1, 2, \cdots, n)$ 的一个排列, e_i 是单位矩阵 I_n 的第 i 个列向量.

显然, 由于排列矩阵是正交矩阵, 式 (13.1.2) 也是一个相似变换.

定义 13.1.3 $A \in \mathbf{R}^{n \times n}$ 是非负的并记为 $A \geqslant 0$. 系指 $A = (\alpha_{ij})$ 有

$$\alpha_{ij} \geqslant 0, \quad \forall i \in \underline{n}, \quad j \in \underline{n}, \tag{13.1.3}$$

而 A 称为是正矩阵, 并记为 $A > 0$, 系指

$$\alpha_{ij} > 0, \quad \forall i \in \underline{n}, \quad j \in \underline{n}. \tag{13.1.4}$$

引理 13.1.1 设 $A \geqslant 0$ 且不可约, 则

$$(I + A)^{n-1} > 0. \tag{13.1.5}$$

证明 首先有对任何 i 总有 $(I + A)^i \geqslant 0$. 设 $y \geqslant 0$ 并令 $z = (I + A)y$. 考虑到排列矩阵 P 是正交矩阵, 则

$$Pz = P(I + A)P^T Py.$$

于是不妨设 $y = \begin{bmatrix} u \\ 0 \end{bmatrix}, u > 0$, 且 $u \in \mathbf{R}^k, k \geqslant 1$, 然后按 y 的分块记 $z = \begin{bmatrix} z_1 \\ z_2 \end{bmatrix}$. 则容易验证 $z_1 > 0$. 以下证 z_2 不为零.

设 $z_2 = 0$, 则有

$$\begin{bmatrix} z_1 \\ 0 \end{bmatrix} = \begin{bmatrix} u \\ 0 \end{bmatrix} + \begin{bmatrix} A_{11} & A_{12} \\ A_{21} & A_{22} \end{bmatrix} \begin{bmatrix} u \\ 0 \end{bmatrix}.$$

由此可知 $A_{21}u = 0$. 但 $u > 0$, $A_{21} \geqslant 0$, 于是只有 $A_{21} = 0$, 即 A 是可约的.

由 A 不可约可知 z 的正值分量个数一定大于 k. 以 z 代替 y 重复上述过程 $n - 1$ 次, 则

$$(I + A)^{n-1}y > 0, \quad y \geqslant 0, \quad y \neq 0. \tag{13.1.6}$$

∎

以后对 $A = (\alpha_{ij}) \in \mathbf{R}^{n \times n}$, 将用 $|A|$ 表示以 A 的元的绝对值组成的矩阵, 即 $|A| = (|\alpha_{ij}|)$. 显然 $|A| \geqslant 0$. 同样对 $a = [\alpha_1, \alpha_2, \cdots, \alpha_n]^T \in \mathbf{R}^n$ 有 $|a| = [|\alpha_1|, |\alpha_2|, \cdots, |\alpha_n|]^T$.

在非负矩阵的理论上先是 Perron 而后是 Frobenius 给出十分重要的结果. 我们在下面首先给出后者.

定理 13.1.1 (Frobenius 定理)　设 $A \in \mathbf{R}^{n \times n}$ 为不可约非负矩阵, $\rho(A) = \max$ $\{|\lambda| | \lambda \in \mathbf{\Lambda}(A)\}$ 是其谱半径, 则存在 $\lambda_\rho \in \mathbf{\Lambda}(A), \lambda_\rho = \rho(A)$, 且对应 λ_ρ 的特征向量 可取为正向量, 对应 λ_ρ 的 A 的初等因子仅为一次. 又若 A 具与 λ_ρ 等模的特征值 为 $\lambda_1, \lambda_2, \cdots, \lambda_{h-1}$, 则它们连同 λ_ρ 一起是方程

$$\lambda^h - \lambda_\rho^h = 0 \tag{13.1.7}$$

的 h 个根. 经排列有 $\lambda_i = \lambda_\rho e^{\frac{2i\pi}{h}}$. 若 $h > 1$, 则经排列矩阵 P 可将矩阵 A 化成

$$P^T A P = \begin{bmatrix} 0 & A_{12} & 0 & \cdots & 0 \\ 0 & 0 & A_{23} & \cdots & 0 \\ \vdots & \vdots & \vdots & & \vdots \\ 0 & 0 & 0 & \cdots & A_{h-1,h} \\ A_{h1} & 0 & 0 & \cdots & \cdots 0 \end{bmatrix}. \tag{13.1.8}$$

这个定理的证明比较复杂, 我们以图 13.1 表示其证明过程.

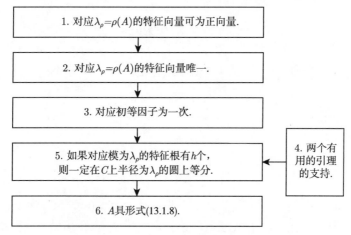

图 13.1　定理证明过程

证明　(1) 对任给 $x \geqslant 0$ 且 $x \neq 0$, 则由 $A \geqslant 0$ 可知对 $x = [\xi_1, \xi_2, \cdots, \xi_n]$ 定义

$$r_x = \min_i \frac{(Ax)_i}{\xi_i}, \quad \xi_i = (x)_i \neq 0, \tag{13.1.9}$$

其中 $(\cdot)_i$ 表对应向量的第 i 个分量. 显然 $r_x \geqslant 0$.

由于参与 (13.1.9) 求最小的 i 仅有限个. 可设 i_0 是对应实现 $\min$ 的 i. 于是有

$$(Ax)_{i_0} = \xi_{i_0} r_x,$$
$$(Ax)_i \geqslant \xi_i r_x, \quad i \neq i_0.$$

于是就有

$$r_x = \max \{\rho \mid \rho x \leqslant Ax, x \geqslant 0\}. \qquad (13.1.10)$$

进一步来证 $\max\limits_{x} \{r_x \mid x \geqslant 0\}$ 存在且是模取最大的特征值 λ_ρ, 由 (13.1.10) 可以看出若以 λx 代替 $x, \lambda > 0$, 则 r_x 不变, 即

$$r_x = r_{\lambda x}, \quad \forall \lambda > 0. \qquad (13.1.11)$$

这样 r_x 就是 x 的齐零次函数, 于是对 r_x 的讨论可以只在集合

$$\boldsymbol{M} = \{x \mid x^T x = 1, x \geqslant 0\}$$

上讨论, 即

$$\max_{x} \{r_x \mid x \geqslant 0\} = \max_{x} \{r_x \mid x \in \boldsymbol{M}\}.$$

现在将 $\boldsymbol{M}$ 放在单位球面 $\mathbf{S}_1 = \{x \mid x^T x = 1\}$ 上考虑. 则 $\boldsymbol{M}$ 相对于 $\mathbf{S}_1$ 的边界为

$$\partial_r \boldsymbol{M} = \{x \mid \exists i \in \underline{n} \text{使}(x)_i = 0\} \cap \boldsymbol{M}.$$

记 $\boldsymbol{M}$ 相对于 $\mathbf{S}_1$ 的内点组成的集合为

$$\overset{\circ}{\boldsymbol{M}} = \boldsymbol{M} \backslash \partial_r \boldsymbol{M} = \{x \mid x \in \boldsymbol{M} \text{且} x \bar{\in} \partial_r \boldsymbol{M}\}.$$

不难证明 r_x 是 $x \in \overset{\circ}{\boldsymbol{M}}$ 的连续函数, 但未必在 $\boldsymbol{M}$ 上连续, 这是由于当 x 从 $\overset{\circ}{\boldsymbol{M}}$ 运动至 $\partial_r \boldsymbol{M}$ 时 r_x 是 x 的齐零次函数会带来的麻烦. 记集合

$$\boldsymbol{N} = \{y \mid y = (I + A)^{n-1} x, x \in \boldsymbol{M}\}.$$

注意到 $\boldsymbol{M}$ 是闭集且有界, $(I + A)^{n-1}$ 是线性变换. 于是 $\boldsymbol{N}$ 是有界闭集. 将 $\boldsymbol{N}$ 上的点与原点相连在 $\mathbf{S}_1$ 交出一集合 $\boldsymbol{N}_1$, 则 $\boldsymbol{N}_1 \subset \overset{\circ}{\boldsymbol{M}}$. 由于对任何 $x \geqslant 0$ 与 $y = (I + A)^{n-1} x$ 总有

$$r_x y = r_x (I + A)^{n-1} x \leqslant (I + A)^{n-1} Ax = Ay,$$

由此就有 $r_y \geqslant r_x$. 注意到 $x \in \boldsymbol{M}, y \in \boldsymbol{N}$, 则有

$$\begin{aligned}
\max_{x} \{r_x \mid x \in \boldsymbol{M}\} &\geqslant \max_{x} \left\{r_x \mid x \in \overset{\circ}{\boldsymbol{M}}\right\} \\
&\geqslant \max_{y} \{r_y \mid y \in \boldsymbol{N}_1\} \\
&= \max_{y} \{r_y \mid y \in \boldsymbol{N}\} \\
&\geqslant \max_{x} \{r_x \mid x \in \boldsymbol{M}\},
\end{aligned}$$

其中第一个等号用到齐次性. 这表明上式应为等式, 即存在 $\overset{\circ}{M}$ 中向量 x_0 有

$$r_{x_0} = \max_x \{r_x \mid x \in M\} = \max_x \{r_x \mid x \geqslant 0, x \neq 0\} = r,$$

其中 $x_0 > 0$ 是正向量.

以下称一切使 $r_z = r$ 的非负向量 z 为 A 的极值向量. 考虑向量 $e = [1, 1, \cdots, 1]^T$, 则

$$r_e = \min_k \sum_{i=1}^{n} \alpha_{ik}.$$

由于 A 不可约且非负, 于是 $r_e > 0$, 从而 $r \geqslant r_e > 0$.

现设 z 为任一极值向量. 令 $x = (I + A)^{n-1} z$. 若 $Az \neq rz$, 则 $Az - rz > 0$, 于是

$$Ax - rx = (I + A)^{n-1}(Az - rz) > 0,$$

从而有 $r_x > r$. 而这与 z 是 A 的极值向量矛盾. 于是 z 是极值向量就有 $Az = rz$, 于是 $r \in \Lambda(A)$.

由于 $z \geqslant 0$, $Az = rz$, 则有

$$(1 + r)^{n-1} z = (I + A)^{n-1} z > 0.$$

由于 $(1 + r)^{n-1}$ 是一正数, 则 $z > 0$, 即极值向量为正向量.

(2) 设 $\alpha \in \Lambda(A)$, 对应特征向量为 y, 即 $\alpha y = Ay$. 易证有

$$|\alpha| \cdot |y| \leqslant A|y|.$$

于是 $|\alpha| \leqslant r_{|y|} \leqslant r$, 但 $r \in \Lambda(A)$ 这样就有 $r = \rho(A)$, 以后记其为 λ_ρ.

设 A 对应 λ_ρ 有两个实特征向量 z_1 与 z_2, 其中 $z_1 > 0$. 研究其仿射组合 $z_\lambda = (1 - \lambda)z_1 + \lambda z_2$, 则 $Az_\lambda = \lambda_\rho z_\lambda, \lambda \in \mathbf{R}$.

考虑到 $z_0 = z_1 > 0$, 则一定存在 $\lambda_0 \in \mathbf{R}$ 使 $z_{\lambda_0} \geqslant 0$ 但 $z_{\lambda_0} \geqslant 0$ 并不是正向量. 但 $(1 + r)^{n-1} z_{\lambda_0} = (I + A)^{n-1} z_{\lambda_0} > 0$, 从而导致矛盾. 这表明 $z_1 = z_2$. 由于 $z_1 > 0$ 是特征向量. $-z_1$ 也是特征向量. 此后我们只取 $z_1 > 0$.

(3) 记 $(sI - A)$ 的伴随矩阵为 $B(s)$, 则有

$$(sI - A)B(s) = \det(sI - A)I_n = f(s)I_n,$$

其中 $f(s)$ 是 A 的特征多项式. 于是由 $\lambda_\rho \in \Lambda(A)$ 就有

$$(\lambda_\rho I - A)B(\lambda_\rho) = 0.$$

利用 $\dfrac{B(s)}{f(s)}$ 是 $sI - A$ 的逆, 则 $B(s)(sI - A) = f(s)I$ 可知 $(\lambda_\rho I - A^T)B^T(\lambda_\rho) = 0$. 由此表明 $B(\lambda_\rho)$ 的列均为 A 对应 λ_ρ 的特征向量. $B(\lambda_\rho)$ 的行均为 A^T 对应 λ_ρ 的特征向量. 但 A 与 A^T 必同为不可约矩阵. 于是 $B(\lambda_\rho)$ 的列与行均可同时为正向量或负向量. 若记 $B(s) = (\beta_{ij}(s))$, 则由伴随矩阵的定义可知

$$f'(\lambda_\rho) = \sum_{i=1}^{n} \beta_{ii}\lambda_\rho.$$

由于 λ_ρ 是最大特征值且为正, 于是 $f'(\lambda_\rho) > 0$. 由此可知 $\beta_{ij}(\lambda_\rho) > 0$.

记 $\tilde{A} = A - \lambda_\rho I$, 则 $0 \in \mathbf{\Lambda}(\tilde{A})$. 考虑 $\tilde{f}(s) = \det[sI - \tilde{A}]$ 则 $\tilde{f}(s) = f(s + \lambda_\rho)$, 并可有 $\tilde{f}'(s) = f'(s + \lambda_\rho)$, $\tilde{f}'(0) = f'(\lambda_\rho)$, 其中 $\tilde{f}', f'$ 均指 $\tilde{f}, f$ 对 s 所求的导数, 记 $sI - \tilde{A}$ 的伴随矩阵为 $\tilde{B}(s)$.

利用矩阵将特征多项式系数与对应矩阵主子行列式的关系, 则有

$$f'(\lambda_\rho) = \tilde{f}'(0) = \epsilon \sum_{i=1}^{n} \tilde{\beta}_{ii}(0) = \epsilon \sum_{i=1}^{n} \beta_{ii}(\lambda_\rho) \neq 0,$$

即 λ_ρ 只是 $f(s)$ 的单根, 即 $(s - \lambda_\rho)$ 对应 A 的初等因子为一次, 上述 ϵ 是只取 ± 1 的数.

(4)

引理 13.1.2 $A, C \in \mathbf{R}^{n \times n}$, 其中 A 不可约且

$$|C| \leqslant A, \quad C = (\gamma_{ij}). \tag{13.1.12}$$

若 λ_ρ 为 A 的最大特征值, 则

$$\rho(C) \leqslant \lambda_\rho. \tag{13.1.13}$$

如果 $\rho(C) = \lambda_\rho$, 则等价于

$$C = e^{j\varphi}DAD^{-1}, \tag{13.1.14}$$

其中 $|D| = I_n$, $e^{j\varphi} = \dfrac{\gamma}{\lambda_\rho}$, γ 是 C 的特征值且有 $|\gamma| = \rho(C)$.

证明 考虑 C 的任一特征值 γ, 则有 $y \neq 0$ 使 $Cy = \gamma y$. 于是就有

$$|\gamma||y| \leqslant |C||y| \leqslant A|y|. \tag{13.1.15}$$

对 A 来说, 上式表明

$$|\gamma| \leqslant r_{|y|} \leqslant \lambda_\rho.$$

即推出式 (13.1.13).

现考虑 $\rho(C) = \lambda_\rho, \gamma \in \Lambda(C)$, 且 $|\gamma| = \rho(C)$. 于是由式 (13.1.15) 可知 $|y|$ 为 A 的极值向量且 $|y| > 0$. 于是 $A|y| = \lambda_\rho|y|$.

这样式 (13.1.15) 成为

$$\lambda_\rho|y| = |C||y| = A|y|. \tag{13.1.16}$$

由条件 (13.1.12) 和 $|y| > 0$, 则 $A = |C|$.

现记 $y = [\eta_1, \eta_2, \cdots, \eta_n]^T, \eta_i = |\eta_i|e^{j\varphi_i}$. 令

$$D = \text{diag}\left[e^{j\varphi_1}, e^{j\varphi_2}, \cdots, e^{j\varphi_n}\right].$$

于是 $y = D|y|$. 令 $\gamma = \lambda_\rho e^{j\varphi}, F = e^{-j\varphi}D^{-1}CD$, 则有

$$F|y| = \lambda_\rho|y|. \tag{13.1.17}$$

利用式 (13.1.16) 与式 (13.1.17), 则有

$$F|y| = |C||y| = A|y|.$$

但注意到 $|y| > 0$, 则 $|F| = |C| = A$. 由此就有 $F = |F|$, 即 $e^{-j\varphi}D^{-1}CD = A$ 或

$$C = e^{j\varphi}DAD^{-1}. \qquad\blacksquare$$

(5) 现设 A 具 h 个相异的模为 λ_ρ 的特征根, $\lambda_i = \lambda_\rho e^{j\varphi_i}, i = 0, \cdots, h-1$, 且 $\varphi_0 = 0$. 不妨设 $\varphi_i < \varphi_{i+1}, \varphi_{h-1} < 2\pi$.

对每个 $i \in \underline{h-1}$, 令 $\gamma = \lambda_i$ 与 $C = A$. 利用前述引理 13.1.2, 则有

$$A = e^{j\varphi_i}D_iAD_i^{-1}, \quad |D_i| = I. \tag{13.1.18}$$

现设 z 为 A 对应特征值 $\lambda_\rho = \rho(A)$ 的正特征向量, 即

$$Az = \lambda_\rho z, \quad z > 0, \quad \lambda_\rho > 0.$$

然后设 $y^{(i)} = D_i z, |y^{(i)}| = z > 0$, 就有

$$Ay^{(i)} = \lambda_i y^{(i)}, \quad \lambda_i = e^{j\varphi_i}\lambda_\rho, \quad i \in \underline{h-1}.$$

这样我们就得到了全部对应模为 λ_ρ 的特征值的特征向量. 如果 λ_i 是重特征值. 若其对应两个特征向量则对应 λ_ρ 的特征向量亦为两个. 若其对应若当块利用特征向量与对应的根向量的关系, 也可知对应 λ_ρ 的也存在根向量. 而我们已知对应 λ_ρ 的只有一个特征向量, 于是对应特征值 λ_i 的也只有一个特征向量, 即 λ_i 是单根.

由式 (13.1.18) 即可推出

$$A = e^{j(\varphi_i \pm \varphi_l)} D_i D_l^{\pm 1} A D_l^{\mp} D_i^{-1}, \quad i, l \in \underline{h-1}.$$

这表明 $D_i D_l^{\pm 1} z$ 是 A 对应 $\lambda_\rho e^{j(\varphi_i + \varphi_l)}$ 的特征向量. 由此集合 $\{e^{j(\varphi_i + \varphi_l)}, i, l = 0, 1, \cdots, h-1\}$ 与集合 $\{e^{j\varphi_i}, i = 0, 1, \cdots, h-1\}$ 的相异元一致. 而集合 $\{D_i D_l^{\pm 1}, i, l = 0, 1, \cdots, h-1\}$ 与集合 $\{D_i, i = 0, 1, \cdots, h-1\}$ 的相异元一致. 于是 $\{e^{j\varphi_0}, e^{j\varphi_1}, \cdots, e^{j\varphi_{h-1}}\}$ 和 $\{D_0, D_1, \cdots, D_{h-1}\}$ 组成两个相互同构的有限可交换群 (对称 Abel 群). 由于具 h 个元的有限群内任何元的 h 次幂都一定是单位元. 由此有 $\varphi_i = \dfrac{2i\pi}{h}, i = 0, 1, \cdots, h-1$. 这表明 λ_i 是 $\lambda^h - \lambda_\rho^h = 0$ 的 h 个相异根. 并且对应有

$$D_i = D^i, \quad i = 1, 2, \cdots, h-1, \quad D_1 = D, \quad D_0 = D^h = I.$$

由此式 (13.1.18) 具形式

$$A = e^{\frac{2i\pi}{h}} D_i A D_i^{-1}, \quad i = 0, 1, \cdots, h-1. \tag{13.1.19}$$

该式表明 $e^{\frac{2i\pi}{h}} A$ 与 A 相似. 于是 A 的特征值用 $e^{\frac{2i\pi}{h}}$ 乘一下一定还是 A 的特征值. 另一方面 D_i 是对角矩阵且有 $D_i^h = I$. 因此 D_i 的对角元一定是 $\xi^h - 1 = 0$ 的根但未必 h 个根全出现, 记这些根为 $\eta_0, \eta_1, \cdots, \eta_{s-1}$. 显然 $s \leqslant h$. 这样对 D 适当排列就有

$$D = \text{diag}\,[\eta_0 I_0, \eta_1 I_1, \cdots, \eta_{s-1} I_{s-1}], \tag{13.1.20}$$

其中 $I_0, I_1, \cdots, I_{s-1}$ 均为单位矩阵, 而

$$\eta_p = e^{j\psi_p}, \quad \psi_p = n_p \frac{2\pi}{h},$$

其中 n_p 是整数, $p = 0, 1, \cdots, s-1; 0 = n_0 < n_1 < \cdots < n_{s-1} < h$.

(6) 现将 A 按 D 的分块写成块状矩阵

$$A = \begin{bmatrix} A_{11} & A_{12} & \cdots & A_{1s} \\ A_{21} & A_{22} & \cdots & A_{2s} \\ \vdots & \vdots & & \vdots \\ A_{s1} & A_{s2} & \cdots & A_{ss} \end{bmatrix}.$$

利用式 (13.1.8) 记 $\epsilon = e^{j\frac{2\pi}{h}}$, 则有

$$\epsilon A_{pq} = \frac{\eta_{q-1}}{\eta_{p-1}} A_{pq}, \quad p, q = 1, 2, \cdots, s. \tag{13.1.21}$$

由此就有

$$A_{pq} = 0 \text{ 或 } \epsilon = \frac{\eta_{q-1}}{\eta_{p-1}}, \quad p, q \leqslant s,$$

取 $p = 1$. 因 $A_{12}, A_{13}, \cdots, A_{1s}$ 不能同时为零, 则 $\frac{\eta_1}{\eta_0}, \frac{\eta_2}{\eta_0}, \cdots, \frac{\eta_{s-1}}{\eta_0}$ 中有一个应为 ϵ. 注意到可以对 A 进行排列, 不妨设 $\frac{\eta_1}{\eta_0} = \epsilon$, 则 $A_{11} = 0, A_{13} = 0, \cdots, A_{1s} = 0$. 对应 $\eta_1 = 1$, 进而取 $p = 2$, 对应有 $A_{21} = 0, A_{22} = 0, A_{24} = 0, \cdots$.

如此下去则 A 具形式

$$A = \begin{bmatrix} 0 & A_{12} & 0 & \cdots & 0 \\ 0 & 0 & A_{23} & \cdots & 0 \\ \vdots & \vdots & \vdots & & \vdots \\ A_{s1} & A_{s2} & A_{s3} & \cdots & A_{ss} \end{bmatrix}.$$

同时 $n_1 = 1, n_2 = 2, \cdots, n_{s-1} = s - 1$. 最后 $p = s$, 则式 (13.1.21) 有

$$\text{或 } A_{sq} = 0, \text{ 或 } \frac{\eta_{q-1}}{\eta_{s-1}} = e^{\frac{2\pi j}{h}(q-s)} = e^{\frac{2\pi j}{h}},$$

而后一等式只在 $q = 1, s = h$ 方为可能. 于是

$$A_{s2} = 0, A_{s3} = 0, \cdots, A_{ss} = 0.$$

利用 $s = h$, 则 A 具形式式 (13.1.8).

这就完成了 Frobenius 定理的证明.　　　　　　　　　　　　　　　　　　　　■

注记 13.1.1　　以上定理证明取自 [Gan1966]. 在个别不清晰的地方作了少许修改.

注记 13.1.2　　相当一些文献将不可约非负矩阵也称为 Frobenius 矩阵.

参考文献: [Bel1970], [FP1962], [FP1966], [Hua1992], [Gan1966].

13.2　非负矩阵 Perron 定理与讨论

上一节的 Frobenius 定理是关于非负矩阵一个内容丰富十分基础但却有较大难度的一个定理. 从系统与控制的角度十分有用的是它的特殊情形 –Perron 定理, 只要求得到 Perron 定理, 其证明就相对简单得多.

定理 13.2.1(Perron 定理)　　$A \in \mathbf{R}^{n \times n}$ 非负且非奇异. 则存在 $r \in \mathbf{\Lambda}(A), r = \rho(A)$ 与 $x \geqslant 0, x \neq 0$ 使

$$Ax = rx. \tag{13.2.1}$$

以后记这样的特征值为 $\lambda_\rho(A)$, 有时在不至混淆时简记为 λ_ρ.

证明 若 A 不可约, 则利用 Frobenius 定理, 结论一定成立. 现设 A 可约, 则存在排列矩阵使

$$P^T A P = \begin{bmatrix} A_{11} & A_{12} & \cdots & A_{1p} \\ 0 & A_{22} & \cdots & A_{2p} \\ \vdots & \vdots & & \vdots \\ 0 & 0 & \cdots & A_{pp} \end{bmatrix}.$$

其中 A_{ii} 为非奇异非负不可约. 于是可令

$$r = \max \{ \rho(A_{ii}) \mid i \in k \}.$$

不妨设 $\rho(A_{11}) = r$. 并有 $z_1 > 0$ 使 $A_{11} z_1 = r z_1$. 由此令 $x = [z_1^T, 0, \cdots, 0]^T$ 就有

$$Ax = rx, \quad x \geqslant 0, \quad x \neq 0,$$

(即 $r = \lambda_\rho$). ■

非负矩阵的魅力更多存在于各种应用问题, 这主要表现在其关于极大、极小的一些有趣的性质上. 是这些特性使在应用方面显得有力. 下面给 Perron 定理另一个形式.

定理 13.2.1′(Perron 定理) 设 A 为一正矩阵. 则存在唯一 A 的特征值 r, 使有

$$r \geqslant |\lambda|, \quad r > 0, \quad \lambda \in \mathbf{\Lambda}(A), \tag{13.2.2}$$

且 r 是简单特征值, 其对应特征向量 $x = (\xi_1, \xi_2, \cdots, \xi_n)$ 是正向量, 即

$$\xi_i > 0, \quad i \in \underline{n}. \tag{13.2.3}$$

下面在证明定理 13.2.1 的过程中采用证明一些有趣结论的方式来完成.

定理 13.2.2 $A \in \mathbf{R}^{n \times n}$ 具定理 13.2.1′ 的条件. 设 λ_ρ 有

$$\lambda_\rho \in \mathbf{\Lambda}(A), \quad |\lambda_\rho| \geqslant |\lambda|, \quad \lambda \in \mathbf{\Lambda}(A). \tag{13.2.4}$$

设定义集合

$$\mathbf{S}(A) = \{ \lambda \mid \lambda \geqslant 0 \text{ 且存在 } x \geqslant 0, x \neq 0 \text{ 使 } Ax \geqslant \lambda x \},$$

$$\mathbf{T}(A) = \{ \lambda \mid \lambda > 0 \text{ 且存在 } x > 0, \text{ 使 } Ax \leqslant \lambda x \}. \tag{13.2.5}$$

则

$$\begin{aligned} \lambda_\rho &= \max \{ \lambda \mid \lambda \in \mathbf{S}(A) \} \\ &= \min \{ \lambda \mid \lambda \in \mathbf{T}(A) \}. \end{aligned} \tag{13.2.6}$$

证明　对 $x = [\xi_1, \xi_2, \cdots, \xi_n]$, 由于 $x \geqslant 0$, 可令

$$\|x\| = \sum_{i=1}^n \xi_i. \tag{13.2.7}$$

同时由 $A \geqslant 0$, 可令

$$\|A\| = \sum_{i,j=1}^n \alpha_{ij}. \tag{13.2.8}$$

由此若 $\lambda x \leqslant Ax$, 则有

$$\lambda \|x\| \leqslant \|A\| \|x\|.$$

从而

$$0 \leqslant \lambda \leqslant \|A\|. \tag{13.2.9}$$

于是 $\mathbf{S}(A)$ 是有界集. 又由于 A 是正矩阵. 则 $\mathbf{S}(A)$ 不空, 即 $\mathbf{S}(A) \neq \varnothing$. 由此可令 $\lambda_0 = \sup\{\lambda \mid \lambda \in \mathbf{S}(A)\}$. 设序列 $\{\lambda_i\} \subset \mathbf{S}(A)$ 且 $\lim_{i\to\infty} \lambda_i = \lambda_0$, 并以 $x^{(i)}$ 表与 λ_i 联系的向量, $x^{(i)}$ 有

$$\lambda_i x^{(i)} \leqslant A x^{(i)}, \quad i = 1, 2, \cdots \tag{13.2.10}$$

但由于可选 $\|x^{(i)}\| = 1$, 因而序列 $\{x^{(i)}\}$ 中存在自身收敛的子序列. 不妨认为该子序列为 $\{y^{(i)}\}$, 且有 $\lim_{i\to\infty} y^{(i)} = x^{(0)}$, 显然 $\|x^{(0)}\| = 1$. 由此可知

$$\lambda_0 x^{(0)} \leqslant A x^{(0)}. \tag{13.2.11}$$

从而表明前述符号 Sup 可以用 max 代替.

　　我们仍需证明式 (13.2.11) 实际上是等式, 即有 $\lambda_0 x^{(0)} = A x^{(0)}$. 为此采用反证法. 现不失一般性设式 (13.2.11) 表述的第一个为严格不等式, 即

$$\begin{cases} \Sigma_{j=1}^n \alpha_{1j}\xi_j - \lambda_0 \xi_1 = \delta_1 > 0, \\ \Sigma_{j=1}^n \alpha_{ij}\xi_j - \lambda_0 \xi_i \geqslant 0, \quad i = 2, 3, \cdots, n, \end{cases} \tag{13.2.12}$$

其中 $[\xi_1, \cdots, \xi_n]$ 是 $x^{(0)}$ 的分量. 现考虑向量

$$y = x^{(0)} + \begin{bmatrix} \dfrac{\delta_1}{2\lambda_0} & 0 & \cdots & 0 \end{bmatrix}^T, \tag{13.2.13}$$

由式 (13.2.12) 可知

$$Ay = A x^{(0)} + A \begin{bmatrix} \dfrac{\delta_1}{2\lambda_0} & 0 & \cdots & 0 \end{bmatrix}^T > \lambda_0 y.$$

从而与 $x^{(0)}$ 实现最大矛盾. 这表明式 (13.2.11) 应为

$$\lambda_0 x^{(0)} = A x^{(0)}.$$

由此 $\lambda_0 \in \Lambda(A)$ 而且对应的特征向量就是 $x^{(0)}$, 我们尚应证明 $x^{(0)} > 0$.

首先来证 $\lambda_0 = r$, r 是由 (13.2.2) 确定的 A 的特征值. 现设若有 $\lambda \in \Lambda(A)$, 但 $|\lambda| \geqslant \lambda_0$, 且 z 是 A 关于 λ 的特征向量. 由此就有 $Az = \lambda z$, 从而得

$$|\lambda||z| \leqslant A|z|. \tag{13.2.14}$$

而该不等式刚好说明 $|\lambda| \leqslant \lambda_0$. 而当 $|\lambda| = \lambda_0$ 时重复类似刚刚关于 x^0 的认证. 则 $|\lambda||z| \leqslant A|z|$ 刚好成为等式且 $|z| > 0$. 因而 $|Az| = A|z|$. 由此可知一定可以将 z 表成

$$z = \gamma w, \quad w > 0, \quad \gamma \in \mathbf{C}.$$

同时可知 $Aw = \lambda w$. 因而 λ 是实的正数. 于是 $\lambda = \lambda_0$.

最后证明在差一个常数因子的条件下 $w = x^{(0)}$. 设 z 也是 A 关于 r 的特征向量且与 $x^{(0)}$ 线性独立. 于是 $x^{(0)} + \epsilon z$ 也是 A 关于 r 的特征向量. 由于 $\epsilon = 0$ 时 $x^{(0)} > 0$, 则存在 ϵ_1 使 $x^{(0)} + \epsilon z$ 首先有一个或多个分量为零, 即当 $\epsilon < \epsilon_1$ 时有 $x^{(0)} + \epsilon z > 0$. 而 $x^{(0)} + \epsilon_1 z \geqslant 0$, 其中等号至少有一个分量成立而其余分量均非负. 但是

$$A(x^{(0)} + \epsilon_1 z) = \lambda_0 (x^{(0)} + \epsilon_1 z).$$

同样可由 $x^{(0)} + \epsilon_1 z \geqslant 0$ 导出 $x^{(0)} + \epsilon_1 z > 0$. 这实际上表明当 $\epsilon = \epsilon_1$ 时 $x^{(0)} + \epsilon_1 z$ 有分量为零并不成立, 即 z 不可能与 $x^{(0)}$ 线性独立. 于是 $x^{(0)}$ 在可差一常数因子下唯一.

于是上面性质的 λ_0 就是 λ_ρ.

在完成极大性质的证明后进而来证明极小性质. 虽然可以完全仿照前述过程进行, 但也可以采用另一种办法.

由于 A 与 A^T 具相同的特征多项式, 我们就有 $\lambda_\rho(A) = \lambda_\rho(A^T)$. 显然若 $Ay \leqslant \lambda y$ 对 $y > 0$ 成立, 则对任何 $z \geqslant 0$, 就有

$$\lambda z^T y = \lambda y^T z \geqslant y^T A^T z = z^T A y. \tag{13.2.15}$$

现设 z 是 A^T 对应 $\lambda_\rho(A^T) = \lambda_\rho(A)$ 的特征向量, 则

$$\lambda z^T y \geqslant \lambda_\rho(A) y^T z.$$

由于 $y^T z > 0$, 则 $\lambda \geqslant \lambda_\rho(A)$. 从而完成极小性的证明.

最后为了完成 $\lambda_\rho(A)$ 是单根的证明, 引入一个有价值的引理.

引理 13.2.1　设 A 为 $n \times n$ 的实正矩阵. 随便划去 A 的一行与一列. 记为 A', 则它为 $(n-1) \times (n-1)$ 的实正矩阵. 可以证明

$$\lambda_\rho(A) > \lambda_\rho(A'). \tag{13.2.16}$$

证明　运用反证法设 $\lambda_\rho(A) \leqslant \lambda_\rho(A')$. 不失一般性, A' 是由 A 删去最后一行与一列形成的矩阵, 即

$$A' = (\alpha_{ij}), \quad 1 \leqslant i, j \leqslant n-1. \tag{13.2.17}$$

于是有

$$\Sigma_{j=1}^{n-1} \alpha_{ij} \eta_j = \lambda_\rho(A') \eta_i, \quad i \in \underline{n-1}, \quad \eta_i > 0, \tag{13.2.18}$$

$$\Sigma_{j=1}^{n} \alpha_{ij} \xi_j = \lambda_\rho(A) \xi_i, \quad i \in \underline{n}, \quad \xi_i > 0, \tag{13.2.19}$$

其中 $y = [\eta_1, \eta_2, \cdots, \eta_{n-1}]^T$, $x = [\xi_1, \xi_2, \cdots, \xi_n]^T$ 分别是 A' 与 A 对应 $\lambda_\rho(A')$ 与 $\lambda_\rho(A)$ 的特征向量. 利用 (13.2.19) 的前 $n-1$ 个方程, 则

$$\begin{aligned}
\Sigma_{j=1}^{n-1} \alpha_{ij} \xi_j &= \lambda_\rho(A) \xi_i - \alpha_{in} \xi_n \\
&= \lambda_\rho(A) \left[\xi_i - \frac{\alpha_{in} \xi_n}{\lambda_\rho(A)} \right] \\
&< \lambda_\rho(A) \xi_i.
\end{aligned}$$

从而与 $\lambda_\rho(A')$ 的极小性矛盾.

最后来证明 $\lambda_\rho(A)$ 是单根. 考虑 $f(\lambda) = \det(\lambda I - A)$. 由此就有

$$f'(\lambda) = \det(\lambda I - A_1) + \det(\lambda I - A_2) + \cdots + \det(\lambda I - A_n),$$

其中 A_k 是 A 删去第 k 行, k 列形成之矩阵. 又由于引理保证 $\lambda_\rho(A) > \lambda_\rho(A_i)$. 考虑到前述行列式 $\det[\lambda I - A_i]$ 对一切 $i \in \underline{n}$ 首项全相同, 而 $\max_i \lambda_\rho(A_i)$ 是令其中有一个行列式为零的正数. 于是由 $\lambda_\rho(A) > \max_i \lambda_\rho(A_i)$ 可知 $f'(\lambda_\varrho(A)) \neq 0$. 这表明 $\lambda_\rho(A)$ 一定是单根. 上面的整个过程表明 Perron 定理 $13.2.1'$ 成立. ■

定理 13.2.3　设 A 是正矩阵, 即 $A > 0$. $\lambda_\rho(A)$ 如前定义, 则

$$\lambda_\rho(A) = \max_{x \in \mathbf{X}} \min_i \left\{ \Sigma_{j=1}^n \frac{\alpha_{ij} \xi_j}{\xi_i} \right\},$$

$$\lambda_\rho(A) = \min_{x > 0} \max_i \left\{ \Sigma_{j=1}^n \frac{\alpha_{ij} \xi_j}{\xi_i} \right\}, \tag{13.2.20}$$

其中

$$\mathbf{X} = \{ x \mid x \geqslant 0, x \neq 0 \}. \tag{13.2.21}$$

证明   直接引用定理 13.2.2, 注意不等式与 min, max 的关系就可得到.   ■

参考文献: [Bel1970], [FP1962], [FP1966], [Gan1966].

13.3 M 矩 阵

在大系统理论的研究中, 由于考虑到子系统之间的关联带有不确定性, 因而发展起来一类关于关联稳定性的工作, 其中起主要作用的是关于向量 Lyapunov 函数的方法及其理论支撑 M 矩阵, M 矩阵近年来在有关网络系统的研究中也发挥很好作用, 使这一在 20 世纪 60 年代兴起的方法得到了新的发展. 这一理论的基础是前面刚讨论过的非负矩阵的性质.

以下的 N 表示非对角元均非正的矩阵, 即

$$N = \{A = (\alpha_{ij}) \mid \alpha_{ij} \leqslant 0, \forall i \neq j\}. \tag{13.3.1}$$

这一类矩阵具有一批很有用的互相等价的基本性质, 那就是

定理 13.3.1 $A \in N$, 则下述性质是等价的:

1° 存在 $x \geqslant 0$ 使 $Ax > 0$.

2° 存在 $x > 0$ 使 $Ax > 0$.

3° 存在 $D = \mathrm{diag}[\delta_1, \delta_2, \cdots, \delta_n] > 0$ 使 $ADe > 0$, 其中 $e = [1, 1, \cdots, 1]^T = \Sigma_{i=1}^n e_i$, e_i 为第 i 个单位向量.

4° 存在 $D = \mathrm{diag}[\delta_1, \cdots, \delta_n], \delta_i > 0, i \in \underline{n}$, 使 AD 为正对角占优.

5° 只要 $R = \mathrm{diag}[\rho_1, \cdots, \rho_n]$ 具条件 $R \geqslant A$. 则 R^{-1} 存在且 $\rho\left(R^{-1}(D_A - A)\right) < 1$, 其中 $\rho(\cdot)$ 是谱半径. D_A 是 A 的对角元组成的对角矩阵, 即 $D_A = \mathrm{diag}[\alpha_{11}, \alpha_{22}, \cdots, \alpha_{nn}]$.

6° 对任何 N 中的 B, 只要 $B \geqslant A$, 则 B^{-1} 存在.

7° $\{\Lambda(A) \cap \mathbf{R}\} \subset \mathring{\mathbf{R}}_+ = (\alpha \mid \alpha \in \mathbf{R}, \alpha > 0)$.

8° A 的一切主子式均正.

9° 考虑 $\underline{n}$ 的任一子集 $\mathbf{T}_j = \{i_1, i_2, \cdots, i_j \mid i_s \neq i_l, \forall s \neq l\}$. 记 $A(\mathbf{T}_j)$ 为 A 对应 $\mathbf{T}_j$ 的哪些行列交叉元组成的主子矩阵. 则一定存在增序列

$$\varnothing \subset \mathbf{T}_1 \subset \mathbf{T}_2 \subset \cdots \subset \mathbf{T}_n = \underline{n},$$

有

$$\det A(T_j) > 0.$$

10° 存在排列矩阵使 $PAP^T = LU, L, U \in N$, L, U 均具正对角元, 分别为下、上三角矩阵.

$11°A^{-1}$ 存在且 $A^{-1} \geqslant 0$.

$12°\mathbf{\Lambda}(A) \subset \overset{\circ}{\mathbf{C}}_{+}$.

证明　按以图 13.2 所示路线来证明.

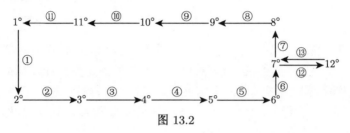

图 13.2

① 由已有 $u \geqslant 0, Au > 0$, 则存在 $\epsilon > 0$ 使 $x = u + \epsilon e$ 有 $x > 0$, 且 $Ax > 0$, 其中 $e = [1, 1, \cdots, 1]^{T}$, 即 $2°$ 成立.

② 对 1 中求得的 $x = [\xi_1, \xi_2, \cdots, \xi_n]^{T}$, 取 $\delta_i = \xi_i, i \in \underline{n}$, 令 $D = \mathrm{diag}\,[\delta_1, \delta_2, \cdots, \delta_n]$, 则有 $ADe > 0$, 即得 $3°$.

③ 由 $3°$ 令 $B = AD$, 则 $Be > 0$. 于是

$$\beta_{ii} > \Sigma_{j \neq i} - \beta_{ij}. \tag{13.3.2}$$

由于 $A \in \boldsymbol{N}$, D 为具正对角元的对角矩阵, 则 $B = AD \in \boldsymbol{N}$. 于是考虑到 $\beta_{ij} = -|\beta_{ij}|$. $\forall i \neq j$, 则式 (13.3.2) 就是

$$\beta_{ii} > \Sigma_{j \neq i}|\beta_{ij}|, \tag{13.3.3}$$

即 $4°$ 成立. 又由于 $\beta_{ii} > 0$, 则由 $\beta_{ii} = \alpha_{ii}\delta_i$, 也可知 $\alpha_{ii} > 0$.

④ 取 $B = AD = (\beta_{ij})$, 记 $D_B = \mathrm{diag}\,[\beta_{11}, \beta_{22}, \cdots, \beta_{nn}]$, 任取 $\lambda \in \boldsymbol{\Lambda}(I - D_B^{-1}B)$, 于是有 $x = [\xi_1, \xi_2, \cdots, \xi_n]^{T} \neq 0$, 使有

$$\lambda x = \left[I - D_B^{-1}B\right] x. \tag{13.3.4}$$

记 $|\xi_j|, j \in \underline{n}$ 中的最大者, 不妨为 ξ_i, 即有

$$|\xi_i| \geqslant |\xi_j|, \quad j \in \underline{n}. \tag{13.3.5}$$

考虑 (13.3.4) 的第 i 个等式有

$$\lambda \xi_i = \Sigma_{j \neq i}\beta_{ii}^{-1}\beta_{ij}\xi_j.$$

于是从

$$|\lambda \xi_i| \leqslant |\beta_{ii}^{-1}|\Sigma_{j \neq i}|\beta_{ij}||\xi_j| \leqslant |\xi_i|,$$

可知 $|\lambda| < 1$, 即有 $\rho(I - D_B^{-1}B) < 1$.

由 $4°$ 可知 $\alpha_{ii} > 0, \forall i \in \underline{n}$. 令 $\rho_i > \alpha_{ii}, i \in \underline{n}$, $R = \mathrm{diag}\,[\rho_1, \rho_2, \cdots, \rho_n]$. 则由 $A \in \boldsymbol{N}$ 就有 $R \geqslant A$ 并且 R^{-1} 存在且 $R^{-1} \geqslant 0$. 考虑到 $D_A - A \geqslant 0$ 是非负矩阵, 因而 $R^{-1}(D_A - A) \geqslant 0$. 则由 Perron 定理, 可知最大特征值与谱半径一致, 即 $\rho(\cdot) = \lambda_\rho$. 于是

$$
\begin{aligned}
\rho\left[R^{-1}(D_A - A)\right] &= \lambda_\rho\left[R^{-1}(D_A - A)\right] \\
&\leqslant \lambda_\rho\left[D_A^{-1}(D_A - A)\right] \\
&= \rho\left[D_A^{-1}(D_A - A)\right] \\
&= \rho\left[I - D_A^{-1}A\right] \\
&= \rho\left[I - D_B^{-1}B\right] < 1,
\end{aligned}
$$

其中 $B = AD!$.

⑤ 由任何对角矩阵 $R \geqslant A$ 可推知 R^{-1} 存在. 则 A 的对角元均正. 现知 $B \geqslant A$, 则 $D_B \geqslant D_A$. 于是 D_B^{-1} 存在且 $\rho\left[D_B^{-1}(D_A - A)\right] < 1$. 但 $B \in \boldsymbol{N}$, $B \geqslant A$ 可推出 $D_A - A \geqslant D_B - B \geqslant 0$. 于是

$$
\rho\left[D_B^{-1}(D_B - B)\right] \leqslant \rho\left[D_B^{-1}(D_A - A)\right] < 1.
$$

这表明 $D_B^{-1}B$ 非奇异, 即 B^{-1} 存在.

⑥ 考虑 α 为任一非负实数, 取 $B = A + \alpha I$. 则 B^{-1} 存在. 由此 $-\alpha \in \boldsymbol{\Lambda}(A)$, 即

$$
\boldsymbol{\Lambda}(A) \cap \boldsymbol{R} \subset \{\alpha \mid \alpha \in \boldsymbol{R}, \alpha > 0\} = \overset{\circ}{\boldsymbol{R}}_+.
$$

⑦ 由于 $A, B \in \boldsymbol{N}, B \geqslant A$ 和 $7°$, 则 A 的实根均正, 于是存在 $\beta > 0$, 使

$$
H = I - \beta A \geqslant I - \beta B = G \geqslant 0.
$$

而它们的最大模特征值有

$$
1 > \lambda_\rho(H) > \lambda_\rho(G) \geqslant 0.
$$

从而 $I - H, I - G$ 均可逆. 于是 $\beta A, \beta B$ 也可逆, 即存在 A^{-1}, B^{-1}, 但

$$
\begin{aligned}
(I - H)^{-1} &= I + H + H^2 + \cdots + H^n + \cdots = (\beta A)^{-1}, \\
(I - G)^{-1} &= I + G + G^2 + \cdots + G^n + \cdots = (\beta B)^{-1}.
\end{aligned}
$$

注意到 H, G 均非负, 则 $A^{-1} \geqslant B^{-1} \geqslant 0$.

考虑任一 $\gamma \geqslant 0, C = B + \gamma I \geqslant A$. 因而 C^{-1} 存在, 以这里的 C, B 取代条件 $7°$ 中的 B, A, 则有

$$\Lambda(B) \cap \mathbf{R} \subset \mathring{\mathbf{R}}_+.$$

以下先用归纳法证 $\det(B) \geqslant \det(A) > 0$. 然后构造特定的 B 来证 $\det(A(\mathbf{T}_l)) > 0$.

设 $k = 1$. 此时 A, B 均为正数, 结论自然成立.

设 $k = n-1$ 时已成立. 考虑 $B, A \in \mathbf{R}^{n \times n}$. 记 B, A 的前 $n-1$ 阶矩阵主子矩阵为 $\hat{B}, \hat{A}$. 则 $\hat{B}, \hat{A} \in \mathbf{N}$ 且 $\hat{B} \geqslant \hat{A}$. 由此

$$\det(\hat{B}) \geqslant \det(\hat{A}).$$

造一矩阵

$$\tilde{A} = \begin{bmatrix} \hat{A} & 0 \\ 0 & \alpha_{nn} \end{bmatrix},$$

则 $\tilde{A} \in \mathbf{N}$, 且 $\tilde{A} \geqslant A$. 由 $7°$ 就有 $\Lambda(\tilde{A}) \cap \mathbf{R} \subset \mathring{\mathbf{R}}_+$. 于是 $\alpha_{nn} > 0$. 而对 $B \geqslant A$ 可知 $A^{-1} \geqslant B^{-1} \geqslant 0$ 表示对应元之间的关系. 考虑其 (n, n) 位置的元, $(A^{-1})_{nn} \geqslant (B^{-1})_{nn}$ 可推知 $\dfrac{\det(\hat{A})}{\det(A)} \geqslant \dfrac{\det(\hat{B})}{\det(B)} > 0$ 这样就有 $\det(A) > 0, \det(B) > 0$, 并且

$$\det(B) \geqslant \frac{\det(\hat{B})}{\det(\hat{A})} \det(A) > \det(A).$$

为了证明 A 关于 $\mathbf{T}_l$ 的主子矩阵的性质, 按 $\mathbf{T}_l$ 构造一矩阵 B

$$B = (\beta_{ij}), \beta_{ij} = \begin{cases} \alpha_{ij}, & i \in \mathbf{T}_l, \quad j \in \mathbf{T}_l, \\ \alpha_{ii}, & i = j, \quad j \notin \mathbf{T}_l, \\ 0, & \text{其他}, \end{cases}$$

于是同样有 $B \in \mathbf{N}, B \geqslant A$. 从而有

$$\prod_{i \in \mathbf{T}_l} \alpha_{ii} \det(A(\mathbf{T}_l)) = \det(B) \geqslant \det(A) > 0.$$

而已知 $\alpha_{ii} > 0$, 对 $i \in \mathbf{T}_l$ 均成立. 于是有 $8°$.

⑧ 显然.

⑨ 不妨先设 $\mathbf{T}_k = \underline{k} = \{1, 2, \cdots, k\}$. 于是 $\det(A(\mathbf{T}_k)) > 0$, 则 A 可进行三角形分解, 即 $A = LU$, L, U 分别为具正对角元的下、上三角矩阵. 现在来证当 $A \in \mathbf{N}$ 时成立 $L, U \in \mathbf{N}$. 依然采用归纳法.

$k = 1$ 时当然成立. 设 $k = n - 1$ 时成立. 考虑 $k = n$. 令

$$A = \begin{bmatrix} \hat{A} & a \\ b^T & \alpha_{nn} \end{bmatrix}.$$

由此 $\hat{A}$ 为 $n - 1$ 阶方阵应已满足要求, 即

$$\hat{A} = \hat{L}\hat{U}, \quad \hat{L}, \hat{U} \in \mathbf{N}.$$

$\hat{L}, \hat{U}$ 是均具正对角元的下、上三角矩阵. 又 $\alpha_{nn} > 0$. 现令

$$A = \begin{bmatrix} \hat{L} & 0 \\ c^T & \alpha \end{bmatrix} \begin{bmatrix} \hat{U} & d \\ 0 & \beta \end{bmatrix} = LU,$$

其中 c, d 满足方程

$$c^T \hat{U} = b^T \leqslant 0, \quad \hat{L}d = a \leqslant 0.$$

由于 $\hat{L}, \hat{U} \in \mathbf{N}$ 且均具正对角元, 则可知 $d \leqslant 0, c \leqslant 0$. 并且三角形分解定理保证 α, β 均正. 由此 $L, U \in \mathbf{N}$ 且均具正对角元.

以下是用 $\mathbf{T}'_l = \{i_1, i_2, \cdots, i_l\}$ 来代替前述 $\mathbf{T}_l = \{1, 2, \cdots, l\}$. 考虑到 10° 的结论中是存在排列矩阵 P, 使 $P^T A P$ 具上述已证的性质. 而排列矩阵保证了用 $\mathbf{T}'_l$ 代替 $\mathbf{T}_l$ 的可行性, 即 10° 成立.

⑩ 由于对任何 $L \in \mathbf{N}$, 且 L 为对角元均正的三角矩阵. 则有 $L^{-1} \geqslant 0$, 同样 $U^{-1} \geqslant 0$. 因而

$$A^{-1} = PU^{-1}L^{-1}P^T \geqslant 0.$$

⑪ 令 $x = A^{-1}e$, 则 $x \geqslant 0$, 而且 $Ax = e > 0$.

⑫ 显然成立.

⑬ 已知 A 的实特征值均正, 又 $A \in \mathbf{N}$, 则存在 $\xi > 0$ 使 $\xi I - A \geqslant 0$. 设任何 $\eta \in \mathbf{\Lambda}(A)$, 则有

$$|\xi - \eta| \leqslant \rho[\xi I - A] = \lambda_\rho[\xi I - A] = |\xi - \eta_0|,$$

其中 $\eta_0 \in \mathbf{\Lambda}(A)$ 且为正实数. 由此就有对 $\forall \eta \in \mathbf{\Lambda}(A)$ 来说都有

$$|\xi - \eta| \leqslant |\xi - \eta_0| < \xi,$$

而这表明 $\mathbf{\Lambda}(A) \subset \overset{\circ}{\mathbf{C}}_+$.

由此定理得证. ∎

定义 13.3.1　若 $A \in \boldsymbol{N}$ 且具定理 13.3.1 所列 1°–12° 任一等价条件的矩阵称为是 M 矩阵. M 矩阵组成的集合记为 $\boldsymbol{M}$.

推论 13.3.1　若 $A \in \boldsymbol{M}$, 则存在 $\lambda_\mu(A) \in \boldsymbol{\Lambda}(A)$ 使

$$\mathrm{Re}\lambda \geqslant \lambda_\mu(A), \quad \lambda \in \boldsymbol{\Lambda}(A). \tag{13.3.6}$$

证明　令 $\lambda_\mu(A) = \min\{\boldsymbol{\Lambda}(A) \cap \mathbf{R}\}$, 则 $\lambda_\mu(A) > 0$. 选择 β 使 $\beta I - A \geqslant 0$ 则

$$\lambda_\rho[\beta I - A] = \beta - \lambda_\mu(A).$$

由于有 $\boldsymbol{\Lambda}(A) \subset \overset{\circ}{\mathbf{C}}_+$, 于是可知

$$|\beta - \lambda| \leqslant \beta - \lambda_\mu(A), \quad \lambda \in \boldsymbol{\Lambda}(A),$$

从而

$$\mathrm{Re}\lambda \geqslant \lambda_\mu(A), \quad \lambda \in \boldsymbol{\Lambda}(A).$$

∎

定理 13.3.2(Fiedler-Ptak 定理)　若 $A \in \boldsymbol{M}$, $B \geqslant A$ 且 $B \in \boldsymbol{N}$, 则有

1° $B \in \boldsymbol{M}$.

2° $0 \leqslant B^{-1} \leqslant A^{-1}$.

3° $\det(B) \geqslant \det(A) > 0$.

4° $A^{-1}B \geqslant I$, $BA^{-1} \geqslant I$.

5° $B^{-1}A, AB^{-1} \in \boldsymbol{M}$, $B^{-1}A \leqslant I$, $AB^{-1} \leqslant I$.

6° $\rho[I - B^{-1}A] < 1$, $\rho[I - AB^{-1}] < 1$.

7° $\lambda_\mu(B) \geqslant \lambda_\mu(A)$.

证明　由于 $A \in \boldsymbol{M}$, $B \in \boldsymbol{N}$ 且 $B \geqslant A$. 则对任何 $C \in \boldsymbol{N}$ 且 $C \geqslant B$, 就有 $C \geqslant A$ 从而 C^{-1} 存在. 利用定理 13.3.1 的 6°, 则 $B \in \boldsymbol{M}$.

定理 13.3.1 的 6° 与 7° $\Rightarrow$ 8° 的过程可知本定理 2°, 3° 成立.

由 $A \in \boldsymbol{M}$, 则 $A^{-1} \geqslant 0$, 又 $B - A \geqslant 0$, 则有 4°.

由于 $B^{-1} \geqslant 0$ 且 $B - A \geqslant 0$, 则 $B^{-1}(B - A) = I - B^{-1}A \geqslant 0$. 于是 $B^{-1}A \in \boldsymbol{N}$. 而 4° 已保证 $A^{-1}B \geqslant I$, 则 $A^{-1}B \geqslant 0$. 于是由定理 13.3.1 的 11° 则 $B^{-1}A \in \boldsymbol{M}$. 类似有 $AB^{-1} \in \boldsymbol{M}$, 即 5° 成立.

由于 $I - B^{-1}A \geqslant 0$, 则 $\rho[I - B^{-1}A] = \lambda_\rho[I - B^{-1}A] = 1 - \lambda_\mu[B^{-1}A]$, 但由 $\lambda_\mu(B^{-1}A) \in \boldsymbol{\Lambda}(B^{-1}A) \cap \overset{\circ}{\mathbf{R}}_+$, 于是 $\lambda_\mu[B^{-1}A] > 0$, 或 $\rho(I - B^{-1}A) < 1$ 类似有 $\rho(I - AB^{-1}) < 1$, 即 6° 成立.

现考虑任何 $\gamma < \lambda_\mu(A)$, 则 $A - \gamma I \in \boldsymbol{N}$, 于是

$$\lambda - \gamma \geqslant \lambda_\mu(A) - \gamma, \quad \lambda \in \boldsymbol{\Lambda}(A) \cap \mathbf{R}.$$

由此用定理 13.3.1 的 7° 可知 $A - \lambda I \in \boldsymbol{M}$. 考虑到

$$B - \gamma I \geqslant A - \gamma I, \quad B - \gamma I \in \boldsymbol{N},$$

则由 1° 可知 $B - \gamma I \in \boldsymbol{M}$, 从而 $B - \gamma I$ 非奇异, 由此 $B - \gamma I$ 的最小特征值均大于 γ. 但 γ 是小于 $\lambda_\mu(A)$ 的数. 于是 $\lambda_\mu(B) \geqslant \lambda_\mu(A)$, 即 7° 成立. ∎

推论 13.3.2   若 $A \in \boldsymbol{M}$, 则 $\lambda_\mu(A) \leqslant \alpha_{ii}$ 对一切 $i \in \underline{n}$ 成立.

证明   由 $A \in \boldsymbol{M}$, 则 $D_A = \mathrm{diag}\,[\alpha_{11}, \alpha_{22}, \cdots, \alpha_{nn}] \in \boldsymbol{N}$ 且 $D_A \geqslant A$. 利用定理 13.3.2, 以 D_A 代替 B 应用 2° 与 7°, 则

$$\lambda_\mu(A) \leqslant \alpha_{ii}, \quad i \in \underline{n}.$$

∎

注记 13.3.1   本节内容主要取自 [Sil1978], 为清晰起见曾作适当修改.

参考文献: [BHQ1967], [Hua1992], [Sil1978].

13.4   与非负矩阵相关的一些矩阵

非负矩阵的相关研究涉及的面很宽, 经济问题中有很多问题是其发展的动力. 真正用到控制与系统的研究中反而晚些. 另外一类概率矩阵也是非负矩阵这个大家族中的一员. 但会涉及很多随机方面的内容. 这里限于篇幅我们不打算涉及, 尽管这本身也是非常有趣的问题. 下面我们还是集中讨论与系统与控制关系较为密切的矩阵. 为此, 我们必须强调在 $\boldsymbol{M}$ 矩阵中等价的条件. 那些对我们来说最重要的几个性质.

1° $\boldsymbol{M}$ 矩阵是 $\boldsymbol{N}$ 类矩阵的子集, 即其非对角元均非正.

2° 在 (1°) 的前提下具有下述之一的性质:

① 存在 $D = \mathrm{diag}\,[\delta_1, \delta_2, \cdots, \delta_n], \delta_i > 0, i \in \underline{n}$ 使 AD 为正对角占优.

② A 的一切主子式均正.

③ A^{-1} 存在且 $A^{-1} \geqslant 0$.

④ $\boldsymbol{\Lambda}(A) \subset \overset{\circ}{\mathbf{C}}_+$.

对于上述 1°–4°, 下面先简单讨论一下 1°.

定义 13.4.1   矩阵 $A = (\alpha_{ij}) \in \mathbf{R}^{n \times n}$ 称为是行正对角占优, 系指有

$$\alpha_{ii} \geqslant \Sigma_{j \neq i} |\alpha_{ij}|, \quad \alpha_{ii} > 0, \quad i \in \underline{n}, \tag{13.4.1}$$

称为是拟行对角占优, 系指存在 $D = \mathrm{diag}\,[\delta_1, \delta_2, \cdots, \delta_n]$, 其中 $\delta_i > 0$, $\forall i \in \underline{n}$ 使 AD 为行正对角占优, 即有

$$\delta_i \alpha_{ii} \geqslant \Sigma_{j \neq i} \delta_j |\alpha_{ij}|, \quad \forall i \in \underline{n}. \tag{13.4.2}$$

类似可以有列正对角占优, 拟列正对角占优. 此时式 (13.4.1) 与式 (13.4.2) 均改为按列求和. 类似 AD 改为 DA.

有时也会讨论行负对角占优, 拟行负对角占优. 此时上述关系均以 $|\alpha_{ii}| = -\alpha_{ii}$ 代替对应式 (13.4.1) 与式 (13.4.2) 中的 α_{ii}.

引理 13.4.1　任何拟行对角占优矩阵 A, 均可以用对角矩阵的相似变换化为正对角占优矩阵.

证明　由 AD 已正对角占优. 而正对角占优的判定是按行求和的. 于是对任何正对角占优矩阵前乘具正对角元的对角矩阵后其正对角占优必保持不变. 特别取该矩阵为 D^{-1}, 则 $D^{-1}AD$ 为正对角占优, 即引理成立.　∎

显然, 对拟行负对角占优矩阵对应的结论也成立. 类似也可以得到拟列正、拟列负对角占优的结论.

定义 13.4.2　矩阵 $A \in \mathbf{R}^{n \times n}$ 称为是 Metzler 矩阵, 系指其满足

$$\alpha_{ij} \geqslant 0, \quad \forall i, j \in \underline{n} \text{且} i \neq j, \tag{13.4.3}$$

$$\alpha_{ii} < 0, \quad \forall i \in \underline{n}. \tag{13.4.4}$$

以后将以这个由 Newman 在 1959 年给出的定义进行讨论. 如果去掉式 (13.4.3) 就得到 Arrow, K.J 在 1966 所使用的定义. 当然后者去掉一个条件可以认为更广, 但在讨论一些问题, 例如主子式皆正、稳定性等问题时就必须再附加些对应的条件.

定义 13.4.3　矩阵 $A \in \mathbf{R}^{n \times n}$ 称为是 Hicks 矩阵, 若其全部奇数阶主子式皆负, 而其偶次阶主子式皆正.

Hicks 矩阵实际与一类主子式皆正的矩阵刚好差一个负号.

定理 13.4.1　Metzler 矩阵是 H 稳定当且仅当它是 Hicks 矩阵.

证明　当: A 是 Metzler 矩阵, $-A \in \mathbf{N}$. 如果 A 是 Hicks, 则 $-A$ 的一切主子式皆正. 由定理 13.3.1 可知这等价于 $\mathbf{\Lambda}(-A) \subset \overset{\circ}{\mathbf{C}}_+$, 从而 $\mathbf{\Lambda}(A) \subset \overset{\circ}{\mathbf{C}}_-$.

仅当: 已知 $\mathbf{\Lambda}(A) \subset \overset{\circ}{\mathbf{C}}_-$, 则 $\mathbf{\Lambda}(-A) \subset \overset{\circ}{\mathbf{C}}_+$, 加之 $-A \in \mathbf{N}$, 则 $-A$ 的一切主子式皆正, 即 A 是 Hicks.　∎

定理 13.4.2　Metzler 矩阵 A 是 H 稳定的当且仅当它是拟负对角占优.

证明　利用定理 13.3.1 的等价条件 3° 与 12°, 考虑到用 $-A$ 代替 A 即可.

定义 13.4.4 矩阵 $A = (\alpha_{ij}) \in \mathbf{R}^{n \times n}$. 称矩阵 B 是 A 的非对角元非负化型, 系指 $B = (\beta_{ij})$

$$\beta_{ij} = \begin{cases} \alpha_{ii}, & i \in \underline{n}, \\ |\alpha_{ij}|, & i \neq j. \end{cases} \tag{13.4.5}$$

定理 13.4.3 $A \in \mathbf{R}^{n \times n}$, 且 $\alpha_{ii} < 0$, $\forall i \in \underline{n}$, 若其非对角元非负化型 B 是 Hicks, 则 $\mathbf{\Lambda}(A) \subset \overset{\circ}{\mathbf{C}}_-$.

证明   由于 B 已是 Metzler, 则套用定理 13.4.1 与 13.4.2 就可以证得.   ■

定义 13.4.5 $A \in \mathbf{R}^{n \times n}$ 称为 Morishima 矩阵, 系指 A 不可约且可经排列后形成

$$P^T A P = \begin{bmatrix} A_{11} & A_{12} \\ A_{21} & A_{22} \end{bmatrix},$$

其中 $A_{11} \geqslant 0$, $A_{22} \geqslant 0$ 是方阵而 $A_{12} \leqslant 0$, $A_{21} \leqslant 0$.

引理 13.4.2 $A \in \mathbf{R}^{n \times n}$ 是 Morishima 矩阵. 则用相似变换 $S = \begin{bmatrix} I & 0 \\ 0 & -I \end{bmatrix}$ 可将其相似变换成 Frobenius 矩阵 $|A| = (|\partial_{ij}|)$.

证明   代入就有. 同时该相似变换不改变可约性.   ■

定理 13.4.4 $A \in \mathbf{R}^{n \times n}$ 为 Morishima 矩阵, 则存在简单实正特征值 λ, 它刚好取值 $\rho(A)$, 并且 $\lambda_\rho(A) > \alpha_{ii}$, $\forall i \in \underline{n}$.

证明   利用定理 13.4.3 和 Frobenius 定理就有结论.   ■

定理 13.4.5   若 $A \in \mathbf{R}^{n \times n}$ 是拟负对角占优, 则它是 H 稳定的.

证明   由引理 13.4.1, 则仅需讨论行负对角占优矩阵即可. 设 $B = D^{-1}AD = (\beta_{ij})$ 为行负对角占优, 由第五章 Gerschgorin 定理可知

$$\mathbf{\Lambda}(B) \subset \mathbf{D} = \mathbf{D}_1 \cup \mathbf{D}_2 \cup \cdots \cup \mathbf{D}_n,$$

其中 $\mathbf{D}_i$ 是复平面上的 Gerschgorin 圆. 它是以 $(\beta_{ii}, 0)$ 为圆心, 半径为 $\rho_i = \Sigma_{j \neq i} |\beta_{ij}|$ 的圆. 由于有 $\beta_{ii} < 0$ 和行对角占优

$$|\beta_{ii}| > \sum_{j \neq i} |\beta_{ij}|,$$

即可知 $\mathbf{D}_i \subset \overset{\circ}{\mathbf{C}}_-$, $\forall i \in \underline{n}$ 成立. 由此 $\mathbf{\Lambda}(A) = \mathbf{\Lambda}(B) \subset \overset{\circ}{\mathbf{C}}_-$, 即定理为真.   ■

定理 13.4.6   设 $B \in \mathbf{R}^{n \times n}$ 是一 Morishima 矩阵, $\alpha > \beta_{ii}$, $\forall i \in \underline{n}$. 则 $A = B - \alpha I$ 是稳定矩阵当且仅当 A 是拟负对角占优.

证明　　当: 由定理 13.4.5 保证.

仅当: 由于 B 是 Morishima 矩阵, 则由引理 13.4.2, 可知它有特征值 $\lambda_\rho(|B|) = \lambda_\rho(B)$, 且对应 $|B|$ 的特征向量为正向量 $x > 0$. 由于 A 是稳定的, 则 $\alpha > \lambda_\rho(|B|) > \beta_{ii}, i \in \underline{n}$. 为证明存在 $\delta_1, \delta_2, \cdots, \delta_n$ 均正使有

$$\delta_i|\alpha_{ii}| > \Sigma_{j\neq i}\delta_j|\alpha_{ij}|, \quad i \in \underline{n}.$$

我们仅需取 $\delta_i = \xi_i$, 并记 $d = (\delta_1, \delta_2, \cdots, \delta_n)^T$, 其中 ξ_i 是上述对应 $\lambda_\rho(|B|)$ 的正向量 x 的第 i 个分量. 由于

$$|B|d = \lambda_\rho(|B|)d, d = \frac{1}{\lambda_\rho(|B|)}|B|d > \frac{1}{\alpha}|B|d,$$

或 $\alpha d > |B|d$. 这实际上就是 $B - \alpha I = A$ 是拟负对角占优的.　　■

对于对角占优矩阵, 例如负对角占优一定是稳定矩阵, 只要利用 Gerschgorin 的关于特征根分布在一系列 Gerschgerin 盘子中就立即得到. 而对于拟负对角占优一定是 H 稳定矩阵, 证明虽并不算复杂, 但去判断一个矩阵是否为拟对角占优这一点上就比判断对角占优困难得多. 但从矩阵的条件上看对角占优只是拟对角占优的一个特例. 而拟对角占优矩阵又十分有用. 从定义判断矩阵是否为拟对角占优的充分条件是要找出对角矩阵 $D = \mathrm{diag}[\delta_1, \cdots, \delta_n]$, 这常常涉及线性不等式的可解性条件, 而这如果能用原矩阵的元表达出这一条件, 则相对困难. 这样用原矩阵的元表达的排除拟对角占优的条件却也就有价值了.

定理 13.4.7　　$A \in \mathbf{R}^{n\times n}$ 具负对角元

$$\alpha_{ii} < 0, \quad i \in \underline{n}.$$

令 A_k 表任一 k 阶主子矩阵. 它由指标集 $I_k = \{i_1, i_2, \cdots, i_k\}$. 对应的行列组成, 于是只要

$$\Sigma_{j=i_1}^{i_k}\alpha_{ij} \geqslant 0, \quad i \in \mathbf{I}_k, \tag{13.4.6}$$

就有 A 不是行拟对角占优, 而

$$\Sigma_{i=i_1}^{i_k}\alpha_{ij} \geqslant 0, \quad j \in \mathbf{I}_k, \tag{13.4.7}$$

就可知 A 不是列拟对角占优矩阵.

证明　　只证前一半, 后一半证明可类似做出.

用反证法. 设 A 已是行拟对角占优, 于是存在 $\delta_1, \delta_2, \cdots, \delta_n$ 均正数, 使

$$\delta_i|\alpha_{ii}| > \Sigma_{j\neq i}\delta_j|\alpha_{ij}|, \quad i \in \underline{n} \tag{13.4.8}$$

成立, 由此就有

$$|\alpha_{ii}| > \Sigma_{j\neq i}\frac{\delta_j}{\delta_i}|\alpha_{ij}|, \quad i \in \underline{n}.$$

由于式 (13.4.6), 于是由 $\alpha_{ii} < 0$, 就有

$$\Sigma_{j=i_1,j\neq i}^{i_k}|\alpha_{ij}| \geqslant |\alpha_{ii}|, \quad i \in \mathbf{I}_k.$$

从而

$$\Sigma_{j=i_1,j\neq i}^{i_k}|\alpha_{ij}| > \Sigma_{j\neq i}\frac{\delta_j}{\delta_i}|\alpha_{ij}| \geqslant \Sigma_{j=i_1,j\neq i}^{i_k}\frac{\delta_j}{\delta_i}|\alpha_{ij}|, \quad i \in \mathbf{I}_k.$$

由此就有

$$\Sigma_{j=i_1,j\neq i}^{i_k}\left(\frac{\delta_i - \delta_j}{\delta_i}\right)|\alpha_{ij}| > 0, \quad i \in \mathbf{I}_k.$$

现令 $\delta_k = \min\limits_{i}\{\delta_i \mid i \in \mathbf{I}_k\}$, 则上述不等式对 $i = k$ 将不成立. 由反证法可知 A 不是拟行对角占优. ∎

定理 13.4.8 设 $A \in \mathbf{R}^{n\times n}$ 且 $\alpha_{ii} < 0, i \in \underline{n}$. 若存在 $d = [\delta_1, \delta_2, \cdots, \delta_n]^T > 0$, 使有

$$\delta_i|\alpha_{ii}| \leqslant \Sigma_{j\neq i}\delta_j|\alpha_{ij}|, \quad i \in \underline{n}, \tag{13.4.9}$$

则 A 一定不是行拟对角占优 (类似可有非列拟对角占优的判定).

证明 用反证法. 设 A 已是行拟对角占优, 则有 $\delta_1^*, \delta_2^*, \cdots, \delta_n^*$ 均正, 并有

$$|\alpha_{ii}| > \Sigma_{j\neq i}\frac{\delta_j^*}{\delta_i^*}|\alpha_{ij}|, \quad i \in \underline{n}.$$

由于条件 (13.4.9), 于是就有

$$\Sigma_{j\neq i}\frac{\delta_j}{\delta_i}|\alpha_{ij}| < \Sigma_{j\neq i}\frac{\delta_j^*}{\delta_i^*}|\alpha_{ij}|, \quad i \in \underline{n}.$$

令 $\alpha_j = \frac{\delta_j}{\delta_j^*}, j \in \underline{n}$, 则有

$$\Sigma_{j\neq i}\frac{\delta_j^*}{\delta_i}(\alpha_j - \alpha_i)|\alpha_{ij}| > 0, \quad i \in \underline{n}.$$

令 $\alpha_k = \max\limits_{i}\alpha_i$, 考虑 $i = k$, 则上式一定不成立, 即条件 (13.4.9) 保证 A 不是行拟对角占优. ∎

参考文献: [Bel1970], [BHQ1967], [GH1953], [Lio1960].

13.5　Hamilton 矩阵 I

在控制科学的范畴内, 涉及的矩阵方程最重要的是 Lyapunov 方程与 Riccati 方程, 前者涉及稳定性问题而后者则与各种最优控制相联系. 这里既包含二次型最优也包括后来成为鲁棒控制研究主流的 H_∞ 控制. 而 Riccati 方程在其出现的初期, 无论是理论还是求解. 人们仍均直接从该方程出发进行, 但后来发现代数 Riccati 方程的众多性质及求解均与一类 Hamilton 矩阵的特征值与特征向量密切相关, 并因此而开始了一条研究代数 Riccati 方程的新的途径.

由二次型最优控制引进的代数 Riccati 方程为

$$VA + A^TV + C^TC - VBR^{-1}B^TV = 0, \tag{13.5.1}$$

或简写成

$$VA + A^TV + \tilde{Q} - V\tilde{R}V = 0. \tag{13.5.2}$$

对于式 (13.5.2) 自然可以有一个矩阵

$$H = \begin{bmatrix} A & -\tilde{R} \\ -\tilde{Q} & -A^T \end{bmatrix} \in \mathbf{R}^{2n\times 2n} \tag{13.5.3}$$

与之对应, 而这一矩阵与分析动力学中出现的 Hamilton 函数很类似, 因而称其为 Hamilton 矩阵.

以上 $A \in \mathbf{R}^{n\times n}$ 为系统的状态矩阵, 而 $\tilde{Q}$, $\tilde{R}$ 自然是对称矩阵. 如果引入一个类似虚数 $j = \sqrt{-1}$ 的矩阵

$$\begin{cases} J = \begin{bmatrix} 0 & -I_n \\ I_n & 0 \end{bmatrix}, & J^2 = -\begin{bmatrix} I_n & 0 \\ 0 & I_n \end{bmatrix} = -I_{2n}, \\ J^3 = -J, & J^4 = I_{2n}, \end{cases} \tag{13.5.4}$$

则可以有

$$J^{-1}HJ = -JHJ = -H^T. \tag{13.5.5}$$

但 H 与 H^T 应有相同特征值, 于是有

引理 13.5.1　若 $A \in \mathbf{R}^{n\times n}$, $\tilde{Q}$, $\tilde{R}$ 为对称矩阵, 则由 (13.5.3) 定义的 Hamilton 矩阵 H 的特征值关于实轴与虚轴均对称.

证明　由于 $H \in \mathbf{R}^{2n\times 2n}$, 则特征值必关于实轴对称, 而 (13.5.5) 保证了 H 的特征值关于虚轴对称. ■

我们先从比较一般的复矩阵角度讨论 Riccati 方程的解矩阵. 然后再讨论其为实的情况.

定理 13.5.1 $P \in \mathbf{C}^{n \times n}$ 是代数 Riccati 方程 (13.5.2) 的解当且仅当存在 X_1, X_2 且 X_1 可逆使 $P = X_2 X_1^{-1}$, 而且对 $\mathbf{S} = \mathbf{R}\begin{bmatrix} X_1 \\ X_2 \end{bmatrix}$ 有

$$HS \subset S. \tag{13.5.6}$$

即 $\mathbf{S}$ 是 H 的不变子空间, 或等价地存在 H_1 使

$$H\begin{bmatrix} X_1 \\ X_2 \end{bmatrix} = \begin{bmatrix} X_1 \\ X_2 \end{bmatrix} H_1, \tag{13.5.7}$$

且有 $\mathbf{\Lambda}(A - \tilde{R}P) = \mathbf{\Lambda}(H_1)$.

证明   当: 设已有 X_1, X_2 且 X_1 可逆使式 (13.5.6) 或式 (13.5.7) 成立. 记 $P = X_2 X_1^{-1}$. 对式 (13.5.7) 前乘 $[-P\ I]$ 后乘 X_1^{-1}, 则有左端为

$$[-P\ I]\, H\begin{bmatrix} I \\ P \end{bmatrix} = [-P\ I] \begin{bmatrix} A & -\tilde{R} \\ -\tilde{Q} & -A^T \end{bmatrix} \begin{bmatrix} I \\ P \end{bmatrix}, \tag{13.5.8}$$

而其右端为

$$[-P\ I]\begin{bmatrix} X_1 \\ X_2 \end{bmatrix} X_1^{-1} X_1 H_1 X_1^{-1} = [-P\ I]\begin{bmatrix} I \\ P \end{bmatrix} X_1 H_1 X_1^{-1} = 0,$$

即式 (13.5.8) 应为零, 将其右端展开刚好表明 P 满足式 (13.5.2).

仅当: 设式 (13.5.2) 这一 Riccati 方程已有解 P. 显然 $P = PI^{-1}$. 于是可令 $X_1 = I$, $X_2 = P$. 进而令 $H_1 = A - \tilde{R}P$, 则有

$$PH_1 = PA - P\tilde{R}P.$$

再利用 P 是式 (13.5.2) 的解

$$\begin{aligned}
\begin{bmatrix} I \\ P \end{bmatrix} H_1 &= \begin{bmatrix} H_1 \\ PA - P\tilde{R}P \end{bmatrix} \\
&= \begin{bmatrix} A - \tilde{R}P \\ -A^T P - \tilde{Q} \end{bmatrix} \\
&= \begin{bmatrix} A & -\tilde{R} \\ -\tilde{Q} & -A^T \end{bmatrix} \begin{bmatrix} I \\ P \end{bmatrix} \\
&= H\begin{bmatrix} I \\ P \end{bmatrix}.
\end{aligned}$$

这也表明 $\mathbf{R}\begin{bmatrix} I \\ P \end{bmatrix}$ 是 H 的不变子空间, H_1 是 H 在其上的限定. 而 $\mathbf{\Lambda}(A - \tilde{R}P)$ 当然就是 H 在该子空间上限定的特征值集. ∎

以后为方便称复 n 维线性空间上的集合 $\mathbf{S}$ 是共轭对称的, 系指

$$\bar{v} \in \mathbf{S} \subset \mathbf{C}^n, \quad v \in \mathbf{S} \subset \mathbf{C}^n. \tag{13.5.9}$$

引理 13.5.2　若 $\mathbf{S} \subset \mathbf{C}^n$ 是子空间, 则若它是共轭对称集当且仅当可以在 $\mathbf{S}$ 中选出一组实基.

证明　仅当: 设 $F \in \mathbf{C}^{n \times l}$, 其列向量组成 $\mathbf{S}$ 的基. 则 $\mathbf{R}(F) = \mathbf{S}$ 且 $\mathbf{R}(F)$ 是共轭对称的. 于是 $\mathbf{R}(\bar{F}) \subset \mathbf{R}(F)$, 但 $\bar{F}$ 与 F 应同秩. 于是有 $\mathbf{R}(\bar{F}) = \mathbf{R}(F) = \mathbf{R}(F, \bar{F})$. 令 $G_1 = \frac{1}{2}[F + \bar{F}]$, $G_2 = \frac{1}{2j}[F - \bar{F}]$, 于是 F, $\bar{F}$ 与 (G_1, G_2) 可相互线性表示. 但 G_1, G_2 已是实矩阵. 且有

$$\mathbf{R}(G_1, G_2) = \mathbf{R}(F, \bar{F}) = \mathbf{S}.$$

由此在 (G_1, G_2) 中选取最大线性无关组, 即组成 $\mathbf{S}$ 的实基.

当: 显然. ■

对于实际的控制问题来说, 对应 Riccati 方程的解只有实矩阵解才具有物理的可实现性. 因而从理论上必须将上述结果实数化. 若 $\mathbf{S}$ 是 $\mathbf{C}^{2n}$ 的 n 维子空间且是共轭对称的. 设已有 $H(\mathbf{S}) \subset \mathbf{S}$ 而 $\begin{bmatrix} X_1 \\ X_2 \end{bmatrix}$ 组成 $\mathbf{S}$ 的基. 于是由引理 13.5.2 可知 $\mathbf{S}$ 必存在一组实基 $\begin{bmatrix} Y_1 \\ Y_2 \end{bmatrix}$. 由于这两组基间可线性表示, 即存在可逆矩阵 F, 使有 $\begin{bmatrix} Y_1 \\ Y_2 \end{bmatrix} = \begin{bmatrix} X_1 \\ X_2 \end{bmatrix} F$, 从而 X_1 可逆当且仅当 Y_1 可逆. 并且当 Riccati 方程解 P 唯一时. 有 $X_2 X_1^{-1} = Y_2 Y_1^{-1}$. 于是 $X_2 X_1^{-1}$ 也是实的. 反之如果求得的 P 是实的. 则 $\begin{bmatrix} I \\ P \end{bmatrix}$ 的列组成 H 不变子空间 $\mathbf{S}$ 的基, 从而 $\mathbf{S}$ 是共轭对称的.

由于 H 的特征值的分布关于实轴与虚轴皆对称. 如果 H 没有虚轴上的特征值, 则其特征值可以写成

$$\mathbf{\Lambda}(H) = \mathbf{\Lambda}_+(H) \cup \mathbf{\Lambda}_-(H), \tag{13.5.10}$$

其中 $\mathbf{\Lambda}_+(H) \subset \overset{\circ}{\mathbf{C}}_+$, $\mathbf{\Lambda}_-(H) \subset \overset{\circ}{\mathbf{C}}_-$. 且 $\mathbf{\Lambda}_+(H)$ 与 $\mathbf{\Lambda}_-(H)$ 刚好关于虚轴对称, 不难看出

$$\lambda_i + \lambda_j \neq 0, \quad \lambda_i, \lambda_j \in \mathbf{\Lambda}_+(H). \tag{13.5.11}$$

对于任何矩阵 $A \in \mathbf{R}^{n \times n}$, 若

$$\mu_i + \mu_j \neq 0, \quad \mu_i, \mu_j \in \mathbf{\Lambda}(A), \tag{13.5.12}$$

则称 A 是 Lyapunov 可允的. 这表明对应的 Lyapunov 方程

$$VA + A^T V = -W \tag{13.5.13}$$

对给定的 W 存在唯一解 V.

现设 $\begin{bmatrix} X_1 \\ X_2 \end{bmatrix}$ 的列组成 H 的不变子空间的基, 而不要求 X_1 可逆. 于是由

$$H \begin{bmatrix} X_1 \\ X_2 \end{bmatrix} = \begin{bmatrix} X_1 \\ X_2 \end{bmatrix} H_1.$$

利用式 (13.5.4) 确定的矩阵 J, 则有

$$[X_1^H \quad X_2^H] JH \begin{bmatrix} X_1 \\ X_2 \end{bmatrix} = [X_1^H \quad X_2^H] J \begin{bmatrix} X_1 \\ X_2 \end{bmatrix} H_1.$$

考虑到

$$JH = \begin{bmatrix} \tilde{Q} & A^T \\ A & -\tilde{R} \end{bmatrix}$$

是 Hermite 矩阵. 于是就有

$$[X_1^H \quad X_2^H] J \begin{bmatrix} X_1 \\ X_2 \end{bmatrix} H_1 = H_1^H [X_1^H \quad X_2^H] J^H \begin{bmatrix} X_1 \\ X_2 \end{bmatrix}$$

$$= -H_1^H [X_1^H \quad X_2^H] J \begin{bmatrix} X_1 \\ X_2 \end{bmatrix}.$$

这表明有

$$(-X_1^H X_2 + X_2^H X_1) H_1 = -H_1^H (-X_1^H X_2 + X_2^H X_1). \tag{13.5.14}$$

而这相当于是一齐次 Lyapunov 方程 $XH_1 + H_1^H X = 0$, 其中 X 相当于 (13.5.14) 的圆括号中的矩阵. 于是如果 H_1 是 Lyapunov 可允的, 则对应齐次 Lyapunov 方程只有零解, 即有

$$X_1^H X_2 = X_2^H X_1.$$

而当 X_1 可逆时就有

$$P = X_2 X_1^{-1} = (X_1^{-H})(X_1^H X_2)(X_1^{-1})$$

是 Hermite 矩阵.

综上所述就可以有:

定理 13.5.2   若 **S** 是 H 的 n 维不变子空间, 其基由 $\begin{bmatrix} X_1 \\ X_2 \end{bmatrix}$ 的列组成且 X_1 可逆. 则 **S** 是共轭对称的当且仅当 $P = X_2 X_1^{-1}$ 为实矩阵. 而若 H 在 **S** 上的限定 H_1 是 Lyapunov 可允的, 则 P 是实对称的.

现设 H 没有虚轴上的特征值, 以 $\mathbf{S}_-(H)$ 表示对应 $\lambda \in \mathbf{\Lambda}_-(H)$ 的全部特征值的不变子空间, 同样以 $\mathbf{S}_+(H)$ 表示对应 $\lambda \in \mathbf{\Lambda}_+(H)$ 的不变子空间. 设 $\begin{bmatrix} X_1 \\ X_2 \end{bmatrix}$ 的列构成 $\mathbf{S}_-(H)$ 的一组基. 并设 X_1 可逆. 由此就有

$$\mathbf{S}_-(H) \oplus \mathbf{R} \begin{bmatrix} 0 \\ I \end{bmatrix} = \mathbf{C}^{2n}. \tag{13.5.15}$$

显然 $\mathbf{S}_-(H)$ 是共轭对称的. 由此从 X_1 可逆就可知 $X_2 X_1^{-1}$ 一定是实对称的, 且唯一被确定.

以后在给定 H 后总假定:

1° 镇定性假定: H 不含虚轴上的特征值.

2° 互补性假定: 式 (13.5.15) 成立.

以下记全部满足上述两假定的矩阵 H 的全体为 $\mathrm{dom}(Ric)$, 即若 $H \in \mathrm{dom}(Ric)$, 则可以对其讨论对应 Riccati 方程的解 P, 将其解记为 $P = Ric(H)$.

定理 13.5.3　设 $H \in \mathrm{dom}(Ric)$, 而 $P = Ric(H)$, 则

1° P 为实对称矩阵.

2° P 满足代数 Riccati 方程 (13.5.2).

3° $\mathbf{\Lambda}(A - \tilde{R}P) \subset \overset{\circ}{\mathbf{C}}_-$, 即 P 是镇定解.

证明　结论 1°, 2° 前已给证明.

由于 H 在其不变子空间 $\mathbf{S}_-(H)$ 上的限定 H_1 只可能具有负实部的特征值. 于是 $\mathbf{\Lambda}(H_1) \subset \overset{\circ}{\mathbf{C}}_-$, 而由定理 13.5.1 可知 $\mathbf{\Lambda}(A - \tilde{R}P) = \mathbf{\Lambda}(H_1)$, 即 3° 成立. ∎

参考文献: [ZDG1996], [Hua2003].

13.6　Hamilton 矩阵 II

上一节对 Hamilton 矩阵的特征值, 不变子空间等与 Riccati 方程的解之间的关系作了一般性讨论. 我们尚未针对控制系统作出适当的假定以便对应 Riccati 方程的解能在控制设计中起到与最优控制相匹配的作用. 在讨论中将不假定 X_1 可逆.

引理 13.6.1　设给定 H 中 $\tilde{R}$ 为半正定或半负定, H 具可镇定条件, H_1 为 H 在 $\mathbf{S}_-(H)$ 上的限定矩阵, 则 $\mathbf{N}(X_1)$ 是 H_1 不变的, 其中 $\begin{bmatrix} X_1 \\ X_2 \end{bmatrix}$ 的列组成 $\mathbf{S}_-(H)$ 的一组基.

证明　由于

$$\mathbf{S}_-(H) = \mathrm{R}(\begin{bmatrix} X_1 \\ X_2 \end{bmatrix}), \quad H \begin{bmatrix} X_1 \\ X_2 \end{bmatrix} = \begin{bmatrix} X_1 \\ X_2 \end{bmatrix} H_1. \tag{13.6.1}$$

设有 $a \in \mathbf{N}(X_1)$, 则 $X_1 a = 0$. 对 (13.6.1) 后乘 a, 再前乘 $[a^H X_2^H \quad 0]$, 则有:

左端为

$$[a^H X_2^H \quad 0] H \begin{bmatrix} X_1 \\ X_2 \end{bmatrix} a = [a^H X_2^H \quad 0] \begin{bmatrix} A & -\tilde{R} \\ -\tilde{Q} & -A^T \end{bmatrix} \begin{bmatrix} 0 \\ X_2 a \end{bmatrix}$$
$$= -a^H X_2^H \tilde{R} X_2 a.$$

右端为

$$[a^H X_2^H \quad 0] \begin{bmatrix} X_1 \\ X_2 \end{bmatrix} H_1 a = a^H X_2^H X_1 H_1 a = (X_1 a)^H X_2 H_1 a = 0,$$

其中利用 $X_2^H X_1 = X_1^H X_2$, 由此就有

$$a^H X_2^H \tilde{R} X_2 a = 0, \tag{13.6.2}$$

这等价于 $\tilde{R} X_2 a = 0$.

若对式 (13.6.1) 仅后乘 a, 并利用上述 $\tilde{R} X_2 a = 0$, 则有 $X_1 H_1 a = 0$, 即 $\mathbf{N}(X_1)$ 是 H_1 不变的. ∎

引理 13.6.2   设 H 具镇定性条件, $\tilde{R}$ 为半正定或半负定, 则 $H \in \text{dom}(Ric)$ 当且仅当 $(A, \tilde{R})$ 可镇定.

证明   当: 由引理 13.6.1 可知 $\mathbf{N}(X_1)$ 是 H_1 不变的. 现进而证明 X_1 非奇异, 即 $\mathbf{N}(X_1) = \{0\}$. 由于 $\mathbf{N}(X_1)$ 是 H_1 不变的, 则任何 $a \in \mathbf{N}(X_1)$ 就有

$$a \in \bigcap_{i=1}^n \mathbf{N}(X_1 H_1^{i-1}) = \prod,$$

而 $\prod$ 是 H_1 不变的, 则在 $\prod$ 中一定有 H_1 的特征向量, 即有 y 使

$$H_1 y = \lambda y, \quad y \in \prod.$$

由 H_1 的构造, 则 $\text{Re}(\lambda) < 0$. 对式 (13.6.1) 前乘 $[0 \quad I_n]$, 则

$$-\tilde{Q} X_1 - A^T X_2 = X_2 H_1,$$

再后乘 y, 并注意到 $X_1 y = 0$, 则

$$-A^T X_2 y = \lambda X_2 y,$$

或有 $(\lambda I + A^T) X_2 y = 0$. 又引理 13.6.1 中证明有 $\tilde{R} X_2 y = 0$. 于是有

$$y^H X_2^H [A + \bar{\lambda} I \quad \tilde{R}] = 0. \tag{13.6.3}$$

再由 $(A, \tilde{R})$ 可镇定可知 $X_2 y = 0$. 于是 $\begin{bmatrix} X_1 \\ X_2 \end{bmatrix} y = 0$. 由此 $y = 0$. 这表明 $\prod = \{0\}$.
矛盾表明 $\mathbf{N}(X_1) = \{0\}$ 或 X_1 可逆.

仅当: 由定理 13.5.3 已经给出. ∎

定义 13.6.1　$\lambda \in \mathbf{C}$ 称为是 (A, C) 的不可观测模, 系指 A 在不变子空间 $\bigcap\limits_{i=1}^{n}(CA_1^{i-1})$ 上的限定矩阵有 λ 为其特征值.

下面我们可以正面回答一般二次型最优提出的问题.

定理 13.6.1　若 H 中 $\tilde{Q}, \tilde{R}$ 均半正定, 且记为 $\tilde{Q} = C^H C$, $\tilde{R} = BB^H$, 则 $H \in \mathrm{dom}(Ric)$ 当且仅当 (A, B) 可镇定且 (A, C) 无纯虚的不可观测模. 而若 $H \in \mathrm{dom}(Ric)$, 则 $P = Ric(H) \geqslant 0$, $\mathbf{N}(P) = \{0\}$ 当且仅当 (A, C) 没有稳定的不可观测模.

引理 13.6.3　(A, C) 可观测与下述条件等价

$1°$
$$\mathrm{rank} \begin{bmatrix} \lambda I - A \\ C \end{bmatrix} = n, \quad \lambda \in \mathbf{C}.$$

$2°$ 若 a 为 A 的特征向量, 则 $Ca \neq 0$.

证明　(A, C) 可观测 $\Rightarrow 1°$ 用反证法.

设 $1°$ 不成立, 则存在 $\lambda \in \mathbf{C}$, $a \in \mathbf{C}^n$ 使

$$\begin{bmatrix} \lambda I - A \\ C \end{bmatrix} a = 0. \tag{13.6.4}$$

由此有 $Ca = 0$, $CAa = 0$, $\cdots CA^{n-1}a = 0$, 即 (A, C) 不可观测.

$1° \Rightarrow 2°$ 显然.

$2° \Rightarrow (A, C)$ 可观测. 亦用反证法. 设 (A, C) 不可观测, 则 $\prod = \bigcap\limits_{i=1}^{n} \mathbf{N}(CA_1^{i-1}) \neq \{0\}$. 于是在 $\prod$ 中有 A 的特征向量 a 使 $Ca = 0$. ∎

(定理 13.6.1 的证明)

首先由于 $H \in \mathrm{dom}(Ric)$, 则由引理 13.6.2 可知 X_1 可逆. 于是立即可知 $A - \tilde{R}P = A - BB^T P$ 为稳定矩阵, 即 (A, B) 可镇定.

以下分三段来给出证明.

I. (A, B) 可镇定下, (A, C) 无纯虚不可观测模当且仅当 H 无纯虚特征根.

仅当: 用反证法. 设 H 有纯虚特征根 $j\omega$, 且对应特征向量 $a = \begin{bmatrix} a_1 \\ a_2 \end{bmatrix} \neq 0$. 由此由 $Ha = j\omega a$ 可知

$$\begin{cases} (A - j\omega I)a_1 = BB^T a_2, \\ -(A - j\omega I)^H a_2 = C^T C a_1. \end{cases} \tag{13.6.5}$$

因而就有

$$\|B^T a_2\|^2 = a_2^H (A - j\omega I) a_1,$$

$$\|C a_1\|^2 = -a_1^H (A - j\omega I)^H a_2.$$

由于上式右端皆为实数. 则有 $\|B^T a_2\|^2 = -\|C a_1\|^2 = 0$, 即有

$$a_1 \in \mathbf{N}(C), \quad a_2 \in \mathbf{N}(B^T). \tag{13.6.6}$$

从而式 (13.6.5) 变为

$$(A - j\omega I) a_1 = 0, \quad (A - j\omega I)^H a_2 = 0. \tag{13.6.7}$$

即有

$$\begin{bmatrix} A - j\omega I \\ C \end{bmatrix} a_1 = 0, \quad a_2^H [A - j\omega I \quad B] = 0. \tag{13.6.8}$$

但已知 (A, B) 可镇定, 则存在 K 使 $\Lambda(A + BK) \subset \overset{\circ}{\mathbf{C}}_-$, 从而

$$[A - j\omega I \quad B] \begin{bmatrix} I \\ K \end{bmatrix} = A + BK - j\omega I \tag{13.6.9}$$

为满秩. 于是 $a_2 = 0$. 由 $a \neq 0$ 可知 $a_1 \neq 0$, 由式 (13.6.8) 可知 $j\omega$ 为 (A, C) 的不可观测模. 矛盾表明" 仅当" 成立.

当: 若 $j\omega$ 为 (A, C) 的不可观测模. 则有 $a_1 \neq 0$ 使 $a_1 \in \bigcap_{i=1}^{n} \mathbf{N}(CA^{i-1})$. 考虑向量 $a = \begin{bmatrix} a_1 \\ 0 \end{bmatrix}$, 则它为 H 对应 $j\omega$ 的特征向量. 由此" 当" 成立.

II. (A, B) 可镇定. H 无纯虚特征根则 X_1 可逆.

用反证法. 设有 $a_1 \neq 0$ 使 $a_1 \in \mathbf{N}(X_1)$. 于是由引理 13.6.1 不妨设该 a_1 满足

$$H_1 a_1 = \lambda a_1, \quad a_1 \in \bigcap_{i=1}^{n} \mathbf{N}(X_1 H_1^{i-1}).$$

但已知 H_1 是 H 在 $\mathbf{S}_-(H)$ 上的限定, 因而是稳定的, 于是 $\lambda \in \overset{\circ}{\mathbf{C}}_-$. 对 (13.6.1) 后乘 a_1 并前乘 $[0 \quad I]$, 则有

$$[-C^H C X_1 \quad -A^T X_2] a_1 = X_2 H_1 a_1 = \lambda X_2 a_1. \tag{13.6.10}$$

由此就有 $(A^T + \lambda I) X_2 a_1 = 0$. 而引理 13.6.1 已证明 $\tilde{R} X_2 a_1 = 0$, 即 $B B^T X_2 a_1 = 0$, 或等价地有 $B^T X_2 a_1 = 0$ 由此就有 $a_1^H X_2^H [A + \lambda I \quad B] = 0$. 由于已知 (A, B)可镇定, 但 $\mathrm{Re}(\lambda) < 0$, 于是 $a_1^H X_2^H = 0$, 即 $X_2 a_1 = 0$. 但已知 $a_1 \in \mathbf{N}(X_1)$ 而 $\begin{bmatrix} X_1 \\ X_2 \end{bmatrix}$ 满列秩. 由此 $a_1 = 0$ 这表明 X_1 可逆.

III. $Ric(H) = P \geqslant 0$ 且 $\mathbf{N}(P) = \{0\}$ 当且仅当 (A, C) 无稳定的不可观测模.

设 $H \in dom(Ric)$, $P = Ric(H)$, 且对应 Riccati 方程为

$$PA + A^T P - PBB^T P + C^T C = 0. \tag{13.6.11}$$

可将其改写为

$$P(A - BB^T P) + (A - BB^T P)^T P + PBB^T P + C^T C = 0. \tag{13.6.12}$$

考虑到 $\Lambda(A - BB^T P) \subset \overset{\circ}{\mathbf{C}}_-$, 则立即有 $P \geqslant 0$.

现设 $\mathbf{N}(P) \neq \{0\}$, 则存在 $z \neq 0$, $z \in \mathbf{N}(P)$, 利用 (13.6.11) 可知 $z \in \mathbf{N}(C)$. 若对 (13.6.11) 后乘 z, 则有 $PAz = 0$. 从而 $\mathbf{N}(P)$ 是 A 的不变子空间, 即存在 $\lambda \in \Lambda(A), y \in \mathbf{N}(P)$ 有

$$Py = 0, \ Cy = 0, \ \lambda y = Ay = (A - BB^T P)y. \tag{13.6.13}$$

但 $A - BB^T P$ 是稳定的. 于是 λ 是稳定的 (A, C) 不可观测模.

反之. 若 (A, C) 有稳定的不可观测模 λ, 则有

$$z \neq 0, \quad \text{Re}(\lambda) < 0, \quad Az = \lambda z, \quad Cz = 0.$$

于是在方程 (13.6.11) 前后分别乘 z^H 与 z, 则有

$$2\text{Re}(\lambda)z^H Pz - z^H PBB^T Pz = 0.$$

由此可知 $Pz = 0$. 即 $\mathbf{N}(P) \neq \{0\}$. 或 $P > 0$ 可推知 (A, C) 不存在稳定的 (A, C) 不可观测模.

至此定理得以证明. ■

以下是最常见的关于二次形最优控制的结论.

定理 13.6.2 对于 Riccati 方程 (13.6.11), 若 (A, B) 可镇定 (A, C) 可检测, 则 (13.6.11) 具有唯一半正定解 P, 且使 $\Lambda(A - BB^T P) \subset \overset{\circ}{\mathbf{C}}_-$, 即闭环系统渐近稳定.

证明 首先证明 (13.6.11) 的任何半正定解 $P \geqslant 0$ 是镇定解. 考虑方程 (13.6.12). 设其不是镇定解. 则存在 $z \neq 0$ 使有

$$(A - BB^T P)z = \lambda z, \quad \text{Re}(\lambda) \geqslant 0. \tag{13.6.14}$$

采用类似前一定理的证明手法由方程 (13.6.12) 与 (13.6.13), 则可有

$$2\text{Re}(\lambda)z^H Pz + z^H (PBB^T P + C^T C)z = 0.$$

由此就有 $B^T Pz = 0, Cz = 0$.

于是由 (13.6.14) 就有 $Az = \lambda z$, 从而 λ 是 (A, C) 的不可观测模. 但 $Re\lambda \geqslant 0$ 表明 (A, C) 不可检测. 由此 (A, C) 可检测就表示 P 为镇定解.

由于 $\mathbf{C}^{2n} = \mathbf{S}_-(H) \oplus \mathbf{S}_+(H)$ 是唯一的空间分解. 而半正定解 P 与 $\mathbf{S}_-(H)$ 中基的选取无关, 是唯一确定的. 因而方程 (13.6.11) 的半正定解唯一. ■

由于矩阵 H 的特征值及不变子空间在求解对应 Riccati 方程中的重要作用. 下面对 Hamilton 矩阵有关特征值特征向量的一些性质作一点简单讨论. 其中不证明的均为直接验证即可得到.

性质 1. H 与 H^T 同为 Hamilton 矩阵.

性质 2. HJ 与 JH 均为对称矩阵.

性质 3. 若 a 是 H 对应特征值 λ 的特征向量, 则 Ja 是 H^T 对应 $-\lambda$ 的特征向量.

性质 4. 若 a_i 是 H 对应 λ_i 的特征向量, $i = 1, 2$, 则

$$a_1^T Ja_2 = 0, \quad \lambda_1 + \lambda_2 \neq 0.$$

此亦称为 J 垂直.

证明 只证性质 4, 设

$$Ha_1 = \lambda_1 a_1, \quad Ha_2 = \lambda_2 a_2.$$

由此可有

$$JHa_1 = \lambda_1 Ja_1, \quad H^T(Ja_2) = -\lambda_2 Ja_2.$$

从而得到

$$a_2^T JHa_1 = \lambda_1 a_2^T Ja_1,$$

$$a_1^T H^T Ja_2 = -\lambda_2 a_1^T Ja_2,$$

$$a_2^T JHa_1 = -\lambda_2 a_2^T Ja_1,$$

由此就有 $(\lambda_1 + \lambda_2)a_2^T Ja_1 = 0$, 即性质 4 成立.

上述条件 $\lambda_1 + \lambda_2 \neq 0$, 对于 H 在 $\mathbf{S}_-(H)$ 与 $\mathbf{S}_+(H)$ 上的限定来说, 将分别成立. ■

参考文献: [ZDG1996], [Hua2003].

13.7　规划亏解问题 I

在优化问题中, 讨论在有等式约束情况下泛函极值问题时一个十分有效且常用的办法是引进 Lagrange 乘子, 将约束用这种乘子引入到指标中而转化为无约束优

化问题求解. 规划问题不同于优化问题在于没有要求指标最优, 而只要求指标可以接受. 此时研究的兴趣不是寻求最优解而是寻求可行解. 一般讲可行解并不唯一. 指标的可接受常用不等式来刻画, 而约束条件此时也用不等式刻画. 类似 Lagrange 乘子思想, 人们也希望引进一些乘子, 将有不等式约束的规划问题化归为无约束的规划问题. 从理论上讲, 我们必须回答这种" 化归" 的做法是否合适, 例如是否可能由于这种做法而失去解或逻辑上讲是否也可能增加解. 这类问题在非线性控制系统的绝对稳定性等讨论中常碰到, 而其意义当然不仅限于绝对稳定性而是有较普遍的应用意义.

以下我们仅限于比较简单的情形来阐述这一内容.

设 $\mathbf{X} \subset \mathbf{R}^n$ 是一紧集. $\mathbf{P} \subset \mathbf{R}^m$ 是可取参数集合. 给定 $l+1$ 个函数 $\phi(x, p)$, $\psi_i(x, p)$, $\mathbf{X} \times \mathbf{P} \to \mathbf{R}, i \in \underline{l}, x \in \mathbf{X}, p \in \mathbf{P}$.

问题 (1) 寻求集合 $\mathbf{A} \subset \mathbf{P}$ 使有

$$\mathbf{A} = \{p \,|\, \phi(x, p) \geqslant 0, \text{对} \forall x \in \mathbf{X} \text{且具} \psi_i(x, p) \geqslant 0, i \in \underline{l} \text{成立}\}. \tag{13.7.1}$$

事实上 $\mathbf{A}$ 就是在约束 $\psi_i(x, p) \geqslant 0, i \in \underline{l}$ 下满足规划要求 $\phi(x, p) \geqslant 0$ 全部可行参数解 p 的集合.

要求直接求得 $\mathbf{A}$ 的全部可能会困难, 为此引入乘子 $\tau_i \geqslant 0, i \in \underline{l}$, 然后引入带乘子的函数

$$S(x, p) = \phi(x, p) - \sum_{i=1}^{l} \tau_i \psi_i(x, p). \tag{13.7.2}$$

问题 (2) 寻求集合 $\mathbf{B} \subset \mathbf{P}$ 使有

$$\mathbf{B} = \{p \,|\, \text{存在} \tau_i \geqslant 0, i \in \underline{l} \text{使} S(x, p) \geqslant 0, x \in \mathbf{X}\}. \tag{13.7.3}$$

由 τ_i 的非负性可以立即推知

$$\mathbf{B} \subset \mathbf{A}. \tag{13.7.4}$$

如果 $\mathbf{B} = \mathbf{A}$, 则表明利用带乘子 τ_i 的 S 函数求解规划问题 (1) 无亏. 否则即为有亏.

对于利用式 (13.7.2) 引进的函数求解问题 (13.7.1) 的可行解的办法常称为 S 函数法, 有时也称 S 过程方法.

定义 13.7.1　函数类 (或集合)Φ 称为是线性集, 系指

$$\sum \gamma_i \phi_i(x) \in \Phi, \quad \gamma_i \in \mathbf{R}, \quad \phi_i(x) \in \Phi, \quad i \in \underline{k}.$$

定义 13.7.2   由上述 Φ 定义的集合

$$\mathbf{N} = \{\mathbf{M}|\mathbf{M} = \{x|\phi_i(x) = \alpha_i,\ \phi_i(x) \in \Phi,\ \alpha_i \in \mathbf{R},\ i \in \underline{k}\}\} \quad (13.7.5)$$

称为是 Φ 连通的, 系指上述集合 $\mathbf{M}$ 均具 Φ 连通的性质: 即若 $x',\ x'' \in \mathbf{M}$, 则存在分段连续曲线 $x(t) \in \mathbf{M}$, $t \in [t_0,\ t_N]$ 而 $x(t_0) = x', x(t_N) = x''$, 并且在 $x(t)$ 的任何间断点 $t_i, t_{i+1}, \cdots, t_{N-1}$ 上有

$$\phi_i(x(t_j - 0)) = \phi_i(x(t_j + 0)), \quad i \in \underline{k}, \quad j \in \underline{N-1}. \quad (13.7.6)$$

而 $\mathbf{N}$ 的 Φ 连通性, 系指对任何 $\mathbf{M} \in \mathbf{N}$ 均具上述性质.

从直观上看 $\mathbf{M}$ 的 Φ 连通性是指给定两点, 必存在分段连续曲线 $x(t)$, 它的两端刚好落在给定的两点上, 它可以有间断点, 即 $x(t)$ 不一定是连续曲线, 但 $\phi_i(x(t))$, $i \in \underline{k}$ 都是 t 的连续曲线.

定理 13.7.1 $\mathbf{X} \subset \mathbf{R}^n$, Φ 为一线性集合, 由 Φ 定义按式 (13.7.5) 确定的集合类 $\mathbf{N}$ 是 Φ 连通的, 则映射

$$y = \phi(x) = [\phi_1(x), \phi_2(x), \cdots, \phi_k(x)]^T : \mathbf{X} \to \mathbf{R}^k \quad (13.7.7)$$

具性质: $\phi(\mathbf{X})$ 是凸集. (13.7.7) 按分量写出是

$$\eta_i = \phi_i(x), \quad i \in \underline{k}.y = [\eta_1, \eta_2, \cdots, \eta_k]^T. \quad (13.7.8)$$

证明   证明的关键是构造连接 $\phi(\mathbf{X})$ 中两点的联线方程并指出其整个仍在 $\phi(\mathbf{X})$ 内. 现设 $y',\ y'' \in \phi(\mathbf{X})$, 其中 $y' = [\eta_1', \eta_2', \cdots, \eta_k']^T$, $y'' = [\eta''_1, \eta''_2, \cdots, \eta''_k]^T$. 不妨设其分量满足

$$\eta_i' = \eta''_i, \quad i \leqslant l, \quad \eta_j' \neq \eta''_j, \quad j > l.\ l \leqslant k.$$

于是就有连接 y' 与 y'' 的直线方程为

$$\eta_i = \eta_i', \quad i \leqslant l, \quad (13.7.9)$$

$$\frac{\eta_j - \eta_j'}{\eta''_j - \eta_j'} = \frac{\eta_k - \eta_k'}{\eta''_k - \eta_k'}, \quad k - 1 \geqslant j > l. \quad (13.7.10)$$

而式 (13.7.10) 可以改写成

$$\frac{\eta_j}{\eta''_j - \eta_j'} - \frac{\eta_k}{\eta''_k - \eta_k'} = \frac{\eta_j'}{\eta''_j - \eta_j'} - \frac{\eta_k'}{\eta''_k - \eta_k'} = \alpha_j(\text{常数}), \quad k - 1 \geqslant j > l. \quad (13.7.11)$$

上式左端实际上是 η_j 与 η_k 的线性组合. 考虑到 $\eta_j = \phi_j(x)$, 且 Φ 是线性集合, 则存在 $\psi_{l+1}(x), \psi_{l+2}(x), \cdots, \psi_{k-1}(x) \in \Phi$ 使连接 y' 与 y'' 的线段在原 $\mathbf{X}$ 空间中的原象方程为

$$\begin{cases} \psi_i(x) = \eta_i = \alpha_i, & i \leqslant l, \quad \psi_i(x) = \phi_i(x), \\ \psi_j(x) = \alpha_i, & k - 1 \geqslant j > l, \end{cases} \tag{13.7.12}$$

然后考虑集合

$$\mathbf{M} = \{x | \psi_j(x) = \alpha_j, \ j \in \underline{k-1}\}. \tag{13.7.13}$$

由于假定其是 Φ 连通的, 于是存在分段连续函数 $x(t)$, 使 $x(t_0) = x', x(t_N) = x''$, 而对应 $\psi(x(t))$ 对 t 是连续的, 其中 $\psi(x) = [\psi_1(x), \quad \psi_2(x), \quad \cdots, \quad \psi_{k-1}(x)]^T$. 但对任何 $t \in [t_0, \quad t_N]$, 对应 $\psi(x(t))$ 均满足式 (13.7.12), 即均有 $x(t) \in \mathbf{X}$ 实现 $\psi(x(t))$. 又 $\psi(x(t))$ 当 t 变动时刚好在连接 y' 与 y'' 的线段上流动. 于是 $\psi(x(t)) \in \phi(\mathbf{X})$, 即 $\phi(\mathbf{X})$ 是一凸集. ∎

定理 13.7.1 的前提是对于函数类 Φ 来说. 它具有线性特征. 例如二次型函数组成的集合就具有线性性, 即同阶二次型的线性组合当然还是二次型. 至于集合是 Φ 连通的, 这是一个假定. 只有在 Φ 连通的集合假定下 $\phi(\mathbf{X})$ 才是凸的. 自然连通集一定是对任何 Φ 均为 Φ 连通集.

下面将利用定理 13.7.1 针对各种 $\mathbf{X}$ 与 ϕ 给出一些结果. 证明的关键是证明由 Φ 所产生的集合 $\mathbf{M}$ 具 Φ 连通性. 值得注意的是当映射 $\phi(x)$ 是由 k 个 ϕ_i 定义时, 对应的集合 $\mathbf{M}$ 总是以 $k - 1$ 个约束来刻画.

定理 13.7.2 (Hausdorff 定理)　设 $F_i = F_i^H \in \mathbf{C}^{n \times n}$, $i = 1, 2, \phi(x): \mathbf{C}^n \to \mathbf{R}^2$, 定义为

$$\phi(x) = [\eta_1, \quad \eta_2]^T = [x^H F_1 x, \quad x^H F_2 x]^T, \tag{13.7.14}$$

$\mathbf{X} = \{x | x^H x = 1\}$, 则 $\phi(\mathbf{X})$ 为闭凸集.

证明　$\mathbf{X}$ 为复 n 维空间单位球的球面是闭集, ϕ 是连续变换, 因而 $\phi(\mathbf{X})$ 是闭集.

而二次型函数的线性组合自然仍为二次型函数. 于是

$$\Phi = \{\phi(x) = x^H F x, F = F^H \in \mathbf{C}^{n \times n}\}$$

是线性集. 进而研究集合类

$$\mathbf{N} = \{\mathbf{M} | x^H F x = \alpha, \ \alpha \in \mathbf{R}, \ x^H x = 1\}.$$

其连通性等价于集合类

$$\mathbf{N}_0 = \{\mathbf{M}_0 | \mathbf{M}_0 = \{x | x^H F x - \alpha x^H x = 0, \ x \neq 0\}\}$$

的连通性. 而 $\mathbf{N}_0$ 的连通性等价于集合类

$$\mathbf{N}' = \{\mathbf{M}'|\mathbf{M}' = \{x|x^H \tilde{F}x = 0, \ \tilde{F} = \tilde{F}^H, \ x \neq 0\}\}$$

的连通性. 由于这里考虑的 x 是 $\mathbf{C}^n$ 中的向量, $\mathbf{M}'$ 是连通的. 由此引用定理 13.7.1. 则 $\phi(\mathbf{X})$ 是凸的. ∎

定理 13.7.3(Denis 定理) $\mathbf{X} = \mathbf{R}^n$, $F_i = F_i^T \in \mathbf{R}^{n\times n}$, $i = 1, 2$, 对应 $\phi(x)$: $\mathbf{R}^n \to \mathbf{R}^2$ 定义为

$$\phi(x) = [\, x^T F_1 x \quad x^T F_2 x\,], \tag{13.7.15}$$

则 $\phi(\mathbf{X})$ 是闭凸集.

证明 $\phi(\mathbf{X})$ 是闭集为显然.

由于 Φ 是线性集合. 考虑由一个约束定义的集合

$$\mathbf{M} = \{x \,|\, x^T F x = \alpha, \ \alpha \in \mathbf{R}, F = F^T \in \mathbf{R}^{n\times n}\}, \tag{13.7.16}$$

则当 $\alpha = 0$ 时 $\mathbf{M}$ 为连通集. 考虑 $\alpha \neq 0$ 则问题比较复杂. 不失一般性, 由于坐标系的变换在二次型上表现出的是合同变换, 而合同变换自然不会改变连通性的结论, 于是我们可以假定已将 F 化成标准形, 即

$$F = \mathrm{diag}\{I_i, -I_j, 0\}.$$

于是 $x^T F x = x_1^T x_1 - x_2^T x_2$, $x_1 \in \mathbf{R}^i$ $x_2 \in \mathbf{R}^j$.

由此式 (13.7.16) 定义的集合成为

$$\mathbf{M} = \{x \,|\, x_1^T x_1 = x_2^T x_2 + \alpha\}.$$

以下分几种情况进行证明:

1° $\dim(x_1) > 1$, $\dim(x_2) > 1$, 则 $\mathbf{M}$ 连通.

2° x_1, x_2 有一个是零维的. 显然对应 $\mathbf{M}$ 连通.

3° 设 $\dim(x_1) = 1$ 此时 $\mathbf{M}$ 可分解成 $\mathbf{M} = \mathbf{M}' \bigcup \mathbf{M}''$. 其中 $\mathbf{M}'$ 与 $\mathbf{M}''$ 分别对应

$$\mathbf{M}' = \{x \,|\, \xi^2 = x_2^T x_2 + \alpha, \ \xi > 0\},$$

$$\mathbf{M}'' = \{x \,|\, \xi^2 = x_2^T x_2 + \alpha, \ \xi < 0\}.$$

由于 $x_1 \in \mathbf{M}'$ 当且仅当 $-x_1 \in \mathbf{M}''$. 而 $(\xi)^2 - x_2^T x_2 - \alpha = (-\xi)^2 - x_2^T x_2 - \alpha$. 于是 $\mathbf{M}$ 是 Φ 连通的. 利用定理 13.7.1, 可知 $\phi(\mathbf{R}^n)$ 是凸的. ∎

定理 13.7.4 对映射 (13.7.15) 且 $n \geqslant 3$, 其中 $F_i = F_i^T \in \mathbf{R}^{n\times n}$, $i = \underline{2}$, $\mathbf{X} = \{x \,|\, x^H x = 1\}$, 则 $\phi(\mathbf{X})$ 是闭凸集.

证明　留给读者证明.　　　　　　　　　　　　　　　　　　　　■

注记 13.7.1　在上述定理中当 $n < 3$ 时并不成立. 这是由于 $n = 1$, $\mathbf{X}$ 仅为两点而 $\phi(\mathbf{X})$ 是四个点, 当然非凸. 而当 $n = 2$, $\mathbf{X}$ 是一圆周即 $\mathbf{X} = \{x | x = [\cos\theta, \ \sin\theta]^T, \ 0 \leqslant \theta \leqslant 2\pi$. 于是 $\phi(\mathbf{X})$ 只依赖于单参数 θ, 是一根连续曲线且对 θ 有周期性. 因而一般不是线段从而不是凸的.

定理 13.7.5　设 $z \in \mathbf{C}^2, F_i = F_i^H \in \mathbf{R}^{2\times2}$, $i \in \underline{m+1}$, $\mathbf{X} = \{y | y^H y = 1\}$, 映射 $\phi : \mathbf{C}^2 \to \mathbf{R}^{m+1}$ 定义为

$$\phi(x) = [y^H F_1 y \quad y^H F_2 y \quad \cdots \quad y^H F_{m+1} y]^T, \tag{13.7.17}$$

则 $\phi(\mathbf{X})$ 是闭凸集.

证明　$\mathbf{X}$ 是是复 2 维空间的一个球面, Φ 由 y 的二次型组成自然是线性集. 并且 Φ 中函数的变量虽是复 2 维向量但函数值皆为实数. 因而

$$y^H F y = \phi(y) = \overline{\phi(y)} = \bar{y}^H F \bar{y} = \phi(\bar{y}).$$

研究集合

$$\mathbf{M} = \{y \mid \phi_i(y) = \alpha_i, \ \alpha_i \in \mathbf{R}, \ i \in \underline{m}; \ y^H y = 1\}. \tag{13.7.18}$$

为证明其 Φ 连通性, 考虑另一集合

$$\mathbf{M}' = \{y | \psi_i(y) = 0, \ i \in \underline{m}; \ y \neq 0\}, \tag{13.7.19}$$

其中 $\psi_i(x)$ 也是 Φ 类函数. 考虑到式 (13.7.17) 中约束 $y^H y = 1$, 则

$$\phi_i(y) = \alpha_i \to \phi_i(y)[\phi_i(y) - \alpha_i y^H y] = 0.$$

于是 $\mathbf{M}$ 与 $\mathbf{M}'$ 在 Φ 连通上等价.

将 $\phi_m(y)$ 对应的 F_m 化成平方和形式, 记 $y = [\zeta_1, \ \zeta_2]^T, \zeta_i \in \mathbf{C}$, 则

$$\begin{cases} \phi_m(y) = |\zeta_1|^2 - \varepsilon|\zeta_2|^2, \\ \phi_j(y) = \alpha_j|\zeta_1|^2 - \beta_j\mathrm{Re}(\bar{\zeta}_1\zeta_2) + \gamma_j|\zeta_2|^2, \quad j < m, \end{cases} \tag{13.7.20}$$

其中 ε 可取 -1, 0 或 $+1$, α_j, β_j, γ_j 均为实数. 由此 $\mathbf{M}'$ 可表达为

$$\begin{cases} |\zeta_1|^2 = \varepsilon|\zeta_2|^2, \quad |\zeta_1|^2 + |\zeta_2|^2 \neq 0, \\ \beta_j Re(\bar{\zeta}_1\zeta_2) = \delta_j|\zeta_2|^2, \quad \delta_j \in \mathbf{R}, \quad j \in \underline{m-1}. \end{cases} \tag{13.7.21}$$

下面依据 ε 的不同取值分别证明 $\mathbf{M}'$ 的 Φ 连通性.

$\varepsilon = -1$: $\mathbf{M}' = \varnothing$;

$\varepsilon = 0$: $\delta_j, j < m$ 中有一个不为零, 同样 $\mathbf{M}' = \varnothing$;

$\varepsilon = 0$: 且 $\delta_j = 0, \forall j \in \underline{m-1}$ 则由式 (13.7.21) 定义的集合为 $y = [0, \zeta_2]$, $\zeta_2 \neq 0$, 但由于 $\zeta_2 \in \mathbf{C}$, $|\zeta_2|^2 = 1$ 是一个圆周, 因而连通.

$\varepsilon = 1$: 由条件 $|\zeta_1|^2 + |\zeta_2|^2 \neq 0$ 可知 $|\zeta_2| \neq 0$, 令 $\eta = \dfrac{\zeta_1}{\zeta_2}$, 则式 (13.7.20) 可改写成

$$|\eta|^2 = 1, \quad \beta_j \mathrm{Re}(\eta) = \delta_j, \quad j \in \underline{m-1}. \tag{13.7.22}$$

由于 $\eta \in \mathbf{C}$, 则式 (13.7.22) 代表一个圆和 $m-1$ 条直线, 这 $m-1$ 条直线中若有一条不与圆相交, 则式 (13.7.21) 所描述的集合为空集 $\varnothing$. 若要求其非空, 则式 (13.7.21) 应有解. 但一条直线与圆只有两个交点, 则公共交点一定在这两个交点中. 此时的公共交点由式 (13.7.21) 可知必关于实轴对称. 于是仅两种情况发生, 或 $\eta_0 = \bar{\eta}_0$ 是实数, 或 η_0 与 $\bar{\eta}_0$ 均对应公共交点. 前者相当于 $\zeta_1 = \zeta_0 \zeta_2$, $|\zeta_1|^2 + |\zeta_2|^2 \neq 0$. 对应式 (13.7.20) 是连通的. 而后者表示 $\dfrac{\beta_j}{\delta_j}$ 为一常数, 取为 $\dfrac{\beta}{\delta}$ 则有与 j 相关的常数 γ_j, 使有 $\beta_j = \gamma_j \beta$, $\delta_j = \gamma_j \delta$, 这样式 (13.7.20) 就可表为

$$|\zeta_1|^2 = |\zeta_2|^2, \quad \beta \mathrm{Re}(\bar{\zeta}_1 \zeta_2) = \delta |\zeta_2|^2, \quad |\zeta_1|^2 + |\zeta_2|^2 \neq 0. \tag{13.7.23}$$

这样用 m 个方程描述的集合就转化为只由两个方程来描述. 如果对点 (ζ_1, ζ_2) 作一个旋转 $(\zeta_1, \zeta_2)e^{j\theta}$, 则这一旋转也满足式 (13.7.22). 这一旋转可以通过点 $\zeta_2 \in \mathbf{R}$ 且 $\zeta_2 > 0$. 作变换 $\rho\zeta_1$, $\rho\zeta_2$ 使有 $\rho\zeta_2 = 1$, $\rho\zeta_1 = \eta_0$, 于是 η_0 是方程 $|\eta|^2 = 1$, $\beta \mathrm{Re}\,\eta = \delta$ 的一个根. 其另一根为 $\bar{\eta}_0$. 则由 $\zeta_1 = \eta_0$, $\zeta_2 = 1$ 向 $\zeta_1 = \bar{\eta}_0$, $\zeta_2 = 1$ 跳跃, 对应 $\phi(z)$ 的值不变. 由此可以建立分段连续曲线 $\zeta_1(t)$, $\zeta_2(t)$ 使其按前面所述产生变化, 这样 $\zeta_1(t)$, $\zeta_2(t)$ 总在式 (13.7.22) 描述的集合内, 且能连接 η_0 与 $\bar{\eta}_0$ 所对应的两点, 而其间断点可保持 $\phi(z)$ 的值连续. 因而 $\mathbf{M}'$ 是 Φ 连通的. 于是 $\phi(\mathbf{X})$ 是凸集. ■

参考文献: [Yak1962], [Yak1971], [Yak1974], [Hua2003].

13.8 规划亏解问题 II

上一节我们着重用 Φ 连通的办法讨论了一些由 ϕ 函数类确定的变换将 $\mathbf{C}^n$ 或 $\mathbf{R}^n$ 中的子集 $\mathbf{X}$ 映射出的象集合是否具有凸性的问题, 凸性历来是求解规划问题的重要条件. 在规划问题上有一个共识, 即问题是否具有凸性要比问题本身是否为非线性本质得多. 非线性规划问题若具有凸性, 则无论是理论还是实际求解乃至计算都要比非凸的简单得多.

定理 13.8.1 设 $F = F^T \in \mathbf{R}^{n \times n}$, $G = G^T \in \mathbf{R}^{n \times n}$ 且 G 有非负特征值, 则有:

1°

$$x^T F x \geqslant 0, \quad x \in \mathbf{R}^n 且 x^T G x \geqslant 0 \tag{13.8.1}$$

将等价于

$$存在 \tau \geqslant 0, 使有 x^T F x - \tau x^T G x \geqslant 0, \quad x \in \mathbf{R}^n. \tag{13.8.2}$$

2°

$$x^T F x > 0, \quad x \in \mathbf{R}^n \setminus \{0\} 且使 x^T G x \geqslant 0 \tag{13.8.3}$$

将等价于

$$存在 \tau \geqslant 0, 使有 x^T F x - \tau x^T G x > 0, \quad x \in \mathbf{R}^n \setminus \{0\}. \tag{13.8.4}$$

3° 由下面用 Rayleiph 商表示的关系式成立, 即

$$\min_{x^T G x \geqslant 0, x \neq 0} \frac{x^T F x}{x^T x} = \max_{\tau \geqslant 0} \min_{x \neq 0} \frac{x^T F x - \tau x^T G x}{x^T x}. \tag{13.8.5}$$

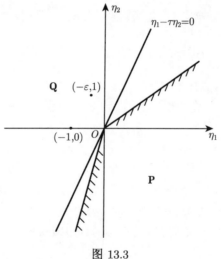

图 13.3

证明　1°(13.8.2)⇒(13.8.1) 显然成立.

反之. 若 (13.8.1) 成立. 利用 Denis 定理, 研究映射

$$\phi(x) : \eta_1 = x^T F x, \quad \eta_2 = x^T G x,$$

则 $\phi(\mathbf{R}^n)$ 是闭凸集且为一锥, 记其为 **P**. 而 (13.8.1) 表明只要 $\eta_2 \geqslant 0$ 就有 $\eta_1 \geqslant 0$, 因而 **P** 与 $\mathbf{Q} = \{y | \eta_1 < 0, \eta_2 \geqslant 0\}$ 均为凸集且 $\mathbf{P} \cap \mathbf{Q} = \varnothing$. 因而存在过原点的直线 $\tau_1 \eta_1 = \tau_2 \eta_2$, $\tau_i \geqslant 0$ 将此两凸集分离 (图 13.3), 即有

$$\tau_1 \eta_1 - \tau_2 \eta_2 \geqslant 0, \quad \begin{bmatrix} \eta_1 & \eta_2 \end{bmatrix}^T \in \mathbf{P},$$

$$\tau_1 \eta_1 - \tau_2 \eta_2 < 0, \quad \forall \begin{bmatrix} \eta_1 & \eta_2 \end{bmatrix}^T \in \mathbf{Q}.$$

但由于 $(-1,0) \in \mathbf{Q}$ 于是 $\tau_1 > 0$, 而由 $(-\varepsilon, 1) \in \mathbf{Q}$ 则有 $-\tau_1 \varepsilon - \tau_2 < 0$ 或 $\tau_1 \varepsilon + \tau_2 > 0$. 让 $\varepsilon \to 0$, 则有 $\tau_2 \geqslant 0$. 由此直线可以写成 $\eta_1 - \tau \eta_2 = 0$, 即存在 $\tau \geqslant 0$ 使有

$$x^T F x - \tau x^T G x \geqslant 0,$$

即式 (13.8.2) 成立.

注记 13.8.1 上面对 $x \in \mathbf{R}^n$ 的证明当 x, F, G 均在对应复空间中进行考虑时, 则可以利用 Hausdorff 定理代替 Denis 定理进行证明, 但由于 Hausdorff 定理中 $\mathbf{X} = \{x | x^H x = 1\}$, 使 $\phi(\mathbf{X})$ 为凸集. 则显然 $\phi(\mathbf{C}^n)$ 一定成为凸锥.

$2°$ (13.8.4)$\Rightarrow$(13.8.3) 是显然的.

反之. 利用 $F_1 = F - \varepsilon I$. 其中 ε 充分小可以选为比在满足约束条件下, $x^T F x$ 在 $x^T x = 1$ 上的最小值更小的正数. 然后利用 $1°$ 立即得到证明.

$3°$ 由于对 $\tau \geqslant 0$ 有

$$\min_{x^T G x \geqslant 0, x \neq 0} \frac{x^T F x}{x^T x} \geqslant \min_{x^T G x \geqslant 0, x \neq 0} \frac{x^T F x - \tau x^T G x}{x^T x} \geqslant \min_{x \neq 0} \frac{x^T F x - \tau x^T G x}{x^T x}.$$

于是有

$$\min_{x^T G x \geqslant 0, x \neq 0} \frac{x^T F x}{x^T x} \geqslant \max_{\tau \geqslant 0} \min_{x \neq 0} \frac{x^T F x - \tau x^T G x}{x^T x}. \tag{13.8.6}$$

现设

$$\lambda_0 = \min_{x^T G x \geqslant 0, x \neq 0} \frac{x^T F x}{x^T x},$$

则有

$$x^T F x - \lambda_0 x^T x \geqslant 0, \quad \forall x \in \{x | x^T G x \geqslant 0\}.$$

这表明存在 $\tau_0 \geqslant 0$, 使有

$$x^T F x - \lambda_0 x^T x - \tau_0 x^T G x \geqslant 0, \quad x \in \mathbf{R}^n.$$

由此可知

$$\lambda_0 \leqslant \min_{x \neq 0} \frac{x^T F x - \tau_0 x^T G x}{x^T x} \leqslant \max_{\tau} \min_{x \neq 0} \frac{x^T F x - \tau x^T G x}{x^T x}.$$

再考虑到式 (13.8.6) 则可知式 (13.8.5) 成立. ■

定理 13.8.2 设 $\mathbf{X}$ 是度量空间中的紧集. Φ 是 $\mathbf{X}$ 上实连续函数的线性集合, 而集合类

$$\mathbf{N}_1 = \{\mathbf{M} \,|\, \mathbf{M} = \{x | \phi_i(x) = \alpha_i, \ \alpha_i \in \mathbf{R}, \ \phi_i \in \Phi, \ x \in \mathbf{X}, \ i \in \underline{m}\}$$

是 Φ 连通的, 则任何 $\psi_i(x)$, $\phi(x) \in \Phi$, $i \in \underline{m}$ 决定的规划问题

$$\phi(x) \geqslant 0, \quad x \in \{x | \psi_i(x) \geqslant 0, \, i \in \underline{m}\}. \tag{13.8.7}$$

在用 S 过程方法求解, 即找到 $\tau_j \geqslant 0$, 使

$$S(x) = \phi(x) - \sum_{j=1}^{m} \tau_j \psi_i(x) \geqslant 0 \tag{13.8.8}$$

时是无亏的.

　　为证明定理先引进一引理.

　　引理 13.8.1　　式 (13.8.7) 可用式 (13.8.8) 求解无亏当且仅当

$$y = \psi(x) : \eta_i = \psi_i(x), \, i \in \underline{m}; \quad \eta_{m+1} = \psi_{m+1}(x) = \phi(x) \tag{13.8.9}$$

有 $\mathrm{Con}(\mathbf{P}) \bigcap \mathbf{Q} = \varnothing$. 其中 $\mathbf{P} = \psi(\mathbf{X})$, $\mathbf{Q} = \{y | \eta_i \geqslant 0, \, i \in \underline{m}; \eta_{m+1} < 0\}$.

　　证明　　仅当: 设用式 (13.8.8) 解规划问题 (13.8.7) 无亏, 则存在 $\tau_i \geqslant 0$, $i \in \underline{m}$, 使

$$\mathbf{P} \subset \left\{ y \,\middle|\, y = [\eta_1, \eta_2, \cdots, \quad \eta_{m+1}]^T 满足 \eta_{m+1} \geqslant \sum_{i=1}^{m} \tau_i \eta_i \right\} = \mathbf{N},$$

而 $\mathbf{N}$ 系一半空间, 于是 $\mathbf{P}$ 的凸包 $\mathrm{Con}(\mathbf{P}) \subset \mathbf{N}$. 但 $\mathbf{Q} \bigcap \mathbf{N} = \varnothing$. 于是有 $\mathrm{Con}(\mathbf{P}) \bigcap \mathbf{Q} = \varnothing$.

　　当: 设已有 $\mathbf{Q} \bigcap \mathrm{Con}(\mathbf{P}) = \varnothing$. 令 $\mathbf{P}_1$ 是由 $\mathrm{Con}(\mathbf{P})$ 生成的凸锥, 即 $\mathbf{P}_1 = \{z | z = \lambda y, \lambda \geqslant 0, \, y \in \mathrm{Con}(\mathbf{P})\}$. 下面证明 $\mathbf{Q} \bigcap \mathbf{P}_1 = \{0\}$. 设不然, 即有 $y \in \mathbf{Q} \bigcap \mathbf{P}_1$, $y \neq 0$. 由于 $\mathbf{Q}$ 也是凸锥, 则存在 $\lambda > 0, x = \lambda y \in \mathrm{Con}(\mathbf{P}) \bigcap \mathbf{Q}$, 而导致矛盾.

　　由于 $\mathbf{P}_1$ 与 $\mathbf{Q}$ 都是凸锥, 且交集为原点. 于是存在 $\tau_0, \tau_1, \cdots, \tau_m$ 使下式成立

$$\mathbf{Q} \setminus \{0\} \subset \left\{ y \,\middle|\, \sum_{i=1}^{m} \tau_j \eta_j - \tau_0 \eta_{m+1} > 0 \right\},$$

$$\mathbf{P}_1 \setminus \{0\} \subset \left\{ y \,\middle|\, \sum_{i=1}^{m} \tau_j \eta_j - \tau_0 \eta_{m+1} \leqslant 0 \right\}.$$

实际上, $\sum\limits_{i=1}^{m} \tau_j \eta_j - \tau_0 \eta_{m+1} = 0$ 就是上述两凸锥之间的分离超平面. 又由于 $(0, \cdots, 0, -1)^T \in \mathbf{Q} \setminus \{0\}$. 于是 $\tau_0 > 0$, 不妨设 $\tau_0 = 1$, 而由 $(0, \cdots, 0, -\varepsilon)^T \in \mathbf{Q} \setminus \{0\}$, 可推知 $\tau_1 > -\varepsilon$. 由于 ε 可充分小. 则 $\tau_1 \geqslant 0$. 类似也可证明所有 $\tau_i \geqslant 0, i \in \underline{m}$. 于是引理得到证明.　　■

　　引理 13.8.2　　如果 $\mathbf{P}$ 为闭凸锥, 则上述求解规划问题的 S 函数方法是无亏的.

证明　对引理 13.8.1, 由于 $\mathbf{P}$ 已是闭凸锥, 则它已代替了 $\mathbf{P}_1$ 的位置. 利用定理 13.8.1 以及上述两引理. 则立即证明了定理 13.8.2.

进而可以有:

定理 13.8.3　设 $F = F^T \in \mathbf{R}^{2 \times 2}$, $G_j = G_j^T \in \mathbf{R}^{2 \times 2}$, $j \in \underline{m}$ 则规划问题

$$x^T F x \geqslant 0, \quad x \in \mathbf{C}^2 且满足条件 x^T G_j x \geqslant 0, \quad j \in \underline{m} \tag{13.8.10}$$

通过引进 τ_j 的 S 函数方法求解是无亏的.

一般来说, 当 $n \geqslant 3$, G 的个数大于 1 时上述规划问题通过 S 函数方法求解就可能出现有亏的情况.

参考文献: [Yak1962], [Yak1971], [Hua2003].

13.9　线性矩阵不等式 I: 简述

从本节开始除非特别声明, 矩阵 $P = P^T > 0$ 均表示该矩阵是正定的.

在常系数线性系统稳定性的讨论中, 人们常用的方法除直接判定系统特征根分布的方法外, 也常用 Lyapunov 方法, 这种方法可以自然地拓宽其应用范围至时变线性系统与非线性系统. 而应用 Lyapunov 方法时从简单情形开始, 人们总离不开对应的 Lyapunov 矩阵方程

$$PA + A^T P = -Q, \tag{13.9.1}$$

其中 $A \in \mathbf{R}^{n \times n}$ 是给定系统对应的矩阵. 熟知的结果是若对方程 (13.9.1) 在给定矩阵 $Q = Q^T > 0$ 后对应方程 (13.9.1) 若能有解 $P = P^T > 0$, 则对应系统

$$\dot{x} = Ax \tag{13.9.2}$$

的零解 $x = 0$ 是渐近稳定的. 事实上上述结果可以写成如果对应系统 (13.9.2) 存在正定矩阵 $P = P^T \in \mathbf{R}^{n \times n}$ 有

$$PA + A^T P < 0, \tag{13.9.3}$$

则对应系统 (13.9.2) 的零解就是渐近稳定的. 式 (13.9.3) 与式 (13.9.1) 相比较只是将给定 $Q > 0$ 换成了式 (13.9.3) 取不等号, 而这对于判定系统的稳定性的 Lyapunov 函数所研究的矩阵 P 来说有了更多的自由.

类似在讨论二次型最优控制时, 我们碰到了代数 Riccati 方程

$$A^T P + PA - PBR^{-1}B^T P + C^T C = 0. \tag{13.9.4}$$

如果我们将等式放宽也可以得到一个 Riccati 不等式

$$A^T P + PA - PBR^{-1}B^T P + C^T C < 0. \tag{13.9.5}$$

这个不等式从形式上看是关于 P 为二次. 但它可以转换成

$$\begin{bmatrix} A^T P + PA + Q & PB \\ B^T P & R \end{bmatrix} < 0, \tag{13.9.6}$$

其中 $Q = C^T C$ 此时它已变成关于 P 的线性矩阵不等式, 所不同的是不等式所对应的矩阵的阶次比其解 P 的阶次已经大大扩展, 即 P 在整个不等式对应的矩阵中只是块矩阵的角色. 为了说清楚式 (13.9.5) 与式 (13.9.6) 的等价性, 我们考虑对式 (13.9.6) 作合同变换

$$\begin{bmatrix} I & -PBR^{-1} \\ 0 & I \end{bmatrix} \begin{bmatrix} A^T P + PA + Q & PB \\ B^T P & R \end{bmatrix} \begin{bmatrix} I & 0 \\ -R^{-1}B^T P & I \end{bmatrix}$$
$$= \begin{bmatrix} A^T P + PA + Q - PBR^{-1}B^T P & 0 \\ 0 & R \end{bmatrix}$$

立即就可知式 (13.9.5) 与式 (13.9.6) 的等价.

以后为了简便, 按通用的做法将线性矩阵不等式简记为 LMI. 在线性控制系统的理论中有很多问题均可以化成 LMI 来求解. 关于不等式求解常归结为运筹学中的规划问题, 事实上控制科学从发展的历史上一直与运筹学的发展关系紧密且有大致类似的思想方法. 运筹学自从 1984 年 Karmarkar 关于线性规划中的以多项式计算复杂性的算法面世以来, 有了很大的发展. 到了 20 世纪 90 年代, Nesterov 和 Nemirovsky 对内点法的系统性研究, 为如何有效地求解 LMI 找到了支撑而得以快速发展.

LMI 的研究与转化中下述引理起到了关键作用.

引理 13.9.1 (Schur 补)　设 $R = R^T \in \mathbf{R}^{n \times n}, S = S^T \in \mathbf{R}^{m \times m}, G \in \mathbf{R}^{n \times m}$ 则下述两条件等价:

1°
$$R > 0, \quad S + G^T R^{-1} G < 0. \tag{13.9.7}$$

2°
$$\begin{bmatrix} S & G^T \\ G & -R \end{bmatrix} < 0. \tag{13.9.8}$$

证明　注意到对 (13.9.8) 作合同变换, 有

$$\begin{bmatrix} I & G^T R^{-1} \\ 0 & I \end{bmatrix} \begin{bmatrix} S & G^T \\ G & -R \end{bmatrix} \begin{bmatrix} I & 0 \\ R^{-1}G & I \end{bmatrix} = \begin{bmatrix} S + G^T R^{-1} G & 0 \\ 0 & -R \end{bmatrix}. \tag{13.9.9}$$

若式 (13.9.7) 成立, 则 R 可逆, 合同变换可行, 从而式 (13.9.8) 成立. 反之, 式 (13.9.8) 若成立则 R 可逆, 于是由式 (13.9.9) , 可知式 (13.9.7) 成立. ■

引理 13.9.1′(非严 Schur 补) 设 R 与 S 条件同引理 13.9.1, 则下述两条件等价:

$$R \geqslant 0, \quad S + G^T R^+ G \leqslant 0, \quad (I - RR^+)G = 0 \tag{13.9.10}$$

和

$$\begin{bmatrix} S & G^T \\ G & -R \end{bmatrix} \leqslant 0, \tag{13.9.11}$$

以上 R^+ 是 R 的唯一的满足四个 Penrose-Moore 方程的广义逆矩阵.

证明 由于 $R = R^T$, $\mathrm{rank}(R) = l$, 则存在正交变换 U, 使

$$U^T R U = \begin{bmatrix} \Sigma & 0 \\ 0 & 0 \end{bmatrix}, \quad \Sigma \in \mathbf{R}^{l \times l}. \tag{13.9.12}$$

由于无论条件 (13.9.10) 还是式 (13.9.11) 成立, 均有 $R \geqslant 0$, 于是可以认为 $\Sigma > 0$. 利用合同变换可知式 (13.9.11) 当且仅当

$$\begin{bmatrix} I & 0 \\ 0 & U^T \end{bmatrix} \begin{bmatrix} S & G^T \\ G & -R \end{bmatrix} \begin{bmatrix} I & 0 \\ 0 & U \end{bmatrix} = \begin{bmatrix} S & G_1^T & G_2^T \\ G_1 & -\Sigma & 0 \\ G_2 & 0 & 0 \end{bmatrix} \leqslant 0, \tag{13.9.13}$$

其中 $(G_1^T G_2^T) = G^T U$. 针对式 (13.9.13) 可知必须有

$$G_2^T = 0. \tag{13.9.14}$$

另一方面, $(I - RR^+)G = U \begin{bmatrix} 0 & 0 \\ 0 & I \end{bmatrix} \begin{bmatrix} G_1 \\ G_2 \end{bmatrix} = U \begin{bmatrix} 0 \\ G_2 \end{bmatrix}$. 于是 (13.9.14) 当且仅当

$$(I - RR^+)G = 0. \tag{13.9.15}$$

而在 $G_2 = 0$ 时式 (13.9.13) 当且仅当

$$\begin{bmatrix} S & G_1^T \\ G_1 & -\Sigma \end{bmatrix} \leqslant 0. \tag{13.9.16}$$

而此时 $\Sigma > 0$. 于是由引理 13.9.1 可知式 (13.9.16) 当且仅当 $S + G_1^T \Sigma^{-1} G_1 = S + G^T R^+ G \leqslant 0$(利用式 (13.9.12)).

于是引理得到了证明. ■

作为 Schur 补的应用可以证明.

定理 13.9.1 下述三个 LMI 是互相等价的:

$1°$ $\begin{cases} A^TP + PA + (B^TP + D^TC)^T(I - D^TD)^{-1}(B^TP + D^TC) + C^TC < 0, \\ \bar{\sigma}(D) < 1. \end{cases}$

$2°$ $\begin{bmatrix} PA + A^TP & PB + C^TD \\ B^TP + D^TC & DD^T - I \end{bmatrix} < 0.$

$3°$ $\begin{bmatrix} PA + A^TP & PB & C^T \\ B^TP & -I & D^T \\ C & D & -I \end{bmatrix} < 0.$

证明　指出两点即可证明

$1°$ $\sigma(D) < 1$ 当且仅当 $I - D^TD > 0$.

$2°$ 反复应用 Schur 补. ■

　　LMI 在控制与系统工程中常担负两类角色, 这表现在有些控制问题是针对某些动态性质的. 此时系统的一些性质就归结为对应 LMI 的解的存在与求出; 另一类问题是 LMI 只是表示系统具有一些性质而在实际中是作为约束条件的, 在该约束条件下还有进一步优化的要求. 这两方面均可称为 LMI 问题.

　　在控制理论范畴, 两个最基本的 LMI 是 Lyapunov 不等式和 Riccati 不等式经 Schur 补转化而成的不等式. 其他很多系统类似表现均可利用 LMI 进行表述.

　　考虑一个线性矩阵不等式

$$F(x) = F_0 + \sum_{i=1}^{m} \xi_i F_i > 0, \tag{13.9.17}$$

其中 $x = (\xi_1, \xi_2, \cdots, \xi_m)^T$, $F_0 = F_0^T$, $F_i = F_i^T$, $i \in \underline{m}$.

　　由于 $F(x)$ 关于 x 是一个仿射关系, 则可以有

$$F(\lambda x_1 + (1 - \lambda)x_2) = \lambda F(x_1) + (1 - \lambda)F(x_2), \quad 0 \leqslant \lambda \leqslant 1.$$

于是只要 x_1, x_2 是 (13.9.17) 的可行解, 则连接 x_1, x_2 的线段上的全部 x 都是 (13.9.17) 的可行解, 即线性矩阵不等式的解集具有凸性. 这一性质对于具有矩阵变量的 Lyapunov 不等式和具有凸性的 Riccati 不等式来说也同样成立. 很多有价值的控制问题, 它们的原始表达看上去不同但常能用 LMI 进行概括, 常见的, 也是经典的 LMI 问题有:

　　$1°$ 特征值问题 (EVP). 特征值问题是指针对给定的仿射依赖变量的两个矩阵族

$$\begin{cases} A(x) = A_0 + \sum_{i=1}^{m} \xi_i A_i, & A_0 = A_0^T, \quad A_i = A_i^T, \quad i \in \underline{m}, \\ B(x) = B_0 + \sum_{i=1}^{m} \xi_i B_i, & B_0 = B_0^T, \quad B_i = B_i^T, \quad i \in \underline{m}, \end{cases} \tag{13.9.18}$$

求解问题

$$\min_{\lambda,x}\{\lambda \mid \lambda I - A(x) > 0, B(x) > 0\}. \tag{13.9.19}$$

2° 广义特征值问题 (GEVP). 广义特征值问题是指针对给定的三个仿射依赖变量的矩阵族 $A(x)$, $B(x)$, 与 $C(x)$, 其中 $A(x), B(x)$ 由式 (13.9.18) 给出, $C(x)$ 为

$$C(x) = C_0 + \sum_{i=1}^{m} \xi_i C_i, \quad C_0 = C_0^T, \quad C_i = C_i^T, \quad i \in \underline{m}. \tag{13.9.20}$$

求解问题

$$\min_{\lambda,k}\{\lambda \mid \lambda B(x) - A(x) > 0, B(x) > 0, C(x) > 0\}.$$

广义特征值问题对解来讲已经不具凸性而是拟凸性.

对于上述两标准问题, 在运筹学中已发展很好的内点法为求解这类问题提供了方法支撑并已有大量成熟的算法以供使用.

3° LMI 约束下的矩阵逼近问题, 系指给定以矩阵为变量在满足 LMI 不等式约束下, 寻求对给定标称矩阵的最佳逼近解. 设 LMI 约束为 $L(P) < 0$. 又给定标称矩阵 $Q = Q^T > 0$. 求解

$$\|P - Q\|_F = \min, \quad P \in \{P | L(P) > 0\}. \tag{13.9.21}$$

有时也用 $\|P - Q\|_2 = \min$ 代替上述有 F 范数定义的问题.

参考文献: [BGFB1994], [GN2000], [GND1995], [Kuc1972], [Sch1911], [MM1964].

13.10 线性矩阵不等式 II: 可解性

讨论 LMI 的可解性问题实质上就是回答下述两个问题:

1° 给定的 LMI 存在可行解的条件.

2° 给定的 LMI 不存在可行解, 即不等式不相容的条件.

表面上看上述两问题可以统一起来, 但由于 LMI 的表现形式的多样, 至今对于用 Schur 补和合同变换下是否可以将 LMI 分成若干子类, 并指出这些子类之间不能用上述两种手段彼此转化这一基本问题还未解决. 因此, 要求对一般 LMI 提解决可解性问题是不现实的, 这样无论是问题 1° 还是 2° 也都只能在较简单的情形下得到解答.

定理 13.10.1 线性矩阵不等式

$$F(x) = F_0 + \sum_{i=1}^{m} \xi_i F_i > 0, \quad F_0 = F_0^T, \quad F_i = F_i^T, \quad i \in \underline{m} \tag{13.10.1}$$

不相容（即无解）当且仅当存在 $G = G^T \geqslant 0$ 使

$$\text{trace}(GF_i) = 0, \quad i \in \underline{m}, \quad \text{trace}(GF_0) \leqslant 0. \tag{13.10.2}$$

为证该定理, 首先引进一个引理.

引理 13.10.1　给定 $G = G^T \in \mathbf{R}^{n \times n}$, 则

$$\text{trace}(GF) > 0, \quad F = F^T > 0$$

当且仅当 $G \geqslant 0$.

证明　由于对任何矩阵 $A \in \mathbf{R}^{n \times n}$, 总有 $\text{trace}(A) = \sum\limits_{i=1}^{n} \lambda_i$, 其中 $\lambda_i \in \mathbf{\Lambda}(\mathbf{A})$. 同时对任何非奇异矩阵 T 总有

$$\text{trace}(T^{-1}AT) = \text{trace}(A).$$

仅当: 考虑正交变换 U 使 $U^T G U = \Lambda = \text{diag}(\gamma_1, \gamma_2, \cdots, \gamma_n)$. 于是

$$\text{trace}(GF) = \text{trace}(\Lambda U^T F U) = \text{trace}(\Lambda \tilde{F}).$$

现设存在某个 $\gamma_i < 0$, 不妨认为 $i = 1$. 由此令

$$\tilde{F} = \text{diag}\{1, \varepsilon, \cdots, \varepsilon\},$$

则

$$\text{trace}(\Lambda \tilde{F}) = \gamma_1 + \varepsilon \sum_{i=2}^{n} \gamma_i.$$

由此选 ε 充分小就有

$$\text{trace}(\Lambda \tilde{F}) = \text{trace}(GF) < 0,$$

从而导致矛盾, 矛盾表明仅当成立.

当: 利用 (F^{-1}, G) 组成的矩阵约束的广义特征值均非负即可证明.　　■

上述引理可将严格不等式号放宽为含等号的不等式.

(定理 13.10.1 的证明) 记与 F 同阶次的全部由对称矩阵组成的集合为 $\mathbf{S}$, 显然它是一有限维线性空间. 显然式 (13.10.1) 定义的 $F(x)$ 的全体, 即

$$\mathbf{\Omega} = \{F(x) | F(x) = F_0 + \sum_{i=1}^{m} \xi_i F_i > 0, \forall x \in \mathbf{R}^m\} \subset \mathbf{S}, \tag{13.10.3}$$

系一对 x 来说的仿射集. 在 $\mathbf{S}$ 中定义内积为

$$(G, F) = \text{trace}(GF), \tag{13.10.4}$$

则 **S** 成为一内积空间, 且该空间全部线性泛函均由式 (13.10.4) 定义.

若 $F(x) > 0$ 不相容, 即对任何 x 来说 $F(x)$ 均不正定。现记 **S** 中全部正定矩阵组成的开凸锥为 **K**, 则 $F(x)$ 不相容表明 $\Omega \bigcap \mathbf{K} = \phi$. 仿射集也是凸集, 由此由分离定理在 **S** 中存在超平面将 Ω 与 **K** 分离在其两侧, 或等价地存在 **S** 中的元 G(它相当于超平面的法向量) 有

$$\text{trace}(GF) > 0, \quad F \in \mathbf{K}, \tag{13.10.5}$$

$$\text{trace}(GF) \leqslant 0, \quad F \in \Omega. \tag{13.10.6}$$

由式 (13.10.5) 按引理 13.10.1 可知 $G \geqslant 0$. 而由式 (13.10.6) 可知

$$\text{trace}(GF(x)) = \text{trace}(GF_0) + \sum_{i=1}^{m} \xi_i \text{trace}(GF_i) \leqslant 0.$$

考虑到 ξ_i 的任意性, 则有式 (13.10.2). ■

注记 13.10.1   定理 13.10.1 虽然形式上没有分别写出 "当" 与 "仅当" 的证明, 但实际上证明过程已表明充分必要性.

LMI 既可以表述一些系统特性在时域上的等价形式, 也可能是一些控制问题求解的约束条件. 无论从何种角度出发, 总希望由 LMI 界定的集合首先应该是非空的, 可解性条件也必须回答非空条件是什么. 由于下面的讨论涉及正交变换, 酉空间的问题. 因而正交补在其中起到了重要作用.

下面将规定若 U 具线性无关列, 则以 $\tilde{U}$ 表其正交补的标准正交基组成的矩阵, 即 $(U\tilde{U})$ 是非奇异矩阵且 $\tilde{U}^H U = 0$, 类似有 $(V\tilde{V})$ 等.

定理 13.10.2   给定 $G = G^T$ 及两满列秩矩阵 U, V, 则存在 X 使

$$G + UXV^T + VX^TU < 0 \tag{13.10.7}$$

当且仅当

$$\tilde{U}^T G \tilde{U} < 0, \quad \tilde{V}^T G \tilde{V} < 0, \tag{13.10.8}$$

其中 $\tilde{U}$ 与 $\tilde{V}$ 分别是 U 与 V 的正交补矩阵。

这个定理的证明放在后面讨论参数化时一并给出.

定理 13.10.3   给定矩阵 $G = G^T \in \mathbf{R}^{n \times n}$ 及满列秩矩阵 $U \in \mathbf{R}^{n \times m}$, $V \in \mathbf{R}^{n \times p}$. 则存在 $X \in \mathbf{R}^{m \times p}$ 使

$$G + UXV^T + VX^TU \leqslant 0 \tag{13.10.9}$$

当且仅当

$$\tilde{U}^T GU \leqslant 0, \quad \tilde{V}^T GV \leqslant 0. \tag{13.10.10}$$

证明　以 $G - \varepsilon I$ 代替 G, 则式 (13.10.9) 与式 (13.10.10) 变为

$1°$ $G - \varepsilon I + UXV^T + VX^TU < 0, \forall \varepsilon > 0.$

$2°$ $\tilde{U}^TGU - \varepsilon\tilde{U}^TU < 0$, $\tilde{V}^TGV - \varepsilon\tilde{V}^TV < 0, \forall \varepsilon > 0.$

而 $1°$ 和 $2°$ 等价由定理 13.10.2 保证. 然后令 $\varepsilon \to 0$, 于是定理得证. ■

进一步我们希望能将 LMI 的解参数化, 对于不等式来说求出其全部解并不像等式方程那样可以用任意常数的方法将通解表示清楚, 而是更为复杂。有时这种表述可能只表述了一个可行解的集合而不是全部. 为了达到这一目的, 我们结合证明讨论定理 13.10.2 关于 LMI(13.10.7) 是相容的当且仅当 LMI(13.10.8) 成立的问题. 首先引进一个引理, 并在证明过程中给出其可行解参数化的表述.

引理 13.10.2　设 $U \in \mathbf{R}^{n \times p}, G = G^T \in \mathbf{R}^{n \times n}$ 已给定. $\mathrm{rank}(U) < n$, 设 U 具有满秩分解 $U = U_L U_R$. 定义

$$D = (U_RU_R^T)^{-1/2}U_L^+, \tag{13.10.11}$$

则存在 $\mu \in \mathbf{R}$ 使

$$\mu UU^T - G > 0 \tag{13.10.12}$$

成立当且仅当

$$P = \tilde{U}^TG\tilde{U} < 0, \tag{13.10.13}$$

并且全部使式 (13.10.12) 成立的 μ 为

$$\mu > \mu_{\min} = \lambda_{\max}[D(G - G^T\tilde{U}P^{-1}\tilde{U}^TG)D^T]. \tag{13.10.14}$$

证明　考虑矩阵

$$T = \begin{bmatrix} D \\ \tilde{U}^T \end{bmatrix} = \begin{bmatrix} (U_RU_R^T)^{-1/2} & 0 \\ 0 & I \end{bmatrix} \begin{bmatrix} U_L^+ \\ \tilde{U}^T \end{bmatrix}.$$

注意到 $U = U_LU_R$ 是满秩分解, 则 $\mathbf{R}(U) = \mathbf{R}(U_L)$, 因而 T 是非奇异矩阵. 对式 (13.10.12) 用 T 作合同变换, 则有

$$\begin{bmatrix} \mu I - DGD^T & -DG\tilde{U} \\ -\tilde{U}^TGD^T & -\tilde{U}^TG\tilde{U} \end{bmatrix} > 0. \tag{13.10.15}$$

或等价地有式 (13.10.13) 和

$$\mu I - DGD^T + DG\tilde{U}P^{-1}\tilde{U}^TGD^T > 0. \tag{13.10.16}$$

这表明式 (13.10.13) 是必要的. 式 (13.10.16) 说明式 (13.10.14) 成立.

反之, 若 $P < 0$ 已成立, 则 $\mu \in \mathbf{R}$ 的存在性对式 (13.10.15) 是显然的. ■

注记 13.10.2 由于 $\mu_{\min} \leqslant 0$ 等价于

$$D(G - G\tilde{U}P^{-1}\tilde{U}^T G)D^T \leqslant 0. \tag{13.10.17}$$

由于 $P < 0$, 则式 (13.10.17) 等价于 $TGT^T \leqslant 0$, 即 $G \leqslant 0$.

现设对 U 与 V^T 具满秩分解

$$U = U_L U_R, \quad V^T = C_L C_R. \tag{13.10.18}$$

又设 $r_U = \operatorname{rank}(U)$, $r_V = \operatorname{rank}(V)$. 以下定义两集合:

$\mathbf{X}_g(U,V,G) := \{X \mid$ 存在$(Z,L,R) \in \mathbf{R}^{m \times p} \times \mathbf{R}^{r_U \times r_V} \times \mathbf{R}^{r_U \times r_U}$ 使有

$$X = U_R^+ K C_L^+ + Z - U_R^+ U_R Z C_L C_L^+$$

$$K := -R^{-1}U_L^T \Phi C_R^T (C_R \Phi C_R^T)^{-1} + R^{-1}S^{1/2}L(C_R \Phi C_R^T)^{-1/2}$$

$$\Phi := (U_L R^{-1} U_L^T - G)^{-1} > 0$$

$$R > 0, \quad \|L\| < 1$$

$$S := R - U_L^T[\Phi - \Phi C_R^T (C_R \Phi C_R^T)^{-1}|U_L\},$$

$$\tag{13.10.19}$$

$\mathbf{X}_s(U,V,G) := \{X \mid$ 存在$\tilde{L} \in \mathbf{R}^{m \times p}$使下述成立

$$X = X_1 + X_2 \tilde{L} X_3, \|\tilde{L}\| < 1$$

$$X_1 := (C_1^T - G_{12}G_{22}^{-1}C_2^T)(C_2 G_{22}^{-1}C_2^T)^{-1}$$

$$X_2 := (G_{12}G_{22}^{-1}G_{12}^T - G_{11} - X_1 X_3^{-2} X_1^T)^{1/2}$$

$$X_3 := (-C_2 G_{22}^{-1}C_2^T)^{-1/2}$$

$$\begin{bmatrix} G_{11} & G_{12} \\ G_{12}^T & G_{22} \end{bmatrix} = \begin{bmatrix} U^+ \\ \tilde{U}^T \end{bmatrix} G [U^{+^T} \quad \tilde{U}]$$

$$[C_1 \quad C_2] := V^T [U^{+^T} \quad \tilde{U}]\}. \tag{13.10.20}$$

注记 13.10.3 在上述两集合 $\mathbf{X}_g$ 与 $\mathbf{X}_s$ 中一些逆矩阵及矩阵平方根的出现目前还只是形式上的. 只有在证明其可逆及半正定的情况下集合才是可定义的. 而且此时半正定矩阵的平方根也只指其为半正定的一个主根.

定理 13.10.4 设 U,V,G 均如上给定, 且 $\operatorname{rank}(U) < n$, $\operatorname{rank}(V) < n$. 令集合

$$\mathbf{X} := \{X | UXV^T + (UXV^T)^T + G < 0\}. \tag{13.10.21}$$

则下述等价:

1° $\mathbf{X} \neq \varnothing$.

2° $\tilde{U}^T G \tilde{U} < 0$, $\tilde{V}^T G \tilde{V} < 0$.

而且若 2° 成立, 则 $\mathbf{X}_g(U, V, G)$ 是可定义的. 且 $\mathbf{X} = \mathbf{X}_g(U, V, G)$ 进而若有

$$U^T U > 0, \quad V^T \tilde{U} \tilde{U}^T V > 0,$$

则集合 $\mathbf{X}_s(U, V, G)$ 可定义且 $\mathbf{X} = \mathbf{X}_s(U, V, G)$.

　　证明　证明有点复杂, 我们给出其梗概, 过细推演不具体写出.

　　I. 1° ⇒ 2° 显然. 进而从 1° 出发, 建立其解的参数化形式. 设 $\mathbf{X} \neq \varnothing$, 因而存在 $X \in \mathbf{X}$. 于是令 $K = U_R X C_L$, 它有

$$U_L K C_R + (U_L K C_R)^T + G < 0.$$

由于此为严格不等式, 因而存在 $R > 0$(它可以充分小!) 使

$$U_L K C_R + (U_L K C_R)^T + G + C_R^T K^T R K C_R < 0,$$

或等价地有

$$(K C_R + R^{-1} U_L^T)^T R (K C_R + R^{-1} U_L^T) < U_L R^{-1} U_L^T - G. \tag{13.10.22}$$

由于上述不等式左边为半正定矩阵, 而不等式是严格不等式. 于是右端应为正定矩阵, 因而可逆, 定义

$$\Phi^{-1} := U_L R^{-1} U_L^T - G, \ \text{且} \Phi^{-1} > 0. \tag{13.10.23}$$

由此就有

$$-\tilde{U}^T \Phi^{-1} \tilde{U} = \tilde{U}^T G \tilde{U} < 0.$$

现在对式 (13.10.22) 运用 Schur 补, 则式 (13.10.22) 等价于

$$R > (R X C_R + U_L^T) \Phi (R X C_R + U_L^T)^T.$$

将上式右边展开并针对 RX 完成平方的手段, 则有

$$\hat{L}(C_R \Phi C_R^T) \hat{L}^T < S, \tag{13.10.24}$$

其中

$$\hat{L} := R K + U_L^T \Phi C_R^T (C_R \Phi C_R^T)^{-1}, \tag{13.10.25}$$

$$S := R - U_L^T [\Phi - \Phi C_R^T (C_R \Phi C_R^T)^{-1} C_R \Phi] U_L. \tag{13.10.26}$$

由于式 (13.10.24) 的左端是半正定的, 于是 $S > 0$. 对式 (13.10.26) 来说 $S > 0$ 当且仅当存在 $V > 0$ 使

$$R > U_L^T [\Phi - \Phi C_R^T (C_R \Phi C_R^T + V)^{-1} C_R \Phi] U_L.$$

当且仅当存在 $V > 0$ 使

$$R > U_L^T(\Phi^{-1} + C_R^T V^{-1} C_R)^{-1} U_L$$

当且仅当存在 $V > 0$ 使

$$\Phi^{-1} - U_L R^{-1} U_L^T + C_R^T V^{-1} C_R > 0$$

当且仅当存在 $V > 0$ 使

$$C_R^T V^{-1} C_R - G > 0. \tag{13.10.27}$$

因而有 $\tilde{V}^T(G - C_R^T V^{-1} C_R)\tilde{V} = \tilde{V}^T G\tilde{V} < 0$, 类似有 $\tilde{U}^T G\tilde{U} < 0$. 这就证明了必要性.

事实上, 式 (13.10.24) 等价于

$$\|L\| < 1, \quad L := S^{-1/2}\hat{L}(C_R\Phi C_R^T)^{1/2}.$$

利用上述定义, 可以由式 (13.10.25) 解出 K, 它是

$$K := -R^{-1}U_L^T\Phi C_R^T(C_R\Phi C_R^T)^{-1} + R^{-1}S^{1/2}L(C_R\Phi C_R^T)^{-1/2}.$$

最后, 注意到 $K = U_R X C_L$ 成立当且仅当存在 Z 使

$$X = U_R^+ K C_L^+ + Z - U_R^+ U_R Z C_L C_L^+.$$

至此在存在解的前提下, 给出了参数化的表示.

II. 为了证明充分性, 设 2° 已成立. 考虑集合 $\mathbf{X}_g(U, V, G)$, 由引理 13.10.2 及 $\tilde{U}^T G\tilde{U} < 0$ 可推出 $R > 0$ 且使 $\Phi > 0$, 类似 $R > 0$ 与 $\tilde{V}^T G\tilde{V} < 0$ 可推出式 (13.10.27) 从而 $S > 0$. 由此可知 2° 的成立可推知 $\mathbf{X}_g(U, V, G)$ 是可以定义的, 这里我们不仅由 2° 推出 1° 而且给出了 $\mathbf{X}$ 的参数化的表述, 即由构造的过程有 $\mathbf{X} = \mathbf{X}_g$.

III. 证明最后一个结论. 设有 $X \in \mathbf{X}_g$ 已给定, 利用合同变换有

$$\begin{bmatrix} U^+ \\ \tilde{U}^T \end{bmatrix}[UXV^T + (UXV^T)^T + G][U^{+T} \quad \tilde{U}] < 0,$$

或等价地有 (引用 $\mathbf{X}_s$ 的定义 (13.10.20))

$$\begin{bmatrix} G_{11} + XC_1 + C_1^T X^T & G_{12} + XC_2 \\ C_{12}^T + C_2^T X^T & G_{22} \end{bmatrix} < 0.$$

由于 (II) 已成立, 则有 $G_{22} < 0$ 且上述不等式等价于

$$G_{11} + XC_1 + C_1^T X^T - (G_{12} + XC_2)G_{22}^{-1}(G_{12} + XC_2)^T < 0.$$

而由假定

$$C_2 C_2^T = C\tilde{U}\tilde{U}^T C^T > 0,$$

从而有 $C_2 G_{22}^{-1} C_2^T < 0$. 由此就有

$$(X - X_1) X_3^{-2} (X - X_1)^T < X_2^2,$$

其中 X_1, X_2, X_3 按式 (13.10.20) 定义. 以下用类似一般情形 (见证明 I, II) 即可完成这最后一部分的证明.

由此定理 13.10.4 的证明全部完成. ∎

参考文献: [IS1994], [VB1996], [Hel1993]].

13.11　LMI 应用 I: 二次稳定与二次镇定

对于常系数线性系统来说, 研究其零解的稳定性的办法有两种. 一种是基于其特征根分布的, 但它无法直接应用于线性时变系统; 另一种是基于 Lyapunov 函数的, 这一方法目前依然是可以用于线性时变系统或非线性系统的在理论上严格的方法. 其本质在于这一方法不依赖特征根等概念, 而是借助与类似总能量的概念的 Lyapunov 函数及其在微分方程确定的向量场上的导数的符号来进行判定的.

定义 13.11.1　对于系统族

$$\dot{x} = A(t)x, \quad A(t) \in \Omega, \quad t \geqslant 0, \tag{13.11.1}$$

其零解称为是二次稳定, 系指存在 $P = P^T \in \mathbf{R}^{n \times n}$ 与 $\varepsilon > 0$ 满足

$$\begin{cases} P > 0, \\ PA(t) + A^T(t)P + \varepsilon I < 0, \quad \varepsilon > 0, \quad A(t) \in \Omega, \quad t \geqslant 0. \end{cases} \tag{13.11.2}$$

如果引入 $Q = P^{-1}$, 则对应有

$$\begin{cases} Q > 0, \\ A(t)Q + QA^T(t) + \eta I < 0, \quad \eta > 0, \quad A(t) \in \Omega, \quad t \geqslant 0. \end{cases} \tag{13.11.3}$$

如果考虑受控制的系统 $\dot{x} = A(t)x + Bu$, 若存在反馈 $u = Kx$ 使闭环系统二次稳定, 则称该系统可二次镇定.

不少文献中将二次稳定的定义 13.11.1 中第二个式子中的 ε 以 0 代替, 变成 $PA(t) + A^T(t)P < 0$, 但这样并不合适, 考虑一例.

例 13.11.1

$$\dot{\xi} = -e^{-t}\xi, \quad A(t) = -e^{-t}.$$

令 $P = 1 > 0$, 则有 $A(t) + A^T(t) = -2e^{-t} < 0, \forall t \geqslant 0$. 若对该方程积分, 设 $\xi(0) = \xi_0$, 则有

$$\xi(t) = \frac{\xi_0}{e}e^{e^{-t}}.$$

显然 $\lim_{t \to \infty} = \xi_0/e$. 这表明系统的零解只能满足 Lyapunov 稳定的要求, 连渐近稳定的要求也不满足.

对于给定的确定的线性系统

$$\dot{x} = Ax \tag{13.11.4}$$

来说, 由于 A 已给定, 则该系统零解的渐近稳定必然导致它是二次稳定的. 但对于含不确定性的系统, 则不然.

考虑一类具有不确定性的系统, 这类系统是我们并不确知其模型, 而是只知道其系统矩阵 A 在一个模型集合 $\mathbf{A}$ 中选取. 例如 $\mathbf{A}$ 可以是一组系统 $A_1, A_2, \cdots, A_l$ 生成的凸多面体, 即

$$\mathbf{A} = \{A \,|\, A = \sum_{i=1}^{l} \alpha_i A_i, \alpha_i \geqslant 0, \sum_{i=1}^{l} \alpha_i = 1\} = \mathrm{Con}\{A_1, A_2, \cdots, A_l\}. \tag{13.11.5}$$

由于 Lyapunov 方程对应的 Lyapunov 不等式

$$PA + A^T P + \varepsilon I < 0.$$

不仅对 P 是线性的, 而且对 A 也是线性的, 于是可以有

$$PA + A^T P + \varepsilon I < 0, \quad \varepsilon > 0, \quad P > 0, \quad A \in \mathbf{A} \tag{13.11.6}$$

当且仅当

$$PA_i + A_i^T P + \varepsilon I < 0, \quad \varepsilon > 0, \quad P > 0, \quad i \in \underline{l}, \tag{13.11.7}$$

其中 $\mathbf{A}$ 是 $A_1, A_2, \cdots, A_l$ 生成的凸包, 即由式 (13.11.5) 确定, 而 $A_1, A_2, \cdots, A_l$ 则称为是凸集 $\mathbf{A}$ 的顶点集.

对于时变矩阵 $A(t)$ 如果 $A(t) \in \mathbf{A}, \forall t \geqslant 0$, 则系统

$$\dot{x} = A(t)x \tag{13.11.8}$$

的零解渐近稳定, 可以通过 $\mathbf{A}$ 的顶点集 $\{A_1, \cdots, A_l\}$ 是否存在公共的 Lyapunov 函数矩阵 P 满足式 (13.11.7) 来进行判定. 但实际上系统族 (13.11.6) 的零解的二次稳定比单个变参数系统 (13.11.8) 零解的渐近稳定性要求更苛刻. 对系统族的二次稳定的研究困难在于对于该族是否存在公共的二次型 Lyapunov 函数满足对应的不等式族, 这是问题的核心所在. 下面先引入例子来加以说明:

例 13.11.2 考虑两个二阶系统

$$A_1 = \begin{bmatrix} 0 & 1 \\ -\mu & -1 \end{bmatrix}, \quad A_2 = \begin{bmatrix} 0 & 1 \\ -1 & -\mu \end{bmatrix}, \quad \mu > 0,$$

容易验证 $\mathbf{\Lambda}(A_1) \subset \overset{\circ}{\mathbf{C}}_-, \mathbf{\Lambda}(A_2) \subset \overset{\circ}{\mathbf{C}}_-$，即它们都是渐近稳定的. 但可以指出当 $\mu > 0$ 但充分小时 A_1 与 A_2 满足要求的公共 Lyapunov 函数对应的矩阵是不存在的，注意到 Lyapunov 不等式

$$PA_i + A_i^T P < 0, \quad i \in \underline{2}, \tag{13.11.9}$$

对 P 是线性的. 因此可设

$$P = \begin{bmatrix} \xi & 1 \\ 1 & \eta \end{bmatrix}, \quad \xi > 0, \quad \eta > 0, \quad \xi\eta > 1. \tag{13.11.10}$$

显然有

$$PA_1 + A_1^T P = -\begin{bmatrix} 2\mu & \eta\mu + 1 - \xi \\ \eta\mu + 1 - \xi & 2(\eta - 1) \end{bmatrix} = -Q_1.$$

要求 Q_1 正定，即要求 $\det(Q_1) > 0$，由此有

$$4\mu(\eta - 1) > (\eta\mu + 1 - \xi)^2. \tag{13.11.11}$$

又有

$$PA_2 + A_2^T P = -\begin{bmatrix} 2 & (\eta + \mu - \xi) \\ (\eta + \mu - \xi) & 2(\eta\mu - 1) \end{bmatrix} = -Q_2.$$

由此应有 $\det(Q_2) > 0$，即

$$4(\eta\mu - 1) > (\eta + \mu - \xi)^2. \tag{13.11.12}$$

如果取 $\mu = 10^{-2}$ 可以验证式 (13.11.11) 与式 (13.11.12) 无公共解.

例 13.11.3 考虑由三次多项式 $\lambda^3 + \alpha_2\lambda^2 + \alpha_1\lambda + \alpha_0$ 对应的矩阵

$$A = \begin{bmatrix} 0 & 1 & 0 \\ 0 & 0 & 1 \\ -\alpha_0 & -\alpha_1 & -\alpha_2 \end{bmatrix}.$$

它所对应的特征多项式 $\det(\lambda I - A)$ 就是 $\lambda^3 + \alpha_2\lambda^2 + \alpha_1\lambda + \alpha_0$. 现设 $\alpha_0 \in [\frac{3}{2}, 2], \alpha_1 \in [2, 3], \alpha_2 \in [2, \frac{5}{2}]$. 四个 Kharitonov 多项式对应的矩阵分别为

$$A_1 = \begin{bmatrix} 0 & 1 & 0 \\ 0 & 0 & 1 \\ -3/2 & -2 & -5/2 \end{bmatrix}, \quad A_2 = \begin{bmatrix} 0 & 1 & 0 \\ 0 & 0 & 1 \\ -3/2 & -3 & -5/2 \end{bmatrix},$$

$$A_3 = \begin{bmatrix} 0 & 1 & 0 \\ 0 & 0 & 1 \\ -2 & -2 & -2 \end{bmatrix}, \quad A_4 = \begin{bmatrix} 0 & 1 & 0 \\ 0 & 0 & 1 \\ -2 & -3 & -2 \end{bmatrix}.$$

如果取 $P = \begin{bmatrix} 7/2 & 5/2 & 1/4 \\ 5/2 & 19/4 & 3/2 \\ 1/4 & 3/2 & 1 \end{bmatrix}$, 则易于验证有

$$PA_i + A_i^T P < 0, \quad i \in \underline{4}.$$

如果考虑

$$A_5 = \begin{bmatrix} 0 & 1 & 0 \\ 0 & 0 & 1 \\ -3/2 & -2 & -2 \end{bmatrix}.$$

显然 $\det(\lambda I - A_5) \in \mathbf{K}$, 其中 $\mathbf{K}$ 是有上述四个多项式 $\det(\lambda I - A_i)$, $i \in \underline{4}$ 所确定的区间多项式族. 显然有 $\Lambda(A_5) \subset \overset{\circ}{\mathbf{C}}_-$, 且对应的

$$PA_5 + A_5^T P = \begin{bmatrix} -3/4 & 3/4 & 1/2 \\ 3/4 & -1 & 0 \\ 1/2 & 0 & -1 \end{bmatrix} = W,$$

这是一个三阶对称矩阵, 其特征值皆负的必要条件应为 $\det(W) < 0$, 但 $\det(W) = 1/16 > 0$.

此例表明, 虽然区间多项式族 $\mathbf{K}$ 在四个 Kharitonov 系统均为渐近稳定的前提下, $\mathbf{K}$ 中的任何多项式均对应稳定的常系数线性系统, 但即使四个 Kharitonov 多项式对应的系统有公共的 Lyapunov 函数矩阵 P. 这个 P 对 $\mathbf{K}$ 中其他系统 (当然稳定) 也未必合适. 这也表明对系统族来说存在一公共的 Lyapunov 函数是很苛刻的条件.

二次稳定的概念主要是针对具有不确定性的系统提出的, 研究具不确定性的系统

$$\dot{x} = (A + \Delta A)x + (B + \Delta B)u, \tag{13.11.13}$$

不妨设 (A, B) 是可控的, $\Delta A, \Delta B$ 是发生在 A, B 矩阵上的不确定性.

定义 13.11.2 系统 (13.11.13) 称为满足匹配条件, 系指存在两个矩阵函数 $E(s), D(q)$ 使有

$$\Delta A = BE(s), \quad \Delta B = BD(q), \tag{13.11.14}$$

且 $s(t) \in \mathbf{S}, q(t) \in \mathbf{Q}, \mathbf{S}, \mathbf{Q}$ 是不确定参数的取值集. 设其是紧的, 而 $s(t), q(t)$ 可以连续也可设为 Lebesque 可测的.

对于不确定性的集合 $\mathbf{Q}, \mathbf{S}$ 的描述有各种办法, 即可以采用例如集合是紧的这种方式, 也可以借助不等式进行描述. 例如, 对 $q \in \mathbf{Q}$ 可以采用下述不等式限制

$$D(q) + D^T(q) + \beta I > 0, \quad q \in \mathbf{Q}, \tag{13.11.15}$$

$$D^T(q)D(q) \leqslant \alpha_2 I, \quad q \in \mathbf{Q}. \tag{13.11.16}$$

由于有不等式

$$-(I + DD^T) \leqslant D + D^T \leqslant I + D^T D, \tag{13.11.17}$$

于是就有

$$(\beta - 1)I - D^T D \geqslant 0.$$

从而若 $\alpha = \beta - 1$, 则上述不等式 (13.11.16) 实际上是隐含在不等式 (13.11.15) 中的, 以后也可以用

$$D(q) + D^T(q) + \beta I > 0, \quad \alpha \geqslant \beta > 1, \quad q \in \mathbf{Q} \tag{13.11.18}$$

来进行刻画.

在研究含不确定性系统的二次镇定时, 有时会利用 Riccati 方程的解.

设研究受控系统 (13.11.13). 构造状态反馈

$$u = Kx, \quad K = -\eta B^T P,$$

则对应的闭环系统方程为

$$\dot{x} = [A + BE(s) - \eta B(I + D(q))B^T P]x. \tag{13.11.19}$$

再令 $V = x^T P x$ 为系统 (13.11.13) 的 Lyapunov 函数

$$\begin{aligned}
\dot{V}|_{(13.11.13)} = x^T \{ & P[A + BE(s) - \eta B(I + D(q))B^T P] \\
& + [A^T + E^T(s)B^T - \eta PB(I + D^T(q))B^T]P \}x.
\end{aligned}$$

由此系统可二次镇定归结为下述矩阵不等式相容

$$\begin{cases}
P > 0, \quad \eta > 0, \\
P(A + BE(s)) + (A + BE(s))^T P - \eta PB(2I + D(q) + D^T(q))B^T P < 0, \\
\forall s \in \mathbf{S}, \quad q \in \mathbf{Q}.
\end{cases} \tag{13.11.20}$$

考虑到

$$PBE(s) + E^T(s)B^T P \leqslant PBB^T P + E^T(s)E(s),$$

则上述相容条件可改为

$$\begin{cases}
P > 0, \quad \eta > 0, \\
PA + A^T P + E^T(s)E(s) - \eta PB \left(2I - \dfrac{1}{\eta}I + D(q) + D^T(q) \right) B^T P < 0.
\end{cases}$$

进而取 $Q \geqslant E^T(s)E(s)$, 并使 (A, Q) 可检测, 又由于 D 满足 (13.11.18), $\mathbf{Q}$ 是紧集. 因此存在充分大的 $\eta > 0$ 与 $\delta > 0$ 使

$$2I - \frac{1}{\eta} + D(q) + D^T(q) > \delta I.$$

于是可以研究一个新的 Riccati 方程

$$PA + A^T P + Q - \eta \delta P B B^T P = 0,$$

其解将满足矩阵不等式 (13.11.20). 如果系统有 (A, B) 可镇定的结论, 则该 Riccati 方程的解 $P > 0$. 由此可以得到:

定理 13.11.1   系统 (13.11.13) 若已具匹配条件, 且 $D(q)$ 受限于式 (13.11.18). 又设 (A, B) 可镇定, 而 $E(s)$ 的约束条件中 Q 有 (A, Q) 可检测, 则总存在反馈 $u = Kx$ 使对应的闭环系统是二次稳定的, 并且 K 可通过合适的 Riccati 方程求解得到.

从上述定理可以看出, 匹配条件在系统可二次镇定中起到了重要的作用, 但这只是充分条件而并非必要条件。为此以式 (13.11.13) 为例. 若已知 $\mathbf{\Lambda}(A) \subset \overset{\circ}{\mathbf{C}}_-$, 而匹配条件是一种反映空间包含关系的条件, 即 ΔA 与 ΔB 所张成的列空间均包含在 $\mathbf{R}(B)$ 内, 而并不反映 $\|\Delta A\|$ 与 $\|\Delta B\|$ 的大小. 由于 $\mathbf{\Lambda}(A) \subset \overset{\circ}{\mathbf{C}}_-$, 对于给定的 A 来说, 就可以有存在 $P > 0$ 使 $PA + A^T P + \varepsilon I < 0, \varepsilon > 0$, 由此一定存在 $\eta > 0$, 使一切 $\|\Delta A\| < \eta$ 所对应的 $A + \Delta A$ 均有 $P(A + \Delta A) + (A + \Delta A)^T P + \varepsilon I < 0$, 对一切 $\|\Delta A\| < \eta$ 均成立. 此时的 ΔA 并不要求满足 $\mathbf{R}(\Delta A) \subset \mathbf{R}(B)$, 而对应 $u = 0$ 使系统依然可以二次稳定. 由此可以看出对于系统可二次镇定来说, 匹配条件并不是必要的.

为了弄清楚可二次镇定的条件, 下面给出一般性结果.

定义 13.11.3   对具不确定性的受控系统

$$\dot{x}(t) = A[r(t)]x(t) + B[s(t)]u(t), \quad r(t) \in \mathbf{T} \subset \mathbf{R}^p, \quad s(t) \in \mathbf{S} \subset \mathbf{R}^l, \quad (13.11.21)$$

称为可二次镇定, 系指存在连续矩阵函数 $K(x) : \mathbf{R}^n \to \mathbf{R}^m, K(0) = 0$, 和一正定矩阵 P 以及常数 $\alpha > 0$, 使 $V(x) = x^T P x$ 对式 (13.11.21) 在 $u = K[x(t)]$ 下有

$$\begin{aligned}
\dot{V}|_{(13.11.21)} &= x^T(t)\{A^T[r(t)]P + PA[r(t)]\}x(t) + 2x^T(t)PB[s(t)]K(x) \\
&\leqslant -\alpha\|x(t)\|^2, \quad \forall s(t) \in \mathbf{S}, \quad r(t) \in \mathbf{T},
\end{aligned} \quad (13.11.22)$$

其中 $r(t), s(t)$ 表示不确定性设为 Lebesgue 可积, $A(\cdot), B(\cdot)$ 均连续, $\mathbf{S}$ 与 $\mathbf{T}$ 为对应空间中的紧集.

条件 (13.11.22) 实际上保证了闭环系统

$$\dot{x}(t) = A[r(t)]x(t) + B[s(t)]K[x(t)] \tag{13.11.23}$$

对任何初始条件 $x(t_0) = x_0$ 下的解具有性质: 存在 $M > 0, \alpha > 0$ 使

$$x^T(t)Px(t) \leqslant M\|x_0\|^2 e^{-\alpha(t-t_0)}. \tag{13.11.24}$$

由于 P 的正定性, 这也保证 $V = x^T Px$ 具性质: 存在 $\beta > 0$ 使

$$\dot{V}|_{(13.11.21)} \leqslant -\beta V. \tag{13.11.25}$$

这一线性常系数微分不等式成立.

下面在给出基本结果以前. 为叙述方便, 引入下列符号

$$L_P(A) = A(r)P + PA^T(r), \tag{13.11.26}$$

$$\tilde{L}_P(A) = PA(r) + A^T(r)P. \tag{13.11.27}$$

再假设

$$\mathbf{B} = \{B(s), s \in \mathbf{S}\} = \mathrm{Con}(\mathbf{B}), \tag{13.11.28}$$

即 $\mathbf{B}$ 本身就是凸集.

定理 13.11.2 系统 (13.11.21) 是二次可镇定的, 当且仅当存在正定矩阵 Q 使对任何 $B \in \mathbf{B}$, 以及任何 $x \neq 0, x \in \mathbf{N}(B^T), r \in \mathbf{T}$ 都有

$$x^T L_Q(A)x < 0, \quad \forall (x \neq 0, r) \in \mathbf{N}(B^T) \times \mathbf{T} \tag{13.11.29}$$

成立.

证明 仅当: 现设系统可二次镇定, 于是存在 $P > 0$, 连续函数 $K(x)$ 和 $\alpha > 0$ 使式 (13.11.22) 成立. 然后利用反证法, 即式 (13.11.29) 不成立可导出矛盾. 现令 $Q = P^{-1}$, 则对应该 Q 的式 (13.11.29) 一定不成立, 即存在 $\tilde{B} \in \mathbf{B}$ 和 $(x, \tilde{r}) \in \mathbf{N}(\tilde{B}^T) \times \mathbf{T}, x \neq 0$ 使有

$$x^T L_Q(A)x \geqslant 0. \tag{13.11.30}$$

由于 $y = P^{-1}x$ 是非奇异线性变换, 因而

$$x \in \mathbf{N}(B^T) \text{当且仅当} y \in \mathbf{N}(\tilde{B}^T P).$$

并且有

$$x^T L_Q(A)x = y^T P(AP^{-1} + P^{-1}A^T)Py = y^T \tilde{L}_P(A)y.$$

由此式 (13.11.30) 就有存在 $\tilde{B} \in \mathbf{B}$ 和 $(\tilde{y}, \tilde{r}) \in \mathbf{N}(\tilde{B}^T) \times \mathbf{T}$(以后凡是说及 $a \in \mathbf{N}(\cdot)$, 均指此时 $a \neq 0$ 将不再声明) 使有 $\tilde{y}^T \tilde{L}_P(A) \tilde{y} \geqslant 0$. 由于 $\tilde{B} \in \mathbf{B}$, 则存在 $\tilde{s} \in \mathbf{S}$ 使 $B(\tilde{s}) = \tilde{B}$ 且 $\tilde{y}^T P \tilde{B} = 0$. 从而有 $\tilde{y}^T P B(\tilde{s}) K(\tilde{y}) = 0$. 因而有 $(\tilde{y}, \tilde{r}) \in \mathbf{N}(\tilde{B}^T P) \times \mathbf{T}$ 使

$$\tilde{y}^T \tilde{L}_P(A) \tilde{y} + 2\tilde{y}^T P B(\tilde{s}) K \tilde{y} \geqslant 0,$$

从而与 $\dot{V}|_{(13.11.21)}$ 的表达式 (13.11.22) 矛盾.

当: 设已有 $Q > 0$ 使式 (13.11.29) 成立. 令 $P^{-1} = Q$, 定义

$$\varphi(x) := \max_{r \in \mathbf{T}} x^T \tilde{L}_P(A) x. \tag{13.11.31}$$

由于 $\mathbf{T}$ 是紧集, $\varphi(x)$ 将存在. 又易证 $\varphi(x)$ 对 x 连续, 于是利用 $\mathbf{B}$ 的紧性有

$$\varphi(x) < 0, \ B \in \mathbf{B}, \quad x \in \mathbf{N}(B^T P). \tag{13.11.32}$$

研究集合

$$\mathbf{M} = \Big\{ \bigcup_{B \in \mathbf{B}} \mathbf{N}(B^T P) \Big\} \bigcap \big\{ x \big| \|x\| = 1 \big\}. \tag{13.11.33}$$

显然这是单位球面的一部分. 由 $\mathbf{B}$ 的紧性, 可知 $\varphi(M)$ 是有界闭集. 于是 $\varphi(x)$ 在 $\mathbf{M}$ 上达到其最大值与最小值. 令

$$\lambda^* = -\max\{\varphi(x) | x \in \mathbf{M}\}. \tag{13.11.34}$$

利用式 (13.11.32) 可知 $\lambda^* > 0$. 从而有

$$\varphi(x) \leqslant -\lambda^* \|x\|^2, \quad B \in \mathbf{B}, \quad x \in \mathbf{N}(B^T P). \tag{13.11.35}$$

现取 $\alpha \in (0, \lambda^*)$. 进而来构造控制器 $u = K(x)$. 由于 $\mathbf{B}$ 凸且紧, 在给定 $P > 0$ 后可令

$$B(x) = \arg_B\{\|B^T P x\| = \min, \ B \in \mathbf{B}\},$$

其中 $\arg_B$ 是指在给定 x 后能实现最小的 $\mathbf{B}$ 中的 B, 显然它是 x 的函数. 然后我们令 $\hat{K}(x) = B^T(x) P x$, 则不难证明

1° $\|\hat{K}(x)\| = \min\{\|B^T P x\|, B \in \mathbf{B}\}$.

2° $\|\hat{K}(x)\|^2 \leqslant x^T P B \hat{K}(x), \forall B \in \mathbf{B}$.

3° $\hat{K}(x) \in \{B^T P x | B \in \mathbf{B}\}$ 且 $\hat{K}(x)$ 是 x 的连续函数, $\hat{K}(0) = 0$.

研究反馈 $K(x) = -y(x)\hat{K}(x)$, 其中 $y(x)$ 待定但取正值. 将其代入 $\dot{V}|_{(13.11.21)}$ 的表达式 (13.11.22) 中, 则有

$$\begin{aligned}
\dot{V}|_{(13.11.21)} &\leqslant \max_{r \in \mathbf{T}} x^T \tilde{L}_P(A) x - 2y(x) x^T P B \hat{K}(x) \\
&\leqslant \varphi(x) - 2y(x)\|\hat{K}(x)\|^2.
\end{aligned} \tag{13.11.36}$$

由此可以确定

$$y(x) = \begin{cases} \dfrac{\varphi(x) + \alpha\|x\|^2}{2\|\hat{K}(x)\|^2}, & \varphi(x) + \alpha\|x\|^2 > 0, \\ 0, & \varphi(x) + \alpha\|x\|^2 \leqslant 0. \end{cases}$$

这样再利用式 (13.11.35) 就有

$$\dot{V}|_{(13.11.21)} \leqslant -\alpha'\|x\|^2,$$

其中 $\alpha' > 0$ 从而可知系统 (13.11.21) 是二次可镇定的. ■

注记 13.11.1　如果 $B(s) = B$, 则 $\mathbf{B} = B$. 于是对应 $\hat{K}(x)$ 就是线性函数, 于是 $y(x)$ 可选为一正常量. 此情形下二次镇定与线性二次镇定一致.

在现今讨论二次镇定问题中, 也常研究集合

$$\mathbf{E} = \{E | E^T E \leqslant M, M > 0\},$$

其中 M 是给定的, 该集合的边界为 $\partial\mathbf{E}$. 它是这样确定的

$$\partial\mathbf{E} = \{E | M - E^T E \geqslant 0, M > 0, \mathbf{N}(M - E^T E) \neq \{0\}\}.$$

以下设 $M \in \mathbf{R}^{n \times n}, E \in \mathbf{R}^{m \times n}, m \leqslant n$.

定理 13.11.3　集合 $\mathbf{E}$ 是闭凸集, 则任何 $K \in \mathbf{E}$ 必存在 $2m$ 个矩阵 $K_i \in \partial\mathbf{E}$ 使

$$K = \sum_{i=1}^{2m} \lambda_i K_i, \quad \lambda_i \geqslant 0, \quad \sum \lambda_i = 1. \tag{13.11.37}$$

证明　$\mathbf{E}$ 是凸闭集是显然的. 可不失一般性, 取 $M = I$. 虽然在有限维凸分析中已有任何有界闭凸集的元均可用集合边界点进行凸组合表示的相关结论. 下面我们可以用奇异值分解的方法给出一构造性证明.

设 $K \in \mathbf{E}$, 对 K 进行奇异值分解

$$K = U^T \Sigma_0 V,$$

其中 $U^T U = I_n, V^T V = I_m, \Sigma_0 = \text{diag}(\sigma_1, \sigma_2, \cdots, \sigma_m), 0 \leqslant \sigma_m \leqslant \cdots \leqslant \sigma_2 \leqslant \sigma_1 \leqslant 1.$

取 $\sigma_i = \dfrac{\sigma_i + 1}{2} + \dfrac{\sigma_i - 1}{2} = \dfrac{\sigma_i + 1}{2} - \dfrac{1 - \sigma_i}{2}$. 又由于 $\dfrac{\sigma_i + 1}{2} + \dfrac{1 - \sigma_i}{2} = 1$, 则 σ_i 可以看成是 1 与 -1 的凸组合. 由此记 $\dfrac{\sigma_i + 1}{2m} = \mu_{1i}, \dfrac{1 - \sigma_i}{2m} = \mu_{2i}$, 则

$$K = U^T \Sigma_0 V = \sum_{i=1}^{m} \mu_{1i} U^T J_i V + \sum_{i=1}^{m} \mu_{2i} U^T J_i V,$$

其中 $J_i = (0, 0, \cdots, e_i, 0, \cdots, 0)$. e_i 是第 i 个自然单位向量, 即 $e_i = (\overbrace{0 \cdots 0 1 0 \ldots 0}^{i})^T$.
由于 $\pm U^T J_i V \in \partial \mathbf{E}$, 且 $\sum_{i=1}^{m} (\mu_{1i} + \mu_{2i}) = 1$. 则定理成立. ■

这表明虽然 $\mathbf{E}$ 本身是凸紧集, 但它并不是凸多面体. 但用边界点的凸组合来表示 $\mathbf{E}$ 中任何元依然成立. 这在进行系统鲁棒分析, 二次稳定时有时有用.

参考文献: [Hua2003], [Bar1983], [Bar1985].

13.12 LMI 的应用 II: KYP 引理

控制系统特别是常系数线性系统的描述一直使用的是时域与频域两种模式. 最早的 Wiener 滤波与预卜, 首先是对时域针对平稳随机过程建立了关于如何优化误差的理论模型. 而求解对应问题的解却是借助于 Fourier 变换对有理谱的情形在频域给出了解答. 20 世纪 40 年代由苏联学者 Lurié 等发展起来的关于线性系统具非线性元件的绝对稳定性理论, 一开始一直利用将线性系统化成约当型和 Lyapunov 方法, 这些讨论一直在时域进行, 直到 1960 年罗马尼亚人 Popov 直接从频域出发讨论绝对稳定性问题并建立起纯频域的 Popov 判据. 这样就激发了人们从频域、时域两个角度开展研究并力图使其建立联系的工作得到很大的发展. 在一系列工作的推动下形成了 KYP 引理. 这是用三位科学家 Kalman, Yakubovic, Popov 的名字命名, 在西方从 20 世纪 70 年代开始就出现并慢慢通用的名称. 这里我们介绍的是这一结果的目前已知的最简洁的形式.

为了证明这个重要的结论, 先引进几个很有用的引理.

引理 13.12.1   设 $F, G \in \mathbf{C}^{m \times n}$, 则

$1°$ $FF^H = GG^H$, 当且仅当存在矩阵 $U, UU^H = I$ 且使 $F = GU$.

$2°$ $FF^H \leqslant GG^H$, 当且仅当存在矩阵 $U, UU^H \leqslant I$ 且使 $F = GU$.

$3°$ $FG^H + GF^H = 0$, 当且仅当存在矩阵 $U, UU^H = I$ 且使

$$F(I + U) = G(I - U). \tag{13.12.1}$$

$4°$ $FG^H + GF^H \geqslant 0$, 当且仅当存在矩阵 $U, UU^H \leqslant I$ 且使式 (13.12.1) 成立.

证明   利用 7.6 节关于矩阵极展开的结果. 任何方阵均可写成半正定矩阵与酉矩阵的乘积, 则首先考虑 $m = n$, 则有

$$F = H_1 U_1, \quad H_1 = H_1^H \geqslant 0, \quad U_1 U_1^H = I,$$

$$G = H_2 U_2, \quad H_2 = H_2^H \geqslant 0, \quad U_2 U_2^H = I.$$

由 $FF^H = GG^H$, 则 $\mathbf{R}(F) = \mathbf{R}(G)$ 等价地有 $\mathbf{R}(H_1) = \mathbf{R}(H_2)$. 并且 $H_1 = (FF^H)^{\frac{1}{2}}$, $H_2 = (GG^H)^{\frac{1}{2}}$ 从而 $H_1 = H_2$. 由此令 $U = U_2^H U_1$ 有 $F = GU$ 且 $UU^H = I$. 同理也有 $G = FV, VV^H = I$.

反之, "当" 的证明为显然.

如果 $m < n$, 则将 F 与 G 同时扩充为 $\tilde{F} = \begin{bmatrix} F \\ 0 \end{bmatrix}, \tilde{G} = \begin{bmatrix} G \\ 0 \end{bmatrix}$ 使之为方阵, 即可证明.

若 $m > n$, 证明则略为复杂一点, 不妨设 $F = \begin{bmatrix} F_1 \\ F_2 \end{bmatrix}$, 其中 F_1 已具线性无关行且 $\mathrm{rank}(F_1) = \mathrm{rank}(F)$. 由此存在 H 使 $F_2 = HF_1$. 再设 $G = \begin{bmatrix} G_1 \\ G_2 \end{bmatrix}$ 其分块与 F 一致. 由此从 $FF^H = GG^H$ 就有

$$F_1F_1^H = G_1G_1^H, \quad F_2F_1^H = G_2G_1^H, \quad F_2F_2^H = G_2G_2^H. \tag{13.12.2}$$

由第一个式子, 则存在酉矩阵 W 使 $F_1 = G_1W$.

利用 (13.12.2) 的第二个式子就有

$$HF_1F_1^H = HG_1G_1^H = G_2G_1^H.$$

从而有 $G_2^H = G_1^HH^H + P, P \in \mathbf{N}(G_1)$. 将此代入 $F_2F_2^H = G_2G_2^H$ 则有

$$HF_1F_1^HH^H = F_2F_2^H = G_2G_2^H = (HG_1 + P^H)(G_1^HH^H + P).$$

利用 $P \in \mathbf{N}(G_1)$, 则有 $P^HP = 0$ 从而 $P = 0$. 由此有 $G_2 = HG_1$. 于是

$$F_2 = HF_1 = HG_1W = G_2W.$$

从而证明了 $F = GW$.

进而利用 1° 来证明 2°.

由于 $FF^H \leqslant GG^H$, 当且仅当存在 H 使 $HH^H = GG^H - FF^H \geqslant 0$ 或等价地写成 $[F \quad H][F \quad H]^H = [G \quad 0][G \quad 0]^H$. 由此利用 1° 则存在酉矩阵 $\tilde{U} = \begin{bmatrix} U_{11} & U_{12} \\ U_{21} & U_{22} \end{bmatrix}$, 有

$$[F \quad H] = [G \quad 0] \begin{bmatrix} U_{11} & U_{12} \\ U_{21} & U_{22} \end{bmatrix}.$$

即 $F = GU_{11}$, 且由 $\tilde{U}\tilde{U}^H = I$ 可推知 $U_{11}U_{11}^H + U_{12}U_{12}^H = I$, 即有 $U_{11}U_{11}^H \leqslant I$. U_{11} 即 2° 中的 U, 故 2° 成立.

由于 1° 与 2° 成立. 若以 $\tilde{F} = G - F, \tilde{G} = G + F$ 代替 1° 与 2° 中的 F 与 G, 则可知 3° 与 4° 成立.　　　　■

推论 13.12.1　设 $f, g \in \mathbf{C}^n$, $g \neq 0$, 则有:

1° $fg^H + gf^H = 0$, 当且仅当存在 $\omega \in \mathbf{R}$ 使 $f = j\omega g$.

2° $fg^H + gf^H \geqslant 0$, 当且仅当存在 $s \in \mathbf{C}_+ = \{s|\mathrm{Re}(s) \geqslant 0\}$ 且使 $f = sg$.

证明   由于 f, g 均为单列向量, 则对应 U 为一复数. 利用上述引理的 3° 与 4°, 将复数 $(I-U)/(I+U)$ 代为对应的 $j\omega$ 与 s, 当 U 的复数模为 1, 即它在复平面单位圆上. 依据平面上的变换 $s = (1-z)/(1+z)$, 则 $|z| = 1$ 变为 $\mathrm{Re}(s) = 0$, 即 $s = j\omega$. 而当 U 的复数模小于等于 1, 即它在单位圆及其内部, 而变换 $s = (1-z)/(1+z)$ 刚好将其变至右半平面. 只要 $|U| < 1$ 就有 $\mathrm{Re}(s) > 0$. 由此推论得以证明. ∎

引理 13.12.2   令 $M, \tilde{M} \in \mathbf{C}^{n \times r}$. 设有 $W = W^H \geqslant 0$ 满足方程

$$\tilde{M}WM^H + MW\tilde{M}^H = 0, \tag{13.12.3}$$

则 W 可以进行并矢展开 $W = \sum_{k=1}^{r} w_k w_k^H$, 其中 $w_k w_k^H$ 满足

$$\tilde{M} w_k w_k^H M^H + M w_k w_k^H \tilde{M}^H = 0, \quad k \in \underline{r}. \tag{13.12.4}$$

因而可将 $w_k w_k^H$ 视为方程 (13.12.3) 的解的基本单元.

证明   将 W 改写成 $W^{\frac{1}{2}} W^{\frac{1}{2}}$, 然后将 $W^{\frac{1}{2}}$ 分别与 $\tilde{M}$ 和 M 合并. 则 (13.12.3) 就写成引理 13.12.1 的 3° 的形式, 于是存在酉矩阵 U 使有

$$MW^{\frac{1}{2}}(I+U) = \tilde{M}W^{\frac{1}{2}}(I-U). \tag{13.12.5}$$

由于 U 的酉特性, 则它可以写成一组并矢的线性组合, 即

$$U = \sum_{k=1}^{r} e^{j\theta_k} u_k u_k^H, \quad \theta_k \in \mathbf{R}, \quad u_k \in \mathbf{C}^r, \quad \sum_{k=1}^{r} u_k u_k^H = I_r.$$

若令 $w_k = W^{\frac{1}{2}} u_k$, 则有

$$\sum w_k w_k^H = W^{\frac{1}{2}} \left(\sum u_k u_k^H \right) W^{\frac{1}{2}} = W. \tag{13.12.6}$$

同时有

$$\begin{aligned}
Mw_k(1 + e^{j\theta_k}) &= MW^{\frac{1}{2}}(I+U)u_k \\
&= \tilde{M}W^{\frac{1}{2}}(I-U)u_k \\
&= \tilde{M}w_k(1 - e^{j\theta_k}), \quad k \in \underline{r}.
\end{aligned} \tag{13.12.7}$$

再引用引理 13.12.1 的 3°, 注意到 $e^{j\theta_k}$ 是模为 1, 即可看成 1×1 的酉矩阵. 于是就有式 (13.12.4).

反之, 若 $w_k w_k^H$ 满足式 (13.12.4), 则由矩阵方程对 W 线性可知, 任何 $w_k w_k^H$ 的线性组合均为方程的解.

由此引理得证. ∎

定理 13.12.1　　设给定 $A \in \mathbf{R}^{n \times n}, B \in \mathbf{R}^{n \times m}, M = M^T \in \mathbf{R}^{(n+m) \times (n+m)}$ 设 (A, B) 可控, 且 A 不具零实部特征根, 即

$$\det(j\omega I - A) \neq 0, \quad \omega \in \mathbf{R}. \tag{13.12.8}$$

则下述两提法等价:

$1°$
$$\begin{bmatrix} (j\omega I - A)^{-1}B \\ I \end{bmatrix}^H M \begin{bmatrix} (j\omega I - A)^{-1}B \\ I \end{bmatrix} \leqslant 0, \quad \omega \in \mathbf{R} \cup \{\infty\}. \tag{13.12.9}$$

$2°$ 存在 $P = P^T \in \mathbf{R}^{n \times n}$ 有

$$M + \begin{bmatrix} A^T P + PA & PB \\ B^T P & 0 \end{bmatrix} \leqslant 0. \tag{13.12.10}$$

若不要求 (A, B) 可控, 则上述 $1°$ 与 $2°$ 等价仅对严格不等式, 即 < 0 成立.

证明　　分四步进行证明, 前三步通过改写等价条件作为过渡将待证的结论等价联立起来, 最后一步讨论没有可控性假设的情形.

① 由条件 (13.12.8), 则提法 $1°$ 可等价地写成

$$\begin{bmatrix} x^H & u^H \end{bmatrix} M \begin{bmatrix} x \\ u \end{bmatrix} \leqslant 0,$$
$$\forall (x, u) \in \left\{ (x, u) | x = (j\omega I - A)^{-1}Bu, \omega \in \mathbf{R} \cup \{\infty\} \right\} \subset \mathbf{C}^{n+m}. \tag{13.12.11}$$

② 首先定义两个集合

$$\circleddash := \left\{ \begin{bmatrix} x^H & u^H \end{bmatrix} M \begin{bmatrix} x \\ u \end{bmatrix}, x(Ax+Bu)^H + (Ax+Bu)x^H \,\middle|\, \begin{bmatrix} x \\ u \end{bmatrix} \in \mathbf{C}^{n+m} \right\} \tag{13.12.12}$$

这个集合的第一个分量是一个数, 第二个分量是复 Hermite 矩阵. 再令

$$\mathbf{\Phi} := \{ \begin{bmatrix} r & O \end{bmatrix} | r > 0, O \in \mathbf{R}^{n \times n} \}. \tag{13.12.13}$$

它由正实数与零矩阵组成.

应用推论 13.12.1, 设 $f = Ax + Bu, g = x$, 则可以证明上述提法 (13.12.11) 成立等价于

$$\circleddash \cap \mathbf{\Phi} = \varnothing. \tag{13.12.14}$$

为此下面设法改写 $\circleddash$ 的形式并进行一些分析.

令 $y = [x \quad u]^T$, $z = My$. 由于 $y^H z = \text{trace}(zy^H) = \text{trace}(Myy^H)$ 对于 Ⓗ 的第二个分量矩阵部分. 考虑到

$$x(x^H A^H + u^H B^H) + (Ax + Bu)x^H$$

$$= [I \quad 0] \begin{bmatrix} xx^H & xu^H \\ ux^H & uu^H \end{bmatrix} \begin{bmatrix} A^H \\ B^H \end{bmatrix} + [A \quad B] \begin{bmatrix} xx^H & xu^H \\ ux^H & uu^H \end{bmatrix} \begin{bmatrix} I \\ 0 \end{bmatrix}$$

$$= [I \quad 0][yy^H] \begin{bmatrix} A^H \\ B^H \end{bmatrix} + [A \quad B][yy^H] \begin{bmatrix} I \\ 0 \end{bmatrix}.$$

由于 A, B, I 均给定, 则集合 Ⓗ 的参变量是 yy^H, 但由于上式对 yy^H 来说是线性的, 因而对 yy^H 来说是凸的. 由于任何半正定矩阵均可写成有限个并矢和, 即

$$W = W^H \geqslant 0 \text{ 总有 } W = \sum \mu_i y_i y_i^H, \mu_i \geqslant 0, W_i = y_i y_i^H.$$

因此 Ⓗ 集合是由全部半正定 Hermite 矩阵生成, 即

$$\text{Ⓗ} = \{\text{trace}(MW), [I \quad 0]W \begin{bmatrix} A^T \\ B^T \end{bmatrix} + [A \quad B]W \begin{bmatrix} I \\ 0 \end{bmatrix}, W = W^H \geqslant 0\}. \quad (13.12.15)$$

对于任何使上述集合第二部分矩阵为零的 W, 由于其半正定性, 它可以写成并矢形式. 则由式 (13.12.11) 每个并矢形式均使 Ⓗ 的第一部分非正. 因而上述 Ⓗ 的第一部分必取非正值. 因而 Ⓗ 与 $\boldsymbol{\Phi}$ 无交集.

③ 由于 Ⓗ 对 W 是凸的, 且式 (13.12.14) 成立. 于是考虑当式 (13.12.15) 是由 Hermite 矩阵 (无需半正定) 生成. 考虑到式 (13.12.15) 对 W 线性, 则该生成的集合是包含 Ⓗ 在内部的线性空间, 记为 $\mathbf{X}$. 既然式 (13.12.14) 成立, 则利用两凸集无交必存在该线性空间 $\mathbf{X}$ 上定义的线性泛函 (p, P), 其中 $P = P^H$. 对应内积为通常内积, 则它在 $\boldsymbol{\Phi}$ 上的非负性意味着 $p \geqslant 0$, 而在 Ⓗ 上的非正性, 则有

$$0 \geqslant p[x \quad u]^H M \begin{bmatrix} x \\ u \end{bmatrix} + \text{trace}(P[x(Ax + Bu)^H + (Ax + Bu)x^H])$$

$$= [x^H \quad u^H] \{pM + \begin{bmatrix} A^T P + PA & PB \\ PB & 0 \end{bmatrix}\} \begin{bmatrix} x \\ u \end{bmatrix}, \quad \begin{bmatrix} x \\ u \end{bmatrix} \in \mathbf{C}^{n+m}. \quad (13.12.16)$$

下面设 $p = 0$, 但 $P \neq O$, 则可以用坐标变换使 $P = \text{diag}(P_1, O)$, 其中 P_1 可逆. 由此从上述不等式可以导出 (A, B) 在该坐标变换下具分块形式

$$A = \begin{bmatrix} A_{11} & O \\ A_{21} & A_{22} \end{bmatrix}, \quad B = \begin{bmatrix} O \\ B_2 \end{bmatrix}.$$

由此与 (A, B) 可控矛盾, 于是 $p \neq 0$. 不妨设 $p = 1$. 由此由 Ⓗ $\cap \boldsymbol{\Phi} = \varnothing$ 推知命题 2° 成立.

反之, 由 $(1, P)$ 可以定义一在 $\mathbf{X}$ 上的线性泛函. 它在 $\mathbb{H}$ 上非正而在 Φ 上严格正.

由此命题 1° 与 2° 等价.

④　关于严格不等式等同于在 Φ 和 $\mathbb{H}$ 上施加条件 $\|x\|^2 + \|u\|^2 = 1$. 这样超平面可给出严格分离条件, 由此而得 2° 的严格不等式, 进而 $p \neq 0$ 也成为严格不等式的必要条件, 则可取 $p = 1$. 其他皆与以上证明相同.

由此 KYP 引理得以证明.　　　　　　　　　　　　　　　　　　　■

注记 13.12.1　　这里的证明取自文献 [Ran1996], 为了清楚和严谨作了一些修正和说明.

定理 13.12.1 是一个非常基本性的结果, 在 M 矩阵中若嵌入 $C^T C$, 再对 M 取不同写法, 则可以由此出发推出一些结果. 这些结果均刻画出系统性质在频域与时域上表现的等价性, 例如绝对稳定性的判定, 正实性的判定, 有界实的判定等. 由于这已严格归于控制系统科学且需要一些该方面的准备. 这里就不再详述, 可以留给有兴趣的读者作为习题去研究.

参考文献: [Ran1996], [Hel1993], [GN2000].

13.13　问题与习题

I 证明下述结论:

1° 若 A 为非负矩阵且不可约, B 为正矩阵, 则 AB 为正矩阵.

2° 若记 $A^l = (\alpha_{ij}^{(l)})$, 则对每个给定的 (i, j) 总存在 l 使 $\alpha_{ij}^{(l)} > 0$. 而且 l 可以在下述约束中取到

$$l \leqslant m - 1, \quad i \neq j,$$
$$l \leqslant m, \quad i = j.$$

3° 针对引理 13.1.1 的条件可以证明若 A 的最小多项式 $\psi(\lambda)$ 有 $\deg\psi \leqslant m$, 则

$$(I + A)^{m-1} > 0.$$

II 证明下述结论:

1° 若 A 为非负矩阵且不可约, $sI - A$ 的伴随矩阵为 $B(s) = (\beta_{ij}(s))$. 若 $\delta(s) = \mathrm{g.c.d}\{\beta_{ij}(s)\}$, $C(s) = B(s)/\delta(s)$. 则可以有

$$C(\lambda_\rho) > 0,$$

其中 λ_ρ 是 A 的最大特征值.

2° 若 A 非负且不可约, 令

$$\alpha = \min_i \left\{ \sum_{j=1}^n \alpha_{ij} \right\}, \quad \beta = \max_i \left\{ \sum_{j=1}^n \alpha_{ij} \right\},$$

则 $\alpha \leqslant \lambda \leqslant \beta$

3° 若 A 为非负矩阵, λ_ρ 为其最大特征值, 则矩阵

$$(sI - A)^{-1} \geqslant 0, \quad s > \lambda_\rho,$$

$$\frac{\mathrm{d}}{\mathrm{d}s}[sI - A]^{-1} \leqslant 0, \quad s > \lambda_\rho.$$

4° 对于不可约的非负矩阵 A, 若 λ_ρ 是其最大特征值. 并且具模为 λ_ρ 的特征值仅 λ_ρ 一个. 此时矩阵称为原生的. 证明 A 是原生的当且仅当存在正整数 p 使 $A^p > 0$, 即为正矩阵.

5° 举例表明, A, B 均非负,

$$\lambda_\rho(AB) \leqslant \lambda_\rho(A)\lambda_\rho(B)$$

一般并不成立, 其中 $\lambda_\rho(\cdot)$ 表示对应矩阵的最大特征值.

III 证明下述结论: A 是非负矩阵, λ_ρ 是 A 的最大特征值. 证明:

1° $\lambda > \lambda_\rho$ 当且仅当 $\lambda I - A$ 的一切主子式皆正.

2° A 的特征值全在单位圆内当且仅当 $I - A$ 是正矩阵.

3° 在经济系统中常有方程 $x = Ax + y$, 其中 A 是非负矩阵. 若 $\|A\|_\infty < 1$ 则 $y > 0$, 上述方程就具唯一性解 $x > 0$.

IV 证明:

1° $A = (\alpha_{ij})$, $\sigma_i = |\alpha_{ii}| - \sum_{j \neq i} |\alpha_{ij}|$. 证明若 $\sigma_i > 0$ 则 $A^{-1} = (\beta_{ij})$ 存在, 且有 $|\beta_{ij}| \leqslant 1/\sigma_j$.

2° A 具性质

$$\max_{1 \leqslant i \leqslant n} \xi_i \leqslant \max_{1 \leqslant i \leqslant n} \sum_{j=1}^{n} \alpha_{ij}\xi_j, \quad \forall x = (\xi_1, \xi_2, \cdots, \xi_n) \in \mathbf{R}^n$$

当且仅当 $A^{-1} = (\beta_{ij})$ 有

(a) $A^{-1} \geqslant 0$.

(b) $\sum_{j=1}^{n} \beta_{ij} = 1, \forall i \in \underline{n}$.

3° 设 A 有 $\alpha_{ij} \leqslant 0, \forall i \neq j$, 又有

$$\alpha_{ii} - \sum_{j \neq i} \alpha_{ij} = 0, \quad \forall i \in \underline{n},$$

则 A 的特征值或为 0 或有 $\mathrm{Re}\lambda < 0$.

4° $A = (\alpha_{ij})$ 有 $\alpha_{ii} > \sum_{j \neq i} |\alpha_{ij}|$, $B = (\beta_{ij})$ 有 $\beta_{ii} > \sum_{j \neq i} |\beta_{ij}|$, 则 $\det(A + B) \geqslant \det(A) + \det(B)$.

V 设已有 $G(s) = D + C(sI - A)^{-1}B \in \mathbf{H}_\infty$, 有

$$W = G^T(-s)G(s) > 0.$$

证明 $\hat{G}(s) = \hat{D} + \hat{C}(sI - A)^{-1}\hat{B}$ 有

$$W = \hat{G}^T(-s)\hat{G}(s) > 0, \qquad \hat{G}(s), \hat{G}^{-1}(s) \in \mathbf{H}_\infty,$$

其中 $\hat{D}^T\hat{D} = D^T D$, $\hat{C} = \hat{D}^{-T}(D^T C + B^T X)$, $X = \mathrm{Ric}(H) \geqslant 0$.

$$H = \begin{bmatrix} A - BD^+C & -B(D^T D)^{-1}B^T \\ -C^T C + C^T D(D^T D)^{-1}D^T C & -(A - BD^T C)^T \end{bmatrix}.$$

VI

1° 证明定理 13.7.4.

2° 证明定理 13.8.3.

VII

1° 设 $G(s) = D + C(sI - A)^{-1}B$, 且这是最小实现并有 $\mathbf{\Lambda}(A) \subset \overset{\circ}{\mathbf{C}}_-$. 设 $\gamma > 0$ 为一正数. 证明 $\|G(s)\|_\infty < \gamma$ 当且仅当存在 $P > 0$ 满足

$$\begin{bmatrix} PA + A^T P & PB & C^T \\ B^T P & -\gamma I & D^T \\ C & D & -\gamma I \end{bmatrix} < 0.$$

2° 设 $n \times n$ 对称矩阵 $X = X^T > 0$, $Y = Y^T > 0$, 证明存在 $P = P^T \in \mathbf{R}^{(n\times r)\times(n\times r)}$ 使

$$P\begin{bmatrix} 1 & 2 & \cdots & n \\ 1 & 2 & \cdots & n \end{bmatrix} = X, \quad P^{-1}\begin{bmatrix} 1 & 2 & \cdots & n \\ 1 & 2 & \cdots & n \end{bmatrix} = Y$$

当且仅当有

$$\begin{bmatrix} Y & I \\ I & X \end{bmatrix} \geqslant 0, \quad \mathrm{rank}\begin{bmatrix} Y & I \\ I & X \end{bmatrix} \leqslant n + r.$$

又若 $X - Y^{-1} \geqslant 0$, $X - Y^{-1} = FF^T$ 为其分解, 则 P 为

$$\begin{bmatrix} X & F \\ F^T & I \end{bmatrix}.$$

3° 设 $R, S \in \mathbf{R}^{n\times n}$, $\frac{1}{2}(R^T + R) > 0$, $\frac{1}{2}(S^T + S) > 0$, 则存在 $N \in \mathbf{R}^{n\times r}$, $M \in \mathbf{R}^{r\times n}$ 与 $L \in \mathbf{R}_r^{r\times r}$ 使

$$W = \begin{bmatrix} S & N \\ M & L \end{bmatrix}, \quad 有 W + W^T > 0,$$

$$W^{-1} = \begin{bmatrix} R & * \\ * & * \end{bmatrix}, \quad *为任意元$$

当且仅当 $\mathrm{rank}(S - R^{-1}) \leqslant r$.

VIII 利用 KYP 引理中关于 M 矩阵的设置, 试证严格正实引理与有界实引理.

参 考 文 献

[AAK1971] Adamjan, V.M., Arov, D.Z., and Krein, M.G., Analytic properties of Schmidt pairs for a Hankel operator and the generalized Schur-Takagi problem. Math. USSR Sbornik, 15:31-73, 1971.

[AAK1978] Adamjan, V.M., Arov, D.Z., and Krein, M.G., Infinite block Hankel matrices and related extension problems. American Mathematical Society Translations,111:133-156, 1978.

[AM1989] Anderson, B. D. O., Moore, J. B., Optimal Control: Linear Quadratic Methods. Prentice-Hall, Englewood Cliffs, N.J., 1989.

[And1967a] Anderson, B. D. O., An algebraic solution to the spectral factorization problem. IEEE Trans. Auto Control, AC-12: 410-414, 1967.

[And1967b] Anderson, B. D. O., A system theory criterion for positive real matrices. SIAM J. Control, 5(2): 171-182, 1967.

[And1972] Anderson, B.D.O.,The small gain theorem, the passivity theorem and their equivalence. J. Franklin Inst., 293(2): 105-115, 1972.

[And1986] Anderson, B. D. O., Weighted Hankel norm approximation: calculation of bounds. Systems and Control Letters, 7:247-255, 1986.

[AR1988] Albanese, R., and Rubinacci, G., Integral formulation for 3D eddy-current computation using edge elements. Proc IEE, Part A, 135(7):457-462, 1988.

[Ath1971] Athans, M.A., Special issue on the LQG problem. IEEE Transactions on Automatic Control, 16(6):527-869, 1971.

[AV1973] Anderson, B. D. O., and Vongpanitlerd, S., Network Analysis and Synthesis: A Modern Systems Theory Approach. Prentice-Hall, Englewood Cliffs, N.J., 1973.

[Bar1983] Barmish, B.R., Stabilization of uncertain systems via linear control. IEEE Trans. Aut. Contr., AC-28(8): 848-850, 1983.

[Bar1985] Barmish, B.R., Necessary and sufficient conditions for quadratic stabizability of an Uncertain System. J. Optim. Theory and Appl., 46(4): 399-408, 1985.

[Bar1971] Barnett, S., Matrices in Control Theory with Applications to Linear Programming. Van Nostrand Reinhold, 1971.

[Bar1977] Barker, G. P., Common solutions to the Lyapunov equation. Linear Alg. and its Appl., 16: 3, 1977.

[BHH1988] Bartlettt, A.C., Hollot, C.V., and Huang, L., Root location of an entire polytope of polynomials, it suffices to check the edges. MCSS, 1(1): 61-71, 1988.

[BCK1995] Bhattacharrya, S.P., Chapellet, H., and Keel, L.H., Robust Control:The Parametric Approach. Printice-Hall,1995.

[Bel1957] Bellman, R., Dynamic Programming. Princeton University Press, 1957.

[Bel1970] Bellman, R., Introduction to Matrix Analysis (2nd edition). McGraw-Hill, 1970.

[BGFB1994] Boyd, S.P., Ghaoui, L.El.,Feron, E., and Balakrishnan,V., Linear matrix inequalities in system and control theory. Studies in Applied Mathematics, SIAM, Philadelphia, 15, 1994.

[BH1987] Ball, J.A., and Cohen, N., Sensitivity minimization in an H_∞ norm: parametrization of all solutions. International Journal of Control, 46:785-816, 1987.

[Bjo1991] Bjorck, A., Component-wise perturbation analysis and error bounds for linear least squares solutions. BIT, 31: 238-244, 1991.

[BR1987] Ball, J.A., and Ran, A.C.M., Optimal Hankel norm model reductions and Wiener-Hopf factorization I: the canonical case. SIAM, 25(2):362-382, 1987.

[BH1989] Bernstein, D. S., and Haddad, W. M., LQG control with an H_∞ performance bound: a Riccati equation approach. IEEE Trans. Automat. Contr., AC-34: 293-305, 1989.

[BHH1988] Barleff, A. C., Hollot, C. V., and Huang, L., Root location of an entire polytope of polynomials, It suffices to Check the Edges. MCSS, I(1): 61-71, 1988.

[BHQ1967] Bassett, L., Habibagahi, H., and Quirk, J., Qualitative economics and morishima matrices. Econometrica, 35(2): 221-233, 1967.

[B-IG1974] Ben-Israel, A. J., and Greville, T. N. E., Generalized Inverses Theory and Applications. Wiley-Inferscience Publications, 1974.

[Bro1970] Brockett, R. W., Finite Dimensional Linear Systems. Wiley, New York, 1970.

[Com1977] Compbell, S. L., On continuity for the Moore-Penrose and Drazin generalized inverses. Linear Alg. and its Appl., 18, 1977.

[CS1992] Chiang, R.Y., and Safonov, M.G., Robust Control Toolbox User's Guide. The MathWorks, Inc., Natick, Mass., 1992.

[DFT1991] Doyle, J.C., Francis, B., and Tannenbaum, A., Feedback Control Theory. Macmillan Publishing Co., New York, 1991.

[DGKF1989] Doyle, J.C., Glover, K., Khargonekar, P.P., and Francis, B.A., State-space solutions to standard H_2 and H_∞ control problems. IEEE Transactions on Automatic Control, 34:831-847, 1989.

[EcY1936] Eckart, C., and Young, G., A principal axis transformation for non-Hermite matrices. Bull. Amer. Math. Soc., 45, 1936.

[EcY1936] Eckart, C., and Young, G., The approximation of one matrix by another of lower rank. Psychometrika, 1, 1936.

[Eld1977] Elden, L., Algorithms for the regularization of ill conditioned least-squares problems. BIT, 17: 134-145, 1977.

[Eld1985] Elden, L., Perturbation theory for the least-squares problem with linear equality constraints. BIT, 24: 472-476, 1985.

[FB1994] Fierro, R. D., and Bunch, J. R., Collinearity and total least squares. SIAM J.

Matrix Anal.,Appl., 15: 1167-1181, 1994.

[FF1963] 法捷耶夫, D. A., 法捷耶娃, V. N., 线性代数的计算方法 (俄文). 物理数学出版社, 1963.

[FF1985] Feintuch, A., and Francis, B. A., Uniformly optimal control of linear systems. Automatica, 21(5):563-574, 1985.

[For1975] Forney, G. D., Minimal basis of rational vector spaces with applications to multivariable linear systems. SIAM, J. Control, 13, 1975.

[FP1962] Fiedler, M., and Pt á k, V., On matrices with non-positive off-diagonal elements and positive principal minors. Czech.Math.J., 12(3): 382-400, 1962.

[FP1966] Fiedler, M., and Pt á k, V., Some generalizations of positive de finiteness and monotonicity. Numcr.Math., 9(2): 163-172, 1966.

[Fra1962] Francis, J. G. F., The QR transformation I;II. Computer, J., 4: 265-271,332-345, 1961, 1962.

[Fra1987] Francis, B.A., A Course in H_∞ Control. No. 88 in Lecture Notes in Control and Information Sciences. Springer-Verlag, Berlin, 1987.

[FTD1991] Fan, M. K. H., Tits, A. L., and Doyle, J. C., Robustness in the presence of mixed parametric uncertainty and unmodeled dynamics. IEEE Trans. Automat. Control, 36: 25-38, 1991.

[Fur1976] Furhmann, P. A., Algebraic system theory: an analyst's point of view. J. of the Franklin Institute, 301: 521-540, 1976.

[Fur1977] Furhmann, P. A., On strict system equivalence and similarity. Inter. J. of Control, 25: 5-10, 1977.

[FZ1984] Francis, B.A., and Zames, G., On H_∞-optimal sensitivity theory for SISO feedback systems. IEEE Trans. on Automatic Control, 29(1):9-16, 1984.

[Gan1966] 甘特玛赫尔, F. R., 矩阵论 (俄文). 科学出版社, 1966.

[Gao1962] 高维新. Lyapunov 函数的造法. 北京大学学报 (自然科学版), 3, 1962.

[GD1988] Glover, K., and Doyle, J.C., State-space formulae for all stabilizing controllers that satisfy a H_∞ norm bound and relations to risk sensitivity. Systems and Control Letters, 11:167-172, 1988.

[Ger1931] Gersgorin, S., Uber die Abgrenzung der Eigenwerteeiner Matrix. Izv. Akad. Nauk SSSR Ser. Mat., 1: 749-754, 1931.

[Ger1969] Gerhold, G. A., Least squares adjustment of weighted data to a general linear equation. Amer. J. Phys., 37: 156-161, 1969.

[GG1977] Gottlieb, D., Gungburger, M. D., On the matrix equations $AH + HA^T = A^T H + HA = I$. Linear Alg. and its Appl., 17: 3, 1977.

[GG1993] Ghaoui, L. El., and Gahinet, P., Rank-minimization under LMI constraints: a framework for output feedback problems. Proc. European Control Conf., : 1176-1179, 1993.

[GGLD1990] Green, M., Glover, K., Limebeer, D.J.N., and Doyle, J.C., A J-spectral factorization approach to H_∞ control. SIAM Journal of Control and Optimization, 28: 1350-1371, 1990.

[GH1953] Gerard, D., and Herstein, I. N., Non-negative square matrices. Econometrica, 21: 597-607, 1953.

[Giv1954] Givens, J. W., Numerical computation of the characteristic values of a real symmetric matrix, Rep. ORNL-1574, Oak Ridge, Nat. Lab., 1954.

[GL1980] Golub, G. H., and Loan, C. F. Van., An analysis of the total least squares problem. SIAM J. Numer. Anal., 17: 883-893, 1980.

[GL1989] Golub, G. H., and Loan, C. F. Van., Matrix Computations, 2nd ed. Johns Hopkins University Press, Baltimore, MD, 1989.

[GL1997] Ghaoui, L. El., and Lebret, H., Robust solutions to least-squares problems with uncertain data. SIAM J. Matrix Anal.Appl., 18(4): 1035-1064, 1997.

[GLH1992] Glover, K., Limebeer, D. J. N., and Hung, Y. S., A structured approximation problem with applications to frequency weighted model reduction. IEEE Transactions on Automatic Control, 37(4):447-465, 1992.

[Glo1984] Glover, K., All optimal hankel-norm approximations of linear multivariable systems and their L_∞-error bounds. International Journal of Control, 39(6):1115-1193, 1984.

[Glo1986] Glover, K., Robust stabilization of linear multivariable systems: relations to approximation. International Journal of Control, 43(3):741-766, 1986.

[Glo1989] Glover, K., A tutorial on model reduction. In J.C. Willems, editor, From Data to Model, pages 26-48. Springer-Verlag, Berlin, 1989.

[GM1974] Gill, P. E., and Murray, W., Numerical Methods for Constrained Optimization. Academic Press, 1974.

[GM1979] Gill, P. E., and Murray, W., Computation of Lagrange multiplier estimates for constrained minimization. Math. Programming, 17: 32-60, 1979.

[GM1989] Glover, K., and McFarlane, D., Robust stabilization of normalized coprime factor plant descriptions with H_∞-bounded uncertainty. IEEE Transactions on Automatic Control, 34(8):821-830, 1989.

[GM1991] Golub, G. H., and Matt, U. Von., Quadratically constrained least squares and quadratic problems. Numer. Math., 59: 561-580, 1991.

[GN2000] Ghaoui, L. El., Nikoukhah, R., Advances in Linear Matrix Inequality Methods in Control, SIAM Press, Philadelphia, 2000.

[GND1995] Ghaoui, L. El., Nikoukhah, R., and Delebecque, F., LMITOOL: A Front-End for LMI Optimization,User's Guide, February 1995. Available via anonymous ftp from ftp.ensta.fr/pub/elghaoui/lmitool.

[Gol1965] Golub, G. H., Numerical methods for solving linear least squares problems. Numer. Math., 7, 1965.

[Gol1973] Golub, G. H., Some modified eigenvalue problems. SIAM Rev., 15: 318-344, 1973.

[GPB1991] Geromel, I.C., Peres, P. L. D., and Bernussou, J., On a convex parameter space method for linear control design of uncertain systems. SIAM J. Control Optimiz., 29: 381-402, 1991.

[GR1970] Golub, G. H., and Reinsch, C., Singular value decomposition and least squares solutions. Numer. Math., 14: 403-420, 1970.

[Graw1976] Grawford, C. R., A stable generalized eigenvalue problem. SIAM, J. on Numer. Anal., 13: 6, 1976.

[Gre1992] Green, M., H_∞ controller synthesis by J-lossless coprime factorization. SIAM Journal of Control and Optimization, 28:522-547, 1992.

[Gua1980] 关肇直, 现代控制理论中的某些问题 (I); (II). 自动化学报, 1980 年, 第 6 卷, 第 1 期; 第六卷, 第 2 期.

[GW1976] Gray, L. J., Wilson, D. G., Construction of a Jacobi matrix from spectral data. Linear Alg. and its Appl., 14: 2, 1976.

[GZF1979] 关肇直, 张恭庆, 冯德兴, 线性泛函分析入门. 上海科学技术出版社, 1979.

[Hah1967] Hahn, W., Stability of Motion. Springer-Verlag, NewYork, 1967.

[Hal1958] Halmos, P. R., Finite Dimensional Vector Spaced. Van Nostrand, 1958.

[Hald1976] Hald, O. H., Inverse eigenvalue problems for Jacobi matrices. Linear Alg. and its Appl., 14: 1, 1976.

[Ham1992] Hambaba, M. L., The robust generalized least-squares estimator. Signal Processing, 26: 359-368, 1992.

[HC1982] 黄琳, 陈德成, 弹性结构有限元控制系统. 应用数学与力学, 1982 年, 第 2 期.

[HCL1988] Huang, L., Chen, D.C., and Luo, H.G., Approximate modeling of an elastic structure according to test dates with various confidences. ACTA Mech. Sinica, 4(3): 248-254, 1988.

[Hel1993] Helmerson, A., Methods for Robust Gain Scheduling. Linkoping University, S-581, 83, Linkoping, Sweden, 1993.

[HH1992] Higham, D. J., and Higham, N. J., Backward error and condition of structured linear systems. SIAM J. Matrix Anal. Appl., 13: 162-175, 1992.

[Hoc1974] Hochstadt, H., On the construction of a Jacobi matrix from spectral data. Linear Alg. and its Appl., 12: 8, 1974.

[Hof1971] Hoffman, K., Kunze, R., Linear Algebra. Prentice-Hall, 1971.

[Hou1964] Householder, A. S., The Theory of Matrices in Numerical Analysis. Blairdell, New York, 1964.

[HS1987] Hotz, A., and Skelton, R. E., Covariance control theory. Int. J. Control, 46: 13-32, 1987.

[Hua1978] 黄琳, 广义特征值的摄动问题. 北京大学学报 (自然科学版), 1978 年, 第 4 期.

[Hua1980] 黄琳, 正定矩阵平方根的计算与摄动估计. 应用数学学报, 1980 年, 第 3 卷, 第 2 期.

[Hua1981] 黄琳, 生成元、经济控制与多变量线性系统. 北京大学学报 (自然科学版), 1981 年, 第 1 期.

[Hua1982] 黄琳, 具二次约束的最小平方解问题. 数学学报, 1982 年, 第 3 期.

[Hua1984] 黄琳, 系统与控制理论中的线性代数. 科学出版社, 1984.

[Hua1992] 黄琳, 稳定性理论. 北京大学出版社, 1992.

[Hua2003] 黄琳, 稳定性与鲁棒性的理论基础. 科学出版社, 2003.

[Hur1895] Hurwitz, A., Ueber die Bedingungen unter Welcheneine Gleichung nur Wurzeln mit Negativen reellen Teilen besitzt. Math.Ann., 46: 273-284, 1895.

[HV1991] Huffel, S. Van., and Vandewalle, J., The total least squares problem: computational aspects and analysis. Frontiers in Applied Mathetics 9, SIAM, Philadelphia, PA, 1991.

[HW1991] Huang, L., and Wang, L., Value mapping and parameterization approach to robust stability analysis. Science in China, 34(10): 1222-1232,1991.

[HZ1981] 黄琳, 郑应平, 李雅普诺夫第二方法与多变量线性系统. 全国控制理论及其应用学术交流会论文集, 科学出版社, 1981.

[HZZ1964] 黄琳, 郑应平, 张迪, 李雅普诺夫第二方法与最优控制器分析设计问题. 自动化学报, 1964 年, 第 2 卷, 第 4 期.

[IS1994] Iwasaki, T., and Skelton, R. E., All controllers for the general H_∞ control problem: LMI existence conditions and state space formulas. Automatica, 30: 1307-1317, 1994.

[Jac1995] Jacquemont, C., Error-in-Variables Robust Least-Squares. Tech. rep., Ecole Nat. Sup. Techniques Avancies, 32, Bd. Victor, 75739 Paris, France, December 1995.

[Jam1970] Jameson, R.A., Comparison of four numerical algorithms for solving the Liapunov matrix equation. Int. J. Control, 11: 2, 1970.

[JKL1992] Jaimoukha, I.M., Kasenally, E.M., and Limebeer, D.J.N., Numerical solution of large scale Lyapunov equations using krylov subspace methods. Proceedings of the IEEE Conference on Decision and Control: 1927-1932, 1992.

[Jon1965] Jones, J. Jr, On the Lyapunov stability criteria. SIAM, J. Appl. Math., 13, 1965.

[Kai1980] Kailath, T., Linear Systems. Prentice-Hall, Englewood Cliffs, N.J., 1980.

[Kal1960] Kalman, R. E., On the general theory of control system. Automatic and Remote Control, Proc. 1st IFAC, 1960.

[Kal1962] Kalman, R. E., Canonical structure of linear dynamical System. Proc. Nat. Acad. Sci. U. S., 48, 1962.

[Kal1963a] Kalman, R. E., Mathematical description of linear dynamical systems. SIAM J. Control, 1, 2, 1963.

[Kal1963b] Kalman, R. E., On a new characterization of linear passive systems. Proceedings of the First Allerton Conference on Circuit and System Theory: 456-470, University of

Illinois, Urbana, 1963.

[KB1960a] Kalman, R. E., and Bucy, R.S., New results in linear filtering and prediction theory. ASME Transactions, Series D: Journal of Basic Engineering, 83:95-108, 1960.

[KB1960b] Kalman, R. E., Bertram, J. E., Control system analysis and design via the second method of Liapunov. Trans. ASME. Series D. J., Basic Eng., 82, 1960.

[KFA1969] Kalman, R. E., Falb, P. L., Arbib, M. A., Topics in Mathematical System Theory. McGraw Hill, 1969.

[KH1958] Kenneth, J. A., and Hurwicz, L., On the stability of the competitive equilibrium I. Econometrica, 26: 522-552, 1958.

[Kha1978] Kharitonov,V.L., Asymptotical stability of an equilibrium position of a family of systems of linear differential equations (in Russian). Differential'nye Uraveleniya, 14(11): 1483-1485, 1978.

[Kim1984] Kimura, H., Robust stabilizability for a class of transfer functions. IEEE Transactions on Automatic Control, 29:788-793, 1984.

[Kle1968] Kleinman, D. L., On an iterative technique for Riccati equation computations. IEEE Trans. Auto. Control, AC-13, 1968.

[KLK1991] Kimura, H., Lu, Y., and Kawtani, R., On the structure of H_∞ control systems and related questions. IEEE Transactions on Automatic Control, 36(6):653-667, 1991.

[KP1985] Kassan, S.A., and Poor, V., Robust techniques for signal processing. Proceedings of the IEEE, 73:433-481, 1985.

[KPZ1990] Khargonekar, P. P., Petersen, I. R., and Zhou, K., Robust stabilization of uncertain linear systems: quadratic stabilizability and H_∞ control theory. IEEE Trans. Aut. Control, AC-35: 356-361, 1990.

[KS1982] Khargonekar, P.P., and Sontag, E., On the relation between stable matrix fraction factorizations and regulable realizations of linear systems over rings. IEEE Transactions on Automatic Control, 27:627-638, 1982.

[Kuc1972] Kucera, V., A Contribution to matrix quadratic equations. IEEE Trans, Auto. Control, AC-17, 1972.

[Kuc1979] Kucera, V., Discrete Linear Control: The Polynomial Equation Approach. Wiley, New York, 1979.

[LA1986] Latham, G. A., and Anderson, B.D.O., Frequency weighted optimal Hankel norm approximation of stable transfer functions. Systems and Control Letters, 5: 229-236, 1986.

[LA1988] Limebeer, D.J.N., and Anderson, B.D.O., An interpolation theory approach to H_∞ controller degree bounds. Linear Algebra and its Applications, 98:347-386, 1988.

[LA1989] Liu, Y., and Anderson, B.D.O., Singular perturbation approximation of balanced systems. International Journal of Control, 50:1379-1405, 1989.

[LaD1957] Lappo-Danilevcki, E.A., The Application of Matrix Function in Linear System by The Ordinary Differential Equations. Tech-Science Press, 1957 (In Russian).

[Leh1967] Lehnigk, S. H., Liapunov's direct method and the number of zeros with positive real parts of a polynomial with constant complex coefficients. SIAM, J. Control, 5, 1967.

[LH1974] Lawson, C., and Hanson, R., Solving Least Squares Problems. Prentice Hall, Englewood Cliffs, NJ, 1974.

[LHG1989] Limebeer, D.J.N., and Halikias, G., and Glover, K., State-space algorithm for the computation of super optimal matrix interpolating functions. International Journal of Control, 50(6):2431-2466, 1989.

[LHPW1987] Laub, A.J., Heath, M.T., Page, C.C., and Ward, R.C., Computation of balancing transformations and other applications of simultaneous diagonalization algorithms. IEEE Transactions on Automatic Control, 32:115-122, 1987.

[Lio1960] Lionel, M., The Matrix with Dominant Diagonal and Economic Theory, Mathematical Methods in the Social Sciences. Stanford, Stanford University Press: 47-62, 1960.

[LL1961] Lasalle, J. P., Lefschetz, S., Stability by Liapunov's Direct Method with Applications. Academic Press, 1961.

[LMK1990] Liu, K.Z., Mita, T., and Kawtani, R., Parametrization of state feedback H_∞ controllers. International Journal of Control, 51(3):535-551, 1990.

[Lya1992] Lyapunov, A.M., The general problem of the stability of motion (Russian). English Translation: CRC Press, 1992.

[MB1967] Maclane, S., Birkhoff, G., Algebra. Macmillan, 1967.

[McM1952] McMillan, B., Introduction to Formal Realizability Theory (I), (II). Bell System Tech. J., 31, 1952.

[Mey1978] Meyer, H. B., Matrix Riccati equations. Linear Alg. and its Appl., 20: 2, 1978.

[MG1971] Mendel, J.M., and Gieseking, D.L., Bibliography on the linear-quadratic Gaussian problem. IEEE Transactions on Automatic Control, 16(6):847-869,1971.

[Mic1952] Michio, Morishim. On the Laws of Change of the Price-System in an Economy which Contains Complementary Commodities. Osaka Economic Papers, 1: 101-113, 1952.

[Mil1970] Miller, K., Least squares methods for ill-posed problems with a prescribed bound. SIAM J. Math. Anal., 1: 52-74, 1970.

[MM1964] Marcus, M., Minc, H., A Survey of Matrix Theory and Matrix Inequalities. Allyn and Bacon, 1964.

[MN1977] Mccomick, S.F., Noe, T., Simultaneous iteration for the matrix eigenvalue problem. Linear Alg., and its Appl., 16: 1, 1977.

[Moo1993] Moor, B. de., Structured total least squares and L_2 approximation problems. Linear Algebra Appl., 188-189: 163-207, 1993.

[Ner1993] Nemirovsky, A., Several NP-hard problems arising in robust stability analysis. Mathematics of Control, Signals, and Systems, 6: 99-105, 1993.

[New1959] Newman, P. K., Some notes on stability conditions. Review of Economic Studies, 27: 1-9, 1959.

[NGK1957] Newton, G.C., Gould, L.A., and Kaiser, J.F., Analytic Design of Linear Feedback Control Systems. Wiley, New York, 1957.

[Nie1976] 聂义勇, 多项式稳定性的一类新判据. 力学, 2: 110-116, 1976.

[NN1994] Nesterov, Y., and Nemirovski, A., Interior point polynomial methods in convex programming. Theory and Applications, SIAM, Philadelphia, 1994.

[PA1974] Padulo, L., Arbib, M. A., System theory: a unified state-space approach to discrete and continuous systems. Sounders, 1974.

[Par1962] Parks, P. C., A new proof of the Routh-Hurwitz stability criterion using the second method of Liapunov. Proc. Cambridge Phil. Soc., 58, 1962.

[Pau1955] Paul, A. S., Foundations of Economic Analysis. Cambridge, Harvard University Press, 1955.

[PBGM1962] Pontryagin, L.S., Boltyanskii, V.G., Gamkrelidze, R. V., Mishchenko, E. F., The Mathematical Theory of Optimal Processes (Russian). English Translation: Interscience, 1962.

[Pea1901] Pearson, K., On lines and planes of closest fit to points in space. Phil. Mag., 2: 559-572, 1901.

[Pen1956] Penrose, R., On Best Approximate Solution of Linear Matrix Equations. Proc. Cambridge Philos. Soc., 52, 1956.

[Per1978] Perneb, L., Algebraic control theory for linear multivariable systems. Lund Institute of Technology, 1978.

[PH1986] Petersen, I. R., and Hollot, C. V., A Riccati equation approach to the stabilization of uncertain linear systems. Automatica, 22: 397-411, 1986.

[PLS1980] Pappas, T., Laub, A.J., and Sandell, Jr. N.R., On the numerical solution of the discrete-time algebraic Riccati equation. IEEE Transactions on Automatic Control, 25(4): 631-641, 1980.

[Pop1973] Popov, V. M., Hyperstability of Automatic Control Systems. Springer-Verlag, 1973.

[PR1993] Poljak, S., and Rohn, J., Checking robust nonsingularity is NP-hard. Math. Control Signals Systems, 6: 1-9, 1993.

[PS1982] Pernebo, L., and Silverman, L.M., Model reduction by balanced state space representations. IEEE Transactions on Automatic Control, 27: 382-387, 1982.

[PY1991] Papadimitriou, C., and Yannakakis, M., Optimization, approximation and complexity classes. J. Comput. System Sci., 43: 425-440, 1991.

[QR1965] Qunk, J., and Ruppert, R., Qualitative economics and the stability of equilibrium.

Review of Economic Studies, 32: 311-326, 1965.

[Ran1996] Rantzer, A., On the Kalman-Yakubovich-Popov lemma. Systems and Control Letters, 28: 7-10, 1996.

[Red1959] Redheffer, R., Inequalities for a matrix Riccati equation. Journal of Mathematical Mechanics, 8(3):349-367, 1959.

[Red1960] Redheffer, R., On a certain linear fractional transformation. Journal of Mathematics and Physics, 39:269-286, 1960.

[RM1971] Rao, C.R., Mitra, S.K., Generalized Inverse of Matrices and Its Applications. Wiley, 1971.

[Roc1970] Rockafellar, R. T., Convex Analysis. Princeton Univ. Press, 1970.

[Ros1970] Rosenbrock, H.H., State Space and Multivariable Theory. Wiley-Interscience, New York, 1970.

[Ros1974a] Rosenbrock, H. H., Computer-Aided Control System Design. Academic Press, New York, 1974.

[Ros1974b] Rosenbrock, H. H., Order degree and complexity. Inter. J. Control, 19, 1974.

[Ros1977] Rosenbrock, H. H., The transformation of strict system equivalence. Inter. J. Control, 25, 1977.

[Rou1877] Routh, E.J., Stability of a given state of motion. London,1877.

[Saf1980] Safonov, M.G., Stability and Robustness of Multivariable Feedback Systems.M.I.T. Press, Cambridge, Mass., 1980.

[Sai1981] Sain, M.K., Special issue on linear multivariable control systems. IEEE Transactions on Automatic Control, 26:1-295, 1981.

[Sch1911] Schur, I., Bemerkungen zur Theorie der beschränkten Bilinearformen mit unendlich vielen Veränderlichen. Journal für die reine und angewandte Mathematik, 140:1-28, 1911.

[Sch1965] Schultz, D. G., The Generation of Liapunov Functions in Advances in Control Systems, 2. Academic Press, 1965.

[Sch1992a] Scherer. C., H_∞-control for plants with zeros on the imaginary axis. SIAM Journal of Control and Optimization, 30(1): 123-142, 1992.

[Sch1992b] Scherer, C., H_∞-optimization without assumptions on finite or infinit zeros. SlAM J. Control Optimiz., 30: 143-166, 1992.

[SD1978] Stein, G., and Doyle, J.C., Singular values and feedback: design examples. Proceedings of the 16th Annual Allerton Conference on Communications,Control and Computing: 461-470, 1978.

[Sha1995] Shader, B. L., Least squares sign-solvability. SIAM J. Matrix Anal. Appl., 16: 1056-1073, 1995.

[SI1993] Skelton, R. E., and Iwasaki, T., Liapunov and covariance controllers. Int. J. Control, 57: 519-536, 1993.

[Sil1970] Siljak, D. D., New algebraic criteria for positive realness. The 4th Princeton Conference on Information Sciences and Systems, Princeton University, 1970.

[Sil1978] Siljak, D.D., Large-Scale Dynamic Systems Stability and Structure. North-Holland, New York, 1978.

[Sjg1987] 孙继广, 矩阵扰动分析. 科学出版社, 1987.

[SJVL1987] Safonov, M.G., Jonckheere, E.A., Verma, M., and Limebeer, D.J.N., Synthesis of positive real multivariable feedback systems. International Journal of Control, 45(3): 817-842, 1987.

[Smi1966] Smith, R. A., Matrix calculations for Liapunov quadratic forms. J. Diff. Eqns., 2, 1966.

[ST1990] Stoorvogel, A. A., and Trenteiman, H. L., The quadratic matrix inequality in singular H_∞ control with state feedback. SIAM J. Control Optimiz., 28: 1190-1208, 1990.

[Ste1969] Stewart, G. W., Accelerating the orthogonal iteration for the eigenvectors of a Hermitian matrix. Numer. Math., 13, 1969.

[Ste1973] Stewart, G. W., Error and perturbation bounds for subspaces associated with certain eigenvalue problems. SIAM Rev., 15: 727-764, 1973.

[Ste1976] Stewart, G. W., Introduction to Matrix Computations. Academic Press, 1976.

[SW1969] Sandber, I. W., Willson, Jr. G. N., Some theorems on properties of DC equations of nonlinear networks. The Bell System Technical Journal, January: 1-34, 1989.

[TA1977] Tikhonov, A., and Arsenin, V., Solutions of Ill-Posed Problems. Wiley, New York, 1977.

[Tad1990] Tadmor, G., Worst-case design in the time domain: the maximum principle and the standard H_∞ problem. Mathematics of Control, Signals and Systems, 3(4): 301-325, 1990.

[Tau1961] Taussky, O., A generalization of a theorem of Lyapunov. SIAM, J. Appl. Math., 9, 1961.

[Var1962] Varge, R. S., Matrix Iterative Analysis. Prentice-Hall, 1962.

[VB1996] Vandenberghe, L., and Boyd, S., Semidefinite programming. SIAM Rev., 38: 49-95, 1996.

[VdWae1970] Van der Waerden, B. L., Algebra. Ungar, 1970.

[Vid1972] Vidyasagar, M., Input-output stability of abroad class of linear time-invariant Multivariable feedback systems. SIAM J. Contr., 10: 203-209, 1972.

[Vid1985] Vidyasagar, M., Control System Synthesis: A Factorization Approach. MIT Press, Cambridge, Mass., 1985.

[VK1986] Vidyasagar, M., and Kimura, H., Robust controllers for uncertain linear multivariable systems. Automatica, 22(1): 85-94, 1986.

[Wan1971] Wang, S. H., Design of Linear Multivariable Systems, Ph.D. Thesis. Univ. California, Berkeley, 1971.

[WB1968] Willems, J. C., and Brockett, R. W., Some new rearrangement in equalities having applicationin stability analysis. IEEE Trans. Automat. Contr., AC-13: 539-549, 1968.

[Wil1965] Wilkinson, J. H., The Algebraic Eigenvalue Problem. Oxford Uni. Press, 1965.

[Wil1969] Willems, J. C., Stability, instability, invertibility and causality. SIAM J. Contr., 7: 645-671, 1969.

[Wil1971] Willems, J. C., Least squares stationary optimal control and the algebraic Riccati equation. IEEE Transactions on Automatic Control, 16(6):621-634,1971.

[Wol1074] Wolovich, W. A., Linear Multivariable Systems. Springer-Verlag, 1974.

[Won1974] Wonham, W. M., Linear Multivariable Control, A Geometric Approach. Springer-Verlag, 1974.

[WR1971] Wilkinson, J. H., Reinsch, C., Handbook for Automatic Computation II Linear Algebra. Springer-Verlag, 1971.

[Xie1963] 谢绪恺, 线性系统稳定性的新判据. 东北工业学院学报基础理论专刊, (1): 26-30, 1963.

[Yak1962] Yakubovich, V. A., Solution of certain matrix inequalities in the stability theory of nonlinear control systems, Dokl. Akad. Nauk. USSR, 143: 1304-1307, 1962 (English translation in Soviet Math. Dokl. 3: 620-623, 1962).

[Yak1971] Yakubovich,,V.A., S-Procedure in the Nonlinear Theory of Automatic Control (in Russian). Vestnik Leningr. Gos. Unie., (1): 62-77, 1971.

[Yak1974] Yakubovich, V. A., A frequency theorem for the case in which the state and control spaces are Hilbert spaces with an application to some problems of synthesis of optimal controls, Part I-ll. Sibirskii Mat. Zh., 15: 639-668, 1974; 16: 1081-1102, 1975 (English translation in Siberian Math. J.)

[YCC1959] Youla, D. C., Castriota, L. J., and Carlin, H. J., Bounded real scattering matrices and the foundations of linear passive network theory. IRE Trans. Circuit Theory, CT-4(1): 102-124, 1959.

[YH1997] 叶庆凯, 黄琳. 仿 Hermite 多项式矩阵谱分解计算. 中国控制会议, 中国, 庐山, 1997.

[YJB1976] Youla, D. C., Jabr, H. A., and Bongiorno, J. J., Modern, Weiner-Hopf design of optimal controllers, Part II: the multivariable case. IEEE Transactions on Automatic Control, 21:319-338, 1976.

[Yor1966] York, D., Least squares fitting of a straight line. Canad. J. Physics, 44: 1079-1086, 1966.

[You1961] Youla, D.C., On the Factorization of Rational Matrices. IRE Trans. Information Theory, IT-7, 1961.

[YS1967] Youla, D.C., and Saito, M., Interpolation with positive real functions. Journal of the Franklin Institute, 2:77-108, 1967.

[Zam1981] Zames, G., Feedback and optimal sensitivity: model reference transformations, multiplicative seminorms, and approximate inverses. IEEE Transactions on Automatic Control, 26:301-320, 1981.

[ZF1983] Zames, G., and Francis, B.A., Feedback, minimax sensitivity, and optimal robustness. IEEE Transactions on Automatic Control, 28:585-601, 1983.

[ZK1988] Zhou, K., and Khargonekar, P. P., An algebraic Riccati equation approach to H_∞ optimization. Syst. Control Lett., 11: 85-92, 1988.

[ZDG1996] Zhon, K., Doyle, J.C., and Glover, K., Robust and Optimal Control. Prentice Hall Inc.1996 (鲁棒与最优控制 (中译本), 毛剑琴等译, 国防工业出版社, 2002).

附录 A 本书使用符号表

$\mathbf{C}^n$: 复 n 维列向量空间

$\mathbf{R}^n$: 实 n 维列向量空间

$\mathbf{P}^n$: 域 $\mathbf{P}$ 上 n 维列向量空间

$\mathbf{C}^{m \times n}$: $m \times n$ 的复数矩阵空间

$\mathbf{R}^{m \times n}$: $m \times n$ 的实数矩阵空间

A^T: 矩阵 A 的转置

$\overline{A}$: 矩阵 A 的复共轭矩阵

A^H: A 的复共轭转置, $A^H = (\overline{A})^T$

$\mathbf{U}^{n \times n}$: $\mathbf{C}^{n \times n}$ 中酉矩阵集

$\mathbf{E}^{n \times n}$: $\mathbf{R}^{n \times n}$ 中正交矩阵集

$\mathbf{U}^{m \times n}$: $\mathbf{C}^{m \times n}$ 中子集, 有 $A \in \mathbf{U}^{m \times n}$ 当且仅当 $A^H A = I_n$

$\mathbf{E}^{m \times n}$: $\mathbf{R}^{m \times n}$ 中子集, 有 $B \in \mathbf{E}^{m \times n}$ 当且仅当 $B^T B = I_n$

$\mathbf{C}_r^{m \times n}$: $\mathbf{C}^{m \times n}$ 中秩为 r 的矩阵的集合

$\mathbf{R}_r^{m \times n}$: $\mathbf{R}^{m \times n}$ 中秩为 r 的矩阵的集合

$\mathbf{C}[\lambda]$: 复系数多项式环

$\mathbf{R}[\lambda]$: 实系数多项式环

$\mathbf{C}[\lambda]^{m \times n}$: $m \times n$ 的复系数多项式矩阵的全体

$\mathbf{R}[\lambda]^{m \times n}$: $m \times n$ 的实系数多项式矩阵的全体

g.c.d: 最大公因式

l.c.m: 最小公倍式

deg: 多项式或多项式矩阵的次数

rank(A): 矩阵 A 的秩 $= \dim[\mathbf{R}(A)]$

null(A): 矩阵 A 的化零维 $= \dim[\mathbf{N}(A)]$

$\mathbf{R}(A)$: 矩阵 A 的列空间

$\mathbf{N}(A)$: 矩阵 A 的化零空间或称零空间

$\dim(\mathbf{S})$: 空间 $\mathbf{S}$ 的维数

$\sim$: 矩阵相似

$\doteq$: 多项式矩阵的等价

$\widetilde{\mathbf{U}}^{m \times n}$: $m \times n$ 的次酉矩阵的全体

$\mathbf{P_S}$: $\mathbf{C}^n$（或 $\mathbf{R}^n$）至子空间 $\mathbf{S}$ 的正交投影

$\mathbf{P_{S,T}}$: 沿 $\mathbf{T}$ 至 $\mathbf{S}$ 的投影

$A^{[1]}, A^{[1,2]}, \cdots, A^{[1,3,4]}, A^+$: 均为 A 的广义逆矩阵

$\mathbf{S}\perp\mathbf{T}$: $\mathbf{S}$ 与 $\mathbf{T}$ 的正交和

$\mathbf{S}\cup\mathbf{T}$: $\mathbf{S}$ 与 $\mathbf{T}$ 的并

$\mathbf{S}\cap\mathbf{T}$: $\mathbf{S}$ 与 $\mathbf{T}$ 的交

$\mathbf{S}+\mathbf{T}$: $\mathbf{S}$ 与 $\mathbf{T}$ 的和

$\mathbf{S}\oplus\mathbf{T}$: $\mathbf{S}$ 与 $\mathbf{T}$ 的直接和, $\bigoplus\limits_{i=1}^{m}\mathbf{S}_i$ 表示 $\mathbf{S}_1, \mathbf{S}_2, \cdots, \mathbf{S}_m$ 的直接和

$\mathbf{S}_\perp$: $\mathbf{C}^n$（或 $\mathbf{R}^n$）中子空间 $\mathbf{S}$ 的正交补

$\mathbf{\Lambda}(A)$: 方阵 A 的特征值集

$\overset{\circ}{\mathbf{C}}_-$: 复平面上具负实部的点集

$\mathbf{C}_+$: 复平面上具非负实部的点集

$\mathbf{C}(\lambda)$: 复系数有理函数集

$\mathbf{R}(\lambda)$: 实系数有理函数集

$\mathbf{C}(\lambda)^{m\times n}$: $m\times n$ 复有理函数矩阵集

$\mathbf{R}(\lambda)^{m\times n}$: $m\times n$ 实有理函数矩阵集

$A\otimes B$: A 与 B 的 Kronecker 乘积

$\det(A)$: 方阵 A 的行列式

$\mathrm{trace}(A)$: 方阵 A 的对角线元素之和

$\mathbf{H}[\lambda]$: Hurwitz 多项式的全体

$\|\cdot\|$: 各种向量与矩阵的范数

$\rho(A)$: 方阵 A 的谱半径

Deg: 有理矩阵的阶次

附录 B 约定与定义

几个约定

对本书中采用的符号, 作以下约定: 英文大写字母表矩阵, 如 $A, B, \cdots$; 英文大写黑体字母表集合、空间等, 如 $\mathbf{A}, \mathbf{B}, \cdots$; 英文小写字母表空间或集合中的元, 如 $a, b, \cdots$; 由数排成的列向量也用英文小写字母表示; 矩阵 A, B 的第 i 个列向量则分别以 a_i, b_i 表示.

用希腊字小写表标量或数, 如 $\alpha, \beta, \xi, \cdots$, 当用它们表矩阵的元或列向量的分量时, 总采用与英文字母相对应的希腊字母, 并借助下标示明该元或分量在对应矩阵或向量中的位置. 例如用 α_{ij} 表矩阵 A 的第 i 行第 j 列的元, 用 ξ_k 表向量 x 的第 k 个分量等.

自然数的全体表以 $\mathbf{Z}_+$, $\mathbf{Z}_{+0}$ 表示非负整数的全体, 而 $\mathbf{Z}$ 则表示全体整数. n 个自然数 $1, 2, \cdots, n$ 组成的集合记为 $\{1, 2, \cdots, n\}$ 或简记为 $\underline{n}$. $\mathbf{R}$ 表全体实数, $\mathbf{C}$ 表全体复数, $\mathbf{R}^n(\mathbf{C}^n)$ 表示由 n 个实数 (复数) 排成的列向量的全体或 n 维实 (复) 向量空间, $\mathbf{R}^{m \times n}(\mathbf{C}^{m \times n})$ 表元在 $\mathbf{R}(\mathbf{C})$ 中取数的 m 行 n 列矩阵的全体.

$\mathbf{C}[\lambda](\mathbf{R}[\lambda])$ 表复 (实) 系数变元为 λ 的多项全体. $\mathbf{C}[\lambda]^{m \times n}$ 表元在 $\mathbf{C}[\lambda]$ 中选取的 m 行 n 列矩阵的全体, 相应地有 $\mathbf{R}[\lambda]^{m \times n}$.

x 是集合 $\mathbf{T}$ 的元, 记以 $x \in \mathbf{T}$, 否则记为 $x \bar{\in} \mathbf{T}$. 例如 $i \in \underline{n}$ 表 i 是 $\leqslant n$ 的自然数, $\alpha \in \mathbf{R}$ 表示 α 为实数, $a \in \mathbf{C}^n$ 表 a 是由 n 个复数排成的列向量, $A \in \mathbf{R}^{k \times l}$ 表示 A 为 k 行 l 列的实数矩阵等.

集合及其运算

我们研究的对象, 例如数、多项式、函数、点、向量与矩阵等均可称为元, 元的集体称为集或集合. 集合可由有限个元组成, 例如 $\underline{n}$, 其中 n 系一给定的自然数. 集合也可由无穷多个元所组成, 例如 $\mathbf{R}$.

集合表示的方法常有两种: 一是用具体写出该集中元的办法, 例如集 $\{1, 2, 3\}$; 另一个则是利用限定该集合的条件来进行表示, 即用

$$\{\text{元} \mid \text{元所满足的条件}\}$$

来表示满足 $\mid$ 后条件的元的全体组成的集合.

对于 $A \in \mathbf{C}^{m \times n}$ ($\mathbf{R}^{m \times n}$ 也相仿), 本书中常用的两个集合是

$$\mathbf{R}(A) = \{x | x = Ay, y \in \mathbf{C}^n\},$$
$$\mathbf{N}(A) = \{z | Az = 0\}.$$

前者常称为 A 的列空间, 后者则称为 A 的化零空间或零空间.

两集合 $\mathbf{S}$ 与 $\mathbf{T}$, 若有

$$x \in \mathbf{S}, \quad x \in \mathbf{T},$$

则称 $\mathbf{S}$ 包含 $\mathbf{T}$ 并记为 $\mathbf{S} \supset \mathbf{T}$ 或 $\mathbf{T} \subset \mathbf{S}$.

符号 $\forall$ 系 "一切" 的简记.

若 $\mathbf{S} \subset \mathbf{T}$ 与 $\mathbf{T} \supset \mathbf{S}$ 同时成立, 则称 $\mathbf{S}$ 与 $\mathbf{T}$ 相等且记为 $\mathbf{S} = \mathbf{T}$.

在集合 $\mathbf{S}$ 与 $\mathbf{T}$ 给定后, 可以定义下述三种运算, 以便产生三个新的集合:

$$\mathbf{M} = \mathbf{S} \cup \mathbf{T} = \{x | x \in \mathbf{S} \text{ 或 } x \in \mathbf{T}\}$$

称为 $\mathbf{S}$ 与 $\mathbf{T}$ 的并集. 集合

$$\mathbf{N} = \mathbf{S} \cap \mathbf{T} = \{x | x \in \mathbf{S} \text{ 且 } x \in \mathbf{T}\}$$

称为 $\mathbf{S}$ 与 $\mathbf{T}$ 的交集. 集合

$$\mathbf{P} = \mathbf{S} \setminus \mathbf{T} = \{x | x \in \mathbf{S} \text{ 且 } x \bar{\in} \mathbf{T}\}$$

称为 $\mathbf{S}$ 与 $\mathbf{T}$ 的差集.

在集合之间按上述规定定义了运算之后, 容易证明有:

1° $\mathbf{S} \cup \mathbf{T}$ 是同时包含 $\mathbf{S}$ 与 $\mathbf{T}$ 的集合中最小的集合, 即

$$\mathbf{S} \subset \mathbf{H}, \mathbf{T} \subset \mathbf{H} \Rightarrow \mathbf{S} \cup \mathbf{T} \subset \mathbf{H}.$$

2° $\mathbf{S} \cap \mathbf{T}$ 是同时包含在 $\mathbf{S}$ 与 $\mathbf{T}$ 中的集合中最大的集合, 即

$$\mathbf{K} \subset \mathbf{S}, \mathbf{K} \subset \mathbf{T} \Rightarrow \mathbf{K} \subset \mathbf{S} \cap \mathbf{T}.$$

3° $\mathbf{S} \cap [\mathbf{T} \cup \mathbf{V}] = [\mathbf{S} \cap \mathbf{T}] \cup [\mathbf{S} \cap \mathbf{V}]$.

4° $\mathbf{S} \cup [\mathbf{T} \cap \mathbf{V}] = [\mathbf{S} \cup \mathbf{T}] \cap [\mathbf{S} \cup \mathbf{V}]$.

5° $\mathbf{S} = [\mathbf{S} \cap \mathbf{T}] \cup [\mathbf{S} \setminus \mathbf{T}]$.

6° $\mathbf{T} \cap [\mathbf{S} \setminus \mathbf{T}] = \varnothing$.

以上 $\varnothing$ 表示不包含任何元的空集.

两集合 $\mathbf{S}, \mathbf{T}$ 若 $\mathbf{T} \subset \mathbf{S}$ 则称 $\mathbf{T}$ 为 $\mathbf{S}$ 的子集. 若 $\mathbf{T} \subset \mathbf{S}$, 且 $\mathbf{S} \setminus \mathbf{T} \neq \varnothing$, 则 $\mathbf{T}$ 是 $\mathbf{S}$ 的真子集.

研究集合 **S**, 集合 **T$_i$** 为其子集, $i = 1, 2$, 则按上述定义的并与交可以用一个格图来表示. 我们约定在图中位于下方的集合是其以直线相联的上方集合的子集, **H**, **K** 亦 **S** 的子集, 且 **H** $\supset$ **T$_i$**, $i = 1, 2$; **K** $\subset$ **T$_i$**, $i = 1, 2$, 则这些集合之间的关系可用图B.1所示的一个格图来表示.

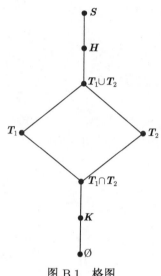

图 B.1 格图

映 射

S, **T** 是两集合, 称 σ 是由 **S** 到 **T** 的一个映射, 系指它是一个法则, 使对任何 $a \in$ **S** 都确定一个 $a' = \sigma(a) \in$ **T**, 此时 a' 称为 a 在映射 σ 下的象, a 称为 a' 的一个原象. 由 **S** 到 **T** 的映射常记为 $\sigma :$ **S** $\to$ **T**.

S 到其自身的映射称为变换.

映射 $\sigma :$ **S** $\to$ **T**, 若对任何 $a' \in$ **T** 都有 $a \in$ **S** 使 $\sigma(a) = a'$, 则 σ 称为是映上的. 若从 $\sigma(a) = \sigma(b)$ 就可推知 $a = b$, 则 σ 称为 1-1 的.

任何 1-1 的映上映射称为是 1-1 对应.

映射 $\sigma_i :$ **S** $\to$ **T**, $i = 1, 2$ 称为相等并记为 $\sigma_1 = \sigma_2$, 系指

$$\sigma_1(a) = \sigma_2(a), \quad \forall a \in \textbf{S}.$$

S, **T**, **V** 是三个集合, 映射 $\sigma :$ **S** $\to$ **T**, $\tau :$ **T** $\to$ **V**, 则由 σ 与 τ 确定一个映射 $\mu :$ **S** $\to$ **V**, 它有

$$\mu(a) = \tau[\sigma(a)], \quad \forall a \in \textbf{S}.$$

并称 μ 为 σ 与 τ 的积且记为 $\mu = \tau\sigma$.

$\mathbf{T}_i, i \in \underline{4}$ 是四个集合, 映射 $\sigma_i : \mathbf{T}_i \to \mathbf{T}_{i+1}, i \in \underline{3}$ 是三个映射, 则一定有

$$\sigma_3(\sigma_2\sigma_1) = (\sigma_3\sigma_2)\sigma_1 : \mathbf{T}_1 \to \mathbf{T}_4.$$

这表明映射的乘法是可结合的, 因而 $\sigma_3\sigma_2\sigma_1 = (\sigma_3\sigma_2)\sigma_1 = \sigma_3(\sigma_2\sigma_1)$ 有明确意义.

变换 $\sigma : \mathbf{S} \to \mathbf{S}$ 称为是恒等变换, 系指

$$\sigma(a) = a, \quad \forall a \in \mathbf{S}.$$

集合 $\mathbf{S}$ 上的恒等变换常记为 $1_{\mathbf{S}}$.

若映射的 $\mathbf{S} \to \mathbf{T}$ 是 $1\text{-}1$ 对应, 则对任何 $a' \in \mathbf{T}$ 均有唯一的 $a \in \mathbf{S}$ 使 $\sigma(a) = a'$. 称映射 $\tau : \mathbf{T} \to \mathbf{S}$ 是 σ 的逆映射, 系指

$$\tau(a') = a, \quad \forall \sigma(a) = a' \in \mathbf{T}$$

且记为 $\tau = \sigma^{-1} : \mathbf{T} \to \mathbf{S}$.

显然 $\sigma : \mathbf{S} \to \mathbf{T}$ 是 $1\text{-}1$ 对应, 则 σ^{-1} 存在且:

$$\sigma\sigma^{-1} = 1_{\mathbf{T}} : \mathbf{T} \to \mathbf{T},$$
$$\sigma^{-1}\sigma = 1_{\mathbf{S}} : \mathbf{S} \to \mathbf{S}.$$

等价关系与分类

$\mathbf{S}$ 是一集合, 在其元间定义一个关系, 对任何 $a, b \in \mathbf{S}$ 若均能判断 $a \leftrightarrow b$ 是否成立. 又关系满足:

$1°$　自反律: $a \leftrightarrow a, \forall a \in \mathbf{S}$.

$2°$　对称律: $a \leftrightarrow b$ 则 $b \leftrightarrow a, \forall a, b \in \mathbf{S}$.

$3°$　可传律: $a \leftrightarrow b, b \leftrightarrow c$ 则必有 $a \leftrightarrow c, \forall a, b, c \in \mathbf{S}$.

则称关系 $\leftrightarrow$ 为一等价关系.

$\mathbf{S}$ 是一集合, 若在其中已建立一等价关系 $\leftrightarrow$. 对任何 $a \in \mathbf{S}$, 可定义 $\mathbf{S}$ 的子集

$$\mathbf{A} = \{x | x \leftrightarrow a, x \in \mathbf{S}\},$$

则 $\mathbf{S}$ 是这些子集的并, 并且

$\mathbf{A} = \mathbf{B}$, 当 $a \leftrightarrow b$.

$\mathbf{A} \cap \mathbf{B} = \varnothing$, 当 a 与 b 无关系 $\leftrightarrow$.

反之, 若将 $\mathbf{S}$ 分成一些彼此无公共元的子集的并, 则元在同一子集中就定义了一个等价关系.

群、环与域

一个集合 **G** 称为是一个群, 系指在 **G** 上定义了一个法则 (也叫运算), 使对任何 $x, y \in \mathbf{G}$ 均可唯一地确定一个元记为 xy 且 $xy \in \mathbf{G}$, 并有下述性质:

1° 上述运算是可结合的, 即

$$(xy)z = x(yz), \quad x, y, z \in \mathbf{G}.$$

2° 存在单位元 $e \in \mathbf{G}$ 使

$$ex = x = xe, \quad x \in \mathbf{G}.$$

3° 对任何 $x \in \mathbf{G}$ 总有 $y \in \mathbf{G}$ 使 $xy = yx = e$, 一般称这一 y 为 x 的逆, 记为 x^{-1}.

若除上述 1°, 2°, 3° 以外还有:

4° $xy = yx, \ \forall x, y \in \mathbf{G}$,

则对应群 **G** 称为可交换群或 Abel 群.

一个集合 **P** 称为是一个域, 系指在 **P** 上定义了两个运算, 一为加法一为乘法, 使对任何 $x, y \in \mathbf{P}$ 都有 $x + y \in \mathbf{P}$ 与 $xy \in \mathbf{P}$ 且有:

I **P** 在加法运算下是一个 Abel 群, 即

1° 加法是可结合的, 即

$$(x + y) + z = x + (y + z), \quad x, y, z \in \mathbf{P}.$$

2° 存在加法下的单位元 $0 \in \mathbf{P}$, 使

$$x + 0 = 0 + x = x, \quad x \in \mathbf{P}.$$

3° 对任何 $x \in \mathbf{P}$, 存在加法下的逆元素 $y \in \mathbf{P}$, 使 $x + y = y + x = 0$, 并记这样的 y 为 $-x$.

4° 加法是可交换的, 即

$$x + y = y + x, \quad x, y \in \mathbf{P}.$$

II **P** 上的乘法运算有

1° 乘法是可结合的, 即

$$(xy)z = x(yz), \quad x, y, z \in \mathbf{P}.$$

2° 乘法是可交换的, 即

$$xy = yx, \quad x, y \in \mathbf{P}.$$

3° 存在乘法下的单位元 $1 \in \mathbf{P}$, 使

$$x1 = 1x = x, \quad x \in \mathbf{P}.$$

4° 任何 $x \neq 0, x \in \mathbf{P}$, 总有 $x^{-1} \in \mathbf{P}$ 使 $xx^{-1} = 1$, 其中 0 是加法下的单位元.

III 在加法与乘法之间有分配律, 即

$$x(y + z) = xy + xz, \quad x, y, z \in \mathbf{P}.$$

在通常数的加法与乘法运算下, 有理数的全体 $\mathbf{L}$ 为有理数域, 实数的全体 $\mathbf{R}$ 为实数域, 复数的全体 $\mathbf{C}$ 为复数域.

一个集合 $\mathbf{K}$ 称为是一个环, 系指在 $\mathbf{K}$ 上定义了两个运算, 一为加法一为乘法, 使对任何 $x, y \in \mathbf{K}$ 均有 $x + y \in \mathbf{K}, xy \in \mathbf{K}$, 且有:

1° $\mathbf{K}$ 在加法下是一个 Abel 群.

2° 乘法是可结合的, 即

$$x(yz) = (xy)z, \quad x, y, z \in \mathbf{K}.$$

3° 加法与乘法间有分配律, 即

$$\begin{aligned} (x + y)z &= xz + yz, \\ x(y + z) &= xy + xz\,, \end{aligned} \quad x, y, z \in \mathbf{K}.$$

若除此以外乘法还可交换, 即

$$xy = yx, \quad x, y \in \mathbf{K}.$$

则该环称为可交换环.

附录 C   凸性, 锥优化与对偶

用优化的方法研究控制问题在 20 世纪末再一次成为人们关注的焦点. 优化或规划问题本身就是系统理论的重要组成部分. 在 20 世纪 80 年代, 由于 Karmarkar 方法的出现和后来内点法研究的系统开展. 这一计算复杂性只是多项式的复杂度 (即对应刻画计算问题规模的 n 的多项式的复杂度, 而不是 n 的指数函数 e^n 的复杂度, 后者常称为 NP hard, 即非多项式的复杂度) 是其突出的优点使得很多问题成为是可计算的. 原来运筹学中就有线性规划、非线性规划等. 内点法的发展特别是在凸规划中的应用自然引起运筹学界的关注. 控制与运筹学常被人们视为相近的学科, 其思想方法十分相近. 但前者更注重讨论动态过程而后者则偏重于静态. 在控制中大量理论问题与计算问题的解决常归结为一类规划或优化问题. 但由于控制理论中问题的特殊性, 这类规划问题常常以一种特殊的凸优化问题 – 锥优化问题表现出来. 这里着重叙述的就是这一类问题.

C.1   凸集与凸函数

以后用 $\mathbf{E}$ 表有限维线性空间. 它可以是向量空间 $\mathbf{R}^n$ 也可以是矩阵空间 $\mathbf{R}^{m \times n}$. 给定 $\mathbf{E}$ 后, 在 $\mathbf{E}$ 上可以考虑线性泛函 $L(x)$, $x \in \mathbf{E}$, 有

$$L(\alpha_1 x_1 + \alpha_2 x_2) = \alpha_1 L(x_1) + \alpha_2 L(x_2), \quad x_i \in \mathbf{E}, \quad \alpha_i \in \mathbf{R}.$$

容易证明, 线性泛函的线性组合仍然是线性泛函. 于是 $\mathbf{E}$ 上的全部线性泛函组成线性空间, 记为 $\mathbf{E}^\star$ 并称为是 $\mathbf{E}$ 的共轭空间或对偶空间.

容易证明 $\mathbf{E} = \mathbf{R}^n$, $\mathbf{E}^\star = \mathbf{R}^{n\star}$, 其中 $\mathbf{R}^n$ 由列向量组成, 则 $\mathbf{R}^{n\star}$ 就由行向量组成. 线性泛函: $L(x) = a^T x$, $x \in \mathbf{R}^n$, $a^T \in \mathbf{R}^{n\star}$.

若考虑 $\mathbf{E} = \mathbf{R}^{n \times n}$, $\mathbf{E}^\star = \mathbf{R}^{n \times n\star}$. 线性泛函:

$$L(X) = \operatorname{tr}(Y^T X), \quad X \in \mathbf{R}^{n \times n}, \quad Y^T \in \mathbf{R}^{n \times n\star}.$$

实际上在常用的线性代数范围内, 线性泛函也就是定义了一种内积.

定义 C.1.1 $\Omega \subset \mathbf{E}$ 称为是凸的, 系指

$$\alpha_1 x_1 + \alpha_2 x_2 \in \Omega, \quad x_i \in \Omega, \quad \alpha_i \geqslant 0, \quad i \in \underline{2} \text{且} \alpha_1 + \alpha_2 = 1. \tag{C.1.1}$$

有时也用 $\mathbf{R}_{+0} = [0, +\infty)$ 表示全部非负实数集合.

一般称上述条件下的 $\alpha_1 x_1 + \alpha_2 x_2$ 为 x_1, x_2 的凸组合. 自然凸组合的概念可以对有限个向量作出, 即

$$\sum_{i=1}^{m} \alpha_i x_i, \quad \alpha_i \geqslant 0 \text{且} \sum_{i=1}^{m} \alpha_i = 1. \tag{C.1.2}$$

易知凸集的交, 和均为凸集, 但凸集的并集则常非凸.

定义 C.1.2 $\Omega \subset \mathbf{E}$ 称为是一锥. 系指

$$\lambda x \in \mathbf{K}, \quad \lambda > 0, \quad x \in \mathbf{K}. \tag{C.1.3}$$

而 $\mathbf{K}$ 称为是凸锥, 则指 $\mathbf{K}$ 是锥同时又是凸集. $\mathbf{K}$ 称为是带顶的, 系指 $\mathbf{K} \cap (-\mathbf{K}) = \{0\}$, 此时对应 (C.1.3)$\lambda$ 可取 0.

从直觉上看由于 (C.1.3) 实际上表明锥将由起点在原点的半直线组成. 当然子空间也是锥而且还是凸锥.

定义 C.1.3 $\mathbf{S} \subset \mathbf{E}$ 是任一集合, 则 $\mathrm{Con}(\mathbf{S})$ 称为是其凸包. 系指

$$\mathrm{Con}(\mathbf{S}) = \{y | y = \sum_{i=1}^{m} \alpha_i x_i, \quad \alpha_i \geqslant 0 \text{ 且 } \sum_{i=1}^{m} \alpha_i = 1, \quad x_i \in \mathbf{S}\}.$$

若 $\mathbf{S}$ 是一有限集合, 则 $\mathrm{Con}(\mathbf{S})$ 称为是有限生成的凸包. 凸集称为是有限生成的, 系指存在有限集 $\mathbf{\Pi}$ 使该凸集就是 $\mathrm{Con}(\mathbf{\Pi})$。

有限生成的凸集又称多面凸集, 这种凸集一定是有限个半空间

$$\mathbf{S}_i : b_i^T x \leqslant \gamma_i, \quad i = 1, 2, \cdots, m$$

的交集, 即 $\bigcap\limits_{i=1}^{m} \mathbf{S}_i$.

有限生成也可以对无界集合给出, 即

$$\mathbf{S}_i = \{y | y = \sum_{i=1}^{m} \alpha_i x_i + \sum_{j=1}^{k} \lambda_j z_j, \ \alpha_i \geqslant 0, \ \lambda_j \geqslant 0, \ \sum_{i=1}^{m} \alpha_i = 1.\}$$

其中 $\{x_i, z_j\}$ 是一有限集. λ_j 是非负数, α_i 是凸组合系数, x_i 是生成点, z_j 是生成方向.

由凸集 $\mathbf{\Omega} \subset \mathbf{R}^n$ 的内点组成的集合记为 $\mathrm{int}\{\mathbf{\Omega}\}$.

设 $\mathbf{S} \subset \mathbf{R}^n$ 为一集合, 则集合

$$\mathrm{aff}\{\mathbf{S}\} = \{x | x = \sum_{i=1}^{m} \lambda_i x_i, \ \sum \lambda_i = 1, \ x_i \in \mathbf{S}, \ i \in \underline{m}\}$$

称为是 **S** 的仿射包. 显然 **S** 是 aff{**S**} 的子集, 而 aff{**S**} 是包含 **S** 为其子集的仿射集中的最小者. 若 $y \in$ **S** 就能推出存在 y 在 aff{**S**} 上的一个邻域整个均在 **S** 中则 y 称为 **S** 的相对内点, 全部 **S** 的相对内点组成的集合记为 ri{**S**}.

若点 z 具性质: 在 z 的任何领域内都既有 **S** 的点也有不属于 **S** 的点, 则 z 称为是 **S** 的边界点. **S** 的边界点的集合记为 $\partial(\mathbf{S})$. **S** 相对于 aff(**S**) 的边界点的集合称为 **S** 的相对边界, **S** 的相对边界记为 $\partial_r(\mathbf{S})$.

下面简略介绍一下凸函数.

定义 C.1.4　函数 $f : \mathbf{S} \subset \mathbf{R}^n \to \mathbf{R} \cup \{-\infty, +\infty\}$ 是实值函数, 集合

$$\Omega_f \triangleq \{(x, \mu) | x \in \mathbf{S}, \mu \in \mathbf{R}, \mu \geqslant f(x)\} \tag{C.1.4}$$

称为是函数 $f(\cdot)$ 在 **S** 上的上方图. 若 Ω_f 是一凸集, 则称 f 为凸函数. 若 $-f$ 是凸函数, 则称 f 为凹函数.

一切仿射函数均既是凸的又是凹的.

由于 f 的值可以取到 $+\infty$ 或 $-\infty$, 因而可以有关于 f 的有效定义域的概念. 这系指

$$\mathrm{dom}\{f\} = \{x | 存在 \mu, 使 (x, \mu) \in \Omega_f\} = \{x | f(x) < +\infty\}. \tag{C.1.5}$$

称凸函数 $f(x)$ 为正则的, 常指其上方图 $\Omega_f \neq \varnothing$ 并且 Ω_f 不含任何 μ 方向的垂直直线, 或至少有一个 x 使 $f(x) < +\infty$ 并且每个 x 对应均有 $f(x) > -\infty$. 也就是集合 $\mathrm{dom}\{f\} \neq \varnothing$, 并且 f 在 $\mathrm{dom}\{f\}$ 上取有限值.

关于凸函数的判定有下述定理.

定理 C.1.1　设 $\mathbf{Q} \subset \mathbf{R}^n$ 为一凸集. 函数 $f : \mathbf{Q} \to (-\infty, +\infty]$, 则 f 是 **Q** 上凸函数当且仅当下述之一。

I.

$$f((1-\lambda)x + \lambda y) \leqslant (1-\lambda)f(x) + \lambda f(y), \quad 0 < \lambda < 1, \quad x, y \in \mathbf{\Omega}. \tag{C.1.6}$$

II.

$$f(\sum_{i=1}^m \lambda_i x_i) \leqslant \sum_{i=1}^m \lambda_i f(x_i), \quad \lambda_i \geqslant 0, \ i \in \underline{m}, \ 且 \sum_{i=1}^m \lambda_i = 1, \quad x_i \in \Omega, \quad i \in \underline{m}. \tag{C.1.7}$$

定理 C.1.2　若 f 是开区间 (α, β) 上连续二次可微的实值函数. 则 $f(x)$ 是 (α, β) 上的凸函数当且仅当

$$f''(x) \geqslant 0, \quad x \in (\alpha, \beta).$$

进而可以将定理 C.1.2 推广至:

定理 C.1.3 设 $\mathbf{Q} \subset \mathbf{R}^n$ 是一开凸集, $f(x)$ 定义在 $\mathbf{Q}$ 上二次连续可微, 则它是凸的, 当且仅当矩阵

$$G(x) = (\gamma_{ij}(x)) \geqslant 0, \quad x \in \mathbf{Q}, \tag{C.1.8}$$

其中 $\gamma_{ij}(x) = \dfrac{\partial^2 f}{\partial \xi_i \partial \xi_j} = \dfrac{\partial^2 f}{\partial \xi_j \partial \xi_i} = \gamma_{ji}(x)$, $x = (\xi_1, \xi_2, \cdots, \xi_n)^T$.

以上三个定理均可直接证明. 对于凸集与凸函数来说下述概念是十分有用的.

定义 C.1.5 给定集合 $\mathbf{Q} \subset \mathbf{R}^n$, 其支撑泛函 $\delta^\star(\cdot|\mathbf{Q})$ 定义为

$$\delta^\star(s|\mathbf{Q}) = \inf\{\langle s, \ x\rangle | x \in \mathbf{Q}\}, \tag{C.1.9}$$

其中 $\langle s, \ x\rangle$ 是线性泛函 s 在 $x \in \mathbf{R}^n$ 上的值.

注记 C.1.1 作为支撑泛函一些文献采用 sup 定义. 由于本附录主要来源于俄国文献, 因而仍采用 inf. 这只要进行技术性处理就能互相转换.

关于凸函数. 可以证明具有下述结论.

1° $f : \mathbf{R}^n \to (-\infty, \ +\infty]$, $\phi : \mathbf{R} \to (-\infty, \ +\infty]$ 均凸函数, 且 ϕ 随变量增大是不降的. 则 $\phi(f(\cdot)) : \mathbf{R}^n \to (-\infty, \ +\infty]$ 是 $\mathbf{R}^n$ 上凸的.

2° f_1, f_2 是正则的凸函数, 则 $f_1 + f_2$ 是凸的.

由于 $\text{dom}\{f_1 + f_2\} = \text{dom}\{f_1\} \cap \text{dom}\{f_2\}$, 在 $\text{dom}\{f_1\}$ 与 $\text{dom}\{f_2\}$ 之交为空时, 则 $f_1 + f_2$ 未必正则.

显然 f_i 均正则凸函数, $\lambda_i \in \mathbf{R}_{+0}$, 则 $\sum \lambda_i f_i$ 是凸的.

3° $\mathbf{F} \subset \mathbf{R}^{n+1}$ 是凸集, 令

$$f(x) = \inf\{\mu | (x, \mu) \in \mathbf{F}\}. \tag{C.1.10}$$

则 f 是 $\mathbf{R}^n$ 上的凸函数.

4° 设 $f_1, f_2, \cdots, f_m$ 均 $\mathbf{R}^n$ 上正则凸函数. 则

$$f(x) = \inf\{\sum_{i=1}^{m} f_i(x_i) | x_i \in \mathbf{R}^n, \ x_1 + x_2 + \cdots + x_m = x\} \tag{C.1.11}$$

是 $\mathbf{R}^n$ 上凸函数. 在凸分析的文献中常将 (C.1.11) 记为 $f_1 \square f_2 \cdots \square f_m$, 并称 $\square$ 为下确卷. 在 $m = 2$ 时可以有

$$(f \square g)(x) = \inf_y\{f(x - y) + g(y)\} \tag{C.1.12}$$

与积分变换中卷积有点类似.

5° 设 $f_i(x)$ 是定义在 $\mathbf{R}^n$ 上的凸函数 $i \in \mathbf{J}$, 则

$$f(x) = \sup\{f_i(x) | i \in \mathbf{J}\}$$

是凸函数. 其中 $\mathbf{J}$ 是标号的集合.

6° 设 $\{f_i(x)|i \in \mathbf{J}\}$ 是正则凸函数集, f 是该集合的凸包, 系指

$$f(x) = \inf\left\{\sum_{i\in\mathbf{J}}\lambda_i f_i(x_i)|\sum_{i\in\mathbf{J}}\lambda_i x_i = x,\ \lambda_i \geqslant 0,\ \sum\lambda_i = 1\right\},$$

其中 inf 是对所有凸组合给出的, 其组合系数仅有限个非零.

7° 设 $A: \mathbf{R}^n \to \mathbf{R}^m$ 是线性变换, 对任何 $\mathbf{R}^m$ 上凸函数 g, 有

$$(gA)(x) = g(Ax)$$

是 $\mathbf{R}^n$ 上凸函数. 而对任何 $\mathbf{R}^n$ 上凸函数 h, 有

$$(Ah)(y) = \inf\{h(x)|Ax = y\}$$

是 $\mathbf{R}^m$ 上的凸函数.

8° 设 $f_1, f_2, \cdots f_m$ 均为 $\mathbf{R}^n$ 上正则凸函数, 则下述定义之函数:

$$f(x) = \inf\{\max\{f_1(x_1), f_2(x_2), \cdots, f_m(x_m)\}|\sum_{i=1}^m x_i = x\},$$

$$g(x) = \inf\{f_1(\lambda_1 x) + f_2(\lambda_2 x) + \cdots + f_m(\lambda_m x)|\lambda_i \geqslant 0,\ \sum\lambda_i = 1\},$$

$$h(x) = \inf\{\max\{f_1(\lambda_1 x), f_2(\lambda_2 x), \cdots, f_m(\lambda_m x)\}|\lambda_i \geqslant 0,\ \sum\lambda_i = 1\},$$

$$k(x) = \inf\{\max\{\lambda_1 f_1(x_1), \lambda_2 f_2(x_2), \cdots, \lambda_m f_m(x_m)\}|x = \sum_{i=1}^m \lambda_i x_i\}$$

均为正则凸函数. 其中 $k(x)$ 的 inf 是对 $x = \sum_{i=1}^m \lambda_i x_i$ 的一切凸组合作出的.

以上 8 条结论均可用对应凸函数的上方图为凸集进行证明.

C.2　优　　化

非负线性优化问题

$$\begin{cases} \langle d,\ y\rangle = \min,\ y \in \mathbf{R}^m \\ F(y) \in \mathbf{K} \subset \mathbf{R}^n, \end{cases} \tag{C.2.1}$$

其中 $\langle \cdot, \cdot \rangle$ 是线性泛函或内积, $\mathbf{K}$ 是 $\mathbf{R}^n$ 中非负卦限 $\{x|x \geqslant 0\}$, $F: \mathbf{R}^m \to \mathbf{R}^n$ 是仿射映射. $x = Fy + x_0$. 问题 (C.2.1) 第一个式子是指优化指标, 第二个式子为约束条件, 系指 y 能取的范围是经仿射变换后的象落在锥 $\mathbf{K}$ 中的那些 y.

进而由线性优化讨论一般锥优化问题.

一般锥优化问题. 给定 $\mathbf{K} \subset \mathbf{E}$ 是一带顶锥且 $\mathrm{int}\mathbf{K} \neq \varnothing$, 确定的映射 $x = F(y) = F_0 y + x_0$, 设

$$d^T y = \mathrm{const}, \quad y \in \mathbf{N}(F_0). \tag{C.2.2}$$

这表明 $d \in \mathbf{N}(F_0)_\perp = \mathbf{R}(F_0)$.

一般锥优化问题的提法与 (C.2.1) 类似. 可以写为给定线性泛函 d, 仿射映射 F 与具内点的带顶闭凸锥 $\mathbf{K}$, 解问题

$$\begin{cases} \langle d, \ y \rangle = \min, \\ y\text{所满足的约束为} F(y) \in \mathbf{K}, \quad \mathrm{int}\{\mathbf{K}\} \neq \varnothing. \end{cases} \tag{C.2.3}$$

问题 (C.2.3) 有意义的必要条件为 (C.2.2).

现将其改为以变量 x 表达的形式, 其中 $x = F(y)$.

$$\langle c, \ x \rangle = \min, \quad x \in \mathbf{K} \cap (\mathbf{L} + b), \tag{C.2.4}$$

其中 $\mathbf{L} + b = F(\mathbf{R}^m)$, $\mathbf{L}$ 是子空间 $\mathbf{R}(F_0)$. 而 b 的选取带有一定随意性. 由于若 $b_1 \in \mathbf{L}$, 则令 $b_2 = b + b_1$ 仍有 $\mathbf{L} + b = \mathbf{L} + b_2$. 以上 $\mathbf{L} + b$ 的和号是指集合和, 不是通常意义下的加法. 一般给定两集合 $\mathbf{S}$ 与 $\mathbf{T}$, 则 $\mathbf{U} = \mathbf{S} + \mathbf{T}$ 系指 $\mathbf{U} = \{z | z = x + y, x \in \mathbf{S}, y \in \mathbf{T}\}$.

可以指出问题 (C.2.3) 可以用 (C.2.4) 进行表述, 必要条件为 (C.2.2) 成立. 这是由于若 $F_0 y^\star + x_0 = x^\star$, 则对应该 $x^\star$ 的 y 应为一集合. $y^\star + \mathbf{N}(F_0)$, 只有当 (C.2.2) 成立时 $\langle d, y^\star \rangle = \langle d, y^\star + \mathbf{N}(F_0) \rangle$ 才能成立. 若无此限制, 则由于 $\mathbf{N}(F_0)$ 是无界的, 于是对应极小将不存在. 如果 $\mathbf{N}(F_0) = \{0\}$. 自然条件 (C.2.2) 也成立. 在以后的讨论中将假定 (C.2.2) 成立.

命题 C.2.1 设 $\Omega \subset \mathbf{R}^m$ 为一凸闭集, 则凸优化问题

$$\langle c', \ z \rangle = \min, \quad z \in \Omega, \tag{C.2.5}$$

均可改写成一种锥优化问题.

证明 不失一般性, 以下假设 Ω 将不包含任何直线. (否则或指标将无下界. 或者将可以通过 Ω 与一合适的子空间的交集 Ω' 加以代替, 而使 Ω' 不含直线)

将原空间 $\mathbf{R}^n$ 嵌入到 $\mathbf{R}^{n+1}$ 使其与 $\mathbf{R}^{n+1}$ 的超平面 $\{\xi_{n+1} = 1\}$ 等同, 显然 $\Omega' = \{\Omega, \xi_{n+1} = 1\}$ 与 $\Omega \subset \mathbf{R}^n$ 等同. 在 $\mathbf{R}^{n+1}$ 中令 $\mathbf{K}$ 为 Ω' 的闭锥包, 即

$$\mathbf{K} = \left\{ x \in \mathbf{R}^{n+1} | \frac{1}{\xi_{n+1}} (\xi_1, \xi_2, \cdots, \xi_n)^T \in \Omega, \ \xi_{n+1} > 0 \right\} \cup \{0\}.$$

由此 $\mathbf{K}$ 系一具内点的带顶锥. 而 Ω 是 $\mathbf{K}$ 与超平面 $\xi_{n+1} = 1$ 的交集. 对应的泛函指标 c 可取为 $(c'^T, 0)$ ■

反之当然任何凸锥优化问题均为凸优化问题.

在控制科学中常见的两类优化问题分别为:

半正定规划问题 (SDP): 设给定对称矩阵 F_0, $F_1, \cdots$, F_n, $F_i = F_i^T \in \mathbf{R}^{r \times r}$ 与向量 $c \in \mathbf{R}^m$. 求解问题

$$c^T x = \min, \quad F(x) \geqslant 0, \tag{C.2.6}$$

其中 $F(x) = F_0 + \xi_1 F_1 + \cdots + \xi_m F_m, x = (\xi_1, \xi_2, \cdots, \xi_m)^T$.

二阶锥规划问题 (SOCP): 设给定 $C_i \in \mathbf{R}^{n_i \times n}$, $d_i \in \mathbf{R}^{n_i}$, $g_i \in \mathbf{R}^n$, $\phi_i \in \mathbf{R}$, $c \in \mathbf{R}^n$. 求解问题

$$\begin{cases} c^T x = \min, \\ \|C_i x + d_i\| \leqslant g_i^T x + \phi, \quad i = 1, \cdots, l. \end{cases} \tag{C.2.7}$$

C.3 对 偶 问 题

现设问题 (C.2.4) 是可解的, 设 x^* 是该问题的最优解.

对于指标 c, 如果改变为 $c + y$, 且要求 y 这一新泛函在 $\mathbf{L} + b$ 上保持常值, 则

$$\langle c + y, x \rangle = \langle c, x \rangle + \text{const}, \quad x \in \mathbf{L} + b.$$

自然这一新指标与原指标应具同样的最优解 x^*. 令 $s^* = c + y$ 且要求 $\langle s^*, x \rangle$ 在 $\mathbf{K} - x^*$ 上非负. 在这里 $\mathbf{K} - x^*$ 一般并不是锥, 而且 $\mathbf{K} - x^* = \mathbf{K} + (-x^*)$ 是集合的和集. 这是由于 $-x^* \in \mathbf{K} - x^*$, 但 $-2x^*$ 可能不属于 $\mathbf{K} - x^*$. 对于 s^* 可以指出下属性质:

(1) 对于 $\mathbf{K} \subset \mathbf{E}$, 定义对偶锥为

$$\mathbf{K}^* = \{ s \in \mathbf{E}^* \mid \langle s, x \rangle \geqslant 0, \ x \in \mathbf{K} \} \subset \mathbf{E}^*. \tag{C.3.1}$$

由于 $\mathbf{K}$ 系一锥, 不等式

$$\langle s^*, x - x^* \rangle \geqslant 0, \quad x \in \mathbf{K}. \tag{C.3.2}$$

于是有 $\langle s^*, -x^* \rangle \geqslant 0$ 或 $\langle s^*, x^* \rangle \leqslant 0$. 另一方面由于 $x^* \in \mathbf{K}, 2x^* \in \mathbf{K}$, 由此有 $\langle s^*, x^* \rangle \geqslant 0$, 从而可知

$$\langle s^*, x^* \rangle = 0. \tag{C.3.3}$$

于是 (C.3.2) 变为

$$\langle s^*, x \rangle \geqslant \langle s^*, x^* \rangle = 0, \quad x \in \mathbf{K}.$$

从而 $s^* \in \mathbf{K}^* \subset \mathbf{E}^*$.

(2) 由于泛函 $s^* - c$ 沿 $\mathbf{L} + b$ 为常值, 于是有

$$s^* - c \in \mathbf{L}_\perp \subset \mathbf{E}^*.$$

由此就有 s^* 是问题

$$\langle s, x^* \rangle = \min, \ s \in \mathbf{K}^* \cap (\mathbf{L}_\perp + c) \tag{C.3.4}$$

的可行解. 又由于 $\langle s, x^* \rangle$ 在 $s \in \mathbf{K}^*$ 上的非负性加之 (C.3.3), 则 s^* 是问题 (C.3.4) 的最优解.

(3) 若将 (C.3.4) 中的泛函指标 x^* 用任何 $x \in (\mathbf{L} + b)$ 代替. 例如以 b 代替, 考虑到当 $s \in (\mathbf{L}_\perp + c)$ 变动时, 由于 $x \in (\mathbf{L} + b)$, 这样 $\langle s, x^* - x \rangle$ 将保持常值. 因而 s^* 也是问题 (C.3.4) 中以任何 $x \in (\mathbf{L} + b)$ 代替 x^* 后对应问题的最优解. 这样问题 (C.3.4) 可以用

$$\langle s, b \rangle = \min, \ s \in \mathbf{K}^* \cap (\mathbf{L}_\perp + c) \tag{C.3.5}$$

代替, 而其最优解还应满足条件 (C.3.3).

定义 C.3.1 设 $\mathbf{E}$ 为有限维线性空间, $\mathbf{K} \subset \mathbf{E}$ 是带顶的具非空内集的闭凸锥. 令 $b \in \mathbf{E}$, $c \in \mathbf{E}^*$, 则上述给定数据下定义了一对锥的优化问题:

$$\langle c, x \rangle = \min, \ x \in \mathbf{K} \cap (\mathbf{L} + b) \tag{P}$$

与

$$\langle s, b \rangle = \min, \ s \in \mathbf{K}^* \cap (\mathbf{L}_\perp + c) \tag{D}$$

其中 $\mathbf{K}^* \subset \mathbf{E}^*$ 是 $\mathbf{K}$ 的对偶锥, 而 $\mathbf{L}_\perp$ 即 $\mathbf{L}$ 的化零部分.

在凸规划, 有些文献对偶问题是用 $\max$ 定义的, 这里用 $\min$. 再用一些不难的技巧就可以得到用 $\max$ 的转换.

问题 (P) 与 (D) 称为是上述给定数据下的原问题与对偶问题.

由于 $(\mathbf{E}^*)^* = \mathbf{E}$, $(\mathbf{K}^*)^* = \mathbf{K}$, $(\mathbf{L}_\perp)_\perp = \mathbf{L}$. 于是问题 (P) 与问题 (D) 具有对称性. 这类对称性在讨论线性锥优化问题时常碰到. 但对于一般凸优化问题来说并不成立.

C.4 对偶性的关系

设已给定前述一对对偶锥优化问题 (P) 和 (D), 以下用 $\mathbf{d}(P)$ 与 $\mathbf{d}(D)$ 表示该两问题的定义域或可行解的集合, 并以 P^* 与 D^* 表对应问题的最优值, 即 $P^* = \inf\{\langle c, x \rangle \mid x \in \mathbf{d}(P)\}$, $D^* = \inf\{\langle s, b \rangle \mid s \in \mathbf{d}(D)\}$. 若对应可行解集为空集, 则对应最优值为 $+\infty$.

引理 C.4.1   对于每一对原与对偶问题的可行解 $x \in \mathbf{d}(\mathrm{P})$ 与 $s \in \mathbf{d}(\mathrm{D})$ 来说, 总有

$$\langle c, b \rangle \leqslant \langle c, b \rangle + \langle s, x \rangle = \langle c, x \rangle + \langle s, b \rangle, \tag{C.4.1}$$

特别当若两问题均相容, 即 $\mathbf{d}(\mathrm{P}) \neq \varnothing$, $\mathbf{d}(\mathrm{D}) \neq \varnothing$, 则

$$\langle c, b \rangle \leqslant P^* + D^*. \tag{C.4.2}$$

证明   由于 x 是原问题的可行解, 则 $x - b \in \mathbf{L}$, 而同样 $c - s \in \mathbf{L}_\perp$, 于是 $\langle c - s, x - b \rangle = 0$. 将此式展开就有

$$\langle c, b \rangle + \langle s, x \rangle = \langle c, x \rangle + \langle s, b \rangle.$$

而由于 $x \in \mathbf{K}$, $s \in \mathbf{K}^*$, 则有 $\langle s, x \rangle \geqslant 0$. 于是 (C.4.1) 成立. (C.4.2) 只是 (C.4.1) 当 $x = x^*$, $s = s^*$ 的特殊情形. ∎

推论 C.4.1   若 x^* 与 s^* 分别为原与对偶问题的可行解, 则下述等价:

$$\langle s^*, x^* \rangle = 0, \tag{C.4.3}$$

$$\langle c, b \rangle = \langle c, x^* \rangle + \langle s^*, b \rangle, \tag{C.4.4}$$

若其中之一成立, 则它们分别对应原与对偶问题的最优解.

证明   利用 C.3 中关于 s^* 的性质及对偶关系以及上述引理 C.4.1, 可知推论成立. ∎

定义 C.4.1   称锥问题的原与对偶问题是正规的 (性质 (N)), 系指两问题是可解的, 而其对应的最优值有等式

$$P^* + D^* = \langle c, b \rangle. \tag{C.4.5}$$

称为是弱正规的 (性质 (WN)), 系指两问题均有可行解且有 (C.4.5).

在标准的对偶理论中, 对于对偶问题 (D) 可以用原问题的作为 b 的函数的最优值的支撑泛函来描述 (D) 的可行解. 由此考虑:

在给定 $\mathbf{K}, \mathbf{L}$ 与 c 后, 我们希望找出使问题 (P) 具可行解的全部 b. 令集合

$$\mathbf{B} = \mathbf{K} + \mathbf{L}. \tag{C.4.6}$$

引理 C.4.2 b 使 $\mathbf{K} \cap (\mathbf{L} + b) \neq \varnothing$ 当且仅当 $b \in \mathbf{B}$.

证明 $b \in \mathbf{B} = \mathbf{K} + \mathbf{L}$ 当且仅当存在 $k \in \mathbf{K}$, $l \in \mathbf{L}$ 使 $b = k + l$ 或 $b - l = k$. 由于 $-l \in \mathbf{L}$, 则等价于 $\mathbf{K} \cap (\mathbf{L} + b) \neq \varnothing$. ∎

由于 $\text{int}\{\mathbf{K}\} \neq \varnothing$ 可知 $\mathbf{B}$ 亦具有 $\text{int}\{\mathbf{B}\} \neq \varnothing$, 同时 $\mathbf{B}$ 为凸集. 对于任何 $b \in \mathbf{B}$, 对应问题 (P) 具最优解 $P^*(b)$ 确定一个 b 的函数:

$$SP^*(b) = \inf\{\langle c, x \rangle \mid x \in \mathbf{K} \cap (\mathbf{L} + b)\} : \mathbf{B} \to \mathbf{R} \cup \{-\infty\}. \tag{C.4.7}$$

利用对偶性类似我们可以建立集合 $\mathbf{C}$ 和对应的 $SD^*(c) : \mathbf{C} \to \mathbf{R} \cup \{-\infty\}$.

命题 C.4.1   由 (C.4.7) 确定的函数具性质:

1° $SP^*(b)$ 是定义在 $\mathbf{B}$ 上的凸函数.

2° 对任何 $b \in \mathbf{B}$ 有 $b + \mathbf{L} \subset \mathbf{B}$, $SP^*(b)$ 在 $b + \mathbf{L}$ 上取常数.

3° $b \in \mathbf{B}, u \in \mathbf{K}$, 则 $b + u \in \mathbf{B}$, 并且 $SP^*(b+u) \leqslant SP^*(b) + \langle c, u \rangle$.

证明   以上证明均可直接验证.   ■

按对偶的关系, 同样可以建立关于 $SD^*(c)$ 的对应性质.

注记 C.4.1   对于 (C.4.7), 由于 $x \in (\mathbf{L}+b)$, 由类似可解性条件 (C.2.2) 可知泛函 c 在 $\mathbf{L}$ 上将保持常值, 因而 $\langle c, x \rangle = \min$ 实际与 $\langle c, b \rangle = \min$ 等价. 这样 $SP^*(b)$ 实际上是 $b \in \mathbf{B}$ 对应 $\mathbf{B}$ 的支撑泛函.

命题 C.4.2   泛函 $s \in \mathbf{E}^*$ 是对偶可行解当且仅当存在 $\beta = \beta(s) \in \mathbf{R}$ 使有

$$\beta + \langle c - s, b \rangle \leqslant SP^*(b), \quad b \in \mathbf{B}. \tag{C.4.8}$$

若有 $\bar{b} \in \mathbf{B}$, 且 $c - s$ 是 $\mathbf{B}$ 在 $\bar{b}$ 的支撑泛函, 则 s 可解 $(D(\bar{b}))$ 并且对 $(P(\bar{b}))$, $(D(\bar{b}))$ 有 (WN) 成立. 反之若对每一对 $(P(\bar{b}))$, $(D(\bar{b}))$ 有 (WN) 成立, 且 s 可解 $(D(\bar{b}))$, 则 $c - s$ 是 $\mathbf{B}$ 在 $\bar{b}$ 的支撑泛函 $SP^*(\cdot)$.

注记 C.4.2 $(D(\bar{b}))$ 是指对偶问题其指标向量为 $\bar{b}$, 以下同.

证明   由 (C.4.1) 且 s 为对偶可行解, 则 (C.4.8) 中设 $\beta = 0$ 对一切 $b \in \mathbf{B}$ 均成立. 反之, 若已有 s 使 (C.4.8) 成立, 考虑到命题 C.4.1 中的 3°, 则有 $SP^*(b) \leqslant SP^*(0) + \langle c, b \rangle$, $b \in \mathbf{K}$. 再联系到 (C.4.8), 则有 $\beta - SP^*(0) \leqslant \langle s, b \rangle$, $b \in \mathbf{K}$, 由此就有 $s \in \mathbf{K}^*$. 进而由命题 C.4.1 的 2°, 则 $SP^*(b) = SP^*(0)$, 当 $b \in \mathbf{L}$. 由此再联系到 (C.4.8) 则有 $\langle c - s, b \rangle = 0$, 当 $b \in \mathbf{L}$. 于是 $c - s \in \mathbf{L}_\perp$. 这表明 $c - s$ 是对偶可行的.

现设 $c - s$ 是 $\bar{b} \in \mathbf{B}$ 对应 $SP^*(\cdot)$ 的支撑泛函, 于是只要 $\beta = SP^*(\bar{b}) - \langle c - s, \bar{b} \rangle$ 则 (C.4.8) 就成立. 由于 $SP^*(\cdot)$ 是 $\mathbf{B}$ 的支撑泛函, 则该泛函在 $\mathbf{B}$ 的有界子集上有下界. 同样由于 $0 \in \mathbf{B}$, 于是 $SP^*(0)$ 或者为零或者为 $-\infty$, 而后者是不可能的, 则有 $SP^*(0) = 0$. 关系式 (C.4.8) 连同上述 β 与 $b = 0$, 于是有 $SP^*(\bar{b}) - \langle c - s, \bar{b} \rangle \leqslant 0$ 或 $SP^*(\bar{b}) + \langle s, \bar{b} \rangle \leqslant \langle c, \bar{b} \rangle$. 由此证明了 s 是对偶可行的. 于是就有 $SP^*(\bar{b}) + SD^*(\bar{b}) \leqslant SP^*(\bar{b}) + \langle s, \bar{b} \rangle \leqslant \langle \bar{c}, \bar{b} \rangle$. 再利用引理 C.4.1 中 (C.4.2), 则上述所有不等式均成为等式. 于是 s 是对偶最优且对 $(SP^*(\bar{b}), SD^*(\bar{b}))$ 性质 (WN) 成立.

最后证明若 (WN) 性质已对 $(SP^*(\bar{b}), SD^*(\bar{b}))$ 成立, 并且 s 解 $D(\bar{b})$, 于是 $c - s$

是 $SP^*(b)$ 在 $\bar{b}$ 的支撑泛函. 由 (C.4.1) 可以直接推出

$$SP^*(b) \geqslant \langle c - s, b \rangle = \langle c - s, b - \bar{b} \rangle + \langle c - s, \bar{b} \rangle.$$

由于 $\langle s, \bar{b} \rangle = SD^*(\bar{b}) = \langle \bar{c}, \bar{b} \rangle - SP^*(\bar{b})$(考虑到 (WN)!), 由此就有 $SP^*(b) \geqslant \langle c - s, b - \bar{b} \rangle + SP^*(\bar{b})$, 于是 $c - s$ 是在 $\bar{b} \in \mathbf{B}$ 的支撑泛函. ∎

最后我们给出下述对偶性定理.

定理 C.4.1(对偶性定理)   设 (P), (D) 是定义在给定数据 $\mathbf{K}, \mathbf{L}, b, c$ 上的一对原与对偶锥问题. 设原问题可行解集与 $\mathrm{int}\{\mathbf{K}\}$ 有交, 而原问题的指标在其可行解集上有下界, 则对偶问题是可解的. 原问题的最优值 P^*(指标在原问题可行解集上的最小或下确界) 以及对应的 D^* 满足下述零对偶隙:

$$P^* + D^* = \langle c, b \rangle. \tag{C.4.9}$$

此外若对偶可行解集与 $\mathrm{int}\{\mathbf{K}^*\}$ 有交, 则两问题可解, (C.4.9) 成立, 则原与对偶问题的可行解对 (x^*, s^*) 是最优解当且仅当下述补松弛条件:

$$\langle s^*, x^* \rangle = 0. \tag{C.4.10}$$

证明   第一部分需证由原问题具可行内点和指标在可行集具下界推出对偶问题可解并具性质 (WN).

在前述假定下, $SP^*(\cdot)$ 在点 $b \in \mathrm{int}\{\mathbf{B}\}$ 为有限. 由于 $\mathbf{E}$ 是有限维且 $SP^*(\cdot)$ 在凸集 $\mathbf{B}$ 上是凸的. 按凸函数在凸集上的性质, 它至少在 $\mathrm{int}\{\mathbf{B}\}$ 内是有界连续, 由此它允许在 b 具支撑泛函. 进而利用命题 C.4.2, 即得结论.

进而定理的第二部分是 (C.4.1) 的直接推论 (见引理 C.4.1 与推论 C.4.1). ∎

作为对偶性定理的应用, 可以指出在定义矩阵空间及其共轭空间以及定义了内积以后可以有下述结果.

对于半正定规划 (SDP) 的问题 (C.2.6) 来说, 其对偶问题为

$$\begin{cases} Tr(F_0 Z) = \min, \\ \text{当} Z \geqslant 0, \ Tr(F_i Z) = \gamma_i, \quad i \in \underline{m}, \end{cases} \tag{C.4.11}$$

其中 γ_i 是 c 的分量, 即 $c^T = [\gamma_1, \gamma_2, \cdots, \gamma_m]^T$, $Z = Z^T \in \mathbf{R}^{r \times r}$.

而对于二阶锥规划 (SOCP) 问题 (C.2.7) 来说, 其对偶问题为

$$\begin{cases} \displaystyle\sum_{i=1}^{l} (d_i^T z_i + \phi_i \sigma_i) = \min, \\ \text{当} \displaystyle\sum_{i=1}^{l} (C_i^T z_i + g_i \sigma_i) = c, \quad \|z_i\| \leqslant \sigma_i, \quad i \in \underline{l}. \end{cases} \tag{C.4.12}$$

参考文献: [NN1994].

索　引